# 中国近代
# 纺织印染技术史

曹振宇 编著

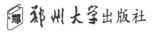

郑州大学出版社

**图书在版编目(CIP)数据**

中国近代纺织印染技术史／曹振宇编著. -- 郑州：
郑州大学出版社, 2024. 11. -- ISBN 978-7-5773-0595
-0

Ⅰ. TS1-095

中国国家版本馆 CIP 数据核字第 20247NY043 号

中国近代纺织印染技术史

ZHONGGUO JINDAI FANGZHI YINRAN JISHU SHI

| 策划编辑 | 崔青峰 | 封面设计 | 王　微 |
| 责任编辑 | 王红燕 | 版式设计 | 王　微 |
| 责任校对 | 樊建伟 | 责任监制 | 朱亚君 |

| 出版发行 | 郑州大学出版社 | 地　址 | 郑州市大学路 40 号(450052) |
| 出 版 人 | 卢纪富 | 网　址 | http://www.zzup.cn |
| 经　销 | 全国新华书店 | 发行电话 | 0371-66966070 |
| 印　刷 | 郑州宁昌印务有限公司 | | |
| 开　本 | 787 mm×1 092 mm　1／16 | | |
| 印　张 | 27 | 字　数 | 610 千字 |
| 版　次 | 2024 年 11 月第 1 版 | 印　次 | 2024 年 11 月第 1 次印刷 |

| 书　号 | ISBN 978-7-5773-0595-0 | 定　价 | 98.00 元 |

# 作者名单

**主 编**

曹振宇

**副主编**

田 莹 李园芳

# 序 言

在人类历史上,纺织生产几乎是和农业同时开始的。纺织生产的出现,可以说是人类脱离"茹毛饮血"的原始时代,进入文明社会的标志之一。纵观世界文明史,纺织的发展一直密切地伴随着社会的进步和人类文化的发展。人类进入阶级社会后,纺织生产一直是统治阶级立国的基础之一。18世纪60年代从英国发起的第一次工业革命,开创了以机器代替手工劳动的时代,而这场伟大变革的源头,就是基于"纺织机器加蒸汽机"的近代纺织工业的发生和发展。

中国纺织历史悠久,源远流长。早在新石器时代,中国的先民们已能用木制和陶制纺织工具纺纱织布。中国古代纺织在人类发展史上占有重要地位,在几千年漫长的发展过程中,曾有过辉煌的成就,产生了丰富的历史积淀,对世界纺织做出了杰出贡献。周启澄先生总结了中国古代纺织的十大发明:育蚕取丝、振荡开松、水转纺车、以缩判捻、组合提综、人工程控、缬染技艺、多种织品、组织劳动、公定标准。到明代为止,我国的纺织生产技术一直处于世界领先地位。

但是,到了近代,我国纺织技术的领先优势不复存在,封建专制和闭关锁国的清王朝错过了第一次工业革命的时机。当今,新一轮科技革命特别是数字技术的发展,正带来纺织产业的新变革。全面了解中国纺织印染技术的发展历史,就要求我们,既要看到中国古代纺织印染技术的成就以及对世界纺织印染的贡献,也要看到近现代中国纺织印染工业发展与世界强国的差距。

本书回顾了中国近代纺织印染技术的发展历史,记述了中国近代纺织印染工业发展的艰辛历程,有助于我们总结历史经验,从深层次认识现代纺织印染工业要走新型工业化道路,必须转变增长方式,提高自主创新的能力。

# 目　录

第一章　总论 ················································· 001

　第一节　中国纺织染生产发展的历史分期 ················ 001

　第二节　近代纺织染工业在中国发生的社会背景 ········· 007

　第三节　中国近代纺织染工业成长的若干发展规律和启示 ····· 011

第二章　近代纺织原料的发展 ······························· 014

　第一节　棉花纤维 ······································ 014

　第二节　蚕丝纤维 ······································ 022

　第三节　毛纤维 ········································ 026

　第四节　麻纤维 ········································ 034

　第五节　合成纤维 ······································ 038

第三章　近代纺织技术的发展 ······························· 041

　第一节　动力机器纺织的孕育（1840—1877 年） ········ 041

　第二节　近代纺织工业的初创（1878—1913 年） ········ 043

　第三节　近代纺织工业的成长（1914—1936 年） ········ 052

　第四节　近代纺织工业的曲折发展（1937—1949 年） ···· 061

第四章　纺织设备和技术 ··································· 070

　第一节　轧棉 ·········································· 070

　第二节　缫丝 ·········································· 072

　第三节　纺纱设备 ······································ 075

　第四节　机织设备 ······································ 084

　第五节　针织设备 ······································ 089

**第五章　近代纺织行业发展** ······················································· 092

第一节　近代纺织行业的发展和变化及其特点 ······················· 092

第二节　棉纺织行业 ································································· 094

第三节　麻纺织行业 ································································· 105

第四节　丝绸行业 ···································································· 110

第五节　毛纺织行业 ································································· 114

第六节　针织行业 ···································································· 120

第七节　近代服装鞋帽行业 ······················································ 127

第八节　近代纺织机械行业的雏形和化纤生产的萌芽 ··············· 131

第九节　化学纤维生产 ····························································· 142


**第六章　近代染料与染色工业** ····················································· 144

第一节　近代传统染料与染色 ··················································· 144

第二节　合成染料及生产 ·························································· 153

第三节　合成染料染色技术 ······················································ 163

第四节　近代机器染色工业 ······················································ 168

第五节　近代机器染色设备 ······················································ 181


**第七章　近代纺织染织品** ···························································· 189

第一节　纱线 ·········································································· 189

第二节　棉织物 ······································································· 191

第三节　丝织物 ······································································· 198

第四节　毛织物 ······································································· 203

第五节　麻织物 ······································································· 208

第六节　针织物 ······································································· 210

第七节　日用品和装饰用织物 ··················································· 211

第八节　产业用品 ···································································· 213

第九节　纺织艺术品设计 ·························································· 214


**第八章　近代中外纺织品贸易** ····················································· 217

第一节　棉及棉织品贸易 ·························································· 219

第二节　丝及丝织品贸易 ·························································· 241

第三节　毛及毛织品贸易　　　　　　　　　　　　　253

第四节　麻及麻纺织品贸易　　　　　　　　　　　268

第五节　人造丝及其制品贸易　　　　　　　　　　273

第六节　合成染料贸易　　　　　　　　　　　　　279


第九章　纺织文化事业和纺织行业团体　　　　　　　294

第一节　纺织教育　　　　　　　　　　　　　　　294

第二节　纺织科学研究机构　　　　　　　　　　　297

第三节　纺织学术团体　　　　　　　　　　　　　298

第四节　纺织行业团体　　　　　　　　　　　　　300

第五节　纺织出版物　　　　　　　　　　　　　　304


第十章　近代服饰　　　　　　　　　　　　　　　　311

第一节　晚清时期的服装　　　　　　　　　　　　311

第二节　民国初年服装　　　　　　　　　　　　　318

第三节　1919—1929 年服装　　　　　　　　　　325

第四节　1929—1939 年服装　　　　　　　　　　335

第五节　1939—1949 年服装　　　　　　　　　　343


第十一章　近代纺织染技术历史人物　　　　　　　　347

第一节　概况　　　　　　　　　　　　　　　　　347

第二节　近代纺织染人物传略　　　　　　　　　　350


大事记(1840—1949 年)　　　　　　　　　　　　　391


参考文献　　　　　　　　　　　　　　　　　　　　419

# 第一章 总论

## 第一节 中国纺织染生产发展的历史分期

衣食住行,人们生活之必需。在世界各国中,我国的纺织染技术起步最早,应用范围最广,对人们的物质生活和精神生活都产生重大影响,自从有了纺织,人们才摆脱饮毛茹血的野蛮时期,进入人类文明的时代。从远古最早的自然采摘原料和无意识的自我涂抹色彩,到今天的全自动化的信息时代,我国的纺织染技术的发展,按历史分期,经过了三个时期——古代、近代和现代。[①]

### 一、古代纺织染时期(1840 年以前)

古代纺织染时期依据技术的发展又分为两个时期:原始手工时期和手工机器时期。

1. 原始手工时期(公元前 22 世纪以前)

这个时期大体相当于夏代之前,即史书上说的"三皇五帝"及以前的时代。这个时期又可分为两个阶段:

(1)采集原料为主阶段。这个阶段大体相当于旧石器时代,那时,人们靠采集野生的葛、麻纤维、蚕丝和猎获鸟兽羽毛,就地取材,基本不用工具,徒手制作。旧石器时代的晚期,染料也是天然采取,主要是矿粉,通过涂抹的方式给身体和服饰着色。

(2)培育与加工原料为主阶段。这个阶段大体相当于新石器时代。随着农、牧业的发展,人们逐步学会种麻、育蚕、养羊等培育纤维原料的方法。那时已利用较多的纺织工具,产品较为精细,并且除了服用性以外,已开始织出花纹,施以色彩。但劳动生产率还极低。这时染色已经有了很大进步,出土发现有染料的研磨工具和涂彩文物。

2. 手工机器时期(公元前 21 世纪—1840 年)

这个时期所使用的纺织工具在逐步改进,发展成为包含原动、传动和执行机构在内的完整的机器。但是这种机器要由人力驱动,而且人的手、足还参与部分工艺动作,所以叫作"手工机器"。这个时期也分为两个阶段:

(1)手工机器形成阶段。大体相当于夏朝至战国(公元前 21 世纪—前 221 年)。那

---

① 周启澄:《中国纺织技术发展的历史分期》,《华东纺织工学院学报》1984 年第 2 期。

时,缲车、纺车、脚踏织机相继发展成为手工机器。人与手参与牵伸、引纬等工艺动作,手或脚还要拨动辘轳或者踏动机蹑。这样,劳动生产率比原始手工大幅度提高,生产者也逐步职业化,纺织染整全套工艺逐步形成,产品的艺术性也大为提高,并且逐步市场化,大量成为商品。产品规格、质量也逐步有了从粗放到细致的公定标准。这个阶段,丝织技术有了较为快速发展,丝织品已经十分精美。织纹除了有规律的缎纹之外,平纹、斜纹以及变化组织全部出现。染料发展为动物染料、植物染料和矿物染料,染色技术得到全面发展。多样化的织纹加上丰富的色彩,使丝织品具有很高的艺术性。麻纺织、毛纺织技术也有相应的发展和提高。实现手工机器化是纺织生产历史上的第一次飞跃。纺织手工机器化在中国出现后,通过各种渠道缓慢地传向境外,与当地人民的创造相结合,使纺织生产水平大大提高,对推动世界纺织染技术的提升做出了中国贡献。

(2)手工机器发展阶段。这个阶段相当于秦汉至晚清(公元前221—1840年)。手工纺织机器逐步发展,出现了缲丝车,纺车从手摇式发展成几种复锭(2~4锭)脚踏式;织机则形成了普通和提花两大系列。

纺织工艺和手工机器到宋代已达到普遍完善的程度。正规缎纹的出现,使织物组织臻于完备。一家一户个人使用的手工纺织机器已相当完备,以后很少变动,直到流传至近代。南宋以后,棉纺织生产逐步发展成为全国许多地区的主要纺织生产,棉布成为全国人民日常衣着的主要材料。葛逐步被淘汰,麻也失去作为大宗纺织原料的地位。部分地区出现了用畜力或水力拖动的32锭大纺车,以适应规模较大的集体生产的需要,成为动力纺织机器的雏形。但织造机器仍是由1~2人操作,适于一家一户使用。

中国实现纺织生产的第一次飞跃在公元前500—前300年。那时,中国已经推广了缲车、纺车、织机等人类历史上最早的一批机器。这种手工纺织机器,后来被记录在汉代的画像石上,其形象得以保存下来。由于这种手工机器的推广,纺织品的产量、质量和劳动生产率都大大提高。

在这种纺织生产手工机械化形成以及以后的发展过程中,中国人做出了许多独特的创造。下面是一些突出的例子。[①] 例如,育蚕取丝、振荡开松、水转纺车、以缩判捻、组合提综、人工程控、撷染技艺、多种织品、组织劳动、公定标准。

这些创造发明逐步传向世界各国,与各国人民的创造相交融,使全世界的纺织染生产在几百年到上千年的时间内,或先或后地实现手工机械化。[②]

特别应当指出,中国在南宋已经出现动力纺织机器的雏形——适于集中性大量生产的多锭捻线机。只是由于商品经济在古代中国没有很大发展,这种发明也很少有被推广的可能。在16世纪以后的欧洲则出现科学技术迅速发展的局面。这与李约瑟的两大疑问完全吻合。

---

① 周启澄:《中国提花织机的历史和现状》,《中国纺织大学学报(英文版)》1988年第4期。
② 陈维稷等:《中国纺织科学技术史(古代部分)》,北京:科学出版社,1984年。

### 二、近代纺织染时期(1840—1949 年)

1840 年到 1949 年这个时期就是我们所说的近代,也是本书要解读的内容。到了近代,纺织染机器的原动力逐步由畜力、水力发展到蒸汽力和电力,使过去一家一户或者手工小作坊的分散形式逐步演变成集中性大规模的工厂生产形式。人力的作用由主要作为原动力转向主要用于看管机器和搬运原材料与产品,劳动生产率有了更大幅度的提高。这是纺织染生产历史上的第二次飞跃。世界上这次飞跃最早在 18 世纪开始于西欧,以后逐步推向各地。

早在 16 世纪初(我国明代中叶,即郑和远航非洲开始后约 100 年),欧洲人发现了到美洲大陆和绕非洲好望角到印度及绕南美洲南端到亚洲的海上通道,从此开辟了世界性的商品市场。英国的传统手工业——毛纺织业产品输出大增,羊毛涨价。这就促使英国贵族发动此后一直延续 200 多年的圈地运动,也就是圈购农田,毁屋迁人,废耕返牧,发展养羊。于是英国羊毛产量大增,破产农民转而加入手工工人的队伍。到 16 世纪中叶,英国已有一半人口从事手工毛纺织业。那时,正值欧洲大陆政局动荡,战争频繁,技术工人纷纷渡海到英国避难。这也为英国毛纺织手工业技术水平的提高创造了条件。迅猛发展的手工业和商业孕育了英国的资产阶级。英伦三岛的和平稳定为产业革命的孕育提供了条件。

17 世纪下半叶,英国资产阶级革命取得胜利,进而与贵族合流,实行联合专政。这就更加促进英国的海外贸易,英国凭借强大的海军,掠夺海外殖民地和市场;诱捕、强抓非洲黑人,贩卖到美洲,充当开发新大陆的奴隶劳力,获取暴利。到 18 世纪中叶,英国先后侵占印度(1757 年)和澳大利亚(1770 年),从而获得巨大的纺织原料基地(印度棉花和澳大利亚羊毛),为英国纺织业的更大发展创造了条件。

在上述形势下,过去没人理睬的纺织染及相关的技术发明,在英国则获得广泛的应用,其中比较突出的有 1738 年发明的"飞梭"装置。[①] 这种装置使织布投梭频率比手抛梭快 1 倍,而且布幅可以加宽,织布生产率因之大大提高。这又促进纺纱技术的发展。

1748 年制成了罗拉式梳毛机和盖板式梳棉机,大大提高分梳纤维的速度和质量。1779 年在对手摇和脚踏纺车进行多次革新的基础上,制成了水力拖动、每台 300 ~ 400 锭的大型纺纱"骡机",即走锭机。1785 年水力驱动的织机也试验成功(见图 1-1)。这一系列的革新为纺织工艺的动力机械化创造了条件。这一年,活塞式蒸汽机开始用于纺织生产。[②] 于是大规模集中性的纺织工厂诞生了。劳动生产率比手工作坊大大提高,产品质量也逐步赶上并超过手工产品。这样,纺织工厂很快地发展起来,把手工作坊挤垮。纺织生产在英国出现历史上的第二次飞跃。到 18 世纪末,英国的纺织品已经垄断了当时的世界市场,并且由毛织品开始,逐步打入中国。英国靠纺织业积累了大量资金和技术,用以对冶金、机械制造和煤炭等生产资金投入,使得英国在这些领域进行了类似的改

---

① 陈维稷等:《中国大百科全书·纺织》,北京:大百科全书出版社,1984 年。

② 清华大学自然辩证法教研室:《科学技术史讲义》,北京:清华大学出版社,1982 年。

革,也得到了快速发展。

图1-1 走锭细纱机

到1811年,英国已拥有纱锭500万枚,其绝对数量相当于我国1949年的规模。又过半个世纪,到1860年,英国纱锭已达到3000万枚,相当于我国20世纪80年代末的规模。到1927年,英国纺织生产能力达到高峰,拥有纱锭5700万枚。这意味着英国以世界1%左右的人口,包下了世界1/3人口的衣料生产。此后,虽然由于裁并小厂,淘汰旧机,生产规模有所收缩,但到1937年仍拥有纱锭近3900万枚,大大超过我国20世纪80年代末的规模。如果再把人口因素考虑进去,其生产力之大可想而知。

英国通过产业革命,到1850年,在世界工业总产值中所占份额达39%,在世界贸易总额中占21%。棉制品占英国出口总额的40%。1860年英国棉、毛制品出口已占全国总出口额的58%。同期机械出口只占总额的2%,钢铁出口只占总额的9%。由此可以看出,纺织对当时英国经济的作用何等巨大。

这个时期,英国在染料方面也做出巨大贡献。1856年,英国18岁的科学家珀金发明了合成染料,珀金首先申请了专利,进而在其父亲的帮助下,在伦敦郊外开始工业化生产。从此开创了合成染料用于印染的广阔天地。

英国因产业革命成功而大大富强起来的先例,使欧、美各国群起仿效,并从18世纪末19世纪初的几十年内或迟或早也相继实现了这种改革。到19世纪中叶,欧洲工业的发展已经达到无产阶级和资产阶级矛盾尖锐化的程度。法国1848年的工人起义和1871年的巴黎公社起义都说明了这一点。

19世纪60年代,这种变革传到明治维新以后的日本。日本采取不同于欧、美各国的办法,而是走捷径,直接从欧洲引进整套设备、技术和人才。从1880年起,日本纺织工业得到迅猛的发展。这些先例,对动力机器纺织和工厂生产形式在中国的出现都产生巨大的影响。但是中国对近代纺织工业生产方式的引进,并不是主动和平地进行,而是在帝国主义者武力压迫下,被动地进行的。1840年英国侵华战争的直接导火线虽是鸦片贸易,但实际上英国棉纺织中心曼彻斯特市早就要求英政府用武力打开中国纺织品市场。1894年日本发动中日甲午战争,就有日本新兴纺织资本家要求夺取中国的原料、市场和在中国拥有开设工厂特权的动机。中国的民族纺织工业,就是在上述两次战争失败后,先是外国纺织商品传入,后是外国纺织资本大量进入的情况下诞生,并在极其艰苦的反复斗争中成长的。

在这个阶段,动力纺织机器和工厂生产形式逐步从国外引入中国,并且成为主导地位的生产方式。

### 1. 孕育(1840—1877 年)

随着中外交通、贸易的发展,以及帝国主义势力的入侵,沿海经济"堤坝"开始溃决,以英国为主较早形成动力机器纺织的西方机制纺织品(洋纱、洋布)如洪水般大量涌入。中国的廉价劳力和原料以及广阔的市场,吸引着外国人多次企图在中国开办动力机器纺织工厂,但受到中国政府的阻击。因此,中国广大土地上的手工机器纺织虽然受到洋货大量进口的冲击,但仍占据主导地位。这个时期的合成染料还没有进口到中国,使用的还是天然染料;印染技术还是一缸两棒的生产模式。但开办动力机器纺织染工厂的呼声和基本条件已经具备。

### 2. 初创(1878—1913 年)

首先是洋务派的头面人物着手从欧洲引进动力纺织印染机器和技术人员,仿照欧洲的方式建立纺织工厂。1895 年清政府被迫签订《马关条约》,允许外国人在中国办厂。自此以后,英国、日本等资本家纷纷前来中国兴办纺织工厂。中国民间士绅在"振兴实业,挽回利权"的口号下,也集资办起纺织印染厂。1886 年,合成染料开始传入国内,很快受到厂家的欢迎。但是,不管是洋务派还是民间士绅所办的纺织印染厂,数量不多,手工机器织的土布仍是全国人民的主要衣料,动力机器印染厂刚刚起步,主要生产形式还是家庭作坊。

### 3. 成长(1914—1936 年)

第一次世界大战期间,欧、美列强自顾不暇,放松了对中国的纺织品倾销。这给中国民族资本家以发展纺织印染工业的良好时机,华商纺织厂有了很大的发展。日本资本家也趁机扩大其在华纺织生产能力。第一次世界大战结束后,欧、美列强逐步恢复元气,纺织品再度大批输华。这时中国民族资本纺织印染业已经不像初创阶段那样脆弱,而是在激烈的竞争中形成了一定的实力。这样迂回曲折,时起时落,总体还是在扩大。到1936 年,中、外资棉纺织生产能力合计已拥有 500 多万锭的规模,其中民族资本占一半以上。机织布已成为人民衣料的重要来源,但是与当时 4 亿人口相比,仍十分不足。洋布大量进口,而手工机器织的土布仍是人们日常衣着用料的主要补充。合成染料的生产也是在这个时期,大连染料厂(时称太和染料株式会社)是由日资投入,在中国大地上创建的第一个合成染料工厂。创建于 1919 年的青岛染料厂是我国民族产业的第一家。

### 4. 曲折(1937—1949 年)

在全面抗日战争中,纺织印染工业由于战争破坏、日本侵夺和搬迁,设备损失不少。尽管在大后方动力机器纺织生产有所发展,但许多地区不得不重新依靠手工机器及其改进形式来生产纺织品,以弥补战时纺织品供应严重不足的缺口。抗日战争胜利后,接收了大量的日资纺织印染工厂,最终形成了庞大的官办垄断性纺织集团和数量更大但系统庞杂的大小民营纺织企业共存的局面。由于当时国民政府腐败和全面内战的干扰,直到1949年,纺织工业的总规模只相当于全面抗日战争前夕的水平。就是在中华人民共和国成立初期,由于帝国主义的封锁和朝鲜战争的影响,纺织印染工业只是在艰难中进行调整,生产能力并没有得到进一步的发展,手工织的棉布仍占全国棉布总产量的1/4左右,手工染色也占据一定市场份额。

### 三、现代纺织染时期(1949年以后)

中华人民共和国成立后,经过3年恢复调整和生产关系的改革,纺织印染生产能力得到充分发挥,从1953年第一个五年计划开始,中国纺织印染工业才真正进入发展阶段。在国家统一规划下,大力发展原料生产,并主要依靠自己的力量,进行大规模的新的纺织基地建设和染料生产以及机器印染厂的开建,迅速地发展成套纺织机器制造、化学纤维生产以及印染设备和染厂。这样,纺织生产的地区布局渐趋合理,纺织品的产量急剧增长,国内市场纺织品供应远低于日益增长的人民需要的紧张状况逐渐缓和。与此同时,合成染料的生产也迈上新的台阶,并被广泛应用,机器印染厂、印花厂为丰富纺织品外观形象做出巨大贡献。到20世纪80年代,随着人民生活水平的提高和国际贸易的发展,纺织生产能力有了十分迅猛的增长,1981年,许多棉纺织生产企业由于产品积压,开始"不收布票"促销。1983年12月,国务院决定取消布票,纺织品实行敞开供应。经过20世纪90年代初的治理整顿,转向依靠科学技术和提高职工素质。到21世纪初,中国纺织工业生产能力在世界总量中所占份额大体可接近于人口所占的份额。纺织生产已逐步改变劳动密集的旧貌,换上技术密集的新颜。

### 四、纺织印染生产第三次飞跃

中国以及西方发达国家纺织印染界的科技人员为改变纺织工业劳动密集状况,已经做出了不懈努力,并取得了很大进展。随着科学技术特别是信息技术的飞速发展,以前人们期待的纺织印染的第三次飞跃的标志性成果已经显现。目前纺织印染生产已经由劳动密集型转变成技术密集型。原料仿真化、设备智能化、工艺集约化、产品功能化、环境优美化、营运信息化,这些当年人们期待的现象已经基本实现。所以我们说,已经基本实现纺织印染技术发展的第三次飞跃。

目前,纺织原料已经大部分通过工业方法生产合成纤维,而不再主要依靠农、牧业方法来生产。原料的质量将融合天然纤维和合成纤维的优点而克服其各自的缺点。仿毛、仿真丝、仿麻、人造革以及混纺等原料的品种多样化已经实现,已经能够满足各方面的不同需要。合成染料已经完全取代天然染料,而且染色效果和染色牢度达到了非常高的地步。

现在,纺织印染设备已经实现主要通过电子计算机系统自动调节和控制工艺,并在单机自动化的基础上发展成为自动生产流水线,纺织染整冗长的工艺过程将通过技术进步逐步缩短,并且进一步连续化。纺织印染工厂的整体智能化生产系统已经形成,使人可以进一步从机器旁解脱出来,做到车间里少人甚至无人而自动运转。劳动生产率由此再一次大大提高。

纺织产品将极大丰富,并出现多功能性纺织品。纺织产品除了供御寒、装饰之外,已经出现愈来愈多具有各种特殊功能的织品,这些织品有的已经进入市场,适应了人们日益丰富的生活需求,如卫生保健、安全防护、航天航空、特殊需要、娱乐欣赏等。现在纺织品不仅是服饰用料,也更多地渗透到各项工程、交通、航天、国防、农牧渔业、医疗卫生、建筑结构、文化旅游等各个领域中去。

所以应该说,纺织印染生产已经处于第三次飞跃时期。智能化生产系统已经实现,工厂工作人员不再分成工人和技术人员,而是一批人数不多的兼通纺织、化工、电子、机械等学科的名副其实的"博士"。他们既有文化科学知识,又有操纵和检修智能系统一般故障的能力;既是工程师,又是工人。纺织厂中性别"偏爱"已经消失,工厂中不再主要是"织女"了。由于消费者对纺织品美化要求愈来愈高,纺织印染工厂将不单纯是技术部门,在其中工作的人既懂技术,又有艺术素养。体力劳动和脑力劳动的区别也将消失。

目前,工厂的污染得到了治理,环境美化,自动化程度相当高,没有噪声。有的工厂模拟大自然,成为优美素雅的场所。劳动制度将不再是呆板的八小时或者"四班三运转",夜班基本消灭,白班除值班人员外,将实行浮动工时制和计件包干制,有的工作已经可以在设于家庭中的计算机网络的终端上来完成,实现网上远程办公。

原来这些美妙的设想,当时还有人认为是乌托邦式的空想。人们没有想到,当时预计需要几十年以后才有希望实现的梦想,现在已经实现。

生物工程技术的利用已经能够获得更多更新的纺织原料。生物工程技术研究开发的重点是通过基因转移、细胞重组,改造现有的动植物品种如彩色棉、彩色蚕丝、彩色羊毛等以生产绿色纤维。蜘蛛丝蛋白纤维是从天然蛋白纤维提炼出来一种比钢丝强度还要大 5 ~ 6 倍的纤维,是新一代防弹衣、降落伞的极好原料;现代物理技术如等离子体技术、纳米科技、辐射能、超声波等运用于纺织印染技术,使纺织印染技术发生了一次极大的变革;信息技术的广泛利用以及纺织印染行业信息化的发展,逐步实现产品开发设计信息化,纺织生产过程检测和控制信息化,企业管理信息化;新材料不断开发利用,依靠高技术和纤维学科最新理论研制除了具有高性能和高功能性的一系列新纤维材料。新型染料、新型染料助剂运用于染整行业;全面环保的概念和技术运用到纺织印染行业,从源头减少排放物的产生,并进一步实施排放物的严格处理,已达到排放物无害化的要求。

## 第二节　近代纺织染工业在中国发生的社会背景

19 世纪 70 年代初至 90 年代中期,是洋务运动中国重点兴办民用企业的时期,在这个时期兴办的机器工业中纺织工业占有重大比重。

### 一、近代纺织染工业兴起的原因

近代中国纺织染工业是在外国资本主义势力不断侵入、中国半殖民地半封建化程度不断加深的背景下出现的。具体来说,它的兴起有以下几个方面的原因。

1. 政治经济形势所迫

第二次鸦片战争以后,西方列强凭借《天津条约》《北京条约》,不仅继续在通商口岸大量销售洋布、洋纱,而且不断向中国内陆省份渗透,行销日广。19世纪60年代至19世纪末,外国输入中国的面纱和棉布见表1-1。[①]

表1-1　外国输入中国的面纱、棉布统计

| 年份 | 棉纱 | | | 棉布 | | |
|---|---|---|---|---|---|---|
| | 数量/万公担 | 指数 | 占进口总值/% | 价值/万元 | 指数 | 占进口总值/% |
| 1871—1873 | 3.78 | 100 | 2.8 | 3201.4 | 100 | 30.2 |
| 1881—1883 | 11.80 | 312 | 5.8 | 2849.4 | 89 | 22.8 |
| 1891—1893 | 70.49 | 1865 | 14.6 | 4491.2 | 140 | 20.5 |
| 1901—1903 | 150.38 | 3978 | 18.6 | 9294.5 | 290 | 19.7 |

洋纱以其质优价廉很快挫败土纱,成为中国手工织布者的首选之物。这样一来,手工纺纱者大量减少,手工织布者在洋布的冲击下也日渐减少,中国的手工棉纺织工业不再依赖农业。其结果是,农民劳动力大量过剩,手工业者成群破产,大批原来纺纱织布以自给的人,成为纱、布的消费者,商品市场上的纱、布流通量扩大了。这种严峻的形势对国内经济产生严重的冲击,从而唤起人们的觉悟。

2. 洋务派官员思想觉悟提高

洋布、洋纱的大量输入,使洋务派官僚深感不安,他们认为长此下去,必定造成财源不保,白银外流,认为只有购置机器,设立布局,才能保我利源,堵塞漏卮。李鸿章指出:"英国洋布入中土,每年售银三千数百万,实为耗财之大端。……亚宜购机器纺织,期渐收回利源。"[②]又说:"自非逐渐设法仿造,自为运销,不足以分其利权,盖土货多销一分,即洋货少销一分,庶漏卮可期渐塞。"[③]为此,李鸿章积极筹建上海机器织布局,创办了中国第一家近代棉纺织企业。

张之洞较李鸿章的认识更为深刻,更为焦虑不安。他在给光绪皇帝的《拟设织布局折》中说:"窃自中外通商以来,中国之财溢于外洋者,洋药而外,莫如洋布、洋纱。……考之通商贸易册,布毛纱三项,年盛一年,不惟衣土布者渐稀,即织土布者亦买洋纱充用,光绪十四年销银即将五千万两。……棉布为中国自有之利,反为外洋独擅之利。耕织交病,民生日蹙,再过十年,何堪设想!"因此他提出:"今既不能禁其不来,惟有购备机器,纺花织布,自扩其工商之利,以保权利。"1888年,张之洞决定在广东创办纺织厂。不久,他

①　严中平:《中国经济史统计资料选编》,北京:科学出版社,1955年,第74页。

②　李鸿章:《李鸿章全集》第5册,海南:海南出版社,1997年,第2684页。

③　李鸿章:《李鸿章全集》第3册,海南:海南出版社,1997年,第1339页。

由两广总督调任湖广总督,遂将纺织厂移到湖北筹创,先后建立了湖北纺织四局。

正是这些洋务派官员的忧患意识,使他们认识到如不创办机器工业,将使国家倍受损失,民族倍受欺凌。

### 3. 劳动力和原材料丰富

由于洋布、洋纱的大量输入,中国传统手工业受到严重打击,大量手工业者纷纷破产,这些具有做工经验的劳动者形成了丰富的劳动力市场。劳动力的来源还不止这些,我国本来就是人口大国,一直是劳动力剩余,而且在农村从事农业生产的劳动力非常愿意到城市从事工业生产。同时,洋务派官员和商人也充分认识到国内丰富的纺织原材料市场,因为,棉麻毛丝这些原料产地多,有些原料很适宜种植和喂养。劳动力和原料是纺织工业兴办的两个基本条件。有了这两个基本条件,才使得纺织工业的兴起成为可能。

### 4. 商人利益驱动

西方近代纺织技术所带来的经济效益对一些买办、地主、商人和手工工场主产生了极大的吸引力。他们认为,兴办纺织工业定有大利可图,他们或是仿造纺织机械,或是直接投资购买西方机器办厂,从而导致了民族资本纺织工业的兴起。如华侨商人陈启源早年在南洋经商之时,曾遍历各埠,对机器缫出的厂丝之精美极为羡慕,从而"考求机器之学"。回国后,他于1872年在广东南海县仿造机器,创办继昌隆缫丝厂,开中国近代民族纺织工业的先河。上海买办黄佐卿则于1881年投资10万两,从法国购进缫丝车100台及其他辅助设备,创办公和永缫丝厂,成为上海民族资本机器缫丝业的先导。

### 5. 西方先进技术和设备为我国纺织工业的兴办提供了物质保障

正是由于洋布、洋纱的大量输入,使国内的人们不仅认识到洋布、洋纱质量的优良,而且,他们也明确感受到,生产这种优质纺织品的设备和技术同样比国内的手工纺织要先进得多。也正是西方这些先进的纺织技术和设备,为中国洋务派开办工厂提供了技术和物质条件。当时工厂的大部分设备都是从国外购进,而技术人员多是聘请国外人员。

## 二、我国近代纺织印染业的组织形式

我国近代纺织染工业包含官僚资本、民族资本和外国资本三类企业。

早期官办的纺织染企业虽然没有脱离封建思想的影响,但对于我国纺织业的发展起了引领作用。抗日战争结束后,由在华外资(主要是日资)纺织染厂实现国有化后组建而成的中国纺织建设公司等,则是国家资本垄断性的巨大产业集团。一方面,它们是当时国民政府的工具,为国民党提供大量资金和军用被服等物质支持;企业内部仍存在压迫、剥削工人的制度,工人的积极性和设备、技术的潜力远没有充分发挥。另一方面,该公司中供职的广大技术人员则本着一片爱国心,总结了过去日本在华"八大纺织系统"的管理经验和技术知识,结合当时民营厂的实践经验,初步形成了统一的管理制度和技术规范,并分期分批对所属各厂工程技术人员和各层次的管理骨干进行轮训,从而大大提高了所属纺织企业的生产能力。《工务辑要》《纺建要览》《经营标准》《平车工作法》等出版物,反映了这些工作的成果。这些都为中华人民共和国成立后办好有计划建设起来的国有纺织企业,在技术、管理方面提供了有益的经验。中纺公司所培养的技术和管理人才,以后绝大多数成了社会主义国有纺织企业的骨干。

我国的民族资本纺织工业是在进口纺织品和在华外资纺织厂的产品充斥市场的艰难环境中成长的。民族资本纺织业既缺乏雄厚的资本,又得不到当时政府的政策支持,在极不平等的竞争条件下,挣扎前进。但到中华人民共和国成立前夕,民族资本纺织业的总规模已超过全国总量的一半,这是极其了不起的成就。从民族资本纺织工业整个发展过程可以看出,在全国反帝爱国群众运动高涨的年代,民族资本纺织工业发展就顺利;在民族危难、群众受压的年头,民族资本纺织工业的日子也不好过。可见,民族资本纺织业的发展与群众的觉醒和国家的兴旺休戚相关,这是我国民族纺织资本家多数具有爱国意识的根源。而民营厂中的技术人员则是认清这种关系的先驱,在促进资本家认清前途方面,起着十分重要的作用。

我国民族资本纺织厂的规模一般远比在华外资纺织厂为小,而且单位设备投资额也远比在华外资纺织厂为低。这一方面成为多数民族资本纺织厂经不起风险的原因,另一方面也显示出中国纺织资本家以较少的自有资金来创办较大规模产业的经营能力。此外,在大量分散的小规模民族资本纺织厂中,也屹立着几个巨大的民族资本纺织产业集团。如荣氏集团除拥有大量纺织厂外,还兼办其他轻工业和文教事业;大生集团更兼办原料开发、动力建设、文教事业以及社会福利事业。这一切显示我国纺织资本家中的杰出人物怀有对社会进步的心理,这是我国民族纺织资本家后来拥护社会主义改造的基础。当然,我国民族纺织资本家还是软弱的,有些人关心投机盈利比关心生产管理更甚。而在企业内部,对工人群众的剥削与外国资本家并无差别。

近代在华外国资本纺织企业凭借着不平等条约所给予的种种特权,利用我国廉价的原料和劳力,抢占我国纺织品市场,对我国人民进行长期的经济剥削和超经济剥削。获取高额利润是在华外国纺织资本家的根本目的。但是,他们为了更有效地盈利,必须把纺织厂办好。为此他们不得不把当时外国纺织厂的技术和管理经验带进中国。为了降低工资成本,他们必须雇用中国工人甚至雇用少数中国技术人员,因此在客观上提供了扩大中国纺织熟练工人、技术工人、工程技术人员和管理人员队伍的物质条件,在外国资本纺织企业实行国有化之后,这支队伍和他们的生产与管理经验,都留下来为我所用。另外,在华外资纺织厂抢占中国市场,排挤、并吞我国民族资本纺织厂的行动,也激发了我国民族纺织资本家的竞争意识,促使他们去改善企业的经营管理,在华外国纺织资本家对中国工人的压迫、剥削,激起了中国纺织工人的反抗,促进了纺织工人阶级觉悟的提高。

近代在华外国资本纺织工业规模的不断扩大,是世界范围纺织生产力由发达地区向后进地区扩散的表现,也是资本由工资成本(间接反映生活水平)较高地区向工资成本较低地区流动的过程。通过这种流动,纺织生产力在世界范围的地区布局缓慢地发生变化。这种变化在第二次世界大战结束后,就以很快的速度进行着。

# 第三节　中国近代纺织染工业成长的若干发展规律和启示

研究我国纺织染工业在近代的成长发展历程,可以得出下列发展规律,并从中得到启示。

第一,我国近代纺织染工业,是从国外引进开始的。这是当时我国商品经济不发达所致。纺织染原料通过加工成为纺织印染产品。产品具有使用价值,如服装可以穿着。但产品必须通过流通才能成为商品,商品除了使用价值外,还有交换价值。流通规模愈大,积累就愈多。生产规模的扩大,财富积累的增多,必然促使新技术得到应用和推广。由此可见,技术能否被推广,并不完全在于此项技术本身是否先进,还在于它是否为当时社会所需要。而社会需要正是由流通促成的。从这个意义上说,工贸(或农工贸)结合是市场经济中发展工业获得成功的一条根本性的经验。

第二,我国近代纺织染工业首先从沿海、沿江的大城市建立,并且站住了脚。直到中华人民共和国成立,纺织印染工业畸形地集中在沿海、沿江地区的局面也没有根本改变。早期企图在靠近羊毛产地建设毛纺织工业,用心虽好,却屡遭挫折,毫无成效。可见,纺织印染工业先从发展水平较高的地区开始,是有客观原因的,而绝非偶然。这是因为:①我国纺织印染工业是从国外引进的,而发达地区交通方便,引进外国设备比较容易;②发达地区附近人口密集,人民消费水平较高,有比较大而集中的纺织品市场;③发达地区相关行业技术配套比较齐全,机配件和染料供应容易解决;④发达地区对外联系多,信息比较灵通,所以生产较能顺应市场需要;⑤发达地区人才较多,职工素质较高,容易掌握技术;⑥发达地区交通便利,运输费用较少;⑦发达地区一般手工纺织业也比较发达。这些条件内地许多地方开始都不具备,只有当内地办厂的外部条件(也就是投资环境)有了一些改善,而且沿海发达地区与内陆省份后进地区的人民生活水平(也就是工资水平)差距拉大到一定程度,纺织工业才逐步向内陆省份后进地区扩展以至转移。在此之前,不少后进地区的剩余劳动力,已逐渐流向发达地区,这在客观上为以后的转移做了人才的准备。不过,即使到布局达到合理之时,发展水平较高的沿海、沿江地区老纺织基地,仍将发挥技术优势的积极作用。

纺织工业的建设如波浪一样,一层一层地向深广推进,一直到地区布局达到平衡,在一国内部是这样,在世界范围也是这样。

第三,我国近代纺织工业发端于缫丝和毛纺织,但棉纺织工业出现之后,便后来居上,而且迅速发展成为近代纺织业的主体。开端较早的毛纺织和丝绸工业却一波三折,直到中华人民共和国成立,仍还规模甚小,而且困难重重。这说明各档次消费品工业的成长,是以人民生活水平的高低为依据的,人民生活的需求是由低层次向高层次逐步发展的。在人民生活水平较低,主要矛盾还是缺衣的时候,进行"雪中送炭",生产大众化产品以满足人民低层次需求的棉纺织行业首先得到发展;而实行"锦上添花",生产高档次面料来满足人民高层次需求的丝、毛纺织业,则必然市场狭小,处境困难。只有在人民生活逐步提高之后,这种局面才会慢慢改变。

由此可见,纺织工业内部各行业的结构比例,决不是一成不变的。这种结构比例必然要随着人民生活水平的提高而不断变化。生产高档次产品的行业所占份额将愈来愈大,在行业和企业内部也同样如此。生产高档次品种的专业或企业,一定是后来居上。这种趋势,使纺织工业不断推陈出新,节节向上,永葆繁荣。

第四,我国近代纺织工业的孕育,是从外国廉价纺织商品大量涌入开始的。进口外国纺织商品中,能够成功地广泛推销的,一开始并不是较深加工产品棉布或者深加工产品呢绒,而是初级产品棉纱。进口棉布的销路之所以远不如进口棉纱宽广,其根本原因是机织棉布的劳动生产率与当时手工棉布相比,差距远不如机纺棉纱与当时手工纺纱之间那么大。正因为如此,我国近代早期,纱厂的发展速度往往比织厂快。机纺棉纱市场占有面大,决定了早期纱厂的繁荣,机纺棉纱市场占有面之所以大,是因为销售机纺棉纱经济效益好。

为什么机纺棉纱和机织棉布之间劳动生产率或者销售经济效益会有大的差距呢?最根本的原因是机器纺纱和机器织造的近代技术发展水平存在着很大差距。较深加工产品机织棉布品种丰富,批量相对较小;而初级产品机纺棉纱品种较为单纯,批量很大。因此,一般而言,较深加工产品生产的技术难度总比初级产品生产的技术难度大。较深加工产品生产技术的发展,往往滞后于初级产品生产技术的发展。另外,就纺纱和织造这一对特例来说,纺纱自古已有多锭化的渊源,而织造直到近代却一直没有多梭化的出现。两者原来的技术基础也存在显著差异。

由此可见,在一定的技术发展阶段,初级产品首先抢占市场,而生产初级产品的专业首先得到发展;其后,随着技术进一步的发展,较深加工产品才逐步取代初级产品而抢占市场,生产较深加工产品的专业也就发展起来,这样产品的加工深度,一步步地提高,这是不以人们意志为转移的客观规律。

第五,综观整个近代,在国内相对平静、农业丰收的年代里,纺织工业的境况较好。在旱涝灾害严重、国内战争扩大的岁月里,纺织工业也就不景气。这是由于与纺织兴衰密切相关的人民生活水平受大环境影响上下起落,而纺织产品的销路也随之起落。

突出的事例是,抗日战争初期直到1941年底太平洋战争爆发,全国纺织工业受到严重摧残,困难重重。但在上海、天津的外国租界地区,纺织工业不但没有衰落,反而曾有四年半的发展和畸形繁荣。这是因为在这几年里,尽管全国遍地烽火,外国租界里却保持了局部的安定,而且还有一定的技术配套和对外交通的便利。周围地区纺织工业的被破坏,也从反面促成租界内生产的商品畅销。由此可见,安定方便的外部环境,是纺织工业(其他工业也差不多)得以顺利发展的重要条件。

第六,纺织工业的发展总规模,有一个不以人们意志为转移的制约因素,那就是国内外市场的宏观需要。当纺织工业总规模低于国内外市场宏观总需求时,纺织工业必然要扩展;当其总规模超出国内外市场宏观总需求时,纺织工业必然会萎缩。这是因为只有在市场有销路时,工业才能生存。在市场经济条件下,这种工业规模的涨缩会自发地、周期性地反复出现,形成波动状的起伏,导致社会经济景气与不景气的反复循环。

中华人民共和国成立前,我国的纺织工业虽有相当基础,但总规模还十分不足。以致大众化产品还不能满足当时 5 亿人口低水平的需要。那时不但洋布有不小的销路,而且手工土布也还占全国棉布总产量的1/4。正因为如此,我国的手工纺织业,特别是农家纺织副业,在近代纺织工业形成之后,并没有马上消亡,而是保留着相当大的规模长期存在。此外,在中华人民共和国成立初期,人民政府还不得不采用发布票的办法,来限制纺织品的消费。这种宏观供应短缺的情况,成为以后我国纺织工业高速度发展的动力,这与西方发达国家在第二次世界大战结束、旧殖民主义体系开始瓦解时所发生的纺织工业急剧衰退现象,形成鲜明的对照。这是因为西方发达国家当时的纺织工业总规模,不但远远超过其国内市场的宏观需要,而且因为殖民地纷纷独立,海外市场急剧缩小,也大大超出外销市场的宏观需要。一面是"夕阳西下",一面是欣欣向荣,这是纺织生产力在世界范围的地区布局。由历史形成的畸形走向新的均衡的两个侧面,反映了历史进步的必然趋势。

最后的均衡状态将是各国(或主权独立的地区)的纺织生产能力所占的份额,大体接近于其人口所占的份额。

总之,近代中国的纺织工业,在艰苦斗争中形成了一定的基础,但与人民生活需求相比,还十分不足,而且带有深刻的半殖民地、半封建的社会烙印。这种局面到中华人民共和国成立,并经过社会主义改造之后,才发生根本的变化。不过如果离开近代纺织工业这个基础,那么后来纺织工业的飞速发展将是极其困难,甚至是不可能的。在实行社会主义市场经济的当代,重温我国近代纺织工业发展的规律,具有重大的现实意义。

# 第二章 | 近代纺织原料的发展

　　近代中国的纺织原料在古代纺织原料棉、毛、丝、麻四大类的基础上,又有重大进步,那就是合成纤维的发明和应用。随着纺织工业的建立和人造丝的出现,天然纤维的生产和利用发生了重大变化,而合成纤维的出现极大改变了纺织原料的应用。

　　鸦片战争后,世界主要资本主义国家先后进入中国,开始把中国变为它们输出纺织品的市场和输入纺织原料的基地,这加速了中国以耕织结合为特征的自然经济的解体。与此同时,纺织原料生产地区的扩大和数量的增加以及商品化率的提高,也加速了解体过程。纺织原料作为大宗商品出现在国内市场。

　　随着纺织工业的建立,纺织原料无论在数量上还是在质量上都不能满足社会发展的需要。这种矛盾推动着近代农业科学技术的传入和传统农业技术的改良,在良种选育、种植和饲养方法上都取得了一定的进展和成效。在此期间,棉取代麻的过程进一步加快,开垦新棉区取得了一定成绩,棉成为占统治地位的纺织原料。桑蚕丝的生产保持其重要的地位,仍然是主要的出口商品;柞蚕丝有了很大发展,成为重要的出口商品。为适应对外出口和国内纺织工业的地域分布以及农作物品种的发展,纺织原料生产的地域分布也发生了相应的变迁。

　　合成纤维的出现和利用,为纺织原料开辟了新的途径,也给天然纤维的生产带来了冲击。人造丝的利用既替代了一部分蚕丝,又为丝织物的品种开发和增加产量提供了新的廉价、大宗原料。在此阶段,人造丝制造业处于萌芽状态,远不能满足需求,长期依赖进口。

　　纺织纤维检验方法、品质标准和质量检验机构陆续建立,并与国际上常用的标准和惯例相适应。

## 第一节　棉花纤维

### 一、植棉的发展概况

　　棉花真正被广泛种植和利用是在我国的宋朝之后,据记载,黄道婆最大的功绩就是把棉花的种植技术和加工使用技术传播到内陆省份,才使得棉花得以广泛使用。在我国南部和西北部边疆地区的植棉业具有悠久的历史。明代中期以后棉花已取代麻成为主要的纺织原料。清代前期至中期,麻仍作为纺织原料而存在,至 1840 年鸦片战争时,我国棉的种植和利用已经普及,基本取代了麻(表 2-1)。

表 2-1　1840 年棉花产量估计

| 全国棉布消费量 | |
| --- | --- |
| 　年人均消费水平 | 1.5 匹 |
| 　全国消费棉布 | 60 000 万匹 |
| 　折合棉花(1) | 649 万关担 |
| 全国棉絮消费量 | |
| 　年人均消费水平 | 6.5 关斤 |
| 　全国消费絮棉 | 200 万关担 |
| 　折合棉花(2) | 208.3 万关担 |
| 全国棉花消费量(1)加(2) | 857.3 万关担 |
| 　加:出口土布折合棉花 | 0.1 万关担 |
| 　减:进口棉花 | 50 万关担 |
| 　进口洋纱、洋布折合棉花 | 5.6 万关担 |
| 全国棉花产量 | 802.4 万关担 |
| 　折合市秤 | 970.7 万关担 |

　　鸦片战争后,棉花生产的规模、技术和地域分布变化不大。19 世纪 80 年代末中国开始引种美棉。随着棉纺织工业和棉花进出口贸易的发展,棉花生产在整个国民经济中的地位日显重要。民国初年,陆续有政府机构和工商团体着手进行棉花生产的调查和统计。1947 年公布的《中国棉产统计》包括了 1919—1947 年棉田面积、单位产量和总产量的数字,统计范围虽只包括 12 个主要产棉省,但还是能够反映出中国棉花生产的情况和生产总量的变化。这是中国唯一的、历史最悠久、全面而又系统的棉产统计资料,常为中外学者所引用。

　　另一套棉产统计数据是由国民政府中央农业实验所负责编制的。统计范围很大,包括 22 个省的 1200 个县,发表了 1931—1936 年各年度统计报告。此外,国民政府实业部于 1932 年独立进行棉产统计,包括 15 个主要产棉省的资料,但仅发表了该年的统计结果。1950 年,上海市棉纺织工业同业公会筹备会发行了《中国棉纺织统计史料》一书,该书汇编了 1919—1949 年全国各省的棉田面积、皮棉产量和每亩皮棉收量统计。[①] 1983 年出版的《中国棉花栽培学》(中国农业科学院棉花研究所编)中,给出了基于前述统计资

---

① 上海棉纺织工业同业公会(筹):《中国棉纺织统计史料》,上海棉纺织工业同业公会(筹),1950 年,第 114-118 页。

料并加以修订的1919—1948年的棉产统计结果。分析这些统计资料，可以看出这30年中棉花生产发展的曲折历程及其特点。

第一，棉花产量出现一升一降两个阶段。从1919年到1948年的30年间，棉花生产的发展分为两个阶段：1919—1936年，棉田总面积和棉花总产量逐步增长，棉花总产量从52.8万吨增长到84.85万吨，18年共增长了60.7%；1937—1948年产量骤降，棉花总产量从1936年的最高峰84.85万吨，降到1948年的50.5万吨，12年共降低了40.48%。

表2-2是将1919—1948年的棉田面积和棉产量用10年平均值进行比较，我们把这30年按10年为一个时期，分为前期、中期和后期。从表中的数据可以看出，中期和后期的棉田面积都有所增加，但后期比中期减少了。中期的棉花总产量最高，前期次之，后期最低。中期棉产量增加，主要原因是棉田面积扩大，平均面积比前期增加了42.3%。由于单产降低了10.5%，因此平均年产量只增加26.4%。1949年棉花总产量又进一步降低到44.45万吨。

**表2-2 1919—1948年全国棉田面积和棉产量10年平均值比较**

| 年份 | 棉田面积/万亩 | | 棉产量/万吨 | | 单位面积产量/(斤/亩) | |
|---|---|---|---|---|---|---|
| | 10年平均 | 与前期比较 | 10年平均 | 与前期比较 | 10年平均 | 与前期比较 |
| 前期:1919—1928 | 2749.97 | — | 43.17 | — | 31.34 | — |
| 中期:1929—1938 | 3907.21 | +1157.24 | 54.58 | +11.41 | 28.06 | -3.28 |
| 后期:1939—1948 | 3166.00 | +416.03 | 40.67 | -2.5 | 25.48 | -5.86 |

注:1亩约等于666.7平方米,下同。

第二，棉花平均亩产30年来呈下降趋势。前期的平均亩产最高，为15.67公斤/亩，中期比前期减少了10.5%，后期又比中期减少了9.2%。1949年又降低到11公斤/亩，比1919年的17.25公斤/亩，减少了36.2%。30年来，棉花平均亩产的降低，标志着棉花生产的倒退。

第三，从1932年起，棉花总产量呈明显上升趋势。虽然1935年发生了大水灾，棉花总产量比上一年度减少19万多吨，但次年达到84.88万吨的棉产量高峰。这主要是由于国内棉纺厂用棉量增加和进口外棉减少的结果。1932年，棉纺厂纱锭突破500万枚，纺纱用棉量达45万吨。1932—1935年世界棉花产量都处在低谷时期。国内进口棉花数量自1932年起锐减，1932年进口量为18.56万吨，比上一年减少了近5万吨，之后逐年递减，到1936年进口量减至2.67万吨，仅占1931年进口量的11.48%。国内纺纱厂用棉量的增加和进口棉的减少，为我国棉花生产创造了一个良好时机，出现了中国近代棉花生产发展的鼎盛时期。

第四，棉花生产受日本全面侵华战争的影响极大。1937年，日本发动全面侵华战争，中国棉花生产发展的良好势头被扼杀，棉花总产量和亩产大幅度降低，1937年比1936年总产量减少了19万吨。这不仅比1935年大水灾造成的损失大，直到1945年日本投降时棉产连续多年大减产。1945年棉花总产量降低到29.7万吨，比1936年减少了55.13万吨。1937 年单位面积产量为 10.8 公斤/亩,是 30 年的最低点,比 1936 年减少了 5 公斤/亩。1937—1945 年,棉花生产处于大倒退时期,棉田面积、总产量和单位面积产量全面下降。日本侵占的沦陷区的棉田面积占全部棉田的 86% 左右,余下的仅有陕西、四川两省之全部及湖北、河南之西部与滨湖地区等。应该指出,全面抗日战争时期,大后方的棉花生产初期受到一些破坏,但很快就得到恢复,有些地区还有进一步发展。突出的是四川省,棉田面积和总产量都有较大的增长。①

第五,抗日战争胜利后,棉花生产得到了一定的恢复。1946 年和 1947 年两年连续增产,总产量超过 50 万吨,1948 年略有下降,1949 年锐减到 44.45 万吨。抗战胜利后,人民对棉花和棉纺织品的需求量增大,农民种植棉花的积极性也增高。尽管当时市场上有大量美棉倾销,对中国棉花生产的恢复和发展增加了阻力,但从总体上来讲,棉花生产还是有一定的增长。美棉的倾销,破坏了中国棉花市场的正常供应,改变了棉花市场的结构,给一些地区的棉花销售带来了困难,打击了棉农的生产积极性。以 1946 年为例,该年进口美棉 34 万吨,相当于当年全国棉花总产量的 94.4%。上海的棉纺织厂 99% 是用美棉,而国产棉花在上海几乎无人问津,棉价低于生产成本,棉农被迫改种其他作物。1947 年国民政府大举进攻解放区,棉花生产遭受战乱破坏。1949 年亩产降低到 11 公斤/亩,棉花生产陷于困境,使中华人民共和国成立后恢复棉纺织工业生产面临原棉短缺的困难局面。图 2-1 是 1919—1949 年全国棉田面积、皮棉产量和单产的变化曲线。

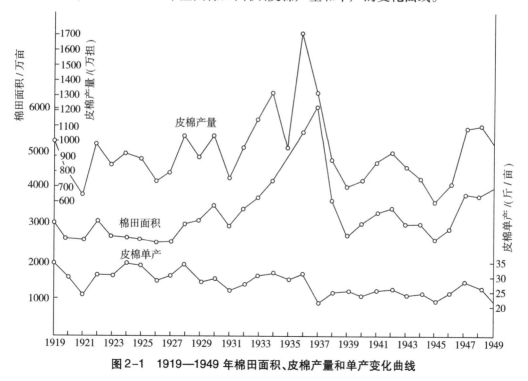

图 2-1　1919—1949 年棉田面积、皮棉产量和单产变化曲线

① 农业部农产改进处:《胡竟良先生棉业论文选集》,南京:棉业出版社,1948 年,第 59 页。

## 二、棉花生产区域的北移变迁

宋代以前,我国棉花的主产区一直集中在云南、广东、广西、福建和新疆等边远地区。宋末元初才相继传入长江流域和黄河流域,此后棉花生产中心逐渐北移,北移导致广东、广西、云南、福建等地老棉花生产区逐渐衰落。清代后期和民国初年,棉花产区进一步北移,至此,中国三大主要棉区形成:华北棉区(又称黄河流域棉区),包括山东、河北、河南、山西、陕西、甘肃六省;华中棉区(又称长江流域棉区),包括江苏、浙江、安徽、江西、湖北、湖南、四川七省;华南棉区,包括福建、广东、贵州、云南四省。此外还有西北内陆和华北北部及辽宁南部的产棉区。

20世纪中叶,中国形成了五大棉区,由南向北、自东向西依次为华南棉区、长江流域棉区、黄河流域棉区、北部特早熟棉区和西北内陆棉区。习惯上,又将前两个棉区统称为南方棉区,后三个棉区统称为北方棉区。

1919—1949年,中国棉产区向北移动的趋势进一步巩固,黄河流域棉区的种植面积和皮棉产量占全国的比重增大。河北、山东、山西、河南、陕西五省的植棉面积和皮棉产量在20世纪初有了进一步增长。黄河流域的亩产远较长江流域高,所以皮棉产量占全国的比重比棉田面积占全国的比重高。进入20世纪30年代,黄河流域棉产区有了新的发展。其中,1934—1938年,连续5年的皮棉产量接近或超过全国产量的一半。自1938年起,棉田面积和皮棉产量占全国的比重开始下降。这主要是由于在全面抗日战争和解放战争时期,黄河流域的棉田和棉花生产遭受到的破坏较长江流域严重。随着解放战争的胜利,黄河流域棉区的生产得到较早的恢复。从1948年起,棉田面积和皮棉产量都有增加。到1949年,棉田面积和皮棉产量又超过全国一半以上。

## 三、棉种改进

我国最早种植的棉种属栽培种是亚洲棉(中棉)和草棉。19世纪下半叶我国开始从美国引入陆地棉。经过一个多世纪的引种、驯化、选择和培育,形成了许多适合我国不同地区种植的陆地棉品种,逐步取代了中棉和草棉。

我国近代棉种改进工作,主要围绕陆地棉的引种、驯化和中棉品种的改良进行。

### 1. 陆地棉种的引进和驯化

1865年,上海有美国陆地棉棉种输入。1867年,清政府曾派人去美国求购棉花良种。清政府湖广总督张之洞了解到中棉品质差,不适合用机器纺中高支纱。因此,他在举办湖北织布局时,推行种植美棉。但1892年和1893年两年试种美棉均未成功。原因是未对美棉种子进行驯化,棉农简单地用种植中棉的办法来种植美棉。虽然美棉种植未成功,但该举措开创了中国引种美棉的历史,为以后的引种和推广积累了经验。

清政府于1904年购入大量美棉种子分发各省,并由政府颁发了改良中棉计划。但由于清政府官吏脱离生产实际,不懂科学,不知道驯化棉种和种棉技术,最终中棉改良计划以失败而告终。1913年,张謇出任北洋政府的农商总长,在棉产改进方面做了一些工作,并取得一些进展。

随着时间的推移,陆地棉的种植逐步增加。黄河流域棉区陆地棉种植面积和产量均高于长江流域。棉花种植面积增长较快的省份,如河南、陕西、湖南和湖北,陆地棉所占的比重较大。江苏、河北、山东这些主要产棉省的陆地棉所占比例不高。在同一省内,陆地棉的纤维长度、细度、天然转曲都优于中棉,可纺支数较高。中棉的长度、整齐度和纤维强力均高于美棉。总体上讲,陆地棉纤维品质显著优于中棉。(见表2-3)

表2-3　主要产棉省中棉和陆地棉纤维品质

| 省别 | 种别 | 检验处所个数 | 纤维长度/英寸 | 长度整齐度/% | 强度/克 | 天然转曲/个 | 可纺支数/英支 |
|------|------|------|------|------|------|------|------|
| 河北 | 陆地棉 | 1 | 29/32 | 90 | 6 | 115 | 24～32 |
| | 中棉 | 4 | 11/16～25/32 | 95～93 | 5～7 | 37～47 | 8～12 |
| 山东 | 陆地棉 | 12 | 15/16 | 88 | 4～5 | 76～116 | 24～42 |
| | 中棉 | 6 | 25/32～1 | 88～96 | 5～6 | 43～60 | 10～24 |
| 山西 | 陆地棉 | 6 | 15/16 | 92 | 5 | 80～110 | 20～32 |
| 河南 | 陆地棉 | 16 | 15/16 | 88 | 5 | 96 | 24～42 |
| 陕西 | 陆地棉 | 10 | 29/32 | 90 | 4～5 | 94 | 16～32 |
| 江苏 | 陆地棉 | 4 | 13/16～1 | 89～94 | 5 | 88～96 | 16～24 |
| | 中棉 | 16 | 25/32～13/16 | 94～96 | 6 | 50～80 | 10～20 |
| 浙江 | 陆地棉 | 5 | 15/16 | 88 | 4～5 | 92 | 16～32 |
| | 中棉 | 4 | 3/4～31/32 | 98 | 6～7 | 39～60 | 10～24 |
| 安徽 | 陆地棉 | 3 | 11/16～25/32 | 90 | 5～7 | 79～90 | 10～16 |
| | 中棉 | 3 | 11/16～25/32 | 92 | 5～7 | 45～65 | 10～16 |
| 江西 | 陆地棉 | 1 | 13/16 | 94 | 4 | 102 | 16 |
| | 中棉 | 2 | 3/4～25/32 | 95 | 6～7 | 46～49 | 12～14 |
| 湖北 | 陆地棉 | 13 | 13/16 | 93 | 5 | 75～105 | 16～20 |
| | 中棉 | 7 | 23/32～7/8 | 91～97 | 5～8 | 43～82 | 10～16 |

**2. 中棉品种的改良**

自13世纪亚洲棉传到长江和黄河流域以来,经长期栽培选育结果,到明、清时代已培育出很多抗性强、衣分高的中棉品种。但是到了清代后期,棉种严重退化,衣分降低。对中棉品种进行改良迫在眉睫。

最早用近代农业科技知识对中棉进行改良的是南通农科大学。在张謇校长的推动下,南通农大于1914年培育出改良鸡脚棉。该棉纤维长度为23～25毫米,衣分为39%～42%,纤维色泽洁白,成熟早,抗病害能力强,南通、上海地区争相种植。1919年,华商纱厂联合会在南京创办棉作试验总场。1920年设分场16处,从事美棉的驯化和中棉的改良。1921年,华联会将所有各试验场交东南大学农科继续进行试验。经过四五年的选种,东南大学农科培育出改良青茎鸡脚棉、改良小白花棉、改良江阴白籽棉、孝感光子长绒棉等4种优良的中棉品种。这4种改良中棉的成熟期都提早了,成为长江流域的良种。金陵大学棉作改良部在1922年培育出百万棉中棉品种,纤维细长,可纺14特(42英支)纱,此棉生态习性特别宜于江南沿海一带。山东省立第二棉场于1927年从当地农田中选出中棉一种,经5年选种,培育出齐东细绒。此外还有徐州大茧花、定县114、石系1号等优良中棉品种,但因为缺乏大规模的育种场所,推广工作进行得很慢。(见表2-4)

表2-4 中棉纤维长度分布

| 长度/厘米 | 1932年8月—1934年7月检验数量及占比 | |
|---|---|---|
| | 检验数量/吨 | 占比/% |
| 7.6/10.2以下 | 215 | 0.7 |
| 7.6/10.2~63.5/81.3 | 13190 | 45.5 |
| 33/40.6~68.6/81.3 | 7865 | 27.1 |
| 17.8/20.3~73.7/81.3 | 4530 | 15.6 |
| 38.1/40.6~78.7/81.3 | 2615 | 9.0 |
| 2.5以上 | 605 | 2.1 |
| 合计 | 29020 | 100.0 |

### 四、棉花质量评价体系的建立和演变

中国古代文献中有不少关于原棉性状和用途的记载,大约在18世纪就能估验原棉水分,19世纪时能按照产地、品种的颜色进行分级,并概括地用"干、白、肥、净"4个字作为评定棉花质量的标准。"干"是指含水不能太高,"白"是指色泽洁白,"肥"是指纤维成熟度好,"净"是指杂质少。

中国近代棉花质量评价体系是随着棉花商品化、近代棉纺织工业,以及棉花进出口贸易的发展而逐步建立起来的。

#### 1. 含水含杂检测

1901年,上海外商组织的取缔棉花掺水协会,开始对原棉进行含水、含杂的检验。1902年,中国商人成立上海棉花检验局,进行棉花含水、含杂检验。辛亥革命后,检验工作一度停顿。1913年恢复工作,但由于经费困难,不少机构解散。1914年,日本纺织联合会在日本输入港口设立中国棉花含水检验所,对进口的中国棉花实行严格检验,退回不符合标准的棉花,致使中国棉花输出商蒙受重大损失。于是,1916年上海创立了中国原棉水分检验所,次年外商加入,但终因经费困难而于1919年关闭。1921年,中外纺织厂商和棉花出口商联合成立上海禁止原棉掺假协会,之后改名为上海棉花检验所。然而不久,中国纱厂相继退出该所。

1911年,天津外商发起组织天津禁止棉花掺水协会,规定棉花含水率为12%,超过

此标准的不准出口。

1928 年，上海设立全国棉花检验局。市场买卖的棉花经商人申请检验，由各地检验局进行。当时对棉花实行检验的有上海、汉口、汕头、天津、青岛、宁波、济南等地。

2. 棉花等级评定

1930 年，上海商品检验局设立棉花分级研究室，参考美国棉花标准，试制了中国棉花品级标准，将中国原棉分为三大类：美种棉品级标准、黑子细绒品级标准、白子粗绒品级标准。

1933 年，棉业统制委员会成立，制定了取缔棉花掺水、掺杂条例，并于 1934 年公布了实施细则 14 条。同年，全国经济委员会棉花统制委员会设立棉花分级研究室，继续研究棉花品级标准，同时培养检验技术人员，制定棉花标准样本。棉花统制委员会所制定的棉花标准仍然参照美国制定的标准。该标准根据纤维长度将美棉分为长绒和短绒两种，根据纤维的长度和细度将中棉分为甲种（黑籽棉及改良籽棉）、乙种（白籽棉）、丙种（铁籽棉、粗绒棉）、丁种（特粗棉）4 种。至此，中国境内的棉花就有了 6 个类别，同时对每个类别分别制定分级标准。分级的方法是根据原棉的色泽、夹杂物和轧工 3 个要素，对美棉共设 5 个级，在各级之间设 4 个半级，实际上是 9 个级；对中棉的 4 种类别，各分为 5 个等级。

1937 年，国民政府成立全国棉花监理处，对棉花含水、含杂和品级进行检验。抗日战争胜利后，中国纺织建设公司也曾制定类似的实物标准。

近代中国一直未能实行完整、统一的棉花分级标准和检验制度。

## 五、近代世界棉花生产分析及中国之地位

近代世界上有 60 多个国家生产棉花，美国在棉田面积和总产量上居于首位，占世界总量的一半以上，其次是印度，中国占第三位，之后是埃及、苏联和巴西。

中国棉产量占世界总产量的比例波动较大，占比最高是 1918—1919 年度的 14.64%，占比最低为 1926—1927 年度的 6.13%。粗略估计，中国近代棉产量约占世界总产量的 10%，而人均占有的棉产量只有世界平均水平的一半。

亩产以埃及为最高，据 1925—1935 年的统计，埃及年平均亩产最高，其次为秘鲁、墨西哥、阿根廷、中国、苏联、苏丹、美国，中国处于世界第五位。（见表 2-5）

表 2-5　1925—1935 年世界主要产棉国单位面积产量

| 国别 | 最低亩产/公斤 | 最高亩产/公斤 | 平均亩产/公斤 | 平均亩产位次 |
| --- | --- | --- | --- | --- |
| 美国 | 8.08 | 15.58 | 12.33 | 8 |
| 印度 | 6.20 | 6.48 | 6.32 | 12 |
| 埃及 | 31.07 | 33.96 | 32.41 | 1 |
| 中国 | 14.38 | 16.06 | 15.51 | 5 |
| 巴西 | 8.86 | 13.77 | 10.63 | 10 |
| 苏联 | 12.38 | 18.35 | 14.88 | 6 |

中国棉花长度很短,属短绒棉,一般长度在 25 毫米以下。据有关资料分析,1925—1930 年,美国有 22~38 毫米各种长度的棉花,埃及和苏丹主要生产长度在 25~28 毫米以上的长纤维,苏联主要生产 22~28 毫米的中等长度的棉花。印度、土耳其等国主要生产短绒棉。

中国近代的棉花生产经过近 100 年的发展,到 20 世纪 30 年代,棉田总面积和总产量都达到了高峰,出现了良好的发展势头。但由于日本对华的全面侵略战争破坏了正常发展,棉花产量急剧下降。1945 年抗日战争胜利后,棉花生产虽有恢复,但远未达到历史最高水平。

## 第二节　蚕丝纤维

### 一、蚕丝生产的发展

近代中国蚕丝生产有了长足发展,至 20 世纪 20—30 年代,基本完成了由传统蚕丝业向近代蚕丝业的转变。在缫丝业领域大量地引进机器化生产设备,机器生产的厂丝产量超过了手工生产的土丝产量,形成了以工业化为主的格局,总产量和外销量都达到了历史新高度。

早在清朝咸丰、同治年间,在蚕丝外销迅猛发展的刺激下,全国曾出现提倡植桑养蚕的热潮。很多省县都号召和奖励农民栽桑养蚕,有些地方还成立蚕桑局等推广机构。左宗棠在光绪八年(1882 年)任两江总督时,曾从浙江大批购买桑秧,分发江苏各州县种植;其任陕甘总督时,又在新疆喀什成立蚕桑局,派官员采办湖桑桑秧运往新疆种植。清朝官吏中还有用行政命令推广蚕桑的,如四川达县知州陈庆门张贴告示,命令每户居民都要在自己住宅周围植桑。但是由于资金、设备、技术指导、劳力安排、销售等一系列问题,很多地方新办的蚕桑事业未获成功。获得成功的蚕桑新区都是靠近通商口岸,交通便利,外国洋行收购丝茧方便的地方,如珠江三角洲、长江三角洲等地区。到 19 世纪末20 世纪初,蚕桑产区和产量都有了较大发展。

机器缫丝业的出现和发展,大大推动了蚕丝产量的提高,适应了外销的迅速增长。19 世纪 70 年代以后,上海、江苏、浙江和珠江三角洲相继建立了 50~60 家缫丝厂。辛亥革命至第一次世界大战期间,机器缫丝业发展缓慢。到 20 世纪 20 年代,机器缫丝业的生产持续上升,进入繁荣期。到 20 世纪 30 年代,由于世界经济危机的冲击以及国际市场对华丝的压制,中国缫丝工业从 1931 年开始明显衰退。1935 年,由于蚕茧价位低,外销稍见转机,上海、浙江两地的丝厂逐渐恢复,出现了以无锡永泰丝厂为核心的集供产销于一体的联营组织。不过好景不长,1937 年日本大举入侵中国,江苏、浙江、上海等主要蚕丝产区先后沦陷,缫丝业遭受重大破坏。1938 年 8 月,受日本控制的华中蚕丝公司在上海成立,华中公司除对蚕种业实行统制外,力图对机器缫丝厂加以控制和掠夺。全面抗战初期,大量资本家和工人进入上海租界避难,市场上丝价高涨,于是大批丝厂相继开工,至1939年3月已达45家，几乎接近战前的水平。由于出海渠道畅通，蚕丝供不应求，所有丝厂无不获利。以后，华中公司以"防止资敌"名义统制江苏、浙江蚕茧进入上海，又放松家庭小型缫丝业的限制，同年9月后租界丝厂便因无原料而纷纷停业。

全面抗战期间，我国蚕丝生产受到很大破坏。据统计，1936年桑园面积为53.1亿平方米，全年饲育改良蚕种570万张，产鲜茧15.85万吨，产生丝1.17万吨。到1946年，仅存桑园29亿平方米，配发改良蚕种183万张，产茧4.29万吨，产生丝3085吨。

需要指出的是，近代中国蚕丝生产虽以机器缫丝业的发展为主流，但传统的手工缫丝生产方式并未就此退出历史舞台，而是继续存在。直到20世纪30年代，土丝产量仍很可观。手工缫制的土丝一般有以下几种：①细丝、肥丝——嘉兴、海宁等地出产细纤度的细丝，王店则生产粗纤度的肥丝；②捻丝——用两根细丝捻合而成；③纬丝——用一根肥丝和一根粗的人造丝并合而成，未捻合；④干丝——用细丝集合加成与厂丝粗细相接近的生丝，以浙江湖州南浔和震泽为生产区。

## 二、近代蚕丝产区分布

清朝《续文献通考》对19世纪末全国蚕桑分布记载道："蚕桑，以江苏、浙江、广东、四川为最盛，次之为湖北、湖南、江西、安徽、福建、广西。江苏养蚕区域为苏州、常州、镇江、江宁、松江诸府，南通亦有产额。全省年产茧1000万～1500万公斤。浙江以杭州、嘉兴、湖州三府属称极盛，次则绍兴、宁波、金华、台州，年产茧4000万～4500万公斤，称全国第一。四川以成都平原为主产区，保宁、顺庆、崇庆诸属次之，年产茧3000万～3500万公斤。广东以珠江三角洲为最多，顺德、南海、番禺等县为其中心地，年产茧3500万～4000万公斤。湖北以汉川、沔阳、嘉鱼、当阳、宜都等县为主产区，年产茧约500万公斤。"这一分布在整个近代中国基本没有改变。其中，四川、湖北为黄茧产区，广东、安徽等地是杂茧产区，江苏、浙江是纯白茧产区。茧丝产量最高者为浙江、广东、四川和江苏四省，合计产茧量和产丝量均占全国的87%。

浙江是近代中国最重要的蚕丝产区，鲜茧产量、生丝产量、生丝出口均占全国的30%以上。浙江全省75个县中，产茧丝的有58个，其中以杭嘉湖地区产量最多。浙江所产生丝，一般分为土丝和厂丝。在机器缫丝业尚未发达时，手工缫制的土丝极为兴盛。浙江所产土丝，分细丝（包括中条分丝）、肥丝和粗丝三种。细丝用上等茧缫制，肥丝用上等茧和中等茧混合缫制，粗丝则用次等茧（双宫茧）缫制。缫细丝用茧5～6粒或7～8粒。用茧24～35粒缫成的，统称肥丝或粗丝。细丝中最负盛名的是湖州南浔等地的辑里丝（七里丝），具有细、圆、匀、坚和白、净、柔、韧等特色，在国际市场上享有盛誉。浙江土丝在近代早期全国出口丝总额中，约占半数。机械缫丝业兴起后，土丝价格与销路均不如厂丝，但仍有为数众多的蚕农以土法手工缫制蚕丝。表2-6为浙江部分年份蚕茧产量情况。

表2-6 1936年及1946—1949年浙江省蚕茧产量

| 年份 | 估计产茧量/万吨 | | | 收购茧量/万吨 | | | 收购茧量占总产量的百分比/% |
|---|---|---|---|---|---|---|---|
| | 改良茧 | 土茧 | 合计 | 改良茧 | 土茧 | 合计 | |
| 1936 | 2.3 | 2.15 | 4.45 | 1.69 | 1.56 | 3.25 | 73.03 |
| 1946 | 0.425 | 0.365 | 0.79 | 0.27 | 0.163 | 0.433 | 54.81 |
| 1947 | 0.762 | 0.65 | 1.412 | 0.43 | 0.1545 | 0.585 | 41.43 |
| 1948 | 1.21 | 0.58 | 1.79 | 0.57 | 0.11 | 0.68 | 37.99 |
| 1949 | 0.704 | 0.275 | 0.979 | 0.3975 | 0.113 | 0.511 | 52.20 |

珠江三角洲是我国近代主要产蚕区之一,广东每年的蚕茧产量仅次于浙江。鸦片战争前,广东也有蚕桑生产,但由于丝质较差,不能和浙江湖丝相竞争,因此并不普遍。鸦片战争后,由于蚕丝外销的刺激,广东蚕桑业大大发展起来。蚕农从暮春3月开始养蚕,一直到深秋还养所谓的"寒造"。20世纪30年代,世界经济危机严重损害了广东的蚕丝业,致使其出口锐减,约3/4的丝厂倒闭,3.6万丝业工人失业。1932—1934年,蚕茧价格猛跌85%,养蚕无利可图,对桑叶的需求也随之减少,广东蚕业由此衰落。

江苏近代蚕桑业以苏南太湖之滨、铁路沿线的无锡、武进、吴江、吴县、江阴、宜兴等县最为发达。无锡是近代几十年中我国蚕丝业最发达的地方之一。江阴的蚕桑业也是在光绪年间才兴盛起来。丹徒、江浦、江宁、句容、常熟、丹阳等都是咸丰、同治时期以后兴起的新蚕区。全面抗日战争期间,东南蚕区为日军占领、破坏、掠夺,很多丝厂被占、被毁,一些分散的手工缫丝生产仍在继续,且有所发展。抗战胜利后,蚕桑业开始恢复,但不显著。

四川是中国传统蚕丝产区,也是近代主要蚕区之一。产区分布以嘉陵江流域的重庆、顺庆、潼川、保宁等最多,次为岷江流域和成都平原。蚕种以当地"三眠一化"黄茧土种为主,蚕茧大多为自缫土丝。1917—1918年和1927—1928年,生丝产量达0.2万吨,为最盛时期。据1946年《四川新地志》记载,1919—1931年四川平均年产丝为0.19万吨,1932—1936年为0.12万吨,1937—1939年为0.1025万吨,1940年为0.123万吨。全面抗战期间,国民政府对四川蚕丝实行统制,产量有所下降。表2-7为四川各区产丝量。

表2-7 四川各区产丝量 单位:吨

| 区别 | 兴盛期(1927—1928年) | 衰落期(1934—1935年) |
|---|---|---|
| 川北区 | 1000 | 115 |
| 川南区 | 500 | 120 |
| 川东区 | 150 | 15 |
| 下川南区 | 100 | 15 |

续表 2-7

单位:吨

| 区别 | 兴盛期(1927—1928 年) | 衰落期(1934—1935 年) |
|---|---|---|
| 下川东区 | 100 | 5 |
| 其他区 | 150 | 5 |
| 合计 | 2000 | 275 |

### 三、科技进步促进蚕丝改良

近代中国蚕丝业伴随着当时社会的政治、经济、思想、文化各方面变化,出现了大规模的改良,成为蚕丝业近代化的基本特征之一。

蚕丝改良最主要是蚕种改良。自 19 世纪法国巴斯德发明蚕的微粒子病防疫法以来,在蚕种制种上,西方和日本取得了相当进展,而中国传统土种由于蚕病等影响生丝产量和质量。1889 年,宁波英国税务司雇员江生金受单位派遣去法国学习选择无病蚕种方法,半年后回国。1897 年,杭州知府林启创办杭州蚕学馆,开我国现代蚕丝教育先河。1898 年,杭州蚕学馆育成春季用改良蚕种 500 张,分发给杭州附近蚕农。这是我国最早的改良蚕种。1903 年,史量才在上海创办私立女子蚕业学校,1912 年改为公立,校址迁往苏州,并更名为江苏省立女子蚕业学校。该校在蚕业改良方面做了不少努力,1921 年学校增设原蚕种制造部。20 世纪 20 年代以后,进行改良蚕种制造的还有中国合众蚕桑改良会、江苏省立无锡育蚕试验所、南京金陵大学、浙江省立原蚕种制造场等。但整体来看,制种业规模还小,技术进步也较缓。1924 年,浙江省立甲种蚕业学校(前身为杭州蚕学馆)制成诸桂和赤熟杂交种,揭开了我国蚕种制造事业的新篇章。杂交种在蚕的适应能力、产茧量、产丝量等方面都比过去所制的纯种蚕种更优,推出后颇受蚕农欢迎,发展很快。1924—1931 年,江浙两省蚕种场已发展到 200 余所,每年制种 400 余万张。

1934 年,全国经济委员会在杭州设立蚕丝改良委员会,以指导蚕桑丝茧各业,改良蚕丝。江苏、浙江、广东、山东等省也都设立蚕业改进管理委员会等机构,进行蚕种统制、茧行管理、运销统制及技术指导等工作。从 1935 年起,蚕丝改良委员会通过对蚕丝实行统制,改良蚕种,统一品种,并严禁土种出售,使江苏、浙江两省主要蚕丝生产地区改良种成为主导蚕种。茧行在晚清时就已出现,设"收购"和"烘茧"两个部门。有些洋商也在蚕茧产区设茧行,统制后的新茧行统一收购价格。这种统制反映了蚕丝生产管理体制逐步走向集中化、专业化,对生产有一定促进作用。但政府控制茧源、压价收茧,也挫伤了蚕农生产积极性。

蚕丝改良委员会在 1935 年至 1937 年这 3 年中对蚕业发展起了一定的推动作用。1937 年日本全面入侵中国,改良工作被迫中止。日军占领江苏、浙江两省蚕丝主要产区后,掌控了两省原有 120 多个蚕种场,并借口复兴中国蚕丝业,大量输入日本蚕种。1938—1943 年,共输入日本蚕种(包括朝鲜蚕种)140 万张,占日伪华中蚕丝公司全部配发蚕种量的一半。抗战期间,江苏、浙江内迁西南的蚕丝技术人员推动了四川等地的蚕种改良。全面抗战胜利后,蚕丝生产恢复,蚕农需种量很大。

1945 年成立中国蚕丝公司,除接收日伪蚕丝资产外,也从事辅导民营、改良蚕丝等工作。

经过蚕丝科技人员、政府和民间组织几十年的努力,中国的蚕丝改良取得了进展,土种在主要蚕丝产区逐渐被改良蚕种取代,蚕丝生产的现代技术基础得到确立。

## 第三节　毛纤维

绵羊毛是纺织工业的主要原料。山羊毛(绒)、骆驼毛(绒)、牦牛毛(绒)、兔毛等特种动物纤维也可用于纺织。山羊绒、骆驼绒、牦牛绒都是珍贵的毛纺织原料,在世界纺织原料市场上占有重要的地位。近代中国的毛纺织工业不发达,未能将毛纤维原料充分利用于纺织产品,只能以低廉的价格出口。

### 一、绵羊毛产区分布

绵羊分布地域广大,除广东、海南、福建和台湾外,几乎遍及全国。但各省、区的绵羊数量、产毛量、饲养方式等相差极大。绵羊的饲养和将羊毛利用于纺织,自古以来主要集中在东北、西北和西南地区,并逐步向中原地区发展。

根据中央农业实验所的农情报告估计,1935 年中国绵羊头数为 3400 万头。[①] 全面抗日战争前,绵羊产区主要集中在西北的新疆、甘肃、青海、宁夏和陕西五省区,数量占全国一半以上,其中新疆最多,占 30%。内蒙古、东北、西藏、山西、河南、河北、山东等省区也较多,均在 100 万头以上。长江以南除江苏、浙江外,绵羊数量很少。据中央畜牧实验所报告,全面抗日战争前,全国羊毛产量约 3.78 万吨。

全面抗日战争期间,养羊业遭到破坏,绵羊数量有所下降。全面抗日战争胜利后虽有恢复,但速度缓慢,有些地区还继续减少。1950 年,全国绵羊头数减少到 3300 万头。1937 年和 1950 年各地区的绵羊头数分布见表 2-8。

表 2-8　1937 年和 1950 年全国绵羊数量估计[②]

| 地区 | 绵羊头数/万头 | | 地区 | 绵羊头数/万头 | |
| --- | --- | --- | --- | --- | --- |
| | 1937 年 | 1950 年 | | 1937 年 | 1950 年 |
| 新疆 | 1150 | 835.7 | 山西 | 250 | 20.0 |
| 东北 | 380 | 71.7 | 河北 | 100 | 30.0 |
| 察哈尔 | 100 | 67.0 | 河南 | 100 | 48.2 |

① 张松荫:《我国羊毛之产品情况及纺织性能》,《纺织建设月刊》1950 年第 3 卷第 10 期。

② 许祖康:《中国的绵羊与羊毛》,上海:永祥印书馆,1951 年,第 2-5 页。

续表2-8

| 地区 | 绵羊头数/万头 | | 地区 | 绵羊头数/万头 | |
|---|---|---|---|---|---|
| | 1937 年 | 1950 年 | | 1937 年 | 1950 年 |
| 绥远 | 250 | 195.0 | 平原 | — | 29.4 |
| 内蒙古 | — | 189.0 | 山东 | 120 | 46.5 |
| 宁夏 | 100 | 150.0 | 江苏 | 30 | 15.0 |
| 甘肃 | 260 | 311.2 | 浙江 | 50 | 57.0 |
| 青海 | 350 | 400.0 | 西康 | 70 | 150.0 |
| 四川 | 60 | 54.0 | 安徽 | 5 | — |
| 云南 | 20 | 17.1 | 西藏 | 350 | 350 |
| 贵州 | 20 | 15.0 | 其他 | 5 | 14.1 |
| 陕西 | 80 | 51.7 | 全国 | 3850 | 3117.6 |

1. 农业区

农业区包括东北、华北、华东以及华中和华南的部分地区。这里气候温暖潮湿,土地肥沃,长期以来,以农业为主,畜牧业作为副业存在。养羊的数量,依据附近荒山及可利用的草料多少而定。农家养羊主要是利用不能耕作之山地及剩余草料,以生产肥料及羊毛、羊皮和羊肉为目的。农业区中的江苏、浙江两省沿太湖各县则采用舍饲方式。农民利用养蚕剩余的枯桑叶作为饲料,借以生产厩肥。由于气候温暖、饲料充足、营养好,每年能产两胎,每胎2~3羔。羔羊皮是名贵裘皮,多出口欧美。

2. 牧区

牧区的居民以畜牧为主业,逐水草而迁移,基本上保持原始的游牧方式。牧区根据地域特点又分以下3个分区。

(1)北部牧区。此牧区包括内蒙古、东北三省西部、宁夏和甘肃北部。这一牧区主要繁殖蒙古种绵羊。东部有呼伦贝尔大草原、乌珠穆沁大草原,雨量较多,牧草肥美;中部为锡林郭勒草原,地势平坦开阔,自东向西,从干草原逐步过渡为荒漠草原。

(2)新疆牧区。此牧区位于北疆准噶尔盆地,有天山和阿尔泰山围绕,南疆塔里木盆地被天山和喀喇昆仑山环抱。这些山地、山坡、河谷以及盆地边缘的绿洲,都有广阔牧场。新疆地形复杂,气候多样,草场类型很多,而以优质高产的山地草场为主。

(3)青藏高原牧区。此牧区包括西藏、青海和甘肃的西南部,以及四川的阿坝和甘孜地区。本区地势高,地形差异较大,气候寒冷,昼夜温差悬殊,属高原草原和高山草原。

3. 农牧交错区

农牧交错区的地理位置介于农业区和牧区之间,养羊方式依当地气候和草地、荒山等自然环境而定,所饲养的羊以蒙古羊和西藏羊为主。

## 二、绵羊品种和羊毛品质

中国近代饲养的绵羊,是几千年来的原有绵羊品种,因一向任其自然交配,从未做系统的繁殖选育,所以保持了原有的体型特性。中国土种绵羊分为蒙古型绵羊、西藏型绵羊和哈萨克型绵羊三大品种系列。

### 1. 蒙古型绵羊

蒙古型绵羊原产于蒙古高原,随移民而逐渐向东南扩展。蒙古型绵羊分布最广,头数最多,约占总头数的一半。近代蒙古羊主要分布在北部地区以及河南、山东、江苏、浙江、湖北、安徽等地。该品种体质结实,耐粗饲,放牧性和适应性极强,产肉能力好,产毛性能低,羊毛品质差。蒙古羊剪毛量一般在 1 公斤左右。1944 年在甘肃永昌调查 50 头蒙古羊,年平均剪毛量为 1.47 公斤,最高为 2.06 公斤,最低为 0.6 公斤。蒙古种羊毛属异质粗毛,含细毛、两型毛、发毛和刚毛 4 种不同性质的纤维。细毛含量一般为 70%~80%,平均细度为 25.5 微米。细毛含量因产地不同而变化。表 2-9 给出了产于华北、西北一些地区的蒙古型绵羊羊毛品质分析。

表 2-9　蒙古型绵羊羊毛分析

| 产地 | 纤维类别 | 占比/% | | 细度/0.0001 厘米 | | 毛丛平均长度/厘米 | 纤维伸直长度/厘米 | | 油脂率/% |
|---|---|---|---|---|---|---|---|---|---|
| | | 数额 | 重量 | 平均 | 总平均 | 长度/厘米 | 平均 | 总平均 | |
| 甘肃固原 | 细毛 | 96.6 | 44.4 | 15.74±7.3 | 17.01 | 9.6±1.2 | 12.3±2.4 | 12.7 | 4.5 |
| | 两型毛 | 1.2 | — | 33.52±2.03 | | | 15.3±3.6 | | |
| | 刚毛 | 2.2 | 55.6 | 34.54±3.05 | | | 9.8±2.1 | | |
| 甘肃北山 | 细毛 | 90.6 | 75.7 | 20.33±4.64 | 32.61 | 17.1±6.1 | 15.0±2.2 | 10.3 | 2.9 |
| | 两型毛 | 1.5 | — | 14.7±3.18 | | | 16.5±4.3 | | |
| | 刚毛 | 7.9 | 24.3 | 36.99±3.05 | | | 15.0±1.1 | | |
| 甘肃安西敦煌 | 细毛 | 95.5 | 37.2 | 14.7±5.63 | 16.00 | 13.0±3.5 | 10.8±2.5 | 11.0 | 4.9 |
| | 两型毛 | 2.1 | 9.2 | 31.36±3.18 | | | 16.0±3.5 | | |
| | 刚毛 | 2.4 | 13.6 | 35.04±3.05 | | | 14.0±2.5 | | |
| 甘肃海原 | 细毛 | 84.0 | 50.9 | 11.76±5.15 | 28.70 | 9.0±2.4 | 15.8±4.3 | 16.5 | 2.5 |
| | 两型毛 | 12.8 | 40.6 | 33.08±2.70 | | | 19.5±4.9 | | |
| | 刚毛 | 3.2 | 6.5 | 41.16±5.63 | | | 3.4±2.8 | | |
| 固原水洗毛 | 细毛 | 84.0 | 66.3 | 19.36±4.17 | 20.83 | 8.6±1.3 | 4.4±2.2 | 9.2 | 2.7 |
| | 两型毛 | — | — | — | | | — | | |
| | 刚毛 | 16.0 | 33.7 | 25.4±2.23 | | | 7.2±1.1 | | |

续表2-9

| 产地 | 纤维类别 | 占比/% | | 细度/0.0001厘米 | | 毛丛平均 | 纤维伸直长度/厘米 | | 油脂率/% |
|---|---|---|---|---|---|---|---|---|---|
| | | 数额 | 重量 | 平均 | 总平均 | 长度/厘米 | 平均 | 总平均 | |
| 固原秋毛 | 细毛 | 90.1 | 76.1 | 22.79±5.40 | 23.88 | 9.4±1.5 | 8.2±1.3 | 8.0 | 1.1 |
| | 两型毛 | — | — | — | | | — | | |
| | 刚毛 | 9.9 | 23.9 | 29.4±1.96 | | | 5.0±0.4 | | |
| 海原秋毛 | 细毛 | 84.0 | 47.0 | 25.4±4.41 | 26.67 | 9.0±1.1 | 5.2±0.9 | 5.3 | 3.4 |
| | 两型毛 | — | — | — | | | — | | |
| | 刚毛 | 16.0 | 53.0 | 32.34±3.19 | | | 6.0±1.3 | | |
| 绥远 | 细毛 | 75.9 | 43.5 | 20.55±3.04 | 22.86 | 9.2±1.7 | 10.6±2.5 | 7.7 | 4.0 |
| | 两型毛 | 10.3 | 1.9 | 28.70±3.55 | | | 6.6±1.0 | | |
| | 刚毛 | 13.8 | 54.6 | 34.04±3.30 | | | 5.3±0.3 | | |
| 绥远秋毛 | 细毛 | 91.3 | 69.6 | 17.27±5.84 | 18.54 | 6.8±1.1 | 7.4±0.4 | 7.3 | 2.0 |
| | 两型毛 | 0.2 | 1.3 | — | | | — | | |
| | 刚毛 | 8.5 | 29.1 | 33.27±2.03 | | | 1.8±0.3 | | |

蒙古型绵羊中有许多类型,其中优良的是同羊、寒羊、湖羊和滩羊。

同羊分布于陕西关中地区及洛河流域,以同川和大荔所产的同羊品质好、数量多而得名。20世纪40年代约有10万头。同羊毛品质在中国土种羊毛中是上品,其背毛主要由细毛组成,发毛和两型毛含量甚少,刚毛亦不多。同羊年平均剪毛量为1.5公斤,羊毛品质好,适宜于纺织。同羊毛长度和细度分析见表2-10。

表2-10 同羊毛长度和细度

| 部位 | 毛股自然长度/毫米 | 纤维平均引伸长度/毫米 | 引伸长度百分率/% | 细度/微米 |
|---|---|---|---|---|
| 颈 | 50.78 | 96.14 | 159.17 | 28.65 |
| 肩 | 59.44 | 97.73 | 161.16 | 27.17 |
| 背 | 70.92 | 93.07 | 135.19 | 28.73 |
| 尻 | 66.00 | 71.52 | 108.53 | 33.13 |
| 臀侧 | 26.00 | 46.17 | 175.25 | 61.50 |

寒羊主要分布于山西、山东、河南和河北,其数量以河南西北部及山东西部为多。寒羊毛是中国土种毛中最细的,品质支数最高可达60支,剪毛量亦高。据当时公主岭农场报告,该场寒羊年平均剪毛量为1.89公斤。寒羊毛长度和细度分析见表2-11。

表2-11 寒羊毛长度和细度

| 样品 | 绒毛 | | 粗绒毛 | | 粗毛 | |
|---|---|---|---|---|---|---|
| | 平均长度/厘米 | 平均细度/微米 | 平均长度/厘米 | 平均细度/微米 | 平均长度/厘米 | 平均细度/微米 |
| 第一样品 | 13.6 | 21.9 | 15.7 | 43.6 | 7.1 | 90.5 |
| 第二样品 | 13.5 | 23.3 | 17.5 | 37.3 | 8.5 | 64.7 |

湖羊主要分布于江苏和浙江的太湖流域,而以浙江为多。湖羊生殖率高,羔皮名贵。湖羊毛各类纤维比例见表2-12。

表2-12 湖羊毛各种纤维比例

| 羊别 | 性别 | 年龄 | 纤维类别 | 肩部/% | 腹侧/% | 臀部/% | 平均/% |
|---|---|---|---|---|---|---|---|
| 成年 | 母 | 4岁 | 细毛 | 90.41 | 85.83 | 85.90 | 87.38 |
| | | | 刚毛 | 9.59 | 14.17 | 14.10 | 12.62 |
| 羔羊 | 公 | 4~6月 | 细毛 | 79.03 | 82.83 | 79.00 | 80.30 |
| | | | 刚毛 | 20.92 | 17.17 | 21.00 | 19.70 |

滩羊主要分布于宁夏沿黄河两岸各县,以制造萝卜丝滩羊皮统而闻名国内。陕西三边及宁夏固原、海原一带的绵羊与滩羊近似。滩羊毛长度和细度分析见表2-13。

表2-13 滩羊毛长度和细度

| 部位 | 纤维种类 | 细度/厘米 | 伸直长度/厘米 | 自然长度/厘米 |
|---|---|---|---|---|
| 肩 | 细毛 | 20.06±3.04 | 8.6±0.09 | 6.2±0.10 |
| | 两型毛 | 33.78±0.48 | 17.9±0.32 | 14.8±0.24 |
| | 刚毛 | 47.75±2.06 | 10.6±1.46 | 9.1±1.30 |
| 肋 | 细毛 | 20.57±0.27 | 9.1±0.12 | 6.9±0.10 |
| | 两型毛 | 33.78±5.59 | 17.8±0.30 | 14.6±0.28 |
| | 刚毛 | 45.21±1.27 | 10.1±1.01 | 8.8±1.04 |
| 臀 | 细毛 | 20.89±0.27 | 8.9±0.15 | 6.7±0.16 |
| | 两型毛 | 36.32±0.45 | 18.0±0.26 | 14.9±0.21 |
| | 刚毛 | 44.96±0.43 | 11.3±0.32 | 9.6±0.29 |

**2. 西藏型绵羊**

西藏型绵羊原产于青藏高原,逐渐向东南发展,近代主要分布于西藏、青海、甘肃河西地区和甘南、四川西北部以及云南、贵州的部分地区,其分布地区和数量仅次于蒙古型绵羊。西藏型绵羊也有许多亚型,一般分为草地型和山谷型,而以草地型为主。据甘肃永昌调查,当地藏羊年平均剪毛量为 1.26 公斤,最高为 5 公斤,最低为 0.6 公斤。滇黔藏羊年平均剪毛量为 0.9 公斤。西北地区的藏羊毛品质分析见表 2-14。

表 2-14　西北地区的藏羊毛品质分析

| 产地 | 纤维种类 | 占比/% | | 细度/0.0001 厘米 | | 毛丛长度/厘米 | 伸直长度/厘米 | | 油脂率/% |
| | | 纤维数 | 纤维重 | 平均 | 总平均 | | 平均 | 总平均 | |
|---|---|---|---|---|---|---|---|---|---|
| 西宁 | 细毛 | 81.0 | 46.9 | 20.57±6.10 | 28.19 | 19.0±3.6 | 20.0±3.8 | 19.3 | 8.6 |
| | 两型毛 | 11.5 | 41.6 | 38.1±8.90 | | | 23.4±4.5 | | |
| | 刚毛 | 7.5 | 11.5 | 34.80±4.83 | | | 8.7±0.5 | | |
| 夏河 | 细毛 | 86.0 | 47.2 | 20.57±5.59 | 23.11 | 16.3±4.0 | 14.4±3.1 | 15.0 | 5.2 |
| | 两型毛 | 7.6 | 29.2 | 40.90±3.57 | | | 24.8±2.7 | | |
| | 刚毛 | 6.4 | 23.6 | 37.60±0.76 | | | 12.3±2.4 | | |

藏羊分布于高寒山区,自然条件严酷,因此在长期的繁衍过程中,藏羊锻炼得体质健壮,耐寒耐粗饲,善于游走放牧,合群性极强。此外,藏羊性情活泼粗野,生产性能低;被毛不同质,纺织性能低。

3. 哈萨克型绵羊

哈萨克型绵羊主要分布在新疆的天山北麓、阿尔泰山南麓及准噶尔盆地和阿山、塔城等地区。此外在甘肃、青海、新疆三省区交界处亦有少量分布。产于阿尔泰山区的哈萨克型绵羊品质较好,年平均剪毛量母羊为 1 ~ 1.5 公斤,公羊为 1.5 ~ 2 公斤。

该品种的绵羊体质结实,四肢高大,具有耐寒、耐牧和耐粗饲的特性,产肉性能良好,但剪毛量不高,毛色不一致,被毛中含有大量死毛。哈萨克羊毛品质分析见表 2-15。

表 2-15　哈萨克羊毛品质分析

| 纤维种类 | 占比/% | | 细度/0.0001 厘米 | | 毛丛长度/厘米 | 伸直长度/厘米 | | 油脂率/% |
| | 纤维数 | 纤维重 | 平均 | 总平均 | | 平均 | 总平均 | |
|---|---|---|---|---|---|---|---|---|
| 细毛 | 92.8 | 68.3 | 21.37±7.62 | 22.86 | 11.5±1.1 | 11.9±2.9 | 12.1 | 2.8 |
| 两型毛 | 5.2 | 24.8 | 39.62±2.79 | | | 16.3±1.9 | | |
| 刚毛 | 2.0 | 6.9 | 41.91±3.05 | | | 10.6±2.5 | | |

## 三、绵羊品种的改良

中国绵羊和羊毛品质低,不能适应毛纺织工业的需要,所以对绵羊和羊毛的改良是迫不及待的事。中国近代对绵羊的改良工作起步较晚,除了东北由日本人主办,新疆得到苏联援助外,中国自己从事实际研究试验和推广工作是在 1940 年之后,但规模小,各自为政,没有统筹规划,再加上战时经济困难,条件艰苦,成绩甚小,只是完成了一些基础性工作,积累了一定的经验。

### 1. 优良羊种的输入

大约在20世纪初就有美利奴羊输入中国。1912年曾在山西、张北、石门3处设立了羊种场,输入少量羊种加以繁殖。1917年,北京农业专门学校有美利奴种羊70余头,品质很好,可惜只是作为标本式的饲养,而没有与改良羊种结合起来。以后,大量输入种羊的是山西和东北。1919年,山西省羊场就已拥有美利奴纯种羊3000余头,最初是在羊场精心育养,繁殖迅速,以后推广到乡村粗放饲养,死亡很多。东北地区的羊种是由日本南满铁路公司输入和经营的,有相当的成绩。

1937年,四川家畜保育所从美国购入兰布里耶种羊50头,其后裔繁衍为成都一带的种羊。1936年,西北种畜场曾从美国输入优良美利奴种羊,原计划运往甘肃夏河,因全面抗战兴起,暂留于安徽石门山,后遭日军侵占,种羊死亡殆尽。1941年,西北羊毛改进处从新西兰选购美利奴、考立代、洛姆乃及林肯等种羊150头,几经波折才运抵西藏。这些种羊在留拉萨期间相继死亡100多头,最后只剩下20多头,拨给了西藏地区政府。1944年1月,西北羊毛改进处从新疆伊犁巩留羊场运来由兰布里耶羊与哈萨克羊杂交的第五代改良种羊110头至甘肃,分育于岷县、永昌、海原及中宁等地,繁育良好,并自1944年起与当地土种羊杂交、推广。1946年,联合国赠送给中国考立代羊约1000头,分配给西北400头,绥远150头,北平50头,其余留在南京中央畜牧实验所。

1933年,新疆地区政府得到苏联政府和专家的援助,经阿拉木图输入兰布里耶羊及德国美利奴羊数十头,于伊犁巩留设立羊场,采用人工授精方法大量繁殖杂交种,成绩卓著。到1943年,场内有四代以上杂交种5000头,连同羊场周围农家饲养的共有3万头以上。日军侵占东北和华北时期,先后输入兰布里耶和考立代种羊,分配给东北和华北一些省区。东北设立了13个种羊场。公主岭农场曾一度饲养种羊5000头。全面抗日战争前,山西铭贤农工学院从美国输入兰布里耶种羊,繁殖颇有成效,但在战争时期多有死亡。

引入纯种羊要专门饲养,如把纯种羊推广到农村、牧区,与土种羊同等对待、同时牧放,则纯种羊难以适应生存,收效也不会大。

### 2. 土种羊的改良

近代中国引入细毛纯种羊如美利奴、兰布里耶与土种羊杂交,改良中国的绵羊品种,都取得了一些成效,是一条成功的途径。

近代中国土种绵羊改良工作成绩最显著的是在新疆培育的"兰哈羊",以后又被正式命名为新疆毛肉兼用细毛羊。该品种的育种工作起于1934年,用当地哈萨克羊与兰布里耶羊杂交改良。到1943年已至第五代,其第四代杂交种相互杂交,遗传优势相当固定。杂交第一代剪毛量约增加1倍,刚毛减少很多,但仍有粗毛存在。第二代剪毛量平均达2公斤,刚毛已很少,粗毛犹多。第三代平均产毛量约2.5公斤,纤维细度已呈均一。第四代剪毛量约3.5公斤,刚毛绝迹,细度纯净,肉眼观察已与兰布里耶毛相近似。兰布里耶羊与哈萨克羊第五代杂交种羊毛品质见表2-16。

表2-16　兰布里耶羊与哈萨克羊第五代杂交种毛品质[①]

| 羊种 | 纤维类型 | 占比/% | | 细度/微米 | | 毛丛长度 /厘米 | 伸直长度/厘米 | | 油脂 率/% | 产毛量 /公斤 |
|---|---|---|---|---|---|---|---|---|---|---|
| | | 纤维数 | 纤维重 | 平均 | 总平均 | | 平均 | 总平均 | | |
| 哈萨克 | 细 毛 | 92.8 | 68.3 | 21.3±7.6 | 22.9 | 11.5±1.1 | 11.9±2.9 | 12.1 | 12.1 | 0.75 |
| | 两型毛 | 5.2 | 24.8 | 39.6±2.8 | | | 16.3±1.9 | | | |
| | 刚 毛 | 2.0 | 6.9 | 41.9±3.0 | | | 10.6±2.5 | | | |
| 兰布里耶与哈萨 克杂交第五代 | 细 毛 | 100.0 | 100.0 | | 18.5±1.0 | | | 9.1±0.7 | 9.1±0.7 | 3.86～ 6.27 |

　　中国土种绵羊中以蒙古羊数量最多,对蒙古羊的改良工作进行得也较早,许多地区都进行了改良试验,其中以东北细毛羊的培育成功最为显著。日本为了掠夺中国的资源,早在1913年就在公主岭农场引入美利奴羊与蒙古羊杂交。用考立代羊改良东北蒙古羊也取得了成绩。以剪毛量计,考立代母羊为3.88公斤,蒙古羊为1.33公斤,杂交一代为2.70公斤,二代为3.24公斤。用兰布里耶羊与蒙古羊杂交性质相似,杂交第二代的羊毛性质已接近美利奴羊毛。1944年,在甘肃永昌以兰布里耶与哈萨克杂交第五代公羊与当地蒙古羊杂交得第一代杂交种羊,其剪毛量平均达到4.1公斤;另外也用兰布里耶与哈萨克杂交第五代公羊与西藏型绵羊杂交,其第一代杂交种的羊毛品质得到了改善。用兰布里耶羊与西藏型山谷羊杂交,第一代杂交种的产毛量由0.75公斤增加到2.5公斤。

　　经改良后羊毛品质显著提高,如兰哈羊毛已完全是同质细毛,这是五代杂交的品种。即使是第一代、第二代的杂交品种,其产毛的数量和品质也都有很大提高。以兰布里耶第五代杂交种与甘肃永昌蒙古土种羊杂交为例,其第一代杂交种的羊毛品质有很大改善,细毛含量增加,纤维变细,详见表2-17。

---

① 许祖康:《中国的绵羊与羊毛》,上海:永祥印书馆,1951年,第82-84页。

表2-17　兰布里耶改良种与永昌蒙古土种第一代杂交种毛细度比较

| 种别 | 部位 | 纤维种类 名称 | 纤维种类 占比/% | 细度/0.0001 厘米 纤维平均 | 细度/0.0001 厘米 部位平均 | 细度/0.0001 厘米 各部位平均 |
|---|---|---|---|---|---|---|
| 蒙古土种 | 肩 | 细毛 | 79.1±13.3 | 21.08±3.81 | 25.4±2.80 | 24.38±4.57 |
| 蒙古土种 | 肩 | 两型毛 | 8.4±3.2 | 32.51±5.84 | 25.4±2.80 | 24.38±4.57 |
| 蒙古土种 | 肩 | 刚毛 | 12.5±5.1 | 43.43±9.65 | 25.4±2.80 | 24.38±4.57 |
| 蒙古土种 | 侧 | 细毛 | 80.9±4.3 | 19.56±4.06 | 22.86±4.06 | 24.38±4.57 |
| 蒙古土种 | 侧 | 两型毛 | 15.4±6.8 | 33.78±5.59 | 22.86±4.06 | 24.38±4.57 |
| 蒙古土种 | 侧 | 刚毛 | 3.7±15.2 | 41.91±10.41 | 22.86±4.06 | 24.38±4.57 |
| 蒙古土种 | 臀 | 细毛 | 76.6±8.8 | 20.07±2.03 | 24.90±4.32 | 24.38±4.57 |
| 蒙古土种 | 臀 | 两型毛 | 11.7±5.2 | 36.07±6.60 | 24.90±4.32 | 24.38±4.57 |
| 蒙古土种 | 臀 | 刚毛 | 11.7±15.2 | 40.64±8.90 | 24.90±4.32 | 24.38±4.57 |
| 兰布里耶改良种 | 肩侧臀 | 细毛 | 100.0 | 18.54±0.10 | 18.54±1.02 | 18.54±1.02 |
| 兰布里耶改良种 | 肩侧臀 | 细毛 | 100.0 | 18.29±0.10 | 18.54±1.02 | 18.54±1.02 |
| 兰布里耶改良种 | 肩侧臀 | 细毛 | 100.0 | 19.30±0.10 | 18.54±1.02 | 18.54±1.02 |
| 第一代杂交种 | 肩 | 细毛 | 89.8±6.9 | 19.56±5.33 | 21.34±3.57 | 20.07±2.80 |
| 第一代杂交种 | 肩 | 两型毛 | 4.8±5.3 | 0.51±1.52 | 21.34±3.57 | 20.07±2.80 |
| 第一代杂交种 | 肩 | 刚毛 | 5.5±4.7 | 24.64±1.02 | 21.34±3.57 | 20.07±2.80 |
| 第一代杂交种 | 侧 | 细毛 | 87.4±9.5 | 19.56±3.05 | 19.05±2.54 | 20.07±2.80 |
| 第一代杂交种 | 侧 | 两型毛 | 5.8±7.9 | 22.61±0.51 | 19.05±2.54 | 20.07±2.80 |
| 第一代杂交种 | 侧 | 刚毛 | 6.8±3.4 | 0.76±1.02 | 19.05±2.54 | 20.07±2.80 |
| 第一代杂交种 | 臀 | 细毛 | 81.4±10.3 | 19.05±3.56 | 20.32±2.79 | 20.07±2.80 |
| 第一代杂交种 | 臀 | 两型毛 | 0.9±4.8 | 23.62±1.02 | 20.32±2.79 | 20.07±2.80 |
| 第一代杂交种 | 臀 | 刚毛 | 8.7±4.6 | 24.13±0.51 | 20.32±2.79 | 20.07±2.80 |

# 第四节　麻纤维

## 一、麻的地区分布

中国种植麻类作物的历史悠久,是许多麻类作物如苎麻和苘麻等的原产地和主要产区,在世界上占有重要地位。近代种植的主要麻类作物有苎麻、大麻、苘麻、亚麻、黄麻和槿麻六种。麻类作物分布地区很广,全国各地均有适宜的麻类作物生长。

表2-18、表2-19分别给出了中国麻类作物名称对照和麻类作物的分布地区。

表2-18　中国麻类作物名称对照

| 麻类 | 别名 |
|---|---|
| 苎麻 | 苎(浙江)、苎仔(广东)、线苎(河南)、白麻、手把麻、片麻或青麻(商业用) |
| 大麻 | 火麻(四川)、黄麻(浙江、安徽)、线麻(华北、东北)、花麻(雄麻)、母麻或打子麻(雌麻)、好麻(河北保定)、红麻(河南周家口)、白麻、青麻或黑麻(商业用) |
| 黄麻 | 绿麻或络麻(浙江)、台湾绿麻或台麻(浙江)、幼麻(刮去青皮的黄麻皮)、英头绿麻或鸡爪黄麻 |
| 槿麻 | 洋麻、印度绿麻(浙江) |
| 亚麻 | 胡麻(西北地区) |
| 苘麻 | 白麻(河北)、火麻、秋麻、休麻(河南)、青麻(华北、华北)、芙蓉麻(安徽)、青麻(江苏海门) |

表2-19　麻类作物分布地区

| 地区 | 苎麻 | 大麻 | 黄麻 | 槿麻 | 亚麻 | 苘麻 |
|---|---|---|---|---|---|---|
| 东北 | 辽宁、吉林、黑龙江、内蒙古 | 辽宁、吉林、黑龙江、内蒙古 | — | 辽宁、吉林、内蒙古 | 辽宁、吉林、黑龙江、内蒙古 | 辽宁、吉林、黑龙江、内蒙古 |
| 华北 | — | 内蒙古、山西、河北 | — | 河北 | 山西、河北、内蒙古 | 河北 |
| 西北 | 陕西 | 青海、甘肃、陕西 | — | — | 甘肃 | — |
| 华东 | 江苏、安徽、浙江、福建、台湾 | 山东、江苏、安徽、浙江 | 江苏、安徽、浙江、福建、台湾 | 山东、浙江、台湾 | 台湾 | 山东、江苏、安徽 |
| 中南 | 河南、湖北、江西、湖南、广西、广东 | 河南 | 江西、广西、广东、四川 | — | — | 河南 |
| 西南 | 云南、贵州、四川 | 贵州 | — | — | — | — |

　　我国麻纤维作物资源丰富,除了上述已被栽培的麻类作物外,尚有未被开发种植的野生麻类。在广东、广西、云南、福建等省有野生的龙舌兰(剑麻的一种),可用于制造绳索。在西北、内蒙古戈壁草原及滨海荒地上有一种野麻,后来命名为罗布麻,可用于纺织。此外在新疆还有野生的大麻和苘麻,都被称为"野麻"。广东也有一种"野麻",可用于制造绳索。

　　麻是我国古代民众的主要衣着原料。但近代麻的生产逐步缩小,大量的麻不是用于衣着原料,而主要用于制造麻袋、包装用麻布、绳索、网具等。据估计,1914—1918 年麻类作物种植面积为 62.7 亿平方米,麻皮产量为 70.90 万吨。又据中央农业实验所对宁夏、青海、甘肃、陕西、河南、湖北、四川、云南、贵州、湖南、江西、浙江、福建、广西、广东等15 个省的统计,1937 年苎麻产量为 11.98 万吨,黄麻 9.07 万吨,大麻 13.85 万吨,亚麻 2.55 万吨,合计 37.45 万吨。估计全国原麻产量在 40 万吨以上。

全面抗日战争爆发后,麻类作物的生产受到严重破坏,产量急剧下降。抗战胜利后,各地区的恢复和发展不平衡。东北地区的亚麻生产发展较快,到 1949 年,已超过抗战前的水平。但就全国来讲,麻类作物的总产量仍低于 1937 年。1949 年各种麻皮产量的地区分布见表 2-20。

表 2-20　1949 年麻皮产量的地区分布　　　　　　　　　　单位:万公斤

| 地区 | 苎麻 | 大麻 | 黄麻 | 槿麻 | 亚麻 | 苘麻 | 地区合计 |
|------|------|------|------|------|------|------|----------|
| 东北 | — | 2905 | — | 2242.5 | 6612.5 | 804.5 | 12 564.5 |
| 华北 | — | 494.5 | — | 7.5 | 15.5 | 1027.5 | 1545 |
| 西北 | 75 | 255 | — | — | 69.0 | — | 399 |
| 华东 | 1123.5 | 2693 | 4572.5 | 248.5 | 119.0 | 1186.5 | 9943 |
| 中南 | 4284.5 | 49.50 | 375.5 | — | — | 137.5 | 4847 |
| 西南 | 896.5 | 144 | 75 | — | — | — | 1115.5 |
| 全国合计 | 6379.5 | 6541 | 5203 | 2498.5 | 6816 | 3156 | 30 414 |

## 二、麻的类型

### (一)苎麻

苎麻原产中国,18 世纪,英国人首先把中国苎麻种子带回英国种植。法国于 1844 年输入中国苎麻苗。美国于 1855 年输入,1867 年后栽培逐渐增多。虽经多年努力,但在欧美并未普遍发展。1925—1936 年,世界苎麻平均年产量为 12.5 万吨,其中中国占 10 万吨以上。

中国苎麻主要产区为湖北、湖南、江西、广西和四川 5 省,分为 3 个大麻区:

(1)黄河流域麻区。比较干旱,无霜期 165～230 天,夏季温度高,春季间有骤寒。

(2)长江流域麻区。无霜期 300 天以上,春秋雨季常多阴雨,7、8 月常患伏旱,因之头季麻产量高,而二、三季麻常遭旱而严重减产。

(3)粤江流域麻区。气候温暖,多雨。苎麻生长极快,一年可收 3～5 次。

1914 年苎麻原麻产量达 16.5 万吨,1914—1917 年平均为 10.75 万吨。苎麻约有 1/4 运销国外。全面抗日战争中无数麻田遭到破坏,产量大减,到 1950 年产量仅 49 万担。

中国苎麻因叶子背面密生白色绒毛,也叫白叶苎麻,不怕冷,适于亚热带和温带种植。主要优良品种有:

(1)白麻。纤维洁白、柔软,品质极佳,能织上等夏布。但怕大风,要种植在避风而肥沃的地方。

(2)铁麻(广西叫作乌龙麻)。适应性强,不怕风,可以种在高山坡上。麻皮厚而产量高,但纤维粗硬,稍带红褐色,只能织粗厚的夏布。

(3)丛兜芦。麻皮产量中等,品质好,颜色亦佳,是湖南平江种植最多的品种。

(4)黄蜇苎。纤维较软,颜色洁白,产量较高,适应性强,产于江西宁都。

(5)黄壳子。纤维硬,淡黄色,产量高,抗风、抗旱力强,产于江西宜黄。

(6)桐树白。纤维软,光泽好,品质优良,产量中等,分株力强,耐肥、耐湿性较强,产于江西宜黄。

(7)鲁板兜。麻皮厚,产量高,纤维色泽好,品质优良,抗风力强,产于江西吉水。

(8)黄河麻。麻皮薄而软,品质优良,是江西都昌栽培最多的品种。

近代中国没有苎麻分级的统一标准。为了适应出口需求,汉口、上海商品检验部门自1943年起相继开始对苎麻进行分级检验。一般交易中,以苎麻的长度、色泽和夹杂物评定苎麻品质的优劣。

**(二)大麻**

大麻在我国以华北、东北和华东地区生产最多。据1937年中农所估计,全国大麻产量约14.30万吨,有少量出口。我国种植的大麻主要有以下两种:

**1. 早熟种**

从下种到收获,仅100天左右。纤维细软而有光泽,品质优良。山西的山麻子,四川、云南的火麻,安徽、河南及东北的线麻都属这一类。

**2. 晚熟种**

皮厚、产量高,纤维较粗硬。从下种到种子成熟为150～200天。安徽的奎麻、杭州的大麻都属于这一类。

大麻按纤维长度、麻皮厚薄和颜色来评定品质的优劣。自1943年起,汉口、上海的商品检验部门对出口大麻相继开始分级检验。

**(三)黄麻**

我国近代的黄麻栽培种大都从印度引入,19世纪末在台湾和浙江相继引种。

中国黄麻生产区在长江流域及其以南地区,全国以台湾省最适宜栽培黄麻,产量亦最多,其次为浙江,再次是江苏。此外,广东、广西、福建、安徽、江西、湖北、湖南、云南、贵州等省也有出产。根据中农所的不完全统计,1937年全国黄麻麻皮产量约10.50万吨,但仍不能自给,黄麻制品长期进口。全面抗日战争中黄麻生产受到破坏。

中国近代黄麻分级检验,起始于1948年。中国纺织建设公司浙江黄麻收购所订立的分级标准,生麻依据长度、厚度、含水量、色泽和含杂,分为四级。熟麻即脱胶后的精洗麻,依据脱胶、柔软度、韧力、长度、色泽、含水量、含杂进行分级。

**(四)槿麻**

槿麻在中国栽培的历史较短,大约在20世纪初由印度和苏联引进。其原产地为东南亚和非洲,现在分布很广,热带、温带和寒带地区都有栽培。由东南亚地区引入的"南方型槿麻",别名为安倍利麻,亦称为印度络麻,最早引种台湾省。1934年上海日华麻业公司自台湾引入,推广于浙江杭县一带,后在江苏、江西、广东等省得到推广。由北亚地区引种的为"北方型槿麻",别名凯纳夫麻。首先,由公主岭农事试验场于 1927 年从苏联引进"塔什干 18 号"种子,沿辽河一带推广种植。日本侵占东北后,在东北各地极力推广种植槿麻,1943 年达 5.5 亿平方米,产量 2.24 万吨。日本侵占华北后,在 1943 年成立麻产改进会,统制槿麻、苘麻、大麻的生产,由东北输入种子,在冀中、冀东推广。山东省也种植北方型槿麻,1950 年约有 2266.67 万平方米。

（五）亚麻

近代中国亚麻产量不多,其中以兼顾纤维和种子两用亚麻为主。对两用亚麻,选择合适的收获期尤为重要。近代中国未建立亚麻分级标准,一般以亚麻原茎的长度、颜色、光泽、收获是否适期和含短麻率等来评定其品质的优劣。对出口的亚麻,汉口、上海商品检验部门自 1943 年起相继进行检验。

（六）苘麻

世界上苘麻的栽培主要集中在我国北部,河北、山东产量最多。农家培育的品种很多,如伏青是苏北和山东的早熟品种,秋青为这些地区的晚熟品种;火麻是河南商丘一带的早熟品种,秋麻是它的晚熟品种;"钻天白"和"秋不老"分别是河北西河地区的早、晚熟品种。

苘麻的收获期因各地品种、气候和栽培日期的不同而不同。

# 第五节　合成纤维

以上四种原料均为天然原料,随着人们对纺织原料需求的日益增加,天然原料已经越来越不能适应需求。人们一直在寻求有无新的更优的原料用于纺织生产。

化学纤维是用天然高分子化合物或人工合成的高分子化合物为原料,经过制备纺丝原液、纺丝和后处理等工序制得的具有纺织性能的纤维。

1884 年希莱尔·德·沙多奈发(Chardonnet)在法国制得硝酸纤维,但因其容易燃烧,加上成本贵,又没多少纺用价值,所以问世不久便停产了,但它毕竟是人类历史上第一次人工制造的纤维。1891 年在英国有人将纤维素黄酸酯溶于稀碱中制成很黏的液体纺丝,因其很黏,故称为黏胶,制成的纤维称为黏胶纤维。其穿着性能良好,原料丰富,很快成了人造纤维中主要品种,在 1905 年便实现工业化生产。黏胶纤维问世开启了化学纤维生产的历史。

20 世纪 30 年代开始,随着有机合成和高分子化学的发展,合成纤维逐渐发展起来。1931 年,E. 胡伯特(E. Hu-bert)、H. 帕巴斯特(Heinrieh Papst)和 H. 赫西特(Hermann Hecht)在 I. G 染料工业公司由聚氯乙烯纺制出了"配采(Pece)"纤维。它是第一种合成纺织纤维。1935 年,I. G 染料工业公司首先由山棒木生产浆粕,从此扩大了化学纤维工业的原料基础。1935 年,美国科学家 Carother,用己二酸和乙二胺合成聚酰胺,即尼龙 6 纤维。后由杜邦公司工业化,1939 年莫阿米在美国的旧金山(San Francisco)LIJ 春季博览会上首次展出了尼龙及尼龙产品,美联社为此把尼龙产品作为美国经济发展中最大事件之一来庆祝。1929 年,德国巴斯夫(BASF)公司成功合成了聚丙烯腈,即腈纶,这种纤维轻、软、暖,有"合成羊毛"之称。英国 ICI 公司取得聚酯纤维即涤纶的技术专利,1955 年设厂工业化生产。涤纶的强度和模量高,制成织物形状稳定,具有"洗可穿"性。涤纶由于性能优越、生产流程较短和成本较低,虽然起步较晚,但发展最快。此外还发展了丙纶、维纶、氯纶、氨纶等,值得一提的是丙纶。丙纶于 1960 年在意大利工业化。它以丙烯为原料,生产流程更短,制造成本更低,而且质轻,导湿,保暖性好。近年来,随着难染色和老化等缺点被克服,生产飞速发展,总量已超过腈纶。在所有的合成纤维中,涤纶、锦纶和腈纶的产量较大,被称为"三大合成纤维"。化学合成纤维在强力、耐磨等性能上,明显超过人造纤维和天然纤维,其起始原料都为石油。20 世纪是纺织纤维特别是化学纤维大发展的时期,1940 年世界化学纤维产量首次超过 100 万吨。1998 年,世界纺织纤维总产量 4540 万吨,其中棉花比重下降到 42%,羊毛下降到 3%。化学纤维 2493 万吨,占 5%,世界平均人年的纤维分得量,10 年间从 2.5 公斤增长到 8 公斤。

中国现代的黏胶纤维生产厂创办于 20 世纪 40 年代,一在辽宁的丹东,一在上海。日本侵占东北时期,在辽宁丹东设立了年产约 1 万吨的黏胶短纤维厂,以吉林开山屯木浆为原料,但 1945 年以后即已停产并受到严重破坏。1950 年开始修建并恢复生产,以后又陆续扩充,成为中国东北地区从原料木浆到纤维的规模较大的黏胶纤维生产企业。上海的黏胶纤维厂,原名安乐人造丝厂,现称上海第四化学纤维厂,原为邓仲和在日本侵占上海时期所筹设。这个厂规模虽小,但陆续训练了不少黏胶纤维生产技术骨干,一度发展成为上海化学纤维新品种的试生产基地。50 年代后期,黏胶纤维厂在全国,特别是在上海纷纷成立,从设计装备到运转全靠自力完成。年生产规模由数千吨到 15 000 吨不等,大都以棉短绒为原料,使用木浆极少。为了配合生产发展,国内相应地建立了木浆厂和棉浆厂生产黏胶纤维的原料,规模最大的木浆厂是吉林的开山屯纸浆厂。1956 年从德意志民主共和国引进技术设备在北京建成年产 1000 吨规模的聚酰胺-66 长丝厂,是中国最早的合成纤维厂,以后几经革新和扩充,发展成为特种合成纤维的多品种实验工厂。在同一时期内中国又从德意志民主共和国引进设备在河北保定建立了年产 5000 吨的黏胶长丝厂,即保定人造丝厂,后有万吨级的生产规模。以上四个厂对于中国化学纤维事业的发展,起到了奠基和先驱的作用。

我国化学纤维生产的历史是从 1957 年开始的,首先恢复安东化纤厂(后为丹东化纤厂)和安乐人造丝厂(后为上海化纤四厂)。20 世纪 50—60 年代,国家又成套引进黏胶长丝技术建设保定化纤厂、北京合成纤维实验厂,拉开了新中国化纤工业发展的序幕。我国初步形成人造纤维工业体系是在 20 世纪 60 年代初。国家在消化吸收进口设备、技术的基础上,建立了南京化纤、新乡化纤等一批黏胶纤维生产企业。1963 年,我国引进日本万吨级规模维尼纶技术和设备,建立北京维尼纶厂。随后,在 20 世纪 70 年代,国家集中资金,以石油、天然气为原料,引进世界先进技术装备,先后建成了上海金山、辽阳、天津、四川川维 4 个大型石油化工化纤联合企业。至此,我国化纤工业初具规模。

20 世纪 80 年代,国家成套引进大规模、大容量聚酯生产技术,重点建设仪征化纤、上海金山二期工程。此前作为化学纤维第一大品种的黏胶纤维地位开始动摇,具体表现在化学纤维中的相对比例减少,并且绝对产量也有所下降。聚酯纤维则迅速崛起,并逐渐占据了主导地位。

至"七五"末即1990年,我国已能生产所有的常规化学纤维,产能达到180万吨,基本形成了较为完整的化纤工业体系。随着改革开放和经济体制改革的不断深入,化纤成为最早开放的市场产品之一,我国化纤工业步入一个快速发展的时期。20世纪90年代,世界化纤产业快速发展的技术和装备在我国得到广泛应用,我国实现了年产10万吨大型聚酯成套装置及配套直纺长丝设备国产化,迅速提升了国内技术水平,达到当时的国际先进水平。1998年,中国化纤产量达到510万吨,首次超过美国位居世界第一,至今我国化纤产量已连续14年位居世界第一。进入21世纪后,化纤工业加大结构调整力度并取得明显成效。企业经济规模显著提高,企业所有制结构发生改变,行业资本结构日趋多元化,产业集群在东部地区已经形成。产业基础的加强,又极大地促进了技术进步,以大容量、高起点、低投入国产化聚酯及涤纶长丝工程与技术(从300吨/日到1200吨/日)的开发与广泛应用为代表,中国化纤工业技术产品全面升级,已完全具备了国内外两个市场的竞争力,为世界化纤产业的结构调整做出了贡献。截至2010年底,我国化纤总产能已达到3090万吨,是改革开放之初1980年52万吨产能的59.4倍,中国在世界化纤界的地位不断提升。同时,化纤加工量占中国纺织纤维加工总量的比例,化纤纺织品及服装出口量,化纤人均加工量,化纤工业对全国GDP贡献率,以及中国化纤在服装、家纺、产业用三大应用领域比例均不断提高。化纤已成为中国纺织工业的主要生产原料,化纤及下游加工产业也成为中国纺织行业中最为重要的出口创汇产业。

中国化学纤维工业协会2018年6月发布的文件显示,2017年中国化学纤维产量排名前五的企业分别为桐昆集团股份有限公司、新凤鸣集团股份有限公司、江苏国望高纤维有限公司、浙江恒逸集团有限公司,江苏恒力化纤股份有限公司。五家企业均分布于浙江省、江苏省,而在所公布的前一百名中,上榜企业也主要集中在两省内。

在化纤工业迅速发展的同时,我国也十分重视差别化纤维的研究与开发,化纤新品种不断涌现。例如有色纤维、异形纤维、中空仿羽绒纤维、阻燃纤维、导电纤维、抗起毛起球纤维等。今后我国化纤工业也将不断由产量快速增长向高技术、高质量和多品种方向转化,并且进一步提高集约化程度。

# 第三章 近代纺织技术的发展

1840 年至 1949 年,中国进入近代历史发展阶段。在此阶段,中国纺织技术发生了巨大的变化,开始步入近代动力机器纺织时期。纺织机器的原动力由人力、畜力、水力逐步发展到蒸汽力和电力,由过去的家庭手工小作坊的分散生产形式逐步演变成工厂大规模的集中型生产形式。人力的作用由主要作为原动力转向主要用于看管机器、搬运原料和产品,劳动生产率有了大幅度的提高。

动力机器纺织在中国经历了动力机器纺织形成阶段(1840—1949 年)、动力机器纺织发展阶段(1949 年以后)和自动化阶段。动力机器纺织形成阶段,即近代纺织技术的发展,又分为以下 4 个发展时期:动力机器纺织的孕育(1840—1877 年)、近代纺织工业的初创(1878—1913 年)、近代纺织工业的成长(1914—1936 年)、近代纺织工业的曲折发展(1937—1949 年)。

## 第一节 动力机器纺织的孕育(1840—1877 年)

长期以来,中国自给自足的小农经济占据统治地位,对纺织商品的需求一直没有出现过急剧的增长。这种现象对纺织技术的发展自然产生一定影响。

### 一、手工纺织技术发展的停滞

经过漫长的古代发展时期,到了 1840 年前后,中国手工纺织技术已经达到很高的水平。在纺纱方面,飞轮式辊子轧棉机、多锭退绕上行式合股加捻机、多种复锭(2～4 锭)脚踏纺车都有使用;在织造方面,我国已有了用于织造高档精美产品的大花本束综提花机、多综多蹑机、绞综纱罗织机等机型,但是纺纱和织造技术在使用动力方面没有太大变化。

19 世纪下半叶,我国沿海农村普遍使用手摇单锭纺车,每人每天最多纺 36.5 特(16 英支)的棉纱 125 克。30 厘米幅宽的脚踏手投梭织机,每人每天只能织布 9 米左右,劳动生产率无法与动力机器纺织相比。所以手工和动力机器两类纺织产品的价格悬殊。由于动力机器的使用,使得手工纺织技术尽管在使用,但从此之后,没有进一步发展。

## 二、手工纺织业在部分地区破产

19 世纪 30 年代,尽管中国每年向欧美各国出口土布仍在 100 万匹以上,但英国的机制棉纱以其成本低廉的优势进入中国市场。1829 年进口棉纱达到 22.7 万公斤,广州口岸附近的城镇手工纺纱业受到冲击,部分工厂停产。1831 年广州附近因停产而生计断绝的手工纺纱业者,曾为反抗机制棉纱进口采取过集体抗争行动。

鸦片战争后,中国被迫开放"五口通商",帝国主义通过一系列不平等条约,取得了协定关税、设立租界、片面最惠国待遇、帮办税务、进入内地通商等特权。从此,西方纺织品像洪水一般大量涌入中国。1842 年,英商输入国内商品总值 2500 万元,除去鸦片占 55%,棉花占 20%,棉制品占 8.4%(居第三位)。到 1867 年,我国进口总值增为 3465 吨,除去鸦片占 46%,棉制品占 21%(居第二位)。到 1885 年,我国在进口总值 8820 万关两中,棉制品占 35.7%,升至首位,此后长期居高不下①。廉价洋纱、洋布的大量倾销,使各通商口岸附近的本土手工纺织业遭到冲击,而经营洋纱、洋布买卖的洋行则获利甚丰。

中国手工纺织业,除了在口岸地区受到外国进口棉制品倾销的严重打击外,在东南沿海地区,还受到国内战争的影响。清政府镇压太平天国运动的战火,破坏了江南的蚕桑,使江南丝绸生产严重萎缩。不过,从总体来说,在 19 世纪 70 年代之前,进口纺织品还没有全面渗入内地,战火破坏也只在局部地区,手工机器纺织在全国还处于绝对优势。除了少数沿海大城市外,广大地区仍以土布做衣服,农村和少数民族聚居地区更是如此。

## 三、动力机器纺织的萌芽

由于中国有广大的纺织品市场,又有廉价劳动力,一些外国资本家试图在中国开办使用动力机器的工厂。他们先从缫丝等初加工入手,以求用质量较好的机缫生丝来代替收购手工缫制的土丝,并运回本国使用。如英国人于 1861 年在上海创办缫丝局,但经营到 1866 年即告停业。同年,另外一家外国人开设的缫丝局在上海建立,几个月后迁往日本。外国人企图在中国开办纺纱厂,就地采购棉花、销售产品,节省本国棉纱远程输华的成本,如 1871 年美国人在广州开办的厚益纱厂。但在《马关条约》之前,洋人没有在中国建厂的特权。因此,他们的企图不但遭到城镇手工业者的抵制,也受到中国政府的禁止。

中国开明人士从洋人办厂中得到启发,认识到利用动力机器办纺织厂的利益,逐步开始介入这个领域。中国人自办动力机器纺织厂始于 1872 年,由归侨陈启沅在广东南海创办继昌隆缫丝厂。此后采用动力缫丝机的工厂日渐增多,生丝出口时,就有了国产的厂丝,并逐步替代手工缫制的土丝。

综上所述,中国近代纺织工业是在本国手工机器纺织相对停滞,而欧洲动力机器纺织迅猛发展的历史背景下诞生的。但在 1877 年之前,无论外国人还是中国人开办的动力机器纺织厂,其规模都很小,或存在时间不长。对近代纺织工业来说,只能算是孕育和萌芽。纺织工业的主体则到 1878 年之后才由当权的洋务派官员倡导而建立起来。

---

① 严中平:《中国棉纺织史稿》,北京:科学出版社,1955 年。

## 第二节　近代纺织工业的初创(1878—1913 年)

1840 年鸦片战争后,经过 30 多年的曲折发展,清政府开始引进西欧的技术装备和技术人员,并仿照西欧的工厂生产形式兴办近代纺织工厂。这种工厂首先是由洋务派官员筹划集资建设的。[①]

### 一、洋务运动中创办的纺织工业

19 世纪 60 年代,清朝的一部分当权官僚兴办了一批近代军事工业。后来逐步扩展到包括纺织工业在内的民用工业。

1878 年,左宗棠筹设甘肃(兰州)织呢局;同年,李鸿章等筹设上海机器织布局;1888 年,张之洞筹设湖北织布局,后又于 1894 年创办纺纱局,1895 年创办缫丝局,1897 年创办制麻局,合称湖北纺织四局。这是除缫丝初加工工厂外的中国第一批近代纺织工厂。

这些纺织企业的兴起有以下原因:外国廉价纺织品大量输入,促进了中国城乡商品经济的发展;洋纱、洋布的输入使大量农民和手工业者破产,从而为兴办近代纺织工业提供了劳动力条件;西方纺织技术和工厂化生产的经济效益为我国提供了先例;洋务派的实业救国思想为近代纺织工业的创办提供了政治和社会环境。

#### (一)甘肃织呢局

清朝陕甘总督左宗棠为了改变新式军服仰赖进口呢料的局面,从 1878 年起,筹划在兰州创办甘肃织呢局,投资白银 20 万两,从德国购进一批粗纺设备及其配套机器(详见表3-1)。织呢局厂址设在兰州通远门外,占地 1.33 万平方米,房屋 230 间。织呢局于1880 年 9 月建成开工,工人约 100 人,多为兵勇。这些人员中有德国技职人员 13 人,一切技术及业务管理均掌握在德国人手中。至 1881 年初,织呢局的设备利用率不足 1/3。截至 1882 年 8 月,织呢局共产粗细呢绒 1500 余匹,其全部生产价值不够支付官员及洋员的高薪。织呢局的产品"几乎完全不能出售"[②],原因是品质差、成本高,加上当地民生凋敝,没有购买力;贩至外省,又因交通不便,运费较贵,成本增加,这样下来就更不划算。

---

① 夏东元:《洋务运动史》,上海:华东师范大学出版社,1992 年。
② 孙毓棠:《中国近代工业史资料(第 1 辑下册)》,北京:科学出版社,1957 年,第 903 页。

表3-1　甘肃织呢局引进设备统计

| 名称 | 台数 | 名称 | 台数 | 名称 | 台数 |
|---|---|---|---|---|---|
| 蒸汽机(17.7千瓦) | 1 | 毛织机(普通) | 20 | 压水机 | 1 |
| 蒸汽机(23.5千瓦) | 1 | 毛织机(提花) | 2 | 染呢机 | 3 |
| 三槽洗毛机(日洗毛500公斤) | 1 | 卷纬机 | 1 | 烘呢机 | 1 |
| 开毛机(大小各1台) | 2 | 整经机 | 1 | 起毛机 | 3 |
| 梳毛机 | 2 | 浆纱机 | 1 | 剪毛机 | 2 |
| 细纱机(走锭350锭/台) | 2 | 煮呢机 | 2 | 刷毛机 | 1 |
| 细纱机(环锭180锭/台) | 1 | 洗呢机 | 1 | 蒸呢机 | 1 |
| 捻线机 | 3 | 缩呢机 | 4 | 压光机 | 1 |

1880年底,左宗棠调离西北。1882年冬,德国人合同期满回国。1883年,织呢局发生锅炉爆炸而停工,从而导致这项事业的失败。左宗棠开办织呢局的计划虽然失败了,却开创了官办商品生产企业的先河。

(二)上海机器织布局

1878年,直隶总督兼北洋通商事务大臣李鸿章根据候补道彭汝琮的建议,决定在上海筹创机器织布局,委派候补道郑观应与彭汝琮共商其事,并筹集股银50万两,着手订购机器,建筑厂房。然而在筹建中,"任事人任意挥霍,局事未成""且又有买空卖空等弊,以致延搁八年,毫无所成"。① 在延搁时期中的1883年,织布局所订机器运至上海。厂址设在上海杨树浦,占地20万平方米。厂房为长168米、宽24.4米的三层楼房。包括轧花、纺纱、织布的全套设备,均从美国及英国进口,共有纱锭3.5万枚,织机530台,工人约4000名。经过多年的周折,终于1889年12月28日开始试车,于1890年正式投产。

织布局开工后,营业良好,纺纱利润尤其好。据海关资料统计,运出上海的布匹,1891年为880千米,1892年为3840千米,1893年为3080千米。李鸿章为利所诱,决定大规模扩充纺纱,致电出使英国大臣再行速购纺机。然而新纺机订购尚未办妥,织布局于1893年10月19日因清花间失火,全部烧毁。上海机器织布局被焚后,李鸿章急图恢复,于1894年9月部分建成开工,改称华盛纺织总厂。

上海机器织布局原来是吸收商股的企业,称为"官督商办",后来又有官款加入,官商混淆。实际上织布局由李鸿章操纵,由其委派的官员主持。

(三)湖北纺织四局

1888年,当上海机器织布局尚未建成投产之时,时任两广总督的张之洞也决定在广东创办纺织厂。张之洞致电驻英国大使筹划建厂,将所需布样及中国产棉花寄英国试行纺织,据以订购机器。

---

① 孙毓棠:《中国近代工业史资料(第1辑)》下册,北京:科学出版社,1957年,第1054页。

1889 年,张之洞调任湖广总督,纺织厂也随之改在湖北筹创。湖北织布局于 1893 年初开工,厂址设在武昌文昌门外江岸。此时张之洞在湖北还创办有铁厂、枪炮厂,工程较织布局更大,需钱款也较织布局为急。在织布局基础尚未稳固之时,张之洞便定下计划,将织布局利润补助铁厂及枪炮厂生产,称为三者统筹互济。

1894 年 10 月,张之洞调任两江总督,但设在湖北的纱布、铁、枪各局仍由张之洞一手操纵。1893 年由张之洞所筹划添设的纺纱局,订纺机 9.07 万锭,于 1895 年陆续运到,遂决定设南北两个纺纱局。北纱局于 1897 年建成开工,计 5 万锭;南纱局则因经费不足始终未能建造,其机器设备后来从武昌运至上海,又运至南通,由张謇安装于南通大生纱厂。

张之洞调江宁(今南京)任两江总督之前,于 1894 年曾上奏《开设缫丝局片》,并得到朝廷批准设建。缫丝局选址于武昌望山门外。机器、厂房及茧本共用银 8 万余两,机器于 1895 年初运到,6 月开工生产,日产丝 50 公斤左右。缫丝局规模并不大,但筹办中所托德商瑞记洋行包办的机器"价高机劣,欠缺之件甚多"[①],大费周章。

1896 年,张之洞又调任湖广总督,他采纳道员王秉恩的建议,于 1897 年筹创制麻局,向德商瑞记洋行订购脱胶、纺纱、机织整套设备,连同运输、保险等费用,共计 1.4 万英镑,约合银 5 吨。制麻局设在武昌平湖门外,1904 年开工,职工 450 人,原料由湖北各地供给,专制麻袋,供汉口市场使用。

张之洞创设织布局、纺纱局、缫丝局、制麻局四局,在筹建及生产过程中,多次借债,负担沉重。另外,各局都有浓厚的封建性和巨大的垄断性,企业衙门化,冗员冗费过多,管理混乱,浪费严重。湖北四局因连年亏蚀,后来租给华商承办,辗转受租达 8 家公司之多。

**(四)首批创办纺织工厂的作用与教训**

洋务运动中创办的中国第一批使用动力机器的纺织企业,大都遭受挫折,但在中国近代历史上,这些企业的创办具有重要的意义和作用。这些企业不论是官办,还是官督商办、官商合办,都是进行商品生产,以期获得利润,因此都具有资本主义的性质,但同时又混杂了官府工业的封建性。这些企业的所有权,全部或部分属于清政府,而经营管理的决策权完全由官僚操纵。可以认为,资本主义近代生产和封建主义管理方式之间的矛盾,在这些企业中不可调和地存在着。但即使在这种情况下,这批企业仍然起到了一定的积极作用。

(1)在当时中国的社会条件下,这些近代企业代表着社会生产力的新发展,引起了生产变革和社会变革。上海织布局从开工到被焚的 3 年中,运出上海销售的布达 700 多万米;湖北织布局 1895 年产布 295 万米,1899 年产纱 11 498 件。[②] 上海织布局年出布 960 万米,湖北织布局年出布 3600 余万米,两者之和相当于 1890 年进口棉布 62 240 万米的 7.4%。

① 孙毓棠:《中国近代工业史资料(第 1 辑)》下册,北京:科学出版社,1957 年,第 955 页。

② 湖北省纺织志编纂委员会:《湖北省纺织工业志》,北京:中国文史出版社,1990 年。

两厂的纺纱能力大致相当于21万个手工纺纱工人的出产量。这些企业打破了国内低端纺织品手工棉纺织一统天下而高等纺织品靠进口机织布的垄断局面。

（2）在采用动力机器进行大规模生产的条件下,这批企业的劳动生产率相当高。按照当时的生产水平,纺14英支纱,每锭日夜生产1磅,每万锭用工约650人,即人均日产棉纱6.99千克,接近手工纺纱的50倍;织14磅棉布,每台日夜生产54.86米,每百台织机用工约280人,即人均日产宽1码的棉布19.57米,按面积折算,其产量是手工织布的6倍多。纺纱的劳动生产率大大超过织布。劳动生产率的提高,反映了技术的进步和生产力的发展。

（3）通过大规模生产实践,中国第一批近代纺织产业工人和技术力量开始出现。尽管那时纺织工人受封建管理制度的压迫和洋匠的欺凌,这批力量成了后来发展纺织工业的先驱。

（4）这些企业的发展,既是一次引进西方技术,开拓近代纺织生产的过程,实际上也是为民族资本纺织工业开辟道路的过程。继这批企业之后,又一批由官僚、地主、买办、商人投资兴办的纺织工厂陆续出现。这些工厂绝大多数是集股兴办,独立经营的。众所周知,不是投资者的出身决定企业性质,而是企业性质逐渐改变投资者的阶级属性,这些企业都是民族资本主义企业。因此,从中国近代纺织的发展历史来看,洋务运动办的纺织工业起到了带头作用。在当时,只有当权的洋务派官员才有力量创办近代工业企业。

中国第一批使用动力机器的纺织企业开工后不过三四年时间,有的被大火焚烧殆尽;有的因产品质量低劣,产品滞销而停办;有的因长期靠借贷维持,亏损严重而辗转出卖或出租。回顾这批企业的早期遭遇,教训是十分深刻的:

（1）这批纺织工业企业建成后,受到外国势力的各种倾轧和压迫。当时的中国已是一个国际纺织品市场,洋纱、洋布倾销中国有增无减,洋纱对国产纱的压力是何等之大。1895年《马关条约》允许外商在华设厂后,外国势力已从商品输入发展到资本输入,掠夺中国的原料、市场及廉价劳动力。外资纺织厂大量增加,这些外商纺织厂规模大,资本雄厚,对中国纺织企业无疑是巨大的压力。另外,外国银行对中国企业的高利贷款,外国商行在输入机器设备中的强制和欺诈,外国技术人员在技术上的垄断和刁难,乃至像上海织布局起火时租界当局不予驰救,都说明外国势力不希望中国的近代工业得到发展。这正是半殖民地社会条件下所产生的必然结果。

（2）清朝的封建顽固派竭力反对兴办近代工业,并百般阻挠向西方学习。清朝不少官员对于使用机器十分反感,曾经无知地说:"机主于动,生于变,戾于正,乖于常。以技艺夺造化,则干天之怒;以仕宦营商贾,则废民之业;以度支供鼓铸,则损国之用。"这些人不仅立论荒谬,而且从技术、经济、财政各个角度反对向西方学习。他们认为百姓贫穷不是由于洋货倾销,白银外流,而是"纪纲之废坠"的缘故。这些言论出之于封建顽固官僚,甚至包括某些出使过外国的达官,对于洋务运动的阻力是相当大的。

（3）封建衙门式的管理制度束缚了企业的生命力。中国第一批纺织工业企业是近代化的企业,但管理制度沿用了封建官场的各种陈规陋习。总办、督办等负责人由清廷委派官员担任,这些人对近代纺织生产毫无所知,官架却很大。在人事上,除任用私人外,一应生产技术由洋人经办,对生产工人则利用把头实行蛮横统治。由于官习严重、媚上欺下、送往迎来、中饱私囊、挥霍浪费,加之管理混乱和产品质量低劣,在进口纺织品占领市场的情况下,这些企业自然缺乏竞争能力。即使有的企业一度获得利润,也无法背负沉重的贷款利息。

在中国近代史上,兴办纺织工业是中国走向近代化的一个重要组成内容。洋务运动兴办近代纺织工业的实践说明,中国的近代化是在一条非常坎坷的道路上蹒跚而行的,一开始就受到来自国内外的重重阻力。

## 二、外资纺织业的进入

19 世纪下半叶,国外资本进入中国近代纺织工业,开始主要从事纺织原料的初步加工,《马关条约》以后则凭借特权进入纺织业的主体。

### (一)外资缫丝厂的创设

起初,资本主义各国大量购买廉价的中国纺织原料,如生丝和原棉,运回本国生产。同时,又将大量纺织初级产品,如纱线、布匹等倾销到中国。由于中国劳动力既充裕又廉价,外国资本家认为在中国开厂进行纺织初加工更为有利。第一家英商怡和洋行所属纺丝局的成立(1861)甚至早于第一家中国人自己办的机器缫丝厂(1872)。这类最早的外资企业以缫丝厂为主,也包括轧花厂、鞣革厂、洗染厂、清理废丝厂和打包厂。但按照中国和列强签订的条约,列强只能和中国进行贸易而不能设厂生产。所以,这种投资是不合法的。

外资进入中国纺织业受到两方面的阻力:一是中国传统的手工业和商业行业协会的抵制;二是洋务派官员的反对。1862—1894 年,英、美、德、法诸国在华的纺织业以缫丝为主,另有轧花等初加工企业;日本出于国内劳动力亦属廉价等原因,除与英、美、德合资的上海机器轧花局外尚未介入中国市场;仅有德商的烟台缫丝局有一点丝织品。而《马关条约》的签订,致使外资进入中国创办纺织企业变成合法。

外商在华创办缫丝业的情况大致如下:

1861 年,英商在上海设立纺丝局,厂长为英国人梅查,有意大利缫丝机 100 台;1866 年,法国商人曾在上海设立一个仅有 10 台缫丝机的试验工场,经营数月即停止;1878 年,法国人还曾在广东南海设立过一个缫丝厂;同年,美国在华最大的生丝出口商旗昌洋行,在上海创立有缫丝机 50 台的旗昌丝厂;1882 年,怡和洋行建立怡和丝厂,资本 25 吨,雇意大利工程师,使用法式缫丝机;同年,英商开设的公平丝厂在上海苏州河北开车,有缫丝机 200 台,雇国内工人数百人,年产厂丝约 15 万吨;同年,旗昌丝厂也大事扩充,设备增加约一倍,雇国内女工 550 人、男工 500 余人,并增雇意大利技师和监工;1891 年,英国人又建立了纶昌丝厂,资本 10 吨,缫丝机 188 台,雇中国工人 250 人;同年法国人接办旗昌丝厂,改名为宝昌丝厂[1];1892 年,中美合资在上海设立乾康丝厂;

---

① 汪敬虞:《十九世纪西方资本主义对中国的经济侵略》,北京:人民出版社,1983 年,第 380 页。

1893年,法国人设立信昌丝厂,资本26.5吨,缫丝机530台,雇中国工人约1000人;1894年,德国人与买办合资在上海设立瑞伦丝厂,资本24吨,缫丝机480台,雇工人约1000人。

(二)外资纺织厂的创设

外资企业进入棉纺织工业和其他规模较大的纺织行业是从《马关条约》签订后开始的。《马关条约》第六款规定:"日本臣民在中国通商口岸城邑任便设立工厂、运入机器,只交所订进口税,日本在华制造的一切物品得免征各项杂税,所有日货均可设栈寄存。"其他列强随即模仿,取得相似权力。以此为开端,外资企业开始进入棉纺织工业和其他规模较大的纺织行业。1895—1913年,外商开设的有怡和纱厂、杨树浦纱厂、公益纱厂、老公茂纺织局、鸿源纱厂及上海纺织股份公司(会社)第一、第二、第三、第四工场(其中第一、第二工场系买自华商)、瑞记纱厂和青岛沧口绢丝纺织股份公司等。这些工厂绝大多数设在上海。到1913年,共有棉纺锭33.9万枚、棉织机1986台。[①]

这个阶段的特点:第一,1895—1897年,外商开设的棉纺厂颇多,其筹备必定早已着手,所以以英商为主的外商在华纺织业的投资是蓄谋已久的,《马关条约》不过是形式上的契机;第二,日本尚未投入全力,仍持观望态度,这种情况直至1910年以后才有所变化,1910—1913年有五六家较大纱厂在全国成立,地点不限于上海(如1911年大连的福昌纺纱股份公司);第三,在第一次世界大战爆发的前几年,欧洲局势就已紧张,无暇顾及东方市场,日本乘机谋图发展;第四,美国在华的纺织业投资均不顺利。

## 三、民族资本纺织业的初起

(一)甲午战争前的民族资本纺织业

中国动力机器纺织业从制丝开始。1872年,华侨陈启沅在广东南海县筹备继昌隆汽机缫丝厂,采用法式双捻直缫式丝车。图3-1为继昌隆丝厂的缫丝机。到1881年,广东有10家缫丝厂,2400台丝车。同年,上海民族资本公和永丝厂诞生。此后,江苏、浙江两地相继有丝厂出现。但此期间的缫丝厂时开时停。到1894年,上海有机器缫丝厂12家,丝车4000余台,年产丝22万公斤。据不完全统计,1894年全国有大小制丝厂120余家,丝车3万多台,工人3万余人。仅广东就有丝厂75家,丝车2.6万台,年产丝86.5万公斤。此后,丝厂如雨后春笋般在各地设立,制丝业飞速发展。

中国最早的轧花厂为宁波通久源轧棉厂,成立于1887年,该厂主要引进日本机器。1891年前后,上海相继成立了棉利公司、源记公司、礼和永等轧花厂。1895年,仅上海、宁波两地就拥有240余台动力轧花机,工人1200名左右。动力机器轧花业初步形成。

民族资本棉纺织业始于1891年,即在沪创立的华新纺织新局。1894年,裕源纺织厂成立;华盛纺织总厂在上海机器织布局的原址重建。翌年,裕晋纱厂、大纯纱厂相继在上海建立。1895年,民族资本纺织厂有纱锭8万余枚,布机1800台。这些纺织厂名为官督

---

商办,但实际上商人出资却没有管理实权。

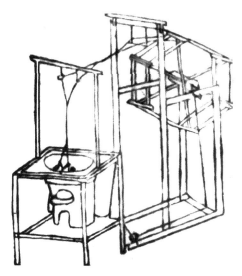

图3-1　继昌隆丝厂的缫丝机

纺织机器制造业随着缫丝业与轧棉业的兴起而出现。成立于1882年的上海永昌机器厂是最早仿制缫丝机的工厂。1895年前相继建厂的还有大昌机器厂、陈仁泰机器厂等。上海最早仿制轧花机的工厂为1887年成立的张万祥锡记铁工厂。

1871—1895年,纺织工业中以动力机器缫丝业发展最为迅速。据1894年统计,全国缫丝工业职工占10余种新工业的一半。生丝外销逐年增加,1871年销295万公斤,1895年上升到550万公斤。动力机器棉纺织产量从1890年的2.2万包棉纱、6240千米棉布,上升到1895年的11.3万包棉纱、3292万米棉布。但是,进口的纱、布量更大。可见,中国棉纺织业深受洋纱、洋布之挤压。

（二）甲午战争后的民族资本纺织业

1896年以后,丝厂发展以上海为中心,广东、江苏、浙江、湖北、山东等地竞相开厂。江、浙两省以意大利单捻直缫式为主。1910年以后,山东、四川逐步推广日本再缫式丝车。而机丝业发展最早的广东省,到1917年还采用法式双捻法缫丝,产量低下,技术落伍。

1905—1910年,丝织业有兴盛趋势,但主要用手工旧机织造。1915年全国有丝织厂近百家,而新式织机仅3000余台,丝织技术与效率仍相当低下。

1896—1913年是棉纺织业初兴时期,仅1896—1899年就增加了通久源（宁波）、业勤（无锡）、苏纶（苏州）、通益公（杭州）、裕通（上海）、大生（南通）、通惠公（萧山）7个民族资本纺织厂及官商合办湖北纺纱局。1905年后,中国市场受日俄战争刺激,市场销售极为通畅,投资办厂热潮兴起。到1913年8年间增加了12家工厂,即裕泰（常熟）、济泰（太仓）、振新（无锡）、和丰（宁波）、大生二厂（崇明）、利用（江阴）、广益（安阳）,以及上海的德大、同昌、九成(中日合资)、公益(中英合资)、振华(中英合资)。[①] 到 1913 年,民族资本棉纺织厂有 23 家,纱锭 48.4 万枚,布机 2016 台,[②]棉纺织机器基本上是进口的。以 1913 年为例,来自英国的设备占 80%,日本的占 13.4%(主要是丰田布机)。

毛纺织业多为官办或官商合办厂。民族资本的毛纺织厂最早是 1907 年创办的上海日晖织呢厂,1909 年开工,有走锭 1750 枚,毛织机 41 台,后因粗呢产品成本过高而在 1910 年被迫停工。

针织行业最早系 1896 年成立的上海云章袜衫厂,专门织造汗衫。1907 年广州华兴织造总公司成立。到 1913 年,全国共有针织手工工场 1 万多家,主要分布在广东、江苏、浙江、湖北、辽宁等省。[③] 1912 年我国始有电力针织机进口,这一年广东创立进步电力针织厂,上海创立景星针织厂。[④]

随着纺织工业的初创,纺织机器厂和纺织机修造厂相应建立。如轧花机制造业,到 1913 年,有名可查的有 17 家;到 1912 年,针织袜机制造业已有 3 家工厂。1896 年成立的协泰机器厂,专修(英)怡和厂的纺织机器;1902 年,大隆机器厂也从事纺织机修业务,专修日厂设备;1906 年,南通资生铁冶厂,主要修造大生纺织厂设备。到 1913 年,全国已有 8 家纺织机修造厂。纺织机器制造业中,以缫丝机制造厂发展为最,1913 年仅上海一地就有 10 家。自此,上海缫丝机进口完全停止,除管子等零件外,均由国内供应。

民族资本纺织业初创阶段,除受到苛捐杂税重重盘剥外,又受外资在华纺织厂的排挤。一些较大的棉纺织厂在技术上依靠外国技师,在厂内组织、管理上采用工头制,劳动生产率比外资厂低,难以与之竞争。但是,民族资本纺织业在重重困难中毕竟站住了脚,为以后的成长打下了基础。

## 四、手工纺织业的消长

在纺织工业的初创阶段,受动力机器生产严重影响的是缫丝和纺纱等初级产品的手工生产。但后期的深加工生产,手工机器仍有生命力,另外手工复制业反而有了发展。

### (一)手工缫丝纺织业的衰落

19 世纪 70 年代前,因中国受到自然经济的限制,市场不发达,所以外国纺织品的输入数量有限,只对口岸地区的手工纺织业产生影响。但从 70 年代以后,情况发生了重大变化:一方面,西方加快了工业品输华,其中棉制品输入从 1885 年起超过进口总值的 30%,此后近 30 年时间,一直保持进口贸易的首位;另一方面,70 年代以后,中国从缫丝、轧花等初加工行业起步,产生了自己的动力机器纺织工业,90 年代扩展到最重要的棉纺织行业。这样,中国传统的手工纺织业受到进口和国内机器纺织品的双重压力,终于开始解体。

① 行政院新闻局:《纺织工业》,南京:国民政府行政院新闻局,1947 年。
② 严中平等:《中国近代经济史统计资料选编》,北京:科学出版社,1955 年,第 134 页。
③ 方显廷:《天津针织工业》,天津:南开大学经济学院,1931 年。
④ 陈真等:《中国近代工业史资料(第 3 辑)》,北京:生活·读书·新知三联书店,1957—1961 年。

传统手工纺织业的解体通过两种方式进行:一是落后的手工机器被先进的动力机器直接取代。由于手工生产与动力机器生产的效益,在不同的纺织行业产生差异,加上中国地区发展不平衡,首先取代的是差距大的纺织行业的商品生产部分。二是自然经济中农村家庭手工经济的纺织副业的逐步瓦解,以及城镇手工纺织业为适应商品经济发展发生分化组合。

蚕丝是中国重要的出口商品。19世纪70年代以后,上海的机器缫丝厂生产100斤丝,成本831元,市价1120元,可得纯利289元;而生产土丝100斤成本464元,由于质量不高,市价仅640元,纯利176元,只为厂丝纯利的60%,[1]所以土丝受到厂丝的严重挤压。到20世纪初,蚕丝出口中厂丝比例超过土丝,国内丝织业也开始使用厂丝织绸。机器缫丝从此取得了中国蚕丝生产的主导地位,手工缫丝逐步衰落。

同时,手工纺纱也日趋衰落。近代引进的环锭纺纱,人均日产7千克,生产率超过手工纺纱30~50倍。在机制棉纱丰厚利润的刺激下,从19世纪90年代开始,外资和国人自办的棉纺工厂在中国日益发展,机制纱充斥市场,剥夺了手工纺纱业的销路。1875年手纺棉纱占到国内棉纱供应的98.1%,而1905年下降到49.9%。手工纺纱的主导地位从此被机纺纱所取代。[2]

(二)手工织布等工场的兴起

正当手工生产的土丝、土纱被厂丝、机纱逐步取代的时候,中国的手织业却有了较大程度的复苏。以土布输出为例,虽在19世纪30年代出现衰落现象,但到70年代以后,又较快增加起来。1871—1875年,中国土布出口年均195.15吨;1911—1915年,年均出口达到11 100吨,40年增长近55倍。[3]再看国内市场,1875年手织棉布占国内外棉布供应的78.2%,到1905年仍保持78.7%。[4]究其原因,有以下三个方面:

(1)由于手织与机织的效益差距不如手纺与机纺那么悬殊,资本家投资于纱厂的利润超过布厂,所以中国机织业的发展速度落后于机纺业。19世纪70年代以后,洋纱大量进口。90年代以后,国内动力机器棉纺厂纷纷建立,为手织业提供了充足的商品棉纱。这导致手工纺、织两业的分离,而机纺纱的质量较好,品种较多,也扩大了手织业的活动领域。

(2)由于自给自足经济的部分瓦解,国内纺织品市场日益扩大,从而在棉产丰富的地区形成了以土布为主要产品的织区,如河北的高阳、定县,江苏的南通、江阴、松江等地。这些土布产地由于原料供给便利,生产技术改良,其产品不仅行销各省,而且出口海外。

(3)在激烈的市场竞争中,小商品生产必然两极分化。尤其在城镇地区,大量纺织手工业者因破产沦为雇佣劳动者,而一些条件较好的纺织手工业者则逐步发迹,建立起初具规模、设备简单的手织工场。而手织工场专业化、集约化程度的提高又为手工织造技术的改良提供条件,加强了手织业的生命力。

① 史全生:《中华民国经济史》,南京:江苏人民出版社,1989年,第38页。
② 张仲礼:《中国近代经济史论著选译》,上海:上海社会科学院出版社,1987年,第288页。
③ 严中平:《中国棉纺织史稿》,北京:科学出版社,1955年,第83页。
④ 张仲礼:《中国近代经济史论著选译》,上海:上海社会科学院出版社,1987年,第288页。

城镇手工纺织作坊向手工工场方向发展,不仅在棉织业,凡是手工生产与动力机器生产效益差距较小、产品品种多、批量小,以及某些工艺不能为动力机器生产所代替的纺织手工业,都可以发生,也有发生。尤其到了20世纪初,国内兴办实业成为时尚,各类纺织手工工场大量出现。按农商部1912年对全国25种手工作坊和手工工场的统计,其中纺织手工作坊与工场已达3818家,分属棉织、制线、织物、刺绣、成衣、染坊漂染、针织七个专业,职工人数12万人,平均每家31人。[①] 由此可见,当时的手工纺织业正在重新组合。这种组合既提高了集约化程度,又发展了如制线、针织、成衣等新兴行业,以适合近代商品经济的要求。

综上所述,至20世纪初,我国初创的纺织业有棉纺织业、毛纺织业、丝纺织业、染织业、针织业、简单纺织机制造及修理业等。纺织工业受原料产地、动力供给、运输、市场、金融等条件影响,逐步形成相对集中的基地。上海由于经济地理条件优越,在我国纺织工业初创阶段,就成为棉、毛、丝、针织等行业的中心地。在初级产品(棉纱、生丝)生产部分,动力机器生产已略超过手工机器生产;而在较深加工产品(棉布)部分,仍然是手工纺织占据主要地位,其中手工复制(毛巾、被单等)反而有扩大。

# 第三节　近代纺织工业的成长(1914—1936年)

1914—1936年,民族资本纺织工业和外资纺织工业都取得了很大发展,动力机器纺织在纺织品生产中已取得主导地位,但总的生产能力还十分不足,要大量利用进口和手工纺织品。此阶段,中国民族资本纺织业历经了兴起、竞争、萧条、复苏等迂回曲折的过程。

## 一、民族资本纺织业的迂回发展

### (一)民族资本纺织业的迅速扩大(1914—1922年)

第一次世界大战发生后,进口纱布锐减,国内市场纱布市价猛涨,棉纺织厂获得厚利。1915年全国人民反对"二十一条",掀起抵制日货运动;1919年又爆发五四运动。这些都对民族工业的发展起了推动作用。1914年以后的9年中,民族资本新办纺织厂达到54家。据统计,1922年民族资本棉纺织厂有76家,纱锭223万枚(占全国总数的62%),布机1.24万余台(占全国总数的64%)。[②]

在此阶段,丝品贸易呈发展趋势。外销蚕丝从1914年的1300万公斤,逐年上升,1919年最高达1900万公斤,1922年为1600万公斤。蚕丝贸易洋行林立,广州有27家,上海有31家。

---

① 彭泽益:《中国近代手工业史资料(第2卷)》,北京:中华书局,1963年,第432页。
② 上海棉纺织工业同业公会(筹):《中国棉纺织统计史料》,上海:上海棉纺织工业同业公会(筹),1950年。

机械缫丝业以上海、顺德、无锡为主,缓慢发展。1915年振新、纬成与物华厂相继引进电力织绸机,此后江苏、浙江、上海三地很快拥有电力机800多台。电力绸机的应用使织绸生产率比铁木机高出4.4倍,但大多数作坊工场仍采用铁木机。1922年,苏经丝织厂开始采用人造丝织绸,品种增多,成本降低。丝绸精炼逐步改用平幅,产品外观大有改进。

其间,外国呢绒进口减少,加上人们服用毛织品增多,毛纺织业也开始复苏。清河制呢厂、日晖织呢厂、湖北毡呢厂、甘肃织呢局等纷纷复工。但终因财力匮乏、进口毛料卷土重来,各厂又一次失败停产。

染织、漂染和印花业也纷纷兴办。1912年上海启明染织厂首先生产丝光染色布,1919年上海建立中国机器印花厂,[①]1920年成立上海印花公司,1921年信德印花厂开业。到1922年,仅上海地区就有大小染厂10余家,印花厂3家,产品以棉布印花为主,应用的染料大都是进口的靛蓝、硫化与安尼林等。

(二)民族资本纺织业在困难中调整(1923—1931年)

在民族资本纺织业扩大的同时,日资厂也从上海扩展到青岛、天津、汉口与东北诸地,外资企业对民族资本纺织业造成巨大的压力。1918年以后,军阀内战纷起,捐税苛重,棉贵纱贱,列强复苏,洋货重来。纺织业在内外夹攻下,发生中国历史上第一次集体限产。上海自1922年2月8日起停机1/4,1923年关闭9家工厂。

依赖于国际市场的中国蚕丝业生产极不稳定,技术设备缺少更新改进,加上政府拒不融资,捐税苛重,中国丝业陷入难与外人竞争的局面。1929年,世界经济危机,加上人造丝兴起,日本制丝业界受政府补贴,将存积滞货生丝以低价倾销到中国。在这些浪潮的冲击下,蚕丝出口在1932年跌到450万公斤,丝厂普遍停业。

丝织业在这一阶段开始向机械化过渡。1927年仅浙江省就有电力织绸机3800台;1929年华东地区电力织绸机达1.7万台。中国丝织业由于织品的花色品种不断更新,在洋绸竞争和世界经济危机袭击下得以生存和发展。

毛纺织业经过几十年的摸索,对羊毛的适纺品种和市场逐渐有了新的认识,在大宗产品如呢绒、绒线等仍大量进口的条件下,人们开始向驼绒、毛毯、地毯等小品种方向寻找出路。驼绒业主要集中在上海,毛毯业主要集中在东北,地毯业主要集中在北京、天津等地。此阶段我国的毛纺织业仍属于粗纺范畴,精纺毛料仍依赖进口。

麻纺业除武昌制麻局外,产量很少。

1920年,达丰染织厂染整部成立,出品新式染色布,由于利润丰厚,兴起了开漂染厂之风。到1931年,上海有染整厂30余家,印花厂6家,加上天津、武汉、无锡等地共有印染厂40余家。这些厂家主要印制棉布产品,少量进行丝绸印花加工。

随着染、印工业的发展,外资染料厂相继建立,民族资本染料厂也在上海、天津、青岛等地设立,但产品仍以硫化染料为主,大部分染料仍靠进口。

---

① 国际贸易局:《中国实业志》卷四,上海:宗青图书出版公司,1934年,第702页。

1914—1931 年,总的来说,民族纺织业还是取得了发展。1931 年比 1914 年棉纺锭增加 3.5 倍,布机增加 6.6 倍;机械缫丝机开始盛行,织绸从木机发展到电力织机;毛纺织业从停业开始有了一点儿回生的苗头,毛纺锭增加 3 倍,毛织机增加 3.2 倍。在此期间,不但出现机械化的漂、染、整、印等工业,而且创建了民族资本染料工厂,其他如针织、色织、麻纺等工业也有起色。

(三)民族资本纺织业在竞争中复苏(1932—1936 年)

这一时期的民族资本纺织业,在既受到世界经济危机和长江特大水灾的冲击,又受到日本经济、政治的压迫和局部战争破坏的环境下,克服了萧条和倒闭危机,实现了复苏。

1932—1936 年,日本、英国在华纱锭均有增加,民族资本棉纺织厂的布机、纱锭、线锭也有增长。1931—1936 年中外资棉纺织厂设备增长率对比见表 3-2。1936 年后,因棉花丰收,我国民族资本棉纺织业开始恢复。

表 3-2　1931—1936 年中外资棉纺织厂设备增长率对比[1]

| 年份 | 纱锭/% | | | 线锭/% | | 布机/% | | |
|---|---|---|---|---|---|---|---|---|
| | 华商 | 日商 | 英商 | 华商 | 日商 | 华商 | 日商 | 英商 |
| 1931 | 100.0 | 100.0 | 100.0 | 100.0 | 100.0 | 100.0 | 100.0 | 100.0 |
| 1932 | 106.7 | 104.7 | 107.4 | 120.0 | 117.6 | 106.9 | 110.4 | 100.0 |
| 1933 | 111.5 | 105.5 | 108.4 | 126.4 | 127.1 | 117.5 | 119.6 | 100.0 |
| 1934 | 114.2 | 114.4 | 108.4 | 127.3 | 127.7 | 127.0 | 136.3 | 100.0 |
| 1935 | 116.0 | 114.3 | 133.1 | 139.5 | 147.0 | 140.2 | 146.1 | 139.1 |
| 1936 | 111.2 | 125.3 | 129.7 | 153.3 | 151.3 | 141.7 | 176.8 | 139.1 |

20 世纪 30 年代,毛纺织业中的绒线与精纺业兴起。1930—1934 年,已有 10 余家工厂生产绒线,我国绒线业的发展与市场扩大,使进口绒线数量大为减少。历年来我国进口精纺毛织物较多。1932 年开始,我国利用进口毛条和引进设备生产精纺织物。由于精纺毛料轻薄、挺括,深受欢迎,生产精纺毛织物的工厂不断涌现。制毡业一直以西北为盛,但机器制帽业集中在上海、天津等大城市。

经济危机、内战和 1931 年长江水灾给蚕丝业带来了灾难,人造丝的兴起,更使丝绸出口减少。缫丝业陷入困境,工厂纷纷倒闭,丝业外贸数量逐年下降。江苏、浙江、安徽三省在 1937 年共有缫丝厂 135 家,生产能力为 450 万公斤。全国丝织机为 1 万台左右。丝织业的原料结构在此期间起了变化。以杭州的丝织品为例,在 31 个品种中,缎、绉、绒、纱、锦等产品采用或部分采用人造丝为原料的约占 2/3。绢纺业中成立较早的工厂有裕嘉绢丝厂、中孚绢丝厂等,到 1937 年共有绢纺锭 3 万余枚,其中华商占 1 万余枚。

---

[1]　严中平:《中国棉纺织史稿》,北京:科学出版社,1955 年,第 238 页。

全国印染业共有 270 余家工厂,大部分系手工或半手工操作,机器印染厂不过 120 余家(上海占 50 余家),其中印花业 26 家,民资厂占 22 家。漂染厂已采用丝光、轧光和全套漂染整理设备。印花业也有 4 色、6 色印花机,多数从英、美等国引进。上海各厂的技术均较华北等地进步。

麻纺织主要加工黄麻、苎麻,而亚麻加工仅在东北与台湾,数量较少。

1930 年之前,我国纺织染设备几乎全是进口。国产只有配件与摇纱机、缫丝机、轧花机等简单机器。1930 年后,纺织机器制造技术有所提高。大隆铁工厂仿制苏纶厂的进口纺机,公益、合众与工艺铁工厂仿制的日式立缫车、往复络纱机,上海制雅铁工厂的槽筒络纱机,天津久兴厂制造的电力提花机及漂染整设备,均质优价廉,受到欢迎。此时的针织设备多为圆筒针织机、罗纹机、袜机等纬编针织机,也有横机。

从 1911 年至 1937 年前夕,在大量分散的民族资本纺织小厂中,逐步形成了几个较大的纺织企业集团。如申新(荣氏)系统,在上海、无锡等地拥有 9 个棉纺织厂,并兼营面粉业;大生系统,除办有棉纺织厂外,兼办电力厂,进行原棉开发,兴办高等学校及社会福利事业;永安系统,除有棉纺织厂外,兼营百货业等。全面抗日战争爆发前夕,各地民族资本棉纺织厂分布见表 3-3。

表3-3　全面抗日战争前夕民族资本棉纺织厂布局[①]

| 省市 | 厂数/个 | 纱锭/% | 线锭/% | 织机/% |
|------|---------|--------|--------|--------|
| 上海及江苏 | 54 | 66.84 | 85.30 | 66.49 |
| 武汉及湖北 | 7 | 11.97 | — | 13.51 |
| 天津及河北 | 5 | 4.10 | 1.07 | 4.10 |
| 青岛及山东 | 4 | 4.17 | 6.33 | 2.07 |
| 河南 | 4 | 4.23 | 4.52 | 0.97 |
| 山西 | 5 | 2.84 | 1.38 | 6.23 |
| 浙江 | 3 | 2.21 | — | 2.78 |
| 其他各省 | 8 | 3.64 | 1.40 | 3.85 |
| 合计 | 90 | 100 | 100 | 100 |

这个阶段我国民族资本纺织工业的发展有下列特点:

(1)民族资本纺织工业经过第一次世界大战及稍后年代在数量上的发展,到 19 世纪 20 年代,在困难中进行企业结构调整,到 30 年代上半期产品结构也进行了一定调整,到了全面抗日战争前夕,已经形成相当规模,而且出现了若干大、中型企业集团,显示出中国纺织企业家们的力量。

---

① 行政院新闻局:《纺织工业》,国民政府行政院新闻局,1947 年。

（2）纺织企业70%以上分布在沿海地区，远离原料产地。这是因为沿海人口密集，市场集中，配套水平高，运输方便。民族资本纺织厂的分布同样如此。

（3）纺织机械几乎全部进口，到30年代才有部分较简单的国产设备，后期开始少量仿造纺纱机与织机。

（4）由于棉花投机买卖也能赚钱，所以有些纺织资本家不重视工艺技术，不求精工生产。但另一方面也显示纺织资本家从事金融活动，使有限资金保值、升值的能力。

（5）民资厂资金短缺。上海的纱厂用10天期货棉花纺纱，已成惯例。为了追求集资，无法留足流动资金及公共积累，遇难只能借债，有时纺织业借债占银行工业贷款总量的60%以上，利息负担较重。但另一方面也显示资本家善于利用他人资金从事经营企业的能力。

（6）有些工厂冗员充斥，滥用私人，但也有一些工厂开始实行技术人员管理的制度。

（7）民资厂纺织技术、管理水平比外资厂低，纱支偏粗（民资厂以16～20英支纱为主，日资厂以32～42英支纱为主），用工偏多（比外国先进厂多3～4倍），成本偏高，商品的竞争力低。

以上特点与当时国内外形势以及民族资本本身基础薄弱有关。但是，处在夹缝中的中国民族资本纺织工业，还是有很大的进展。例如，1936年与1931年相比，棉纱锭增长4.7倍，布机增长11.7倍；[①]毛纺锭增长4.9倍，毛织机增长4.5倍；丝绸业有了机械缫丝车、电力织绸机、提花机；增加了麻纺织厂；创办了印染厂与染料工业；从20世纪30年代开始，仿制进口纺织机器；成立纺织院校培养中国纺织人才。以上这些为中国纺织工业的进一步发展奠定了基础。

## 二、外资纺织业的扩张

### （一）数量上的扩张

外资（主要是日资）纺织业的扩张从第一次世界大战开始直到全面抗日战争爆发期间，大致可分为两个阶段：第一阶段是1914至1922年；第二阶段是1923至1936年。

1914—1922年，英美等西方国家受到第一次世界大战及其战后经济萧条的影响，无暇顾及中国的投资和市场，日本在华资本遂乘机发展，建立纺织厂30余家，并购买和租用了一些美国及中国的纺织厂。

1919年中国收回了关税改订权，日本棉纱对华输出锐减。为求出路，日本纺织厂商纷纷设法到中国来开设纱厂，因此日本在华的棉纺织厂数量迅速增加。1914年，日本在华纺织设备约30万锭、织机3500多台，1922年分别增至108万锭、3969台，而英商一直保持25.7万锭、2800台。[②]

1923—1936年，是一个竞争激烈的时期，也是中国与外国资本企业在竞争中互有消

① 严中平等：《中国近代经济史统计资料选编》，北京：科学出版社，1955年，第135页。
② 上海棉纺织工业同业公会（筹）：《中国棉纺织统计史料》，1950年。

长的时期。此时对中国资本纺织业的最大威胁来自日本。1922—1925 年,日本在华纱厂发展尤为迅速。1925 年日本在华纱锭达到 163.6 万枚。"五卅"惨案发生后,全国排日运动日益加剧。1925—1927 年,日商纱厂受到很大打击。但 1928—1930 年,日资对华纺织业的入侵又进入新的高潮,除棉纺织品倾销外还包括针织和制帽等各个方面。到 1937 年全面抗战前夕,日商在华纱锭达 213.5 万枚,织机 2.89 万台,分别占全国棉纺织设备总数的 42% 和 49%。仅在东北,就有纱锭 57.5 万枚,各类织机 1.15 万台。山海关以南日资纺织厂多集中于上海,其次是青岛和天津,分别占其总数的 62%、27% 和 9.3%。英国在华纱锭和织机数分别占全国棉纺织设备总数的 4.3% 和 7%。[①]

（二）日资纺织业的特点

纺织业是日本在华投资的代表行业,其经营方式有两种:①设总厂于中国而在日本有总公司;②设分厂于中国而总厂在日本。日资厂在华活动方式与英、美等国有所不同。英美大多数厂家都是洋行开办或个别商人独立开设的,和本国联系不如日本密切,亦无总厂在本国。日本在华纺织企业的规模大,行业全,非英美企业所能比拟。日本在华企业大多数为日方独资,即使是中日合办企业,日本资本所占比例也会占到 50% 左右。由于日本与中国在文化上和地理上非常接近,日本人在投资前对中国的资源和市场做了深入、细致的全面调查,有备而来,使得日本人的经营非常成功,甚至比华商办的工厂更为成功。

（三）合资企业

外商在华投资的纺织企业中,不少是属于中外合资企业,在其资本中相当一部分甚至大部分为中国人所拥有。另外还有一种与此相似但性质不同的合办企业,以日中合办为主。

日中合办企业有三种:①根据中国公司法而设立者;②根据日本公司法并向日本领事馆登记而设立者;③根据特别条约或契约而设立者。这其中又可分为实质上以日本人为主体和以中国人为主体两种。不论哪一种企业,其经营权往往属于日本人,且多数渐而沦为纯属日方的企业。

向华商企业或个人放款投资是日本独有的对华投资方式。1918—1919 年,日本投入中国纺织业的资本达到 1400 万元。借款单位有天津的裕大及裕元、上海的宝成和喜和。这种债权关系最后导致这些厂归属于日本在华的纺织系统之内。

（四）洋行的中介作用

英、美等国的洋行不但在帮助本国企业对中国进行贸易和投资方面起了很大作用,有时还发挥一种介于贸易和设厂之间的作用。如美国慎昌洋行设有营业、事务和制造三个部门,1915 年以后,其纺织机器部(属营业部)向中国各纱厂出售美国波士顿萨可洛威尔厂的纺纱设备和克隆敦那尔史公司的织机,向各袜厂出售纽约苏革威廉厂的自动圆筒

---

①　上海棉纺织工业同业公会(筹):《中国棉纺织统计史料》,1950 年;陈真等:《中国近代工业史资料(第 4 辑)》,北京:生活·读书·新知三联书店,1957—1961 年版,第 234 页。

织袜机;动力部(属营业部)为不少纺织厂提供发电机和锅炉;电器部(属营业部)为申新纱厂等提供马达;建筑工程部承办纺织厂房工程。

### 三、手工纺织业的改良

#### (一)手工纺织生产的起伏

从1911年到1937年全面抗日战争前夕,中国手工纺织业的总体水平继续下降,其中手纺棉纱的减少尤为显著。如1905年手纺棉纱占国内棉纱供应来源的49.9%,1919年降到41.2%,1931年就只占16.3%了。手织棉布下降的趋势比较缓慢,1905年手织棉布占国内外棉布供应来源的78.7%,1919年降至65.5%,到1931年仍占61.6%。[①] 也就是说,直到1837年全面抗日战争前夕,中国的棉纱市场上已少有手工棉纱;而棉布市场上,仍然以手织棉布占主导地位。

在这段时间里,中国的手工纺织业已更深地卷入商品经济。一方面,各地的产量随市场变化大起大落;另一方面,生产技术与产品得到逐步更新。

民国初年,手工纺织业衰退较快。究其原因:一方面是外国粗布进口量增加,如1910年全国粗布进口值为415.25吨,1914年达到823.6吨,5年内翻了一番;另一方面是国内原来滞后于机器棉纺业的机器织布业有了较大发展。1912—1914年,新创设的棉纺织企业大都纺和织兼有,单纯的棉织厂也大量出现,致使手工棉布的销路受阻,生产萎缩。

在第一次世界大战期间和战后的恢复年代,中国的手工纺织业也和机器纺织业一样获得了一次发展的机会。原因是欧洲各国输入中国的布匹骤然减少,而国内的机器织布业不足以弥补市场的空额,造成了棉布供不应求的状况,这样国内的棉织手工业又兴旺起来。以河北著名的高阳织布区为例,1915年有手工织机5600余台,1917年增至1.31万台,1920年更增至2.17万台;提花织机也从1915年的53台增至1920年的210台。[②] 由此可见,棉织手工业所产棉布的数量与花色品种在不断增加。除棉织业之外,以江浙地区为主的手工丝织业也有较大的发展。如杭州的丝织业,1913年仅有手织机56台,1914年增为294台,以后逐年增加,1920年发展到1060台。[③] 另一个在全国范围有较大发展的行业是手工针织业。1914年针织品总产值为467万元,1919年达到703.5万元。[④]

由第一次世界大战引发的中国手工纺织业的局部繁荣延续到20年代初,以后就转向衰退。帝国主义列强卷土重来,洋纱、洋布输入增多,纱价下跌,各纱厂纷纷增设织部,使手工棉织业的销路大减;日本生产的人造丝不仅侵夺了中国的海外蚕丝市场,而且进入中国国内市场,使蚕丝生产更趋衰落。再加上军阀混战、苛捐杂税的影响,使手工纺织业陷入严重的困境。如高阳织布区,1917—1919年的极盛时期,年产土布20万千米,以

---

① 张仲礼:《中国近代经济史论著选译》,上海:上海社会科学院出版社,1987年,第288页。
② 彭泽益:《中国近代手工业史资料(第2卷)》,北京:中华书局,1963年,第632页。
③ 彭泽益:《中国近代手工业史资料(第2卷)》,北京:中华书局,1963年,第640页。
④ 彭泽益:《中国近代手工业史资料(第2卷)》,北京:中华书局,1963年,第663页。

后逐年下降,到 1926 年只有 6 万千米。

1931 年日本占领东北以及长江水灾,使中国的手工纺织业受到进一步打击。原来一些具有民族特色的手工纺织品,如绸缎、花边、针织品等,过去因无外货竞争,大量出口。世界经济危机发生后,各国纷纷设立关税壁垒,使这类产品出口量锐减。至于已经下跌的土布生产,更因东北市场的丧失、长江水灾,以及农村经济的破产而一蹶不振。

### (二)手工纺织技术的改良

#### 1. 纺纱技术

近代手工纺纱技术的改良主要是采用多锭纺车。旧式纺车生产效率低,产品质量差,与近代引进的环锭纺纱技术差距很大。但环锭纺纱的设备费极其昂贵,非一般业主所能承担,所以就有改良手工纺纱技术的要求。多锭纺车在日本有大和纺,由卧云辰致在明治六年(1873 年)发明,以后几经改进,并实现了动力化。20 世纪 20—30 年代,我国多处都在试制新型手工纺车,虽然各地的型制有所不同,但都属于多锭纺车的类型。

多锭纺车的最完善形式,当推张力自控式多锭纺车。环锭纺纱以罗拉牵伸、罗拉传送为基础实现了连续化生产。但多锭纺车与单锭纺车一样,没有牵伸罗拉,而将棉条直接成纱。两者的区别是,单锭纺车的牵伸加捻依靠人手控制,并与卷绕交替进行,而多锭纺车实现了牵伸加捻的自动控制和卷绕同时进行。这样就把工人从控制操作中解脱出来,只需承担喂入、接头的工作,一人可以看管几十个纺锭。这无疑是手工纺纱技术的一大进步。

#### 2. 织造技术

近代对手工织机的改良经历了从手投梭机到拉梭机与改良拉梭机,再到铁轮机的过程。

手投梭机在织造过程中不能做到开口、投梭、打纬、移综、放经和卷布这六个动作的连续化。其中,开口用脚踏板控制,投梭需左右手互投互接,接梭后的空手扳筘打纬,而移综、送经、卷布则要停织进行。所以手投梭机的生产效率不高,每人每日产布 9 米左右,尤其是手投梭力量小,限制了布幅的宽度,一般只能织 33 厘米左右宽的窄布。如要加宽布幅,就需要高超的技艺,而且影响速度。

拉梭机出现于 19 世纪 90 年代,又称扯梭机或手拉织机,加装滑车、梭盒、拉绳等件,从而将投梭动作由双手投接改为右手专司拉绳击梭,左手专司扳筘打纬。因投力较大,既加快了织造速度,又能使布幅增加到 67 厘米左右。改良拉梭机又对拉梭机的卷布和放经机构加以改进,利用齿轮装置,使织工无须离座,较快地完成卷布、放经动作,从而进一步提高织布速度。

铁轮机出现于 1911 年(民国初年),又叫铁木织机,除机架和踏板采用木构件、发动依靠人力脚踏外,其他结构和原理与动力织机完全一样,即利用飞轮、齿轮、曲杆等将工作机构相互连接,形成一个整体,既可织造和近代动力织机同样门幅的布匹,单机效率也与动力织机相差无几,可以说是人力织机的最高形式。

织造技术的另一项重大改进是在手工改良织机上加装纹板式提花龙头,成为提花龙头拉花机。传统的花楼织机,用细绳将花本编在牵线上,除织工外,需另一人在花楼上专司曳花。提花龙头采用回转的打孔纹板,控制束综的提升,简便省力,且可织制更加精细的纹样。民国以后,此技术为手工绸厂广泛采用。

**3. 其他技术**

其他手工纺织技术的改良表现在对新器材、新原料的部分应用上,如将手工织机上的线综改为金属综,将花楼织机上复原伏综竹片弓蓬改为弹簧,以及采用人造丝进行织绸、采用合成染料进行印染等。这些是商品经济发展的自然结果。

总之,由于中国近代纺织业发展的不平衡,手工纺织技术为适应手工工场的生产要求,向着铁器化、大型化、半机械化的方向发展,成为落后技术与先进技术之间的过渡形态。

**(三)手工纺织产品的变化**

纺织的初级产品是丝线或纱线,深加工产品是织物或其复制品。近代手工纺织产品的变化主要是指通过手工织染加工的深加工产品的变化,总变化趋势是:过去落后的低级产品逐渐被淘汰,奢华的高级产品逐步萎缩或转化为工艺品,唯适合时宜的产品在新技术的推动下得到一定程度的发展。

**1. 手工棉织品**

传统手工棉布的门幅在33厘米左右,纱的细度在58.5特(10英支)左右,多为本色布或染色布,色织布较少。相对于洋布,近代手工棉布又称土布,随着外国棉纱输入,国内棉纺工业的产生和发展,土布逐步改用机纺纱,使厚度减小,外观趋于细密匀整。随着手工织机的改良,从19世纪末到民国初年,土布门幅从33厘米左右加宽到67厘米多。由于市场竞争日趋激烈和当时已具备的技术经济条件,纱线细度、经纬密度、织物组织、染料应用等方面有了更多的选择,土布一改过去朴素、单调的面貌,色织、提花增多,还出现了棉与人造丝交织的新品种。

**2. 手工丝织品**

中国近代机器缫丝先于机器纺纱,早年的厂丝全部出口,直到民国初年,国内丝织业才较普遍地使用厂丝,1918年左右开始使用人造丝。由此,丝绸出现了素乔其、电力纺、花巴黎缎、克利缎等许多新品种。到20世纪20年代后期,人造丝浆经法的出现,使得以人造丝为经线的织物纷纷问世,如羽纱、麻葛、线绨等。

20世纪初,服制改革使人们倾向于着西式服装,呢绒取代丝绸成为主要高级衣料。为了同呢绒竞争,丝织业通过改变织物组织和其他工艺条件,创制了丝呢、丝哔叽、丝直贡等仿毛丝织物以及华丝葛、明华葛、巴黎葛等葛类丝织物,广泛用于近代各种服饰。另外,由于采用了龙头提花机及附属装置,提花丝绸运用的织物组织更加丰富多变。

随着丝绸炼染技术的进步,从20世纪初起,丝绸精炼逐步改用平幅。1918年上海精炼厂开办,促使丝绸业开发出许多生织匹练的新品种,如花素软缎、碧绉、双绉、留香绉等。由于厂丝与人造丝的应用,织物组织的灵活运用,生织丝绸的增加,使近代丝织物比古代丝织物更加精细光滑,色彩鲜艳,风格多变。

综上所述,中国纺织工业在成长阶段,无论民族资本还是外资都有较大发展,形成了相当大的生产能力,并在纺织品市场中占主导地位。但纺织工厂总的生产能力与当时人民需求相比仍十分不足,故仍需利用大量的进口产品和手工业制品。民族资本纺织业有了很大发展,手工纺织业在技术和产品品种、质量上都有了提高。

## 第四节 近代纺织工业的曲折发展(1937—1949年)

1937—1949年,中国的纺织工业经历了破坏、搬迁、敌占、困难、调整、接收敌产到逐步转向恢复的艰苦过程。到1949年10月,总规模只恢复到抗日战争前的水平。

### 一、全面抗日战争时期纺织工业的变迁

1937年7月,全面抗日战争爆发,沿海及部分内地纺织工厂很快被日本侵略军占领,少数工厂内迁。广大地区被迫发展手工纺织,以克服纺织品短缺的困难。

#### (一)大后方的纺织业

全面抗日战争开始后,沿海地区相继沦陷,日本军队逼近中原,国民政府力令工厂迁往后方继续生产,以支持战时经济。全面抗战前夕,国内共有纱锭500多万枚,其中中国资本274.6万枚。后方原有的纺织工厂,仅湖南、云南、陕西三省各1家。战事初起,虽工厂内迁呼声甚高,然事出仓促,且纺织厂规模较大,机器笨重,平时已不易迁移,战时运输艰难,内迁困难重重,只有河南、湖北等9个棉纺织厂、2个毛纺织厂由政府协助,尽最大人力、财力,才陆续运抵四川、陕西复工。此外,由越南、缅甸转运入后方的约7万锭,自造及输入各种小型纺纱机约3万锭。1942年底后方四川、陕西、云南、湖南、广西5省主要棉纺织厂规模,详见表3-4。

表3-4 1942年底后方主要棉纺织厂规模[①]

| 项目 | 厂数/个 | 纺机锭数/万枚 | 织机/台 |
|------|--------|--------------|--------|
| 原有 | 4 | 4.22 | 1248 |
| 内迁 | 9 | 15.90 | 800 |
| 新添 | — | 6.70 | — |
| 合计 | 13 | 26.82 | 2048 |

1938年武汉沦陷前,武汉的4家棉纺织厂和军政部制呢厂由当局协助迁往四川及西南各省。如申新四厂原设汉口,有纱锭4.6万枚,战时除一部分损失外,2万枚迁移宝鸡,

---

① 行政院新闻局:《纺织工业》,国民政府行政院新闻局,1947年。

1 万枚迁往重庆。迁重庆的最初称庆新纺织厂,不久恢复为申新第四纺织厂重庆分厂,1939 年 1 月开工,是内迁厂中最早开工的一家,每月出纱 220 件。当时沿海各省战事正在进行,物资内运困难,所以纱销旺盛,获利甚厚。武昌震寰(2.6 万锭)、裕华(4.3 万锭)、纱布局(3 万锭)3 家棉纺织厂以及武汉军政部制呢厂和上海中国毛纺织厂(走锭4000 枚)也历尽艰难进入后方。[①]

大后方由于交通阻隔,内迁纱厂产量甚微。同时,内地人口较前增多,加上数百万军人的被服也需后方筹给,因而造成纱布奇缺,价格飞涨。于是后方各地掀起制造大小纺织机器的浪潮。如昆明中央机器厂、广西纺织机器厂、新友铁工厂、经纬纺织机器厂、豫丰机器厂、公益铁工厂、顺昌机器厂、恒顺机器厂、工矿铁工厂等,或做大型,或造小型,或造全套,或造部件,在极端困难的环境中,分工合作,群策群力,以不屈不挠的精神,艰苦奋斗,每年制成大型纺机 2 万锭,为以后自力更生制造纺织机械开了先河。

后方地区,除了最偏僻的西康、青海、宁夏以外,其他各省,纺织工业都占重要地位。但后方纺织厂的规模,比全面抗战前的大厂小得多。

(二)日本占领区的纺织业

全面抗战爆发后,被日本占领的沿海、沿江地区正是纺织工业集中之地,纺织工厂部分被摧毁,大部被掠夺。纺织工业,尤其是棉纺织工业,属于日本重点经营的"二白(棉花及盐)二黑(铁和煤)"范围,是其掠夺的主要对象之一。

全面战争初期,华商和日商受战火破坏的棉纺织设备,大约有纱锭 12 万枚,线锭 3 万枚,织机 2 万台(其中日商分别为 86.6 万枚、9.4 万枚、1.6 万台)。[②] 上海原在租界和迁入租界开工的有 10 家棉纺织厂,纱锭 37.4 万枚,织机 1700 台。[③] 1938—1939 年,沦陷区纺织生产几乎停顿,棉纺、缫丝等工厂,多被日本占有。

棉纺织业中受害最大的是上海及其附近各县,受损在 27 万锭以上。其次是无锡,7厂中有 6 厂毁损严重。其中广勤、豫康两厂因厂房为木结构,全部被烧毁,毁损约 16.6 万锭,3304 台布机。[④]

武汉失守后,日本采取"以战养战"政策,组织了华北开发公司与华中振兴公司,作为吸纳资源的总机关。他们一方面恢复被破坏的日商纱厂设备,另一方面对华商纱厂则以军管与委托经营等方式,分配给各日商纱厂经营。受日方"委托经营"的中国棉纺织厂共有50 家,154.76 万锭,15 280 台织机。仍由国人经营的约 120 万锭,其中开工不足 100 万锭。[⑤]

1940 年 5 月,受汇市狂缩暴伸影响,加以浙东海口被封锁,染织业停工减工事件纷

①　行政院新闻局:《纺织工业》,国民政府行政院新闻局,1947 年,第 24 页。

②　陈真等:《中国近代工业史资料(第 4 辑)》,北京:生活·读书·新知三联书店,1957—1961 年,第 236 页。

③　王子建:《"孤岛"时期的民族棉纺工业》,上海:上海社会科学院出版社,1990 年,第 5 页。

④　陈真等:《中国近代工业史资料(第 4 辑)》,北京:生活·读书·新知三联书店,1957—1961 年,第 254 页。

⑤　行政院新闻局:《纺织工业》,国民政府行政院新闻局,1947 年。

起。1942 年因纺织厂停工减工,纱布供给减少;又因上海与内地隔绝,形成特别统制区,使染织业一筹莫展。其中除少数规模较大的染织厂留部分工人维持生产外,90%处于停顿观望之中。[①]

日本对中国蚕丝业竭力摧残。最初是烧毁蚕丝,后来迫令在中日合作名义下筹备复工,组成惠民制丝公司,由日本人任经理,华人任协理。名义上各厂都是中国人做厂长,但实权均由日本副厂长把握。另外,江、浙蚕丝对外输出不能自由,采运至沪亦属不易,上海丝厂不得不分散各地,就近取料。

据统计,全面抗战期间被日本占领的东北及江苏、浙江、广东等蚕丝产区,厂丝产量占全国总产量的 70%。全面抗战前我国厂丝年产量 10 ~ 15 吨,而全面抗战期间不过1500 千克。

毛纺织工厂多数在上海、天津的租界区内及上海沪东一带,全面抗战初期受战事影响不大。[②] 至 1941 年,情势恶劣,即使规模大的工厂,也多减工,产量只及抗战初的 40%。

上海租界内的纺织行业曾一度"繁荣"。这是因为一方面沦陷区纺织业损失严重,供给激减,而内地及南洋的需要又殷;另一方面租界内社会局部安定,配套又方便,1939 年上海租界内竟新设小规模工厂 1010 余家,第二年又新设 220 家。天津租界也有类似情况。但这种"繁荣"景象只维持了 1 年多。1941 年底太平洋战争爆发后,工厂停闭的就比新设的多了。

沦陷区的一些技术人员克服困难,利用一些旧机器和战争中的受损机器,创办了不少小型纱厂;有的还创造性地简化了工艺过程,以减少设备和投资。其中有全面抗战初期汪孚礼、张方佐等领导的一些技术人员,在企业家荣尔仁的赞助下研制的新式纺纱机,颇受小型纱厂所欢迎。邹春座等在无锡和嘉定还制造过只有弹花、并条和细纱等三道工序的铁木纺纱机。

全面抗日战争期间,外资纺织业发生很大变化。沦陷区内被日本夺占的纺织厂不但有华商开办的,也有英、美的。1938 年日本委托经营的和自有的未受损棉纺织设备达259.7 万锭。

沦陷区内的华商棉纺织厂,除有外资关系及损坏过多无法复工者外,被日本实行军管和委托日商经营的有 54 家,原有设备 153.5 万锭,织机 1.6 万台。[③] 毛纺织厂中,太原毛织厂、北京清河制呢厂、上海章华毛纺厂及中国毛纺厂都被日本以各种形式占夺,采取的方法有没收、军管、委托经营、中日合办、租赁和收买。其中军管的华商棉纺织厂共 15 家,毛纺织厂 3 家。军管后,虽大多委托日本公司代为经营,但主权仍操纵在日军之手。委

①　陈真等:《中国近代工业史资料(第 1 辑)》,北京:生活·读书·新知三联书店,1957—1961 年,第 118 页。

②　陈真等:《中国近代工业史资料(第 1 辑)》,北京:生活·读书·新知三联书店,1957—1961 年,第 120 页。

③　陈真等:《中国近代工业史资料(第 4 辑)》,北京:生活·读书·新知三联书店,1957—1961 年,第 245 页。

托经营的纺织厂达40家,染织厂6家,毛纺织、丝织、制革、绒布、针织、制帽等1~3家不等。缫丝业由华中振兴公司经营。这类委托经营的主权或经营权均操纵在各日本公司之手,与军队无关。以中日合办形式被掠者,或为日本国策公司(会社)经营,或为所谓的日本自由企业经营。另有缫丝厂等,被迫隶属于日商公司。如全面抗战初期,无锡的惠民制丝公司乃合并振艺、润康、瑞昌等8家中国丝厂而成,经理是日本人,各厂掌权的副厂长也是日本人。1938年改组扩充成华中振兴公司时资本800万元,日本人名义上出600万元,而江苏、浙江两省全部丝厂厂基、堆栈仅作价200万元。华中沦陷区有7家纺织工厂被租赁,收买厂家所付价格极为低廉。除此之外,日本对幸存的华商企业进行压迫,如命令各印染厂只能为日商"三井""三菱"等洋行代染色布。

对于英美纺织企业则采用没收,没收后委托日本公司经营或设置管理人。被没收的英美厂仅上海一地就有绵华线厂、怡和纱厂等18家。

1945年日本投降前夕,日本在华共有棉纺织厂63家,纺锭263.5万枚,织机4.42万台。其中上海有33个厂,纺锭145万枚,织机2万台;天津有9个厂,纺锭45.7万枚,织机1万台;青岛有纺锭38.97万枚,织机7600台;东北、台湾、汉口有11个厂,纺锭33.7万枚,织机7097台。[①]

全面抗战胜利后,日商纺织厂及其掠夺的华商厂都被收回,其势力已退出中国。英国在华纺织企业已不具有任何重要性。美国对在中国投资的兴趣大增,1945年中美工商联合会在纽约成立,但纺织不是其主要投资对象。至中华人民共和国成立时,外资纺织企业仅有5万多纱锭。

综观这一阶段我国的纺织工业,虽然受到日本侵略的巨大破坏,但民族抗战也促使纺织工业结构发生变化,从业职工在艰难中得到锻炼,有所创造,有所作为,在克服困难中不断前进。

**(三)手工纺织业的复兴**

全面抗战爆发后,动力机器纺织工业遭受严重摧残,"纱厂不足,厂纱难以获得,促成了手工纺纱的重新登场"。上海租界内,仅木制手摇纺车就达1.5万架。[②] 手织业更加兴盛,沪西一带,工厂林立,其中小规模手工棉织厂占多数,大都织造毛布、棉布、线毯之类,所用机件均系木制。[③] 同时,南通土布也进入历史上最兴盛时期,从事土布生产的农户有4万家,土布产量达亿米,并以"雪耻布"命名,远销各地。

全面抗战时期,原先纺织工业基础薄弱的大后方,即使工厂内迁也远不能满足军民需用,大部分棉纱、棉布还得求之于民间手工业。为了补充战时衣被之需,当时任农产促进委员会主任的穆藕初曾大力支持发展多锭纺车,并定名为七七棉纺机。1938—1941年,农产促进会先后在重庆、成都三次筹办七七手纺织训练所,推广此种技术。

---

① 行政院新闻局:《纺织工业》,国民政府行政院新闻局1947年。另据资料,辽宁省在1945年有棉纺锭55.5万枚,宽幅棉织机8862台,窄幅织机1794台。

② 彭泽益:《中国近代手工业史资料(第4卷)》,北京:中华书局,1963年,第6页。

③ 彭泽益:《中国近代手工业史资料(第4卷)》,北京:中华书局,1963年,第9页。

1940 年，上海成立土纱改进协会，倡导推广"三一式"等各种改良手工纺车。四川曾先后动员手工织布机 6 万台，织成大小布匹，以供军民之需。后方新式纺纱机，年产棉纱不过6.8 万余件，而木机及手纺车年产棉纱 40 余万件；机器织布每年不过 4000 余万米，而手工织布则达 36 000 万米。此外传统的丝麻织品也依然以手工生产为主。

在敌后抗日根据地，既有日伪军的大扫荡，又有顽固派军队的封锁包围，再加上自然灾害的影响，经济曾极度困难。中国共产党领导的抗日政权，大力扶植纺织生产，建立公营纺织厂，开展妇女纺织运动，使原来基础薄弱的纺织业得到发展。在华北抗日根据地，冀南地区的农村手工纺织业平均每人有 1 架纺车，每六七人有 1 台织机。在华中抗日根据地，1944 年仅淮北地区即发展手纺车 3.6 万余架，手织机近 3000 台。[1] 在山东抗日根据地，1945 年有纺车 72 万余架，布机 10 万余台。在陕甘宁边区，1944 年有纺车 14.5 架，纺妇 15 万人；织机 2.3 万台，织妇 6 万多人。除主要的棉纺织生产外，抗日根据地还有手工针织业、毛纺织业、蚕丝业等。陕甘宁地区的毛织厂，手工织制独具风格的毛毯。在盛产蚕丝的山东解放区及陕甘宁边区的绥德，晋冀鲁豫边区的太岳地区，鼓励农民植桑养蚕，设立缫丝厂，发展蚕丝业。

各边区大搞技术革新，创造了加速轮纺车、铁轮织机、改良袜机等。为适应战争环境，还创造了许多特殊的生产工具和生产方式。如分散生产、集中经营的流动纺织厂，可以拆开、便于搬动的"游击纺车""活动织布机"等。

染色工艺也有发展。在陕甘宁边区，普遍推广种蓝和制靛；培植旱蓝(菘蓝)、水蓝(蓼蓝)等品种，运用煮沸、发酵等制蓝方法。各解放区除运用槐子、橡壳、果皮等传统方法染色外，还利用各种土生植物，经过加工进行染色。如黑格蓝根染驼色、黄色和草绿，茶树皮染藏青或灰黑，狼坡坡草染灰，杜黎树根染黄，五倍子染黑，红根染土红，马莲红染紫色和大红，荞麦夹子染驼色等。黄白刺根可染黄色和草绿，是染毛的良好染料。这些植物染料的应用，解决了敌人封锁所带来的困难，也丰富了织物的色彩。那时，除了能织出多种单色布外，也可织出条纹、格子等大小宽窄不同的各种几何图案花布。鲁中地区的宽面花条布，冀南曲周地区的织花布，美观耐穿，畅销平、津一带。此外，还有人们喜爱的印花布，由多种花蝶或几何纹组成的团花、散点和带蓝地白花或白地蓝花的连续图案，可用作衣料、围裙、包袱和门帘，具有清新、明快的民间艺术特色。

综上所述，全面抗日战争时期，手工机器纺织又成为动力机器纺织的重要补充，在许多地区，甚至又成为纺织品生产的主导地位。

## 二、全面抗日战争胜利后纺织工业的恢复和调整

由于国内战争，1948 年除麻的生产尚可外，生丝减产；国产棉花、羊毛运不到沿海工厂，在产地霉烂；外汇紧缺，进口原料大减，纺织厂停工减产。抗日战争结束不久，纺织产品供不应求。中美双边协定签订后，美国棉制品涌入，政府采取以花易纱、以纱易布的控制办法，协定规定中国纺织厂生产的一半纺织品外销。1948 年 7 月到 1949 年，物价飞

---

① 龚古今：《中国抗日战争史稿》，武汉：湖北人民出版社，1983 年。

涨,民族资本纺织厂有的抽资,有的迁往港、台地区,但多数纺织厂留在原地等候解放。1949 年中华人民共和国成立后,迅速恢复生产。

（一）官办纺织业

1945 年 2 月,在重庆成立中国纺织建设公司(中纺公司)和中国蚕丝公司(中蚕公司)。翌年 1 月,两公司派人到各大城市接收日本在华纺织企业。从此,除了原来军政部所属生产军品的纺织厂之外,又增加了官办纺织企业,按性质属官僚资本企业。中纺公司拥有 85 个工厂,固定资产 2.35 万亿元,初期流动资金 253 亿元,公司与属厂共有职工 7 万多人。这个庞大集团从事花纱布的控制、配售、生产与外贸等经济活动,并为政府制订某些经济政策。中蚕公司仅拥有 9 个工厂或工场,资产 6 亿~7 亿元,其规模远比中纺公司小。

中纺公司拥有 38 个棉纺织厂,计有占全国 35.8% 的纱锭、63.5% 的线锭和 57.5% 的布机;8 个印染厂,占有全国 36% 的印花机。1946 年,中纺公司产纱 42.6 万件,布 38 000 万米,获利 5776 亿元;1947 年,中纺公司产纱 74.2 万件,布 63 792 万米,获利 5932 亿元;1948 年,中纺公司实际产纱 69.2 万余件,布 59 016 万米。1947 年,中纺公司上缴国库 2600 亿元,供军需纱 9000 余件、布 3480 万米。此外,中纺公司还平价配售公教人员棉布 1440 万米,平抑纱布市价,促进纱布外销,改进生产技术及管理方法。

除棉纺织印染外,中纺公司还拥有 5 个毛纺织厂,纺锭 2.76 万枚(占全国的 21.3%),毛织机 356 台(占全国的 18.3%);绢纺厂 2 个,纺锭 1.14 万枚(占全国的 45.6%),丝织机 383 台(占全国的 0.9%);麻纺厂 2 个,纺锭 1.26 万枚(占全国的 4.2%),麻织机 652 台(占全国的 66.7%);针织厂 2 个,机械厂 4 个,线带厂 2 个,加上附属梭管厂、化工厂、打包厂、轧棉厂等共 23 个。

中纺公司拥有众多技术人才。据统计,中纺所属上海各棉纺织厂、毛纺织厂与印染厂的技术人员分别为其全体职工的 1.95%、3.0% 与 5.6%,平均为 3.52%。若加上公司内众多技术人员,中纺的技术人员占有数大大超过上海纺织行业技术人员 2.36% 的平均比率。此外,在接收时,还留用了一批日本技术人员。中国和日本技术人员在整理原日资经营时期经验教训的基础上,吸收民营厂好的经验,使其所属纺织厂的工程设计、标准规格、研究试验、培训进修、统计报表等工作,比一般民营纺织厂为好。

中蚕公司采取控制茧价、操纵丝价的办法,既压茧农又压丝厂,从中渔利。中国丝业主要靠外销,中蚕公司统制外贸后,出口值从 1946 年的 1452.4 万美元逐年下降,到 1949 年出口值仅为 51.4 万美元。

在当时的政治环境下,中纺公司、中蚕公司等官办垄断企业集团,总体上是为国民党政府服务的。但这些企业集团在短短 3 年多的时间里,恢复和发展了纺织生产力,提供了大量的社会商品,并在改进技术、改善管理、培养人才等方面,取得了相当的成绩。这些都为中华人民共和国成立后大规模有计划地发展国营纺织工业创造了有利的条件,提供了有益的经验。

（二）民族资本纺织业

1945 年抗战胜利给工业带来生机,民族资本纺织业者力谋恢复。1946 年民资棉纺织业获利在30%以上。1946—1948年,民营棉纺织厂新增37家,增加纱锭65.7万枚,线锭6.6万枚,布机1238台。厂数虽多,规模却大多不大。

　　1947年全国产棉纱183.8万件,棉布84 140万米;1948年产棉纱170.3万件,棉布163 772万米。上海民营纺织业在产量与开工率方面超过官办的中纺公司。但随着时间的推移,原棉供应的短缺,战后一度繁荣的棉纺织业陷入了困境。1947年全国产棉55万吨,扣除农家纺织和絮棉需要后,能供纺织厂的为32.56万吨。但因运输等问题,占全国纱锭41%的上海各厂,几乎拿不到国产棉花。全国纱厂需棉58万吨,缺口很大,这就为美棉进口与棉花投机提供了市场。1948年棉纺织厂开工率普遍下降,详见表3-5。

表3-5　1946—1949年全国民营、国营棉纺织设备统计[①]

| 年份 | 厂数/个 | 纱锭/万枚 | | | 线锭/万枚 | | | 布机/万台 | | |
|---|---|---|---|---|---|---|---|---|---|---|
| | | 合计 | 民营厂 | 国营厂 | 合计 | 民营厂 | 国营厂 | 合计 | 民营厂 | 国营厂 |
| 1946 | 224 | 442.02 | 252.58 | 189.44 | 48.38 | 16.01 | 32.37 | 6.87 | 3.03 | 3.84 |
| 1947 | 240 | 492.53 | 310.3[③] | 176.4[②] | 53.02 | 19.35[③] | 33.67[②] | 6.64 | 2.81[③] | 3.82[②] |
| | 其中开工 | 442.25 | 273.49 | 164.24 | 37.55 | 14.46 | 23.09 | 5.38 | 2.15 | 3.23 |
| | 241[④] | 476.19[④] | | | 50.71[④] | | | 6.40[④] | | |
| 1948 | 261 | 507.76 | 321.00 | 181.53 | 55 | 20.89 | 34.1 | 7.00 | 3.09 | 3.81 |
| | 其中开工 | 430.24 | 274.44 | 151.51 | 37.11 | 13.62 | 23.49 | 5.25 | 2.05 | 3.14 |
| 1949 | 249 | 516.00 | | | | | | 6.39 | | |

注:①合计中包含英商工厂数字,分类中则未计入。1946年数字选自《青岛纺织统计(1946年)年报》。1947年
　　数字选自《中国纱厂一览表》。1948年数字选自张朴《棉纺织业的地域分布与内迁问题》。
　　②据《中国棉纺统计史料》表114中的数字补入。
　　③为综合后的数字。
　　④据全国纺织业联合会统计。

　　民营纺织业在全国花纱布管理委员会(纱管会)成立后,备受冲击。政府通过该会一方面收购各纺织厂生产纱布的半数,并不顾生产成本抑低议价;另一方面限制纱布自由转入内地,处处束缚民营工业,造成民营纺织厂营运困难。刚刚恢复的民营纺织业还未及发展,就面临危机。随着局势变化,有些民营纺织业者另找出路,到香港、台湾设厂。

　　1946年,在外汇开放与低汇价政策的鼓励下,民营毛纺业者纷纷向外国订购羊毛、毛条和设备。上海民营厂毛纺织品产量从1946年上半年的18.29万米,上升到下半年的91.44万米,其数量超过中纺公司各厂之和。尤其是绒线业,民营厂占很大比例,在"2.72千克毛条换0.45千克绒线"的买卖中,加班加点生产而获利。毛纺锭从1946年的11.36万枚发展到1948年的15.02万枚,增加32.2%,其中绒线锭从1946年的1.28万枚发展到1948年的2.43万枚,增加89.9%。上海民营厂的精纺锭、绒线锭均增加两倍多。

　　随着物价上涨,外汇短绌,国民政府把羊毛列入限额进口之列,其中又被中纺公司以虚报设备手段夺走大部。另外,国产羊毛因交通阻隔,在内地库存霉烂,尽管价格只有进

口品的 20%～25%，但由于使用国产羊毛技术没有解决，加上人们热衷进口，因此占全国纺锭 83%、织机 85% 的上海各毛纺织厂，只能主要依靠高价进口羊毛。

造成上述羊毛少而设备增的直接原因是政府限额外汇官价结算与进口羊毛按设备比例分配政策。1947 年初，商品美元官价率 3350 元，黑市价是 1.5 万元，羊毛官价进，黑市出，获利数倍。于是资本家以开厂增锭来争取更多官价羊毛而获利。1946—1948 年，仅上海就增加各类毛纺厂 40 余家，造成繁荣假象。这些进口毛纺设备，大多系国外已用过 30～40 年，是第二次世界大战后淘汰下来的旧货。其结果加深了我国毛纺织工业的落后程度。

占全国产丝总量 90% 的浙江、江苏、安徽、广东和东北等地的丝业，几乎在战争中全毁。浙江、江苏、安徽三地，战前有缫丝车 3.5 万台，战后只剩 2235 台，其中能开工的只有 1100 台左右，[①] 减损 93.7%。杭嘉湖地区产丝仅 4 万市担，为战前年产量的 13%。缫丝厂多系民营。中国蚕丝公司为了从中渔利，强压丝价，使丝厂不断倒闭，丝产量逐年减少。1947 年全国产（厂、土、柞）丝 4660 吨，1948 年 4325 吨，1949 年更降至 2675 吨。

民营织绸业战后虽逐渐好转，但因蚕丝及人造丝原料短少，外销又困难，没有恢复到战前生产水平。丝织业中心上海，战前有丝织机 7200 台，月产丝织品 640 万米。1947 年恢复到 6510 台；1948 年虽达到 7200 台，但因原料不足，月产丝织品仅 3320 千米。1948 年苏州有织绸机 1000 台，1949 年虽增至 1217 台，但年产丝织品仅 162 万米。

上海等地的丝绸产品，如华锦绉、格子碧绉、被面等 50 余个品种，都是大路货，85% 内销。出口最多的 1947 年，蚕丝和丝织品出口总量也仅 2190 吨，为 1937 年外销量的 22%。麻类生产恢复较快，1949 年产苎麻 8.13 万吨，黄麻 9.45 万吨，大麻 24.7 万吨，亚麻 4.99 万吨。苎麻产量虽多，但其织品——夏布年产仅 8000 多万米，靠的是广大农家或手工作坊生产。我国在全面抗战时期曾有 9 家棉麻纺织厂，战后剩下 2 家，纺锭虽有 1.26 万枚，直到 1949 年都未能开工，最后剩苎麻纺锭 0.77 万枚。

黄麻纺织业主要生产麻袋，逐年有发展。1947 年黄麻纺锭为 2.46 万枚，织机 1153 台；1949 年分别为 2.3 万枚，751 台。

毛巾被单业大都是民营小厂。自 1947 年开始，因用纱受到限制而停工减产者日增。上海有 175 家工厂，5600 余台织机，但年产仅毛巾 7536 万个、被单 200 万条。

针织业大都是民营，乃至家庭工厂，全国估计有 3000 多家。其中上海约 2000 家、天津 700 家、广州 200 家，采用汤姆金机、台麦鲁（汗布）机、双面布机（棉毛车），62%～72% 的设备集中在上海。宽紧带、花边等产品，全面抗战前多依赖进口。抗战胜利后，上海有宽紧带厂 50 余家，621 台织带机；花边商标生产厂 24 家，105 台花边机，50 台帽边机。1948 年后，停工减产者占 40%。

中国棉织业发展比棉纺业迟，除大型纺织厂纺织兼有外，独立织布厂规模都不大。该行业分为白织、色织、染纱、木纱及染整等业。染整厂规模较大，其他均系小型厂，全国数字难以统计。以上海为例，中华人民共和国成立前夕有色织厂 337 家，织机 0.8 万余

---

① 蒋乃镛：《中国纺织染业概论》，北京：中华书局，1946 年，第 86 页。

台;白织厂 72 家,织机 1.6 万台,比色织厂规模大些。其他尚有染纱厂 50 家,木纱团厂 37 家,帆布厂 18 家,拉绒厂 7 家,轧光厂 6 家。全国有染整厂 348 家,其中上海有 75 家,民营厂占 66 家。[①] 民营厂规模很小,规模大的国营中纺第一印染厂,日产色布 1.1 万匹,系当时东亚最大工厂。上海染整设备拥有量占全国的 64%~80%。其中,印花机全国仅 58 台,上海就有 44 台。印染厂采用的染料,全面抗战前有 3/4 进口,主要为硫化元、靛蓝、直接与酸性染料等。1948 年我国亦开始制造新的染料,如萘酚 AS、对硝基苯胺、拉必妥染料等,但大部分仍是进口,仅上海一地,每月需进口 45.6 万磅。染整业的设备及印染技术,仍停留在战前水平,加上布匹来源少,染料缺乏,除国营大厂外,民营小厂普遍停工。1948 年月产 300 万匹左右,仅为战前的 1/3。

民族资本纺织企业集团更趋成熟。比较大的棉纺织集团有申新、永安、大生、华新系统,合计占有全国 1/5 纱锭与 1/6 布机;丝织集团有美亚系统;毛纺织集团有刘鸿记;以金融与技术结合为特色的有诚孚公司。这些大集团拥有雄厚的资金、设备与技术力量,为民族资本纺织业中的强手。

(三)手工纺织业

抗日战争胜利后,国内纺织工厂纷纷恢复生产,纺织品市场很快为国产机纱、机布以及外国进口布匹所占领,手纺业趋于停顿,手织业的景况也一落千丈。1945—1946 年,重庆、芜湖、上海、天津、无锡、江阴、南通、广州、福州、青岛等地相继停闭的手工纺织工场达半数以上。[②]

1946 年 6 月下旬,全面内战爆发。随着经济形势的日益恶化,本小利薄的手工纺织业受到更加严重的打击。由于政府控制纺织原料,限制产品价格,加上繁重的课税,高额的贷款利息以及市场疲软等种种不利条件,手工纺织业濒临全面破产的边缘。如重庆的花纱布管制局规定,20 台织机以下的织布厂不能领纱,致使重庆 1000 余家手工织坊由于没有原料而大批停产,即使没有停业破产的也已濒临破产。截至 1947 年底,全国 20 个省市开工的手织机仅剩 7.6 万台。

尽管如此,分散在广大农村的家庭手工纺织仍然顽强地存在着。1949 年底,手织棉布仍占国内总商品棉布产量的 25% 左右,是动力机器纺织的重要补充。当时广大农民,主要还是以土布作衣料。

①　陈真等:《中国近代工业史资料(第 4 辑)》,北京:生活·读书·新知三联书店,1957—1961 年,第 326 页。

②　彭泽益:《中国近代手工业史资料(第 4 卷)》,北京:中华书局,1963 年,第 466 页。

# 第四章 | 纺织设备和技术

从 1840 年到 1949 年的 110 年中,我国的纺织技术和设备发展经历了从引进、研究到仿制的过程。但各个不同专业,情况又各有不同。纺纱生产使用动力机器后,劳动生产率比手工生产提高 50 倍以上。纺机生产是在引进西方工厂化生产方式的基础上,通过洋人传授,掌握其要领,从进口整套机器到逐步仿造,最后发展到对洋机器进行局部改革。织造生产利用动力机器后,劳动生产率比手工生产提高约 10 倍。织造技术是全套引进工厂化生产和对手工机器做某些改良的作坊生产同时存在。染整则是从引进人工合成染料和少量动力机器对作坊进行革新的形式开始的。缫丝、针织等专业也各有其自己的特点。

## 第一节 轧 棉

### 一、手工轧棉

鸦片战争前,轧棉是农村副业,分散在广大农户中进行。轧棉工具为木制轧车,有手摇和脚踏之分,其中流行较广的是太仓式。这是一种利用辗轴、曲柄、杠杆、飞轮等部件,手脚并用的轧车,形如一张小桌子,有上下两根轧辊。使用时,一人坐在机前,右手执曲柄,左脚踏动小板,则圆木作架,两辊自轧,左手喂干花于轴,一日可轧籽棉 55 公斤,得净花 15 公斤以上。木制轧车,乡村普通木工都能制造,价格低廉,植棉农户多备有此车,自行轧棉。

鸦片战争后,外国资本家除向中国推销纺织品外,还竭力抢购廉价的纺织原料。早期出口的棉花多为籽棉,运输不便,成本又高;分散的手工轧棉业满足不了大量出口的需要,于是在出口口岸附近出现了为出口服务的轧棉业和棉花打包业。早期经营打包业的都是外商洋行,分设于上海、天津、汉口。他们经营的打包厂都配备有打包机器。外国新式轧棉机也随之而入。咸丰、同治年间(1851—1875 年),日本铁制轧车输入,[①]俗称其为洋轧车。之后,英国试图推销新式轧车,但未能得到推广。日本进口的千川牌和咸田牌

---

① 国际贸易局:《中国实业志》,上海:宗青图书公司,1934 年,第 1161 页。

脚踏轧花车是铁制的皮辊轧花机,其皮辊长0.52米。后来日商中桐洋行销售的轧花车,其皮辊加长到0.55米,轧花产量增加,因而此车型销路打开。当时,这种轧花车主要销售到上海近郊一带。由于洋轧车销路好,国内一些制铁工厂开始仿制。上海的张万祥锡记铁工厂于1887年仿制日本轧花车。20世纪初,上海的轧花机制造业非常兴盛,使进口轧花车逐年减少。1900年前后,国产轧花车年产200余台;1913年为2000余台,其中主要是人力脚踏轧花车。白皮辊是轧花车上的主要零件,以制皮辊为业的店家应运而生。20世纪初,上海每年销售皮辊达数万根,有轧花车专业制造厂10余家,最早购买新式脚踏轧花车的是浦东及上海郊区的富裕农户。在收花时,雇工轧花,除自轧外,兼营代客轧花。

国内有些能工巧匠,对轧车进行了改良。可见,近代手工轧花机的发展是走从引进到仿制和改良的道路。

随着棉花商品量的增加,国内出现了使用洋轧车的手工作坊,大多分布在上海、江苏、浙江等沿海地区。其中有些逐步发展为采用动力机器的轧棉厂,如浙江宁波的通久机器轧花局就是在手工轧花作坊的基础上发展起来的。1888年,当动力轧花机还在组装时,已有40台改良的铁制踏板轧花车在工作。这种人力驱动的轧花车,是棉农用的小型踏板轧花车的改良。车上有长0.33米的圆辊两根,上面一根为光滑铁圆辊,直径30毫米,用一块小踏板或一根曲柄操纵。圆辊另一端装有一块两头加重,飞轮一样运作的窄板。下面一根圆辊直径约67毫米,是用没有刨光的柚木制作,两根圆辊平行地紧靠在一起,仅让棉花通过,而把棉籽挤掉。这种轧花车实际上就是铁制的太仓式轧花车。

手工轧棉机一直是中国近代主要的轧棉工具,直到20世纪50年代初,用它加工的原棉仍占63%。

## 二、动力机器轧棉

采用动力机器的轧棉厂,俗称火机轧花厂。据《中国实业志(江苏省)》记载:"上海附近各地,于光绪年间,经营火机轧花者,如奉贤县之程恒昌等亦复不少。"此厂始建于1876年前后,拥有轧花机100台,柴油发动机5台,职工224名,总资本20万元,是中国最早的动力机器轧花厂。之后,宁波通久机器轧花局,于1887年春由中国商人集资筹建。其设备从日本大阪订购,聘请日本技师,雇用工人300~400人,全年日夜开工。厂房分成不同的机器间,计有轧花间、打包间、晾干间以及办公室等用房。中国早期机器轧花厂所用的轧花机主要是刀辊式或皮辊式两种。采用蒸汽动力驱动的轧花机轧出的棉花品质高,销路好。宁波地区轧棉业的兴起,主要由对日本的棉花出口所推动。宁波郊区还曾一度出现过中日合办的轧花厂。

第一次世界大战爆发后,上海的棉纺织业大量发展,外棉输入锐减,花价上升,许多商人购买轧花机设厂,这个时期是火机轧花业发展最盛的时期。大战结束后,纱厂营业渐趋衰落,致使轧花业不振,这些纱厂或关闭或改组或易主,至20世纪30年代,早期的轧花厂多不复存在。

除了单独设立的轧花厂外,早期的棉纺织厂大都自行收购籽棉,自备轧棉机轧棉,供本厂自用。如上海机器织布局在筹建时,就已计划向英国购买刀辊式轧花机,每年可出皮棉75万公斤;张之洞筹办湖北织布局时,购42台较先进的双刀皮辊式轧花机以及相应的汽机和锅炉,于1891年12月到货。进入20世纪20年代后,许多轧花厂采用内燃机或电动机为动力,多数皮辊式轧花机为国内制造。

上海的轧花厂平均单机年加工籽棉量远高于其他各县。上海16家轧花厂中,规模大者单机加工籽棉量远高于规模小者。火机花因其质量好,且轧花厂为保护其信用和销路起见,加工籽棉不掺假、不掺水,因此很受纱厂的欢迎。

锯齿轧花机由美国工程师惠特尼于1793年发明,主要用于轧制陆地棉。该机单机产量高,适宜大规模生产。由于锯齿式轧花机庞大,附属设备多,建厂投资大,技术复杂不易掌握,轧棉质量不如皮辊轧花机,故久未传入中国。直到20世纪30年代始有锯齿式轧花机的引入,其中南通大生纱厂购买3套,无锡申新厂购买4套,但均未能及时投产;至50年代初期,用锯齿轧花机加工的原棉只占全部原棉产量的7%。

回顾近代轧棉技术及其发展,不难发现手工轧棉仍是主体,但所用的轧棉机是经改良的铁机;机器轧棉已存在,但发展缓慢,且用的机器主要是小型的皮辊轧花机,而先进的适于大规模生产的锯齿轧花机数量很少。

# 第二节　缫　丝

中国近代缫丝是从引进西方和日本的近代技术和设备开始的,在引进中也做了改良和变革。中国近代缫丝业发展的基本轨迹是从座缫到立缫。座缫又是从"意大利式"的直缫发展到"日本式"的复摇。到20世纪30年代中期,近代机器缫丝生产在中国缫丝业中已占据主导地位。此外,传统手工缫丝技术在近代也有若干改良和发展。

## 一、近代机器缫丝技术及设备的引进、吸收和发展

动力机器缫丝技术和设备的引进,最初是从上海和广东南海两地开始的,并逐渐扩展到苏南、浙北以及珠江三角洲地区。大体说来,江南地区以上海为中心,以外资丝厂为先驱,引进吸收意大利式篼缫丝机;广东珠江三角洲以陈启沅办的继昌隆缫丝厂为典型,以民族资本为主,设备上也有其特色。

上海最早出现的近代缫丝厂是一批外资丝厂,设备购自意大利等国,技术人员也聘用外籍人员担任。1861年英商怡和洋行引进意大利座缫机100台,建立了上海第一家近代机器缫丝厂"纺丝局"。后因原料供应等原因停办。到1882年上海已有4家蒸汽动力丝厂,意大利式缫丝车约700台。其中旗昌、公平两丝厂为美商所办,怡和丝厂为英商所办,另一家公和永是1881年出于与外商有联系的浙江湖州丝商黄佐卿所办。与广东近代早期丝厂不同的是,上海丝厂不仅用蒸汽煮茧缫丝,而且也用蒸汽来运转丝车。早期丝厂各项机械均购自意大利和法国。1890年,上海永昌机器厂开始日夜制造意大利式缫丝车及丝厂用的小功率蒸汽机,这为上海及其他地区发展近代机器缫丝业提供了有利条

件。到 1890 年,上海蒸汽动力丝厂已达 12 家,丝车 4076 台。上海丝厂普遍采用意大利式直缫丝车,单位丝车的产量与质量均优于广东。此后,江苏的镇江、苏州、无锡、丹徒和浙江的杭州、萧山、湖州、绍兴等地,也陆续开办起近代丝厂,设备和技术多取自上海。四川省也于 1902 年建立了第一家缫丝厂——禅农丝厂,设备完全采用意大利式直缫丝机。由于这些缫丝机为上海所产,故又称"上海式"。

意大利式直缫车是 20 世纪 20 年代以前中国缫丝业的主要设备。直缫车生产的厂丝在使用时切断较多。日本对意大利式直缫车进行了改造,成为再缫式座缫车,性能优于意大利式。这种再缫式座缫车又被称为日本式缫丝车。最早引进日本式缫丝车的是浙江杭州纬成公司。纬成公司初以丝织起家,为保证原料质量,1914 年公司增设制丝部,由留学日本东京蚕业讲习所回国的嵇侃主持,仿照日本丝厂,购置再缫式座缫机 100 台。采用日本式缫丝机比先前各厂采用的意大利式大箴直缫机,产量一般能增加 20% ~ 30%,厂丝的品质提高,缫折也有所下降,因而各厂相继仿效。广东地区再缫式生产始自 1918 年。当时日本三井洋行生丝部两名职员在顺德县葛岸钿记丝厂进行试验成功。此后添备复摇车,改为再缫式的丝厂逐渐增加。用这种方法生产的厂丝迎合了美国市场的需要。在江苏,1929 年无锡永泰丝厂的薛寿萱去日本考察,了解到日本丝厂与中国丝厂设备上的差距,便将永泰丝厂的全部意大利式直缫车改为日本式再缫座缫车,减少了生丝切断,提高了生丝品质。在四川,从 1915 年中日合办又新丝厂起,日本式缫丝车也逐渐引入。又新丝厂附设大新铁工厂,专门制造日式缫丝机械,四川的丝厂遂改过去到上海购置设备而就近到大新购置。据 1926 年调查,四川共有丝厂 18 家,其中日本式丝厂 7 家。

继昌隆所有的缫丝设备均是仿法国式缫丝机(共捻式),其基本特点是使用蒸汽锅炉,把蒸汽通到水盆里煮茧,但是不用蒸汽作动力,缫丝仍用足踏驱动。蒸汽缫丝和改良丝车比原来的手工缫丝质量和产量都有了很大提高,厂丝售价又比土丝高出 1/3,所以继昌隆缫丝厂开工后便获重利,邻近乡村也群起仿效,使得蒸汽缫丝厂在南海县一带兴起。

蒸汽缫丝厂的兴起夺去了传统手工缫丝业的部分市场,引发了 1881 年手工丝织工人聚众捣毁蒸汽缫丝厂的事件。1881 年 11 月,陈启沅被迫将缫丝厂迁往澳门。迁厂之后第三年,陈又把缫丝厂迁回简村,改名"世昌纶"。由于蒸汽缫丝的发展顺应市场所需,很快又在广东复兴。1892 年,世昌纶开始装置蒸汽动力驱动缫丝车,此为广东最早出现的蒸汽机缫丝厂。但是两年后又重新恢复足踏技术,直到 1937 年抗战前夕。恢复的原因,据说是女工足踏较易掌握。蒸汽缫丝机费用较高,于是陈启沅与他的儿子合作发明了一种廉价的脚踏缫丝机。脚踏缫丝机用人力驱动,缫丝者用右脚踩机器的脚踏板,上下运动使轮子运转,水盆中的水也是用炭火加热,而不使用蒸汽。这种脚踏缫丝机的缫丝质量比手工缫丝好一些,但和蒸汽缫丝机相比仍要差一些。这种脚踏缫丝机的发明促进了珠江三角洲地区小型缫丝厂的发展。因此,广东珠江三角洲的近代缫丝业中出现了两种类型,即较大型的蒸汽缫丝厂和相对较小的脚踏缫丝厂。前者到 20 世纪初在珠江三角洲地区已雇用 7 万名工人,主要生产出口生丝,是广东近代缫丝业的主导。

20 世纪 20 年代末,立缫机在中国开始出现。日本 20 年代发展多绪立缫机,4 ~ 5 年后,中国即引进和试制成功。1929 年由浙江省建设厅拨款在杭州武林门外兴建杭州缫丝厂,引进群马式立缫机 292 台及千叶式煮茧机 1 台,作为浙江各丝厂技术改造的试点。此后,庆云、纬成、惠纶、东乡等厂家也设置立缫机。到 1935 年,浙江全省 29 家丝厂的 7588 台丝车中,立缫机共 846 台,占 11%;再缫车占 27%;直缫车占 62%。1936 年秋季以后,随着国际丝市转旺,浙江省蚕丝统制委员会筹款 16 万元拨借各厂装置新式缫丝车,立缫机增至 2150 台,占全省丝车总数的 25%。其他如煮茧、复摇、检验等设备,也有充实发展。在江苏,立缫机最早出现于无锡永泰丝厂。1929 年薛寿萱聘请从日本留学回国的一批技术专家,致力于丝车设备改革,设计并由无锡工艺铁工厂制造出一台 32 绪立缫车,后又修改完善为 20 绪立缫车,随即投入成批生产。

1930 年薛寿萱投资建成新华制丝养成所,192 台 20 绪立缫机均系自造。1932 年薛寿萱又将永盛、永吉两厂的 492 台座缫车全部改装为立缫机。浒墅关女子蚕校还与永泰丝厂一起研究设计女蚕式立缫机,由无锡合众铁工厂与上海环球铁工厂合造。1933 年 8 月,无锡玉祁瑞纶丝厂的吴申伯捐资装置了一个有 32 台女蚕式立缫机的车间。永泰丝厂还在国内首创了集中复摇,较好地解决了生丝物理指标及丝色统一等问题,提高了生丝质量。新华制丝养成所从 1931—1936 年办了每期半年的新手养成工培训,训练立缫女工,每期招收 300 多人,对立缫技术的推广起了重要作用。全面抗日战争前夕,我国已有立缫机 3000 台,其中大部分集中在浙江省。全面抗日战争期间,我国丝厂设备受到日军的严重破坏。抗战胜利后,江苏、浙江、上海丝厂先后复业的约 110 家,丝车 13 938 台,其中立缫机 2726 台。此外,四川丝业公司也设置立缫机 120 台。全国主要缫丝业省市的丝车总数,1946 年只有 1936 年的 29%,但立缫机占丝车总数的比例上升至 14%,1948—1949 年间,这个比例达到 18% 左右。从技术设备方面看,说明缫丝业有了不小的发展和进步。[①]

## 二、手工缫丝技术的改进

中国传统手工缫丝生产在近代并没有退出历史舞台,相反还有所发展和改进。传统的手工缫丝技术、设备在全国各地仍然为数众多,其中以江南地区最为发达。江南地区又以浙江湖州为中心。1840 年以后,湖丝大量出口,刺激了江南手工缫丝的兴盛。但是,随着机器缫丝业的发展,手工缫制的土丝出口转至滞销,出口价格大大低于厂丝。在此情况下,从 19 世纪 70 年代开始,湖州丝业中心南浔等地以干经代替土丝,成为手工缫丝业的主要产品。

清朝同治、光绪年间,辑里干经取代辑里丝成为主要产品。辑里干经又称辑里大经,就是利用辑里湖丝为原料,经再缫制加工而为织绸用的经丝。由于当时国内外缫丝、织绸的机器工业水平还不太高,辑里干经以其原料质量好,生产成本较厂丝低的优势,成为国外丝织业急需的产品,在南浔以及江苏震泽一带盛行。当时农民用土丝纺制的干经约占土丝总量的 60%。光绪前期,全国各地的土丝生产,包括历史悠久的湖丝的生产都在机器缫丝业的竞争下走向衰败,但是辑里干经的农家手工缫丝生产在厂丝的压迫下依然兴盛不衰。20世纪20年代后,由于国际市场对生丝需求的变化,日本生丝的兴起及机器缫丝业的不断进步,干经生产由盛转衰。到1931年,土丝出口降至70万公斤,只占生丝输出总量的13.9%。不过,土丝质量虽不及厂丝,但其成本和价格低于厂丝,故国内丝织业仍长期应用江南所产土丝。江南手工缫丝技术的改良也在继续,有的甚至把分散于农家的土丝车适当加以集中,以工场的形式来生产。

# 第三节 纺纱设备

中国近代纺纱,就棉纺而言,经历了引进、推广到仿造、改良西方动力纺纱机器设备的过程。在动力机器纺纱技术的影响下,手工纺纱机具也有所革新。至于毛、麻、绢纺则在整个近代,只处于动力纺纱机器的引进、推广阶段。

中国在动力机器引进前夕,手工纺纱机器已经达到很高的程度。纺纱有多种形式的复锭脚踏纺车。合股捻线广泛采用的20锭转轮推车式捻线架和56锭退绕上行式竹轮大纺车,[1]都适于相当规模的手工作坊使用。

与西欧产业革命时期所推广的机器相比,中国的手工纺车上还缺牵伸机构,牵伸是在人手和锭尖之间进行,难以实现多锭化。至于捻线,除了未使用蒸汽发动机之外,技术并不落后。

## 一、动力纺纱机器的引进和推广

19世纪80—90年代,中国开始引进西欧动力纺纱机器。如甘肃织呢局引进德国全套粗梳毛纺纺纱、织造和染整设备;上海机器织布局和湖北织布局引进英国和部分美国的全套棉纺和棉织机器。

当时棉纺的工艺流程是:原棉要经过松包、给棉、开棉,再经3道清棉。头道清棉成卷后,在第二、第三道都是4个棉卷并合;3道棉卷经梳棉成生条,再经3道并条,每道都以6根并合,成为熟条;然后通过3道粗纱机纺成粗纱;最后上细纱机纺成细纱。本厂自用的纱送去络筒或卷纬,销售的纱则经摇绞打包出厂。粗梳毛纺工艺流程,则几乎和现代一样。这些引进的机器的纺纱技术水平是当时世界上较为先进的。但当时中国还没有自己的纺织技术人员,起初掌握不了关键技术。对于原料选配、防火措施、工艺操作、生产调度等都一无所知,完全依赖聘请的洋技术人员,以致洋人一走,不久便发生甘肃织呢局锅炉爆炸和上海机器织布局失火全部焚毁等重大事故。当时引进的设备也多不能与国产原料相匹配。机器的制造质量也完全不能与后来所造的相比。在这种技术条件下,我国棉纺厂生产棉纱以41.5特(14英支)为主,用于织造14磅布。每锭每24小时约产41.5特(14英支)纱0.5公斤(1磅)。用工方面,清棉每机1人,梳棉每6台1人,粗

---

① 陈维稷等:《中国纺织科学技术史(古代部分)》,上海:科学出版社,1984年,第170、192页。

纱每台 2 人,细纱每台(400 锭)4 人,摇纱每台 1～2 人。此外还有出废花、收回花、送筒、捎纱、收管、摆管、帮接头等辅助工人。总计每万锭工厂需用工人约 650 人。[1]

19 世纪末 20 世纪初,英国、日本等外资纺织厂在中国相继开办。英国、日本的技术和管理经验逐步传入中国。接着民族资本纺织厂渐多,民族资本工厂不但聘请归国留学生,特别是聘请曾在华日资工厂工作过的技术骨干,而且开始自行培养不同层次的技术人才。这样,中国人才逐步掌握动力机器纺纱技术,并进行局部改进,使外国制造的机器能够适应中国的原料、市场和环境条件。在工艺和技术管理方面,也逐步掌握了随纱的粗细、用途、季节等条件选配适当长度、粗细、强力、转曲、色泽的原棉。设备保全、保养方面,学了平车、揩车、磨车,以及定位、吊线、求水平等技术。运转方面则推行了分段、换筒、落纱、接头、生头以及加油、清扫等的合理化工作法。为了交流研讨技术,出版了《华商纱厂联合会季刊》《恒丰纺织技师手册》等。

20 世纪初,西方先进国家对纺纱的牵伸机构进行了几次改良。1906 年发明的三罗拉双区牵伸提高效率只有 7～8 倍,1911 年出现的皮圈式便提高到 18～20 倍。1923 年卡氏皮圈式更有改进,牵伸可达 25 倍。这些新技术由英国人和日本人逐步传入中国。日本人在仿造这些设备过程中还有创新,如日东式、大阪机工式等在华日资工厂中广泛使用,技术不久为中国人所掌握。

随着技术水平的提高,纺纱细度有所改变。36.5 特(16 英支)成了标准产品,用于织 12 磅布。工人挡车能力也提高到梳棉每人 12 台,粗纱每两台 3 人,细纱每台 3 人,摇纱每台 1 人。此外,辅助工大多数被取消。每万锭用工减至 600 人。[2]

## 二、动力纺纱机器的改进和革新

中国技术人员在掌握了引进的新型纺纱机器技术之后,不断做出改进和革新。早在 20 世纪 20 年代,因美国造清棉机除尘效率差,我国就自行添置补充。英国造细纱机用锭绳传动,打滑较多,就改造成美国式的锭带传动。并条、粗纱、细纱各机的下罗拉都进行淬火,以减少磨损,而上面的皮辊均改为活套,使其转动灵活。

从华商棉纺厂的设备来看,开棉部分的设备大都进行了改造更新。细纱机的改造主要是更换牵伸机构、锭带盘等一些零部件,原来机架和大部零件改造后仍在继续使用;牵伸部分改用罗拉式或皮圈式大牵伸;各工序改用大卷装;粗纱由 3 道改为 2 道,有的甚至改为单程;梳棉机上添装连续抄针器;清棉 3 道改为 2 道;等等(图 4-1～图 4-7)。工艺流程得到简化,机器效率提高。我国自行仿造纺纱机器的铁工厂、机修厂也纷纷出现。在这种技术基础上,所纺纱细度变细,29 特(20 英支)纱成为标准商品。

---

[1]　朱仙舫:《三十年来中国之纺织工程》,《纺织染工程》1947 年第 9 卷第 8 期,第 325 页。
[2]　朱仙舫:《三十年来中国之纺织工程》,《纺织染工程》1947 年第 9 卷第 8 期,第 325 页。

图 4-1 开棉除尘机

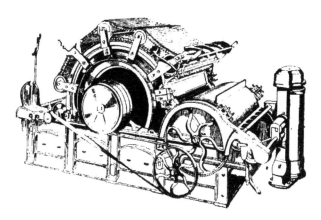

图 4-2 清棉成卷机

图 4-3 盖板梳棉机

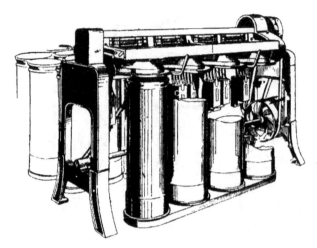

图4-4　并条机

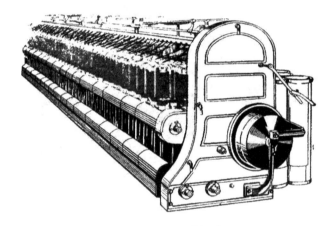

图4-5　棉纺头道粗纱机

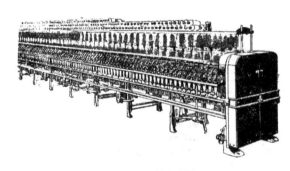

图4-6　环锭细纱机

图4-7　络筒机

　　到20世纪30年代，欧美各国在纺纱设备上多有改进。如造出单程清棉机，即把松包、给棉、开棉、清棉联合成一部机器（图4-8，图4-9）。又造出并卷机、单程粗纱机、大牵伸与超大牵伸细纱机等（图4-10至图4-12）。那时引进设备已有采用这些新型机台的。

表4-1是1932年41家华商棉纺厂的设备按制造年份所占的百分比。

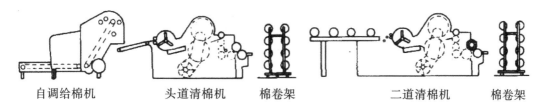

自调给棉机　　　　头道清棉机　　棉卷架　　　　　二道清棉机　　棉卷架

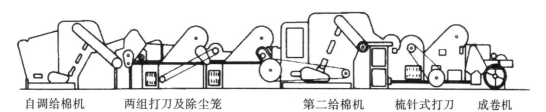

自调给棉机　　两组打刀及除尘笼　　　第二给棉机　　梳针式打刀　成卷机

图4-8　间断式和单程式清棉

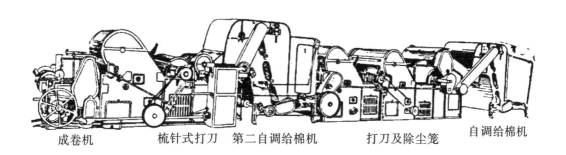

成卷机　　　梳针式打刀　第二自调给棉机　　打刀及除尘笼　　　自调给棉机

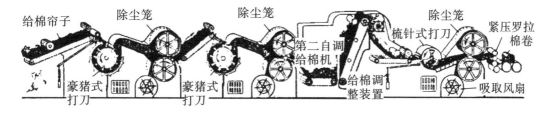

图4-9　单程式清棉

图 4-10 条卷机

图 4-11 并卷机

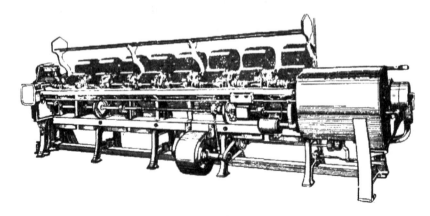

图 4-12 棉精梳机

表 4-1　1932 年 41 家华商棉纺厂的设备按制造年份所占的百分比①

| 制造年份 | 运转年龄/年 | 百分比/% | | | | | | | |
|---|---|---|---|---|---|---|---|---|---|
| | | 松包 | 给棉 | 开棉 | 清棉 | 梳棉 | 并条 | 粗纱 | 细纱 |
| 1929—1932 | <5 | 44 | 31 | 34 | 12 | 13 | 12 | 9 | 14 |
| 1924—1928 | 6~10 | 19 | 18 | 15 | 10 | 3 | 3 | 5 | 3 |
| 1919—1923 | 11~15 | 23 | 23 | 30 | 42 | 45 | 42 | 45 | 39 |
| 1914—1918 | 16~20 | 10 | 13 | 6 | 8 | 11 | 17 | 16 | 10 |
| 1909—1913 | 21~25 | — | 6 | 5 | 5 | 5 | 3 | 4 | 4 |
| 1899—1908 | 26~35 | 2 | 2 | 4 | 6 | 4 | 2 | 5 | 7 |
| 1886—1898 | 36~47 | 2 | 7 | 6 | 17 | 19 | 21 | 16 | 23 |
| 合计 | | 100 | 100 | 100 | 100 | 100 | 100 | 100 | 100 |
| 运转>20 年 | | 4 | 15 | 15 | 28 | 28 | 26 | 25 | 34 |
| 运转<10 年 | | 63 | 49 | 49 | 22 | 16 | 15 | 14 | 17 |

由表 4-1 可见,开棉设备半数以上使用还不到 10 年;清棉到粗纱设备则有 1/4 以上使用超过 20 年;细纱设备有 1/3 以上使用超过 20 年。这说明在 20 世纪 20 年代,开棉部分的设备大都进行了改造更新。细纱机的改造大都只是更换牵伸机构、锭带盘等一些零部件,原来机架和大部零件改造后仍在继续使用。这种改造,前已述及,确实工艺流程简化,效率得以提高。1932 年 25 家华商纱厂所纺纱支产量见表 4-2。由表可见,上海的水平比内地为高。

表 4-2　1932 年 25 家华商纱厂纱支比例②

| 纺纱细度/英支 | 上海 10 家/% | 其他地区 15 家/% | 24 小时平均产量/(磅/锭) |
|---|---|---|---|
| 10 | 13 | 13 | 1.91 |
| 12 | 5 | 15 | 1.49 |
| 16 | 14 | 35 | 1.11 |
| 20 | 42 | 25 | 0.93 |
| 32 | 8 | 2 | 0.56 |
| 42 | 3 | <1 | 0.36 |
| 其他 | 15 | 10 | — |

在华日资纱厂则以纺 18 特(32 英支)为多。引进精梳机的工厂,有纺到 7~10 特

①　钱彬衡:《二十五年来我国棉纺织业之回顾与前瞻》,《杼声》1937 年第 5 卷第 1 期,第 105 页。

②　钱彬衡:《二十五年来我国棉纺织业之回顾与前瞻》,《杼声》1937 年第 5 卷第 1 期,第 105 页。

(60～80 英支)的,可用于织造府绸、直贡呢、玻璃纱、麻纱、洋标、雨衣布等。工人挡车能力进一步提高,清棉每人 2 台,梳棉每人 16～20 台,并条每人 18～21 尾,头道粗纱每人 1 台,二道粗纱每人两台,单程粗纱每人 2～4 台,细纱每台 1～2 人。每万锭用工减到 200 人以下。据 1932 年国际劳工局资料记载,每万锭需工人数,日本 61 人,英国 40 人,美国 34 人。与这些国家相比,中国还有不小差距。[①]

全面抗日战争期间,中国技术人员因地制宜,创造并推广了一些适于战时使用的短流程、轻小型纺纱成套设备,其中比较成熟的有新农式和三步法。

新农式成套纺纱机是在全面抗日战争初期由企业家荣尔仁和纺织专家张方佐等设计而成,由上海申新二厂技术人员创制。此机在大西南后方推广使用。整套设备包括卧式锥形开棉机、末道清棉机、梳棉机、头二道兼用并条机、超大牵伸细纱机、摇纱机和打包机。每套 128 锭,占地面积仅 75 平方米,动力为 7.4 千瓦。全套设备可用两辆卡车载运。这套机器是从当时通用的动力机器加以简化、缩小,重新设计制造的,全部采用钢铁材料,每台机器配小电动机单独传动。开棉、清棉、梳棉机机幅只有 750 毫米。并条机采用 5 罗拉大牵伸,每台配有头道、二道各 3 眼并列。省去了粗纱机,二道棉条直接上超大牵伸细纱机。细纱牵伸改为 4 罗拉双皮圈式,牵伸可达 40 倍。摇纱、打包也相应简化。

三步法成套纺纱机由邹春座等在无锡和嘉定同时创制,并投入生产。这套机器把原来棉纺的清棉、梳棉、并条、粗纱、细纱、摇纱和成包等 7 道工序合成弹棉、并条、细纱 3 道工序成纱,配上摇纱和成包即成纺纱全过程。弹棉机用刺辊开松,出机净棉做成小条以小卷喂入。细纱机为三罗拉双区双皮圈超大牵伸,由棉条直接成纱,牵伸可达 50～100 倍。这套机器结构简化。如牵伸机构设计成可以无须调节罗拉隔距;细纱卷绕成形改为花篮螺栓式,由后罗拉尾部凸轮拨针拨动齿轮,使其回转形成级升。每台细纱机初造 48 锭,后改为 84 锭。全套机器均用铁木结构,除了最必要的关键零件,如轴、轴承、齿轮、罗拉、锭子、锭座、钢领等用钢铁材料外,其余全部采用木条由对销螺栓交叉连接,不用接榫。这样,加工制造和安装极为方便。成纱质量可与大型机器所产相匹敌。

抗日战争结束后,技术人员对细纱牵伸机构也进行过改革,主要有纺建式和雷炳林式等。纺建式大牵伸由中纺公司上海第二纺织机械厂于 1947 年设计制造,[②]主要是把原来日本仿造的改进型卡氏大牵伸的皮圈架改为上下分开,并把前中后弹簧加压改为可调,改后牵伸可达 30 倍。炳林大牵伸主要把原来固定皮圈销改为上销用弹簧控制的活动式。这样,无论纱条粗细如何变化,上下皮圈销口始终能起夹持作用。[③]

以上这些革新,为中华人民共和国成立以后纺织技术发展阶段的全面技术革新开创了先例。

①　朱仙舫:《三十年来中国之纺织工程》,《纺织染工程》1947 年第 9 卷第 8 期,第 325 页。
②　朱洪建:《纺建式大牵伸》,《纺织建设月刊》1948 年第 2 期。
③　欧阳威廉:《雷炳林大牵伸》,《纺织建设月刊》1948 年第 6 期。

### 三、新型机器的利用和工艺改进

在引进新型纺纱设备的使用方面，我国技术人员摸索出了一套针对原料特性的不同工艺。如清棉工程，对27毫米以下的棉花须加大冲击力，采用单道喂棉和3翼斩刀打手，且让打手在给棉板嘴边直接把棉花打下。对28毫米以上的长绒棉等原料，则采用3根喂棉辊及豪猪式打手，其作用较柔和。对于染色棉花，则采用梳针打手，可使棉卷光洁。在除尘方面，采用了布袋滤尘器，大大改善了清棉、梳棉车间的劳动条件。

采用条卷、抽卷成条、精梳的工厂逐步增多。条卷机把梳棉生条并成整齐的棉片，并成6.35公斤（14磅）重的小卷。抽卷成条机通过5列罗拉牵伸，把小卷抽长拉细成条，每个小卷正好装满1只棉条筒，中间没有接头。条卷、抽卷成条与精梳机配套使用，使纺纱细度变细，产品添加了不少轻薄优良品种。

#### （一）粗纱机的改进

大牵伸粗纱机可由230、250或300毫米直径的条筒喂入。棉条经横动喇叭口进入后罗拉。牵伸分前后两区，各有两对罗拉，牵伸都可达5倍，总牵伸达25倍。两牵伸区之间有横动集器，用来收取自后部进入前部的须条。前部两对罗拉中间插入束边器，以控制牵伸区内须条的宽度。

还有一种渐展式粗纱机，4列罗拉合为1个牵伸区，其总牵伸被分配于各对罗拉之间，自上游向下游渐次增大，总牵伸可达12倍。此机可与大牵伸粗纱机配合使用，用熟条可直接纺成末道粗纱。

#### （二）细纱机的改进

细纱机的牵伸机构有3种形式：①罗拉式，以瑞士立达式为代表，分为3列式和4列式，3列式较为普及，但牵伸只有7~8倍，4列式的牵伸可达12倍；②单皮圈式，有3列罗拉，在第二排下罗拉上套有皮圈，牵伸可达18~20倍；③双皮圈式，以卡氏式为代表，有一对皮圈分别套在第二排的上、下罗拉上，牵伸可达25倍。日本人改进的日东式、大阪机工式等则都是在卡氏式基础上对结构进行改进，使其更便于装拆、保养。

细纱机的其他改进，如采用升降式导纱钩；锭子采用滚珠轴承，锭子传动全部改为锭带式，锭带盘也配滚珠轴承并加张力调整装置。这些改进使全机锭子运转均一，全机所有纱管上的纱捻度一致。锭带盘的位置还可以改变，以适应翻改细纱捻向的需要。隔纱板采用平面铸式，消除了棱角与突起，减少了飞花的积聚。此外，有的机台还加上一些特别的附属装置。如在全机启动与关车时，可供给一段额外的张力，从而减少"小辫子"纱；衬纱运动装置可在直接纺纬纱用管纱时，先在空管上绕几圈衬纱，以适应自动换纬织机的需要；满管自停装置，能在管纱绕至一定高度时全机自动关车，以保证每落纱的管纱绕纱长度一致。

#### （三）环锭捻线机的改进

环锭捻线机的供纱架采用多头纱管而使纱管数量大减，构造得以简化而紧凑。罗拉装置有干式和湿式两种，下排罗拉装测长装置，到达预定长度能够自动关机。锭速较前大有提高,这是由于辊筒和锭带盘都采用了滚珠轴承。另外,每锭装上下两个气圈控制环,围于纱管的外面,环在挡车侧有缺口,以便穿头;钢领改用自动吸油或吸脂式。这些都有利于降低捻线张力。

(四)摇纱机

摇纱机上曾试装过着水槽,使摇纱与着水可以同时完成,保证成纱的适当回潮,免去专门的管纱着水工序,避免了管纱内外层着水的不匀以及因此而导致的纱线强力不匀,还可避免过去着水管纱络筒时对机器的锈蚀。

### 四、手工纺纱机的革新

受西方动力机器纺纱技术的影响,我国近代手工纺纱机也曾出现过不少革新,从而延长了手工纺纱与机器纺纱并存的时间。

20世纪20—30年代,河北定县出现过能同时纺80根纱的大纺车;河北威县出现过每天产36.5特(16英支)纱0.5公斤的改良纺车;江苏海门曾有人创制能够同时完成弹棉、并条、纺纱全过程的纺车。[①] 全面抗日战争开始后,由农产促进委员会主任穆藕初发起,综合各地土纺车经验,创制成七七棉纺机,每套配弹棉机1台、纺纱机20台、摇纱机4台、打包机1台。每台机器每10小时可产36.5特(16英支)棉纱10公斤,全部由人力发动,不用电力。纺纱机每台32锭,有32个白铁筒装入事先开松搓好的棉条。车顶有32卷纱轴,每轴上纱的头端与棉条的尖相点接,人用脚踩踏板,即可使白铁筒回转给纱条加捻。同时,卷纱轴也回转把纱轴引卷绕,其作用原理与1877年日本所创制的"大和纺"差不多。[②] 这种手工机器曾在后方许多地区推广使用,但成纱均匀度比动力机器所纺的纱差得多,只供制造低档产品。

在浙江农村曾发现流传下来的多锭纺纱车,结构基本与"七七"式棉纺机相同。其特色是在白铁筒和卷纱轴之间加上了利用纺纱张力自动控制纱条粗细的装置,使成纱质量大大提高,且制作十分简易。[③]

# 第四节 机织设备

在近代纺织工业形成初期,我国的机织设备从西方全套引进所占的比例很小,大量利用的还是经过不同程度改良的手工织机。除农村手工织户外,城镇中广泛存在手工织布作坊和小型织布厂。这些作坊和小型织布厂先是移植西方的"飞梭"机构,后来又移植曲轴打纬和踏盘提综机构,一步步把原来手投梭的木织机改造成产量、质量可以与之接近的力织机。直到20世纪30年代初,在年产约40万吨机纺棉纱中,供大型厂机织的只

① 彭泽益:《中国近代手工业史资料(第3卷)》,北京:中华书局,1963年,第683页。
② [日]加藤幸郎等:《日本技术的社会史(第3卷纺织)》,日本评论社,1983年,第245页。
③ 周启澄:《张力自控多锭土纺车调查报告》,《上海纺织工学院学报》1980年第1期。

占二成左右,其余除少量出口外,都是售纱,供小布厂、作坊和农村织户购用。纺织工业中棉织规模远小于棉纺的情况,直到中华人民共和国成立,也没有发生根本性的变化。毛织、麻织、丝织也程度不同地存在类似情况。

## 一、动力机器引进前的机织技术

1840 年以前,我国的手工机织技术在制造高档、精美产品的领域,已经达到很高的水平。各地因地制宜广泛使用传统的大花本花楼机、多综多蹑机、竹笼式提花机、绞综纱罗织机等多种织机,用来织造丰富多彩的丝、麻、棉、毛等织品。[1] 大花本花楼机传到欧洲后,法国人发明了回转打孔纹版和横针来代替线编花本。后来又加上动力驱动,1860 年造出了贾卡提花机。多综多蹑机用纹链和转子取代蹑和丁桥,加上动力驱动,就成为近代多臂织机。绞综纱罗织机更换了综的材料,加上动力驱动,就成为近代纱罗织机。这些织机近代化的改造,虽都由欧洲人完成,但渊源关系是很明显的。[2]

1840 年之前,我国早已普及了用于生产大宗织物的脚踏提综开口、手投梭的窄幅木织机。18 世纪中期,欧洲人发明了手拉滑块打击梭子的"飞梭"机构,以后,又发明了用踏盘(凸轮)压蹑代替足踏,曲轴推筘打纬代替手拉,再加上动力驱动,就演变成近代的力织机。[3]

## 二、动力机织设备的引进和推广

我国引进动力机织设备始于 19 世纪 80—90 年代。甘肃织呢局从德国引进毛纺织染设备,包括普通毛织机、提花(贾卡)毛织机、卷纬机、整经机、浆纱机。上海机器织布局从英国和美国引进棉纺织设备,包括络纱、整经、卷纬、浆纱、穿经和大量棉织机(图 4-13 至图 4-15)。当时的织机还是人工换梭,没有断经自停的动力织机,用蒸汽机做动力,操作技术和工艺都是由聘请的外国技术人员传授的。

图 4-13　棉织整经机

① 陈维稷等:《中国纺织科学技术史(古代部分)》,上海:科学出版社,1984 年。
② 陈维稷等:《中国大百科全书·纺织》,北京:大百科全书出版社,1984 年。
③ 陈维稷等:《中国大百科全书·纺织》,北京:大百科全书出版社,1984 年。

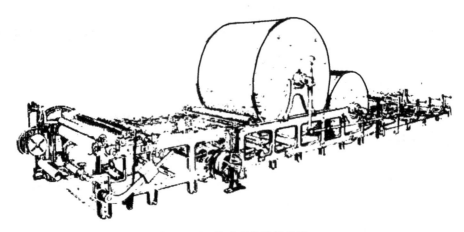

图 4-14  滚动式浆纱机外形

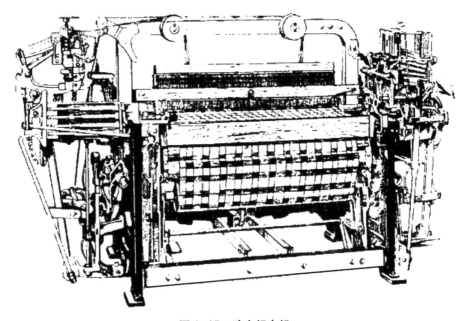

图 4-15  动力织布机

　　第一次世界大战前夕,我国已有动力棉织机4000余台,动力毛织机100余台,以及与之配套的络、整、浆、穿等准备机械。由于当时没有自己的技术人员和熟练工人,挡车能力很低。如棉织机每人1台,整经机2人1台,另外还要配备帮接头等工人。100台棉织机的车间,要用工280人,而且男工的比例很大。[①] 全面抗日战争前夕,所产棉布以16磅粗布和12磅细布为大宗,花色布很少。因此棉织厂大都是踏盘织机,很少采用有梭箱调

① 朱仙舫:《三十年来中国之纺织工程》,《纺织染工程》1947年第9卷第8期。

换运动的多臂机。[1]

### 三、动力机织设备的发展和织造技术的改进

近代动力织机有许多进步。1895 年西方先进国家发明了自动换纤装置。接着,日本人仿造并加以改进,1926 年日本人发明了自动换梭的丰田式织机,逐渐推广到在华日资厂。[2]

20 世纪 20 年代起,我国技术人员逐渐增多,回国留学生纷纷把国外先进的机织技术和生产管理方法介绍到国内。织布工厂逐步推行合理化操作法。熟练工人渐多,看台能力提高,普通棉织机 2 人 3 台,整经机 3 人 2 台,辅助工也有所减少。100 台棉织机的车间用工减至 230 人。每 24 小时每台织机可织 14 磅布 2 匹,每匹 38.4 米。[3]

全面抗日战争前后,我国各厂都推广自动织机,这是因为中国纺纱设备陈旧的居多,成纱强力偏低,不匀率偏大,而且织造准备工程的设备也较落后,以致织机上经、纬纱断头比外国高。自动织机,即在普通力织机上添加两个装置——经纱断头自停装置和纬纱自动补给装置,从而大大提高织机运转效率,减少了缺经疵布,提高了产品质量。为增长机器连续运转时间,又推行了大卷装,如加大梭子、加长纡管、增大络纱筒子等。对于自动织机,看台能力提到每人 20 台,较同一时期欧、美、日本看台数还要高些。机器的传动逐步由天轴或地轴集体传动改为车头小电动机单独传动,运转效率和车间环境也有所改善。少数工厂已开始采用改进了的高速整经机。此机对筒子架做了改进,使经纱引出清晰,接头方便。

棉布渐以 12 磅细布为主。平布幅宽增至 90 厘米,斜纹布 75 厘米,还生产出府绸、哔叽、直贡呢、雨衣布、玻璃纱等特色棉织品。每 24 小时每台织机可产 12 磅细布 82 米,或 16 磅粗布 101 米。[4]

20 世纪 40 年代,我国各厂在织造准备工程方面有了不少进步。如络经由竖锭式锭子回转改为槽筒式摩擦传动回转,无论卷绕直径多大,络纱张力均可保持稳定不变,而且可以络成圆柱形或宝塔形(截头圆锥形)筒子。整经机筒子架过去在使用圆柱形筒子时,经纱放出要通过筒子的回转,限制了速度的提高。后来先是在筒子锭轴加装滚珠轴承,减小筒子回转时的阻力;后又改用宝塔形经纱筒子,使经纱放出可以通过自宝塔尖方向的轴向退绕,筒子可以固定不动。这样,整经时张力可以大大降低,整经速度可以大大提高。操作上把工作筒子的纱尾和预备筒子的纱头接起来,这样就免去了停车成批换筒子的操作,大大提高了整经机的效率。浆纱机的张力和上浆率与回潮率控制方面,也有了改进。上海一些企业还探索过用双槽、分浆、分烘技术在棉纱上浆时同时进行纱线染色。穿经方面,采用了结经机,利用机余纱连综筘与新的织轴上的纱,由机器自动对应接结。

① 钱彬衡:《二十五年来我国棉纺织业之回顾与前瞻》,《杼声》1937 年第 5 卷第 1 期。
② 陈维稷等:《中国大百科全书·纺织》,北京:大百科全书出版社,1984 年。
③ 钱彬衡:《二十五年来我国棉纺织业之回顾与前瞻》,《杼声》1937 年第 5 卷第 1 期。
④ 钱彬衡:《二十五年来我国棉纺织业之回顾与前瞻》,《杼声》1937 年第 5 卷第 1 期。

在织机上织格子布的工厂,采用了多梭箱自动纬纱换色的织机。[①]

在织坯整理方面,配备了验布机、刮布台、压光机、叠布机、打印机、成包机等,可以依次对织坯检验定等、刮布压光、叠布印商标、打包,最后成品入库,以供销售,或供印染。[②]

毛、麻、丝的机织设备、技术情况与上述棉织情况大体近似。只是丝织采用提花织机较多;毛织坯呢不作为商品流通,直接在本厂转入染整车间,而且产品组织较为复杂,采用多臂织机、提花织机较多。

### 四、手工机织技术的进步

在近代,我国手工机织业设备技术进步很大,产品的产量、质量均有较大提高,与动力机织相比,其差距远比手工纺纱与机器纺纱的差距为小。

我国手工织机原来一直沿用手投梭脚踏开口的木机,织幅只有 50 厘米左右。19 世纪末 20 世纪初,我国吸收西方的"飞梭"机构,在木织机上加装木制滑车、梭箱、走梭板,使过去双手投接梭子改为只用一手拉绳击梭,另一手空出来专司拉筘打纬。这样,既加快了速度,又为加宽织幅创造了条件。这种改进使织机产量比以前有大幅度提高,产品品种也有了发展。此后,又有一些改良,如利用齿轮传动来完成送经、卷布动作,效率进一步提高。[③]

20 世纪 20 年代,上述手拉木织机经进一步改良成为铁木机,除了机架、提综踏板仍用木制以及仍利用人力脚踏作为动力之外,其余如飞轮、曲轴、齿轮等均利用钢铁零件。其结构除手拉、脚踏部分外,与近代动力织机基本相同,生产效率也和动力织机相近。[④]虽然劳动生产率略低,但电力耗用少,在人力价廉而电力昂贵的年代,在经济上具备优势。因此,这种铁木机在手工织布作坊和小织布厂中一直被广泛使用,甚至到 20 世纪60 年代,仍有相当数量存在。

与铁木机的推广相适应,整经工具也有了进步。整经虽然仍由人力操作,但已采用能容 200 个经纱筒子的大型筒子架,配备了分绞筘和粗竹定幅筘,还有直径达 2.2 米的绕经纱大轮鼓。每台可配 30 ~ 40 台铁木机。[⑤]

在提花织机方面,欧洲纹版式(贾卡)提花龙头也被引进来代替过去线编的花本,装配在改良手工织机上,成为纹版式手工提花机,在手工织绸厂中广泛使用(表4-3)。

①　殷康:《近数十年来棉纺织技术进步综述》,《纺织周刊》1946 年第 6 期。

②　任远:《棉布的整理工作》,《纺织染工程》1950 年第 8 期。

③　陈维稷等:《中国大百科全书·纺织》,北京:大百科全书出版社,1984 年。

④　彭泽益:《中国近代手工业史资料(第 3 卷)》,北京:中华书局,1963 年。

⑤　彭泽益:《中国近代手工业史资料(第 3 卷)》,北京:中华书局,1963 年。

表4-3 手工织机改进情况

| 机名 | 原动力 | 特点 | 12小时最高产量(头等布) | 机器生产率/% |
|---|---|---|---|---|
| 投梭木机 | 足踏躧,手投梭 | 移综、移扶撑、刮布、卷布、放经须停织 | 长13.32米、宽0.33米的布40米 | 30 |
| 拉梭木机 | 足踏躧,手投梭 | 用"飞梭"装置,移综、移扶撑、刮布、卷布、放经须停织 | 长17.32米、宽0.80~0.83米的布20米 | 50 |
| 改良拉梭机 | 足踏躧,手投梭 | 卷布、放经不停织,不须移综,移扶撑、刮布仍须停织 | 长17.32米、宽0.80~0.83米的布26.8米 | 67 |
| 铁轮机 | 足踏躧,轮转动 | 只移扶撑,刮布卷布不停织 | 长17.32米、宽0.80~0.83米的布40米 | 100 |
| 铁机 | 电力传动 | 一人看多台,连续运转 | 长17.32米、宽0.80~0.83米的布40米 | 100 |

　　受动力机器的影响,手工织机上也逐步采用新的器材,如线综改为钢丝综、花楼机上弓棚改为钢丝弹簧等。[1]

　　随着手工机织的近代化改造,手工织品也发生了变化。手工棉布开始使用机纺纱作经纱(称为洋经),后来连纬纱也用机纺纱。因机纺纱比手纺纱细而匀,织成的织物就比原来的土布薄且匀。手工织物幅宽也随手工织机机幅的加宽而加宽,土布规格也就和洋布接近。随着黏胶人造丝的出现和化学染料的使用,织物的花色品种也日趋增多。在丝绸织造中,动力机器缫的厂丝逐步取代手工缫的土丝。后来黏胶人造丝也被大量利用,使丝绸产品增加了不少新的品种。

　　综观上述,我国近代机织生产经历了引进、消化西方技术的过程,在移植改造手工机织方面效果十分突出。但在创新方面,特别是织机的创新方面,与纺纱相比,就显得不足。

# 第五节　针织设备

　　1589年,英国人W.李发明了第一台手工针织纬编机。1775年,英国人J.克雷恩制成了针织经编机。随着英国产业革命的发展,针织机逐渐从手工操作发展到电力拖动,不仅能织圆形织物,而且可织平面织物。

　　1850年左右,广州归侨带回德国制造的家庭式手摇袜机,这是国外针织技术设备传入中国的开端。1896年中国第一家针织厂——云章袜衫厂在上海成立。该厂从美国、英国购进手摇袜机与纬编机,主要生产袜子、汗衫。中国近代针织业主要是从引进国外针织机器设备开始的。

---

① 彭泽益:《中国近代手工业史资料(第3卷)》,北京:中华书局,1963年。

## 一、袜机

1908 年起,有茂盛、天祥两洋行发售西洋手摇袜机,恒泰公司发售日本手摇袜机。上海礼和洋行与利康洋行进口德国制造的手摇袜机。1908 年,德国吉兴公司在湖北武昌销售蝴蝶牌 104 针手摇袜机,先是军界购买开设袜厂,后传入商界。1912 年英商在天津办捷足洋行,专售英制手摇袜机,当时亦有其他公司出售进口针织机。这些洋行公司在出售针织机的同时,还聘请一些留洋回国技术人员,负责传授织袜等针织机的使用技术。1910 年开始有电力针织机进口,电力针织机生产效率高,劳动强度低。1 台手摇袜机日产袜最多 30 双,而且只能一人一机;1 台电力袜机日产 70 双以上,多可达 100 双,一人可同时看管 3 ~ 5 台。当时所用的电力袜机受机械性能限制,只能织素身袜。又因电力袜机售价较高,受供电影响,一般小厂、手工作坊不敢问津,推广速度不快,长期以来电力袜机与手摇袜机并存。1910 年,仅有广东进步电机针织厂和上海景星针织厂[1]使用电力针织机。直到 20 世纪 20 年代中期,使用电力袜机的厂家才开始增加。上海的发展速度最快,内地则相对缓慢。电力袜机问世后,手摇机向两个方向发展:一是转向浙江、辽宁、湖北、河北、山东等地区;二是向织花色袜、高档袜的方向发展。手摇袜机的直径大约为76 毫米(3 英寸),针数有 52、96、126、180、200、260、280 等数种,在一段时间内仍有一定的市场。

1912 年,上海民族机械工业开始研究试制手摇袜机。家兴工厂试制成 104 ~ 160 针的手摇袜机,邓顺昌机器厂每月制造 500 台以上。第一次世界大战爆发后,德货及其他国家制造的针织机停止东入,使中国民族机器制造业有了一个发展的契机,除上海之外,武汉、天津均出现针织机制造厂。

1925 年后,美国制造的 B 字与 C 字电力袜机,先后由美商慎昌洋行与海京洋行进口推销。上海不少针织厂纷纷采用电力袜机。上海一些针织机制造厂家看准这一市场,继而研制电力织袜机。瑞昌袜机厂首先开始研制 B 字电力针织袜机。[2] 1930 年华胜厂仿制专织长统的 K 字电力织机成功。此后,国产电力袜机逐渐打开国内市场。

1925—1927 年,国内针织生产技术发展迅速,全国各地陆续办起了针织厂与作坊,国产针织机产量也逐渐上升。浙江平湖有手摇袜机 1 万架,嘉兴有 3000 余架,宁波有 3000架,杭州有近千架,无锡有 300 架,连内地一些较偏僻的地方也都办起了针织厂。针织厂和作坊的增多促进了针织机的生产,其品种规格也越来越全。

## 二、横机

横机的编织原理是从手工编织毛衣而来。1847 年,英国人发明了舌针织机,1863 年又将舌针应用于横机,1911 年横机传入我国。而后即有法国、日本、德国所制造的横机进

---

① 陈真等:《中国近代工业史资料(第 3 辑)》,北京:生活·读书·新知三联书店,1957—1961 年,第 245 页。

② 上海第一机电工业局史料组:《上海民族机器工业》,北京:中华书局,1966 年,第 337 页。

口。1918 年,上海邓顺昌机器厂开始研制日本麒麟牌横机。不久,上海就有义记、锦华等10 个厂家研制进口横机。每当日制新式横机进入中国市场,1~2 个月后,便有中国研制品销售,且售价比日本横机便宜 1/3。所以国产横机在国内市场上始终能站住脚,同时也起到了推动我国针织业发展的作用。在此期间,仅上海就成立了 40 余家厂坊,其中以光华、谦益、学昌等厂规模较大。

1929 年,国产羊毛衫应市,受消费者欢迎,盛销于长江流域,但花色单调。同年,日本运来七针花横机与开士米(即双股绒线)出售,出现开士米运动衫和花开士米的球袜。部分厂即购置进口花板横机,使针织衫裤花色增多,抵制了这类产品的进口数额,同时也促使国产横机不断改进与发展。

### 三、圆筒针织机

圆筒针织机是纬编针织机的一种,可分为单针筒、双针筒两大类。

1919 年,上海裕生机器厂开始仿制日本大筒子针织圆机,其时正值五四运动,国内强烈抵制日货。因此,日本大筒子针织圆机进口逐渐减少,国产圆机得以发展。

1925 年,针织内衣与毛织骆驼绒工业兴起,国内一些针织厂从美国、日本进口电动汤姆金织机(一种圆形针织机)来织汗衫、卫生衫、骆驼绒。但日本织机进入中国往往以次充好,且各项技术均保密,不传授给厂家,使生产厂家的产品质量受到影响。上海求兴机器厂购买两台日本制造的汤姆金织机,发现针筒滚姆与传动齿轮均不符合技术要求,即拆机整修。1931 年,求兴机器厂试制成功中国第一台汤姆金织机,1932—1936 年畅销北平、天津、广州、汉口等各大城市。

20 世纪 20 年代末,广东中山县人陈枝从美国学习了双头台车的制造技术,归来后在香港设厂研究制造。不久,广东针织业中就有不少厂使用双头台车,针织坯布生产效率有所提高,并能进行简单的提花织造。与此同时,其他针织机也陆续研制成功,如铁车毛巾机、手摇花袜机、电动罗纹背心机、围巾机、手套机、罗宋帽机、领机等,因而国内针织厂家使用国产针织机的比重也越来越大。

中国的针织业起步虽晚,但发展较快。不少针织产品,如锦地衫、桂地衫、椒地衫、三枪牌棉针织衫裤等畅销海内外。

# 第五章 近代纺织行业发展

　　行业是社会分工的大类。随着社会的进步,生产的分工愈来愈细,行业的内涵和外延随之不断变化,同时陆续产生出一些新的行业。在古代,纺织行业长期以农业的副业形式存在,城镇的纺织手工业规模不大,大多就地取材,生产纺织商品。例如,江南地区以及四川、广东等省,缫丝业比较发达;山东、辽宁、河南等省柞丝绸业较集中;西北地区,毡毯业比较普遍;湖南、江西等省苎麻纺织业比较有名;棉纺织业则几乎遍布全国各地。这些行业的生产,都是靠手工进行的。所以,古代的纺织行业就是手棉纺织业、手工麻纺织业、手工丝绸业和手工毛纺织业的总称。到了近代,随着动力纺织机器和工厂化生产方式的逐步引进,纺织行业陆续从手工生产向机器生产衍变。由于受市场、消费习惯、生活水平、技术条件等的制约,这一衍变过程变得参差不齐,不但棉、麻、丝、毛各业不是同步进行,就是同一行业内部前后工段的变化也有先有后。例如,在棉纺织业中,棉织业的近代化就大大晚于棉纺业。直到1949年末,这种变化还未全部完成。此外,在引进技术的基础上,近代还萌生了若干过去并不存在的新行业,如针织业、毛巾被单业等。

## 第一节　近代纺织行业的发展和变化及其特点

　　纺织行业从手工生产向动力机器生产的过渡,是从缫丝业开始的。19世纪60年代初,外商为了提高出口生丝的质量,开始创建采用动力机器的缫丝厂。十几年后,国人也先后在广东、上海等地办起了动力机器缫丝厂。缫丝业开始近代化。此后近十年,动力机器毛纺织由洋务派官员在兰州开办;又过十来年,洋务派官员创建的动力机器棉纺织厂和麻纺织厂也先后在上海和武汉开工。近代棉纺织业起步虽晚于缫丝业和毛纺织业,但一经出现,便迅速发展,成为纺织行业的主干。毛纺织业早期只仿制外国粗纺中厚型呢绒,与当时国人穿着习惯及消费水平脱节,因此进展缓慢。

　　进入20世纪后,棉色织业(染织业)、丝织业、针织业、毛巾被单业也相继采用动力机器。近代毛纺织业、麻纺织业也逐渐发展,分化出按产品类别和按纤维种类划分的专业。如毛纺织中的绒线专业、驼绒专业、精纺专业;麻纺织中的苎麻纺织专业、黄麻纺织专业等。近代棉印染行业起步较晚。经过印染手工作坊的改良,再与小型棉织厂相结合,构成了半手工的色织或染织专业。20世纪20年代以后,才出现采用全套动力印染机器的近代印染厂,棉印染业也就开始了近代化。

针织品和毛巾业是近代从国外传入的商品,是新出现的行业,开始也以手工制造,后来逐步采用动力机器。服装鞋帽业在近代仍保留大量的手工成分,但也出现了衬衫专业等近代机械化的缝纫生产。

1918年上海成立了华商纱厂联合会,"集全国华商纱厂为一大团体,谋棉业之发展,促纺织之进步"。20世纪20—30年代,上海、武汉、天津、无锡等地除棉纺业同业公会外,还先后成立了机器丝织业、绸缎印花业、毛纺织业、骆驼绒业、染业业、内衣织造(针织)业、织袜业、毛巾被单业、手帕业、织带业、衬衫业等大大小小的同业公会组织。这说明那时棉纺织、丝绸、毛纺织、针织、印染等生产领域里的近代企业群体已初具规模,并且形成了行业意识,而其中以棉纺织业最为突出。1945年8月,全国棉纺织工业同业公会联合会成立,标志着棉纺织行业的成熟。

纺织机械行业是从修配引进机器开始的,以后逐步仿造缫丝、轧棉等简单机器。20世纪初,才有少数工厂仿造部分纺织机器。但直至1949年末,还没有形成独立的装备工业体系。化学纤维生产起步最晚,直到20世纪40年代,才有胶纤维制造的初步尝试,但仅是行业的萌芽。

中华人民共和国成立前夕,我国纺织行业已初步形成原料工业(黏胶纤维制造业的萌芽)、加工工业和装备工业(纺织机械器材业的雏形)的体系。其中加工工业包括棉纺织行业、棉印染行业、麻纺织行业、丝绸行业、毛纺织行业、针织行业以及形成中的棉色织行业、毛巾被单行业、线带行业、服装鞋帽行业等。本章将分别叙述各个行业的发展变化过程。

纵观近代纺织行业的特点,主要有以下几方面。

首先,从行业规模来看,各行业中,棉纺织行业的规模居绝对优势,1949年的产值和职工人数分别占整个纺织行业的88%和79%。丝绸行业和针织行业同期产值各占4%左右,职工人数各占8%和9%。毛纺织行业同期产值与职工人数均占近3%。麻纺织行业同期产值占1.5%,职工人数占2%。其余各行业规模更小。

其次,从行业结构来看,近代纺织各行业的结构差别很大,形成中的一些小行业还存在彼此交叉的情况。棉纺织行业发展较为成熟。大的棉纺厂都附设棉织厂,构成棉纺织业的骨干;小的棉纺厂有单立的;小的棉织厂与小印染厂合在一起构成染织厂的,也有单纯棉织的。所以棉纺织业和棉色织业有一定的交叉。大的棉印染厂则构成棉印染行业。

以棉纱为原料加工生产纺织品的,除棉织和棉色织外,还有针织、毛巾被单、线带等行业,这些行业有时被归入针织复制类。针织行业包括织袜专业和针织内衣专业,原料除棉纱外,也有用丝、人造丝和毛纱的。针织厂有的包括缝纫和染整。

麻纺织行业按原料和工艺可分为苎麻纺织专业和黄麻纺织专业,其产品的印染则多由棉印染厂承担。

丝绸行业按工段分成缫丝专业、丝织专业、丝绸印染专业,还有加工下脚料的绢纺织专业和加工柞蚕丝的柞丝绸专业。

毛纺织行业按产品类别和工艺可分为粗纺(呢绒)专业、精纺(哔叽)专业、驼绒专业、绒线专业等。由于毛纺织品不经染整,十分粗糙,无法上市销售,因此这些专业都包括染整工序在内。驼绒生产采用针织机。

服装鞋帽行业以手工为主,但衬衫、呢帽、西服、军服的生产多采用近代机器,原料则利用棉布、麻布、呢绒、哔叽、绸缎等各类面料。

最后,在行业发展速度方面,纺织行业在西方发达国家经济发展初期,都起了经济先导型产业的作用,在技术进步、资金积累、对外贸易等方面有过举足轻重的影响。我国近代,由于纺织行业中长期存在着近一半的外资企业,而海关等部门又长期受外国的控制,所以我国民族资本纺织业一直处于受压制的地位。只是从全面抗日战争胜利以后,才开始起经济先导的作用,但时间极短,影响不大,仅为中华人民共和国成立以后有计划的大发展打下基础。

在纺织各行业中,棉纺织业发展较快。这是因为棉纺织品是大众生活必需品,市场极其广大。毛纺织业和丝绸业发展极慢。这是因为早期毛纺织品不适应我国大众衣着习惯;而丝绸由于价格高昂,一般平民买不起,市场较小。另外,生丝主要供应出口,受世界市场波动影响较大,生产不够稳定。麻纺织品因其大众衣料的地位在古代就被棉纺织品所取代,用途仅限于夏季用品和包装用品,所以发展也不快。针织行业在近代是从无到有,从手工到动力机器,从织"洋袜"到针织内衣,发展较快。

我国近代纺织行业的规模(以棉纺织为代表),早在1936年就达到了1949年底的水平。日本侵华战争严重地影响了行业的发展。到中华人民共和国成立前夕,我国还有25%的棉布是由城镇手工业和农村副业生产的。在针织、麻纺织、丝织、色织(染织)、巾被、线带以至服装鞋帽各业,都还在大量利用手工机器,甚至纯手工劳动,近代化远未完成。纺织行业与发达国家相比,还十分弱小;棉纺织业总量只及印度的一半。这一切预示着中华人民共和国成立以后高速发展的必要性和迫切性。

# 第二节　棉纺织行业

## 一、棉纺织行业发展历程

1840年鸦片战争后,海禁渐开,英国及欧洲大陆诸国的机纺纱布输入中国,使棉纺织手工业受到严重打击,但同时对中国近代棉纺织工业的发展也起了促进作用。

1889年上海机器织布局在杨树浦临江地段诞生,成为中国第一家动力机器棉纺织厂。此后5年,上海有了第一批华商经办的近代棉纺厂,拥有纱锭10万余枚,占当时全国华商纱锭总数的76%。1895年《马关条约》后,日本和各列强取得在中国通商口岸设立工厂的特权。1897年上海有英商老公茂纱厂、怡和纱厂,美商鸿源纱厂和德商瑞记纱厂建成投产,计有纱锭16万余枚。当年,初创的华商纱厂共有纱锭13.4万枚,稍逊于外资规模。

1902年日商收买兴泰(原裕晋)纱厂,改名上海纱厂。此为日资进入中国棉纺织业之始。

19世纪末，华商纱厂逐步向上海以外的宁波、无锡、苏州、杭州、南通、萧山等城市扩展。1911年以前建立的31家纱厂中，16家设在上海，2家设在湖北，其他则在江苏和浙江。1914—1922年，新建纱厂58家，其中18家设在上海，40家分散各地。1923—1936年的新建纱厂，则大部分设在上海以外的地区。如以1930年全国纺锭总数为100%，则1890—1904年设置的纺锭为15.11%，1905—1913年为81.7%，1914—1925年为72.52%，1925年以后仅为42%。其中1914—1925年，适值第一次世界大战，华商利用有利时机，努力发展。

就地区布局来看，以江苏（包括上海）最为重要。1918年该省的纺锭数占全国的80%，1924年占65%，1927—1930年占66%。1918年湖北的纺锭数占全国的78%，仅次于江苏，但以后无进展，1924—1930年下降到7%左右。1918年山东的纺锭数仅占全国的1.7%，1930年增至8.6%，跃居第二位。河北为中国第四棉纺省。1918年该省的纺锭数仅占全国的2.6%，但到1930年增至7.3%。这一时期，上述4省形成了上海、无锡、南通、青岛、武汉及天津6个棉纺织业中心，拥有的纺锭数占全国的84.48%。据华商纱厂联合会1930年统计，全国纱厂工人有25.2万人，其中江苏占总数的64%，湖北占10%，河北占8%，山东占7%。最早成立的纱厂同业组织是1918年的华商纱厂联合会。稍后，日商纱厂也组织了日商纱厂联合会，二者均设在上海。此外，还有华商、日商及英商等纱厂共同组织的委员会。其他城市，如汉口、无锡、天津，也各成立纱厂联合会。

第一次世界大战之前，日资势力在中国还次于英国，但日商利用大战的机会，积极在中国各地扩张资本，开设纺织厂，建立纺织基地，速度极快。1925年全国有纱厂87家，其中华商53家，共有纺锭176.85万枚，每厂约3.34万枚；日商33家，共有纺锭123.92万枚，每厂约3.76万枚，超过华商。若以1913年的纺锭数为基数，至1925年末，日商纱厂的增幅则为700%，而华商纱厂的增幅仅为346%。

20世纪20年代起，在国内外市场的激烈竞争中，华商纱厂先后形成了一批民族资本企业集团，其中影响深远的有荣宗敬、荣德生创立的申新系，以华侨郭乐、郭顺为核心的永安系，张謇创立的大生系，周学熙等创立的华新系，武汉裕华纱厂、石家庄大兴纱厂、西安大华纱厂共同组成的裕大华系，以及刘国钧、刘靖基等人创立的大成系。它们对推动上海、南通、无锡、天津、石家庄、西安、汉口、常州等地棉纺织工业的发展做出了历史贡献。

然而，由于政局动荡，内战连绵，税负沉重，加上对进口的机器设备缺乏驾驭的技术力量，而培训人员又非短期所能奏效，故所办工厂工作效率很低。同时工厂资金短绌，产销未能运营自如，遇到的困难甚多。

全面抗日战争初期，部分纱厂内迁，沦陷区的棉纺织业遭到破坏。由于沦陷区纺织品供给锐减，内地及南洋的需求又殷，处于日军包围的上海租界，棉纺织业一度出现畸形繁荣的景象，但只维持了3年多。抗战胜利后，中国纺织建设公司接收并经营日本在华的全部纺织工厂，其中棉纺织厂的规模在国内居绝对优势。各地民营棉纺织厂多有重建和新建。

1949 年末,棉纺织业拥有纱锭 516 万枚,84% 集中在辽宁、山东、江苏三省和天津、上海两市,其中上海就有纱锭 236 万枚。

## 二、民族资本棉纺织集团的形成及日资纺织厂的扩张

近代纺织行业经历萌芽阶段、初步发展以及到 20 世纪二三十年代的兴旺发展。第一次世界大战,为我国的棉纺织业发展带来了机遇,华商掀起了建厂扩厂的高潮。华商纱厂联合会资料表明,在 1922 年全国 113 家棉纺织厂中,民族资本纺织厂为 76 家,拥有纱锭 29 万枚,占全国纱锭总数的 64.4%,布机 12 459 台,占全国布机总数的 64.8%。1922 年后,中国棉纺织业长期萧条,一部分华商纱厂被外商兼并,另一部分则被少数华资厂兼并,因而在民族资本棉纺织业内部,发生了集中的现象。

### 1. 申新系统

荣氏企业,以无锡荣宗敬、荣德生兄弟的资本为中心,包括茂新、福新面粉公司和申新纺织公司以及其他许多子公司,是近代中国最大的民族资本集团。

1907 年荣氏集股在无锡建成振新纱厂,有纱锭 12 万枚。1909 年向外商购买纺机 1.8 万锭。扩大生产后,利润明显增加。1914 年盈余 21 万两,但多数股东旨在分拆红利,重视眼前利益,与荣氏继续扩大再生产的远期目标意见相左。荣宗敬感到这些人"不足与谋",决心退出振新,在上海自立门户,独树一帜。

从此,荣氏按照自己的经营宗旨,举债发展企业。从 1915 年申新纺织第一厂建成开工起,到 1931 年开办申新纺织第九厂,形成了一个庞大的民族资本集团。申新系统的 9 个厂除三厂建于无锡、四厂建于汉口外,其余都集中在上海。那时,申新系统在上海一地的纱锭达 43 万枚,占了上海全部华资纱锭的 40% 以上。在全国,它的发展规模也是首屈一指的。

1919 年荣宗敬在上海成立了茂新、福新、申新总公司(三新总公司),自任总经理。这个庞大的总公司不设董事会,由荣宗敬任总裁。他还兼任各厂的总经理,控制总公司和各厂。

1927 年 5 月,南京政府以"荣宗敬依附于孙传芳"为由,下令通缉并查封无锡资产,后经吴稚晖疏通,以认购"二五库券"50 万元了结。之后,库券以损失 10 万元转售脱手。1932 年底,申新 9 个纺织厂拥有纱锭 52.16 万枚,线锭 4 万枚,布机 555 台,资本总额增至 3400 万元,成为民族资本中最大、发展最快的纺织企业集团。

### 2. 永安系统

上海永安棉纺织公司创设于 1922 年。当时澳大利亚华侨郭乐、郭顺兄弟以永安棉纺织股份有限公司的名义向华侨集资 600 万港元,创办永安纺织一厂。后经兼并,至 1928 年永安已发展为永安一厂、二厂、三厂。此时,郭棣活从美国学成回国,任永安三厂工程师,直接参与了永安三厂的整顿改造和恢复生产工作。在以后的几年中,又新建永安四厂,兼并伟通纱厂。10 年内,永安公司的纱锭扩大到 25 万枚,布机 1600 台。其以"金城""大鹏"为商标的纱布行销全国及东南亚各国,生产能力占当时上海棉纺织业

的 20%。

### 3. 大生系统

张謇着手筹办纱厂，取《周易·系辞》中"天地之大德日生"之意，命名为"大生"。因筹集资金困难，后求助于张之洞，将官办湖北织布局搁置于上海的一批英国造纺机承领半数，在南通唐闸镇建厂投产。大生纱厂建立伊始，得到张之洞、刘坤一批官僚的支持，呈请清政府批准了"二十年内百里之间不得有第二厂"的要求，以利于大生纱厂在南通地区的发展。大生取得厚利后，于 1902 年续领官机纱锭 2.04 万枚，仍折价 25 万两，并扩招商股，增添设备，发展生产。经营 7 年后，每百两银子的股金分红利 125 两，还提取公积金 33.6 万两。其时有官股 50 万两，商股 63 万两，合 113 万两，资力雄厚。于是在 1907 年成立大生纺织公司，大生纱厂改称大生一厂。经 3 年，又集资 80 万余两，择址崇明永泰沙久隆镇（今江苏启东县）安装纱锭 2.6 万枚，开出大生二厂。1914 年在海门县筹办大生三厂，集股金 300 万两，置纱锭 3.03 万余枚，布机 422 台，于 1921 年建成投产。

张謇曾有兴办 9 家大生纱厂的规划，但未能实现。八厂由大生一厂出资先建，隶属于大生一厂，故名大生副厂，有纱锭 1.67 万余枚，自动布机 240 台。从 1900 年起，张謇陆续办了垦牧公司、资生铁冶厂、大达轮船公司、大达内河轮船公司、淮海实业银行、纺织专门学校、商业学校、南通图书馆、博物苑等独立经营的大小企事业 69 处，均以大生纱厂为支柱，形成庞大的大生资本集团。

1922 年以后，大生各纺织厂开始走下坡路。1923 年大生一厂资金枯竭，生产几乎停顿。1924 年初，部分债权人（南通 11 家钱庄）接管厂务，监督经营；年底 11 家钱庄收回货款离去。1926 年由上海的金城、上海、中国、交通 4 家银行组成银行团接管，派李升伯担任大生纺织公司经理。李升伯采取了"维持经营，盈利还债"的办法，并对组织、生产、经营等进行改良，使大生一厂从困境中复苏。后大生二厂和大生三厂也都由银行监管。大生各纺织厂的管理权，开始落到银行团之手。

### 4. 大成系统

第一次世界大战爆发后，刘国钧弃商从工，与蒋盘发等共集资 9 万元创办大纶机器织布厂。1917 年刘国钧撤出大纶，于次年独资开办广益织布厂，有木机 80 台，第一年盈利 3000 余元。1922 年创办广益二厂，有木机 180 台，铁木机 36 台，以及锅炉、柴油发电机、浆纱机等设备，为当时常州最大的织布厂。1924 年起，刘国钧曾 4 次去日本考察，后又到英国、美国、加拿大、印度等国参观纺织厂。每次回国，都亲自拟订企业生产管理改革方案，付诸实行。他办厂精打细算，但引进新设备、新技术却从不吝啬。他在国内首先使用筒子纱代替旧式盘头纱，用高价购买瑞士立达纺纱机，并聘请日本技师安装当时很少见的空调设备和大牵伸设备。1927 年刘国钧将广益一厂停歇，全力经营广益二厂，淘汰旧机，购置 180 台电动布机。该厂生产的色布，使用征东牌（用薛仁贵征东图案）和蝶球牌（寓意无敌于全球）。到 1930 年，刘国钧除广益的固定资产外，已拥有 20 余万元流动资金。同年，刘投资 20 万元，招股 20 万元，又以广益布厂名义向钱庄借款 20 万元，以50 万元接盘大纶久记纺织厂，10 万元用于修配和更新机器，改名大成纺织染公司，自任经理,刘靖基任副经理;开工后半年即盈利 10 余万元,1931 年盈利 50 万元。当时,刘国钧聘请上海银行的陈光甫任公司董事长,与江浙财团拉上关系。到 1937 年,大成公司已拥有 4 家纱厂。

5. 恒丰系统

恒丰纱厂是创办最早的棉纺工厂之一,仅迟于上海机器织布局 1 年,其前身是华新纺织局,由上海道台聂缉椝主持,是官商合办企业。

1909 年华新为聂家收买,改组为恒丰纺织新局。1919 年恒丰获得厚利后开出第二厂,两厂纱锭增至 41 万枚,布机 450 台。1920 年聂云台、王正廷等人组织开办华丰纱厂,有纱锭 2.56 万枚,1922 年 6 月正式开工。1922 年聂云台发起创办大中华纱厂,同年 4 月开工,有纱锭 4.5 万枚。1930 年聂潞生兴建恒丰第三厂,1931 年投产,此为恒丰发展史上的最高峰。

6. 华新系统

第一次世界大战期间,周学熙在天津华新纱厂建成后 5 年,又建青岛华新厂(纱锭4.3 万枚、线锭 1.23 万枚),后相继建成唐山、卫辉两纱厂。

7. 诚孚公司

诚孚公司于 1925 年在天津成立,原是一家信托公司,资本总额 10 万元,由中南、金城两银行投资,金城银行经理周作民任董事长。诚孚公司先后接办天津恒源、北洋两厂及上海新裕一厂、二厂。1936 年迁至上海,天津设分公司,资本增至 200 万元,中南、金城两银行各占一半。诚孚公司接办上海、天津各厂后,彻底改组,加强技术管理,聘请纺织专家童润夫、李升伯、曾祥熙、朱梦苏等负责公司及各厂的管理工作,实行所有权与管理权分离。1940 年成立诚孚高级职员养成所,重视纺织技术人才的培养。

## 三、民族资本棉纺织业的经营特点

1930 年全国共有纺织厂 130 家,其中华商 82 家,有纱锭 233.6 万余枚;日商 45 家,有纱锭 150 万枚;英商 3 家。华商纱厂在上海有 28 家。在全国 82 家华资纱厂中,只有500 名受过纺织专业技术训练的技术人员,但多数华厂仍能在日商的倾轧下,发愤图强,改革和创新纺织技术。20 世纪 30 年代的华资纱厂存在着重商轻工、任人唯亲等缺陷,经营管理明显不及日资纱厂,但不乏有志之士,寻求提高技术、管理、经营之道。他们学习德国的合理化工作法,美国的科学管理,编写专集,广为传播。如朱仙舫的《改良纺织工务方略》《纺织合理化工作法》、邓禹声的《纺织工厂管理学》、傅道伸的《实用机织学》、钱彬的《棉纺学》、蒋乃镛的《理论实用力织机学》。尤其是 1930 年成立了中国纺织学会,集合纺织专家和技术人员,每年轮流在纺织发达地区召开年会,提出问题,互相研讨,促进纺织工业技术、管理的改进与发展。

## 四、日资棉纺织厂的扩张

第一次世界大战前,日本国内的棉布生产还多赖于手工业,因此日本虽是第一个获得来华设厂特权的国家,但在 1895—1914 年,在华仅有纱锭 11.2 万枚,布机 886 台。

第一次世界大战给日本以良机,日本财团得以乘虚而入。当时在华的 37 家外资棉纺织厂中,日本占 32 家,还不断倾销其本土生产的棉纺织品。据日本纺纱联合会资料,1916—1925 年,日本输出的棉纱中有 63% 是倾销到中国的。1915 年"二十一条"的提出,西原借款的成立(1917—1918 年),东亚兴业(1910 年成立)、东洋拓殖(1908 年成立)和中日实业(1913 年成立)等公司的活跃,足以证明日本侵华方式已进入资本投放阶段,而棉纺织业尤为重点。

日资以上海为基地,伸向天津、青岛、唐山及东北地区。第一次世界大战期间,日商内外棉公司增设了 3 个新厂,并收买华商旧厂 1 家;上海纺绩公司(华名上海纱厂)增设纱厂、布厂各 1 家;上海日华纺织公司收买美商鸿源纱厂 1 家,在此期间,日资在华投资只增加纱锭 20 万枚。

1918 年中国对进口棉货按时价重订税则,增加了进口棉纱布的税金,刺激了日商来华设厂。其时,日本棉纺织业出现战后萧条,而中国纺织业正值繁荣时期。日本厂家在战时订购而此时方始交货的纺织机器,在国内难以立足,正好搬到中国来。这样,1921—1922 年便成为日商来华设厂的最盛时期。日商以上海为基地,设立东华、大康、丰田、公大(日商上海绢丝制造公司)、同兴和裕丰等 6 个公司;在青岛新设了富士、大康和隆兴 3 个公司;后又增设东华第二,日华第三,上海纺第三,内外棉第十二、第十三 5 个纱厂和内外棉 1 个布厂。日本资本对中国纺织业的投资至此已具强固的基础。

1923 年后,日本纺织业的发展已趋饱和,日本财团为摆脱困境,在国内实行兼并小厂,在国外则继续来华投资。1923 年在青岛有日本长崎纺织公司设宝来纱厂,钟渊纺织公司设钟渊纱厂。同年,日华在上海增设第四厂,内外棉增设第十四、第十五厂。1924 年日本棉花公司在汉口投资,建成泰安纱厂;满铁财团会同富士煤气公司在沈阳设立满洲纺织厂,1925 年又在大连建成满洲福纺;内外棉也在金州开设分公司,建成纱厂两所。

综上所述,日本此时在上海已有纱锭 90 万枚,布机 14 000 余台;在天津有纱锭约 33 万枚,布机约 8600 台;在青岛有纱锭 36 万枚,布机 7500 余台;在东北有纱锭 14 万枚,布机约 2600 台。

日商在华纱厂的投资方式,一是由其国内纺织公司来华投资设厂,二是由日商在华另设独立公司。在华日商各有财团为靠山,资本实力雄厚,可以不断更新设备,提高生产效率;可以把握购销时机,获得低利信用,有利于企业的发展。同时日本财阀在华还设立其他投资网,渗透到中国经济的每个部门,伸展到每个重要城市,乃至乡村小镇,使日资纱厂获得有利的购销条件,在华的地位更臻强固。

### 五、全面抗日战争时期的棉纺织业

这个时期是棉纺织业的空前浩劫。1937 年 7 月 7 日,日本侵略军炮制了卢沟桥事变,8 月 13 日又在上海发动了侵华战争,不久侵占了华北、华中和华南的大片国土,中国民族棉纺织业遭受了空前浩劫,特别以上海、苏南最为严重。

八一三事变后,华商在上海的 31 家棉纺织厂,除地处租界的申新二厂、九厂,新裕一厂、二厂等10个厂暂时能保全外,其他21家均不同程度地遭到破坏,损毁严重的有申新一厂、申新八厂、永安二厂、永安四厂、天生、民生、宝兴7个厂。

战前上海有染织厂约270家,多数在虹口、闸北、南市等区,战时被毁197家,占73%,损失近1000万元。其中闸北区损失100%,杨浦区损失70%。

邻近上海的苏南地区也蒙受了严重损失。常熟、太仓等地的设备损失达50%。受害最深的是南京、无锡。

华北各省棉纺织厂,不是被摧毁,就是被掠夺。武汉沦陷时,未及内迁的纺织设备大量被炸毁。广州第一纺织厂沦陷时被劫掠。长沙最大的湖南第一纺织厂除内迁安江1.5万锭及织机150台外,其余4万锭都在1938年11月13日长沙大火中被焚毁。

战火中的确切损失,实难统计。1947年国民政府行政院新闻局《纺织工业》公布,按各厂已报损失,达当时币值17 983万元。据陈真的《中国近代工业史资料》统计,战时设备被掠的有纱锭156.75万枚、线锭10.50万枚、织机16 764台,分别为战前民资设备的58.3%,60.7%及68.4%;完全被毁设备分别为纱锭28.86万枚、线锭2万余枚、织机4649台,相当于全国华商总设备的20%以上。中国棉纺织工业集中在沿海各大城市,经日本侵略军的破坏,绝大部分地区的棉纺织业处于瘫痪状态。

关于沦陷区内的棉纺织业,日本主要采取掠夺的方式获取。日本对关内占领区工业矿业的控制和掠夺,采取"军管理""委任经营""中日合资""租赁"和"收买"5种形式。

日军在占领华北初期,对中小城市的华商纱厂无所顾忌地进行劫持,直接置于军方控制之下,利用日商纱厂技术人员管理生产,即所谓"军管理"。以后在华中等地的大城市中,则采用所谓"委任经营",先由日商在华八大纺织公司,对所占领华商纱厂进行"协调分配",然后分别同华商业主接洽"合办"或由华商"委托"日商经营,在提出"合办"时,勒索股份的1/4～1/2,并禁止华商派员了解被占工厂受劫掠的实际情况。这种方式遭到了华商的拒绝,于是日本纺织业协会向军方"请愿",要求准许统制占领区内的全部纱厂。获批准后,日本军部特务股指派各日商分别"经营"华厂,实行"委任经营"。这种方式多数集中在华中地区。

九一八事变以后,中国棉纺织业连年萧条,直到1936年全国棉花丰收,棉价下降,棉纺业才有转机。但主要生产基地上海,在全面抗战初期失去了2/3的工厂,而地处租界的工厂及以租界为中心的上海经济,却在短时期内获得了畸形的繁荣和发展,对战时的物资供应起到了重要作用。

租界的"孤岛"时期从1937年11月上海陷落开始,到1941年12月8日太平洋战争爆发日军进入租界而结束,整个经济从战时萧条到复活、繁荣、逆转和衰退的全过程与民族棉纺业的兴衰紧密相联。战火中外洋内河航运受阻,市场基本停闭,金融市场一度萎缩,商业萧条;工业凋零,租界不少纱厂陷于停顿或半停顿状态,部分华厂只开日班,棉纱价格下跌。

汪伪政权(1940年3月30日成立)以"中日亲善"为幌子,发还日军强占的华商纱厂。1940年起,随着国际形势的变化,日本的战略重心转向太平洋。日军为收买人心,巩固其在华的军事、政治统治,配合汪伪政权"发还军管理工厂"。

日军之所以发还已强占去的华商纱厂,是由于当时电力、原料的极度紧张,使日本占有的大批工厂无法正常开工,成为包袱。于是采取"亲善"姿态,陆续发还原主,但在实施中又百般阻挠。

抗战后期,日伪军日暮途穷,物资严重匮乏。1943 年 3 月 15 日,全国商业统制总会在日伪策划下出笼。它一方面禁止物资移动,把一切重要的原料和工业品统统冻结起来;另一方面则用强制手段,以极低廉的代价收购棉花、棉纱、棉布、粮食等民生必需品及一切工业原料。

8 月 9 日,汪伪政权通过"收买棉纱棉布实施纲要",规定上海市内所存之棉纱、棉布由政府收买,并责成全国商统会执行。上海以外的存货,亦酌情参照上海办法办理。8 月 23 日,成立收买棉纱棉布办事处、棉花统制委员会等机构,名义上进行品质价格查定,对制造商及零售商库存进行调查,并指定一些大企业代表人物参与,实际上完全由日伪一手包办。

### 六、大后方近代棉纺织业的建立

工业内迁,部分纺织厂转移内地,卢沟桥事变后,1937 年 7 月 28 日国民政府成立中央迁移监督委员会,督促战区及沿海、沿江重要工厂内迁。上海于 8 月 11 日成立相应机构。当时各地区华商纱厂虽有迁往内地之议,但因纺织厂设备多、吨位大、战时交通运输极度困难,一时又难以落实迁往地区及迁移资金,因此上海实际上没有行动,仅一些小型工厂动迁。11 月上海沦陷,内迁全部停顿。江苏仅庆丰、苏纶、大成及申新所属公益铁工厂等单位迁出少量机器。山东、天津等地亦很难分散,仅青岛华新有纱锭 2.6 万枚迁往上海租界成立信和纱厂。早期,远离战区的河南、湖北等地,随着战场西移,受到威胁,政府命令纺机内迁四川、陕西及陇海路西段地带。郑州的豫丰、武汉的裕华、震寰、申四及沙市等厂员工冒着敌机轰炸及川江险滩,不惜牺牲,完成了中国历史上空前的工业大迁移。

迁入四川、陕西的纺织厂,为抗战大业做出了重大贡献。内迁工厂虽不多,但对改变内地经济结构作用很大。大后方各省战前的工业是微不足道的,四川、湖南、广西、陕西、甘肃、云南、贵州七省工厂,仅占全国工厂数的 6.03%,资本额的 4.04%,工人的 7.34%,而且多集中在四川。[①] 四川在战前并无动力棉纺厂,原先各方筹建的嘉陵江纺织厂亦因各种原因无法实现。经过战时内迁,到 1943 年,仅重庆就有棉纺织厂 13 家,纱锭 16 万枚,年产棉纱 6 万件,占整个大后方的 52%。

国民政府统治区对花纱布进行统制,全面抗战时期,国民政府以"非常时期"为由,实行经济统制政策,即实行贸易垄断、统购统销、限价议价及专卖等政策,并设置专门机构进行管理。统购统销涉及的物资有花纱布等日用必需品和工业机器出口物资等。花、纱是后方投机的主要对象,1941 年后,黑市纱价高出官价 1 倍以上,纱号由 30 家增加到 200 余家,纱厂大量囤积棉花,官商勾结,大获暴利。

---

① 凌耀伦等:《中国近代经济史》,重庆:重庆出版社,1982 年,第 472 页。

由于大片国土沦丧,政府税收损失70%以上,而军费却连年急增。1942年2月,国民政府设立物资局,统制花纱布贸易,实行统购统销。以后又改组为花纱布管制局,管制地区从四川省扩大到整个大后方,管制范围也扩大到棉花的购、运、销及棉纱的统购统销。纱厂实行以棉换纱,布厂实行以纱换布,整个花纱布市场由限价扩大到限量出售、限量运输、限量储存。管制机构垄断整个内外贸易,压低收购价格,然后高价出售,获取暴利。

尽管经济管制用尽了各种方法,但少数厂商仍然利用各种方式逃避管制,或私开织机自营;或将棉纱销往非管制地区;或虚报成本,缩小公开盈利,逃避高税;或投靠官僚资本,求得庇护。

由于统购价格过低,不少棉农将棉田改种其他作物。统购统销的结果是物价猛烈上涨,生产更趋衰落。后方原有纱锭28万枚,1944年仅开17万~18万枚。据1943年12月4日《商务日报》报道,重庆3家最大的纱厂裕华、豫丰、申新的设备运转均减少20%~30%;成都申四厂仅开33%;大明纱厂开台布机仅有50%,棉布减少40%,工人减少1/3;昆明原有织厂30余家,1943年倒闭20余家。

## 七、抗日根据地的棉纺织生产

1939年武汉失守后,日本侵略军集中主要兵力对我敌后根据地进行“扫荡”和“蚕食”,与此同时,国民政府又连续掀起三次反共高潮,包围封锁陕甘宁边区;汪伪军队也配合行动。面对敌人的封锁,中国共产党领导根据地人民进行大生产运动。

全面抗战前,边区“除粮食、羊毛外,其他一切日常所需,从棉布到针线,甚至吃饭的碗,均靠外来”。1939年抗日民主政府提倡植棉,但由于土壤贫瘠及耕作等技术问题,单产低,收获少。后经大力扶持,推广技术,解决种子,并实行植棉3年免缴公粮及奖励植棉劳动英雄等政策,棉田由1940年的1.5万亩增至1943年的15万亩,棉花增产至1.73万担;1945年扩展到35万亩。中共中央领导同志带头以普通劳动者身份参加生产劳动,或开荒种地或纺线生产。周恩来、任弼时等同志还被评为纺线能手。

陕北由于土壤条件,棉花亩产仅10斤左右。1940年朱德领导南泥湾开荒时,开展纺毛线运动。他认为边区土壤很难植棉高产,而发展养羊也可供纺织之用。边区植棉和畜牧业的发展推动了农村手工业的发展。边区政府组织生产合作社,发放无息贷款,供给纺车、棉花,传授纺织技术,优惠收购产品,并送料收货到户,以方便织户。

大生产运动推动了各个抗日根据地纺织业的蓬勃发展。晋冀鲁豫边区是我国重要产棉区,日军入侵后,棉田大量减少,随着敌后根据地的扩大,棉田又迅速恢复。1946年植棉850万亩,产棉250万担,有纺妇、织妇300万人,年产土布5000万斤,全区自给有余。

1940年晋绥边区公营厂出布仅900匹,1943年增至5万匹。民间有纺妇6万人,纺车5万架,土机9000台(每台日产布1丈多),快机1300台(每台日产布5丈多),年产50万匹。全面抗战前很少从事纺织的太行山区,也迅速发展。山东抗日根据地政府在各地成立纺织局加强领导,加速发展。1942年公营厂增至88个,职工3000余人,加上民间纺织,共有纺车100万架,织机15万架,年产大布180万匹,自给自足有余。

### 八、抗日战争胜利后的棉纺织业

#### (一)中国纺织建设公司的成立及经营特点

1945 年秋抗战胜利,国民政府行政院决议设立纺织事业管理委员会,并筹备成立中国纺织建设公司(简称中纺公司),负责接收及经营敌伪在沦陷区的纺织工厂及其附属事业。中纺公司先后接管日本在华经营的棉纺织厂 38 个。这些厂在日商经营时期主要是内外棉、同兴、裕丰、日华、丰田、大康、上海、公大等八大系统,分布在上海、青岛、天津及东北四个地区,有纱锭 177 万余枚,棉织机 39 427 台。全公司还拥有 7 个印染厂(上海 6 个、青岛 1 个)及毛、麻、绢纺、针织、制带、纺机、化工及梭管等工厂 23 个。

中纺公司接管后,对各棉纺织企业进行整理。1946 年全国棉纱布市场兴旺,大量外棉涌入,资源丰富,动力逐步恢复,生产直线上升。

中纺公司所属棉纺织厂的规模及产量在全国占有很大的比重,在经营上有以下特点:

(1)资金雄厚,垄断国内花纱布市场。中纺公司开办时,政府拨给资金 10 亿元及营运资金 50 亿元,接收敌伪物资折合 193 亿元。不久,束云章又得到中央银行 200 亿元的透支权,[1]使公司在资金运用上应付自如,在经济上完全处于主动地位,并依仗政治势力垄断全国一半以上的国棉及外棉的收购权,远远超出了其纱锭所占的比重。

(2)利润优厚,是官办企业的骄子。

(3)推销进口纱、布,冲击国内市场。中纺公司除控制国内花纱布市场外,还进口国外纱、布并向内地倾销,冲击民营纺织厂。

(4)垄断出口,并代理国库贸易。1947 年后,中央银行外汇枯竭,急需出口物资以换取外汇,聊补巨额入超,而纺织品则成为出口的主要商品。1947 年春,政府核定中纺公司运用《特别出口外汇率》办法输出纱、布,规定以总产量的 10% 由中央银行收购,再由中纺公司代理出口,盈亏由中央银行承担。

(5)业务管理。中纺公司管理的主要功能,一为培养人才,二为厉行稽核,三为巡回督导,四为加强统计,五为统筹购料。

#### (二)民营棉纺业的恢复和曲折

抗日战争最后胜利的消息传开,举国欢腾,长期坚持经营工商业的民族资本家们,同全国人民一样,怀着胜利的喜悦心情,积极筹备恢复和重建被战火损毁的企业。由于战区的棉纺织业损失惨重,在大后方生产的工厂又非常简陋,恢复工作极为艰巨。

当时日本纺织业完全处于瘫痪状态,英国也尚未恢复,因华侨热衷于推销国货,南洋一带的市场一度为中国所独占;加以花贱纱贵,能争取提前复工的纱厂先获暴利,大大推动了民族棉纺织业的迅速恢复和发展。但是创伤严重,恢复工作存在着种种困难。

上海申新一厂、八厂原有纱锭 12.29 万枚,织机 1387 台,战时申新八厂全毁,申新一

---

① 　杨培新:《中国官僚资本解剖》,上海:小吕宋书店,1948 年,第 48 页。

厂的 7.25 万枚纱锭仅恢复到 4.35 万枚,后增加 1.51 万枚(上海解放时尚有 3 万枚纱锭、500 台织机未及运到)。申新八厂基租给刘鸿生等合资创办的启新纱厂,1948 年开出纱锭 3.04 万枚。其他纺织厂也逐步恢复发展。

抗战胜利后,棉纺织厂出现短期繁荣。由于棉纱、棉布需量激增,棉纺业出现勃勃生机。特别是廉价的外棉使纱厂成本降低很多,棉纺业获得空前的高额利润,甚至超过了租界时期的暴利,全行业无不为之欢欣鼓舞。

棉纺厂的暴利主要依靠美元汇率低。当时美棉每磅平均仅 0.35 美元。大战时美国、印度积压的大量棉花向全球倾销,中国成为最大的市场。美棉的倾销打垮了中国的棉花生产,可是对棉纺厂却是重大的机遇。当然,受益最大的是中纺公司,但民营厂也深受其惠。

战后初期,政府对民营棉纺业并未管制,经营与采购比较自由,并可向中央银行或指定银行低价结汇直接进口外棉(主要是美棉、印棉)。

1946 年 6 月,美棉 20 支原料现货每担 9 万 ~ 10 万元,比国棉低 1 万 ~ 2 万元,上海各大厂均用外棉。如申新外棉用量占总用棉量的 88%,永安达 98%。原料占总成本由 80% 降到 35% ~ 44%。其时,申新毛利达到 82.7%,永安毛利也在 70% 以上,而实际利润远远超过账面上的数字。据估计,1946 年全国棉纺织业纯利达 1.2 万亿元,其中上海民营厂占 30% ~ 40%,远远超过租界"孤岛繁荣"时的得益。[①] 企业获得的巨利,为应付随之而来的逆境积聚了力量。

但棉纺织业好景不长。疯狂的进口及入超狂潮从根本上破坏了国民政府的财政和国际收支平衡,特别是军费的天文开支,到 1946 年 3 月,即外汇开放后不到 1 年,就耗尽了中央银行 600 万两黄金和 9 亿美元的外汇储备。尽管 1946 年 8 月美元汇率提高到 3350 元,但仍属低汇率,入超依然居高不下。这个汇率维持不到半年,黑市汇率已达 1.8 万元,高出牌价 5.37 倍,使国货无法出口。此时美棉迅速提价,使飞黄腾达的棉纺织业处境急剧恶化。

棉纺织业走向下坡。抗战胜利后,在棉纺业开始恢复和兴旺之际,各项苛捐杂税及名目繁多的债券猛增。1947 年 3 月发行国民政府"同盟胜利公债",不久又发行"美金公债"。最后,各厂除收回少量利息外,全成废账。"美金公债"按每锭 4.477 美元摊派,其中申新认购 230 万美元,永安为 100 万美元。1947 年 9 月,每件 20 支纱加征货物税 72 万元,12 月增为 164 万元,占全部工缴的 17%。1947 年全上海纺织厂所得税总额达到 8000 亿元。政府的"经济戡乱"实为"经济造乱"。

1947 年以前,棉纺织业由于利润高,尚能勉强维持。1948 年后,普遍陷入危机。1948 年 8 月 19 日,政府颁布《财政经济紧急处分令》,发行金圆券,以 1∶300 万的折合率回收法币,强行规定收兑黄金、银元、美钞,限制物价和冻结工资。这是政府在崩溃前再次大规模地对全民的大搜刮,其中民族工商业者更是首当其冲。在纺织业中,刘鸿生交出黄金 8000 两、美元 230 万;荣鸿元被捕后,除被勒索 50 万美元外,连历年收藏的古今中

---

① 黄逸峰等:《旧中国民族资产阶级》,南京:江苏古籍出版社,1990 年,第 580 页。

外各式金币也全部交出;永安则兑出黄金 6000 两及 10 万美元。

在 8 月 19 日起的 70 天限价期间,工厂、商店多被清理、查封、抢购、没收。仅上海 18 家银行仓库就没收棉纱 3000 余件,棉布 5000 余件又 1900 箱。棉纺织业限期、限价售出棉纱 5 万件,棉布数十万匹,损失总值约合黄金 25 万两,存棉减至不足半月。上海棉布商号存布减少 80% ,仅留 150 万匹。

金圆券发行后,不少工厂经不住拖累而倒闭。1948 年 10 月,当局又根据过去各厂申请用汇数,额定每万美元摊派 200 美元经济特捐,申新、安达等厂再次遭到勒索。

这时,不少工厂都在考虑抽资南逃,纱、布出口后转汇港台地区,使工厂资金更加窘迫。上海解放前夕,申新需用流动资金折 20 支纱 2.5 万件,实际流动负债已达 2.3 万件,完全靠银行高利贷度日,债务呈指数增长。当时,行庄官息一般每月 6 角,黑市暗息最高达 1.5 元。如果借贷以日息 6 分计,则 1 个月复利、本利即达 6 倍,全年可翻至 17 亿倍。[1]

# 第三节　麻纺织行业

20 世纪 40 年代,我国因包装材料所需的黄麻原料供应紧缺,才用洋麻与苘麻共同作为黄麻的代用品,用于黄麻纺织。织物主要用于制作麻袋。当时麻袋已成为我国主要进口物资之一,每年进口 2500 万 ~3700 万条。

麻类织物最早是被人们用于遮体的。但是在近代纺织工业中,麻的地位下降。其原因一是处理前的外观不美,质地粗硬,远不如棉、毛、丝来得精细柔软;二是处理方法不如棉、毛丝那样能够掌握,并且费用较高;三是用途不广,一般只宜作夏季服装,以及制作麻袋、麻绳。20 世纪 40 年代以后,国人探索麻的新用途,注意发展麻工业,但开始时只局限于整顿和恢复,未及开拓新用途。当时,苎麻的唯一出路仍为出口。而外国麻纺织制品已多至高级麻纱布料、衬衫、汗衫、西装衬里布料、家庭装饰用布、航空航海用具、渔具、电线包覆料、滤布、煤气灯罩等。此外,麻还被用作优质纸张、火药、人造丝等的原料。

中国近代,麻纺织工业长期控制在外国资本手中。抗日战争胜利后,我国民族资本的麻纺织虽有发展,但不久内战爆发,麻田荒芜,产量下降,原料不能自给,生产停滞。从张之洞首创湖北制麻局到 1949 年,中国只有 11 家麻纺织厂,[2]仅涉及苎麻、黄麻和亚麻 3 个专业。近代麻纺织工业还只处在初创阶段。

## 一、手工苎麻纺织业

在麻类中,品质最优良的首推苎麻。我国是苎麻的主要生产国,手工苎麻纺织源远流长。早在古代,苎麻织物已成为服饰的上乘面料,历代多有精品向朝廷进贡。宋、元以后,苎麻虽逐渐被棉花所取代,但它的特殊性能及其用途不是其他纤维所能全部替代的,

---

① 史全生:《中华民国经济史》,南京:江苏人民出版社,1989 年,第 569 页。

② 纺织工业部:《新中国纺织工业三十年》,北京:纺织工业出版社,1980 年。

因此手工苎麻纺织业历久不衰。中国近代机器麻纺织还处于萌芽状态,手工苎麻纺织业在一定历史时期中为社会做出了自己应有的贡献。

手工苎麻纺织业多集中在长江沿岸的麻丰产区,生产各有特色,部分产品闻名世界,远销国外。江西在唐、宋时期,麻织物——夏布普遍盛行,并被地方政府选为进献朝廷的贡品。明末清初,是江西夏布生产鼎盛时期,且产品品质优良,有"薄如纸、轻如绸"的美誉,与瓷器、纸张齐名,是江西著名的三项手工艺产品,远销高丽、南洋等地。清代,全省形成了几个夏布生产中心。赣西的万载夏布,柔软润滑,轻盈凉爽;赣东的宜黄夏布,细而光洁,以赣东北的玉山产量最多;赣南的夏布以宁都产量最多,圩市夏布贸易最盛。监州李家渡的夏布用粗支纱织成,适宜制蚊帐。清初,江西夏布商人在国际市场上都有相当地位。当时对高丽每年有几万捆夏布交易,都是由万载人自己运去。民国初,夏布运销以九江为唯一出口口岸;浙赣铁路通车后,则由宜春直达汉口、广州、杭州、上海等地,大为便利。20世纪20年代,全省平均年产夏布20万担,约合300万匹。除大部分行销上海、南京、安庆、汉口、广州各大商埠外,部分远销日本、朝鲜、印度等国,每年输出数量达1.5万担,约合90万匹。

在棉纺织业兴起前,手工苎麻纺织业在湖南纺织业中占主要地位。醴陵和浏阳均产夏布。浏阳夏布全国闻名,在1910年的南京劝业会赛会上获得优奖。浏阳河水含碱,宜于漂洗布匹,河滩多卵石、细砂,是理想的天然漂场;连醴陵生产的夏布,也绝大部分拿到浏阳漂染,外帮客商均在浏阳坐庄收购。所以,湖南各地所产夏布,通称"浏阳夏布"。第一次世界大战期间,浏阳夏布的生产有了复苏,1918年通过长沙、岳州两海关出口浏阳夏布达4853担,价值近百万关平两。大战结束,各资本主义国家卷土重来,夏布产量复趋衰落。20世纪30年代以后,外国人造丝织物充斥国内市场,消费者渐舍夏布而购舶来品。而作为夏布主要销售国之一的日本,又用提高关税的办法限制夏布进口。因此,夏布的国内外市场日益缩小,工匠纷纷改业。

四川为我国主要麻产地,所产麻布历来著称于世。原料产地以川南一带最多,隆昌、荣昌、内江、江津等地次之。从业人员及商人达数十万。20世纪初,每年麻布产量不下200万匹,平均价值600万元。产品以粗劣为多,除销本省外,销往天津、北京、汉口、上海、广州、台湾等地最多。国外以朝鲜为大宗,南洋一带次之。

20世纪初,四川省麻纺织生产的方式主要是一家一户及手工作坊。纺麻线者均为妇女;织麻布者男女皆有,但以妇女为多。机户赴市场收购麻线,交织布工人;工人将麻线粗细配匀后,即用木机制成。麻布种类在清代无名目可分,售时仅以线的粗细定价。民国以后,商人渐知改革,为鉴别便利起见,或以经线的多寡定名称,或以长短分种类。如800头(经线800根)至1600头;宽3尺,长4丈8尺。此种分类,使订购麻布商人有所选择,较之清代便利。唯有内江则以两计算,与隆昌、荣昌等地略有不同。在生产技术及工具方面,长期沿袭传统方式,至抗战前夕,无多大改良。

广东省位居亚热带,适宜种植桑树、苎麻和黄麻。1931年广州市大刀山曾出土晋太宁二年(324年)用薯莨染整的麻织物。广东各地夏布产量较大,从业人员最多的是揭阳、丰顺两县。揭阳以织造夏布为生者达5万人,丰顺也有4万人。据《广州府志》载,

"新会布甲天下"，每年贸易10余万匹，运销各地。民国以后，洋服日益流行，苎布销量逐渐萎缩，织工多有转业；又因近代工艺技术的进步，麻纺织新品增多，手工苎麻纺织走向衰落。

## 二、近代麻纺织业的诞生和发展

张之洞在1896年调任湖广总督时，道员王秉恩向其禀报："川鄂所出之些麻皆属上产，只以商民不谙制造，视为粗质，悉以贱价售诸洋商，贩寄回国，织成各样匹头，仍运来华销行。""皆由于中国无此项制麻专厂以尽物之用，以为民之倡，坐使美材供人取利，若不因时设法抵制，实为大漏卮。"张之洞采纳了这一建议，遂于1897年筹创制麻局，并向德商瑞记洋行订购脱胶、纺纱、织机整套设备，连同运输、保险等费用共1.5万英镑，约合银10万余两；同时聘用日本人经手开办，雇佣日本技师指导。

制麻局设在武昌平湖门外，开始时，制麻局织极细麻织品，如夏布、闪花绉类，但因工贵而销滞，亏折甚巨。楚兴公司租办以后，改织粗麻袋、麻布、帆布，每年尚能盈余三四万两。制麻局使用的工艺装备基本上类同亚麻系统装备，所以有的资料称制麻局两个工厂都是"机制亚麻工厂"，既可纺苎麻也可纺黄麻，而苎麻纺织当时尚无专门的工艺设备。两个工厂的分工殊难具体区别，第一工厂大体以纺织苎麻为主；第二工厂则以纺织黄麻为主，有麻袋织机25台，麻布织机63台。

然而，制麻局尚未完全建成投产，即发生了严重波折。湖北布、纱、丝、麻四局因经营不善，自1902年起先后出租改为民办。1902—1911年，承租者应昌公司雇有日本技师，生产原料是从日本购进的脱胶麻纤维，织造多种麻布。辛亥革命后，日本技师回国，从日本进口的麻纤维也随之断绝，于是改织棉布，实际上成了棉织厂。

我国黄麻纺织的发展较苎麻纺织为快，这是因为黄麻纺织的主要产品是黄麻麻线、黄麻麻布，用于包装材料和一部分装饰用布。麻袋用于粮食、食糖和盐等的包装，需要量极大。黄继湖北制麻局后的10多年间，先后有3家黄麻纺织厂出现。1905年严信厚等在上海创办同利机器纺织麻袋有限公司生产麻袋。同年，候补道张广生在芜湖开设裕源织麻公司。1912年董玉岭和吴鉴在天津创建万兴麻袋厂。此后，直至1930年，在张华堂等的创导下，山东济宁市创办裕丰、永丰、华昌、文元4家麻袋厂，以济本地区麻袋供应之紧缺。

1935年广东省粤军总司令陈济棠在粤西梅菉县筹建梅菉麻包厂，生产麻袋，专供包装食糖之用。该厂引进英国制造的全套黄麻纺织装备，计麻纺锭1160枚和麻袋织机60台，聘请英国工程师指导，于1937年投产，年产麻袋140万条。全面抗战爆发后，该厂曾迁广东湛江市租界内。1943年广东省政府与经济部工矿调节处协商合办衡阳麻纺织厂，将迁湛江而未开工的梅菉厂部分机器运往衡阳，但因机器在途中流失殆尽而告终。另一部分机器直到1946年才运返梅菉旧厂开工，计有麻纺锭760枚，麻袋织机30台，年产麻袋352万条。

## 三、日资麻纺织厂的建立

日本为掠夺我国东北地区盛产的大豆和粮食，急需大批麻袋包装，除依赖印度进口外,即在我国加速建立黄麻纺织工业。首先创建的是日商东亚制麻公司,1916年建于上海,大部分股权属日棉实业公司暨日清纺织公司,华股仅约2%。该厂拥有麻纺锭340枚,麻袋织机85台和麻布织机63台,年产麻袋336万条,麻布274万米,原料全赖印度输入,产品销往东北和上海的日商各棉纺织厂,供粮食、纱、布打包用。1945年抗战胜利后,该厂由经济部苏浙皖区特派员办公处接收,同年11月并入日商日华麻业公司,1946年1月16日移交中国纺织建设公司,改名为公司第一制麻厂。

1917年日本三井财阀和日本帝国纤维公司共同投资,在大连建立满洲制麻公司。除日商之外,上海英商恰和纱厂在1927年附设的麻纺织部也是我国境内设立较早、规模较大的一家机器麻纺工厂,但其势力和影响远不及日商麻纺织厂。1941年太平洋战争爆发后为日军接管。1946年11月由国民政府派员接收,后奉命发还给原主英商恰和洋行,并在杨树浦原址恢复生产。

自张之洞设立布、纱、丝、麻四局为我国首先创立机器制麻厂起,一些初期的麻纺织厂大多因经营不善而停闭。然而,1916年日商创办的东亚制麻公司,由于经营得法,营业蒸蒸日上。[①] 由此,日资长驱直入,在我国东北地区建立麻纺织基地,其发展速度远比华资为快。自湖北制麻局建立后的40年间,麻纺织工业在整个纺织工业中是最落后的。

全面抗日战争爆发后,原有一些老厂内迁,如湖北制麻局被拍卖的第二工厂的麻纺织机器,于1938年运往宜昌。湖北省建设厅与国民政府经济部工矿调节处商议,将上述机器运往四川万县,建立万县麻袋厂,但几经周折未能建成。抗战胜利后,机器被转卖给武汉申新第四纺织厂。1947年机器运回武汉,建立申新第四纺织厂麻袋厂。但不久又被转卖,拆迁至宜昌,建立宜昌麻袋厂。

大后方的江西、四川等地也建立了一些麻纺织工厂。四川的麻纺织厂主要建在隆昌、荣昌、内江、江津、中江等地,利用当地苎麻等原料进行纺织,以供民用。但多系手工操作,在苎麻脱胶后,即用手工纺织麻布。其经验逐步推广到湖南等省,使手工麻纺织有所发展。但用此种方法织出的麻布,品质较差,产量也少,只能作为战时经济的补充。抗战胜利后,逐渐衰落。

1939年鄷云鹤在重庆建立西南化学工业制造厂,利用化学脱胶法加工苎麻纤维,创造"先酸后碱,二煮一漂或两漂"的脱胶工艺,制出精干麻,其产品云丝牌苎麻纤维受到国内外的重视。1938年由汉口迁往重庆的申新第四纺织厂,因当时棉花紧缺,为利用四川、湖南诸省丰富的苎麻资源,总经理荣尔仁决定进行苎麻开发试验工作,由申新渝厂拨出部分机器于1939年在南岸成立苎麻试验厂,从事苎麻的化学脱胶试验和生产,并用棉织装备纺制苎麻纱和织麻布。嗣后,通过生产实践,拟扩展麻纺织生产,遂向英国订购两台卧式高压煮麻锅和热风烘燥机等脱胶装备及英国的全套亚麻纺织装备,以亚麻纺的工艺技术纺制苎麻。但订货不久,抗战胜利,上述装备已无必要运大后方建厂,旋即经上海转运无锡,建立天元麻毛棉纺织厂,于1947年投产。

抗日战争期间,除我国在内地建立和发展麻纺织厂外,日商也以东北沦陷区为主要

---

① 上海市商会:《纺织工业》,行政院新闻局,1947年,F卷第2卷。

基地继续建厂,趁势发展,并在一些棉纺厂中增设麻纺部。

1939年9月,由长春满日亚麻纺织公司和东亚麻工业公司共同投资创办日满麻纺公司,设址奉天市铁西区嘉工街,1941年4月15日投产。主要生产麻线、麻绳、麻织物和各种混纺品,大部分供应日本关东军。1943年又有日商东洋纺织公司筹建东洋亚麻公司(辽阳市),有麻纺锭5000枚,生产各种麻制品。[①]

抗战期间,伪满采取关税壁垒政策,大力发展制麻业,把东北变成日本在华的麻纺织基地。在华东地区又成立日华麻业公司。在南京、镇江、南通、杭州、蚌埠、芜湖、安庆等地广设仓库,掠夺中国麻类原料。日商从开始在中国设立麻纺织厂到抗日战争结束的近30年中,拥有的麻纺织厂占当时中国机器麻纺织工厂总数的大半,几乎霸占了中国的制麻工业及市场。

抗战胜利后,我国麻纺织业无多大起色。除原日商麻纺织厂全部收归国营外,民营厂中有上海经纬、天津东亚、无锡天元等厂相继建成,其中大部分是黄麻纺织厂。

1946年申新公司在上海筹建中华经纬有限公司麻纺厂,购买英国二手黄麻纺织旧装备,计麻纺锭640枚,麻袋织机24台,麻布织机16台,于1948年6月投产,以生产麻袋、麻布为主。同时,又订购了当时最新型的英国杰姆司·马基厂制造的全套黄麻设备,计麻纺锭740枚,麻袋织机20台,麻布织机20台。1949年5月全部运抵上海,安装调试后于年底投产。

苎麻纺织,当时尚没有专用工艺装备。在国外,西欧以套用亚麻纺织工艺装备为主导;在华日商工厂以套用绢纺织工艺装备为主导;在我国大后方,当时则套用申新第四厂的棉纺装备,后又转向套用亚麻纺织工艺装备。实践表明,在当时的历史条件下,采用绢纺工艺装备纺制苎麻纤维是行之有效的。但由于当时是半手工半机械化生产,所以工人劳动条件差,劳动强度高,劳动生产率低。

抗战胜利后,我国虽还没有亚麻纺织厂,但开始有了一批自己的亚麻原料厂。自1945年至1949年8月,当时的东北纺织管理局属下有黑龙江省的克山、海纶、拜泉、兰西、延寿、巴彦、勃利和依兰等8个亚麻原料厂,加上吉林省两个亚麻原料厂,共计10个企业。年产亚麻纤维1370吨,其中打成麻710吨,粗麻660吨,亚麻纤维的平均等级为3~4级。上述亚麻原料厂的建立,形成了以黑龙江为主的亚麻原料基地,产量占全国的90%。

抗战胜利后,麻纺织品的制造,虽有新式工厂建立,但数十年来进步殊鲜,其机械之运用,大部均借手工帮助才能得以完成。制造麻布的众多小厂,机械化程度都很低,大部处于手工操作状态;广大的农村副业仍使用旧式木机,用手工制织。我国麻纺织工业,只能说仍处于起步阶段。

①　张福全:《辽宁近代经济史》,北京:中国财政经济出版社,1989年,第684—689页。

# 第四节　丝绸行业

近代中国动力机器丝绸业自19世纪60年代开始出现于上海后,很快传播到江南、广东和四川等地。到20世纪30年代中期,在江南和广东珠江三角洲等沿海丝绸主要产区,动力机器已成为丝绸生产的主导方式。然而,中国传统的手工丝绸生产方式并未就此退出历史舞台,而是继续存在并传承下去,在一定范围内发挥着作用。这种动力机器丝绸业和手工丝绸业并存的状况,构成了近代中国丝绸行业结构的基本特征。它反映在经济成分上,是资本主义经济、前资本主义经济和小商品经济并存;在经营方式上,是工厂制经营、行庄制经营和个体经营并存;在地区分布上,是江苏、浙江、上海、广东等东南沿海地区的动力机器生产主导与河南、山东、四川、湖南、新疆等内地省份手工生产为主的差异;在技术设备上,是完全机械化的电力织机、半机械化的提花机和手工操作的旧式丝车、旧式木机并存。

## 一、手工缫丝业

手工丝绸业是我国的传统生产行业,几千年来手工丝绸生产取得了许多优秀技艺成就,形成了较系统的生产技术体系。鸦片战争后,西方列强实行"引丝扼绸"政策,通过"协定关税"特权,迫使我国把外国绸的进口税率和我国蚕丝的出口税率大幅度降低,如将湖丝的出口税率由9.43%降为3.97%,而丝织品的出口税率由3.11%提高到4.17%。在蚕丝出口的刺激下,江南手工缫丝业自鸦片战争以后至19世纪70年代空前兴盛。从上海口岸出口的生丝,1845年为5146担,1850年增至13 794担,1858年达到68 776担。这些生丝基本上都是手工缫制的土丝,主要为江苏、浙江两省所产。[①]

随着机器缫丝业的兴起,自19世纪80年代中叶以后,手工缫丝的出口呈下降趋势。主要原因是手工缫制的土丝质量比不上厂丝。广东省的机器缫丝业起步较早,厂丝很早就占主导地位。但在江南,虽然土丝出口下降,但仍占相当比例。浙江湖州还为扭转土丝外销的预势做过一次重大改良,即对生丝进行复摇整理,加工成经丝出口。

但是,土丝出口量的下降,并不表示手工缫丝业就此退出历史舞台。在江南机器缫丝业兴起并开始取代土丝出口之时,土丝在国内的销量却有所上升,许多绸厂都大量使用土丝。这是因为土丝价格较低,采用土丝可以降低成本,同时不影响织物在国内市场的销售。据《中国实业志·浙江省》载,1931—1932年,浙江省土丝总产4250吨,到1936年仍有1700吨,比当年厂丝产量609吨,仍要高出近2倍。浙江土丝不仅供本省丝织业使用,还供应江苏及其他地区。另外,河南、山东、四川、湖南等省的不少地方仍有许多蚕农固守土法手工缫丝的传统,土丝产量在当地蚕丝总产量中仍占很大比重。

---

① 马士:《中华帝国对外关系史》第1卷,北京:生活·读书·新知三联书店,1957年,第413页。

## 二、手工丝织业

在丝织业中,手工丝织业在近代中国更显重要和突出。这是因为我国传统的丝绸产品,丰富多彩,深受人们的喜爱,有广大而稳定的市场。苏州、杭州和南京这些中国传统丝织业的中心,虽然近代机器丝织业起步较早,发展程度也较高,但手工丝织业仍然与机器丝织业长期并存。在苏州,直到20世纪40年代初,仍有采用传统"放料收绸"经营方式的"账房"40多家,经营着在形式上与过去没有多大变化的纱缎庄,木机业与铁机业并存。在南京,民国初年虽已出现新式绸厂,但传统手工丝织业仍占优势,旧式"账房"经营很普遍,控制着数以万计的"机工"。在广大乡村和内地省份,手工丝织业所占的比重就更高。一般来说,手工丝织不如机器丝织速度快、质量好,但在某些方面则有其特殊的工艺要求和产品特色,而传统的广大消费市场为它提供了一个生存发展的空间。在近代中国,江苏、浙江一带新式绸厂的产品销售,以上海为最多,其次是东南沿海地区及国际市场;而手工丝织产品的销售主要是西南、西北地区的传统市场。手工丝织业经营规模都比较小,但比较灵活,可以随时适应市场的变化,深入市场的各个角落。手工丝织品种在近代也发生了许多变化,经营管理上也有一些新发展。所有这些,都是近代手工丝织业得以存在和发挥作用的条件和基础。

## 三、动力机器缫丝业

鸦片战争以前,中国丝绸出口从未超过500吨,1845—1850年增至750吨,1863年达到2736吨,往后稳步上升。1887年起取代茶叶,成为中国最大的出口商品,约占中国出口总值的1/3。在出口的强大刺激下,中国动力机器缫丝业兴起并迅速发展,成为整个近代中国工业中数量和发展速度都占突出地位的行业之一。在缫丝业兴起之初,领头的是上海的外资企业,后来中国民族资本的缫丝企业迅速占主导地位。

外资兴办的缫丝工厂主要集中在上海。1862年英国经营生丝出口的怡和洋行在上海开办了第一家有100台丝车的缫丝厂,设备是意大利式的座缫机。但此家丝厂于1866年关闭,原因主要是厂址离蚕茧原料产区太远,当时沪宁、沪杭铁路尚未兴建,同时烘茧法尚未普及,鲜茧无法长期保存,而缫丝必须在收茧季节集中进行。另外机械缫丝受到了代表当时手工业行会的上海丝业会馆的强烈反对,一些地方官员也曾为难,使蚕茧无法保证供应。上海第一家获得成功的丝厂是1878年由美国在华最大的生丝出口商旗昌洋行开办的旗昌丝厂。开办前,该厂先50台丝车试行了两三年,正式开办时有丝车200台,并聘请法国人卜鲁纳担任督办。后来丝厂扩大,由法国商人接办,拥有1000绪的丝车。1882年英商怡和洋行又与中国资本合资兴建了怡和丝厂,其中英资占40%,中资占60%,厂址设在成都路,开办时有法国式丝车104台。

外资丝厂虽然开办时间早,但中国近代缫丝工业绝大部分是民族资本。1872年陈启沅在东南海创办了中国近代第一家民族资本机器缫丝厂——继昌隆缫丝厂。继后,广东、上海、浙江、江苏等地也陆续兴起一批民族资本丝厂。经过创始初期的艰难历程,到19世纪末,民族资本的缫丝工业在上海、江苏、浙江和珠江三角洲得到了较大的发展。进入 20 世纪后,依靠外销的江南和广东缫丝工业的生产规模有了新的发展,顺德和无锡先后成为全国丝厂最集中的中心。江南地区的民族资本缫丝工业开始于上海,其后逐步发展到江苏和浙江等地,而以上海和无锡最为发达。

20 世纪头 10 年,江南地区又陆续新开缫丝厂 16 家,总投资 319 万元。其中以上海居多,有 9 家,资本 282.7 万元,占总投资的 88.6%。19 世纪末,江南地区的机器缫丝工业除上海以外,镇江、苏州、杭州等地都比较活跃。但 20 世纪头 10 年中,这几个地方的缫丝工厂发展缓慢。而一直未建丝厂的江苏无锡却有很大发展,先后有 5 家丝厂建立,总资本 33.6 万元。无锡的缫丝工业从 1904 年起步后稳步发展,成为全国缫丝工业的另一重镇。总的来说,至 1929 年,江南地区的缫丝工业一直保持着发展的势头。

这一时期缫丝工厂的经营情况,可以从技术设备、企业管理、资本构成、部门组织等加以分析。这里主要就资本构成和经营方式两方面做一些初步探索和说明。

缫丝厂出现过租赁经营方式,即所有权和经营权分离。所以,在缫丝业中有所谓"产业股东"和"营业股东"之分。营业股东在承租期限内按月向产业股东支付租金,丝厂在经租期间,盈亏概由营业股东负责。租期一般为 1 年,有的 3 年。这种租赁制的好处是降低了双方的风险。对产业股东来说,丝厂是不动产的投资,相对安全。对营业股东来说,他只是在有利的条件下才租用丝厂,只要有周转资金和购买蚕茧的资金就能经营,对丝厂并不承担以后的风险。这种租赁制在中国近代丝厂中相当普遍,而尤以江南地区为甚。

1929 年开始的世界经济危机,持续了 10 年之久,造成世界丝绸消费急剧萎缩。国际市场丝价猛跌,中国生丝出口从 1929 年的 19 万担下降到 1934 年的 5.4 万担。上海、杭州、无锡、顺德、南海等地的丝厂都受到了严重的冲击。1935 年以后,由于国际市场生丝价格回升,江南丝厂略呈活跃和发展。

20 世纪 30 年代末 40 年代初,丝价上涨,缫丝获利优厚。其时日本尚未与美、英开战,租界内集结了大量资金,于是有些避难的资本家和欧美商人便在租界内经营丝厂。另外,江南许多失业丝厂职工,为了谋生,也因陋就简地纷纷在乡间开办小型的家庭缫丝工场。但是,这些丝厂的发展都受到日本的限制。日本严禁蚕丝在被占区市场上流通,禁止江南丝绸进入北京、天津、青岛等城市。即使将生丝运入南京、无锡、苏州、上海等城市,也需缴纳重税。为了垄断生丝出口,日本对经营生丝出口的英美洋行实行严格限制,使生丝无法出口,上海租界内的丝厂因此受到沉重的打击,到 1940 年底全部停产。太平洋战争爆发前,日本把在我国掠夺到的生丝大部出口美国,以换取军用物资。1941 年太平洋战争爆发,生丝销美完全断绝,出口锐减。

1946 年 1 月,国民政府设置中国蚕丝公司(简称中蚕公司)。这是官办的全国性丝绸垄断组织。1945 年 12 月 11 日,国民政府行政院第 724 次会议通过的《中国蚕丝公司章程》对公司组织机构、资本来源、经营范围做了具体规定。该章程第二条规定:"本公司资本总额,除接收在江、浙、皖三省敌伪蚕丝资产,由经济部、农林部估价外,再加五亿元由经济部、农林部一次拨足。"经营范围包括蚕桑的饲养、栽培,丝茧的缫制,天然丝的加工纺织,成品的运销,蚕丝的学术研究,民营蚕丝事业的辅导、奖励。中蚕公司在全国形成一定的网络。公司总部设在上海,并在杭州、嘉兴、广州、青岛、无锡设办事处。直属厂有第一实验丝厂、第一实验绢纺厂、第二实验绢纺厂等。1947 年 4 月 28 日在上海成立蚕丝产销协导委员会(简称协导会),由"经济、农林两部、中央银行、输出推广委员会、经办贷款银行、中国蚕丝公司,有关各省建设厅代表及地方士绅组成",控制江苏、浙江、安徽、四川、广东的蚕茧业务,"制种、育蚕、收蚕、缫丝以至购销各过程,均由政府予以协导……集中购销"。1946 年以后,缫丝工业略有复苏。无锡复业的丝厂有 32 家,随后又有新的发展。浙江丝厂也由 1946 年的 23 家增至 1947 年的 28 家。但是,随着物价猛涨,社会动荡,缫丝工业又日趋衰落,开工不足的、停闭的丝厂日渐增多。至 1948 年初,无锡仅剩 400 台丝车在运转,到年底也都停工。到 1949 年,上海仅有两家丝厂开工,浙江开工的也只有 11 家丝厂。

### 四、动力机器丝织业

动力机器丝织业在中国近代的出现较动力机器缫丝业晚,大约在辛亥革命之后,发展规模也较小,而且首先通过引进手拉提花机,几年后才引进电力织机。

近代中国动力机器丝织业主要集中在江苏、浙江、上海一带。辛亥革命后不久,杭州、苏州、上海等地出现了第一批动力机器丝织厂。1912 年杭州纬成公司购进日本提花织机 6 台,并依靠杭州工校和机织传习所毕业生,试制"纬成缎"新品种成功,颇受市场欢迎。于是逐步扩大机台,先后采用 200 针、400 针、600 针、900 针的提花铁机,1920 年增至 360 台。1915 年起,原有的一批绸庄纷纷自建绸厂。此外,还有外地商人来杭州投资兴办了日新、绮新、大新、竞新、文新恒、九成等厂。到 1920 年,杭州已有绸厂 51 家,手工生产的木机由民国初期的 5000 余台减少到 1800 台,而提花织机则增至 3800 多台。浙江湖州也很快出现了机器丝织业,到 1925 年,散处湖州城乡的提花织机已有 2000 台。

1912 年苏州纱缎业公推永兴泰文记纱缎庄老板谢瑞山负责引进提花织机。谢向上海日商小林洋行购买武田式手拉铁机两台,附带 200 针提花龙头,并派人去上海学习制织技术,次年安装试车。1914 年苏经绸厂正式投产,拥有铁机 200 台。其后开办的广丰、洽大等绸厂,也都采用提花织机。1916 年振亚织物公司创办,购置手拉提花织机 20 台,以后逐年增加。1916 年江苏盛泽经成绸厂创办,投资 2 万银元,购置日本产手拉提花机 20 台,月产绸缎 130 匹。随后又有郎琴记、云记、民生、民生华记等绸厂问世,也多采用日式手拉提花机。20 世纪 20 年代初,农村机户也纷纷以手拉机取代木机,对新式织机的需求大增。盛泽镇上经营各种织机机身和配件的机料店也应运而生,还出现了第一家纹纸版厂。

早期绸厂大多采用日式手拉据花机(有的地方也称铁机或拉机),机上虽有铁制的提花龙头,但不是电力驱动。1915 年上海物华绸厂最早购进日本制造的电力织机。此后,上海兴办的锦云、美文、美亚、大美、达华等大小丝织厂,也都采用电力织机。1915 年浙江振新绸厂首先使用电力织机。此后各厂相继仿效,电力织机很快增加到 800 台,1926 年更增至 3500 台。到 20 世纪 20 年代中期,苏州已有电力织机近千台。随着机器丝织业的发展,对丝织原料也提出了新的要求,机器缫制的厂丝开始代替手工缫制的土丝,成为机器丝织业中的主要原料。同时,人造丝也开始被引入丝织业中,成为又一重要的原料来源。

20 世纪 20 年代后,各地开设的绸厂更多。据不完全统计,到 1926 年底,机器丝织厂在上海有近 200 家,杭州 100 多家,苏州 50 多家,湖州 60 多家,盛泽镇 10 家,宁波 4 家,其他各地也都出现了数量不一、规模不等的机器丝织厂。上海、苏州、杭州等主要丝织产地,机器丝织厂已经取代了传统手工丝织业的"账房""机坊",成为中国丝织业的主导部分,并且制定出一些比较严格的规约章程,建立起一套比较完整的管理制度。机器丝织业的生产主要集中在东南沿海城市,产品的销路也主要在那里。虽然有部分外销东南亚、美国,但所占比重远不如机器缫丝业,因而在 1929 年开始的世界经济危机中所受的打击和影响没有机器缫丝业那么大。全面抗日战争爆发前,全国丝织业共有电力织机 1 万多台,绝大部分集中在上海市及江苏、浙江两省,尤其是上海市,仅此一地就有电力织机 7200 台、丝织厂 450 家。

全面抗日战争爆发后,日本帝国主义占领了中国东南沿海主要丝织业中心,进行疯狂的抢掠和破坏,致使中国丝织业一落千丈,绝大部分机器丝织厂关闭。到 1942 年,上海、杭州、苏州、湖州、南京、无锡、镇江、盛泽、丹阳等地的手拉铁机和电力织机比抗战前减少了 1 万多台,只剩 8000 台;丝织品由 1939 年的 278 万匹,降到约 100 万匹。

抗日战争胜利后,机器丝织业开始恢复。1946 年上海复工的机器丝织厂约 300 家,运转的织机约 4600 台,产绸缎 60 万匹。以后,开工的厂家和运转的织机仍有增加,但直至 1949 年都未能恢复到抗战前的最高水平。江苏、浙江等地也是如此。

# 第五节　毛纺织行业

鸟兽毛羽用于纺织历史悠久,历代文献都有记载。20 世纪 70 年代新疆出土的彩色毛织衣服已有 3500 年的历史。但是,毛纺织品历来只在部分地区流行。1685 年开放海禁后,从海外进口的毛织品渐多。到鸦片战争前,从英国进口的毛织品成为仅次于鸦片和棉花的第三大宗商品,但主要是为了抵偿从我国购买丝和茶叶的价款。由于当时中国的服饰习惯,呢绒市场并没有全面打开。开放五口通商后,毛纺织品的进口由广州转到上海,大部分属于粗纺产品,主要供新军服装,以及上层人士制西式服装用。1880 年第一个毛纺织厂(甘肃织呢局)建成,但以后并非一帆风顺。第一批粗纺厂昙花一现即夭折。第一次世界大战期间虽有复苏,并发展了一些驼绒、毛织、毛毯等小厂,但时起时落。20 世纪 30 年代初,精纺和绒线专业在利用进口毛条的基础上产生。全面抗日战争期间,在处于特殊地位的"孤岛"上海,发展了一批精纺厂。由于战争影响以及国内、国外诸多因素的干扰,几经周折,经历 70 年,到 1949 年全国毛纺设备只有 16 万锭(约占当时世界总数的 0.8%),而且境况极其困难,开工严重不足。

尽管道路曲折,但"麻雀虽小,五脏俱全",粗纺、精纺、毛毯、绒线、毛衫、驼绒、地毯各个专业都有。这为中华人民共和国成立以后的大发展打下了技术和人才方面的基础。

### 一、近代毛纺织业的初创

这个阶段中,主要有甘肃织呢局、日晖织呢商厂、清河溥利呢革公司和湖北毡呢局4家粗纺厂和若干小厂,但存在的时间都不长。

甘肃织呢局。清朝陕甘总督左宗棠,为了改变新式军服仰赖进口呢料的局面,并且认为甘肃有毛织品的原料和市场,于是从1876年起,就筹划在兰州创办甘肃织呢局,投资银20万两,从德国购进一批粗纺及其配套机器,额定产量每12小时700米,于兰州畅家巷建房230余间。1880年9月建成开工,工人约100人,其中有德国技职人员13人。这个厂的规模,在当时亚洲并不算小,但机器从上海经水陆长途运输,损坏严重,实际只开出织机6台,每天只产呢绒145米左右。1881年全年只生产1.8万米左右,销路也不佳。1882年冬,德国技师合同期满回国,次年就发生锅炉爆炸而停工。左氏开办织呢厂以从事商品生产的打算失败了,但却开了官办商品生产企业的先河。

在甘肃织呢局停工后的25年时间里,中国再没有出现新的毛纺织厂。1895年《马关条约》允许外商在华设厂。1905年以后,国内市场受日俄战争刺激,有些好转,加上国人风气大开,穿用毛料服装的渐多,呢绒开始行销,于是甘肃织呢局筹备复工。1908年由兰州道台彭英甲任总办,聘用比利时技师,修配机器,并改名为兰州织呢厂。开工后,其产品本地无人问津,运销到沿海地区又运费太贵,营业不理想。1910年改由商人租赁接办,规定有盈利时按纯利10%纳税,无利则免税,产品在本省免税。尽管条件优惠,但亏损局面仍未扭转,1915年第二次停闭。

日晖织呢商厂。1907年两江总督端方报请集资银25万两,利用湖州所产羊毛,向比利时购进机器织呢,并推郑孝胥为总办,建厂于上海黄浦江边的日晖港。厂房为“平列两巨厦而联其一端,每种机器隔为一室”,“拣毛、洗毛、染毛、烘毛、和毛、梳毛、纺纱、织呢、缩呢、刷呢、染呢、修呢各成一间”。1909年1月开工,除湖州羊毛外,还利用产于河南、山东的寒羊毛,产品统称“华呢”,以别于进口洋呢,供制服之用。此时正好从国外进口大量廉价的棉、毛混纺交织品,销路受到影响。后来试织花呢,以供中西袍服之用,但并未打开销路。后又改用进口澳毛试行仿制高档品“企呢”,仍不畅销。每月7.2万米的生产能力,实际只产9000米,成本过高,无法与洋货竞争,1910年停工。

清河溥利呢革公司。1907年由陆军部请准设立,为官商合办性质,由谭学裴任总办,官股银35万两,商股银25万两。产品为军服用呢,厂址在北京清河,占地160余亩,建房280余间,从英国购入粗纺锭4800枚,毛织机46台及配套的发动机、染整机。工人约300人,聘英国技师4人。因资金不足,又向日商大仓洋行借银30万两。1909年4月开工,主要产品为军呢,由陆军部取用,因此往往拖欠货款,以致资金周转失灵,到1913年无法支持而停工。

湖北毡呢局。1908年由湖广总督张之洞请准创办,厂址在武昌武胜门外下新河,由严开第任总办。资本30万元,其中商股13.3万元。从德国购买粗纺细纱锭1000枚,毛织机18台,染整机器全套,工人约100人。由于购机、建房花光了全部资金,1910年开工后,流动资金只能向省库垫借。1911年由王潜刚接办,垫借官股20万元。辛亥革命后,由军人接任厂长,贪污亏空难以为继,拖到1913年倒闭,1914年曾招商人承办,也告失败。

此外,还有一些小厂,如北京新华呢绒公司、北京工艺局、天津北洋实习工厂、万益制毡公司等,也都昙花一现。

这一阶段4家粗纺大厂最高产量每年总共才约27万米,只及当时进口呢绒的3%左右,仍不能在国内市场上立足,开工严重不足,设备利用率只为25%～50%。在这个阶段中,主办人还不懂得如何经营近代工业,对资源和市场都缺乏过细的认识,只知国毛多,不知国毛适应什么品种,一味仿造进口呢绒,画虎不成,成本反高。当时政府不但未采取扶植政策,反而要增收比进口货高一倍的子口税。主办人集资无方,资金短缺,用人管理又多弊端,始终无法盈利。

## 二、近代毛纺织业的成长

辛亥革命后,服装款式改易,大城市里穿西服、制服的人渐增。第一次世界大战期间,各强国忙于战争;战后又忙于医治战争创伤。因此输华的呢绒由战前每年1100万米下降到300多万米,绒线则由每年700吨下降到200吨左右,而毛纺织品价格却上涨1～2倍,于是我国毛纺织厂又逐渐恢复生产。1919年五四运动以后,西式服装在城市更为普及,进口呢绒中精纺产品也渐渐增加,到1928年进口呢绒多达2000万米,其中英国货占2/3。在几家粗纺厂恢复的同时,外国资本毛纺织厂开始介入,精纺专业和绒线专业继驼绒等小厂之后相继出现。粗纺厂先后有3家恢复生产,但十几年后又均停业。

### (一)从溥利呢革公司到清河(陆军)织呢厂

1915年10月,北洋军阀政府筹款偿还了溥利呢革公司欠日商大仓洋行的债务,并决定盈利后偿还商股,把厂收归官办,改名清河陆军呢革厂,由曹锐任总办。1916年开工,次年由李春膏接任,改称清河(陆军)织呢厂,产品比较畅销,月产达毛呢2万米,毛毯2000条,两年内归还了商股6.5万元。1920年之后,洋货卷土重来,该厂产品销路下降。1924年第二次全部停闭。

### (二)从日晖织呢商厂到中国第一毛绒纺织厂

1915年日晖织呢商厂因债权关系,由江苏省收归省有;后又由北洋军阀政府收归国有,但未曾复工。直到1919年,由沈联芳等人集资8万元承租复工,年付租金1.4万元,开始生产绒线,更名为中国第一毛绒纺织厂。当时开出梳毛机3台,日产火车牌粗纺绒线450公斤,后来逐渐增至每天1800公斤左右。不料1920年之后,英、德等国的绒线又大量进口,而该厂所生产的粗纺绒线质量又不能与洋货相比,销量大跌,到1922年不得不停产。为求生存,1923年该厂向兰州织呢厂借用技工,恢复呢绒生产,开始制造军呢、制服呢、春花呢、毛毯等产品。其中以棉经毛纬的制服呢为主,销路尚好。可是1924年进口棉毛交织的混纺呢比1922年猛增1倍以上,该厂产品销路大受影响。1925年五卅运动后,又恢复纺制绒线,呢绒销路在爱国运动中也略有回升。但次年进口呢绒再次猛增,使该厂产品积压量达到资本的3倍,承租人企图集资维持又未达目的,1928年被迫清理停办。

（三）兰州织呢厂

1919 年秋,由邓隆等发起筹款 20 万元向甘肃省财政厅租用厂房机器,约定 3 年内免租金,以后上交纯利的 1/6 作为租金。1920 年复工,但生产一直不正常。未及 3 年,因亏损严重,于 1923 年第三次停闭,技工被日晖织呢商厂请去帮助恢复呢绒生产。

外国资本开始介入毛纺织行业,1918 年由日本东洋拓殖社、东京千住制绒所等以中日合办名义,集资 300 万元（其中日资占 90%）,在沈阳市成立满蒙毛织股份公司（日文为满蒙毛织株式会社）。原料是国产羊毛和驼毛,产品为粗笁绒线和毛呢,并在天津开设洗毛、打包厂,成为外资在我国经营的第一家大型粗纺厂。这家工厂凭借日本较高的管理和技术水平,以政治势力作为后盾,竭力抢占我国的绒线和呢绒市场。

几年之内,又相继出现了几家中外合资和外资的毛纺织厂,生产毛毯、呢绒。外资的介入,使我国自营的毛纺织厂面临更多的竞争对手,境况更加困难。

这一时期许多小厂夹缝中求生存。在这个阶段中,我国毛纺织品市场始终限于城市。在国产毛纺织品中,占总量 90% 的呢绒和绒线,受到进口产品和国内外国资本工厂产品的严重挑战。剩下的一些细小品种,如毛毯、驼绒等,还留有回旋的余地。另外,经过几十年的摸索,国人对国产羊毛的适纺品种,以及国内市场的特征也逐渐有所认识。因此在几家大型粗纺厂没落的同时,却诞生了一批零星小厂。

（1）毛毯厂。制作毛毯的工厂多出现在东北,裕华毛织公司建于沈阳小北关,1922 年冬正式开工。1927 年因周转不灵而停业。裕庆德毛织厂建在哈尔滨,1925 年秋开工。有德国造粗纺走锭 720 枚,毛织机 10 台生产毛毯和编结绒线,销往天津和上海。

（2）地毯厂。地毯都由手工作坊生产。1923 年中国地毯在美国国际博览会上获奖后,各国向我国订购地毯的每年多为 10 余万条,规模较大的地毯厂有北京的开源、仁立（分厂）,天津的仁立等。早期用纱坞由手工纺制,1920 年前后部分改用粗纺毛纱,产品大部由天津出口。

（3）驼绒厂。驼绒早期用骆驼毛制织,价格昂贵;后来改用羊毛,价格下降。驼绒输入我国后,因可以缝制中式冬衣,十分轻暖,市场销售较畅。1923 年开始有工厂试制。1930 年仅上海一地就有驼绒厂 13 家,驼绒针织机 100 余台,以平机为主,年产量近 300 万米。由于国产驼线的售价大大低于进口货,迫使英、德等国的进口量大幅度减少。但是这些工厂规模极小,13 家总资本还抵不上早期四大粗纺厂中的一个。

1919 年由李安绥创办的中国唯一的毛绒纺织厂,1923 年由顾九如等人创办的先达骆驼绒厂,1826 年开工,由维一厂的在职股东与他人合伙创办的维纶毛织驼绒厂,1927 年开工,由先达厂股东另行组建的胜达驼绒厂,1928 年由范廉卿等人集资创办的天祥驼绒制造厂。到 1928 年,这五家工厂共有驼绒针织机 47 台,年产约 76 万米。1929 年,这五家厂为与外货抗衡,组织了中国骆驼绒厂总发行所,以谋求联合经营,不久,因利害冲突无法调和而解体。1931 年长江水灾,1932 年 1 月 28 日日本在上海发动了局部战争,骆驼绒销路开始下降,到 1935 年,这些工厂大部分停工。

1929 年粗纺厂再次复苏。此时资本主义世界发生经济危机,国际市场羊毛价格猛跌,1931 年羊毛售价只及 1929 年的 44%。1932 年我国由天津出口销往美国的羊毛价格只为 1929 年的 41%,因此出口数量锐减,1932 年全国出口数量只及 1929 年的 9.1%。毛纺织品的价格也随之下跌,但其幅度比羊毛小。按外币计算,1931 年进口毛织品的价格比 1929 年只下跌 20%~30%,小于银价(当时中国货币实行银本位制)下跌的幅度。因此,上海市场上进口毛纺织品的价格 1931 年比 1929 年反而上涨了 20%~60%,故 1930 年 8 月章华厂致上海市政府呈文中称此时期"金贵银贱……正是振兴国内工商业的绝好机会"。1930 年以后,就有不少粗纺厂新开和复工。1928 年刘鸿生用已买进的日晖厂地产的产权,与英商开滦煤矿换取了日晖厂的厂房、工房和机器的所有权,并于 1929 年拆迁至上海浦东,兴办了章华毛绒纺织厂。该厂占地 30 余亩,额定资金 80 万元,实收 75 万元,名义上是股份有限公司,实际股权 99% 属于刘氏及其家族。1930 年开工,成为当时上海独一无二的呢绒生产厂,有织机 40 台,年产呢绒 22 万米。1932 年"一·二八"事变以后,连年亏损,不久,转向用进口毛纱织制精纺呢绒。

精纺专业的开创。1927 年以后,穿中山服和西服的人数大增,精纺呢绒输入数量超过粗纺呢绒。1928 年进口精纺呢绒达到 1100 万米,早期进口的粗纺品种,如大呢、小呢、斜纹呢等,到 1932 年几乎不再进口。这是我国当时社会两极分化的反映,穿得起呢绒的干脆买高档的精纺品,劳动人民即使是中下档品也无力购买。因此,国产粗纺呢绒到了无路可走的境地。章华、清河转向购买进口毛纱织制精纺呢绒,天津仁立增添精纺设备,上海、无锡、太原、广州等地办起了几家规模较大的用进口毛条加工的精纺厂。自此,精纺专业开始形成。

1929 年以前,我国呢绒市场主要由英国货垄断。此后,日本呢绒逐步增多,并在市场削价倾销,迫使国产与进口呢绒不断跌价,协新毛纺厂却在这种形势下诞生。1936 年章华毛绒纺织厂向德商购进法式精纺锭 2000 枚,扩充厂房,建立了精梳毛纺车间。这一年纯利达 50 万元。1936 年,天津仁立厂也增添德国造精纺锭 2000 枚,织机 52 台,并补充染整设备,发展精纺呢绒生产。

### 三、全面抗日战争时期及战后的毛纺织业

1937 年日本发动全面侵华战争,沿海地区先后被日军占领,毛纺织业除极少数工厂内迁外,绝大部分留在日占区,部分遭受破坏,多数则受日本各种形式的接管。但在 1941 年底太平洋战争爆发前,上海、天津等地在英、法、意等国的庇护下,租界内的毛纺织厂则利用和平的小天地,有了畸形的发展。在后方,只建设了零星几个小厂。1945 年 8 月日本投降,中国政府接收了日本在华的绝大多数毛纺织厂,并改组成中国纺织建设公司的组成部分(东北地区因内战接收未成)。大战后,战争创伤尚待医治,因此在一段时间内各国人民生活水平普遍低下,以高档为主的毛纺织品销路大大下降。中华人民共和国成立后,经过政府的扶植和整顿,生产逐步恢复。

卢沟桥事变后不久,发生了"八一三"事变,毛纺织业发生急剧变化。1937 年 7 月,北京清河制呢厂被满蒙毛织股份公司代管,次年复工,改织军毯供日本军需,原来的 8 台五联式梳毛机均被改成三联或二联。在上海,一些大厂设法躲进租界,或以各种名义,借用外国财产的招牌,以免被占。在天津,仁立毛纺厂乘羊毛贩子急于脱售羊毛的时机,借中

孚银行的支持,一下收购羊毛几千吨,利用租界特殊环境,维持了生产。上海毛绒厂因机器、原料均向英国订购,主要股东又是英商洋行的华股股东,所以转向香港注册,成为英商企业。明和毛纺厂由日商以半价收买,改名中和毛纺厂,1943年与华兴、永兴组成中华毛织股份公司,专纺军毯用纱。章华毛纺厂把2000枚精纺锭、48台织机和染整设备迁入租界,留在浦东的粗纺设备则打德商洋行旗号,但后来仍被日商上海纺织股份公司管理。

因搬迁、停工的影响,在此后几年内,毛纺织生产急剧下降。

全面抗战开始,政府虽号召工厂内迁,但实际只有少数几家实行。①重庆军呢厂。湖北毡呢局于1936年出租给军政部武昌制呢分厂,又增添部分机器,发展成为纺锭2040枚、96台织机的规模。1937年开工,同年内迁重庆,并入军政部制呢厂,并在五通桥设分厂。②中国毛纺织厂。1939年由上海章华厂把移入租界的精纺锭2000枚,连同向新生纱厂买进的粗纺设备和60台毛织机以及部分染整机器装船经香港、仰光而后陆运经云南到重庆。1940年初成立中国毛纺织厂。次年,又在兰州设西北毛纺厂。所购设备在由仰光到重庆的陆运途中,受战争影响,损失了部分机器。运到的设备有洗毛机1套,粗纺梳毛3套,走锭1960枚,精纺梳毛3套,圆型精梳机2台,环锭2000枚,织机120台,染整机全套,从1942年起陆续投入生产。当时后方物资奇缺,故销路极好。但原资方资金周转失灵,只能另招新股。官僚资本遂乘虚而入,掌握了3/4的股权。1947年又运到绒线锭600枚,当时无法取得进口羊毛,大都利用甘肃、青海、四川等地的国产羊毛。

截至1945年抗战结束,后方共有毛纺织厂24家,计纺锭7895枚;织机1129台,此外还有许多木制纺织机。

全面抗日战争初期直到太平洋战争,上海、天津的租界形成特殊环境。各地富人携带资金与物资"逃难"到此,使租界的消费水平病态地提高;附近战区平民为求生计,又给租界增添了大量廉价劳动力;当时租界与内地交通未断,广大内地所需工业品多仰赖于租界。在这种背景下,租界(特别是上海租界)内的毛纺织业有了畸形的发展。

1941年底,日军占领了租界,进口羊毛完全断绝,生产周期短的绒线厂很快完全停工,精纺厂靠储备原料苟延残喘。只有章华厂因添有毛条制造设备,能利用山东毛制条纺纱,织造花呢,抢占了市场。上海原英商各厂及挂英商牌子的上海毛绒厂被实行军管。后章华浦东厂被军管,1942年底改为与上海纺织股份公司合营,改名上海章华制绒股份公司,采用太湖地区国产羊毛为原料。

进口羊毛断绝后,各厂被迫转用国产羊毛,使用国毛比较容易的粗纺厂走在前列。太平洋战争爆发后,振兴毛纺厂在各精纺厂因原料无着而瘫痪的环境中复工,利用国产毛纺成粗纺毛纱供应各毛织厂,不久又增添织机,织造平厚呢、海力司、法兰绒等国毛粗纺产品。在振兴厂的带动下,安乐、鸿发、维一等粗纺厂也活跃起来,生产国毛毛纱与国毛呢绒。各毛织厂原来采用精纺毛纱的,也改用粗纺纱。驼线厂当然也只能利用国毛粗纺纱。在这种形势下,一些精纺厂如寅丰、元丰等也添了粗纺设备;而章华、协新等购进国毛粗纺纱织造国毛女式呢、制服呢等品种。此外,还有一批400~2000锭规模的小厂和一些只有2~10台织机的小单织厂应运而生。此时,日军已对棉纱、棉布实行统制,而对国产羊毛尚未实行,一些废棉纺厂也转业经营粗梳毛纺。

　　1943 年羊毛也被列为统制物资,一些粗纺厂就采用各种办法来维持生产。如在羊毛中混入石灰,假充灰退毛,以逃避统制;利用废毛、再用毛、废棉、绢丝混以少量新羊毛制造低档毛织品。

　　1945 年 8 月,日本投降,当时政府把日本毛纺厂大部接收过来,改为公营厂。东北地区由苏联军队接管,其中有些后来移交给了解放区政府。沈阳满蒙毛织股份公司在被接收后改为沈阳第一毛纺厂;北京清洢厂在被接收后改为军政部华北被服总厂一分厂;天津满蒙毛织股份公司第一工场在被接收后改为军政部华北被服总厂天津三分厂,1947 年又改为联勤总部被服厂天津制呢厂,1949 年改为天津织厂。

　　抗战结束后,因与日商合营或被日商租用的如章华厂和中国毛绒厂被接收后发还原主。那时,原料、染化料、燃料供应极困难,因此多数毛纺织厂开工不足,只有少数厂如上海毛绒厂因挂英国牌子,从英国买到原料,经营较顺利。

# 第六节　针织行业

　　针织物在我国起源很早,1982 年在江陵马山战国墓出土的丝绦表明,早在公元前 4 世纪中国就有了原始针织品。[①] 此种针织品属于"闭口型重套线圈",具备了针织物最基本的特征线圈组织。中国在海禁未开之前,人们穿着的内衣、袜子大都以绸、布缝制。宋代后,布袜逐渐普及,至明、清仍不乏用布裹脚为袜者。

　　19 世纪中叶,从外国输入针织品。据海关记载,1879 年上海袜子进口值为关银 1149 两,广州手套进口值为关银 3701 两。当时德国的鹰牌、麒麟牌袜子颇受国人欢迎。至 1896 年,中国针织品进口值增至关银近 9 万两。[②] 到 1902 年,全国各口岸针织品进口值达到 26.2 万两关银。

　　1850 年左右,广州归国华侨从国外带回德制家庭式手摇袜机一台,此为针织机械传入中国的开端。不过,中国工厂引进国外针织机器设备则始于 19 世纪末期,最早是 1896 年在上海开设的全国第一家针织厂——云章袜衫厂(后改为景纶衫袜厂)。

　　20 世纪初,英、德、日等国商人在我国设立专门推销手摇袜机的机构,最初出现在香港、广州、汕头、上海、无锡、汉口、天津、北京,而后逐渐向宁波、硖石、杭州及广阔的内陆地区发展。民国后,针织袜业逐渐成为重要行业之一。它工序短,生产周期快,投资少,收效大。因此,各地袜业发展很快,特别是广州、上海、无锡、天津等城市具有创导性作用。自 1912 年我国自制手摇袜机后,袜厂(场)几乎遍及大江南北,长城内外。这一时期,横机也开始传入中国。至 20 年代,我国也能自制针织横机和电力袜机。电力袜机劳动强度低,生产效率高,日产量为手摇机的 2～3 倍,工人看台率为 3～5 倍。但当时的电力袜机只能织造素身袜子,且受供电限制,一般小厂不敢问津,所以推广速度不快。针织

---

①　陈维稷等:《中国大百科全书·纺织》,北京:大百科全书出版社,1984 年,第 313 页。

②　方显廷:《天津针织工业》,天津:南开大学经济学院,1931 年。

内衣因工艺技术及设备较袜业复杂,办厂资金也多,因此稍晚于袜业,且以后发展也较缓慢,规模性企业甚少。

至1949年末,全国主要针织内衣设备还不到千台,电力织袜和手摇织袜长期并存。稍具规模的全能工厂多集中在沿海沿江地区,屈指可数;而分布全国各地的以手工为主的百人以下小厂和手工业户,要占整个针织工业的90%以上。

传统的针织产品,包括内衣、袜子、服用品三大类。内衣以汗衫、背心、棉毛衫裤、卫生衫裤为主;袜子以棉毛袜、平口袜、花袜、童袜为主;服用品以纱线衫和手套等为主。

## 一、近代针织业的初创

1840年鸦片战争后,荷兰率先向我国上海输入漂布,其布洁白柔软,细致光洁,胜过绸缎。当时上海有宏茂锟布袜商用以制袜,风行全国。其后,商人竞相仿效,开店设铺,在上海广东路宝善街一带形成袜业中心。19世纪下半叶,德国鹰球牌、麒麟牌平机袜输入,袜子宽紧大小甚合足度,较之卷曲臃肿、毫无弹性的布袜,远胜一筹,国人称为“洋袜”。布袜销路大受影响,有识之士也思购机制造。1896年杭州人吴季英投资规银5万两,在上海创立中国第一家针织厂云章袜衫厂。20世纪初,英、日、德等国商人先后在上海、天津、北京等地开设专事推销针织机器的机构,鼓吹洋袜优点,不惜发料教授。1912年上海开设手摇机袜厂,取名柯泰,生产42/2(即42支/2股)双线平底袜。由于办袜厂工艺流程短,投资少,利润厚,周转快,也无须正规厂房,因而又有勤益、锦华、信华等厂相继开设。1916年中华第一针织厂创立,投资10万两银,从国外购进一批B字电力织袜机,生产42/2双线罗口袜,年总产值约50万两。1919年成立华商袜业公会。

20世纪初,江苏各地织袜业先后兴起,发展较快。特别是在第一次世界大战期间,外货锐减,袜厂如雨后春笋,几乎遍及全省。天津织袜业起自1912年。始有日本留学生王济中服务捷足洋行,为主顾教授织袜技术。是年王脱离捷足洋行集资组织福益公司,设女子针织部和男子针织部,并常赴日本考察以改良自营的针织业。天津第一家织袜厂是由业主姓名命名的郭有恒织袜厂。郭原是一教员,1913年见捷足洋行在报纸上刊登出售袜机的广告后,即辞去教员职务到天津学习织袜技术。1914年郭购得手摇机一台,在大胡同温泉后小药王庙河沿租房摇袜,专为洋行加工,因收入较丰,下半年即改为自产自销。此外,湖北、成都、重庆、四川、湖南等地织袜业逐步兴起。但至20年代,工商受重税压榨,又因工厂原料须从日本进口,价格昂贵,产销很不景气。

这一时期,上述地区针织厂坊的织袜机多来自日、美、英、德等国,可以织造各种规格的男女袜及童袜,原料主要是棉纱,规格有16支、21支、32支及42支两股的国产和进口棉纱。此外,还有少量蚕丝、进口人造丝。全国除贵州、内蒙古、宁夏、青海、西藏等边远地区外,手摇机织袜已相当普及。据1915年统计,全国针织业(专指织袜业)共有47 993家。发展最快的是江苏(包括上海),共19 827家,次为广州17 983家。当时,中国织袜业大多是家庭作坊,一般都雇用女工。也有女工租机领纱回家织造,按件付酬。采取这种办法,可以节省工厂场地,节省管理人员,工人也可以增加副业收入。

在针织内衣业出现之前,国人已深感进口针织内衣穿着方便和舒适。夏天,汗衫裤凉爽胜于葛麻;冬日,棉毛衫裤温暖胜于棉布。但是,办内衣厂不像办织袜厂那么容易。内衣厂要有一定的生产规模,投资也多,加上初办者技术力量薄弱,缺乏经营管理经验,在外货的竞争中,创业比较艰难。

1907年广州花地创立的广华兴织造总公司,是我国较早的内衣制造工厂之一,初时有手摇横机、人力文车数台,制造西式内衣。日产棉线衫20打,洋袜100打,并兼染洋纱。公司实备资本银10万圆,均属华人分占。稍后两三年,针织厂纷纷建立,始织粗线内衣,因利润较低,后改用英国进口细支纱织制高档内衣。当时,多用圆筒机织高支纱线内衣,用横机织粗纱内衣、羊毛内衣等。1920—1921年,广州冠华针织厂、周宗亚针织厂开始引进单头台车及电动打纱机。台车是当时最先进的针织纬编设备,其效率和布坯质量远胜于圆筒机。当时还有少量的成衣辅助设备。唯其漂染技术仍维持作坊生产工艺。

20世纪头20年,我国部分地区的针织内衣业也先后出现。1912年张执中在北京开设华兴织衣公司,有织衣机3台、吊机1台、内圆机12台、横机9台、缝纫机10台;此外还有部分袜机。各种机械多用手动,春夏主织棉织品,秋冬主织毛织品。同年,福建省有了第一家手工针织工场,3年后发展到33家,职工106人,生产衬衫、衬裤、汗衫、袜子、毛巾等。1914年宁波赵宇椿在城区县西巷开设美球针织厂,有职工二三十人,从生产罗宋帽开始,发展到手套、毛衫裤、绒衫、袜子等产品;至20年代,又扩大生产汗衫、纱衫、锦地(凸纹)衫、桂地(大网眼)衫等数十种。1918年在湖南长沙建立的民生工艺社,成为该省最早生产内衣的厂家。1921年国内仿制横机成功,售价低于舶来品,使服用品业获得生机,一时发展至40余家,先后推出纱线衫、绒线衫、围巾、手套、童被、罗宋帽等产品,销路甚广,远销东北和华北等地。

## 二、近代针织业的成长

在针织工业初创时期,针织机械制造业已孕育生机。1908—1909年,正当国外手摇袜机经销旺盛之际,上海江南制造局周惠卿等4人购德国制造手摇机1台,在工余时间进行仿造,几经寒暑,终于成功。于是,于1912年合伙设立家兴工厂,自制专铣针筒槽子的小铣床设备,自产自销104～160针手摇袜机。当时,虽设备少,产量低,但利润丰厚。同年制造袜机的又有邓顺昌机器厂和闰泰机器厂。两厂前身均为制造轧花车。邓顺昌仿制的德国金轮牌圆筒袜机,每台售价40～50元,月产量经常在500台以上。产品销往长沙最多,其次为浙江硖石、平湖、嘉兴一带。1912年武汉商人在汉口万年界街开设针记袜车厂,仿制德国袜机。

第一次世界大战前,我国针织袜机仍为德国货所垄断。大战爆发后,德国及其他国家的针织机停止东来,我国针织机械业获得发展机会。1914—1924年,上海针织机制造厂由3家增至36家,1931年为41家,1937年达到48家。初期产品多以圆机为主。当时,浙江平湖、硖石,江苏无锡等数十家针织厂的机器多为上海制造。

1917年下半年,法国针织横机开始进口;1918年又有游泳衣针织机和日本粗毛针织机、德国横机进口。邓顺昌机器厂为保持竞争地位,着手仿制日本麒麟牌横机;1919年又仿制日本大筒子针织圆机,均获成功。适逢五四时期,国人抵制日货运动高涨,邓顺昌产品又比日货便宜,于是,大筒子针织圆机逐渐为国货所取代。国产横机价格仅为日本横机的2/3,体积小,技术也不复杂,适合于小本生产经营,因此在国内市场长期适销。

1925年前后,美国B字与C字电力织袜机先后由美商慎昌洋行向中国推销。该机产量比手摇袜机高出三四倍。电力袜机构造复杂,零件繁多。当时,由上海瑞昌袜机厂厂主购得B字电力织机1台,并召集龙华兵工厂数名技工着手仿造。经一年终于成功,遂沿用瑞昌厂厂址创设华胜厂。1927年该厂正式生产电力袜机,当年产量100台。①1930年该厂又仿制K字电力袜机成功。K字机是慎昌洋行继B字机后进口的专织长统袜的。

天津最早的针织机械厂创办于1914年。1929年时,天津共有针织机厂18家(其中7家为上海分厂),总资本1.93万元,雇工181人。产品种类不少,规格齐全,袜子、手套、围巾、背心等针织机销往东北三省及山东、山西、河南等地。20年代末,国产手摇袜机已完全垄断国内袜机市场,有力地促进全国袜业的发展。1925—1927年,全国各地袜厂(坊)如雨后春笋,仅浙江磝石、平湖、嘉兴、杭州、宁波等地就拥有手摇袜机2万多台。江苏无锡、南汇两地的手摇袜机也有5400余台,连一些偏僻地区都办起了针织厂(坊)。30年代初,江南一带袜厂林立,每年袜机需求量在万台以上。这充分反映了这一时期袜机销路的活跃和袜机制造行业的发展程度。随着国产机产量逐年上升,品种也逐渐拓宽,并开始仿制技术复杂、零件精密的内衣织造机。1931年上海求兴机器厂仿制成功中国第一台汤姆金织机,1932—1936年畅销北平、天津、广州、汉口等各大城市。

电力袜机问世后,手摇袜机的销路向两个方向发展:一是转向内地;二是供应城市袜厂生产花色袜、高档袜。当时,宝塔跟丝、线袜的各种花式及尖夹底袜必须用手摇袜机织造,加上袜子中有丝、毛、棉(原料)和花、舞、短、长(品种规格)等数十种之多,电力织机尚难适应,需由手工辅助动作。所以,电力袜机虽排斥手摇袜机,但手摇袜机仍有其一定的市场。

20世纪20年代后期至30年代前期,我国针织工业已在沿海一些大中城市初具规模。1920—1921年,上海手摇机袜厂和电力机袜厂均开始生产夹底袜。1923年手摇机厂又生产羊毛夹粗纱袜。1928—1929年,手摇机厂和电力机厂均能生产60/2单线和120/2双线等高档麻纱袜。以后又有尖跟、小方跟单线夹底过膝麻纱舞袜、人造丝夹线格子袜、提花袜、套袜和全羊毛开司米袜等。那时,全国针织业的不动资产仍以袜业为最大。上海电力织袜厂有35家,计有袜机1307台,罗纹车263台,织袜头机200台,摇纱机246台。普通针织机多为慎昌洋行经理的K字机和B字机。织袜业形成电机和手机并存的格局,前者以中华第一针织厂规模最大,年产袜子40余万打,产品有线袜、丝袜、人造丝袜3种。线袜有32支、42支、60支及100支4种规格,行销华北及南洋一带,年均贸易额在规元百万两。当时,未置电机的手摇机厂,除个体机户外不少于电机厂。1925年由于长江通航,销路激增,上海的手摇机厂又纷纷设立。1927年华商袜业公会改组为针织业同业公会,会员厂百余家,1931年有200余家。产品销全国并出口南洋群岛一带,年

---

① 上海第一机电工业局史料组:《上海民族机器工业》,北京:中华书局,1966年,第184页。

销三四百万打。

1925年五卅运动后,全国提倡国货,上海针织内衣厂有较多设立,有些袜厂转产内衣。当时以织带为业的五和织造厂也转为针织内衣厂。新设厂有瑞丰祥、裕兴、恒兴、永昌等。上海内衣全能厂增至10家。当时有用百灵顿针织机织造的新品罗纹背心出现,畅销南洋群岛等地区。1929年又出现了第一家专门销售坯布的织厂——宝新棉织厂;接着,又出现了第一家针织漂染厂——纬成厂。于是,针织内衣业除全能厂外,先后形成分散的单织、单造(缝纫)或织兼造的织、造、漂三个环节的社会分工。这种分工同样也存在于织袜业。除全能厂外有专营某些工序(如丝光、织袜、染色、烘烫、拉毛等)的中小型厂。这种分工协作,为针织工业的发展开辟了一条新的途径。① 1931年九一八事变和1932年"一·二八"事变后,全国掀起抗日救亡,抵制日货,提倡国货的高潮,上海针织内衣行业又出现一批新厂。至1935年,上海有针织内衣厂82家,占全国56%;总资本438万元,占全国87%;总产值28.7万元,占全国72%。但多数是小规模工厂,不少弄堂工厂以亭子间、阁楼、客堂为车间。方寸之地,即成一厂。

中国针织工业自民国以来,至全面抗日战争前夕,已遍及大江南北,长城内外,门类逐渐完善,技术日趋改进,产品不断改良。但其生产方式犹未摆脱落后的手工操作,规模较小,设备简陋,生产效率很低。然而,这一历史发展时期,为针织工业奠定了深厚的物质基础。1921年以后,针织品的进口逐渐减少,至1926年,完全绝迹。不久,变输入为输出,销售区域远及欧美各国及非洲、澳大利亚、南洋群岛等地。②

针织品大多是轻型纺织品,有较强的季节性,使用周期短,消费量大。到20世纪二三十年代已品种众多,规格趋全。同业为推销各自的产品,除了在经济上采取种种手段,开拓销售渠道外,还强化产品的社会宣传,在消费者心目中树立信誉。因此,当时的针织品,尤其是袜品,市场上的品牌众多,并且创出许多时代名品。

早期的武汉织袜业,为招揽顾客,采用水塔牌、瓜蝶牌等20余个商标。产品有双纱袜、双光袜、粗绒袜、驼绒袜和童袜。1924年建于杭州的六一棉织厂,产品分夏货、冬货注册商标,夏货有"双鱼"等商标4个,冬货有"双鲤"等商标3个,以便消费者区别选购。同年,湖南益阳组成达人工业社股份有限公司,以"达"字商标注册。20世纪30年代初,天津有金菊牌、绿菊牌袜子问世。1931年在苏州初创的汪鸿记棉织厂,将汗衫、卫生衫、棉毛衫等产品均打出七星牌商标。

上海、广州作为针织工业的发源地,在20世纪20—30年代,先后创立了一大批名牌产品。有些产品至40年代末仍盛销不衰。

广州在20世纪20年代初期生产的线仔袜、线纱袜、线袜甚为畅销。特别是求进织造厂的线仔精致袜,除销本省外,还销往广西、湖南、湖北、云南、贵州、四川等省。可是,这时的内衣市场仍为舶来品占据。20世纪20年代后期,由于本省针织内衣产量增加,质量良好,逐渐赢得了广大消费者的青睐。当时,广东生产80~140支高档汗衫,颇得有钱人

---

① 谭抗美等:《上海纺织运动工人运动史》,北京:中共中央党史出版社,1991年,第30页。

② 上海市商会:《纺织工业》,行政院新闻局,1947年,PH卷第1页。

的喜爱,曾把洛士利洋行经营的外来名牌汗衫挤出广州市场;42 支以下的中、低档汗衫,也十分适合市民和一般劳动者的消费。20 世纪 20 年代,广州全新针织厂的 555 牌汗衫开始在我国香港、澳门,新加坡等地区销售。至 40 年代,广州针织内衣仍在这些地区畅销。20 世纪 20 年代,广州生产的内衣,被社会公众称为名牌的有:周宗亚的衣架牌、时钟牌,周艺兴的单车牌,利工民的鹿牌,全新的 555 牌,棉艺的富贵牌、水仙花牌、石榴牌,利生的海螺牌,时名的羊石牌,绍平的遮唛牌,达美的海鸥牌等。

20 世纪 30 年代,消费者购买针织品喜认牌子,形成不同的商标各有自己的特定市场。30 年代后期,上海针织品已创诸多名牌,内衣有鹅牌、飞马牌、金爵牌等汗衫和僧帽牌卫生衫裤;袜子有康福牌、金杯牌、狗头牌、链工牌、花篮牌、司麦脱牌等。1933 年五和厂的发行所、门市部迅速发展到沿海各大城市,同时在各地国货公司设立专柜,经营鹅牌产品,与洋货抗衡。在经销中,该厂积极运用广告手段,借助报纸、刊物、橱窗、霓虹灯、旅游景点、电影短片等广为宣传,产品不但畅销全国,而且大量出口南洋、泰国等地。1934 年鹅牌汗衫纱支发展到 120/2。1936 年五和厂扩大经营,在上海和重庆设立分厂,产销两旺。

### 三、全面抗日战争时期和战后的针织业

1937 年全面抗日战争爆发后,我国针织业在日本侵略军的炮火下经历空前浩劫。当时,除上海租界内的针织业有一度畸形繁荣外,各地针织业多遭轰炸和破坏,成批倒闭歇业。幸存者,在日伪统治下也多挣扎着勉强维持生计。无锡的中华、裕康、成余、裕泰等袜厂迁至上海租界生产,其余的袜厂处于停工和半停工状态。全面抗战期间,无锡电机袜厂只有新光、朋记和正德 3 家,仅有电动袜机 36 台,其余 23 家袜厂仅有手摇机 406 台,年产纱线袜 99 万打,为全面抗战前的 1/4 强。[①] 江阴家庭职业社(袜厂)战时袜机从原来的 200 台减至 30 台,且经营困难。厂主无奈,让工人挑担走街串巷叫卖袜子。1937 年 11 月,日军侵占常州后,又抢又烧,南北大街纺织业损失惨重,袜业也停工关门。新民、协勤、丰盛和等厂主,为避战祸,带领部分工人携带机械、原料逃到乡间开业度日。

天津沦陷后,针织业因花纱布控制,大部分难以维持生产而被迫停工。此时,日本人则先后在天津开设阪田、恒盛、莫大小、三和、昭和、昭康、丸松等规模较大的针织厂,使民营厂取得原料更为困难,部分厂不得不给日商厂加工以糊口。多数厂只能在黑市上购买高价棉纱,价钱比"配给"高出若干倍。自营户则采用土纱生产,继而土纱也受到限制,又用人造丝、更生线等代用。此时的袜厂大部分陷入绝境。日伪统治时期,占据天津袜子市场的主要是日货,其次是上海货,本地产品因质次价高,销售滞阻。天津线衣行业的毛衣、手套,在前期尚能销往东北、西北地区,1937 年七七事变后,小厂原料缺乏,销路阻塞,陆续停产停业,有的厂转产袜子,后来线衣就成为织袜行业的兼营产品。

1938 年日军占领武汉,为解决其军需,日商在汉口开设白木、后藤、中川 3 家洋行和

---

①　无锡市纺织工业局编志组:《无锡纺织工业志》,无锡:无锡市纺织工业局,1987 年,第 143-144 页。

宏华针织厂。除生产少量商品袜外,针织厂专门生产军袜和军人手套,武汉民间袜业遭受严重摧残。日本统治者规定,中山大道从六渡桥至三元里,所有商店一律缴销营业执照,让给日本商人营业。此时,个体袜业只剩70余户。日伪实行棉纱计划分配后,为谋生存,个体袜业猛增,到1943年达315户。业户虽增,但生产受限,经营受控,产值、产量都比抗日战争前低。[①] 1942年汉阳萧福斯作坊用蚕丝在手摇袜机上仿制长统舞袜,推向市场,其他工厂作坊相继生产橡筋袜子。

山东省在全面抗战爆发后,针织厂相继停产倒闭。济南只有中日合办的亚蒙、福田、旭华等厂能正常生产,其产量占全市针织业的70%。1939年朝鲜人赵东渊在青岛开设大德兴业公司,因与日本人结伙,可以继续生产。该厂拥有电动袜机122台,生产线袜和手套,以骑士牌为商标,产品销往华北、华东、东北等地,是当时华北地区规模最大的袜厂。抗战胜利后,工厂停工;赵东渊回国后,工厂被查封。[②]

其他地区,如福建,战时沿海城市被敌伪破坏,侨胞与祖国来往断绝,农村破产,人民购买力大大削弱,市场萧条,企业无法经营,大部分针织厂倒闭。

全面抗战期间,皖东、皖中的交通站线多为日伪占据,手工纺织业受到严重摧残。那时,由于全国性的抵制日货运动,加上战争造成交通阻隔,城市针织品难以进入乡镇,使得一些城镇的针织复制业一时兴盛,各县大多有了针织户,有的发展为小作坊。这些小作坊因基础薄弱,设备简陋,技术落后,长期停留在手工操作阶段,生产效率低,产品品种少,且质量低劣,发展极为困难。

1940年伪满实行经济统制,规定20台机器以上业户参加协会,分配加工任务;以后又规定100台机器以上业户可以存在,因而个体手工业和中型以下工厂皆被淘汰,针织业遭到严重摧残。大部分业主和工人为维持生活转向私干,暗产暗销。

1937年八一三淞沪战役中,地处虹口、闸北、南市一带的林森、祥生、国华、中南、康福等厂毁于日军炮火。松江县城的针织复制工厂大部分被敌机炸毁。当时英、美、法租界不受日军侵占,于是各厂纷纷迁入租界内生产。战争初期,南洋侨胞发起抵制日货运动,也给上海针织业提供一个恢复的契机。在租界的特殊环境里,上海针织业出现了一个建厂的高潮。那时,浦东、松江等地不少手摇机袜厂不堪日伪压迫,也迁入租界"托庇"。由于针织内衣厂的增多,内衣业开始脱离针织业同业公会,单独成立内衣织造同业公会。当时,因无锡、常州等地针织厂坊多为日军破坏,所以上海针织品供不应求,针织业显得特别发达。1938年1—11月,无论大小工厂都日夜加紧生产。除内销外,出口南洋一带,销路甚畅。这一时期,生产经营均突破历史最好纪录,被称为针织工业的一个黄金时代。1941年12月8日太平洋战争爆发,日军占领租界外销中断,又因电力、原料的管制,全行业生产即陷于半停顿状态。1943年汪伪政府颁布"收购棉纱棉布暂行条例",商统会以市价的1/4强行收购纱布,上海针织业生产原料再次压缩。当时,只有中华第一针织厂移机申新九厂,景纶针织厂移机恒通纱厂,就地取纱,生产得以继续。针织业的"黄金时

① 武汉纺织工业编辑组:《武汉纺织工业》,武汉:武汉出版社,1991年。
② 山东省纺织工业志编写组:《山东纺织工业志》,济南:山东人民出版社,1993年。

代"就此告终。

全面抗战期间,处于大后方的重庆,由于工厂内迁和战事需要,针织业得到发展,由单一袜子发展为内衣各类产品。至 1942 年,重庆针织行业基本形成,当年成立重庆针织业公会,有会员厂 30 余家,职工 800 余人。

全面抗战期间,我国广大地区的针织业,在日伪统治下时生时灭,步履维艰,大部分生产未能摆脱手工操作。据 1941 年统计,针织业(不包括袜子)大都民营,全国估计有3000 多家,采用的汤姆金机、台麦鲁汗布机、双面布机(棉毛车)有 62% ~ 72% 集中在上海。但上海、天津及江苏等沿海城市的针织工业也不如战前那样兴旺,且装备新式机器者很少。

据抗战胜利后的调查,上海针织(袜品)业的范围及规模大小不一,可分为下列 4 类:①手摇机袜厂。每家有手摇机数台至百数十台不等,普通在五六十台。②手摇衫巾厂。出品为毛线制之衫裤、围巾、手套、罗朱帽及人造丝围巾等,每家有手摇机数台至数十台。③手电机袜厂。即织袜全用人力,而其他工作则辅以电力发动,大部织造丝袜、开司米袜等高级品,每家有机二三十台至二三百台不等,平均约七八十台。④电机袜厂。织造用电力机,设备自 10 余台至 200 余台不等。

内衣织造业以前是属于针织业范围,至 1937 年,始与针织业分开,组织内衣织造业公会。该业制品有卫生衫、棉毛衫、汗衫及花背心等。因为内衣业与针织业同类,所以在范围较大、制品花色较多的厂商,均跨于针织、内衣两业之间。

内衣织造业的机器设备,分摇纱机、坯织机、成衣机 3 类。坯织机又分汤姆金、台麦鲁两种及棉毛车、罗纹车等,全市有 1500 余台。成衣机有 3100 余台。原材料主要为纱线,次为染化料,再次为燃料。纱线以 60 支线最为通用,染化料以烧碱、硫酸、漂粉等为主,燃料不外乎柴油、煤炭。内衣产品有汗衫、卫生衫、棉毛衫、运动衫、汗背心、游泳衣、围巾、罗宋帽、手套,以及各式人造丝内衣。

抗战胜利后,百废待举,针织工业似有恢复发展之趋势。上海市场一度繁荣,针织业曾呈现蓬勃景象。各厂日夜开工,仍应接不暇。然而,政局动荡,通货膨胀,工厂原料购置困难,成品销路呆滞,生产动力限制,资金不敷周转,使针织工业又面临一场经济危机。其他地区,如武汉,战后袜业得到短暂的发展。1946 年针织袜业户增加到 620 家,有手摇袜机 30 余台,月产袜子 12 万打,但第二年即下降到 9.5 万打。此后每况愈下。至1949 年,袜业主听信谣言,纷纷关厂闭店,解雇工人,携资外逃,武汉袜业处于崩溃边缘。

到 1949 年底,针织业中大多数工厂没有摆脱手工操作的生产方式。全国的主要针织机械设备大多集中在上海、天津、青岛等狭小地区。即如上海,虽占全国针织业的半数,但就设备和技术条件而言,手工操作仍占据着主要的位置。

# 第七节　近代服装鞋帽行业

近代的服装生产,多以一家一户为单位,业主掌握主要技术,家属辅之。前店后工场为普遍的经营方式。1947年全国服装鞋帽从业人员约60万人,有被服、衬衫、服装鞋帽等工厂(场)1785户,工人4.48万人。其中稍具规模的是上海、南京、武汉和北京等地的一些官营被服厂,以生产军服、制服为主,工人大都来自农村。此外,还有分散在全国城乡的广大个体生产者。据资料统计,上海解放前夕,服装鞋帽店铺和小作坊共有6600多家,工人4万多人。其中中式成衣占75%,西服、时装占15%,衬衫、机缝占9%,其他占1%。

## 一、手工服装鞋帽业的变化

### 1. 中式成衣铺

18世纪末,南方中式服装业以苏(州)帮造型巧,广(州)帮款式新,扬(州)帮工艺精而闻名全国。各地成衣业都以轩辕黄帝为行业的始祖,设庙宇供奉。有些地区设有成衣公所的行会组织。1926年9月,镇(江)扬(州)帮成衣业联合会在上海成立近代的中式传统服装,是沿袭古老的手工缝制方式生产的。

中式成衣铺主要采用前店后工场的经营方式,大多数是夫妻店,经营灵活,既接受来料加工,又上门服务,居民称便。业主掌握主要技术,招收一两个学徒,业务忙的则雇佣一两位师傅。业主家属大多参加店内辅助劳动。部分中式成衣铺以优异的质量,独特的工艺,赢得一些老客户的偏爱。如上海北海路福寿里的俞福昌苏广成衣铺,专为沪剧演员缝制男女中式服装;开设在南昌路的肖云记苏广成衣铺,是专做女式旗袍的特色户。此外,钱福记、象大成等苏广成衣铺则专为评弹界男女演员缝制戏服。还有爱兴、兴昌等苏广成衣铺,都是制作女式旗袍和短袄的特色户。

苏州的中式成衣闻名江南。1920年开设在祥符寺巷的姚记苏广成衣铺,专为一些官太太和小姐缝制绸缎、丝绒旗袍;开设在三贤寺巷的沈有记苏广成衣铺,专为戏班演员及青楼女子缝制旗袍、短袄;开设在扬州彩衣街的汪大年成衣铺,专为豪族名门、青楼女子缝制衣装。1938年汉口的白海山苏广成衣铺,也以缝制女式旗袍而闻名武汉三镇。

### 2. 裘皮服装业

专门缝制裘皮服装的裁缝师傅,业内人尊称为"毛毛匠"。20世纪20年代,全国较有名声的裘皮业有北京德沅兴、裕顺兴两家皮货店老字号,以及以后开设的建华、福美、泰来等10多家皮货服装店。上海有天发祥、大集成皮货店及陈长记皮货商店。陈长记皮货商店1935年开设在静安寺路(今南京西路),后改名西伯列亚皮货服装商店。该店自行采购原料,自行设计品种,精工细作,运用串刀、嵌革、拔枪、染色等传统工艺,生产各种裘皮长短大衣,光泽自然,手感柔和,雍容华贵,深受中外客户青睐。裘皮业分北帮、京帮和镇扬帮3个帮派。1927年之后,上海的女式时装大衣开始风行,一些时装店纷赴南京一带聘请"毛毛匠"来沪,配合时装师缝制女式大衣皮领头、皮袖口,以增加女式大衣的花色品种。而后,一部分时装店也生产经营女裘皮大衣。1949年上海的京帮"毛毛匠"500人左右,占时装女式裁缝总人数的14%;专做裘皮服装的商店7户,职工50余人。

### 3. 鞋帽制造业

1853年河北省清河县大赵廷,在北京东江米巷(今东交民巷)开设内联陞鞋庄,专为清廷官员制作靴鞋。1901年天津人刘文魁兄弟在安徽芜湖开设魁升斋鞋庄。辛亥革命后,内联陞鞋庄的经营转向民间,以绸缎、粗布等制作鞋帮面,用手工纳成千层底布鞋。女鞋用绸缎作为帮面,鞋头帮面绣花纹图案,称绣花女鞋。上海制作男女布鞋规模较大的是春林翻鞋作。1914年上海鞋业成立履业公所,1920年分粗线(男鞋)、细线(女鞋)两个公所,制鞋业达600家,职工300余人。20世纪20年代初开设于上海小花园的女翻鞋店,以绣花女鞋闻名全国。1949年年中,上海市的鞋店、鞋坊共500余家。

帽,古称"首服"或"头衣"。据历史记载,苏州早在宋代已有制帽作坊,当时的中子巷(今乘鲤坊)已是制帽业的集中地。清代,苏州帽业建有咸庆公所。上海瓜皮帽业也有飞舟阁帽业公所,1927年改组为帽业商民协会。1911年山东掖县人刘锡山,在天津估衣街归贾胡同创设盛聚福帽庄,经营帽鞭及自制宽边草帽。1919年购置缝纫机,冬天生产皮帽、缎帽、瓜皮帽。1925年改名盛锡福帽庄,始用三帽牌注册商标。1934年自制呢帽坯生产呢礼帽。1939年在北京、南京、上海、重庆、济南等地开设分号,并在英、德、法、美、意等国设置商行。盛锡福帽庄生产的平顶金丝草帽和兔子呢礼帽在莱比锡国际博览会上均获奖。1927年上海市草帽业同业公会成立;1930年改组为上海市帽庄业同业公会,有会员店、坊近30家;1948年又改名为上海市制帽工业同业公会,理事长张静权,有会员店、坊90余家。

## 二、近代服装鞋帽业的兴起

### 1. 西服业的兴起

上海开埠后,随着洋人来华日多,上海的一些中式裁缝为了兜揽生意,有的登上外轮为水手们缝补西服;有的在洋人聚居的虹口百老汇路(今东大名路)一带设摊,为洋人修补西服。从此,一些中式裁缝渐渐学会缝补并制作西服。于是一部分中式服装的裁缝改做西式服装。1864年上海虹口百老汇路一带,有人摆地摊销售进口呢绒,这为西服的发展创造了物质条件。1880年中国人最早在广州创设信孚成记西服店。1896年浙江奉化县人江良通,在上海百老汇路开设和昌西服店。1900年天津开设了何庆昌西服店。1903年王才运又在上海南京路开设荣昌祥西服号。1905年宁波人李来义在苏州开设李顺昌西服号。

辛亥革命后,国内穿西服的人逐渐增多,中华民国政府将西服列为礼服之一。1919年随着国产缝纫机的问世,我的服装生产由手工缝制逐步转向机械缝制。当时,新文化运动的兴起,西服成为新文化的象征,冲击着传统的中式长袍、马褂,中国的西服业得到很快发展。

第一次世界大战后,上海南京路和静安寺路一带又有王兴昌、裕昌禅、王荣康、王顺泰、汇利和培罗蒙等西服店兴起。1930年仅上海一地就有大小西服店20余家(大部分都附设工场),从业人员3000余人。同年,上海成立西服业同业公会,1941年改组为上海特别市西服业同业公会,选韦郎轩为理事长。从此,上海西服业成为服装行业技术较强,人数最多,实力雄厚的一个专业。20世纪30年代,全国其他地区开设的西服店不少,苏州一地就有130余家。当时较有名气的西服店(除上海)有:广州的久华西服店、信孚西服店,北平的红都西服店,天津的大新西服店,武汉的祥康西服店,杭州的香港西服店,青岛的震泰西服店,太原的华泰西服店。全面抗日战争时期,重庆的西服业也曾一度繁荣。

### 2. 女式时装专业的形成

五口通商后,外商侨眷来华日多,一些外国传教士也相继来上海设立教堂传教。当时,南市董家渡路天主堂附近,有家中式成衣铺,店主赵春兰,经常为教堂内的修女们缝补衣服,学到了缝制西式女服装的基本技巧。1848 年一位英籍牧师带她一起去英国,在国外又学到了很多缝制女式西服的技艺。3 年后回国,开设洋服铺。赵的许多亲戚同乡都拜赵为师,川沙县一带乡民大都学女式西服技艺。19 世纪末,女式西服业成立"三蕊堂公所"的行会组织。

19 世纪初,上海虹口百老汇路一带,仅俄罗斯人、犹太人开设的洋服店就有近 50 家。1917 年赵春兰的第三代传人金鸿翔、金仪翔昆仲(川沙县人),在静安寺路张家花园旁,租赁三间平房,开设鸿翔西服公司,附设女子西服部。1927 年女式西服风行上海,销售对象从外侨扩至本国妇女。1928 年正式挂牌鸿翔时装公司,此为中国第一家时装公司。从此,中国有了"时装"的名称。同年,成立时装业同业公会,金鸿翔任理事长。此后,时装业从红帮裁缝的西服业中分化出来,成为服装行业中的一大专业。

### 3. 衬衫专业的崛起

西式衬衫在晚清与西服同时传入中国,开始只有少数来华洋人穿着。辛亥革命前后,中国人穿衬衫者逐渐增多。当时,市场上流行的衬衫,大多是美国货或日本人来华制作的,国产衬衫只有西服店内少量附带加工缝制。1912 年浙江奉化人邬绥兆、陈斌堂等,合伙在上海四川路 560 号创设邬复昶内衣厂,购置缝纫机 3 台,专为外侨加工衬衫。1920 年浙江定海人水莲祥,在上海静安寺路开设水美大衬衫商店,前店后工场,承接来料加工和定制业务。

1937 年全面抗日战争爆发后,上海有小型衬衫厂(坊)18 家。当时的新光厂已有职工 200 余人,规模最大,1941 年创出司麦脱麻衬衫。衬衫业中小厂(作坊型)占绝大多数,至 1949 年 6 月,衬衫工业同业公会共有会员厂 106 家,仅 30 家工厂开工生产。

### 4. 机制缝纫专业的产生

辛亥革命后,人们逐渐习惯穿着中山装、西裤和衬衫。1919 年国产缝纫机问世,我国的服装生产开始由手工缝制逐步转向机械缝制。不少中式裁缝为适应新式服装的制作和提高生产效率,也纷纷添置缝纫机,翻帮改制西式服装,并成为机制缝纫业的一部分。20 世纪 30 年代初期,全国各大城市普遍开展抵制日货运动,机缝业务迅速发展,店铺逐渐增多。机缝业的从业人员,大都来自军服厂,俗称"大帮厂"。20 世纪 40 年代后,机制缝纫厂开始由军服、制服生产,逐步发展为民用服装生产。一些有机缝手艺的农民,也陆续到城市当缝纫工人,使机缝业的从业人员迅速增加。1944 年由金荣仁等发起,在上海组织了机缝业联谊社,会员店 200 余家。1947 年上海市机制缝纫业同业公会成立,推吴嘉铺为主任委员。凡是以缝纫机缝制的布类服装店,统归属机缝业,入会会员 600 余家。至 1949 年末,上海会员店铺有 1650 余家,摊贩 2000 余户,遍及全市街道、里弄。

# 第八节　近代纺织机械行业的雏形和化纤生产的萌芽

中国的手工机器纺织业在明代已很发达,纺织生产中所用的轧棉机、缫丝机、纺车、织机及络纱、整经等工具多已较完善。束综提花与多综多蹑相结合的提花机和多锭大纺车,更是在动力机器普及之前达到技术高峰。这些机器和工具都是木制的。由于中国的纺织生产方式大都以家庭为单位,所以这些机器和工具一般由木工根据需要,临时制造。清代中叶,一些棉纺织业和丝绸业发达的地区开始有了专业性的木工作坊,制造手工纺织机械。

鸦片战争前后,我国一些地区的纺织机械以式样新、质量好而负盛名。《蚕桑答问》记载:"浙中有脚踏缫车,灵活而省工。"《太仓州志》记载:太仓式轧车"用时右手执曲柄,左足踏小板,则员木作势,两轴自轧"。可见当时太仓轧车已使用"飞轮"。

纺车和锭子的生产,在清代早已普遍,上海青浦县尤为突出。1820 年前后,当地民间流传"金泽锭子谢家车"之说。金泽锭子为铁制,制造锭子的原料是用方梗土铁,先打圆,两头拷尖,然后拷直、锉圆、磨光、校正,制成铁锭,纺出的纱支光洁均匀,质量可抵 10 支以上洋纱。用一般纺车,一农村妇女一个晚上只能纺纱 6 两。如将金泽锭子和谢家车配合起来,可以纺纱半斤(8 两),并且质量也好。

其他一些地区,在这一时期也有一些纺织机械产品以其优良的质量而著称,如南京的缎机、妆花机和剪绒机,镇江的宫绸机、缫丝机和栏杆机等。

由于我国以家庭为单位的纺织生产方式长期未能被突破,而且手工纺织机器的型式适应于个体劳动手工操作,所以几百年来改革缓慢,绝大部分是用脚踏纺车和手投梭织机生产,有些地方甚至是用手摇单锭纺车。纺织生产规模虽然遍及广大农村,但所用机器和器具与西方 18 世纪中叶以后发明的动力机械纺织机器相比,非常落后。1840 年鸦片战争后,西方列强的各种纺织品、新式纺织机械和器具大量进入,我国的传统手工纺织机器制造开始退缩到次要地位。虽然后来近百年中,我国广大农村仍存在手工纺织机器的制作,但来自西方的先进纺织机器和器具毕竟在我国纺织业中已占有主导地位,我国纺织机械行业也从缫机修配开始,渐成雏形。

## 一、近代纺织机械业的出现

1840 年鸦片战争后,外国资本纷纷涌入我国。1862 年英商首先在上海创设纺丝局。19 世纪后期,日、美等国家也纷纷到我国来开办丝厂和纱厂。由于洋务运动的兴起,清政府集资购买外国新型纺织机器开办工厂。我国民族机器制造业在这个时期开始了纺织机械的修配和仿造,从而逐步形成了我国自己的纺织机械业。

我国的纺织机械业首先在上海出现,并且一直处于全国领先地位。其次较为集中的地区是华北工业中心天津,但一直无专门制造纺织机械的大型工厂。规模和上海相比,也相差甚远。其他地区,除汉口和山东潍县(今山东潍坊市)曾有过两个较大规模的轧花机和织机制造厂外,其他的工厂规模都不大。有的厂是制造各种一般机械,纺织机件只为其中一项;另一些则是纺织工厂设有的机械修理部或机修车间,以修理自用机件。

### 1. 缫丝机制造业的出现

自 1862 年英商在上海创设纺丝局后,新式缫丝工厂开始在中国出现。接着,国内民族资本也开始向国外购买新式缫丝机,并聘请外籍技师来我国,以发展机械织绸,改进国内织造技术。与此同时,中国民族资本机器工厂也乘机仿造国外缫丝机。这一时期,国外进来的缫丝机为意大利式丝车,仿造比较简单,主要部件为台面、管件和铜盆。1882—1913 年,上海缫丝机制造厂比较大的有 10 家。[①]

1912 年上海丝厂增加到 48 家,丝车约 1.38 万台。制造缫丝机的厂家在此时期发展很快。永昌机器厂在最盛时,有 12 匹马力蒸汽机 1 台,8 尺龙门刨床 1 台,大小钻床 2 台,车床 11 台,工人 100 名左右,其中学徒占半数。工人以钳工为多数(因为丝厂机器安装、制造、修理,大都是钳工工作)。产品主销上海纶华、瑞华、锦华、怡和等丝厂。杭州拱宸桥四泾丝厂、萧山义和丝厂,每厂都有 200 多台缫丝车;绍兴开源永丝厂,也有 100 多台缫丝车。以上 3 厂的缫丝车大都是永昌机器厂制造。另外该厂缫丝机还销烟台、苏州等地。永昌机器厂最盛时,年产缫丝机千台以上。

由于缫丝机上很多部件的制造均采用分包协作,所以缫丝机制造业发展很快,基本上能满足当时民族缫丝工业对缫丝机的需求。1913 年前后,上海缫丝机进口完全停止,除管子等零件外,均由国内机器工厂制造供应。

### 2. 轧花机制造业的出现

鸦片战争以后,在外国纺织品大量进入我国市场的同时,外国资本大量向我国采购棉花,棉花的出口与纺织品的进口逐年增加。出口的棉花,多数在国内先经轧花加工,再运到外国。此时,我国原有的土法轧花机已不能胜任,外国轧花机乘机进入我国市场。

据《青浦县续志》记载:"洋轧车光绪十年(1884 年)间,自上海传入,先行于东北乡带,日出花衣一担有余。"1885 年前后,日本千川牌、咸田牌轧花机在上海日商中桐洋行经销。甲午战争以后,销路更大,在上海周围地区每年销售 300 台以上。

1889 年日本在上海设立上海机器轧花局,有轧花机 32 台,每日产量 90 担。随着日本式轧花机的传入,中国民族机器工厂也开始仿造。1897 年上海轧花厂较大的有 8 家,轧花机五六百部,其中一小半系国内仿造,其余多为日本制造。

1887—1913 年,上海轧花机制造厂有 10 多家。当时上海第一家制造轧花机的厂家为张万祥锡记铁工厂,所产轧花机销售于上海附近农村,常常供不应求,营业发达。戴聚源铁工厂,开始时专门为日本千川牌、咸田牌轧车进行零件修配,1897 年以后逐步发展为制造轧花机的厂家。由于轧花机的销售以农历七至十月新花登场时为最多,其他时间业务不忙,所以戴聚源在其他时期仍以打铁为主。当时,上海轧花机产量较高的是义兴盛铁工厂。1898 年该厂购进国外车床,从江南制造局挖来技工,仿制日本轧花机。开始时

---

① 上海第一机电工业局史料组:《上海民族机器工业》,北京:中华书局,1966 年。

用中桐牌出售,每台售价 28~32 元,有 30%~40% 的利润。后来改用聚宝盆牌,最多时一天产 20 台。20 世纪初,湖北汉阳的恒顺机器厂也开始生产轧花机,产品主销华中一带。

### 3. 纺织机器修配业的产生

1895 年开始,外商纱厂和华商纱厂在上海逐步增加。这时,上海纺织机器的安装修配工也应运而生。1895—1913 年,上海纺织机器修配专业较大的厂有 5 家。

自外商怡和纱厂开设后,蔡方源即开设协泰机器厂,专门代怡和纱厂安装机器,业务很发达,利润有时高达 200%~300%。后来新老怡和纱厂的业务,一般均由协泰厂包去。由于大部分零件需要翻砂厂代铸,1901 年协泰厂又扩大了翻砂部,厂部也迁至昆明路安国路,使翻砂工艺由外加工转为自己生产。

1902 年陈益生创办的炽丰机器厂,也以修理纺织机器零件为主,如修配筒管牙齿、锭壳、法兰牙齿、清花间琵琶牙齿等。主要对象是三新纱厂,月营业额约 1000 元。工厂有 10 余人,厂房 1 间,车床 4 台,龙门刨 1 台,钻床 1 台。自设翻砂间 1 所。范围不算大,但业务发达。

由于纺机零件多、耗损大,所以技术力量较为雄厚的大隆机器厂于 1905 年左右由修理外轮转到修理纺织机件业务上来。大隆厂创办人严裕棠由于和英、日商人关系较熟,所以能够把修配纺织机件的业务招揽到手。当时,该厂包揽了日商内外棉公司在上海的修配业务。内外棉是自设蒸汽锅炉发电的。一次发电机蒸汽管发生故障,开始时由英商瑞镕船厂承造,但没有成功;后来改由大隆厂承造,获得成功。此事使大隆厂的信誉得到很大提高。当时,大隆厂主要修配纺织机器上的皮辊、锭子、筒管牙齿、洋枪管子、盆子牙齿等。

1895 年以后,以制造轧花机为主要业务的义兴盛也兼做纺织机器零件修配。主要业务对象是怡和纱厂、溥益纱厂。

### 4. 针织机制造业的开端

随着针织品的输入,针织机也由国外介绍到我国上海、广州和天津。上海发售欧美针织机的有茂盛、天祥、利和、利康等洋行,发售日本机械的有恒泰洋行。日本机器均系手摇。国内民族资本接着也开始购机办厂。

1908—1910 年,上海江南制造局周惠卿等 4 人,凑了几十元现金,购得一台德国手摇袜机,在工余时进行仿造,经几年时间试制成功。后合伙设立家兴工厂,自产自销 104~160 针手摇袜机,并制造了专门铣针筒槽子的小铣床设备。

当时上海制造袜机的还有邓顺昌机器厂和闰泰机器厂。邓顺昌机器厂仿制的德国金轮牌圆筒袜机,每台价格 40~50 元,月产量经常在 500 台以上。产品销往湖南长沙最多,其次是浙江硖石、平湖、嘉兴一带。闰泰机器厂从代销茂成洋行袜机开始,后仿造袜机,但产量不多。

## 二、近代纺织机械业的初步形成

### 1. 形成过程中的曲折

1914 年第一次世界大战爆发后,我国民族棉纺织工业纷纷增加投资,扩大再生产。

新的棉纺织厂也大量建立。纺织机械设备的需要量也相应增加。大战中期,各国政府都不同程度地做出禁止或限制机器出口的规定。但中国的纺织业此时蒸蒸日上,所需机器供不应求。中国纺织机械业得到了一个很好的机会。

大战结束后,外国纺织机械又输入我国。1922年输入金额达3000万关平两,占各种机械进口总额的50%以上。此后,虽然数量有所减少,但纺织机械的进口始终占各种机械进口的首位,其中很多机器是外国资本在华厂家所增添的设备。

第一次世界大战前,我国各纱厂所用的机器几乎都是英国货,织机亦是英国货为多数。大战开始后,美国纺织机器逐步替代英国机器。日本在华厂家一般采用本国丰田机器。美国货构造精巧,但就质量而言,美、日两国均不如英货。

从1930年开始,世界经济发生危机,列强纷纷向我国倾销纺织产品和纺织设备。此时,我国纺织业经营惨淡,纺织机械业受到沉重打击。不少工厂为了紧缩,纷纷改组,分散资本,转移业务,以求生存;也有一些工厂停业倒闭,工人失业增多。1936年由于世界形势趋于紧张,各国纺织机器输华减少,机器价格上涨。此时又适逢我国农业丰收,纺织机械业才有所好转。

我国纺织机械业在1913—1936年历经艰难,几经起伏。但这一阶段,纺机、织机、针织机、丝织机等专业已初步形成,纺织机械制造业的工人队伍得到壮大,技术人员增多,民族资本家也有了一定经验。国外进口机器的增加,虽然加重了对上海纺织机械业的压力,但也给上海纺织机械业的发展带来机遇。新产品不断产生,不仅在市内销售,而且大量销往外地。

天津的棉纺织业此时也有一定的规模,但所用纺纱机多购自国外。出于技术及经济原因,天津的机器制造厂除能仿造摇纱机、打包机外,只有修配零件的能力。一般织布厂的铁木织机和人力提花机,多为本市机器工厂所造,价格低廉,产品尚称精美。丝厂的并丝机和捻丝机等则十之八九为外货。1931年天津市内的绝大部分袜机为本市所制造,但电力针织机仍需外购。

其他地区也有一些纺织机械制造和修配厂诞生,但数量不多。

2. 纺织、印染、缫丝机器修造业逐步形成

第一次世界大战爆发后,我国新的纺纱、织布、织绸、印染、缫丝机器修造厂家应运而生。1914—1924年,仅上海就新增此类厂30多家。其他地区新建的也不少。

1914年以前,我国纺织业仅能修配皮带盘、齿轮等传动零件。大战以后,能生产和修理精度较高的洋枪管、法兰翼子、钢丝斩刀、细纱机皮辊、弹簧、锭胆等零件。1936年上海大隆厂及济南仁通纱厂修机已能制造整套纺纱机,但产品只在极少的几家纱厂中应用,其他纺机生产厂家,仅能生产较简单的摇纱车、经纱车、络纱车等部件。

上海大隆机器厂在1918年前已承接日资内外棉、喜和、大康等纱厂及民资申新、崇新、鸿裕等纱厂的修配业务,是当时国内私营纺机厂中最大的厂家。1930年受经济萧条的影响,大隆机器厂一方面承接一些兵工厂的业务,另一方面采取棉铁联营方针,即收买隆茂纱厂,改建、扩建仁德纱厂,并向其他纱厂投资,实行联营。如先后为常州民丰纱厂、郑州豫丰纱厂、江阴通仁毛棉纺织厂造过粗纱机、细纱机、给棉机、捻线机、并条机等大批

棉纺机器。到全面抗战前,已能制造整套棉纺机器。

第一次世界大战爆发后,一批纺织机器修造厂相继而起,其中最引人注目的是中国铁工厂。1920年上海纱厂联合会会长、总商会会长聂云台派陈炳勋到美国萨各洛威尔纺织机械制造厂学习并实习纱厂机械设备与配件的全部制造过程,调查制造纺纱机用的材料和工作母机及动力设备情况。陈炳勋在回国途中,又取道欧洲,经英国、德国采购了部分工作母机和动力设备。回上海后他即行筹办中国铁工厂。建厂工作在1922年完成,推举张謇为董事长,聂云台为总经理。该厂初期产品为细纱锭子、钢领、罗拉三大件,行销上海、汉口和天津。后又仿制日本丰田式自动织机,第一批50台于半年内完成,售与裕华厂。开工头几年,每年营业10余万元,其中锭子、钢领、罗拉三大件占销售总额的80%。1922年以后,我国棉纺工业开始衰退,使中国铁工厂无利可图。1932年日本发动"一·二八"事变,中国铁工厂遭到炮击,损失惨重。第二年宣布倒闭,所有厂房、机器以5万两(约原价的1/3)卖给四川华西兴业公司。

上海张万兴原来也是制造轧花机的厂家,大战后期,主要业务转入纺机修配,有恒丰、宝丰、宝通和南通大生纱厂等客户。1919年营业额1.8万余元,盈利5000元左右。此时张万兴有3个打铁炉的铁店3处,8台车床的机器厂1所,11台车床的机器厂1所,翻砂厂1所,工人七八十人。

这一时期,上海其他一些厂,都有一定的业务对象。如炽丰和张仁记机器厂,业务以新纱厂为主。钰昌机器厂专为恒丰、永安纱厂修理锭子,配制皮辊,代永安纱厂做过一台清花机。华昌铁厂主要分包公兴机器厂的零件业务。发昌机器厂以修理粗纱锭壳和配制法兰翼子、钢丝车斩刀、细纱车皮辊弹簧为主要业务。上海制雅铁工厂仿造的槽筒式高速络筒机,售价也比进口货便宜。

该时期,内地也有一些纺机修造厂建立。1936年西安西京机器修造厂成立,专门修理交通器材及纺织机件。一些纱厂也建立修理部。

自从洋纱大量进口后,沿海地区老式纺车开始逐步淘汰,但织机还是用旧式木机,并无改进。19世纪末,外国到中国投资开纺织厂后,一些规模较大的纱厂、棉织厂开始出现外国的全铁织机。中国民族资本开的较大规模纱厂中织布机也是进口的全铁织机。

旧式木机俗称"投梭机",结构落后。它未能将开口、投梭、打纬、送经、卷布5种动作组成一体,劳动者必须分开完成每一个动作,费时而效率低,织物质量也差。一个熟练的织工,每日也不过成布10码。1890年以后,我国留学生从日本学得手拉织机,首先在天津、上海传开。这种手拉织机仍然是木制,依靠原来制造老式织机的木匠即可制造。这种织机很快在各省推广。第一次世界大战开始后,中小型布厂相继出现,遍及我国各地。但因一般厂无力购买国外全铁织机,于是脚踏铁木织机开始盛行,我国也有了铁木织机制造业。脚踏铁木织机以铁为主,木工只处于协作地位。机器利用飞轮、齿轮、杠杆等机件将织机5种运动相互牵联,形成整体,以足踏板为总发动力,各部随之自行动作。每日产布能力提高到30~40码,较手拉机增加两倍。此机器虽以人力为动力,但结构很完美。铁木织机制造比较简单,加工要求不高,大都是铁铺转业的小机器厂与木工相互协作制成。此时期,我国的一些厂也仿造过全铁织机。如前面讲到的中国铁工厂、大隆机器厂,1921年后先后仿制过日本丰田式及平野式全铁织机及全铁毛巾织机,并获成功。其他厂亦有仿制英国式全铁织机的,但数量不多。

1910年左右,华北潍县成立的华丰机器厂,是当时整个华北地区最大的机器厂。该厂成立不久,厂主滕虎忱参照国外电力驱动的织机式样,自行设计脚踏铁木织机,去掉不必要的部件,改电动为脚踏,每日可织40码洋布1匹(10余丈),销售昌邑、掖县、寿光、益都、安邱等县,逐渐取代该地区的木制织机。年销售2万部。

上海的铁木织机制造厂有求新、江德兴、宣东兴、东升、天利成、东华、泉鑫昌、三星等。另外协作生产铁木织机的还有李顺记木作、沈鸿记木作。这些木作在协作同时,也生产些手拉木机,供应内地。李顺记并以所造的手拉木机木梭箱而著名。1922—1924年,这些厂年产铁木织机50台,除销上海外,还销江阴、常州、无锡、嘉兴、杭州、汕头、厦门等地。

1923年宣东兴机器厂首先为上海的洋布厂改用电力发动的布机。自此,上海的布厂先后改用电力。但内地仍以脚踏为主。

我国丝绸织机几百年来都是沿用木机。提花是在木机上加一提花架子,挂一本丝线制的花本,由学徒高居在架上拉牵、提放,把经线错综而交织花纹,名谓束综提花。清末,浙江劝业道在杭州创办工业学堂,设立染织科,按照日本式样将木机改为手织提花机。第一次世界大战前,我国丝织生产均为手工木机生产。1912年日本运来上海3台电力织机样机,一台为单面双梭(可做双绉),一台为多臂龙头(可做缎子),一台为平织机(可做纺绸),但无人能使用。1913年日本又输入用于织绸的手拉木机,用于家庭手工业,但台数很少。1916年杭州的纬成厂、上海的物华厂向日本定购铁木结构的电力织绸机。物华厂铁木机的木机木壳是本厂自制,龙头是日本输入。铁龙头上的纸纹版,由电力自动提花,降低了劳动强度,比我国传统束综提花又进了一步。1928—1929年,人造丝大量进口,小型丝织厂应运而生。小厂一般采用手拉木机,二三台即可开厂。此阶段,国内厂家开始仿造电力织(绸)机,相继获得成功。

1928年王宛卿、陈世珍在上海小沙渡路(今西康路)创立环球铁工厂,专制丝、棉、毛、麻等各种纺织机械,尤以缫丝和织绸两类机械为主。该厂制造出环球式电力织绸机后,又吸收外国织绸机的优点,做了几项改进,制造出新式丝织机械。其后又创造出津重式铁木力织机,该机采用日本重田式卷取部分和津田式送经部分的长处而成。以后又由单梭箱改为多梭箱,如单面双梭、单面四梭、双面双梭等。此种织绸机为国内一些中小厂所采用,被称为环球式新式力织机。

天津制造丝织机的厂家有振兴机器厂、三本机器厂、信昌机器厂,以及久兴、协利成等。振兴、信昌、三本、协利成主造提花机,久兴厂专造电力织机和电力提花机,信昌厂专造人力提花机和电力提花机。

第一次世界大战中、后期,由于欧洲军火生产需用生丝,向中国大量订货,缫丝工业逐步好转。1927年我国缫丝工业达到全盛时期。1927年前,我国江浙一带的丝厂一般均用意大利式缫丝机(此时广东缫丝比较落后,旧式煮锅与缫丝锅兼用),其原动力均为蒸汽机。所用的动力,不必过于强大,每马力可转动丝车10~20台。此时期,上海制造缫丝机器的专业厂中较大的有钧昌、鸿昌、申昌、裕昶生等机器厂。

钧昌厂所制造的缫丝机除供上海外,还销无锡、湖州、南浔等地,而内地以四川为大宗。钧昌厂年产意大利式缫丝机3000~4000台,每台价格约100两。此外还兼制发动机等设备。月均营业额5万两,利润占30%。裕昶生机器厂的产品主销上海十几家丝厂,并兼营机器保养、零件修配、机物料供应等业务。

由于当时中国生丝出口质量逊于日本,丝业界急切希望将意大利式缫丝机改为日本式缫丝机,然后经过复缫机来改良丝质。1928年上海环球厂经理王宛卿去日本订购了部分新式煮茧机和陶制丝锅、大小木筬、新式丝眼等。1929年上海环球厂设计出适用于我国的5条座缫机、复缫机和检验丝质的黑板机等。缫出的丝能与日丝媲美。1931年王宛卿又赴日本考察,回来后试制出国产多条缫丝机。

此阶段,上海还有双宫缫丝厂5家,缫丝机932台。所谓双宫是两蚕合作一茧。此茧在意大利缫丝机上不能缫丝,故各厂选茧时均行剔除。双宫茧均以制作丝绵或手工捻丝线用。双宫缫丝机是宋镇洋留学日本时学得的。宋归国后绘制图样,依式造机,成绩斐然。

第一次世界大战爆发前,我国的针织机和袜机为德国货垄断。大战爆发后,德国停止出口,我国针织机制造厂随针织业的发展而兴起。

1914—1924年的10年中,上海针织机制造厂从3家增加到36家,1931年为41家,1937年达到48家。第一次世界大战初期,我国针织机制造厂都生产圆机。当时,浙江平湖、硖石,江苏无锡等地的几十家袜厂,其机器大多数为上海针织机制造厂所制。

1918年上海邓顺昌机器厂仿造日本麒麟牌横机成功。随后义记、锦华等10家厂纷纷生产横机与进口横机争夺市场。1919年邓顺昌机器厂又仿制日本式大筒子针织圆机成功,其他厂也纷纷仿制。由于当时抵制日货剧烈,而邓顺昌机器厂的产品又比日货便宜,于是大筒子圆机逐渐由国货取代日货。另外,上海老家兴厂也以国货机器的便宜价格在汉口取代日本机器。

1920—1925年,美国B字电动织袜机通过洋行在国内推销。产袜量比手摇袜机提高三四倍。电力袜机构造复杂,零件繁多,仿造比较困难。上海瑞昌袜厂厂主汤秋根发起,集合龙华兵工厂技工朱耀均、潘阿庚、张振卿等购得B字电力织机1台,着手仿造。经过1年仿制,终于成功。于是他们创办了华胜厂。1927年该厂正式生产B字电力袜机。第一年产量100台。1930年该厂又仿造K字电力袜机成功。K字机是织长统袜的新式机器。

1925—1928年,国内针织内衣与毛织骆驼绒业兴起。当时日本产的电动汤姆金织机进口较多,但关键零件如针筒滚姆和传动齿轮等性能差。1930年上海求兴机器厂厂主周惠卿等人试制滚姆成功,性能比日本货好,与美国货不相上下;1931年又仿制成功我国第一台汤姆金织机。1932—1936年,求兴厂制造的汤姆金织机已普及天津、广州、汉口,并销往香港、四川。

1914—1936年,中国纺织机械业的发展起伏曲折。到1936年时已具有一定的生产能力,对一些国外先进机器已能仿造,并在国内得到应用。有一些机器虽能仿造,但没有得到国内厂家的信任,产品尚未得到推广。在生产水平上,和先进国家的差距很大。国内生产厂中机械化程度都很低,设备简陋。即使在上海的纺织机械厂中,天车也不多见,遇到重大部件,人搬手推。磨床本是加工精密机件的设备,但上海有磨床的工厂不过数家,大多数工厂磨削工作用手工进行。铸造是纺织机械生产中的主要工序,但上海有翻砂机的厂家极少,测试仪器更是缺乏。内地的纺织机械厂中,机械化程度就更低了。

铸钢、合金钢及弹簧钢在机器制造中占重要地位,这方面的材料我国主要依赖进口。有时往往因为一个部件影响全机。国外材料进口困难时,国内往往用灰铸铁和普通钢来代替铸钢、合金钢,因而限制了我国纺织机械制造的水平。

### 三、全面抗日战争时期的纺织机械业

1937 年 7 月,政府要求沿海城市将工厂迁至内地。7 月 30 日,上海机器五金同业公会召开会议,并邀请国民政府资源委员会代表参加,会上不少资本家表示愿将自办工厂迁移内地支援抗战。回厂后组织动员,得到广大职工的热烈响应。接着,上海机器五金同业公会推举颜耀秋、胡厥文为代表去南京讨论迁厂的具体事宜。8 月 10 日,资源委员会拨款 56 万元,并成立上海迁移监督委员会。预定将工厂先迁武昌徐家栅集中,再分配西迁宜昌、重庆,南迁湖南、广西。整个上海共迁出工厂 146 家,其中机器厂 66 家,占上海机器工厂总数的 10%,技术工人 1500 余人,物资 5000 余吨。这股力量后来成为抗战后方的技术中坚力量。这些厂中,纺织机械厂有新民机器厂(2/3 迁走,1/3 留沪)和中国纺织设计机械厂。

1937 年 8 月 27 日,新民机器厂和其他几家机器厂的技工 160 余人,冒着炮火,将机器搬上 21 艘木船从苏州河运出,同年 9 月到达汉口。1938 年 8 月以后,由于日军步步进逼,这些由上海到汉口的机器厂,又迁离汉口,分散到湖南、陕西、云南等地,随后又往重庆迁移。1939—1942 年,这些工厂除了制造军工产品外,还造一些纺织机器和纺粗、细纱的纺锭。1943 年后,由于捐税多、原材料缺乏、交通阻滞,工厂业务普遍衰退。到 1944 年,大半陷于停工。抗战胜利后,这些厂的设备由四川当地收购,所得费用也仅能发职工回乡路费。1946 年这些工厂的职工和资本家都陆续回到上海。

1937 年 8 月 13 日,日军攻打上海,闸北一带的工厂几乎全部毁灭;南市一带也毁坏 50%~60%。幸存的工厂,不管机器设备、原材料或存货都被日本人的"清扫班"洗劫一空。据上海机械行业统计,淞沪会战前的 570 家工厂,在战争中被毁 360 余家,损失 1400 余万元。新民机器厂的留沪部分,在战争中损失五六万元。

上海沦陷后,我国最大的纺机制造厂大隆机器厂被日军占领,因大隆厂过去曾为日资内外棉修配过机件,后来日军将该厂交与日本内外棉接管,改名内外棉铁厂,后又改为大陆铁厂,专为日军生产军火。

淞沪会战中,上海有一些纺机行业的资本家求得外商保护,以保存一部分财产。李泰云、荣尔仁、李孔武创办的兴业工厂是制造纱锭和铁路五金零件的工厂。战争爆发时,工厂停工,全部不动产则委托德商洋行保管,损失虽然不少,但厂房及主要机器得以保存。

安泰铁厂原来承办日华、丰田、公大、内外棉等日商纱厂的纺织机件修配业务。淞沪会战中厂房机器有所破坏,由于厂主与大丰铁厂的日本大班较熟,1938 年上半年将虹口的机器搬到日本大丰铁厂中,经过整顿,很快正式复业生产。

源兴昌是为印染厂修造机器的厂家,1938 年与德孚洋行作假合同,说源兴昌曾欠德孚洋行账款,因此将财产作为抵押,陆续迁至新址复业。

大隆机器厂被日军占领后,又新办了泰利机器厂。当时为了掩护,假借美商名义,取名美商泰利制造机器有限公司,并由美商恒丰洋行安特生为董事长,美籍人担任会计师,建立了一套英文账册;为了便于与华商联系业务,又设立了元生企业公司。

### 四、全面抗日战争时期其他地区的纺织机械业

#### (一)抗日根据地

1942 年陕甘宁边区有纺车 6.8 万架,织机 1.2 万台。淮北解放区有土纺车 3.6 万余架,土布织机 300 台。根据地人民创造了加速纺车,发明了改良织机、铁轮纺机。有的地区还创造了改良袜机,可以织出花纹美丽的棉毛混织的双层袜。还有的地区创造了游击纺车,可以拆开分散,便于搬动携带。这些发明创造,在当时的特殊条件下,为我国纺织机械历史写下了光辉的一页。

#### (二)敌占区

日本侵略者占领我国华北、华东和中南地区以后,除了在占领区建立一些日资工厂外,还采取收买和强占等手法占有我国大量的机械厂。然后经过归并,生产纺织机械和配件。

在青岛,经归并后新成立的纺机修造厂较大的有丰田式铁工厂。该厂原是华人经营的利生铁工厂,1938 年春由日本收买,改为名古屋丰和重工业公司青岛工场。同年冬改称丰田式铁厂。1939 年 11 月业务扩展,在大水清沟购地百余亩另建新厂。同时将原厂重要机器迁来,生产整套纺织、印染、电气吊车、铁路车辆配件、矿山、化学、农田、土木、水道机械等。1940 年日本人又创办木梭、木管两个配套工厂,产品供应青岛市各纺织厂。另外,归并成立的纺机修造厂还有甲整铁工所、松山铁工所、市河铁工所、昭和铁工所和铃木铁工所。

在太原,日本侵略者掠夺了太原西北农工器具厂,年产锭子 1 万枚。

在北平,日资建立了钟渊、昭和等铁工厂。

在天津,日资建立了留源、大和、谦宝、大信兴、安源、昭通等铁工厂,生产纺织机械器材。

在无锡,全面抗战前专事纺织机械修配制造的工厂有 20 多家,其中工艺、合众、公益铁工厂均为我国当时为数不多的专业纺织机械厂,资本都超过两万元。其余厂资产一般都在 400～3000 元。公益铁工厂原为荣氏所办公益工商中学的实习工场,后为申新三厂修零件,曾仿造过急行往复式络筒机。全面抗战时,该厂一部分迁重庆,为政府制造手榴弹、地雷。无锡沦陷后,工艺厂被查封,设备和库材被盗运。公益厂来不及迁重庆的所有重型设备也被日军劫走。一些中小型纺织机械厂纷纷关闭,幸存者也无法正常生产。

1942年后,由于大量"家庭式"小型纺织厂出现和大型纺织厂从日军手中"发还",纺织机械工厂逐步恢复,修配业务开始出现转机,先后开办了立兴复记五金工场及勤新、华新等机器厂。合众、陈荣昌等机器厂为小型纱厂搞修配和改装动力机械,或者收购旧发动机经修理后转手出租给小纱厂和小布厂。

（三）大后方

在抗战后方,当时由沿海地区迁来的纺机厂和内地自办的纺机厂,以及新建的纺机厂很多。它们为抗日战争大后方的纺织业做出了许多贡献。

当时新建的工厂有李升伯筹划创建的经纬纺织机制造公司,厂址设在广西柳州鸡喇。筹建时由徐景薇任董事长,李升伯任总经理,黄朴奇任经理兼厂长。该厂于1942年开工,有职工200多人,大多数设备购自上海迁鸡喇的中华铁工厂,有车床、刨床50多台,生产锭子、钢领。1944年日军进攻广西,厂房被毁,主要机器设备运到贵州独山,后经贵阳转到重庆,在化龙桥买下一家小铁工厂,继续做锭子、钢领。抗战胜利后,该公司重庆厂关闭,一些机器设备搬到上海北新泾附近的仓库里。后来公司又重新建立新厂。

全面抗战时期,申新四厂从汉口迁到重庆、成都、宝鸡3处。其中宝鸡铁工厂,自制纺机,曾造纱锭8000枚。后因敌机轰炸,在山洞内开设工场,装置纺纱设备。

当时大后方有许多机械厂都制造纺机配件,其中较大的有重庆豫丰机器厂、新友铁工厂、顺昌机器厂、恒顺机器厂、工矿铁工厂等。这些工厂有的造纺机部件,有的造大型纺机、小型纺机,也有的造全套纺织机械,为当时后方纺织工业起了很大作用。

抗日战争中产生的一些新型纺织机械:

(1)新农式纺纱机。1937年全面抗日战争开始后,上海纺织界人士倡议创制各种简易纺纱设备,化整为零地分散到大后方和沦陷区偏僻的乡镇进行生产,帮助解决大后方和沦陷区衣被用纱之需。新农式纺纱机就是在这一时期独创的一种纺纱机。

当时由民族资本家荣尔仁邀请张方佐、汪孚礼等在申新二厂开始研究试验。他们取消粗纺工程,利用四罗拉的超大牵伸细纱机以成纱,接着又研制出配套的小型梳棉机和小型清棉机等设备。新农式纺纱机的特点是体积小,占地省,便于战时搬运,运输方便。每组纺纱设备256锭,细纱2台,配清棉1台,梳棉2台,并条1台,摇纱1台,小打包1台。连动力设备在内占地约200平方米,动力为15马力。1939年由张方佐、李向云、龚苏民、陈志舜、陈受之、徐永奕等发起,在上海长宁路建立新友铁工厂,从事新农式纺纱机制造。1941年还提供图纸,供重庆新昌公司制造。1941年上海租界被占,上海新友厂停业。以后在桂林郊外又建桂林新友新工厂继续生产。新农式纺纱机当时曾得到"中央研究院"的工业发明奖及当时经济部专利证。

(2)三步法铁木纺纱机。抗战时期,由于沦陷区纱厂大部被毁,棉纱奇缺,设备一时无法补充。在此情况下,由邹春座等在无锡和嘉定创造出三步法铁木纺纱机,纺出近乎大厂所用的棉纱。三步法铁木纺纱机的特点是将原来的清、梳、条、粗、细五步工序,简化为弹花、并条、细纱三种机器,以高效开松、分梳、除杂的一台弹花成卷机代替清梳设备,将传统的并条机更加简化,并创造高效三罗拉牵伸机构使棉条直接纺成细纱。所用的三种机器全由铁木制成,设备工艺简化,但效率并不低。

（3）建勋式七七动力纺纱机。全面抗战时期，内地大后方在穆藕初的大力支持下，由葛鸣松发明建勋式七七动力纺纱机，1938—1941年先后在重庆观音岩下卢家湾和张家花园，以及成都小南门外筹建七七纺织训练所，并由葛鸣松等编写《七七棉纺机运用法》一书，以后又将样机一台运往延安。七七纺纱机有白铁棉条筒、锭盘、导纱钩、收纱罗拉、纱盘等部件。用竹条做辊筒脚踏传动。这种纺纱机每套有2400～2700锭子。后来改为动力，每套约需40马力，其产量3倍于小型纺纱机。在没有电力供给的地区，只需用两台汽车发动机代替，亦可开工。

（4）师尧式染色浆纱机。上海吕师尧创造的"师尧式"染色浆纱机，是多浆多槽，如二层叠置式双浆槽和三浆槽浆纱机。其中二层叠置式双浆槽浆纱机于1940年取得专利。

（5）其他一些纺织机械。在此时期，还有一些新的纺织机械产生。在提高细纱牵伸装置能力方面，有四罗拉四皮圈、三罗拉三皮圈、三罗拉二皮圈和四罗拉小铁辊式等大牵伸装置。棉条自动卷绕机能把棉条卷成粗纱状并能自动落卷，换管生头。雷炳林创造的炳林式大牵伸装置；粗纱机双喇叭装置。穆藕初和朱某创造的穆朱式大牵伸装置等。

### 五、抗日战争胜利后的纺织机械业

抗日战争胜利后，政府接收了大批日伪控制的工厂，其中一些被改建成纺织机械厂，另一些被原厂主赎回，或被民族资本承购后建成纺织机械厂。

1945年12月，中国纺织建设公司接管日伪工厂，其中包括机械工厂。

在上海，中国纺织建设公司采用官商合资的形式成立了中国纺织机器制造公司，以月产纺纱机2万锭及自动织机500台为目标。政府指定彭浩徐、束云章为筹备委员，民营纱厂推定郭棣活、荣鸿元、唐星海、刘靖基、荣尔仁、王启宇等6人为筹备委员。额定资本60亿元，官股占40%，商股占60%。其中官股部分主要是政府从敌伪接收来的远东钢丝布厂，日本机械制作所第五厂，丰田自动车厂和丰田一厂、二厂的铁工部。中国纺织机器制造公司设有两个厂。一个为第一制造厂，地处河间路，原为敌产华中丰田自动车厂，厂基面积63亩，厂房面积9859平方米。另一个为第一制造分厂，地处长阳路，原为日资机械制作第五厂。

在青岛，中国纺织建设公司青岛分公司有机械厂一所——青岛第一机械厂，厂址在大水清沟村，由原日伪丰田式铁工厂及曾我木工厂、华北木梭厂组成。该厂原有机械大部分是日本制造，欧美的极少，性能与精度都不算好；而且由于历年保全不周，蚀损严重。全厂有各式工作母机456台。当时业务分两种，一种是修配青岛分公司所属各厂的机器零件，一种是制造整套纺织机及其他母机。从1946年3月开工后，一年设计制图2428件，整修母机405套，制造各厂配件20余万件，铸成品20余万公斤。

在天津，中国纺织建设公司也有一所机械厂——天津第一机械厂。它是由在北京的钟渊、昭和两铁工厂和在天津的富源、大和、谦宝、大信兴、安源、昭通等铁工厂改组而成的。原来附属于第七纺织厂的纺织机械制造所，也改属天津第一机械厂。

上述中国纺织建设公司在上海、青岛、天津所属的4家机械厂，计划办成有3万锭和1000台织机的成套设备生产能力，但未能实现。

当时一部分日资纺织机械厂被政府接收后,卖给中国资本家。由于从上海迁往内地的机器厂在抗战胜利后纷纷迁回上海,所以内迁工厂的许多负责人被经济部委托为工厂的厂务主任,负责将工厂复工。后来政府又同意他们采取分期付款的优待办法承购工厂。如大丰铁厂被合作五金制造公司负责人胡叔常以3.9亿余元承购,精密机器厂被惠工机器四厂负责人丁维中以9.5亿余元承购。

此时期,也有一些在抗战时期被迫售与敌伪的工厂得到赎回。根据当时规定,抗战期间售与敌人的工厂,如能提出确实证据证明售价,而且售价在当时市价的50%以下者,属于被迫售卖,可以赎回。1947年9月,大隆机器厂被严家赎回,由于日军将该厂改为兵工厂,设备反有增添。

抗战胜利后,棉纺业曾经一度快速发展,促使纺织机械制造与修配业一度繁荣。1946—1947年,全套纺织机械及主要纺织机械部件的制造,零件的修配和修理,得到了显著的进展与增长。但是由于后来通货膨胀与棉纺工业的停滞,纺织机械生产到1949年基本陷于停顿状态。

上海的纺织机械业,由于其独特的历史情况和地理位置,在产量、质量和生产技术等方面一直领先于全国。但与先进国家相比,差距还是很大的。1949年上海的纺织机械厂已达262家,职工约1.16万人。

历年来,上海纺织机械业的大部分产品装备了上海的纺织工业。据统计,在棉纺工业的主要机器中,国货仅占1%多一点。国产机器比重较大的是简单的、次要的机器。到1949年为止,中国纺织机械业虽然已能制造一些重要的纺织机器,但这些产品的数量和质量都很低。直到1949年,上海纺织机械业的设备和技术还很落后,不少厂房十分简陋,有些是战后仓促建立。设备方面,绝大多数工厂数十年变化不大,有些工厂把老虎钳、旧车床也算一台设备。对于高级、复杂的新式机床,如磨床、滚床、横臂钻、插床、镗床等更是凤毛麟角。旧上海整个机器行业,锯床只有5台,所有锯断工作完全凭手工。

上海纺织机械业中,另一个突出的现象是雇佣学徒的比例高,个别厂家高达80%。因为纺织零件系大批生产,有了固定的机器及生产工序,学徒也能胜任。这些学徒的技术,一般工厂中由领班和老师傅传授;个别大厂中也有一面学习数学、识图,一面工作的。

# 第九节　化学纤维生产

早在19世纪中期,国外已出现人造纤维。到20世纪30年代,黏胶人造丝已大量输入中国。1936年国人在上海筹建人造丝厂。两年后,日商东洋纺绩公司在辽宁安东(今丹东)也筹建人造丝厂。直到1949年末,上海厂只进行了小型试验;安东厂生产规模也不大,而且在抗战胜利后一直停产。

1. 安乐人造丝厂

1936年邓仲和筹办人造丝厂。当时获悉,法国里昂有一家日产1.5吨的人造丝厂,因受经济危机冲击,愿廉价出让。为了进一步摸清设备情况及价格行情,邓仲和于

1937年1月先后到意大利、奥地利、匈牙利、德国、法国、英国进行考察,最后购买了里昂人造丝厂的全套设备(包括试验机器)。1938年在上海安和寺路(今新华路)兴建厂房,占地20.6亩,定名为安乐第二纺织厂。

里昂人造丝厂运来的主要设备有筒管纺丝机4台(1600锭)、捻丝机24台、摇丝机6台、洗丝机4台、浸渍机2台、粉碎机4台、硫化机6台、压滤机7台及试验机器1套。其他设备,因第二次世界大战爆发,运输困难,均未能运出。邓仲和聘白俄技术人员耶茨夫为工程师,进行设备安装和在试验机上试制人造丝。由于没有喷丝头,只能在化验室内把黏胶压入医用注射器内压出成形。这是该厂最早研究试制的人造丝。其后从芬兰进口棉浆粕在试验机上正式投料试纺,1941年1月4日试纺成功。每日可生产10公斤,以金钱牌为商标,在市场上销售。后因太平洋战争爆发而停止。

抗战胜利后,邓仲和重金请得英国工程师来华负责试车、开工及训练生产人员。1947年邓仲和决定用60万美元购买一套美国新型离心式纺丝机。当1949年5月邓仲和汇出一半货款时,上海解放,结汇停止。所以邓在美所订购的设备也只运到半数,无法安装生产。所聘英籍人员也在1949年冬被遣回国。

2.安东人造纤维纺织厂

1938年春,日商东洋纺绩公司在辽宁安东市西南郊圈地65.17万平方米,决定兴建东洋人造纤维公司安东工场。计划分四期进行,每期建设日产黏胶纤维10吨的规模。

1941年3月10日,安东工场第一期工程竣工投产,机器设备是从日本国内坚田工场拆迁来的德国20世纪20年代制造的旧设备。厂房建筑参照当时日本国内最新型的岩国人造纤维工场设计,原液工场为平房式,厂房大部分为砖木结构,一小部分为混凝土结构,车间内仅设20米高的排毒塔,劳动保护装置很差。工场有职工1000余人,其中80%是中国人,管理与技术人员多是日本人。

在安东工场建造的同时,由日本东洋硫磺公司投资,在安东工场的圈地内建立一个二硫化碳制造工场。另外,弘南化学公司也在圈地内建立一个硫化钠工场。这两个工场生产的产品主要是为黏胶纤维生产所需的化工原料配套。

生产人造短纤维所需的原料浆粕,主要来源于日本在东北开设的东满人绢纸浆厂(现青林省开山屯浆粕厂)、东洋纸浆厂(现吉林省石岘造纸厂)、日满纸浆厂(现吉林省敦化造纸厂)、满洲纸浆工业(现吉林省桦林造纸厂),也有少部分来自日本国内。

由于当时伪满洲国的一切资源均由日本关东军军部控制,安东工场生产所需的原料、化工材料、燃料、电力以及其他材料并不能得到保证。特别是第二次世界大战后期,各类物资供应更趋紧张,加上战争失利的阴云,使日籍技术、管理人员不能安心;此外,劳动力普遍不足。所以安东工场第一期工程,最高日产量只在很短的时间内达到过8.5吨的水平,一般仅5~6吨,日本投降前降至1~2吨,产品大部分作为军需品提供给日本关东军。

1944年东洋纺绩公司从日本国内拆迁坚田与防腐两个工场的设备,在安东工场内再扩建日产10吨人造短纤维的第二期工程。但这时伪满洲国物资匮乏,只在第一期工程的基础上做了扩充,使生产能力提高到日产12吨水平。日本投降后,安东人造纤维工场停止生产。

# 第六章 近代染料与染色工业

1856 年第一个工业合成染料在英国被发明并投入生产和应用,从此,合成染料的开发、生产、应用迅猛发展,基本取代天然染料。

我国的合成染料是在西方国家合成染料应用之后不久被引进的,并得到广泛应用。我国的合成染料生产则远落后于西方,1919 年第一家民族企业青岛染料厂才建成投产。随着染色技术的提升以及机器工业的发展,近代染色工业也得以快速发展。

## 第一节 近代传统染料与染色

### 一、中国近代印染业的生产组织形式

中国近代印染业与纺织业一样组成成分非常复杂。按所使用的技术及设备而言,有手工业与工业之别;就生产资料的所有权而言,又有官营或官督商办、民办、外资或中外合资等不同类别;从规模来讲,又分为微型、小型、中型和大型。

从组织形式分析,中国近代印染业可归纳为以下四种大类:家庭副业类、匠人或手工专业类、散发型工厂类、机器工厂类。

第一类家庭副业类,是指家庭内部的个人把从事印染生产活动作为副业,其产品多是自纺自织自染,供自己家庭使用,有多余则出售,但并不能成为家庭主要收入。这类生产形式主要分布于乡村;生产手段主要为传统手工方式;使用工具即使在传统手工工具中也属较为简陋的,如单锭纺车、两片综脚踏织机、染缸染棒等;其发展过程是逐渐消亡,但直至 1949 年,仍有相当数量存在。这种生产形式是分散的,主要采取以个人为单位的最小形式;在时间上说是间断的,采用冬天等空闲时间;生产人员以家庭成员为多,以传统的"一缸两棒"作为工具。

第二类匠人或手工专业类,是指由具有印染专门技艺的匠人组成的生产单位。这种生产形式以匠人为核心。可以采用家庭作业的形式,由匠人加家庭成员或一两个学徒组成。他们使用较为精巧复杂的染具,生产时往往需要多人的配合。其中某一匠人往往兼负经营管理、技术训练、生产指导多种职能,就像《大染坊》里的陈寿亭的早期染坊一样。这类生产可以是专业化的生产,也可做一相当重要的副业。由于近代工业生产的压力,许多专业匠人被迫兼做其他工作,以印染业为副业。这种类型大多分布在乡镇或集镇。在整个近代,这类生产形式也是在不断萎缩。

第三类散发型工厂,是介于现代工厂与传统作坊之间的过渡物。这类企业虽挂工厂之招牌,但其主要生产却已散发到附近各个家庭中去加工,或由几个邻近的小加工作坊合作。这些工厂可以是以基本手工的形式进行生产活动,也可以使用近代的机器。这种散发型的工厂大多在小的城市或较大的集镇。

第四类机器工厂类,是现代意义上的工业生产,运用动力机械和现代管理,使工人在不同岗位上各司其职,相互配合。现代工厂中工人的地位大大低于作坊中的匠人。工厂系统固然可以以其规模分大、中、小型,但更宜于以其从事生产范围的狭宽来分类。如从事一项专业,如练、漂、染,则可单独分车间进行。这类工厂的分布,以东南沿海及各大城市为主,当然内地的一些城市也有工厂分布。20世纪30年代以来发展较快,是整个中国近代纺织印染工业的重要组成部分。①

这四种类型,在整个近代的某个时期可能以某种类型为主,兼有其他类型,也有在不同地区某种类型较为集中的现象。但从整个发展趋势来看,是由低到高的发展。

## 二、染色手工作坊的改良

### (一)传统印染工艺的演进

我国的染色技术在新石器时代还处于萌芽时期,经过夏、商、周三代,特别是到了周代,已经发展成为一个专业。据《周礼》等古籍记载,当时与印染有关的"工官"就有:主管植物染料的"掌染草",负责染丝、染帛的"染人",还有画、缋、钟、筐、幌等"设色之工五"的五种工师。其他尚有掌管染色工艺的掌蜃、掌炭、职金等,这些专业分工的设置,说明当时的练染工艺已经形成较为完整的体系②。印花技术也在周代出现,在江西贵溪春秋战国墓中,出土了我国最早的印花织物。

秦汉时期,印染工艺技术继续发展,生产已具有相当规模。官府设有"暴室",从事练染生产。植物染料品种和工艺方法的多样性,使得到的色谱十分广阔,在色彩运用和装饰表现上,为织物的美化提供了充分的保证。唐代印染组织分工更细,织染署所属的练染作坊共设6个。宋代由于制作缬帛供应军需,官设的练染作坊扩充到10个。明清时代官设的织染局机构更有所扩大,还有"蓝靛所",从事染色原料的供应。历代官营手工业印染机构的变化、民间练染印花作坊的相继形成,反映了印染生产规模的扩大及印染工艺技术的不断进步和完善。

在织物原料精炼工艺方面,秦汉时已采用草木灰水练丝与砧杵相结合的方法,用于精炼的草木灰种类增加到15种以上。南北朝时民间还用天然"白土"作为连浣织物的助白剂,使外观更为洁白。自唐至宋元时期,捣练工艺相继发展成为双杵坐捣,提高了工作效率。明清时又创造了猪胰生物酶脱胶精炼的工艺技术,还利用硫磺熏白法进行还原漂白,并总结了掌握水质的经验,使练染工艺体系更趋完备,为织物的前处理奠定了基础。

---

① 包铭新:《中国近代纺织业的生产组织形式分类》,载《中国近代纺织史研究资料汇编》,第二辑,1988年12月。

② 陈维稷:《中国纺织科技史》古代部分,北京:科学出版社,1984年,第70页。

历代应用的矿物颜料和植物染料品种的增多以及传统印染技术的演进,使染色的色谱逐步扩大,由秦汉时的20余种,扩展到清代的700余种。由于色彩众多,官营练染作坊内按色彩分工,形成专业生产。矿物颜料主要用于印花涂染,染色工艺则基本采用植物染料。

秦汉以来,染色工艺技术在原有直接染和媒染的基础上,逐渐发展了防染工艺,染色工具也相应改进。隋唐时缬类服饰流行,宋代应用规模更为扩大。明清时拼染和套染工艺尤为精良,染色上创新了明暗茶褐等色调,达到冷暖兼容,使织物更加绚丽多彩。印花工艺在秦汉后,型版印花有所发展,蜡缬和夹缬类花色织物的工艺技术渐趋成熟。南北朝时蓝白印花织物已成为较普遍的服饰。唐代在印花工艺方面有所创新,绞缬和碱剂印花技术日趋完美。宋元时在原有印金、描金基础上,发展了贴金印花工艺。明清时续有进步,印制工艺开拓了模戳和木滚方法,丝绸印花还发展了拓印和刷印的技法。在织物整理工艺方面,自汉代使用熨斗进行熨烫整理的方法,历代相沿,并演进为卷轴定型整理工艺。涂层整理技术上也有所改进,生产油绢漆纱等产品。研光整理在战国以前已有出现,到清代发展为应用大型踹石整理,使织物表面更为光洁。薯莨整理技术是对产品进行滑爽性整理,早在东晋时已出现,属于染色和整理结合的一步法工艺,是我国南方的一种特种整理技术。

### (二)我国传统染色方法

我国古代用矿物颜料染丝绸纤维的方法,称为石染。[①] 而利用染草(植物染料)着色的方法,称为草染。[②] 矿物颜料作为施色剂使用的历史,远远早于植物染料,但随着植物染料品种扩大,染色助剂的应用以及媒染和套染为主的染色技术的发展,使丝绸的颜色色谱不断扩展,染色质量不断提高,草染逐渐成为染色的主要方法。

传统染色工艺技术条件也基本相似,染色方式均以手工操作的"一缸二棒"为主,而在操作要求和所用器具方面略有不同。

#### 1. 石染

由于矿物颜料与纤维之间没有亲和力,不能发生化学反应,只是以物理性的沾染而附着,故一般要借助某些介质,如淀粉(糊)、树胶等黏合剂使色彩着色于纤维上。把研磨成极细粉末的矿物颜料,用黏合剂制成浆液(亦有颜料水磨后,不用任何黏合剂的),以涂刮或浸泡的方式将其覆在丝绒或织物上,晾干即可,亦可进行多次涂刮或浸泡来达到所需色彩。[③]

#### 2. 草染

草染是将织物置于用植物染料配制的染液中浸渍,给纤维着色的工艺,也谓之"浸染"。浸染技术在近代也是一项基本的染色方法。植物染料虽然能和纤维发生染色反

①　陈维稷:《中国纺织科技史》古代部分,北京:科学出版社,1984年,第76页。

②　同上,第78页。

③　赵丰:《中国丝绸艺术史》,北京:文物出版社,2005年,第27-31页。

应,但由于与纤维的亲和力比较小,又因植物染料的色素含量较低,浸染一次只有较少量染料附着于纤维上,得色不深。要染成浓艳的色泽,就要反复多次浸染,在两次浸染之间,要将纤维晾干,使后次浸染时能吸收更多染料,这种染色方法被称为"多次浸染"。古时除采用多次浸染外,还有用两种或两种以上的植物染料"套染"的染色工艺,使纤维染出更多的色调。①

关于草染的实例较多,现举几例以说明。

(1)栀子、黄檗、鼠李等的直接染色。黄色植物染料中的栀子、姜黄、郁金和黄檗等,所含染色素在热水中有较好的溶解度,能直接染于纤维上。鼠李、荩草等亦可用于直接染色工艺。染色前,用水浸泡、煎煮的方法将植物染料中的染色素溶出,把液汁配制成染色染液,将丝绸投入染液中,在加热中进行浸渍染色,按织物颜色深浅要求,做多次浸染。

(2)红花的酸性染色。红花虽属直接性植物染料,其染色素是红花素,属弱酸性物质,易溶于碱性溶液中,在中性或弱酸性溶液内即产生沉淀,形成鲜红的色淀。染色时利用红色素对酸、碱溶液的不同溶解度,采用在酸性条件下,使其在纤维上固着发色,故有人称其为酸性染色工艺。②

(3)靛蓝的还原染色。在秦汉之前,用蓝草发酵制靛,还原染色的技术还未被掌握。当时是采用以浸揉直接染色为主的染色技术,把蓝草的叶与染物一同揉搓,将蓝草汁揉出来浸染织物。而蓝草中唯有松蓝在碱性(石灰、草木灰)溶液中,其所含的松蓝苷会被水解,游离出吲哚醇而吸附于纤维上,在空气中即被氧化为靛蓝,染得蓝青色,实际是在纤维上就地制靛的过程,故称为缩合染色法。而蓼蓝、马蓝等其他蓝草中所含有的靛苷,必须经过长时间发酵,在糖酶和稀酸的作用下,才能水解游离出吲羟,转化为靛蓝。因此,古代早期的制靛技术仅限于用碱水浸泡茶蓝来获取靛质,而蓼蓝等蓝草是用浸揉直接染色,染得青碧色。

还原染色是用靛蓝本身不溶于水和酸、碱介质中,需将其还原成靛白,靛白在碱性溶液中上染于纤维,再经氧化,恢复成靛蓝而固着在纤维上。如此反复多次,就能染得较深牢的蓝青色。明《天工开物》中记载:"凡靛入缸,必须用稻草灰水先和,每日手执竹棍搅动,为可计数。"③

在染色前,先在靛蓝的染缸中,加入稻灰水,使其具有碱性。每日用竹棍不断搅动,以加速发酵而产生氧气。数日后,靛蓝被还原成靛白隐色酸,在碱溶液中转变为可溶性的靛白隐色盐。然后把织物在还原染液里进行浸染,染液为室温或微温,靛白隐色盐被纤维吸附后,将染物进行透风,经空气中氧化作用,并呈蓝青色,再经水洗即成。按上述染色方法,常须经多次浸染。在两次浸染之间,要在空气中氧化,晾干后,再做最后一次浸染。一般浅色浸染 2 至 3 次,深色则需 7 至 8 次或更多次,可获得浅青色到较深较牢的

①　赵丰:《中国丝绸艺术史》,北京:文物出版社,2005 年,第 27-31 页。
②　赵丰:《中国丝绸艺术史》,北京:文物出版社,2005 年,第 27-31 页。
③　[明]宋应星:《天工开物》。

蓝青色。[1]

（4）植物染料的媒染染色。植物染料中，除红花、靛蓝和部分直接染料、碱性染料外，大多数植物染料对纤维不具有强烈的直接上染性，但含有媒染基团，可采用媒染染色的方法。利用染料分子中具有可与金属盐络合的配位立体结构，形成络合物的特性。以借助铅、铁、铜、锡、钙等盐类作为媒染剂，与染料络合而固着于纤维上，并获得色泽。由于染料与纤维结合能力增强，从而能提高染色坚牢度。

传统的媒染染色方法有同媒法、预媒法、后媒法和多媒法。

①同媒染色法。同媒染色法是媒染染料和金属盐媒染剂在同一浴中，完成上染和络合的染色方法。同媒法在古代早期应用较多，因此法染色不易染匀和染准，故逐渐较少应用。[2][3]

②预媒染色法。这是将织物先用媒染剂溶液处理，然后在染浴中的染料与丝纤维上的媒染剂发生络合的染色方法。该法能染得较浓色泽。由于得色不牢，染色终点不准，故预媒法在媒染中用得不多。如紫草、茜草等染色可用此法。[4]

③后媒染色法。织物先在植物染料的染浴中染色，待上染较完全后，再用金属盐进行络合的染色方法。如栌木、苏木、胭脂红的色素有良好的水溶性，能为纤维所吸附，为提高染色牢度，而进行后媒，如槐花、柏杨、青茅草等色素水溶性较差，而糖苷溶于水，为纤维所吸附，用后媒法固着。又因其具有匀染好，染色终点较准的优点，故后媒法应用较多。[5]

④多媒染色法。多媒染色法是指被染织物先用一种媒染剂媒染，染色后再用另一种媒染剂媒染，在我国古时常用明矾预媒，青矾后媒的多媒染色工艺。[6]

（5）复色染色。复色染色是指两种或两种以上的植物染料套色或拼色而染的工艺。在我国古代的染色工艺中，除用浸染、多次浸染和媒染等方法外，也常用复色染色工艺。在复色染色工艺中，有套色和拼色的方法。由于植物染料所含的染色素为不均一性（由于气候条件、产地和不同采集期而有不同），故较少采用拼色，而以套染为多，来获得更丰富的色彩。[7]

3. 染色后的水洗、脱水和晾干

（1）水洗和脱水。染色后的织物大多依靠河水进行洗涤，在河流中用甩、踹、挤等方法对织物清洗。亦有在陶制的大缸里洗涤，然后用"石墩桩""撬马"或"千斤担"等脱水器具来去掉丝绸上的大量水分。其操作是将带水的织物用手工码成绳圈状，一端套在"石墩桩"的直形木桩上或"撬马"的羊角上，作为织物的依托；另一端套入撬棍（竹棍），进行拧绞而挤去过多水分。而绞丝，脱水时在"千斤担"上用撬棍以同样的方式挤掉

① 钱小萍：《丝绸织染》，郑州：大象出版社，2005年，第173页。
② 赵丰：《中国丝绸艺术史》，北京：文物出版社，2005年，第30页。
③ 钱小萍：《丝绸织染》，郑州：大象出版社，2005年，第174—176页。
④ 钱小萍：《丝绸织染》，郑州：大象出版社，2005年，第174—176页。
⑤ 钱小萍：《丝绸织染》，郑州：大象出版社，2005年，第174—176页。
⑥ 钱小萍：《丝绸织染》，郑州：大象出版社，2005年，第174—176页。
⑦ 钱小萍：《丝绸织染》，郑州：大象出版社，2005年，第174—176页。

余水。

（2）晾干。把脱水后的潮湿的织物展开，一般成平幅装挂在竹竿上，在晾架上，让其自然晾干，避免在太阳下直接暴晒。

古时染色以植物染料为主，不仅是由于植物染料品种丰富，色相广大，更是由于染色技术的发展，有多种方法可运用。如通过多次浸染加深颜色的方法，通过掌握染料使用量和染色时间来改变颜色深浅的方法（有微染、浅染、深染等），用两种染料套染的方法，使用媒染剂的媒染方法等。随着脱胶练白技术的发展，能采用白度好的练白织物，从而能染出鲜艳的浅色。比如，原先最深只能染成缁皂色，后因染色工艺的改进，又能染出玄色、墨色。

由于古代传统染色技术的不断进步，织物的整理使用，助剂的广泛应用和染色工艺的科学运用，使得古代染坊在当时的条件下在各个时期能够染出五光十色、鲜艳多彩、色谱齐全的各色织物。

合成染料使用以来，传统的染色方法也都被沿用下来，只是在某些过程中进行了改进。本章分别介绍的几类合成染料的染色方法也能反映出这一特点。

（三）传统印染工艺的生产设施

传统染料染色方面的生产设施，长期以来，发展缓慢，变化不大。"一缸二棒"式的手工传统生产一直沿用至20世纪50年代。古代早期也有用于染色的容量甚小的金属（铜或铁制）染杯、染炉，染炉高仅13.2厘米，长17.6厘米，后逐渐为陶锅、陶缸等所取代。随着练、染工艺的发展，要求练染加工能力不断增长，精炼由陶锅、陶缸等容器发展到采用大铁锅。

为增加练、染加工容量，在练织物锅或染织物锅上架置木甑。木甑是用木板箍成的无底木桶，桶形略呈锥形，桶沿与锅沿衔接处加以密封，以防练染液泄漏。这样可扩大容器用量，增加练染加工能力（图6-1，图6-2）。

图6-1　练绸设施及操作示意　　　　图6-2　染绸设施及操作示意

练染操作工具中的竹棒、挑棒是用来翻动缸和锅中的练染物及练染液的。如练、染绞丝时，把绞丝套在两根竹棒上，绞丝浸于练染液中，两根竹棒上下交替运动，绞丝就在练染缸内上下翻转,以达到匀练匀染的要求。

挑棒又称"竹替手",比竹棒略粗长,一般用作练、染织物时的翻动或提升,并可用来搅动练染液。还有短竹棍,又叫拧绞棍,用来拧绞而挤去织物上余液。织物的脱水器有沥架、沥马、千斤担、拧绞砧,以及后来的撬马。沥架是用木条制成的长方形漏空木框(图6-3),使用时将沥架搁置在陶缸缸口上,把带染液的织物放在架上,就可

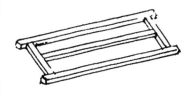

图6-3 沥架

将余液沥入缸中,让织物上的溶液自然流淌下来。也可把水洗后的织物,先放在沥架上沥掉过多水分,再进一步脱水。沥取染色后的染液,有的仍可回用。

沥马是沥架上的一根矩木柱。常是绞丝染色后,在此架上拧绞掉多余的染液(图6-4)。

千斤担又称卡丝担、撬担,是落地固着的长立形石柱,上端打孔,穿入光滑而坚韧的圆形木杠(两头略小),与石柱呈"丁"字形(图6-5)。千斤担主要用于绞丝在练染水洗后进行拧液而挤去余液。千斤担还用来作绷丝、纯丝等整理加工。

拧绞砧又称石墩桩,是设有石基座的直柱木柱(图6-6),用作丝、绸在练、染、水洗后,进行拧绞而挤去余液。

撬马是一种木柱顶端带有铁质羊的落地固着的木柱(图6-7),占地面积小,操作简便。主要用于织物的脱水。其操作是将带水的织物,用手工码成绳圈状,一端套在撬马的羊角上,作为织物的依托,另一端套入缸竹棍,进行拧绞而挤掉过多水分。

图6-4 沥马操作示意

图6-5 千斤担操作示意

图6-6 拧绞砧操作示意

图6-7 撬马操作示意

在传统的精炼染色时,溶液的加热升温,主要是用泥砖土灶,用木柴、稻草、麦草、棉秆等作为燃料,来取得热源。脱水之后的丝绸,大多是悬挂于长竹竿上,或置于晾衣架上自然晾干。

(四)近代手工染坊的改良

20 世纪以来,我国棉布印染作坊在工艺技术上有了新的改进,引进了棉布的精炼和漂白工艺技术。在印染业发展过程中,经历了由手工作坊到工业企业发展的过程。

就染坊来讲,全国各地也经历了新式染坊与旧式染坊并存的过渡阶段。例如,1929 年天津有染坊 39 家,总资本 5.64 万元,职工 481 人。其中新式染坊 22 家,主要设备有汽炉及研光机,一切工作大都用电力;旧式染坊 17 家,用锅炉、染缸和元宝石等。表6-1 是 1912—1920 年全国染坊户数及从业人数的变化情况。

表6-1　1912—1920 年全国染坊户数及从业人数[①]

| 项目 | 1912 | 1913 | 1914 | 1915 | 1916 | 1917 | 1918 | 1919 | 1920 |
|---|---|---|---|---|---|---|---|---|---|
| 染坊及漂洗业户数 | 265 | 255 | 284 | 289 | 251 | 199 | 204 | 162 | 103 |
| 从业人数 | 3581 | 3435 | 15814 | 8523 | 7965 | 6954 | 7116 | 3034 | 3059 |

我国幅员辽阔,各地的经济情况不一,因此其染坊的技术装置和工艺革新程度也有很大的差别。表6-2 是 1913 年我国手工作坊中染坊及从业人员情况。

表6-2　1913 年全国手工作坊中染坊及从业人员统计[②]

| 省份 | 染坊及漂洗业户数 | 从业人数 | 省份 | 染坊及漂洗业户数 | 从业人数 |
|---|---|---|---|---|---|
| 奉天 | 5 | 68 | 河南 | 16 | 307 |
| 江苏 | 17 | 455 | 山西 | 20 | 174 |
| 浙江 | 41 | 471 | 陕西 | 8 | 65 |
| 福建 | 16 | 196 | 四川 | 47 | 564 |
| 湖北 | 8 | 129 | 广东 | 40 | 610 |
| 湖南 | 28 | 320 | 广西 | 2 | 19 |
| 山东 | 7 | 57 | 合计 | 255 | 3435 |

山西省的染坊由来已久,至清代末年,更趋发达。全省 105 个县,有染坊的达 84 个县,共 436 家,资本总额 14.53 万元,工人 2127 人。独家经营的约占 3/4,合作经营的约占 1/4。不过漂染都是沿用旧法,每家备有踩石数架,染缸数只,每年以 9 月至来年 3 月

① 彭泽益:《中国近代手工业史资料》(第二卷),北京:中华书局,1963 年,第 432 页。
② 彭泽益:《中国近代手工业史资料》(第二卷),北京:中华书局,1963 年,第 432 页。

为旺季,专代居民染色。每年染布 80 万匹。5—9 月,资本小的染坊暂时停工。①

山东省的手工漂染业,清代初年均为山西商人经营,及至清代中叶,山东的商人始知染坊本轻利重,遂开始与山西帮竞争。中部的济南、周村,南部的宁阳,东部的潍县、青岛和烟台,北部的惠民和阳信,西部的临清和西南部的济宁,分别是各地区染坊的繁盛区。染坊的设备为染锅、染缸和元宝石。染坊大都代客加工。光绪年间开设的四盛公染坊,年染色达两万匹。职工工资以济南、青岛、潍县、周村等地较高,职员最高月薪 18 元,技工最高月薪 12 元,普通工人月薪为 6 至 8 元,膳宿由染坊供给,工作时间视任务多少而定。②

山东省的染坊,年染色布 83 万匹,代客加工费总额 85 万元。各地的染坊有不同特色。周村染坊主要染丝麻织物,染棉布极少;烟台染坊主要染白绸和蓝布;济南染坊主要染样标布,土布次之,丝麻织物较少;临清、潍县两县染土布。其中潍县染坊比较精细,染品完成包扎时,并附以各染坊的商标,如洪兴的长寿花、全盛的万年青、利源的秋海棠、义兴的富贵图、复兴涌的松鹤图、瑞兴的三友牌、文兴的芙蓉花等。

湖南省的染坊,至 1911 年后才渐趋发达,以 1923—1924 年为最盛,总计全省有染坊 175 家,资本 40 万元,工人 1513 名,分布在 21 个县市。据 14 个县市统计,有染缸 967 只,工人以本地为主,少数来自江西和湖北。全省年加工量按 17 个县市资料统计为 1.77 万匹和 1.6 万丈,染色加工费总额为 129 万元。③

浙江省的染坊,以成立于清代道光年间的乾泰为最早,差不多时间成立的还有同旭升染坊,稍后成立的有裕源、元大、仁昌、复盛、黄元兴、聚昌等漂染坊,但均为旧式漂染坊。至 1933 年,有染布的染坊 21 家,加工量约为 50 余万匹。④

上海在 1846 年就开设老永兴染坊,1866 年又开设老正和染坊。20 世纪 30 年代初,加入同业组织的有青蓝坊、洋色坊、印坊和漂白坊四种。其中规模较大的染坊有:青蓝坊的元泰、老万顺染坊、万茂染坊、协大染坊、裕祥染坊、诚丰新染坊、大同染坊、万丰泰坊和永泰染坊;洋色坊的瑞祥染坊、元昌染坊、华利染坊和永德染坊等;印坊的老仁和染印坊、升和印坊、裕昌印坊、义泰和印坊和成兴印坊等;漂坊的恒昌漂坊、广大漂坊、恒泰漂坊、恒升漂坊、洪昌漂坊和顺新漂坊等。⑤

1950 年后,上海尚有旧式和新式染坊(又称机染坊)及印花坊 50 家以上。当时上海的机器棉布印染业已相当壮大,不仅供应国内对印染布的需求,并且早在 20 世纪 30 年代就陆续出口。但是,手工染坊仍延续至 50 年代初期。

手工染坊在抗日战争时期的沦陷区内发挥过一定的作用,在一定程度上缓解了人民衣着的拮据局面。在被封锁的陕甘宁边区和各抗日民主根据地,染坊又担负着供给广大军民衣着的任务。

中国的手工印染工艺源远流长,有它独特的功底、魅力和生命力,如能吸收和应用新

---

①　国际贸易局:《中国实业志》(山西省卷),上海:宗青图书公司,1934 年,第 415-443 页。
②　国际贸易局:《中国实业志》(山东省卷),上海:宗青图书公司,1934 年,第 562-567 页。
③　国际贸易局:《中国实业志》(湖南省卷),上海:宗青图书公司,1934 年,第 249-256 页。
④　国际贸易局:《中国实业志》(浙江省卷),上海:宗青图书公司,1934 年,第 270-280 页。
⑤　国际贸易局:《中国实业志》(江苏省卷),上海:宗青图书公司,1934 年,第 710-711 页。

的科学技术,其中一些具有浓郁中华民族文化气息的工艺,如扎染和蜡坊印花等,在工艺纺织品和时装方面会有自己的地位。蓝白花布至今仍远销世界各国,受到人们的喜爱。

　　总之,近代染整手工业改良主要发生在上海、山西、四川、江苏、福建、湖北、天津、广东等地。其中较有名的染整厂坊有上海老正和染厂,[①]山西祁县 1897 年创办的益新电气织染公司,天津 1909 年创办的善记织染厂,广东揭阳 1911 年创办的衣群家族染坊股份有限工厂,等等。[②]

## 第二节　合成染料及生产

　　在古代,我国就已经利用矿物和植物进行纺织品染色和绘画。但都需要对染料进行原始加工,制作成可以染色的状态。随着人们对染料需求的增加,合成染料横空出世。1856 年,一个名叫珀金的 18 岁英国小伙子,在一次偶然的机会发明了世界上第一种合成染料,并建厂投入生产。从此合成染料研发和批量生产迅猛在全世界蔓延,合成染料以其能够批量生产、染色牢度高、色彩鲜艳等优点,迅速占领染料市场。合成染料产品进入中国市场的时间在进入 20 世纪的前后。我国生产合成染料是在 20 世纪初期。

### 一、合成染料的发明与传入

　　对染料的需求增加是由于纺织业的快速发展。早在 16 世纪初(明代中叶),欧洲人发现了到美洲大陆和绕非洲好望角到印度及绕南美洲南端到亚洲的海上通道,从此开辟了世界性的商品市场。英国的传统手工业——毛纺织业产品输出大增。到 16 世纪中叶,英国已有一半人口从事手工毛纺织业。17 世纪下半叶(清康熙年代),英国资产阶级革命取得胜利,进而与贵族合流,实行联合专政,这就更加促进了英国的海外贸易。英国凭借着强大的海军,掠夺海外殖民地和市场;诱捕和抢抓非洲黑人,贩卖到美洲,充当开发新大陆的奴隶劳力,获取暴利。到 18 世纪中叶(清乾隆年代),英国先后侵占印度和澳大利亚,从而获得了巨大的纺织原料基地(印度棉花和澳大利亚羊毛),为英国纺织业的更大发展创造了条件。1748 年制成罗拉式梳毛机和盖板式梳棉机,大大提高了分梳纤维的速度和质量。[③]

　　在上述形势下,过去没人理睬的纺织及相关的技术发明,在英国获得广泛的应用,极大地促进了纺织业的发展。与此同时,对染料的需求以及质量的要求都有了提高。"天然染料种类稀少、纯度低、缺乏鲜明的色相、染法复杂,难以染出期望的色泽。"[④]而且有的染料产量低,价格高,色种不全,上色后的牢度不好。天然染料的这些不足,使得人们非

①　工商部上海工商辅导处调查资料编辑委员会:《上海之纺织印染工业》,1948 年,第 13、240 页。
②　陈真、姚洛:《中国近代工业史资料》第一辑,北京:生活·读书·新知三联书店,1957 年,第 43—52 页。
③　辛格等原著,远德玉译:《技术史(第 5 卷)》,上海:上海科技教育出版社,2004 年,第 186 页。
④　邱永亮译:《染料之合成与特性》,徐氏基金出版,第 8 页。

常渴望寻找一种更好的染料来代替天然染料。

据资料记载,珀金在担任霍夫曼教授的助手时,由于平时比较繁忙,所以他在家中设一简单研究室,利用夜间或假日埋头研究。1856年春假期间,他照例在家中进行实验研究。他用苯胺作为原料,欲制成金鸡那碱,即用重铬酸钾以氧化粗制硫酸苯胺,为其实验方法。然实验结果没有得到金鸡那碱,而得一种黑色沉淀物。因就此物详细研究,用酒精溶解抽出这种物质,遂得到一种带红紫色的色素,这就是所谓的苯胺紫,珀金成为由煤焦油合成染料的第一人。其时珀金只是18岁青年。

珀金发现此色素,纯属偶然。但从污秽的黑煤焦油中制出色素,证明其可作为天然染料的代用品,以至得到广泛应用,实则用去非常多之脑力及百折不挠之精神而始成功。因此,珀金的这一重大发现,其主要点不在于单纯的这么一种化合物,关键在于其后各项工作的继续进行。假若发现此物质之后,不继续努力,放弃不顾,则各种美丽之染料既不能发现,且合成染料的基础亦无法建成。珀金发现此新染料后,即用以染丝作为标本,并将标本寄给印染厂的厂长,结果大受赞赏。于1856年8月,他向英国政府申请了专利权(第1984号)。

此新染料,就后来应用方面分类来看属于盐基性染料。动物纤维虽然能直接用以染色,而植物纤维则不能使用。于是珀金又发明媒染法,采用鞣酸及金属盐类为媒染剂。珀金欲创办此种染料制造工厂,将其染色标本提示于霍夫曼教授,说明其发现之详情,辞助手之职。但霍夫曼不赞成其计划,仍劝其继续从事研究工作。但珀金去意已决,抱有决心,发誓一定要从事工业生产,终生不息研究,最后终于辞掉助手之职。1857年6月,他在格林福德的格林创设染料工厂。

尽管其父当初不想让其学习化学,但看到儿子发现新染料的成绩之后,也改变了主意,将其多年辛苦所得之储蓄,资助其创办工厂;其兄也到工厂协助珀金处理事务,一家努力合作。而此工厂实际上是世界上第一个生产合成染料的工厂。

此种工厂,既无先例,需要克服很多困难进行工厂设计和工作方法制定等。而工厂设立后,同年12月,又打破一技术难题。即由苯制造硝基苯的方法,工业上颇感困难,珀金投入很大精力取得了研究成功;于是,由苯制造硝基苯,再由硝基苯制造苯胺,然后使其氧化,生成染料,在市场上出售。珀金把此新染料的应用方法向社会介绍,赢得了用户的广泛重视,此染料的应用也得到了普遍的推广。染料的合成有其社会历史背景,那么染料工厂的建立并能顺利投入生产,也与当时欧洲工业的发展分不开。如果没有当时英国工业设计及制造业的成功背景,那么珀金即使能够发明出第一种合成染料,也不能很快投入工业生产。

国外大量生产和使用合成染料已经很普及了,但是国内使用合成染料要晚一些,据考证,我国进口合成染料应该在1900年前后。

## 二、我国近代染料工业的初创

外国纺织品及合成染料大量输入,破坏了中国手工纺织业及天然染料种植和加工等自然经济基础,同时促进了中国城乡商品经济的发展。使得中国手工纺织业的逐步解体,天然染料被逐步取代。洋纱的输入使中国的手工织布业脱离手工纺纱业;洋布的输入以及用洋纱织成土布的出现,使中国的手工织布业和天然染料种植和加工业脱离了农业。其结果是,自行纺纱织布的劳动者越来越少,大量原来纺纱织布以自给的人成为纱布的买主,也就是商品市场上的纱布流通量扩大了。纺织品市场的发展是兴办近代纺织工业的一个重要因素。合成染料的质优价廉也极大地吸引了人们对合成染料的向往,这也是合成染料工业兴起的重要原因。

大连染料厂的建立标志着中国大地上合成染料工厂的诞生。随着合成染料在国内大量使用,进口染料的数量越来越大。在染料贸易带来巨大利润的影响下,外国商行不满足于商业活动。为了节省运输的劳务费,他们就雇用我国的廉价劳动力在国内建立加工厂或建厂直接生产染料进行销售。当然国内一些民族企业家也看到染料生产的经济意义和政治意义,他们也在积极准备建立染料生产厂家。

大连、青岛、天津、上海等地是染料生产建厂较早的地方,大连染料厂是我国出现的第一家染料生产厂家。之所以说是我国出现的而不是我国创建的第一家染料厂,是因为它是外资投资兴建而非民族企业。它的前身是大和染料株式会社(Yamato Dyestuffs Co),创于1918年,由当时的田银工厂与永顺洋行出资65 000日元,由日本人首藤定兴办,定名为大和染料合资会社。1920年更名为大和染料株式会社,拥有职工62人,其中工人55人,管理人员7人,业务主要负责人是福田熊治郎。虽历经股金改革,人事变动,一直保持硫化黑为主的生产布局。1918年硫化黑的产量为155吨。最高年份是1938年,硫化黑产量达668吨。当时所需原料均来自日本。第二次世界大战期间,由于日本国内物资紧张,部分有机原料来自美国。后均改为由鞍山、大连供应有机与无机原料。原厂址在千代田町(即现在的鲁迅大街,大连染料厂的第四车间),后在汐见町(即现在大染厂址)建蒸馏工段,用蒸馏法制苯和蒽等。此后除生产硫化黑外,尚研究蒽草绿等杂色品种。① 据当年在大连染料厂担任总工程师的阎承斌老先生回忆,全面抗日战争爆发后,染厂被日本人占领,抗战胜利时,日本人将大批设备搬走,并将大部分资料烧掉,珍贵资料带走。因此,关于大连染料厂的资料留下的较少,给研究带来不便。同时工厂遭受严重破坏,大连解放后才得以恢复并有很大的发展。

青岛染料厂的创建标志着民族合成染料工业的开始。1919年,由青岛民族资本“福顺泰”杂货店经理杨子生筹金2万银元,创办青岛维新化学工艺社(青岛染料厂的前身,以下简称“维新社”)。它是国内第一个化学染料厂,素有“民族染料第一家”之称。该社的成立不仅标志着青岛染料化工工业的诞生,也标志着我国民族资本染料工业的创建。厂址设在青岛台西镇,规模较小,设备简陋。维新社后来由其长子杨文申经管,聘请日本人岛熊吉筹办原料、设备,并雇佣日本人做技术人员,于1920年正式由氯化苯合成出膏状硫化黑染料,年产量不足百吨。当时福顺泰除主持制造染料外,还经营织布、织腿带以及染色业务,但一直经营百货。制造的染料和染织物均由福顺泰经销,成为生产—染

---

① 大连市志办公室:《大连市志化学工业志》,沈阳:辽宁民族出版社,2004年,第165页。

色—销售"三合一"式的综合体系,具有西方染料行业的经营特色。①

由于膏状硫化黑(简称膏子青)应用方便,深受山东广大农村用户的欢迎,山东地区几乎无人不知"丹凤牌"的煮膏(硫化黑膏状物),销售业务很昌盛。但是,由于当时工艺落后,工厂又在居民区,生产时周围空气污染很严重,该社排放的硫化氢等废气对日本青岛守军电台"颇多障碍"。于是1922年,被迫迁往四方北山一路22号。迁址后,添置了电驱动密封加套设备,并增设新品种甲基紫(碱性紫5BN)。煮青产品由原来日产200公斤增至1750公斤,产品销往山东、河南、直隶3省。随着青岛染料厂生产形势良好,利润丰厚,在青岛很受欢迎,引起民族资本者的广泛关注。1928年,民族工商业者投资3万银元,创办中国颜料厂,也聘请日本人为技师,生产"织女""电光"牌硫化煮青。大华颜料公司也于同年创立。20世纪30年代初,维新化学工艺社的资本已达25万银元,有工人50多名。1932年青岛正业颜料公司建立,生产"天女"牌硫化煮青,年产能力在300吨左右。1934年,青岛的染料生产厂家(作坊)已达10余家。

青岛各染料厂的发展和兴旺极大地刺激了国外资本列强对此领域的窥视。1934年,日本财团企业帝国染料制造株式会社拟在青岛开设工厂。经日本技师斡旋,维新社同意与其合作,帝国染料制造株式会社投入16万银元,维新社成为合资企业。在扩大投资的情况下,更新设备,改进工艺(由直火大铁锅加热,改由蒸汽夹套加热密封设备)。1935年6月厂名改为维新化学工业株式会社,由日本人出任社长,七七事变时,遭轻微破坏。1938年日本侵占青岛后,再次进行恢复,并增设新品种——硫化蓝、黄、黄褐、旗红以及葱草绿等,但仍以"双桃牌"粉状硫化黑(简称粉子青)及"丹凤牌"膏状硫化黑(简称膏子青)为主,并与天津的维新化工厂(现天津染料厂)、汉沽的维新化工厂(现汉沽碱厂)建立联系,相互支援人力、技术以及原料等。

抗战胜利后,国民党接收大员以德侨产业清理处的名义,对日伪财产予以没收。至此杨氏资本全由官僚资本用政治手段给吞并了。

青岛染料厂在新中国成立后进行了大力的重建、整顿与扩建工作,现已成为大型的、具有综合生产能力的染料大厂。

尽管大连染料厂和青岛染料厂有着地理、人员、股金方面的差异,但都经历了调查—推销—建厂—扩大四个发展程序。大连染料厂在建厂前先派人了解东北广大农村、山东、华北地区土法(用槐花、树皮)染色的情况,与此同时,由染料号代销,结合染印表演,在用户认定其染色效果后再建厂。生产时先用进口的原料进行加工式生产,然后再着眼于大连的氯碱和鞍钢焦油副产的加工应用,在原料就地配套的基础上发展染料。

青岛染料厂也是先调查山东广大农村需要染料的情况,然后由福顺泰代销日货膏状硫化黑(由儿岛熊吉从东京运来40箱约合2.0吨膏状硫化黑),在建厂后,与天津(着眼于焦油付产)、汉沽(氯碱)组成原料配套的协调关系,以占据山东、华北、东北的广大市场。这些地区是日本人的势力范围,给日本人以特权保卫和资助。

大连和青岛染料厂的建立和发展,也对国内民族染料工业的发展起到了领军作用。

---

① 青岛市志办公室:《青岛市志化学工业志》,北京:五洲传播出版社,2000年,第109页。

20 世纪 30 年代,一些民族企业家也纷纷把目光投向合成染料的生产。上海地区的染料厂就是开办于这个时期。① 那时的上海已成为冒险家的乐园,中国人民亲眼看见许多洋人空手而来,满载而去。大量的白银与资源外流,令人无不感到痛心。因此,提倡国货,抵制洋货,实行企业救国已成为人心所向;再加上高科技知识的培养与洋行任职期间和染料的接触,已使部分实业家萌发了创办染料工业致富的设想。

1931 年九一八事变后,日本帝国主义公然以武力侵占了我国东北,从而激起了全国人民的义愤,抗日的烽火风起云涌,拒用日货、爱用国货的抵洋运动日益高涨。以此为契机,开创了上海民族染料工业的发展。先后办起了大中、中孚、华元、华安、美华、华生等6 个染料厂。办厂经过概述如下:

先于 1932 年,由在德孚洋行任过职的染料商人董荣清和一些染料商人集资筹办中孚染料厂②;接着由曾在美商恒信洋行工作的颜料商人董敬庄等和曾在该洋行做化验工作的许炳熙等,集资筹办"大中染料厂"③,至此颜料商业资金开始转向染料工业。当时由于生产染料配方保密,许多经办人不是合成染料内行,只会销不会生产,致使很长时间内生产不出产品来。许炳熙无奈,只好用高聘金从当时的青岛维新株式会社中,挖了几名工人,终于在 1933 年生产出了硫化黑。

接着,于 1934 年由王在东集资办了华安染料厂,吴光汉等集资创办了华元染料厂。④其他人于 1937 年筹办了华美和华生等染料厂。在短短 5 至 6 年内,办起了 6 个染料厂。厂虽不少,但都生产一个硫化黑品种。据统计,从 1933 年到 1937 年,6 个厂共生产了硫化黑 9485 吨。虽然数目并不惊人,但对于被列强压榨的旧中国来说,也算是"全盛时期"了。这是来之不易的收效。中孚染料厂建厂的经过是帝国主义技术刁难的典型,具有较好的代表性。

董荣清于 1932 年筹建中孚染料厂,⑤曾拟集资 100 万元制靛蓝,但许多人抱观望态度,只筹金 50 万洋元。为开工建厂,先在闵行镇置买土地 40 亩,向瑞士订购成套设备,并买到了硫化黑的合成配方。还未生产,便占去了资金 23 万元。等到按国外配方生产出硫化黑后,因为粉子细,全浮于水面,根本无法染布,生产出的硫化黑根本没人要。好不容易找出配方的毛病,摸索出了改进的方法,再行制造硫化黑的时候,帝国主义控制的染料市场每担(60 公斤)硫化黑价格已由 80 元降到了 60 元,后来又降到了 50 元,到1934 年已降到 32 元。但中孚厂人多、开销大,每担成本便要 40 元以上。尽管又增资20 万元,但到 1934 年就亏光了,只好在 1935 年以 20 万元拍卖掉了。待易主筹办再开工时,闵行镇已被日军占领了。

---

① 秦柄权:《上海化学工业志》,上海:上海社会科学院出版社,1997 年,第 225 页。

② 《中孚厂发起者答客问》,《纺织周刊》第 2 卷第 38 期。

③ 秦柄权:《上海化学工业志》,上海:上海社会科学院出版社,1997 年,第 225 页。

④ 秦柄权:《上海化学工业志》,上海:上海社会科学院出版社,1997 年,第 703 页。

⑤ 《中孚厂发起者答客问》,《纺织周刊》第 2 卷第 38 期。

中孚染料厂取名"中孚",意要信孚中外,并寓有与德孚、美孚抗衡之意,大有抵制洋货的色彩。① 但结果却衰亡于帝国主义的拮经约挟和武力侵占中。

振兴一时的上海染料工业在日本帝国主义践踏下纷纷凋落、倒闭,而只有与日资有联系的华安幸免。与此同时,日方开办的维新、德康、万国等纷纷开业。

### 三、近代染料工业的恢复和发展

第二次世界大战期间,德国染料工业纷纷转向战时军需生产,后期又惨遭轰炸破坏,已无力东顾中国的染料市场;而英美还未从战时的状态下转变过来。因此,这给中国染料工业造成复兴的良机,各地纷纷建厂或恢复生产。

天津的染料工业是七七事变后才建立起来的。当然,在此之前,天津也有染料工业的生产。1930 年,天津民族工商业者张书泉开办了一家生产合成染料的厂家——久兴染料厂。有人认为"这是我国第一家生产合成染料的厂家"②,这一说法显然是错误的。此厂当时主要是用日本的中间体二硝基氯苯生产硫化黑。1934 年杨佩卿在天津拉萨道开办裕东化工厂,制造出直接靛蓝、天然天蓝、盐基杏黄等 3 种染料,产品很受用户和商家的欢迎。1937 年七七事变以后,日本中断了中间体的供应。到 1938 年,久兴染料厂和裕东化学厂相继倒闭。从此一直到 1945 年抗战胜利后,天津市的染料工业只有日本人兴办的维新染料厂与大清化学株式会社等厂以及德商、英商、美商等几个外商开办的洋行。后来才创办了东介等中国人兴办的染料工厂。

维新染料厂(现天津染料厂前身)③创办于 1938 至 1939 年。那时,由于七七事变后"何梅协定"的签订,为日本大力侵入华北打开了绿灯。在其政府的鼓励下在三井财团的资助下,由帝国染料公司办起了天津维新染料厂。在建厂中得到了青岛维新技术和人力的赞助,生产品种仍是硫化黑。为长远发展计,在汉沽建立硫化碱厂并拟利用石景山的焦油副产品。直到解放时该厂才由新中国人民政府接收,改名天津染料厂。

在此期间,天津八里台地区还建立了大清化工厂(即现在天津化工厂前身),主要加工硫化黑,不进行合成,以经商为主。

东升染料厂(现天津染化四厂前身)④原系丁旭斋筹资兴办。丁原在石德线跑零代销染料,后办汇源永银号。1938 年天津发生大水灾,许多洋行库存硫化黑被水浸变质。经人点拨,他进行了收购处理(重新用硫化碱熬煮复原),由此大获赢利。从此,他悟出了用技术获取厚利的启示,决定自办染料厂挣大钱。至日本帝国主义投降时,他聘请一日本技术人员古贺春光,在月薪 1800 斤大米,供食膳住宿的优待下,于 1946 年至 1947 年间,先后制出了直接元青、直接墨绿与直接朱红来。在每制出一个品种奖励一条黄金的鼓舞下,很快便制出了双倍的硫化黑,压倒了当时公裕染料厂的单倍硫化黑。至 1948 年七八

① 秦柄权:《上海化学工业志》,上海:上海社会科学院出版社,1997 年,第 286 页。
② 天津染料化学工业公司:《天津染料工业简史》,天津:内部发行,第 4 页。
③ 天津染料化学工业公司:《天津染料工业简史》,天津:内部发行,第 151 页。
④ 天津染料化学工业公司:《天津染料工业简史》,天津:内部发行,第 101 页。

月间,正式出产品。但天津解放后古贺回国,丁旭斋在走投无路的情况下,才用优惠条件聘得了黄天平。由于黄在日留学期间专攻合成纤维专业而对合成染料不太在行,他又推荐聘请一起回国的王任之。王在日本专攻染料,故黄在王合作下,很快便制出了超越德孚的名牌"黑淀粒"——双倍硫化黑。在此基础上,生产出直接煮红、直接亮绿。于20世纪50年代初期制出直接枣红,又于1954年制出直接冻黄,比西德的草黄还好。

那时设备条件差,用大缸开口的方法进出料。厂房也比较挤,就在院内空房内做染料,在院外的门面上卖染料,故有"前店后厂"的说法。在新中国成立前,由于货币贬值、民不聊生,人民生活极不稳定。但外汇汇率不变,只要办厂,政府便补贴外汇。丁旭斋看中外汇中的油水,便想以假办厂的方法捞得外汇好处。但实际上生产的利润很大,以直接冻黄为例,成本为每吨1.5万至1.6万元,而市场价格为每吨2.4万元。天时好,又巧遇了人才,使得丁旭斋创办染料工业非常成功,取得了良好的经济效益,故又有"弄假成真"的话题。

上海的染料工业在这个时期经历了繁荣与衰退的曲折发展。抗战期间,上海染料工业曾出现一度繁荣的局面。原因之一是,列强因战争关系已无力东暇中国市场;而国内由于十四年抗战,广大内地染料大已枯竭,尤其农村对硫化黑之需要更为迫切,纷纷来上海采购。颜料商又趁机哄抬物价,竟使得硫化黑由抗战前每担30至40银元猛涨到100至200美元,最高时竟达到500美元。"染料是我国很大的漏卮,自制染料是我国必需的工作"①,在当时极其困难的情况下,一方面看到利润优厚,另一方面受爱国主义的影响,不仅吸引着老厂恢复生产,新厂也如雨后春笋般地兴旺发展起来。

1945年抗战胜利后不久,首先由吴光汉筹金在徐家汇兴办起华元染料厂。② 同时致函在重庆办庆华的朱紫光速来沪协助。在大力收集各地二硝基氯苯的基础上,采用加压水解法的新工艺。这不仅使硫化黑有独到的色光,还免除了直接由苦味酸做硫化黑所带来的爆炸危险。一年的生产就获得巨大利润。吴光汉雄心勃勃,已感到徐家汇路厂址发展受限。他于1947年又在徐汇区天钥桥路斜土路建厂,占地70至80亩,并增加设备,使日产能力达200担(12吨)。是年冬天制造了硫化棕、硫化黄以及两者与硫化黑拼色而成的硫化卡其,并增制硫化碱,业务蒸蒸日上,成为本行业中资金最雄厚的厂家。

中孚染料厂在全面抗战时期改行,在归化路设厂,以制造零星化工原料维持生计。全面抗战胜利后,王守恒去闵行旧址,已见设备材料不复存在,厂内已成为农民放牛的场所。王光汉筹资5000元,经筹办原料勉强于1946年上半年开工。所生产出120、121号镜斧牌的硫化黑畅销各地,形成了与1932年创业时迥然不同的结果。在归化路获巨利的同时,他继而恢复闵行旧厂。至1943年底,闵行基本恢复原状,并开工制造二硝基氯苯和苦味酸等原料。老厂中还有大中染料厂。全面抗战前被日方强买设备和厂址,改为兴亚。由于敌伪产业之争,几经周折才于1947年收回开业,但已失去了厚利时机,没有太大发展。其他染料厂如华美、华生在战时被毁,而华安在抗战胜利后还未生产。在老

---

① 君久:《染料制造工业的嫩芽》,《染化月刊》1941年第3卷第10期。
② 罗钰言:《中国染料工业发展史(草稿)》,第26页。

厂恢复生产中,还有由购得的日伪厂以新的厂名开工生产。①

例如,除将兴亚收还大中外,尚有国华购得万国化学厂,归侨实业工厂(四大家族中宋子文财产的虚名)购得维新,沈鼎三购得(2亿伪币)没收的德康化学厂。

沈鼎三购得德康后起名大可(DyeCo译音)染料厂。② 因当时缺设备,又急于赶行情,先用土法生产硫化黑。因产品赶上高价,获利颇厚。沈鼎三便向国外订购高压釜、搪瓷锅等以增添偶氮染料和冰染染料以及杂色染料中间体生产之用。并增设实验室,聘请技术人员,加强试验研究工作。试验工作虽然取得较好效果,但并未正式产销。

国华染料厂于1947年下半年正式生产硫化黑。③ 硫化黑可获厚利,已吸引住大量的游资,引起了染料商、进口商的兴趣。再加上硫化黑制造技术已不像20世纪30年代初那样神秘,能掌握技术者不乏其人。特别是第二次世界大战后,英美情报部门收集了德国TG公司所属各染料厂的工艺流程设备资料后,汇编成册,以BIOS及FIAT的报告形式公布于世。揭开了多年来认为高深莫测的奥妙,为制造染料提供了丰富实用的技术资料。

资金、资料的具备为建新厂创造了条件。较具规模的厂家有4至5家。

中一染料厂——该厂前身为中一染料化学实验所。④ 该所在抗战时期由信中化工原料公司投资,由王霞令主持,有技术人员4至5名从事染料研究,曾与光中颜料化学厂协作进行过少量直接、酸性和毛皮染料的试验。抗战胜利后征得吴性栽、张政候投资组成中一染料厂,以吴为董事长,董敬庄为总经理,蔡介忠为经理,王霞令为副经理兼厂长。先在光中厂扩大生产,并在鲁班路建新厂。除生产三类染料外,也以生产硫化黑和直接黑为主。产品为"熊猫牌",销路甚广。次年,于龙华扩建新厂房,专事硫化黑之生产,原厂房则专生产杂色。

宏兴染料厂——于1947年筹金5万美元建立。⑤ 先由沈家贞负责,后由袁明恒继任。先在中山北路租地20亩,当年进行设计,1948年动工建厂房,并聘请技术人员试制直接、酸性、盐基、士林等类染料。小批量生产盐基青莲、盐基品绿供应市场。于新中国成立前建成厂房,新中国成立初期增资5万美元添置设备,开工生产直接朱红、盐基青莲。

润华、庆华染料厂——润华与庆华均系乐作霖创办。⑥ 乐在抗战期间已在重庆建庆华染料厂。还拟在抗战后在汉口、上海建染料厂。抗战胜利后组建了润华进出口实业公司,自认总经理,聘同窗王梅清为总经理,并以庆华染料厂的名义承购大中华厂基(伪政府认作伪财产),还通过润华工程师陈仰三在美与Calco染料厂联系合作事宜,后因乐飞机失事而作罢。其侄乐笃斌继任后,以庆裕染料厂名义购得中山北路厂址,就以其名制造起硫化黑来。后改名润华染料厂。庆华征购大中厂基未成,改在中山西路建厂,也制造硫化黑。

① 罗钰言:《中国染料工业发展史(草稿)》,第26页。
② 乌统昭:《大可染料化学厂参观记》,《染化月刊》1949年第8卷第8期。
③ 朱积煊:《人造染料》,上海:商务印书馆,1934年。
④ 罗钰言:《中国染料工业发展史(草稿)》,第28页。
⑤ 陈歆文:《中国近代化学工业史(1860—1949)》,北京:化学工业出版社,2006年,第200页。
⑥ 陈歆文:《中国近代化学工业史(1860—1949)》,北京:化学工业出版社,2006年,第200页。

此外尚有天泰、泰新、大中华等染料厂,但均以生产硫化黑为主。生产情况详见表6-3:

表6-3　1933—1948年上海染料产量①

| 年份 | 硫化黑产量/吨 | 杂色品种 | | 共计厂数 | 厂名称 |
|------|------|------|------|------|------|
| | | 品种 | 产量/吨 | | |
| 1933 | 497.12 | | | 6 | 大中、中孚、华元、华安、美华、华生 |
| 1934 | 1773.28 | | | | |
| 1935 | 2350.92 | | | | |
| 1936 | 3694.80 | | | | |
| 1937 | 1169.10 | | | | |
| 1938 | 754.80 | | | | |
| 1939 | 435.24 | | | | |
| 1940 | 48.86 | | | | |
| 1941 | 3.9 | | | | |
| 1942 | 33.78 | | | | |
| 1943 | — | | | | |
| 1944 | 18 | | | | |
| 1945 | 36 | | | | |
| 1946 | 977.28 | 酸性金黄 | 0.77 | 47 | 三和、大中、大中华、大可、大安、大隆、大华化工、大华颜料、大德、大德兴、兴合、中一、中化、中央化工、中孚、中国、中华、天一、天泰、太平洋、永安、永明、光人、利民、宏兴、长城、建国、亚中、茂生、虹光、振大、泰新、国华、裕丰盛、华元、华安、华丰、新中、新元、新华、沪光、庆华、庆裕、联合、龙华、归伦、宝德 |
| 1947 | 2813.88 | 硫化黄棕 | 10.58 | | |
| 1948 | 5969.45 | 酸性金黄 | 23.73 | | |
| | | 枣红色基 | 35.08 | | |

由表6-3可见,那时上海大小厂已达47家之多。若原料充分的话,是可以满足全国硫化黑需要的。

正当染料行业出现繁荣时,国外的染料工业也已转入正常的生产。一方面提高二硝基氯苯的价格,一方面大量输入硫化黑,对民族工业造成新的威胁。为避免20世纪30年代悲剧重演,同业人士于1947年派代表,向伪"输出入管委会"提出了全面禁止硫化黑进口的要求,并在各方人士赞助下得以兑现,并随后加入上海"化学工业同业公会",在其会

---

① 罗钰言:《中国染料工业发展史(草稿)》,第29页。

下设化工染料小组。随着厂家的增加,又于1948年8月正式成立"染料工业同业公会"。[①] 并选举王国贤(天泰)为董事长,王守恒(中孚)、吴光汉(华元)、吴襄宏(国华)、许炳熙(大中)、曾洁山(庆华)、蔡介忠(中一)为常务理事,王柱东(华安)、沈鼎三(大可)为常务监事。该会的主要任务是按实际产量和生产能力分配外汇,该项工作一直被延续到解放初期。

在这时期内,除了硫化黑的质量不断增加外,主要是试制了一些杂色品种(见表6-4)。

表6-4　上海主要厂家试制之杂色品类[②]

| 染料类别 | 品种及厂家 |
|---|---|
| 硫化染料 | 黄棕、卡其(华元) |
| 直接染料 | 靛蓝、紫酱、朱红、青莲、墨绿(大可、中一) |
| 酸性染料 | 金黄、蓝灰(中一) |
| 盐基染料 | 青莲、品绿(宏兴) |
| 皮毛染料 | 棕、黄、黑(中一) |
| 快色素染料 | 多种快色素(中化) |

虽然产量少,但它表明了从无到有的变化。在实验室中尚研制有硫化蓝(大可、华元)、旗红(大可)、枣红色基(大可、润华)等。这些试制成果均与聘请一定技术人员,设置一定实验室并备有一定数量的图书资料有关。

但是,由于国民党不断扩大内战,自食其果,国民党统治区日益缩小,交通阻塞,切断了硫化黑的销路,使伤痕的染料工业陷入困境。

大后方的染料工业。上海沦陷后,由于许多染料厂不能开办下去,许多人被迫转行。有的技术人员辗转奔赴内地。华安染料厂的工程师毅伯赴重庆后与湖北籍的资本家乐作霖等于1941年创建了庆华染料厂。厂址在重庆市南岸的李家沱,所需原料二硝基氯苯是由美国购买,由滇缅公路运抵重庆。1943年日军攻占缅甸后,供应中断,被迫改由空运苯酚的办法来生产二硝基苯酚。那时,承纪元工程师已到重庆,在该厂从事苯酚硝化研究工作,并获成功,使制造硫化黑原料恢复了供应。当时硫化黑的生产能力约1000吨,该厂利用槐花做一部分槐黄,供染军服用。由于能买到进口的卫生球(樟脑丸,即萘),故承与谈满生、陈仰三、陈治平、陈庆强等人做了以萘为母体的酸性黑、红、黄等,并投了产,提供给附近毛纺厂使用。在大后方还有其他染料厂和工业试验所以及兵工厂等与化工有关的单位。后来有的去延安,有的出国留学,为解放后的染料行业提供和积聚一批专门人才。

解放区的染料工业。在解放区,解放战争初期,为了满足军服染色和民众的需要,有

---

① 《关于成立上海市染料工业总会有关申请的批复函》,上海市档案馆,1948年8月。

② 罗钰言:《中国染料工业发展史(草稿)》,第30页。

一段办染料工业的经历。先是靠已有的科技人员和由张家口解放时接管的敌伪科技资料、仪器和药品，于1946年12月在河北省阜平县井儿沟建立了一座化工研究所。[①] 该所隶属于当时的晋察边区工业局，共分染料、军工、有机和分析4个研究室，约30来人。军工室与有机室主要配合战争中后勤需要，研究硝化炸药、防潮剂以及一些急用化学药品的制备工作。分析室负责其他各室的应用测试数据。染料室主要研究一些植物性的硫化染料，即用植物或作物中易得的花、茎、叶、壳为原料，用萃取的方法提取色素，再用硫化的方法来制成硫化染料。进行这项工作的有王林、安久岭、付利希等人。他们进行过黑豆皮、高粱壳萃取、硫化的试验；也进行过大黄萃取、硝化以及槐花染色方面的研究；还利用过由石家庄焦化厂弄到的焦油副产粗蒽提取过蒽菲卡唑，并用它们试制过士林蓝、海昌蓝。由于缺乏有机原料和相应的设备，仅于1948年夏季，在河北省曲阳县灵山镇试制过高粱壳萃取物制硫化染料，这算是解放区开办的唯一的染料厂。

该厂共有人员70~80名，原料与设备是就地解决。那时制黑火药，硫黄容易解决，土硝是由河北运来。用废汽油筒作为烟筒，挖地10米砌成土反射炉自做硫化钠和多硫化钠。用大铁锅熬煮高粱壳（稍加火碱，用量为高粱壳的5%），然后在100~250℃将浓缩的萃取物（黏稠或干涸物）和多硫化纳硫化4~5小时即可。

染料厂设在曲阳，主要是考虑临近盛产土布的高阳，应用较方便。但可能是硫化效果不佳所致，质量不稳定，染出的布很快就变成红色了。

那时的解放区，除由国民党统治区运一些合成染料外，主要是靠土法染色。如草木灰、腐殖土、果壳、树木的叶、皮、槐花等，甚至有的用敌人炸弹中的苦味酸来染色。总之，新中国成立前的染料工业，确有较丰富的历史经验，有待发掘总结。

从1918年到1949年，经过31年的发展，近代染料工业经历了初创、发展、停滞、再发展的曲折过程，使得我国的染料工业从小到大、由弱到强，生产的产品也由单一到多样。尽管解放区的染料生产比较落后，但整个中国在近代的染料工业在新中国成立前夕还是有一定规模的。新中国成立后，在共产党的领导下，染料工业进入了一个崭新的发展时期，得到了突飞猛进的发展。

## 第三节　合成染料染色技术

### 一、合成染料染色技术发展历程

合成染料大量输入我国，很快淘汰了国产植物染料。关于合成染料染色工艺的研究内容在近代的书刊上多有报道，对不同染料的染色工艺都进行了不同的分析，留下了一些宝贵的资料。

由朱积煊、高维初合译于1935年中华书局印行的《染料及其半制品之制造》一书，对

---

① 河北省志编委会：《河北省志化学工业志》，北京：方志出版社，1996年。

合成染料的染色工艺进行了实验记录。他们把织物纤维分成两类:一类是含氮纤维,为动物产,最主要者为羊毛与丝;一类是无氮纤维,为植物产,有棉、麻、人造丝等。第一类纤维,溶于碱而不溶于酸;后者反之。该书对羊毛染色、染丝、染棉、染人造丝工艺等进行了认真分析,得出了很有价值的重要数据和参数[1]。

德国生产合成靛蓝,很快投入使用,并大量输入我国,很快淘汰了国产植物靛蓝。合成靛蓝在染坊里应用很广,但机器染整厂则不用这种染料,而采用直接染料、盐基染料、硫化染料、蒽醌还原染料等,推销染料的洋行在染料应用技术上予以协助。卷染机器被大量引进,成为我国各染厂的基本设备。[2]

直接染料染棉简单方便,只需在卷染机上进行,织物染色后烘干,水洗去浮色即可,也可用后处理法增加牢度,如金属盐后处理等。但自从其他高牢度染料发现并逐渐增多后,后处理也逐渐被淘汰。[3]

盐基染料对棉无上染能力,但棉经单宁媒染之后染料色素可与媒染体结合而固着,染色一般可在木制或木质外包铜皮的卷染机中进行,织物先经单宁媒染,然后染色,再用吐酒石固着。

阴丹士林蓝色染料在我国20世纪20—30年代行销最广,大多数染厂均采用此染料,染色一般在卷染机上进行。

阿尼林黑染色由于技术要求较高、设备特殊,它的染色处方在20世纪30年代属于工艺秘密。除外商厂和个别大厂外,一般染厂大都不备有阿尼林染机。阿尼林染机系一连续机械,浸轧、干燥、悬化连成一组。浸轧机有两台左右,以木槽盛染液,上有杠杆加压的胶木及橡皮辊筒进行轧染。织物浸轧后进入烘筒烘布机,烘干后进入悬化机。悬化机实为一座砖房,内装铁架,上下排列导布辊筒,地上装传热管子,房顶敷蒸汽夹板,布在房内连续通过。织物出悬化机后可在卷染机或平幅洗布机上进行氧化水洗。[4]

我国染厂染黑色织物大都用硫化黑染料,染色一般在铁制卷染机上进行。1922年山东济南首办中国人自己的化学颜料厂后,1924年、1933年又分别在山东潍县和上海成立了几家染料厂,出产均为硫化黑染料[5]。硫化黑染黑色织物在20世纪20—30年代比阿尼林黑普遍,一方面由于原料易得,另一方面也因为染色较简便。

棉布染藏青色大多用海昌蓝染料,它属硫化还原染料。1909年发明后传入中国,成本较阴丹士林蓝低,故乐于被采用。染色可在一般卷染机或平幅染机上进行。

第一次世界大战前夕,商品名称为纳夫妥AS的不溶性偶氮染料出现于市场,俗称纳夫妥染料。开始品种较少,至20世纪30年代初,一种名为安安蓝的色布在我国风行一时。安安蓝即为纳夫妥蓝的一种,开始由于货少销旺,供不应求。于是许多染厂纷纷购

①　朱积煊等:《染料及其半制品之制造》,中华书局印行,1935年。

②　岁寒:《靛蓝概述》,《纤维工业》1946年第1卷第1期。

③　姚参一:《直接染料染棉概说》,《纤维工业》第1卷第2期。

④　周启澄等:《中国近代纺织史》,北京:北京中国纺织出版社,1997年,第124页。

⑤　陈真等:《中国近代工业史资料》(第四辑),北京:生活·读书·新知三联书店,1961年。

置纳夫妥染机,使之很快成为染厂中的普通设备。起初这种设备引自国外,后来国内几家较具实力的铁工厂也可自行仿制生产。纳夫妥染机全机分为色酚打底、烘布、透风、色基显色、气蒸、洗涤、烘布7个部分,也有将打底和显色分装二机的。①

1914—1915年,出现了不溶性偶氮染料偶合所需的两种成分——色酚和色基的稳定混合物(名为快色素),使用方便。1922年瑞士度伦颜料厂发行新型稳定的印地科素染料,它是一种使用十分方便的可溶性还原染料。但这两种染料价格较高,故在我国一般染厂应用不多,而为印花厂普遍采用。

20世纪30年代中期,染色逐渐开始使用不褪色染料,士林蓝、安安蓝与海昌蓝是当时风行一时的"三蓝"。

20世纪30年代后期,我国染厂所用染料中,黑色为阿尼林黑或硫化黑,藏青用海昌蓝,大红及深浓色泽用纳夫妥染料,其他仍主要以直接染料和盐基染料为主。这些染料价格低廉,配色容易,虽有水洗褪色、日晒褪色及其他缺点,染厂仍不愿放弃。

矿物染料染军衣黄是上海达丰厂早期引进的工艺,加工工艺长期保密,20世纪30年代我国染厂用矿物染料染布的只此一种。这种染料实为各种金属氢氧化合物的混合体,主要为铬与铁,次之为铜与镍。铬与铁染成者自灰黄至土黄色,铬与铜得绿色至橄榄色,铜与铁得棕色,铬与镍得灰色。矿物卡其染色一般在阿尼林黑染机上进行,也有用浸轧机和热风干机的。除阿尼林黑及纳夫妥染料染色用专门设备外,对于硫化还原诸染料均采用卷染机染色。卷染机的类型增多,有轧液卷染机,即在一般卷染机上装有一橡皮辊筒,以备染后轧液。另有适合于还原染料及海昌蓝染色的液下卷染机,布卷完全浸于槽内染液中,避免了暴露空气中受氧化。还有等速自动异向交辊卷染机,可自动调节速度,自动换向。只是由于此机结构较复杂、设备费用高昂,故采用的不多。各式卷染机仍旧是一般染厂的普通设备。

由于卷染机染色麻烦,浪费人工,机身占地面积大,生产较迟慢,而且布卷两端易产生皱痕色渍,故20世纪40年代后期逐渐开始采用轧染法连续染色机染色。② 连续染色机包括浸轧装置,即普通的浸轧机;透风装置,让织物在悬空安装的上下两列辊筒间进行,与空气接触,借以氧化;显色装置;皂洗装置,即普通的平幅洗布机;烘干装置,即普通的烘筒烘干机。各染厂中对于硫化染料、盐基性还原染料、印地科素染料等的染色,采用连续法的颇多。如中纺公司各染厂,用硫化染料和还原染料染布时大都采用轧染法连续进行。③

从印染业总体来看,连续轧染法尚处于萌芽阶段。

20世纪40年代后期,阿尼林染机已能够全部国产。早期的阿尼林染机多数至蒸化为止,氧化及皂洗需在另外的染机上进行。这时的机械则以采用全部连续式为多,即浸轧染料、烘燥、悬化、氧化、皂洗、水洗等过程连续进行,再加上染色技术上的提高,阿尼林

①　杜燕孙:《印染工厂工作法·机械篇》(第二版),上海:华东纺织管理局,1951年,第156页。
②　吴嘉生:《还原染料直接扎染法之进展》,《纤维工业》1948年第3卷第6期。
③　君久:《谈扎染机的扎车》,《染化月刊》1949年第5卷第5期。

黑染色得以在国内普遍采用。[①] 它色牢度好,产量高,远胜于硫化黑染色。

对于染色用染料的选择仍以不褪色染料为主,苯胺染料已成为使用最广的染料。此外还重视其染色过程的科学合理性,以便能得到更理想的色泽和牢度。

丝绸织物品种多、批量小,仍旧以手工操作染色为主,大都采用酸性染料、盐基染料和直接染料,但染出的颜色坚牢度不好。1937年瑞士商号培亚洋行经销度伦颜料厂出品的媒介铬性染料与媒染剂,使丝绸织物染色牢度大大提高。丝织物以光泽为要点,染色后都须经过一种显美处理。一方面增加丝纤维光泽,另一方面使丝绸发生悦耳的丝鸣特性,改善手感。方法为染色洗净后用稀薄有机酸溶液浸过,不经水洗即烘干,称为酸显美;也有用红油或橄榄油与纯碱制成乳化液浸过烘干,成为油显美。

羊毛织物染色采用松式绳状染色机,染料都用酸性、盐基和直接染料。

总之,近代关于合成染料染色工艺的研究和报道资料尽管不是太多,但从收集到的一些资料来看,当时对合成染料染色工艺的研究还是非常注重的。而且,从资料上来看,染料的合成与染色工艺的发展是一致的。这也符合客观规律,因为合成染料的目的是应用或者说应用才合成某种染料,二者自然相互统一。这方面的研究与整理也是非常有意义的。

## 二、近代合成染料的基本染色方法

关于近代合成染料的基本染色方法,近代的一些文献上多有介绍。根据不同的叙述方法,染色方法也有不同的类型。如按设备技术操作上的不同,可以分为浸染法和轧染法;按染色工艺分类又有直接染色法、媒染染色法、还原染色法、氧化染色法、显色染色法。另外,近代把印染称为部分染色,一种花样染,也称印花。印花有三种方法:直接印染、拔染、防染。

染色方法依据纤维性质及染料特性、色泽深浅而各不相同,但从化学立场归纳而论,近代合成染料染色方法可归纳为以下五类[②③]。

1. 近代合成染料直接染色法

这种染色方法是随着直接染料的发明而出现的。一般纤维和染料如果能有较好的结合力,就可以把颜色直接染上,并不需要什么化学药品做媒介,这叫直接染色。但这种染色有时为了能够使色彩均匀,色泽加深,防止水中硬质发生沉淀,染液容易透入纤维,也时常加入各种化学品。它对染料和纤维并不直接发生作用,更没有非用不可的必要。直接染浴的化学性质可能因为助剂的不同,而分为"中性浴""酸性浴""碱性浴"3种。染棉、染纤维素纤维和特种酸性染料染毛丝等,多是中性浴的直接染色;一般酸性,盐基和直接染料染毛丝时,就是酸性浴的直接染色;至于直接染料染棉及特种酸性染料染毛丝,乃是碱性浴的直接染色。直接染色的手续最简便,使用的染料也最多,可算是最普遍较

① 杜燕孙:《印染工厂工作法·机械篇》(第二版),上海:华东纺织管理局,1951年,第156页。

② 也鲁:《谈谈染色的基本常识》,《纺织染工程》第13卷。

③ 沈觐寅:《染色学》,上海:商务印书馆,1935年,第91-98页。

为主要的染色方法,后来媒染染料有"含铬染料"的发明,是先把媒染剂的主要成分混入染料,染色时不必再加媒染剂,这也是属于直接染色的一类。

2. 近代合成染料媒染染色法

该方法在天然染料应用时就已存在,合成染料出现后沿用此法。一般纤维和染料不能直接结合,一定要加入某种化学品(叫媒染剂)做媒介,才能完成染色目的,这就是媒染染色。在传统染料染色工艺中也有媒染方法。此种染料当然以媒染染料为主,这种染料一般情况下对纤维缺少结合力,而成的色泽也极暗浅,只有和媒染剂结合后才能色泽鲜丽而着色坚牢。像盐基染料对植物纤维没有结合力,染棉要用单宁酸和吐酒石做媒介。还有虽然和纤维有结合力,因为色泽牢度不佳,在染后再加媒染剂处理,更像棉织物用硫化或直接染料染色后,为了增进色泽的美观,常用盐基染料做套染,这几种多算是媒染染色。媒染染色因为工作手续的不同,分为先媒染、同浴媒染、后媒染3种。先媒染就是把媒染剂预先固着于纤维,再加入染浴染色,这是一般媒染和盐基染料的染色方法,工作十分繁杂。同浴染又称单缸媒染,媒染剂和染料在同一染浴内一次工程染成,此法手续简便而进步。后媒染就是在染色后,再在媒染剂溶液中处理,因此使色泽加深而坚牢。酸性染料染毛就用这个方法。直接染料染棉的金属盐固色等后处理也是后媒染法的一种。

3. 近代合成染料还原染色法

某种染料本来不溶于水,经过还原剂的作用后还原成为一种色泽不同的隐色化合物,再和碱剂结合成为盐类,才能溶成染浴,染后经氧化剂或空气的氧化,恢复本来色泽,这就是还原染色。像还原染料和硫化染料都是不溶性的,但耐劳性很高,切合实用,染色手续比媒染还要简便,在我国染棉工业上是最重要的染色方法。这种染色方法是随着还原染料的发明而出现的。

4. 近代合成染料氧化染色法

染料虽能直接固着于纤维,如果要充分发挥它的色泽,必须经过氧化剂的氧化,像氧化元和其他氧化染料都是。还原染料在染后本要氧化,因为和空气接触后就发生氧化,所以十分容易。不过染前的还原工程十分重要,可溶性还原染料溶解时不必还原,染后必须用氧化剂氧化,像溶靛素(Indigosol)染料是重要的一种。

5. 近代合成染料显色染色法

凡是经过一次染色还不能达到所要的色泽,一定要再经另一重要成分处理后完成的,就是显色染色。最重要的是不溶性偶氮染料,俗称安安蓝和纳夫妥红,二者都是从无色泽的化学品在纤维上合成色素的。此外,像矿物染料的染色和直接染料染色的显色后处理也为此类。用显色染料的色泽耐牢度也高,像不溶性偶氮染料两种化学品本要分开分别处理,现可混合一次染着,只要经过一次酸剂的显色工程。这种显色法和媒染染色的后媒染法极相像,不过媒染法使用金属媒染剂,而显色法的显色剂种类不同、性质各异。

染色化学的进步很快,一日千里。新染料、新纤维、新方法层出不穷,很多和上列五种方法绝不相关。但在近代,一般的染色方法主要是以上五类。

# 第四节　近代机器染色工业

　　中国近代动力机器染整业,首先产生于外国人在华创办企业。1897 年开工的英商怡和纱厂,率先使用动力染色、整理机器,生产棉法兰绒(即斜纹绒)及花色洋布。[①] 我国动力机器染整业创设较晚。因为机器染整工艺复杂,设备昂贵,资金的积累和技术人员的培养都需要有一个过程。

　　染整业最先使用动力机器的是丝光染纱业。20 世纪初,丝光纱线全为日货。为抵制日货、挽回漏卮,1912 年诸文绮在上海创设启明染织厂,仿效西方专染各色丝光纱线,为我国动力机器染纱线之始。[②] 1913 年,王启宇在原来染坊基础上,引进漂染、精炼机器创设达丰染织厂,专染丝光纱线。因产品精良,生产营业扩大,遂扩充资本,添置机器,加聘技师。1919 年增设振泰纱厂,织成原布,再染色上光整理,为我国新法染原布之始。1930 年后,又增添印花机,达丰染织厂遂成为我国最早自纺、自织、自染纺织全能厂,产品达数百种。[③]

　　对于上等织品,在染色之前必须先进行精炼。1912 年,日本首先在上海创设中华精炼公司,用机器精炼。1918 年,陈似兰等集资 3 万元首创上海精炼公司,开染整前处理之先河。继后有云章染练厂于 1921 年,上海大昌精炼染色公司于 1926 年投产。这些工厂,采用纯碱和肥皂等精炼剂,由蒸汽升温,平幅悬挂煮练,制品质熟而富有光泽,外观优美。此后,近代练染工厂逐步取代手工练染作坊。[④]

　　机器染布印花,经过干燥机之后,转入滚筒印花机。先刻花在滚筒上,然后配上机器,有滚筒 10 只,只用 8 只,印成 8 色,以免粘着。中国最先引进机器印花的是英商纶昌纺织印花厂。系 1925 年由震寰纺织公司投资在上海创设,后租给英商经营,印染部分为动力、制图模、漂染、印花、整理 5 个部分。当时该厂是远东规模最大、设备最全的纺织全能厂。全面抗战前,有资本 1600 万元。[⑤] 国人最早采用机器印花的是 1929 年创办的上海印染公司,最初只能印制单色的红、酱花布。后来逐步扩展,可印制二三套色的麻纱、洋纺、直贡、色丁等布。[⑥]

## 一、各地染色工业的创立

　　近代机器染整业源于上海,到全面抗战爆发前已逐步发展到山东、广东、江苏、湖北、

---

　　① 　汪敬虞:《中国近代工业史资料》,第 2 辑下册,北京:科学出版社,1957 年,第 894 页。

　　② 　国际贸易局:《中国实业志》(江苏省),第 4 册,上海:宗青图书公司,1934 年,第 701 页。

　　③ 　《纺织周刊》,1993 年第 3 卷第 1 期,第 80 页。

　　④ 　中国大百科全书编委会:《中国大百科全书》(纺织卷),北京:中国大百科全书出版社,1984 年,第 367 页。

　　⑤ 　《纺织世界》,1937 年第 1 卷第 17 期,第 18 页。

　　⑥ 　《纺织建设月刊》,1950 年 9 月,第 3 卷下册,第 9 期,第 24 页。

天津等地。

1. 上海染色工业的创立

染整业最先采用机器生产的是染纱业,继后是漂染、精炼、整理印花业。20世纪30年代初,上海染整业已有相当的发展。据统计,1932年时,上海43家染厂年染布500万匹,各色布390万匹,条格布6万匹,丝光布60万匹。[①] 精炼厂有15家,每年出品总额360多万匹。[②] 1935年,上海较大规模的染整厂已有50多家。[③] 最著名的有达丰染织厂和鸿章纺织染厂。前者有资产100万两,各类染整机器200台,工人700名,出品有黄卡其布、安尼林布、各色棉布、府绸、安安蓝布、漂布及印花布等,日产2000多匹,每年产值约516万元。后者有资产150万两,各类染整机器百多部,工人2500名,生产各色棉贡呢、棉缎子、棉哗叽、各色府绸、棉布、漂白布、海昌蓝布,日产2000匹以上,每年出品总值936万元。[④]

机器印花业产生稍迟。1929年创立的上海印染公司及稍后的华新印染公司,起初因经营不善,出品不良,不久便告歇业。1932年之后逐步恢复,且有几家新厂设立。到1935年,上海已有机器印染厂7家,其中较大的光中印染厂有印花机4部。上海印染公司有印花机5部(其中6色双面印机1部),为当时华商规模最大的印花厂,每年出品总值在250万两以上。[⑤]

此外,上海尚有4家外商染整厂,即日商内外棉印染整理厂、华美印染厂、英商怡和、纶昌纺织印染公司。其中内外棉印染整理部及纶昌纺织印染厂日出各色布均在7000匹以上。

2. 山东染色工业的创立

20世纪初,只有手工染坊,第一次世界大战结束之际改用机器染色。最早的是济南东元漂染厂,1918年改用机器染色。[⑥] 继后又有双盛潍染厂于1918年至1919年间购进日本造蒸汽发动机,以及整套漂染设备,在青岛建厂,请来留日染织学生试验成功。后来因受日货排挤,坚持二三年即歇业。1929年潍县陈子玉将全套设备购下,并安装新机,于1931年正式投产,改名大华机器染厂。该厂所出布有"晴雨""越大夫""三顾茅庐"等商标。[⑦][⑧] 继后又有元聚厂、德华机器染厂、华新纱厂染部等出现。到1935年,山东共有机器染厂10多家,各类染色机器百余台,总计每年练染布约30多万匹,染费约20余万

① 国际贸易局:《中国实业志》(江苏省),上海:宗青图书公司,1934年版,第3册,第59页。
② 国际贸易局:《中国实业志》(江苏省),上海:宗青图书公司,1934年版,第4册,第707—708页。
③ 国际贸易局:《中国实业志》(江苏省),上海:宗青图书公司,1934年版,第4册,第703—706页。
④ 国际贸易局:《中国实业志》(江苏省),上海:宗青图书公司,1934年版,第4册,第703—704页。
⑤ 国际贸易局:《中国实业志》(江苏省),上海:宗青图书公司,1934年版,第4册,第702页。
⑥ 国际贸易局:《中国实业志》(江苏省),上海:宗青图书公司,1934年,第6册,第557页。
⑦ 国际贸易局:《中国实业志》(江苏省),上海:宗青图书公司,1934年,第557—558页。
⑧ 《文史资料选辑》,山东人民出版社,1982年第一辑,第140—146页。

元。① 山东华商机器印花厂仅青岛阳本印染厂 1 家,创建于 1934 年,有印花机 1 部。次年,日本人将铃木染厂改为瑞丰染厂,由日本运来 4 色、8 色印花机各 1 台及其他配套设备,成为全省最大的印染工厂。国人染厂难以与其抗衡。

### 3. 广东染色工业的创立

染整业原来采用冷染(浸渍)方法。1912 年改用"U"形染锅,用手搅卷染热煮染色上浆等工艺。1919 年,广州泰盛染布厂购买卷染机、轧光机、码布机、八筒大型轧光机、拉毛机,以及制软等设备生产的阴丹士林布、加乌斜布、硫化青套面(市场上称为"落水娇"),深受消费者欢迎。到 1936 年该厂已发展为华南地区最大的染整厂。继后,广州又有万昌隆、宝兴隆等染厂开始采用机器批量染布。手工染坊由 1911 年的 117 家减为 40 家。②

广东印花业在新中国成立前一直处于家庭手工作坊状态,后整理也用手工操作。

### 4. 江苏染色工业的创立

无锡丽新染织厂最早采用机器染色,1920 年由唐骧庭等集资 50 万元创办。1922 年投产。每日漂染布约 500 匹,日染纱线 6 件。产品有漂白布、府绸、安尼林元及印花布等。1935 年仅丝光机每日可出布 1400 匹。染布有工人约 180 名。③ 1932 年又有常州大成纺织公司第二厂成立。然后无锡美恒染厂、庆丰纱厂漂染整理部、协源染织厂、常州恒丰盛染织厂、苏州工业学校实习工场等,都添置设备、增开染布。到 1935 年时,江苏已有染整厂 9 家。除自织、自染外,多兼营来料代染。④

江苏最早采用机器印花的是丽新纺织印染厂,大约于 1935 年开设投产,有印花机 3 部。1937 年该厂平均每日夜可染布 4000 余匹,花式数量,全国无与匹敌,是为该厂产销最盛时期。此外还有常州大成纺织印染厂、恒丰盛印染厂,各有印花机 1 部。⑤

### 5. 湖北染色工业的创立

染踹业历来很发达。20 世纪初,仅汉口及江陵、黄冈、宜昌、陨西等县就有大小染坊 66 家,染缸数百口。20 世纪 20 年代,湖北棉纺织工业已有了很大发展,逐步增多的坯布以及人造靛大量输入,促进了染整工业的产生。1924 年倪麟时等集资在汉口开设隆昌厂,次年又有技术人员刘稻秋招股在武汉开设福兴漂染厂,采用机器染整。⑥ 继后又有襄记、东华、美昌、善昌染厂等出现。福兴和隆昌染厂经理、厂长均留学英、日,技术精良,出品供不应求。善昌染厂工程师张九太有 20 多年经验,"炼丹""钓鱼""三华""大胜"等商标产品畅销。⑦ 20 世纪 30 年代初湖北有染整厂 7 家,年染布量常在 400 万米左右。其中

① 国际贸易局:《中国实业志》(江苏省),上海:宗青图书公司,1934 年,第 562 页。
② 广东省纺织工业公司编志办:《广东省志·纺织工业志》,广州:广东人民出版社,第 2 编第 6 章,1988 年。
③ 《杼声》,1935 年 12 月,第 3 卷,第 1、2 合期。
④ 国际贸易局:《中国实业志》(江苏省),上海:宗青图书公司,1934 年,第 39-40 页。
⑤ 《杼声》,1935 年 12 月,第 3 卷,第 1、2 合期。
⑥ 武汉纺织工业局编志办:《武汉纺织工业志》,第一章历史沿革,1990 年。
⑦ 《染织纺周刊》,1936 年 9 月,第 2 卷第 6 期,第 954 页。

较大的福兴、东华、隆昌等厂每月染布量各达 7 万米左右,而东华厂开满车,则每月可染布 37 万米(另可染绸缎 22 万米)。[1] 后来因受水灾影响以及竞争加剧,染整业陷入困境。1937 年初,东华、福兴、隆昌、善昌、和兴等 5 家厂组织联营,生产逐渐好转。

### 6. 天津染色工业的创立

1929 年由留德化学博士曹典怀投资 2 万元,从德国购进丝光机、拉宽机,从上海购置染槽、烘干机、锅炉等设备创设华纶(益记)染织厂染阴丹士林布,产品畅销。于是福元、大博、同顺和、义同泰、生记、正丰、万新、通利、敦义、久兴等手工染坊均添置机器,染阴丹士林布。到 1935 年天津共有机器染厂 12 家,拥有各种染整机器百余台,各厂资本大都在 3 万至 5 万元。坯布主要为日货,本市出品很少。所染织品为 40 码 190 号及 280 号的阴丹士林布、40 码的海昌蓝布、硫化蓝布、品蓝布、红标布、元青布、漂白布等。主要销往北平、陕西、东北三省,以及福建等地。[2] 到全面抗战前夕,天津染整厂增至 15 家,年染人造丝及棉布约 60 万匹。[3]

此外,20 世纪 30 年代初,湖南、四川、安徽、浙江、陕西、山西、江西、广西等地也相继出现机器染布厂。[4] 据不完全统计,1935 年全国共有机器染整厂 120 多家。其中上海有 50 多家,天津 12 家,山东 10 多家,江苏 9 家,湖北 7 家。在这些染整厂中,有专染纱线并兼营各色丝光纱线及布匹的,也有专营精炼整理的,也有兼营染布的。但有印花设备的仅 10 多家。华厂中,就资望、设备及经验来说,首推达丰染厂;就发展速度及力求精良来说,当推无锡的丽新和常州的大成两厂;就设备新颖和先进以及资本来说,当推无锡的庆丰和上海永安系下的大华两厂。

总体讲,20 世纪 20 年代为我国漂染工业大发展时期。1929 年世界经济危机,加之国内连年内战影响,生产有所下降。30 年代末,国内染整业进入竞争阶段,国人为力图生存,竭力培养技术人员。于是,东北大学染化系、南通学院染化系应运而生。此外,国内人造染料厂兴起,1934 年有 10 多家。其中中孚染料厂每日可产硫化染料 300 多担。国内染化人才的培养及国产染料厂的兴起,在一定程度上促进了染整业的发展。

1936 年前后,农业丰收,染织布销路转好,新厂增设,以添置布机及漂染、整理部为多,仅上海织造及印染布就不下 1400 万匹。[5]

整理业,自近代染整机械发展后,研光整理工艺渐被淘汰,多数染坊改用机器轧光。1932 年,上海光华记轧光整理厂成立,采用较完美的滚筒轧光机,连续制色布或竹布等品种,制品外观美,光泽匀净。

印花业的发展。据不完全统计,全面抗战前全国共有机器棉布印花厂 26 家,其中外

① 湖北省志纺织志编辑室:《湖北纺织工业志》下册,武汉:湖北人民出版社,1988 年,第 551 页。
② 《染织纺周刊》,1936 年 9 月,第 1 卷第 20 期,第 186–188 页。
③ 《染织纺周刊》,第 2 辑,第 46 期,第 175–176 页。
④ 参见《湖南省志纺织工业》《四川省纺织工业志》《中国实业志》《杼声》。
⑤ 陈真等:《中国近代工业史资料》,北京:生活·读书·新知三联书店,1957 年第 1 辑,第 117 页。

商占 4 家。印花机总数 52 部,其中外商占 15 部。主要分布在上海、江苏、山东等地。[1]

印花业产生较晚,但进入 20 世纪 30 年代后却发展更快,且与纺织、漂染、整理渐趋于一体。

棉布机器印花业未产生前,舶来品花样、色泽,纯系欧化或日本化。到英、日等国在沪设厂时,始根据我国民族习俗制成图案。起初,主要印制单色的红、酱花布,其花样简单,结构呆板,配色也不相称。后来逐步扩展,印制二三套色的麻纱、线纺、直贡、色丁布等。

下面将全面抗战前全国染整厂做一统计(见表6-5)。

表6-5　1936 年全国漂染整理工厂统计[2]

| 区域 | 厂数 | 备注 |
|---|---|---|
| 上海 | 40~50 | 达丰、光中、上海印染仁丰、鸿章、光华、大华、光明、丽明、五丰、景丰、国华、环球、启明、中国内衣公司、华美、华丰、和丰、勤康、大陆、广丰、勤丰、协丰、华阳、元通、万盛、实业、天一、大同、万源等,其他小厂甚多,从略。至于外人所办工厂,则有日商内外棉株式会社(每日印整七千匹)。中华染织厂及华美印染厂,英商有纶昌印染厂(日出四千匹) |
| 无锡 | 3 | 丽新、庆丰、美恒 |
| 常州 | 2 | 大成、恒丰城 |
| 杭州 | 1 | |
| 宁波 | 1 | 恒丰 |
| 汉口 | 20 | 福兴、东华 |
| 长沙 | 2 | |
| 济南 | 5 | 仁丰等 |
| 青岛 | 3 | 华新、阳本等 |
| 唐山 | 1 | |
| 潍县 | 2 | 另有小厂多家 |
| 河北 | 3 | 高阳三家,内有一家与达丰同时开设 |
| 天津 | 20 | 依开设先后以其资本较大的名厂有:华纶(民十八年,资本二万)、福元(4万)、北大(4万)、恒明(3万)、同顺和(4万)、义同泰(3万)、生记(3万)、正丰印染厂(5万)、万新(3万)、通利(6万)、敦义(4万)、久兴(2万) |

上列各厂设备一般有以下几种:煮釜 1 台,洗布机 1 台,漂槽 2~4 个,染机 2~4 对,上浆烘干机 1 台(正丰 2 台),拉幅机 1 台,轧光机 1 台。主要出品为阴丹士林兰布、海昌兰布、硫化兰布、品兰布、红标布、元青布、漂白布等。销路以华北、华中、华南为最多。

---

① 《抒声》,1935 年 12 月,第 3 卷,第 1、2 合期,第 16—17 页。

② 蒋乃铺:《中国纺织染业概论》,重庆:中华书局,1944 年,第 17 页。

创办印花工厂所需资本,一般较染整厂来说数额巨大,而且因机器精细复杂,如果没有精细的技术与管理方法,要想顺利进行是不可能的,所以我国印花工业的发展较为缓慢。当时市场上流行的印花布,最先大多为日本货,每码仅售三四角。在国人钦羡之余,纷纷设法购机,努力出货,曾于1935年一度供过于求,售价暴跌至每码一角六分。为了了解当时我国印花业的情况,现将全面抗战前全国印花厂及其设备列表如下(见表6-6)。(其中上海印染及华新二厂创办最早,手工印花厂除外)

表6-6　全面抗战前全国印花工厂统计①

| 地名 | 厂名 | 机器数 | 地名 | 厂名 | 机器数 | 外商印花厂 |
| --- | --- | --- | --- | --- | --- | --- |
| 上海 | 光明染织厂 | 1 | 上海 | 国华印染厂 | 1 | 日商内外棉株式会社4部(上海) |
| | 光中印染厂 | 4 | | 大华染整厂 | | |
| | 上海印染公司 | 5 | 无锡 | 庆丰纺织染整厂 | | 日商华美印染厂2部(上海) |
| | 达丰织厂 | 2 | | 丽新纺织印染厂 | 3 | 英商纶昌印染厂5部(上海) |
| | 丰明机器印染公司 | | 常州 | 大成纺织印染厂 | 1 | |
| | 景丰印染厂 | 1 | | 恒丰成印染厂 | 1 | |
| | 国华印染无限公司 | | 宁波 | 恒丰染织厂 | 2 | |
| | 华新印染厂 | 1 | 青岛 | 阳本印染厂 | 1 | |
| | 环球印染厂 | 2 | 南通 | 大生纺织公司 | | |

刮绒工业,可为原布厂或染整厂所附营,也可以单独经营。机械简单,操作便宜。我国产品以广东的柳条绒发展最早,而后才有其他品种出品。绒布的种类繁多。我国市场最多的棉法兰绒,也称法兰绒,系双面绒布。单面绒布则称绒布,也很流行。其色有漂白、染色、织花、印花、染纱制织等种。销路甚佳,利益优厚,华厂及在华外厂均以印花绒(通常用作衣里)为主要出品。刮绒机每台仅售数千元至万余元,日夜可出布数百匹。每匹刮绒费仅二角至三角(全面抗战前物价)。所以有商人自购机器至出货一年后,购置费即可收回。"一·二八"事变前为黄金时代,各厂获利特厚,可惜好景不长,战争爆发。

丝光染纱工业,我国始于1911年上海的启明(诸文绮创办)及达丰二厂。此前则为日货所独占。自该二厂设立后,丝光棉绒、颜色纱线及丝光色纱线,才开始有国货出现,获利多多。此业在1928年发达最盛,外资绝迹,即上海一埠就有100多家。出于相互竞争、资本薄弱、九一八事变等原因,在全面抗战前营业大受影响。现将上海各厂及其生产能力列表如下(见表6-7)。

---

① 蒋乃铺:《中国纺织染业概论》,重庆:中华书局,1944年,第18页。

表6-7　全面抗战前上海丝光色纱工厂出货统计①

| 厂名 | 每日出数(包) | 备注 |
|---|---|---|
| 启明织厂 | 5～8 | 以上各厂,均取放账营业,月终或逢节始行收账,资本大卖价亦较良好 |
| 达丰染织厂 | 不常做 | |
| 利生染厂 | 7～11 | |
| 美丰染厂 | 5～8 | |
| 大和染厂 | 5～7 | |
| 达远染厂 | 5～7 | |
| 源利染厂 | 5～8 | 以上各厂均采现款营业方式,垫款购买纱线,加工后送与客家,随收十天期之汇票或支票 |
| 万生染厂 | 3～6 | |
| 傅祥记染厂 | 7～11 | |
| 同德染厂 | 4～6 | |
| 华昌染厂 | 3～6 | |
| 协记染厂 | 5～10 | |
| 和丰染厂 | 5～9 | |
| 合丰染厂 | 3～5 | |
| 大昌染厂 | 3～6 | |
| 长兴染厂 | 4～7 | 以上各厂,规模较小,仅为接受需家之纱线,代为加工与收取制造费用而已 |
| 三新染厂 | 4～7 | |
| 裕昌染厂 | 3～5 | |
| 裕镒染厂 | 3～5 | |
| 源昌染厂 | 3～5 | |
| 新大染厂 | 3～5 | |
| 义丰染厂 | 2～4 | |
| 兴大染厂 | 2～4 | |
| 光华染厂 | 每机日出8件 | 此二厂均用圆形循环式纱线丝光机 |
| 大华染厂 | 每机日出8件 | |

注:丝光色纱每大包计3×40=120包。

　　防雨防火织物,一般情况下染整厂制练者较少,小厂有时间会有生产的,但数量不多。至于花色布的纱线,尤系各染整厂的出品,数量巨大,获利较原坯布高出数成。故常有在同一年内染整厂每能盈余,纺织厂反大亏其本的情况发生。各染整厂的营业方式,除少数在本地及外埠设立推广处或办事处,并聘"跑丁",逐日往本地茶楼兜售外,大部分

---

①　蒋乃铺:《中国纺织染业概论》,重庆:中华书局,1944年,第20页。

均赖各地布商所设庄号,如"广帮""川帮""滇帮"各庄,批发买卖。其平均盈余一般在原色布之上,但过去各厂大都以资本短缺、周转欠灵、组织溃败、技术低劣、内外交迫、立足不易、产品不精、运销无力等原因,发展不大,贡献有限。到了全面抗战爆发,大部分被毁,最近全部沦陷,后方仅有机器染整厂10余家,染机仅160台,扩绒机数台。

## 二、全面抗战时期的染色业的曲折发展与畸形繁荣

1937年全面抗战爆发,在纺织各行业中,染整业损失尤为严重。据统计,仅上海、江苏两地就损失千万多元,约占全国该业总额的80%。全面抗战期间,染整厂有的迁入租界恢复生产,且有新厂设立;有的被迫内迁;有的被日本军管或被强制合办。下面分别介绍各地印染业的一些情况。

上海的染整业。上海的染整业受损害的厂家达半数以上,损失987万元。1938年春,迁入租界内的染整业恢复,有辛丰、国光、启明等10多家复业。而在战区内复工的则有大众、元通两家。到是年秋季,销售更旺,新厂创设增多,计有宏丰、九章、裕新等96厂。此外,由江苏战区中迁沪复工的有常熟的茂成、辛丰豫两厂,常州的益民,无锡的兴业,江阴的勤生、慎源、华澄等3厂。到年底,开工的染织厂达355家,染机113台,形成畸形繁荣。究其原因:一是棉花、棉纱、颜料价格低廉;二是布匹需要量激增,售价高昂,获利极易。1939年,老厂如光中、中国、达丰等厂先后复工。各地资产纷纷集沪,运输畅通,于是又有大孚、三和、九新等78家新厂创设。是年底,新旧开工的染织厂共414家,漂染、整理、染花机575台,丝光机68台,创上海染织业的最高纪录。[1]

1941年太平洋战争爆发,上海租界由日军接管,染整业原材料受限,市场物价暴涨,资金短缺,生产难以维持。除少数规模较大染整厂姑留一部分工人维持生产外,其余大部分陷于停顿。

染整厂的内迁,主要是由江苏及湖北两省迁往川、陕两地。江苏常州大成染织厂和湖北汉口隆昌染厂迁往重庆,与重庆三峡染织厂合并改为大明染织厂。1939年开工投产,有染色机16台,码布机3台,烘干机、拉幅机、轧光机、烧毛机、整经机各1台,锅炉及引擎各3部,主要产品是海昌蓝布,1939年产量为2万匹,1940年为4万匹,主要销往川北各县。[2] 汉口申新四厂漂染部分机器在迁往四川途中被敌机炸毁过多,未能恢复生产。其余迁往陕西部分染整机器,在宝鸡设立分厂,于1942年投产,有染缸4幅、烘机2台,以及烧毛机、拉幅机、上浆机多台。每日可整理布约500匹。[3]

江苏的印染业。在全面抗战爆发后,无锡庆丰纺织厂漂染工厂遭轰炸,全部焚毁。维新漂染厂主要股东赴沪避难,机器被迫出售和转移。丽新纺织印染厂全部停关。美恒

---

① 陈真等:《中国近代工业史资料》第4辑,北京:生活·读书·新知三联书店,1957年,第322–323页。

② 吴杏荪:《天然纤维交织物之染色》,《纺织染季刊》,1941年7月,第2卷第4期,第110–111页。

③ 《纺织染工程》,1947年9月,第6卷第1期,第52–55页。

漂染厂卖给了上海某厂。全面抗战期间,江苏仅剩一些手工染坊,机器生产基本陷于停顿。[①]

湖北的印染业。在湖北省,福兴染厂因资金无法周转而停业。1937 年 12 月南京沦陷后,和兴染厂和隆昌染厂等相继停业,内迁川、陕、黔三省。原来联营的 5 家厂只剩东华和善昌两家,联营处解体。1938 年战事紧迫时,东华染整厂即迁往西安。[②] 战事远离后,湖北省内又新增设染整厂两家。[③]

天津地区的印染业。在全面抗战时期,由于东北资本大量涌入天津,染整业得到发展。于是,新开染整厂有义大、天津、泰山、新华等 27 家,连同原有厂共计 41 家。根据其中 39 家统计,主要设备有:染槽 300 多对,拉宽机 42 台,干燥机 63 台,丝光机 38 台。其中以天津染织厂规模最大,染整设备最新最好,且自织自染。

全面抗战期间,生产状况以日资染业公司为最好。该厂以具有华北独家印染设备为优势,生产的"三马头"牌杂色布、印花布畅销华北各地。以后又增加军布生产,增添染整设备,生产日益扩大。其他各厂产品以海昌蓝、阴丹士林、纳夫妥、硫化色、直接色布为大宗,质量低劣。1940 年后,棉布实行配给,坯布受限,加之资金不足,生产难以维持,天河、长顺和等 4 厂被迫转产;长兴、天成等 9 厂被迫出卖;永茂、瑞和等 4 家机器被拆卖还债;其余各厂也面临倒闭危险。[④]

此外,1938 年尚有广州泰盛染厂被迫代日军加工。1939 年青岛阳本染厂被日本人强迫合作,改名兴亚染织厂。生产由日本人控制,利益亦由日本人独得。该厂日产印染布 800 余匹。[⑤] 同年又有济南利民机器染厂以 20 万元被迫卖给日本纺织公司。[⑥]

下面介绍一下日军军管染整厂。全面抗战期间,日军军管染整厂有无锡庆丰染织厂及上海纺织印染公司两家。1940 年至 1942 年,日方交还军事管理的染整厂有上海元通漂染厂、启明染织厂、大中华印染厂等,无锡丽新纺织印染厂、江阴华澄染织厂等,共计 13 家。[⑦]

此外,日商除战前拥有的在华染整厂外,新建的有兴华染色厂,1938 年满洲纺织公司辽阳第三工场染整部(1939 年)、美华印染厂(1937 年始建,毁于炮火。1940 年重建染业公司天津工场)等。[⑧]

印花业在全面抗战期间除日商厂有较大建树外,华厂并没有什么发展。但花样图案及色泽由于竞争有较大演变,深色花样多趋于都市化,采用细碎复杂的满地花,色泽雅洁,布质舍色丁而用哔叽坯,同时开发了印花泡泡纱,曾风行一时。1940 年后,我国印花

①　无锡市纺织工业局编志组:《无锡纺织工业志》,无锡:无锡科技出版社,1987 年,第 70 页。
②　武汉纺织工业局编志办:《武汉纺织工业志》,武汉:湖北人民出版社,1990 年,第 50 页。
③　湖北省志纺织志编辑室:《湖北纺织工业志》下册,武汉:湖北人民出版社,1988 年,第 545 页。
④　天津市纺织工业局编志办:《天津市纺织工业简志》,天津:天津人民出版社,1984 年,第 12—13 页。
⑤　青岛市纺织工业总公司:《青岛纺织企业简志汇编》,第 100 页。
⑥　《文史资料选辑》,山东人民出版社,第一辑,第 154 页。
⑦　《纺织染工程》,1947 年 9 月,第 4、5 合期。
⑧　陈真等:《中国近代工业史资料》,北京:生活·读书·新知三联书店,1957 年,第二辑,第 624 页。

布开始推销到南洋、印度等地。这充分反映出我国印花业在当时辉煌发展和先进水平。

### 三、抗战胜利后染色工业的恢复

抗战胜利后,15个日资染整厂陆续由经济部接收后移交中国纺织建设公司,其中上海第一印染厂、天津第七纺织厂印染部及锦州印染厂为全国当时最大的三个印染厂。中纺公司全部重要染整设备如表6-8。[①]

**表6-8　中纺公司重要染整设备汇总**

| 设备 | 总数(台) | 上海 | 青岛 | 天津 | 东北 |
|---|---|---|---|---|---|
| 精炼釜 | 59 | 36 | 4 | 10 | 9 |
| 丝光机 | 18 | 12 | 2 | 3 | 1 |
| 精元机 | 13 | 10 | 1 | 1 | 2 |
| 纳夫妥机 | 9 | 4 | 2 | 1 | 1 |
| 交滚染机 | 484 | 269 | 5 | 8 | 4 |
| 电光机 | 50 | 33 | 5 | 8 | 4 |
| 印花机 | 21 | 11 | 2 | 4 | 4 |

全国有印花机60台,中纺就有21台,占35%。1948年全国印花机开工者不到30台,中纺开工为11台,后增到16台。

中纺公司所属各地染整厂情况如下:

上海总计有7个印染厂,2个分工场。上海第一印染厂,前系日商内外棉第一第二两个加工厂合并而成。于1928年创建,1946年1月移交中纺公司经营。复工后产量与日本人经营时不相上下。1948年2月又将第一加工厂并入中纺公司上海第二棉纺厂,定名为上海第三纺织印染工场。

上海第二印染厂,原名中华染色整练公司,创立于1917年,1946年1月中纺公司接收。布匹产量不多,出品以漂泊及电光布匹著名。

上海第三印染厂,原为大安染厂。1938年由日商伊藤忠洋行及吴羽纺织公司合伙投资接盘更名为兴华染织厂。1946年接收后,11月逐步复工。该厂限于市面及染料困难,仅有漂布、精元布、海昌蓝布及黄细布出品。

上海第四印染厂,原为美华印染厂,1934年后厂房毁于炮火,1940年开工。

1946年1月接管。该厂以漂白细布、元色细布、细斜、直贡、哔叽及各种花布最为著名。

上海第五印染厂,原名华张公司,创设于1939年。1945年更名为新华染织公司。中

---

① 《染化月刊》,第5卷第1期,第52页,第2期,第54—55页。

纺公司 1946 年 1 月接管。该厂染织两部机器皆简单陈旧，诸多损锈，后增开手工印花工场，添装织机及整经浆纱等设备，并利用残余设备，设立印花绢网印花及透印，印制大小国旗、手帕、绸及染布，同时制作类似和服的短码狭幅、双面印花织物输往南洋。

上海第六印染厂，原为元通布厂，创建于 1936 年。上海沦陷后，日本公大纱厂接办并改名为一达漂染厂。中纺公司接管后于 1946 年 2 月开工生产。1948 年上半年平均月产 4 万多匹。日本公大纱厂印染部交由上海第六印染厂整理装修后，改为第六印染厂沪东工场。后因遭美机轰炸，厂房破损颇多。经修复后于 1947 年 12 月部分开工生产。1948 年 8 月改为上海第七印染厂。

上海第一针织厂印染部，原为康泰绒布厂，创建于 1920 年，专营针织。1933 年添置印染机器。1944 年由日本海军部接管，专染军布，除染普通色布外，对针织所用的有色纱线及各种针织成品也加工处理。

据统计，中纺公司上海各印染厂 1946 年度生产漂布 41 万余匹，色布 205 万多匹，印花 45 万多匹，共计 290 多万匹；1948 年生产漂白布 72 万匹，各种色布 726.4 万匹，花布 101.4 万匹。[1]

在青岛，其第一印染厂，前身系日华蚕丝公司，简称铃木丝厂，创始于 1917 年。以后添设漂练印染设备，更名为日华兴业公司，又名瑞丰染厂。1946 年 2 月将印染厂划交中纺公司经营。

在天津，其第三纺织厂印染部，创立于 1944 年。因军需关系，由日资天津纺织公司收买大同和大和两厂及天津市义华染厂的旧机器附属于纺织厂内。因日本投降而停顿。中纺公司接收后，1947 年 1 月开工。

天津第七纺织厂印染工厂，前身系新华纺织厂，创始于 1917 年。1936 年转售于日本钟渊纺织公司，更名为公大七厂，并增添印染厂等。1946 年 12 月移交中纺公司经营。该厂规模在华北首屈一指，全部开工可日产各种漂白布、色布、花布约 50 000 匹。

东北地区，沈阳染整厂，原名东兴色染公司，1924 年由国人陈楚材创办，专事染色。1934 年敌伪强加股份，并与营口纺织股份公司合并，更名为营口纺织厂奉天染色工厂。1946 年 10 月移交中纺公司经营。未能复工。

辽阳染整厂，原为日资满洲纺织公司辽阳第三工厂，1939 年创设。1946 年 9 月移交中纺公司经营，仍附属于辽阳纺织厂。

锦州印染厂，创设于 1939 年，由日资租借东棉纺织公司厂址兴建，规模宏大，设备齐全，为东北印染厂之冠。1943 年归东棉接管。抗战胜利后军政部接收，1946 年 10 月移交中纺公司。[2]

1947 年中纺公司所属染整厂共生产漂白布 80 万匹，各种色布 700 万匹，花布 100 多万匹。[3]

---

[1]　中国近代纺织史编委会：《中国近代纺织史研究资料汇编》，第六辑，第 4 页。

[2]　《染化月刊》，1948 年 6 月，第 2 期，第 54 页。

[3]　中国近代纺织史编委会：《中国近代纺织史研究资料汇编》，第六辑，第 1 页。

各地民营染厂情况如下：

上海在抗战胜利后，民营染整厂陆续复工。到 1949 年新中国成立前夕，上海有染整设备的大小纺织厂共计 550 多家。其中 17 家有印花设备，占全国染整设备总数的 75% 强。全业共有职工约 6 万人。[①]

山东的染整业主要集中在青岛、济南两地。

青岛阳本染印厂（兴亚染织厂），1947 年 4 月发还陈孟元，11 月改名为阳本染印股份有限公司，旋即开工。主要设备有印花机 2 台、染缸 24 副、2 吨锅炉 4 台。1948 年印染布产量 302.6 万米，棉布产量 302.3 万米。华新纱厂于 1946 年底发还恢复生产，但印染车间仍停产。[②] 此外，该市尚有 16 家机器漂染厂，但只能勉强维持生产。[③]

济南利民机器染厂于 1946 年发还后，因白布缺乏时开时停。1948 年被毁于战火，1949 年 4 月修复。

天津地区在日本投降后，染整业一度复兴。1946 年至 1947 年间，新开设的染整厂有宏大、德丰、瑞源等 14 家。连同原有的民营厂共计 48 家，有染槽 660 对、烘干机 80 台、拉宽机 59 台、丝光机 55 台、轧光机 27 台。民营染整厂因国内战争影响较大，坯布由中纺公司统一配给，不敷日用。1948 年初，能开工者不足半数。新中国成立前夕，民营厂只剩37 家，且多数处于停产状态。

另外，日资染业公司天津工厂由联勤总部接管后改为天津被服总厂天津染整厂直属工场，改产军布，日产草绿军布 1400 至 2000 匹，草绿、灰色军线 134 捆，印花布约 300 匹。解放天津时，该厂被毁于炮火。[④]

湖北地区的染整业主要集中在武汉一地。抗战胜利后，内迁的 5 家厂有和兴等两家迁回复业。新中国成立前夕，全省只有东华、茂记、大华、和兴、新华（达昌设备有官僚资本投资租用，取名新华染厂）等 5 家。但生产较正常的仅东华、大华、茂记 3 家。据统计，1947 年至 1949 年 3 家厂共染民用布 28 万多匹。[⑤] 与此同时，机器染纱也陆续开办。1948 年初，全省已有丝光染纱厂 10 家，计有丝光机 13 台，染缸 22 台，年可染纱 800 余吨。至于印花，依然采用手工方式。[⑥]

江苏省的染整业主要集中在无锡和常州两地。战时无锡庆丰及丽新印染整理设备损失惨重，战后仅丽新纺织印染厂漂染部于 1947 年恢复生产，日产漂染布 1000 余匹。[⑦]常州战后染整业的复苏仅次于上海，大小染整厂共 60 余家。其中以大成纺织染公司第二厂规模最大，全厂日产各种布 6000 匹。其次为益丰昌染织厂染部和恒丰盛染织厂染

① 工商部上海工商辅导处调查资料编辑委员会编印：《上海之纺织印染工业》，1948 年，第 8-42 页。
② 青岛市纺织工业总公司：《青岛纺织企业简志汇编》，第 52-68 页。
③ 青岛市纺织工业总公司：《青岛纺织企业简志汇编》，1990 年，第三篇印染。
④ 天津纺织工业局编制办：《天津市纺织工业简志》，1986 年，第 14 页。
⑤ 武汉纺织工业局编志办：《武汉纺织工业志》，武汉：湖北人民出版社，第 1 章，1990 年。
⑥ 湖北省志纺织志编辑室：《湖北纺织工业志》下册，武汉：湖北人民出版社，1988 年，第 551 页。
⑦ 无锡市纺织工业局编志组：《无锡纺织工业志》，无锡：无锡科技出版社，1987 年，第 70 页。

部,①申新纺织印染第六厂。

此外,四川、安徽、广东、辽宁等省染整业也恢复生产。河北、山西、北京、陕西、湖南等省市也出现机器染整业。到新中国成立前夕,全国已有17个省市拥有机器染整业,其分布逐渐从沿海扩展到内地。在全国染整厂总数中,公营厂占10.42%,私营厂占89.58%;上海占24.43%,辽宁占20.55%,天津占18.56%,山东占16.29%。全国染整设备,上海约占56%,天津占18.56%,其次为山东约10%,江苏约9%,天津为6%。但仅上海、山东、江苏、天津、湖北等5个省市有印花设备。在印花设备总数中,公营厂占24.14%,私营厂占75.86%,而上海一地就占75.86%。

从全国染整产品种类看,低级产品如硫化灰、硫元化、硫化蓝布占40.8%,而高级的士林布只占5.1%,安安蓝布占4%,印花布占14.2%。若按设备全部运转估计,精元类、纳夫妥类、直接及硫化类、土种类(包括海昌蓝)、印花类、漂布类分别占10%,14%,55%,10%,7%,4%。全年产各类布约1亿匹。②

印花业的布局仍与战前相同,只是产量比战前有所减少。自日资印花业被接管后,国产印花布销路甚广。在花样变化方面,农村仍需要大中型花朵。而都市则花样色泽变化很多。流行的花样大多为欧美与东方色调的混合品,不论深色或浅色,多流行较为清晰的满地花,颜色文静。

近代染整业30多年的历史,可以概括出一些特点:第一,染整业绝大部分集中于上海,但分布较广,与近代棉纺织业的发生发展基本适应;第二,战时虽损失惨重,但因进口染织品减少及市场需要量增多,染整业出现畸形繁荣,但多数为小规模厂;第三,战后,多数染整业附属于纺织厂,逐步与织布联合;第四,机器印花业发展较迟,且限于纺织发达地区;第五,抗战结束前,国人染整业落后于外资企业,难以与之竞争。日资染整厂被接收后,染整业才得以进一步发展。

### 四、新中国成立前夕基本状况和特点分析

新中国成立前夕,一方面由于长期的发展,我国染织业已经有了一定的规模;另一方面由于长期的战乱,日本帝国主义的侵略,整个工业基础落后。所以,新中国成立前夕我国的印染工业总体来讲是落后的,但在技术的应用上和内部管理上也有一定的进步。有学者在抗战胜利后,对上海的印染工厂进行了详细的调查,得出了一些具体的调查数据,我们将通过对这些数据的分析,概览新中国成立前夕我国染厂的概况和特点。

这些厂主要包括:仁丰染织机器厂③、同丰印染厂④、国光纺织印染厂⑤、新丰纺织印染厂⑥。通过对以上这些印染厂的对比分析,我们可以得到以下四方面的认识:

---

① 《纺织建设月刊》第一卷,第102页,1948年10月。
② 《纺织建设月刊》,1950年9月,第3卷下册,第9期,第2-3页。
③ 诸楚卿:《仁丰染织厂参观记》,《纺织建设月刊》,第二卷中,1948年。
④ 《同丰印染厂参观记》,《染化月刊》,第五期,1948年。
⑤ 《国光纺织印染厂参观记实》,《染化月刊》,第二期,1948年。
⑥ 《新丰纺织印染厂参观记》,《纺织建设月刊》,第三卷下,1948年。

第一，从技术的应用和技术人员的配备上看，几个染厂都比较重视。在聘用技术员方面，仁丰 4 人，同丰 27 人，国光 41 人，新丰 12 人，分别占厂内总人数的 2.2%、8.6%、14.4%、4.0%。在当时的情况下，如此配备技术人员，说明企业经营人员对技术的重视，而且从其他资料得到，技术人员的工资待遇是非常高的。有的还专门聘请外国的技术人员，或者刚从国外回来的留学人员。如张謇在创办大生纱厂时，从英国聘请了几位工程师，在资金非常紧张的情况下，特地为他们盖了一座小洋楼，从长江客轮上雇来西餐厨师，他们一个月工作三四天，月薪却高达 400 两白银。[①]

第二，从出产的品种来看，都是一些当时比较流行的色布。就前述几厂，主要是阴丹士林、印花等。实际在抗战结束后，国内的工业开始复苏，一些厂家的生产着眼于新的产品，不再是蓝黑两大颜色了。

第三，企业的管理尽管还有一些差距，但是从各项规章制度来看，比较规范。比如说，工时的计算方法，各种部门的分工与协调等都比较清晰和周密。

第四，尽管新中国成立前资本家对工人的剥削性质不变，但是，企业家们也采取了很多办法调动工人的积极性，如休息时间工资加倍发放，婚、病、丧事假照给工资等措施。这些都说明当时的企业家为了追求更高的利润，也在想尽各种办法提高工人的积极性和工作效率。同时也反映出企业家在管理上的能力和水平。

## 第五节　近代机器染色设备

机器染色的方法主要包括两种，即侵染和轧染。那么，对于染色机械来说也主要是针对以上两种类型。

### 一、浸染用的染色装置

浸染是将纺织物反复浸渍在染液中，使之和染液不断相对运动的染色方法。染液与纺织物的重量之比称为浴比。随着时间延续，染液中的染料逐渐向纤维转移，这个过程称为上染。提高液温可以加速上染，上染过速会引起纺织物的染色不匀。一般采取逐步升温的办法并控制温度，还可在染浴中加入适量的匀染剂或缓染剂，使上染均匀。染上纺织物的染料对所用染料总量的百分比，就是上染百分率。有些染料上染后洗去纺织物上的浮色即完成染色，有的还要经过固色或显色处理。降低染料的水溶性，使染料与纤维发生化学结合的处理叫作固色；使染料发生化学变化而呈现色泽的处理称为显色。

浸染用的染色装置有多种多样，具体采取哪种器具或机械应视染色的对象来定。一般情况下可以区分为未纺纤维、纱线及织物三种情况。就浸染而言，染液与纤维类必须有足够时间的接触，目的是使染液对纤维有良好的浸润以及染色的均匀，因此必须将染液与纤维二者中的一方进行移动。纱线与织物的浸染，大都采用移动纤维的方式，未纺

---

① 梅自强：《中国科学技术专家传略工程技术篇·纺织卷 1》，北京：中国纺织出版社，1996 年，第 3 页。

纤维的情况,当时是使染液流动,较为便利。

1. 未纺纤维的浸染

羊毛的染色大多采用此种方式,棉的染色有时也是如此。传统的染色方式,即在木制或铜制的桶中或罐中进行,方法极其简单。加热时或用直火或通过蒸汽。铜罐大小不一,大的可容 800～6000 升,大约容量每 1000 升得染 40 千克的羊毛。图 6-8[①] 为 20 世纪 20 年代以前用于染棉的染色装置,三个木箱,一个盛染剂,一个做显影或其他用,一个用以洗棉。上用滑轮进行左右和上下移动。这种做法只是节省了人力,和手工区分并不大,但也是很大的进步。后来又有了进一步的发展,如图 6-9,这种机器使用了水汀,可直接或间接用以染棉花。如用硫化染料或瓮染染料染棉花,用图 6-10 所示的染色机更为合适。如果在染后能压去其上的浮液,最好用图 6-11 所示的装置。

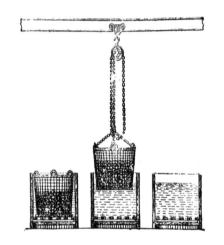

图6-8　染色装置

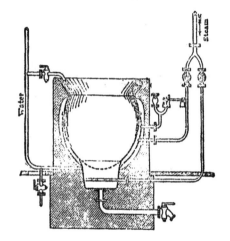

图6-9　水汀染色机

图6-10　染色机(一)

图6-11　染色机(二)

---

①　张迭生:《染色学》,上海:华商纱厂联合会,1922 年,第 188 页。

图 6-12 所示为若斯兰(Rossler)式未纺羊毛浸染装置。$D_1$，$D_2$为有孔底板，羊毛即放置在其间，染液循箭头所示方向，由上而下，经左方侧管循环于 $S \rightarrow D_1 \rightarrow D_2 \rightarrow E$ 之间。由 F 鼓送蒸汽于侧管中，使染液进行循环运动。此项装置因染液加热过速，染色容易出现不均匀现象，所以一般用于匀染性比较好的染料。这种装置也是较早食用并且比较简单的装置。

图 6-13 所示为赫鲍特(Haubold)式浸染装置，此装置为使用动力设备使染液循环式之一例，上部木桶中，置有 A 笼，纤维即装入其中。C 为唧筒，运转时可将染液由 b 管送入木桶中。染液由 A 下方向上方进行，由 d 管溢出，而流入 B 容器。由此再通过唧筒 C 经 a 而输送于 b。染色完毕后，B 中可改盛水，而仍通过唧筒如前运用的方法进行洗涤。

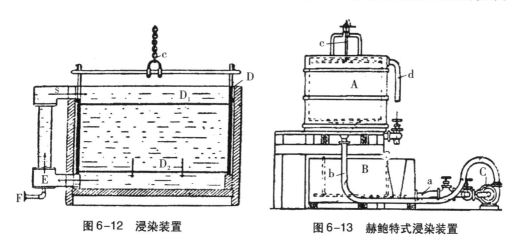

图 6-12　浸染装置　　　　　图 6-13　赫鲍特式浸染装置

2. 纱线的浸染

管纱(cops)的浸染，无论纱线如何卷绕在管上，一般情况都是使染液流动，而管纱不动。图 6-14 所示豪莉(Holle)式的染管纱器，即其一例。在图 6-14 中，通过 C 唧筒将染液送入染桶中的粗水平管 A，在 A 上植有许多直立支管，各管上可插数个管纱轴。

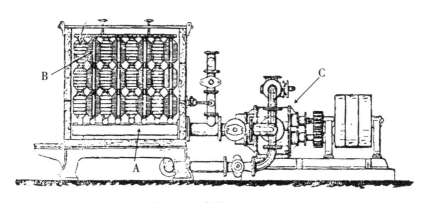

图 6-14　豪莉式染纱装置

　　染液由水平管上升而入支管,经管纱轴的中心向外部流出。此项染液更由最近的一组管纱的外部向其内部浸入,并为直立支管所吸引,向下方流出,然后再流入唧筒。染液流动的方向,通过唧筒开关交替进行,可以反其道而行。这台机器通过动力设施将染液通过唧筒传送上去,通过支管染液的外溢而达到染色的目的。图6-15、6-16为近代纱线染色设备图片。

图6-15　纱线染色装置(一)

图6-16　纱线染色装置(二)

　　染纱也可用上述染管纱器染色,但多施行绞染。绞染的最简单情况如图6-17至图6-19所示,用木制或铜制的长方形染槽,将绞纱悬挂于上部横棒,下垂于染浴中,用人工使其回转而染色。染槽的尺寸,对于棉纱50千克,大约须有3米长,0.5米宽,0.6米深大小。底部有蒸汽管,可通过蒸汽而加温。

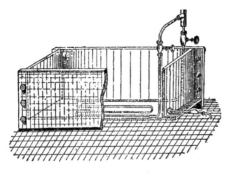
图6-17　染纱设备(一)

图6-18　染纱设备(二)

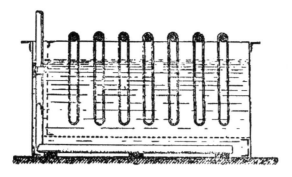

图6-19　染纱设备(三)

随着染色业的发展,上述设备中绞纱的回转最后使用动力而做机械运转,其式如图6-20所示,其原型如图6-21。

1935年出版的文献①中有将绞纱保持不动,而使染液流动的方式,如图6-22,在染槽的一侧装上推动器如离心机,使染液流动,以达到使染液流动的目的。此种机械的优点是:节省蒸汽,节省人工,染色时棉线不移其位置,染色迅速且完全;节省染料等。

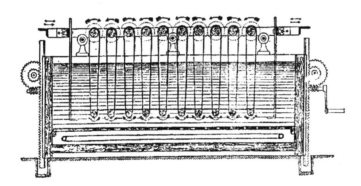

图6-20　染纱设备(四)

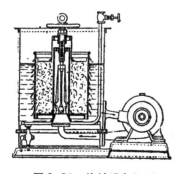

图6-21　染纱设备(五)

图6-22　染纱设备(六)

---

① 沈飌寅:《染色学》,上海:商务印书馆,1935年,第188-189页。

### 3. 织物的浸染

用于浸染织物的装置,最习惯使用的为桶染,其式如图 6-23 所示。染槽的上部,备有齿车型的木制卷框。将织物架悬于框上,通过人力或机械力摇转卷框以进行染色。架悬的织物,其长度可无限制,随框的摇转而得以进行。旁侧所示为蒸汽管,用以加温。

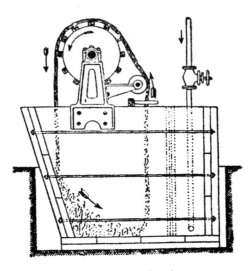

图 6-23　桶染设备

1935 年的文献①介绍了张列式染色机,如图 6-24 所示,此机械有两个轱辘:R,R',下轱辘受上轱辘的压力而旋转,此压力可以随意增减;轱辘之下有染槽 B,槽的位置可随意升降,槽前有转轱 A 将布匹张开而卷绕其上。经过数杆而到槽底的轱辘然后再到 R,R' 两个轱辘,最后卷绕到 C 轱辘上,完成染色的目的。此机器用的染槽如图 6-25 所示。

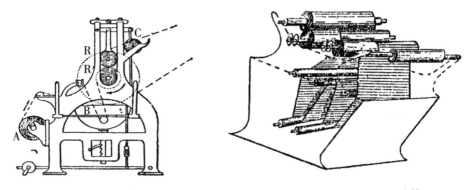

图 6-24　张列式染色机　　　　　图 6-25　张列式染色机染槽

此染槽为木制或铁制,染槽内有数个轱辘,用以牵引布匹,并有水管和蒸汽管通过。

---

① 沈觊寅:《染色学》,上海:商务印书馆,1935 年,第 188-189 页。

20世纪30年代,有的染厂已经使用了连续染色槽以用来染深色和深蓝色,如图6-26所示。染槽分四栏:第一栏系煮布,其他三栏为染色。每栏都有加压轴辘,上轴辘用橡皮包裹,轴辘之外有张列架,槽内由蒸汽管以增加温度。另外还有一种多轴槽,如图6-27所示,[1]用于染细布,其工作可以连续不断,生产效率较高。20世纪40年代一般都用染布机以行机械染,适于广幅染色。规模较大的工厂,尤其使用染布机更为合适。

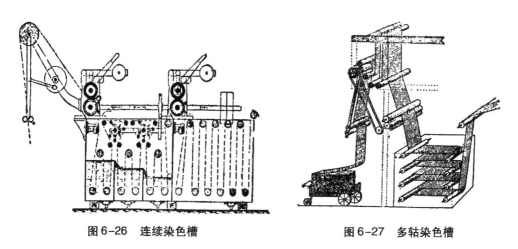

图6-26　连续染色槽　　　　　图6-27　多轴染色槽

　　图6-28所示为染布机的要点,染槽的上部,右方为木制的轴辘,进行浸染的布卷于其上,将布端入于染液中,经过数个小型木制轴辘的运转,而卷于左方上部的轴辘上。其次,将轴辘向相反方向回转,以行浸染。此项操作务必反复施行至获得所需的浓度为止。图6-29所示为同一主旨的连续式浸染机,除染色之外且可适用于媒染、水洗、上浆等工程。

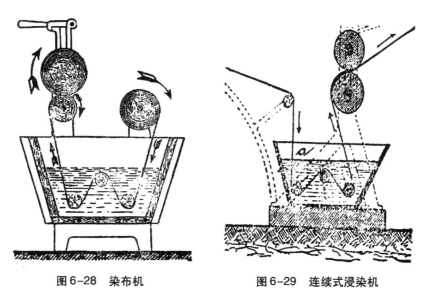

图6-28　染布机　　　　　　　图6-29　连续式浸染机

---

①　沈觐寅:《染色学》,上海:商务印书馆,1935年,第188-189页。

如用瓮染染料染色时,则其染液务须避免空气氧化,故在必要场合,可如图6-29所示,在染液中装备多个轱辘,借以不让织物触及空气而获得充分浓度。

## 二、连续轧染机械设备

轧染指织物浸渍染液后受轧辊压力,使染液透入织物并去除余液的染色方法。织物所沾染液的重量百分比称为带液率。轧染后的织物还要经过汽蒸等后处理来完成染色过程。浸轧和后处理也可在连续设备上进行,称为连续轧染,适宜于大批量生产。织物经浸轧后,往往要经过烘干。在烘干过程中,织物表面的水分蒸发,内部染液会经由毛细管向表面移动并蒸发浓缩,造成染色不匀,这种现象称为泳移。改善烘干方法,并在染液中加入水溶性高聚物作为防泳移剂,可以防止或减少泳移现象。易于变形的纺织物染色应在松式设备上进行。

近代人们根据需要特拟定一套机械图样及使用法,在当时曾被试用。拟定的轧染连续机简述如下:

(1)表示通常稳定性染料浅色至中色的染色程序:轧染(染液中包括烧碱、保险粉、硫化碱、浸透剂或酚加胶粉)—空气透风氧化—水洗—热洗二次—皂煮—热洗—水洗二次—烘燥。

(2)表示中深色轧染后再还原法的染色程序:轧染(未溶解染料浆)还原液浸轧(烧碱保险粉)—热蒸—水洗—透风氧化—热洗二次—皂煮—热洗—水洗—烘燥—水洗—烘燥。

该机二道轧车之染槽,可多备容量大小及各种性质者几只,只需调换轧车槽,便可适合兼染硫化、印地科素尔诸类染料。

# 第七章 近代纺织染织品

近代纺织染织品较之古代有了不小的变化。随着科学技术的进步,特别是纺织工业、染料工业、染色工业的发展,使得纺织品的种类得以扩大,质量大大提高。

## 第一节 纱 线

### 一、棉纱线

近代的棉纱线分手纺棉纱线和机制棉纱线。用纺车手工纺出的棉纱俗称"土纱",由动力机器纺出的棉纱俗称"洋纱"。土纱较粗,常用纺车捻成线,以小绞出售,用于手工缝纫。洋纱粗细范围较广,主要与用途和设备技术等有关。20 世纪 30 年代,棉纺织品的纱线细度呈逐渐减小的趋势,表明棉纺织品向较高档次发展。

棉纱合股后成为合股线,即棉线。合股线有多种用途,如用于地毯底线、织帆布,用于织造线呢的经线、丝光袜、缝纫线、纬线等。早期棉纺织业生产的股线较少,1932—1935 年,线锭增加率远高于纱锭增加率,生产量的增长率合股线远高于单纱,这说明棉纺织品向高档方向发展,见表 7-1。从表中可以看出,23 英支以上的中、细支纱所占的比重逐渐增加,自 1932 年的 16.5% 增加到 1935 年的 19.9%。

表 7-1 1932—1935 年全国棉纱支数分配 占比/%

| 支数范围(英支) | 1932 年 | 1933 年 | 1934 年 | 1935 年 |
|---|---|---|---|---|
| 10 以下 | 15.7 | 14.6 | 16.4 | 14.6 |
| 10 ~ 13 | 4.4 | 4.5 | 4.3 | 3.8 |
| 13 ~ 17 | 31.8 | 32.1 | 32.8 | 28.0 |
| 17 ~ 23 | 31.7 | 29.8 | 28.8 | 33.7 |
| 23 ~ 35 | 7.0 | 7.7 | 8.0 | 9.4 |
| 35 ~ 42 | 8.9 | 9.9 | 8.5 | 9.0 |
| 42 以上 | 0.5 | 0.7 | 1.2 | 1.5 |
| 合计 | 100.0 | 100.0① | 100.0 | 100.0 |

---

① 其中有支数不详者占 0.7%。

本色棉纱线经染整处理后,加工成棉纱线,主要品种有丝光纱线、烧毛纱线、蜡光纱线和花色纱线。加工棉纱线以中、细特纱为主,且多为合股线。

其他棉纱线还有木轴线、棉绣线、编结线、棉绒线、棉绳、棉纱带等。木轴线是合股线经过漂染上蜡等加工,卷于木平轴或圆锥轴上,用于缝纫和花边抽绣,通常有2股、3股、6股、9股四种,每种有各自的长度规格——18~11 000米不等。棉绣线为刺绣用棉线,一般为14.5~58.5特(10~40英支),以小绞出售,每绞长37米(40码)。编结线多为4股或6股棉纱的复捻品,通常卷于球状,每球长27~82米(30~90码)。棉绒线又称"棉纶""棉冷"或"尾线",是松捻的粗棉纱,经丝光染色而成,做小绞状,在当时用于女孩子扎发辫或代替毛绒线手工编结内衣。棉绳多为8股或12股捻合,供包扎用,常染彩色,作球状或卷筒出售。棉纱带形状扁平,是由棉纱上浆烘干凝固而成,常由14~18根29特(20英支)纱组成。

### 二、丝线

蚕丝根据去胶的多少,可分为熟丝(全练丝)、半练丝、匀胶丝等。这些丝多需加捻或合股加捻形成不同种类的丝线,如单捻丝、捻纬丝、捻经丝、绉丝、璧丝等。缝纫用丝线也是一种大宗商品,早期用纺车加工,后来改用纺机加捻。

清末民初,绣花盛极一时。当时的绣花丝线是用桑蚕丝经二次合股加捻、练染制成,为使丝线的光泽度较好,还常用"的丝"(用木锤轻轻拍打丝线绞)及加油的方法,以增进绣品的效果。绣花线捻度小,用时可分股劈开,光泽柔和细腻。

其他的丝线还有医用缝线和乐器上的弦线。医用缝合用的丝线常用15股丝复捻而成,而弦线是由丝线敷胶而成,用作琴弦,也用作钓丝。

### 三、毛线

毛线也叫绒线。我国早期的考古发现中就有毛织物,但在鸦片战争前,毛纺织还仅限于盛产羊毛的地区,多为手工纺织,家用,没有形成规模。随着外国绒线的进口,我国毛纺业也发展起来,毛线从最初妇女扎头发的彩线逐渐推广到用绒线手工编结衣服、鞋、帽、围巾、手套等服饰品。

绒线有粗梳毛纺、精梳毛纺和半精梳毛纺三种。粗梳毛纺绒线一般为4股,也有3股和6股,甚至更多股的,原料常用品质在56支左右的国毛或进口毛混纺。精梳毛纺绒线一般为4股,也有2股和3股的,原料用品质支数为58支的羊毛。

1919年,中国最早生产绒线的厂家即上海中国第一毛纺织厂成立。其生产产品是采用山东、西宁、湖州羊毛,用日晖织呢商厂的机器纺出的粗纺纱合股而成的。纺出的绒线经手工染色,商标为"火车牌"。这种粗绒线染桃红一个颜色,供女性扎发辫用,也用于织围巾和袜子。1931年,振兴毛纺织厂开工生产"双龙牌"4股粗纺绒线。1935年,上海毛绒厂投产,纺"小囡牌"4股粗绒线。同年安乐厂增加毛纺设备,生产"双手牌"和"美女牌"粗绒线。最早生产精纺细绒线的是天津东亚毛纺厂,该厂于1931年创办,生产"牴羊牌"细绒线。1935年,上海中国毛绒厂开工生产,选用70支羊毛纺制高级开司米绒线(双股针织用毛线），次年又生产"皇后牌"细绒线。1934—1935 年，日商和英商又在上海建绒线厂，生产规模较大。最有名的英商密丰绒线厂，生产各类"蜜蜂牌"针织和编结绒线。20 世纪 40 年代，我国开始小批量生产花色绒线，如圈圈线等。

### 四、麻线及其他

麻线、麻绳大多用手工纺制，用机器生产的少。

麻线球用苎麻纺成，一般为双股，有纯白色和彩色与白色合股两种，供普通包扎用。大麻绳有鞋绳、包扎用绳、行李绳等，多为手工制造，随纺随售。

## 第二节　棉织物

近代棉织物有三大类：第一种是手工棉织物，俗称"土布"，是用手工纺制的土纱在手工投梭机上织造的；第二种为机制棉织物，俗称"洋布"，是用机纺的洋纱在动力织机上织造的；第三种是介于上述二者之间的改良土布和仿机制布，是用机纺纱在改良手工织机上织造的。

### 一、手工棉织物

#### （一）土布

各地生产的小土布品种繁多、规格不一、名称各异，但基本上质地粗厚、布幅较窄（约33 厘米）。清末，仅上海地区的土布就有 72 种之多，按用途又可分为官布、商品布和自用布（表 7-2）。其中官布是指充赋税入官和官用的布匹。商品布是土布中的大宗，有少量是织造精细的高级品种，如番布、云布、斜纹布等，市场流通量少。市面上大量流通的有标布、扣布和稀布。标布也称大布或东套；扣布也称小布或中机，密而窄短；稀布也称阔布，疏而阔长。小土布多是本色，也有少量先织后染。

表 7-2　20 世纪初期上海地区几种土布的规格和产销地区① 单位：米

| 品名 | | 规格 | | 产地 | 销地 |
|---|---|---|---|---|---|
| 正名 | 又名 | 匹长 | 幅宽 | | |
| 东稀 | — | 5.8～6.3 | 0.37～0.39 | 东北各乡，光绪后多数系西稀织户改织 | 本色销东三省，销南洋、两广者均染色 |
| 西稀 | 清水布 | 5.3～5.8 | 0.36～0.38 | | 东三省、直隶、山东等地，间有染色后销广东 |

---

① 徐新吾：《江南土布史》，上海：上海社会科学院出版社，1992 年。

续表 7-2　　　　　　　　　　　　　　　　　　　　　　　　　单位：米

| 品名 | | 规格 | | 产地 | 销地 |
|---|---|---|---|---|---|
| 正名 | 又名 | 匹长 | 幅宽 | | |
| 套布 | 东套 | 5.3~6.0 | 0.31~0.33 | 东南各乡 | 东三省、北京、山东、浙 |
| | 北套 | — | — | 邻邑所产 | 西等地 |
| | 加套 | — | — | | |
| 白生 | 小标 | 4.3~4.5 | 0.32~0.33 | 邻邑所产洋泾、高行、张 | 东三省、山东等地 |
| | | | | 家桥、东沟等处 | |
| 龙稀 | | 7.3 | 0.37 | 龙华镇附近 | 本市门庄 |
| 芦纹布 | | 6.3~7.2 | 0.45~0.5 | 塘湾、闵行各乡村 | 苏州、杭州、徽州等地 |
| 柳条布 | 分蓝柳、白柳 | 6.3~7.2 | 0.45~0.5 | 塘湾、闵行各乡村 | 苏州、杭州、徽州等地 |
| 格子布 | | 6.3~7.2 | 0.45~0.5 | 塘湾、闵行各乡村 | 苏州、杭州、徽州等地 |
| 雪青布 | | 6.3~7.2 | 0.45~0.5 | 塘湾、闵行各乡村 | 苏州、杭州、徽州等地 |
| 高丽布 | 洋袍 | — | 0.31~0.33 | 洋泾、金家桥、张家桥等处 | 辽东及本埠各布店，亦 |
| | | | | | 有改作高丽巾者 |
| 高丽巾 | — | — | 0.31~0.33 | 洋泾、金家桥、张家桥等处 | 本埠及福建、山东等地 |
| 头纹布 | — | — | 0.3~0.32 | 洋泾、金家桥、张家桥等处 | 本埠及福建、山东等地 |

鸦片战争后，机纺洋纱进口量逐步增加，首先用作经纱，和土纱结合织出了洋经土纬的土布，之后出现洋经洋纬的土布。这两种土布所用的洋纱较土纱细，织成的土布在重量和厚度上都有改变。经纬所用的洋纱多为 14 英支，亦有用 14 英支为经纱、16 英支为纬纱的。好品质的东套布幅宽 0.33 米，匹长 6 米，重 0.55~0.56 公斤，有 1000 根头分，即在布幅内有 1000 根经纱（差的只有 850 根，一般是 850~900 根）。

(二)改良土布

改良土布是指用改良手拉机织出的土布。改良手拉机在结构上把投梭机的双手投梭改为一手拉绳投梭，也称拉梭机。改良土布可用土纱和洋纱为经纬，但以洋纱居多，多以双股线做经，单纱做纬，上机前多经染色或漂白，幅宽可达 67 厘米。用手拉机生产改良布始于 20 世纪初，在 30 年代达到高峰，之后逐渐发展为铁木机织造仿机织布。比较有代表性的改良土布是宁波的甬布和安徽的厂布（表 7-3）。甬布幅宽 73 厘米，匹长 27 米，用 18 特(32 英支)双股线做经、36.5 特(16 英支)纱做纬，常织成格子或条纹，轧光上浆。早期的厂布是白地蓝条布，以后发展出大灰条和小灰条等。

仿机制布，是指用铁木机生产的棉织物。铁木机又称脚踏铁轮机，是一种高度完善的手工织机。使用这种织机可以模仿动力织机生产出较高档的棉织物，如线呢、哔叽、直贡呢、府绸、条绒等。仿机制布幅宽一般在 67 厘米以上，匹长为 27~37 米。

表7-3　改良土布的品名规格①

| 品名 | 原料 | 幅宽/米 | 匹长/米 | 头份 | 重量 | 生产时期 |
|---|---|---|---|---|---|---|
| 甬布 | 32英支/2×16英支 | 0.67米 | 27.43米 | 1880 | 4.8公斤左右 | 1901—1908年 |
| 甬布 | 32英支/2×16英支 | 0.56米 | 18.28米 | 1680 | 2.9～3公斤 | 1902年起 |
| 甬布 | 42英支/2×16英支 | 0.56米 | 18.28米 | 1500 | 2.5～2.6公斤 | 1908年起 |
| 甬布 | 20英支×16英支 | 0.56米 | 18.28米 | 1380 | 2.1～2.15公斤 | 1912年起 |
| 甬布 | 42英支/2×16英支 | 0.56米 | 27.43米 | 1500 | 3.75公斤左右 | 客户定织 |
| 安徽布 | 20英支×20英支 | 0.56米 | 16.65米 | 1440 | 2.3～2.4公斤 | 1915年起 |
| 安徽布（次） | 20英支×20英支 | 0.53米 | 15.32～15.98米 | 1200 | 1.9～2公斤 | 1915年起 |
| 安徽布（大灰条） | 20英支×20英支 | 0.58米 | 15.98米 | 1200 | 2.1～2.15公斤 | 1918年起 |
| 安徽布（小灰条） | 20英支×20英支 | 0.58米 | 15.32米 | 1024 | 1.9公斤 | 1918年起 |

## 二、机制棉织物

机制棉织物的种类与花色繁多,早期大多是仿制进口的、销路好的品种,其品名亦多为外语的音译或冠以"洋"字,以示与国产传统商品的区别。现仅就近代销售于国内市场的机制棉织物概述如下:

（一）平纹类棉织物

平纹类棉织物的品种很多,根据经纬纱的粗细和密度的不同,分为平布、纱、绉、府绸等。

1. 本色布

本色布是最普通的本色平纹布,因所用纱支的粗细和织物的幅宽、长度和重量的不同,又可分为三类:

（1）本色原布。此布经纱30～40英支,纬纱20～30英支,匹长34.73～35.65米,幅宽0.97～0.99米,重1.36～4.99公斤。多用作帐料及漂制绷布或染制衣里等。

（2）本色细布。多用20～30英支单纱织成。每平方英寸内经纬纱根数约140根。匹长36.56米,幅宽0.91米,重4.99～6.80公斤,以5.44公斤者居多。多用于制造内衣和染制服装面料。

（3）本色粗布。多用20英支以下的粗支纱织成,匹长与幅宽与本色细布同,重4.08～4.17公斤。轻者,每平方英寸含经纬纱80～100根,供制衣里;重者每平方英寸含经纬纱100～110根,供普通衣着、被褥之用。

2. 漂布

经漂白的上浆布,浆分轻重不等,故其重量亦无标准可言,通销者每匹重约4.99公

---

① 徐新吾:《江南土布史》,上海:上海社会科学院出版社,1992年。

斤,每平方英寸含经纬纱 150 根左右。上等品含浆较少者供内衣用,次等品供帐料杂用。匹长 36.56～38.39 米,幅宽 0.89～0.91 米。有一种所谓白竹布,系指浆料黏着非常牢固,其表面特别光滑,可供内衣用。

3. 染色布

本色布与漂布的染色品,多以所用染料命名,如阴丹士林布、海昌布、克力登布、爱国蓝布等。

4. 本色洋标

本色平纹布,较市布粗劣而浆重,一般用 20 英支单纱织造,匹长 21.94 米,幅宽 0.81～0.91 米,每匹重 1.81～4.08 公斤,多供面粉袋用。因最初所用商标为"T",又因原系由印度输入,故亦称天竺布。

5. 红洋标

染为深红色的洋标布,供农家妇孺服用及制作旗帜。

6. 花标

平纹印花布,质地较市布或洋标为薄。一般用 40 英支单纱织成,每平方英寸经纬纱共 120 根,细者可达 150 根,粗者与本色粗布相近。匹长 27.43 米,幅宽 0.71 米,每匹重 2.72～3.18 公斤。所印花纹以单色至 3 色单面印花居多,4 色以上者及双面印者较少。

7. 洋素绸

平纹染色品,质地与普通花标相似,每平方英寸经纬纱 120 根,上浆印花后质薄而光,用作衣里料。匹长 27.43 米,幅宽 0.71 米,重 2.27～2.72 公斤。

8. 洋纱

为轻薄平纹棉织物的通称,以粗细、软硬程度的不同而有种种不同的名目,如细纺、上等细布、麦尔纱、奈恩苏克布、平纹细布等。其中以细纺最细且密,平纹细布最稀且粗,其他与市布相差不多。以手感来评定,细纺最滑爽,上等细布较硬,另外 3 种较柔软。此类棉织物多用 60 英支以上的细纱织成。每平方英寸经纬纱在 200 根上下,每平方码重不及 85.05 克。匹长有 10.97 米、27.43 米、36.56 米或 54.84 米不等,幅宽 0.71 米、0.76 米、0.91 米、1.27 米不等。一般为漂白或染为浅色,供夏季衣料、手帕和帐料等用。其中亦有染为元黑者,多粗货,供妇女裤料用。

9. 华而纱

华而纱又称巴里纱,俗称玻璃纱,是用强捻细支纱线织成的稀薄平纹棉织物。每平方英寸经纬纱线 120 根。上等品用 100 支以上的强捻双股线织成,次等者用单纱代替。幅宽 0.91 米,匹长 54.84 米左右,多为漂白、染色或印花品,供妇女夏季服用。

10. 蝉翼纱

轻薄透明的棉织物,手感挺爽,多为条格纹,经纱为 80 英支,纬纱为 100 英支,供妇女夏季服用。

11. 麻纱

布面有纵向细直条纹的轻薄棉织物,因手感挺爽如麻织物而得名。条纹由经纱并合突出布面而形成。匹长 27.43 米,幅宽 0.71 米。品质粗细不等,多为漂白及印花品,供夏季衣料用。

12. 绉地丝光洋纱

绉地丝光洋纱又名绉绸,是用双股纱织成的丝光洋纱,利用经线张力的不同形成绉条纹。每平方英寸经纬纱线约 200 根,每平方码重不及 150 克。匹长 27.43 米,幅宽 0.71 米,织物质地细洁、轻薄。多为印花品,供妇孺夏季衣料用。

13. 绉布

绉布是一种利用强捻纱起皱的轻薄平纹织物。通常用 32 英支纱为经,20 英支纱为纬。高品质的常用 40 英支的烧毛细纱。纬纱都是强捻,正反手交替编织而形成绉纹。适宜做夏季衣料之用,以纯白色居多,亦有印花和染色的。匹长 18.28 米,幅宽 0.71 米,每匹重 1.59～1.81 公斤。

14. 府绸

一种经密高于纬密、布面呈菱形颗粒效应的平纹棉织物,因手触有丝绸感而得名。多用 60～80 英支纱捻成的双股线为经、32 英支或 42 英支的双股线为纬织成。低级的府绸亦用较粗的单纱为纬。匹长 27.43 米,幅宽 0.76 米,供上等内衣及外衣用。

15. 罗缎

采用绉组织的丝光线织物,因纬粗经细,布面呈凹凸的横向罗形花纹。经线为 60～80 英支双股线,纬线为 32～42 英支双股线或三股线织成,多染为黑色或深色,供制作袍褂。

16. 棉帆布

一种纬重平组织的漂染棉织物。经纬纱均为 30 英支。匹长 27.43～45.7 米,幅宽 0.76～0.91 米,每平方码重 170.1～255.15 克。漂白品多用于制作夏季制服,染色品多用于制鞋帽等。

17. 自由布

染纱织的平纹布,染纱时采用类似扎染的方法使绞纱某些部分不能染色。上等品经纱为 32 英支或 42 英支的双股丝光线,次等品用单纱,多供妇女外衣用。

(二)斜纹类棉织物

斜纹类棉织物品种很多,最基本的是斜纹布,为二上一下的正则斜纹织物。其他尚有各类卡其、哔叽、华达呢、线呢等。

1. 斜纹布

有粗细两种。粗斜纹布用 16 英支的纱织成,每平方英寸有经纬纱 120 根上下;细者用 20 英支以上的纱织成,每平方英寸有经纬纱 150 根上下。每匹长 36.56 米,幅宽 0.81

米,重 4.54～7.26 公斤。从织机上取下未经染色加工的称为本色斜纹布,可用于制作内衣;经漂白加工的称为漂白斜纹布。本色和漂白的经染色后成为染色斜纹布,此类斜纹布多为细斜纹,可用于制作内外衣。丝光斜纹布是经过丝光整理的染色斜纹布,匹长多为 28.33 米,幅宽 0.71 米,每平方英寸经纬数为 110～160 根。印花斜纹布,俗称印花色丁,多用 30～40 英支单纱织成,每匹长 27.43 米,幅宽 0.71 米,每平方英寸经纬数为 150 根左右。其中称为印花羽布的质地更薄,多为黑底白条纹,因多用作西服袖里布,故亦称为充马棕袖黑布。

2. 卡其

指 3/1 或 2/2 的斜纹织物。上等品的经纬向都用双股线织成,中等品纬向用单纱,下等品经纬向都用单纱,分别称为线卡其、半线卡其和纱卡其。多用 42 英支或 32 英支的双股线或单纱。匹长 27.43 米或 36.56 米,幅宽 0.71 米,每平方英寸经纬密度为 130～150 根。

3. 棉哔叽与线呢

哔叽是指经纬密度相近,用 2/2 斜纹织成的织物。棉哔叽又以织纹的不同分为细哔叽、素哔叽、横工哔叽、人字哔叽、回文哔叽等。线呢是指哔叽以外的各种变化斜纹棉织物,如华达呢、绉纹呢等。此类织物的品质相差不大。上等品用 32 英支或 42 英支的双股纱,中等品经向用双股线、纬向用单纱,下等品经纬都用单纱。亦有夹用人造丝作条格点纹的。通销品匹长 27.43 米或 36.56 米,幅宽 0.71 米,经纬密度为每平方英寸 130 根左右。染为黑、蓝、褐等色者多,供外衣面料用。

4. 充花呢

指染纱织成的仿呢绒斜纹棉织物,可形成不同的花色条纹。上等品多为异色合股线织成,市面上所谓某呢、某绉者,即多为此类产品。次等者夹色纺之单股粗纱织物,所谓香港布、蚂蚁呢之类。尺码与线呢同,作制服、工服用料。

(三)缎纹类棉织物

缎纹类棉织物有经面缎和纬面缎之分。又因所用纱支粗细、经纬密度和织纹的不同形成不同的品种。

1. 棉直贡呢

即五枚或八枚经面缎纹棉织物。经线为 42 英支合股线,纬纱为 20 英支单纱,每平方英寸经纬纱为 150～190 根,每平方码重 170.1 克左右。多为染色或印花品。经轧光整理的又称为直贡缎。其用途和尺码与棉哔叽同。用单纱织成的全白色的漂白产品,专用于制作西服,称为漂白色丁,即漂白直贡缎。

2. 棉横贡呢

又名羽绫、横贡缎,系纬面缎纹的厚重棉织物。因有绸缎的风格故名为绫、缎。匹长 27.43 米,幅宽 0.66～0.74 米。厚者染为黑色,供马褂料用;薄者用途与棉直贡呢同。

3. 羽绸与充西缎

二者均为五枚纬面缎纹棉织物,质地相同,不同的是充西缎仿泰西缎形式织有黄色布边。经纬都用 50 英支以上的单纱织成,每平方英寸经纬纱为 200 ~ 300 根。织后经烧毛、染色、轧光整理,获得好的光泽。通销者匹长 27.43 米,宽 0.74 ~ 0.79 米,以元黑色居多,供罩衫和外衣面料用。亦有染色或印花者,供上等衣里及装饰材料。

4. 宁绸

亦是五枚纬面缎纹棉织物,用较粗棉纱织成。每平方英寸经纬纱小于 200 根,比羽绸重,但不如羽绸平滑。尺码和用途与羽绸同。

5. 板绫

经面缎纹或经面斜纹的染色、轧光棉织品。经线为 50 英支单纱,纬纱为 30 英支单纱,每平方英寸经纬纱在 200 根以上,每平方码仅重 56.7 克。匹长 27.43 米,幅宽 0.71 米,多用作衣里。

6. 泰西缎

八枚经面缎纹棉织物。经线用 60 英支以上的双股线,纬纱用 30 英支或 40 英支的单股纱,每平方英寸经纬线为 200 ~ 300 根。染色、整理方法与羽绸相似,而光泽较柔和,可与丝缎比拟。布边为黄色,匹长 27.43 米,幅宽 0.76 ~ 0.79 米。供袍褂鞋帽料用,亦用于上等衣里和装饰。

7. 葵通布

一种印花棉布,比花标厚重,布面较粗糙,经纬均为粗支单纱。组织可为平纹、席纹、斜纹或缎纹。均印大型花纹图案,有单面和双面印,亦用染经纱而织者。多为平纹单面印花品,匹长 27.43 米,幅宽 0.76 ~ 0.91 米。主要用于窗帘、椅垫等。

(四)绒类棉织物

绒类棉织物是用拉绒或割绒方法在织物表面形成绒毛的棉织物,有单面和双面绒之分。

1. 绒布

单面拉绒的斜纹棉织物。经纬都用 16 英支的粗纱。本色坯布长 327.43 米,幅宽 0.76 ~ 0.91 米,每平方码重 198.45 ~ 255.15 克。漂白及织条者匹长 27.43 米,幅宽 0.76 米,重量较本色品略轻。供内衣和衣里用。

2. 棉法兰绒

双面拉绒的平纹棉织物。经线为 20 英支单纱,纬纱为 8 英支上下的松捻纱。一般经染色或印花。匹长 27.43 或 36.56 米,幅宽 0.71 米。供衣里或衣胎用。

3. 毯布

双层双幅双面绒布。匹长 27.43 米,幅宽 1.37 米。有漂染品、印花品和织花品。供缝制棉毯或作衣胎。

4. 平绒

纬线割纬棉织物。通销品匹长 18.28 米,幅宽有两种:一为 0.56 米,合市尺 1 尺

6寸,故俗称尺六绒;另一为合市尺1尺9寸(0.6米),俗称尺九绒。每平方英寸经线为80根,纬纱为50～130根,每平方码重170.1～255.15克。多为染色或印花者,供妇孺衣料及鞋帽和装饰材料用。

（五）纱罗类棉织物

纱罗类棉织物是用纱罗组织制成的棉织物,主要品种有洋罗和镂空洋纱。

1. 洋罗

指罗纹素织物。用单纱织成的称为生罗,有三丝、五丝、七丝等品种,供蚊帐料用。用双股线织成的称为熟罗,供内衣等用。通销者为三丝,是用40英支以上的丝光纱合股而成。匹长27.43米,幅宽0.71米。

2. 镂空洋纱

即花罗,用合股线织成,有漂白和色条等品种,厚薄不等,均供内衣料用。匹长27.43米,幅宽0.76米。

# 第三节　丝织物

近代中国的丝织物可分为两大类:用手工制的土丝在手工织机上织造的所谓旧式绸缎,俗称"土绸";在动力织机上织造的所谓新式绸缎,俗称"洋绸",所用原料主要是用动力机器制的厂丝和人造丝。近代,动力机器织造的绸缎逐步取代了一部分土绸,但直到近代末期,用手工织造的丝织物仍保持一定的比例,而有些特殊的品种直到现代仍有应用。

## 一、传统绸缎

手工织造的土绸有生货与熟货之分。所谓生货是指先织造后练染的丝织物;熟货是指经、纬丝经练染后再织造的丝织物。根据织物的组织结构、织造工艺的不同,常把近代手工丝织物分为绸、缎、罗、纱、绒、绢、绫、锦八大类。[①]

（一）绸类

平纹花、素织物,是绸类中生产量最大、用途最广的产品。一般用较粗条分的有捻丝或无捻丝织成,幅宽多为0.33米多至0.66米多,每平方码重56.7～141.75克,但以113.4克为多数。绸类中的细薄者称为纺绸,简称纺,如杭纺、盛纺等。绸类中的绉缩者称为绉绸,简称绉,如湖绉、杭州线绉、苏线绉等。绸类中著名的花色有下列几种:

1. 宁绸

原产南京,但在近代,无论数量或质量都不如杭州。杭州所产的宁绸,亦称杭绸,但习

---

① 叶量:《中国纺织品产销志》,国定税则委员会,1934年,第124页。

惯上仍多称宁绸。杭州产宁绸有花、素两种,花为纹织,素为平织。幅宽 0.73 ~ 0.92 米,用双头经丝 4800 ~ 5460 根。

2. 纺绸

产于杭州的称为杭纺,每平方码重 113.4 克,白色或浅色,供夏季衣料用。产于盛泽的称为盛纺,幅宽 0.45 米,每匹长 15.98 米,重 650 克、750 克或 900 克。质地较次者长13.65 米或 13.98 米,别名小纺。一般为白色素平纹或条纹,亦有织花、织色条或夹用棉纱的,多用于夏季衣料。

3. 线春

产于杭州,平纹或斜纹,以打线作纬,幅宽 0.53 米,匹长 16.65 米,多染深色,用于衣服面料。

4. 绉

为皱缩丝织物的通称,有平织和纹织两种。其中流行最广的是湖绉和杭线绉。湖绉产于湖州,品质优异,名扬中外。据调查,在 1880 年时湖州生产的湖绉有 34 种之多。杭线绉产于杭州,幅宽有 0.495 米和 0.59 米两种规格,匹长 16.65 米。线绉的品种亦很多,1880 年时杭州产的线绉有大红梅蝶、脂青梅蝶、脂青梅兰、三蓝云鹤、三蓝八吉、脂青鹤桃、三蓝福桃、二蓝福寿、库灰锦琴、三蓝云蝶、大红梅菊、二蓝龙光 12 种。

5. 拷绸

亦称"莨纱绸""香云纱",产于广东省佛山、顺德和南海等地。它是用黄土丝织成平纹绸坯,再经薯莨处理晒制而成。

6. 绵绸

用废丝手纺纱织成的平纹粗绸,幅宽 0.33 米至 0.67 米。绸面有绵粒,外观不匀整,供妇女衣料和被夹里用。

7. 茧绸

柞蚕丝织物,主要产于辽宁和山东。幅宽 0.67 米,匹长 4.57 ~ 18.28 米,重者每平方码可达 141.75 克。供袍料和夏季西服面料,轻薄者可制内衣。

(二)缎类

缎纹组织的花素丝织物,多用练染后的丝织成。幅宽 0.67 ~ 0.999 米,每平方码重170.1 克。缎类丝织物质地紧密,平滑光亮,适宜做外衣、礼服。其花色品种繁多,著名的有南京产的宁缎、杭州产的杭缎和苏州产的苏缎。宁缎的历史较杭缎、苏缎久远。宁缎中最名贵的是贡缎,原是清代官营织造生产,进贡给皇室使用的贡品。贡缎的具体名目很多,20 世纪 20 年代初,南京贡缎机户织造的贡缎名称和规格有 15 种。

杭缎经丝较稀,织工轻巧,货身较薄,尤以浅色花缎,在颜色和光泽上都胜过宁绸。杭缎分四丝缎、五丝缎和八丝缎 3 种。幅宽为 0.73 ~ 0.93 米,经丝为 13 500 ~ 18 000 根。1912 年创办的杭州纬成公司和振亚绸厂生产的"纬成缎"和"绒纬绮霞缎"曾畅销市场,风行一时。苏州产的缎类织物品种繁多,据 1880 年的调查,苏州生产的缎织物有 40 种。

（三）罗类

罗纹组织的丝织物,有横条纺孔眼的称为横罗,有纵条纺孔眼的称为直罗。罗类织物质地轻薄,经纬密度稀疏,织纹孔眼清晰,透气性好,多为白色或浅色,供夏季衣料、蚊帐、窗帘等用。罗类织物中最著名的是产于杭州的杭罗,它是白织罗织物,织物表面有等距规律的条形纱孔。1880 年时杭罗的品种有 12 种之多。盛泽在清代末年生产的罗类织物有秋罗、串罗和熟罗。

（四）纱类

纱组织的丝织物,表面具有纱眼为特征。因其质地和用途与罗相近,常将二者合在一起称为纱罗。苏州、杭州和盛泽是纱类的著名产地。苏州有实地纱、芝地纱、淮地纱等,清代时,因其大部分输往朝鲜,故通称高丽纱。20 世纪早期手工织造的纱类有府纱、电光纱、缎花纱、西纱、局纱等。杭州有实地纱、亮地纱、官纱等。盛泽所产的纱类品种更多。[①]

（五）绢类

绢类是生丝织成的平纹织物,其中多数经练染踹光整理,如盛泽产的文绢、串绢、连绢、糙绢等,亦有不经练染整理的,如画绢。

（六）绫类

绫类是指光泽较好的斜纹、变化斜纹组织和轻薄的缎纹组织的丝织物。绫类的品种名目很多,清代末年仅在盛泽所生产的绫类就有 6 个品种。

（七）锦类

锦类是指先染丝后织造的多彩提花丝织物。传统的品种有蜀锦、宋锦、云锦。云锦原产于南京,是高级的锦类丝织物,亦为锦缎。云锦主要包括库锦、库缎、妆花缎三大类,具体品种名称繁多。据 1880 年的调查,在苏州生产的锦类丝织物有 13 种。这些锦都是高档品,系双经异纬之彩花细锦缎,有的是织金锦,多为贡品。

（八）绒类

绒类是指表面具有绒毛或绒圈的花、素丝织物。著名的绒类丝织物有建绒、漳绒、漳缎等。

## 二、近代绸缎

用动力织机织造的新式绸缎是在具有悠久历史的中国传统土绸的基础上,汲取近代科学技术而发展起来的。新式绸缎的种类名目繁多,其命名方法没有科学分类和系统化,大多在丝织物类名上冠以国名、地名、厂号或电机、铁机等,如印度绸、巴黎缎、美亚缎、电机湖绉、铁机缎等。新式绸缎出现后,发展迅速,并逐渐取代了一些土绸,其发展主要由下述几方面的原因所造成。

---

① 　徐新吾:《近代江南丝织工业史》,上海:上海人民出版社,1991 年。

（一）厂丝代替土丝

长期来丝织物所用的原料都是手工制的土丝，自 19 世纪六七十年代起陆续采用厂丝。厂丝的条分均匀、洁净度好，可织出平整、均匀、洁净的绸面，并为提高织机效率和开发新品种创造了条件。

（二）人造丝的使用

20 世纪初，上海的丝线业和丝带业首先使用了人造丝，但直到 20 年代后才在丝织业中使用。当时虽然曾遭受到一些厂商的极力反对，但人造丝以其物美价廉的优势为大多数丝织业者所接受。起初是用蚕丝作经丝，用人造丝做纬丝，织造蚕丝与人造丝的交织物，之后发展出纯人造丝或人造丝与棉纱或毛纱的交织物。人造丝不仅在价格上低于蚕丝，而且可利用它与蚕丝在染色性能上的差异，生织套染出二色或三色，从而产生许多不同的花色品种。

1. 人造丝与蚕丝交织产品

1925 年，杭州纬成公司率先以厂丝为经丝，人造丝为纬丝，采用经缎组织，创制出巴黎缎新品种。之后苏州振亚丝织厂也仿效织造，且用料讲究，质量上乘，该产品风行一时。生产厂家获得了高额利润，从而推动了人造丝在丝织业中的使用，出现了一大批蚕丝和人造丝交织的新产品，如巴黎缎、留香绉、大克利缎、小克利缎、双面缎、花丝纶、雁翎绉、芬芳绉、善想绉、碧雀绉、鹦鹉绉、美丽绉、鸳鸯绉、幸福绉、和合绉、华绒葛、标准绒、拷花绒、双幅绒、烂花绒、鱼尾绒、金丝绒、梅妃锦、艳云锦等，名目繁多，层出不穷。

2. 人造丝与棉纱交织产品

最流行的品种是线绨，由河北省高阳地区首先织造。高阳地区以产棉布著称，1921 年时试用人造丝与棉纱夹织，1926 年解决了人造丝上浆法后，开始大量生产。因所用人造丝和棉纱原料价格比蚕丝低，生产所需投资少，许多小厂都可织造，因此发展很快。线绨采用平纹或提花组织，经向常用 120 或 150 条分的人造丝，纬向用 42 或 60 英支的双股棉线。染色后可用作服装面料和被面。上海中华工业厂在 1920 年织造出人造丝与棉纱交织的中华葛，经是 60 英支双股元色丝光棉线，纬是 150 号元色人造丝，织成后不需染色即可出售。由于产品色泽光亮，手感光滑，甚为好销。此外，羽纱、光亚绨、新华葛、文裳葛等均是人造丝与棉纱交织品。

3. 人造丝织物

完全人造丝的织物是在天津织布界创造了为人造丝上浆的方法（当时称为"浆麻法"）后首先实现的。当时织出了经纬全是人造丝的提花织物明华葛，产品光泽赛过蚕丝，而成本低廉，销路大增。不久浆麻法传至高阳，使高阳织布业转向织造人造丝、人造丝与棉纱交织的产品。其他完全人造丝的织物还有无光纺、黑白绉、雀翎绉、海蓝葛、双锦、香妃绸、缎条、一枝花袍料、一枝花被面等。

（三）动力织机和并捻机的使用

1912 年，杭州纬成公司率先引进贾卡式提花机，之后江苏、浙江一带丝织厂也陆续仿效并积极引进并捻机和电力丝织机。杭州震旦丝织厂在 20 世纪 20 年代将厂丝加工成具有一定捻度的丝线,使织物表面显现绉效应,创制出花、素乔其绉,后又应用于织造花、素绉缎和双绉。上海美亚丝织厂研制出绉线,用于织造爱华葛、素碧绉和格子碧绉等。1915 年,杭州振亚绸厂首先使用电力丝织机,生产出花香缎、素软缎、锦地绉、罗马锦、电力纺、双绉、乔其等新品种。湖州达昌绸厂在 20 年代首创双梭箱织物国泰呢。1927 年,宁波华亚电机织造厂用双面双梭箱织机,织造出人造丝双绉和碧绉新产品。

（四）借鉴国外产品

19 世纪末至 20 世纪初,大量外国洋绸、洋呢、洋布涌入中国市场,对中国的丝绸业造成了很大冲击,同时也为中国丝绸业者借鉴国外产品的优点,仿制和研制新产品提供了机会。塔夫绸,是法文 taffetas 的音译,意思为平纹丝织物,原产于法国巴黎,按丝绸分类应归属于绢类,现亦称塔夫绢。这是一种全真丝的高级丝织品,经纬密度较高且经密高于纬密,采用染色有捻丝织造,质地平挺滑爽,织纹紧密细腻,轻薄光亮,富有弹性。苏州丝织业在 1919 年开始试制并生产塔夫绸。20 世纪 20—30 年代,江苏、浙江两省陆续生产花、素塔夫绸,40 年代又生产出格子和闪色塔夫绸。1916—1917 年,湖州试制和生产的华丝葛是在与日本在华倾销的"野鸡葛"的竞争中开发出来的新品种。之后宁波生产华丝葛、华绒葛,上海生产物华葛、爱华葛等一系列葛类丝织物。

综上可知,近代丝织物是处于由旧式的土绸向新式的洋绸过渡的时期,中国传统的丝织物汲取了国外的新技术和新产品,发展到一个新的阶段。创制了一大批新产品,风行于国内外市场。1929 年,在杭州举行的西湖博览会上,上海丝织业展出的产品反映了当时中国丝绸所达到的水平。参展的有 11 家丝织厂,展出 53 种产品,其中有全蚕丝织品30 种,蚕丝和人造丝交织品 13 种,全人造丝织品 7 种,人造丝与棉纱交织品 2 种,蚕丝与毛线交织品 1 种。详见表 7-4。

表 7-4　1929 年上海丝织厂参加西湖博览会的丝织品种

| 厂名 | 展出产品 | 原料 | 厂名 | 展出产品 | 原料 | 厂名 | 展出产品 | 原料 |
|---|---|---|---|---|---|---|---|---|
| 美亚 | 美亚葛 | 蚕丝 | 美亚 | 彩条双绢绉 | 蚕丝 | 锦华 | 素纺 | 蚕丝 |
| 美亚 | 文华葛 | 蚕丝 | 美亚 | 绢纺 | 蚕丝 | 锦华 | 花务洋纺 | 蚕、人丝 |
| 美亚 | 爱华葛 | 蚕丝 | 美亚 | 电机湖绉 | 蚕丝 | 锦华 | 彩条绉 | 蚕、人丝 |
| 美亚 | 锦星葛 | 蚕丝 | 美亚 | 芙蓉绉 | 蚕、人丝 | 振业 | 湘妃绉 | 蚕、人丝 |
| 美亚 | 单绉 | 蚕丝 | 美亚 | 南新绉 | 蚕、人丝 | 美文 | 格锦绢 | 蚕丝 |
| 美亚 | 华绒葛 | 蚕丝 | 美亚 | 光亚绨 | 人丝、棉纱 | 美文 | 鸳鸯绉 | 蚕、人丝 |
| 美亚 | 华影葛 | 蚕丝 | 美亚 | 新华葛 | 人丝、棉纱 | 天成 | 纯毛葛 | 蚕丝、毛线 |
| 美亚 | 彩条绉 | 蚕丝 | 振业 | 玉印绉 | 蚕、人丝 | 天成 | 罗纹绉 | 蚕丝 |
| 美亚 | 华纺 | 蚕丝 | 振业 | 雀翎绉 | 人丝 | 祥昌 | 巴丝葛 | 蚕丝 |
| 美亚 | 爱华纺 | 蚕丝 | 振业 | 海蓝葛 | 人丝 | 祥昌 | 香妃绸 | 人丝 |

续表 7-4

| 厂名 | 展出产品 | 原料 | 厂名 | 展出产品 | 原料 | 厂名 | 展出产品 | 原料 |
| --- | --- | --- | --- | --- | --- | --- | --- | --- |
| 美亚 | 彩条纺 | 蚕丝 | 振业 | 缎条 | 人丝 | 闵行 | 双锦 | 人丝 |
| 美亚 | 双绉 | 蚕丝 | 振业 | 雪花绉 | 蚕、人丝 | 闵行 | 香云绸 | 蚕丝 |
| 美亚 | 双条绉 | 蚕丝 | 锦云 | 晚霞绉 | 蚕、人丝 | 震华 | 软缎 | 蚕、人丝 |
| 美亚 | 绉缎 | 蚕丝 | 锦云 | 花香绉 | 蚕、人丝 | 震华 | 花条缎 | 蚕、人丝 |
| 美亚 | 华丝缎 | 蚕丝 | 锦云 | 平缎 | 蚕、人丝 | 震华 | 中华葛 | 蚕丝 |
| 美亚 | 美亚缎 | 蚕丝 | 锦云 | 双面缎 | 蚕丝 | 物华 | 一枝花袍料 | 人丝 |
| 美亚 | 华丝罗 | 蚕丝 | 锦云 | 素绉 | 蚕丝 | 物华 | 一枝花被面 | 人丝 |
| 美亚 | 双丝纺 | 蚕丝 | 锦华 | 锦星葛 | 蚕丝 | | | |

# 第四节　毛织物

## 一、粗纺毛织物

中国手工毛纺织不太发达。到了近代，除传统的手工地毯、毡制品外，只有手工土呢（西北一些地区称为褐子）、毛口袋等少数品种。与国外相比，中国近代毛纺织技术、产品质量与品种差距很大，于是大量洋呢涌入。近代纺织工业首先在毛纺织领域发端。第一次世界大战前夕，中国已建立了 4 家粗梳毛纺织厂，陆续生产出一批粗纺毛织物。到全面抗日战争前，中国初步形成了能生产包括粗纺、精纺、驼绒、绒线等主要毛纺织品的生产体系，但所生产的织物多系模仿国外进口的洋呢，致使所生产的毛织物的名称多为外语的音译，如麦尔登（Melton）、哔叽（Beige、Serge）、轧别丁（Gabardine）、法兰绒（Flannel）、板司呢（Basket）、凡立丁（Valitin）、海力蒙（Herringbone）、派力司（Palace）、驼丝锦（Doeskin）等。这从一个侧面反映出中国毛纺织品的发展是从模仿国外产品开始，并深受其影响。

粗纺毛织物的品种丰富，风格多姿，但在近代中国生产的粗纺产品中多为低档的粗厚织物，其中有许多是供制作军服、军毯、军旗、号衣等军用品。左宗棠创办兰州机器织呢局时曾设想生产高级的镜面呢，以抵制洋呢进口，[①]但试制不成功，只好生产一些军用粗呢。之后，上海、北京、湖北等地毛纺厂仿制出一批较高档的粗纺呢绒。

近代粗纺毛织物的主要品种如下：

---

① 孙毓棠：《中国近代工业史资料》（第 1 辑下册），北京：科学出版社，1957 年，第 898 页。

## （一）平厚呢

粗梳毛纺厚重织物，主要用作冬季大衣面料。织物外观色泽素净，呢面平整，常用双面组织，有2/2斜纹、1/3破斜纹纬二重组织等，用8～12公支粗梳毛纱做经纬，有匹染和散毛染色两种。散毛染色产品以黑色或其他深色为主，掺入少量白毛或其他色毛，俗称夹色或混色平厚呢。织物重量每平方码907.2克，幅宽在1.42米。

## （二）绒毛大衣呢

用粗梳毛纱织制的厚重毛织物，又称立绒大衣呢。常用弹性较好的羊毛作原料，经粗梳毛纺成纱，用2/2破斜纹、1/3破斜纹或五枚纬面缎纹组织织成。呢坯经反复倒顺起毛整理获得绒面，绒毛细密蓬松，毛蓬立，有丝绒状立体感，绒面持久，不易起球，穿着柔软舒适，耐磨性能良好。有的立绒大衣呢用纬面缎纹组织，纬密较大，织纹不明显，经后整理加工后呢面平整，绒毛细密，又称假麂皮大衣呢。织物重量每平方码737.1克左右，幅宽在1.42米左右。

## （三）春秋大衣呢

代表品种为花色大衣呢。采用半细毛，经粗梳纺纱，经纬纱捻度均较低，织物组织常用2/2斜纹组织或变化组织，经纬密较低以便起绒及缩绒，有时亦混以花式纱线，以形成具有条格、点线、人字等粗犷的几何花纹。适于做春秋大衣用。织物重量为每平方码1.42米左右。

## （四）法兰绒

用粗梳毛纱织成的毛织物，表面经缩绒、起毛整理而具有毛绒，织物组织用平纹、1/2斜纹、2/2斜纹等。多采用散纤维染色，主要用黑白纤维混色成各种不同深浅的灰色，有时亦用咖啡色与白色纤维混成奶白、浅咖啡等色。织物手感丰满，绒面细腻。织物重量每平方码340.2～396.9克。可用作西裤、上衣、童装及裙料等。

## （五）制服呢

粗纺毛织物，用中低级羊毛织制而成。质地厚实，多经匹染成藏青、黑色等。采用当时国产毛或再用毛混合而成，纺成6～8公支粗梳毛纱做经、纬，以2/2斜纹或破斜纹织成。有时亦用棉做经，毛纱做纬织成仿制服呢（亦称学生呢、大众呢）。织物重量每平方码340.2～382.73克。适于做制服、外套、茄克衫、大衣、学生装等。

## （六）军呢

供制作军服的粗呢，多染为灰色、黄色的斜纹织物。用低支的粗纺毛纱织造，呢面显露织纹，手感粗糙，品质高低不一。每平方码重283.5～567克。

## （七）细呢

呢面紧密、柔软的高等毛织物。上等品经线用精纺毛纱，纬线用粗纺毛纱；一般产品经、纬都用粗纺毛纱；次等品用棉纱为经。织物组织多为平纹，呢面丰满，手感柔软，染为深色。幅宽1.42～1.47米，每匹长27.43～36.58米。细呢中毛头压平有缎光者又称镜面呢，供制作礼服。毛头剪齐而直立、无甚光泽者为麦尔登，供制作西服、制服。此外尚有哆罗呢、冲衣着呢、企呢、中衣呢、珠头呢等。企呢是一种用澳毛纺制的高档粗纺呢绒。上海日晖织呢商厂在1909年仿制企呢成功,并在报纸上宣称:"仿制企呢,光芒精致,亦突过外洋之品。或犹疑我国工业必远逊于欧美诸州者非知言也。"此企呢曾一度获得好评。

(八)骆驼绒

简称驼绒,用经编或纬编机织成并经起毛及多道整理的粗纺毛织物。有素色和条子两大种类。原用骆驼毛为原料,后用羊毛,又常染为驼色而得名。驼绒在整个毛纺织品中所占比重不大,但在中国近代毛纺织品的发展中有重要地位。驼绒适合制作中装的衣里,销路很广。生产驼绒的工厂多为单织小厂,有一二台针织机和少量的棉纱、毛纱即可织造。首先织造驼绒的是上海中国维一毛绒纺织厂,最初是用棉织厂织卫生衫的机器试织,1923年进口吊式圆机生产素色驼绒,之后又购入平机织条子驼绒。[①] 早期的驼绒多仿造进口货的花色和规格,条子驼绒主要是黑白二色。后来国内商人建议制彩条和水波浪等新花样,试仿后很受消费者欢迎。这一成功鼓励了各厂家推陈出新,翻改花样,使产品在国内市场上站住脚,并逐步排斥了进口货。驼绒销路以沿长江一带最畅,华北、华南次之,也有一部分外销到我国香港地区,以及朝鲜和南洋一带。

二、精纺毛织物[②]

20世纪20年代后期,国内毛纺织品市场上所需精纺呢绒增加,进口精纺呢绒的数量远超过粗纺产品,致使国内出现了用进口毛纱织造精纺呢绒的单织厂。1930年,上海大华毛织厂利用被单厂的宽幅铁机和铁木机试制哔叽,但未成功。1931年,达隆呢绒厂织造窄幅哔叽、华达呢、直贡呢、花呢等品种,用"一·二八"作为商标以示抵制日货。1933年,达隆呢绒厂开始生产宽幅呢绒。1932年底,章华毛纺织厂由生产粗纺产品转向用进口毛纱织造"九一八"哔叽。1935年,无锡协新毛纺织厂开工,生产啥咪呢、花呢、人字呢、华达呢、马裤呢等较高品质的精纺呢绒。该厂是从毛条开始的,除纺纱、织造外,还备有染整设备。

精纺呢绒种类繁多,适宜制作男女中、西式服装。其中主要的有10多种,简介如下:

(一)哔叽

素色的斜纹类毛织物,有许多不同的花色品种。

1.细哔叽

优等精纺毛织物,上等品经线为双股,纬线为单股;下等品经纬都用单纱。组织为斜纹及其变化组织。呢面细结,手感滑糯,富有弹性。幅宽1.42~1.47米,匹长27.43~32.004米,每平方码重113.4~170.1克。花色有深色、白色、浅色、闪色、丝条等。供制作中式衫袍、裤褂者多,用途最广,是近代中国呢绒市场上的主要品种之一。

① 上海毛麻纺织工业公司史料组等:《上海民族毛纺织工业》,北京:中华书局,1963年。

② 上海毛麻纺织工业公司史料组等:《上海民族毛纺织工业》,北京:中华书局,1963年。

**2. 粗哗叽**

指粗毛纱斜纹织物,经线为精纺毛纱,纬线为粗纺毛纱,织物表面有浮毛,手感稍粗硬而厚实。幅宽 0.71～0.76 米,匹长 21.95～22.86 米,每平方码重 170.1～255.15 克,染成不同颜色,供制作椅垫、礼毡等。

**3. 厚哗叽**

又通称为斜纹呢,指粗纺与精纺毛纱的交织类产品。组织为 2/2 斜纹,幅宽 1.47 米,匹长 27.43 米,每平方码重 600 克。其中,经纬线全用粗纺毛纱织造,每平方码重 567 克者,俗称兵船哗叽。

**(二)华达呢(又称轧别丁)**

指优质精纺毛纱织造的 2/2 斜纹毛织物。经密大于纬密一倍左右,呢面平整光洁,斜纹纹路清晰、细密,微微凸起。因质地紧密,防水性能好,早期英国常把这种织物用于制作雨衣。上等品经纬均为双股精纺毛纱,次等品用双股棉纱为纬。幅宽 1.47 米,匹长 27.43～32.004 米,每平方码重 170.1～255.15 克。染灰、蓝、褐色居多,供袍料用。闪色、灰色、白色则多供西服用。

**(三)花呢**

用精梳毛线织成的条形花纹的织物,纱线较细,表面细洁,手感柔软而回挺性好。其种类变化较大,例如起花方式可以用纱线起花、组织起花、染整起花等。纱线起花常利用各种不同色彩和不同捻向的纬纱,以及种种不同的条线,织成条子、格子、隐条、隐格花呢等。有时亦采用花色捻线织成。常用多种组织起花,所用组织包括平纹、变化平纹、2/1 斜纹、2/2 斜纹、变化斜纹、各种联合组织、双层平纹组织等。还可将纱线的变化与组织的变化结合起来,构成许多色彩用于花呢中。此外,还可以用印染整理等方法进行染整起花。按呢面风格,可分为纹面花呢(表面织纹清晰)、呢面花呢(经缩绒整理,表面覆盖短的毛绒,不显露织纹)、绒面花呢(表面有一些绒毛,织纹隐约可见)。花呢又可以按质量分,每平方码 226.8 克以下的称为薄花呢,每平方码 226.8～425.25 克的为中厚花呢。20 世纪 30 年代,我国一些毛纺织厂开始生产花呢,为当时开始流行的西服提供了面料。

**(四)海林蒙(后译为海力蒙)**

花呢中独具风格的一种。用精纺股线织制,表面具有宽度为 0.5～2 厘米的纵向人字形斜纹。

**(五)板司呢**

花呢中独具风格的品种。用精纺股线,以 2/2 方平组织织成,表面具有藤篮编织状花纹。

**(六)单面花呢**

用较细纱支织成表面具有细条的精纺花呢,因采用纬纱换层的双层平纹组织,故正反面可以有不同的花形色泽。此种花呢对纤维要求较高,成品细洁,手感丰厚,属花呢中上乘者。当时进入市场名之为梳毛花呢。每码(1.42 米宽)重 453.6 克。

（七）直贡呢

用精梳毛纱织制的中厚型密织物，常用五枚经面缎纹。织物表面平整光滑，富有光泽，常染成黑色成为直贡呢。每码（1.42米宽）重453.6～481.95克。

（八）驼丝锦

中厚型素色毛织物，以缎纹织成，表面光洁而紧密。每码（1.42米宽）重368.55～481.95克。精纺纱织造时用变化缎纹组织，经纬密度较高，成品呢面平整，织纹细致，手感柔滑，紧密而有弹性，光泽良好，多染成黑色。粗纺驼丝锦以细羊毛作为原料，采用五枚或八枚缎纹组织，织物较紧密，经过重缩绒和起毛整理，使成品表面有一层短密匀齐的顺绒毛，富有光泽，手感结实柔滑，弹性好。亦有用精梳毛纱做经、粗梳毛纱做纬织成，风格与粗纺驼丝锦相仿。驼丝锦主要用作礼服、上装、套装、猎装等。

（九）马裤呢

用精梳毛纱织成的厚型斜纹织物，因厚实耐磨而宜于缝制马裤而得名。采用变化急斜纹组织，经密比纬密高一倍以上，经纱浮垂较多，经光洁整理后，织物表面呈有明显凸起的斜条纹。马裤呢表面光洁，手感厚实，色泽以黑灰、深咖啡、暗绿等素色或混色较多，亦有闪色、夹丝等。每码（1.42米宽）重396.9～453.6克。主要用作骑马装及大衣面料等。

（十）派立司

外观隐约可见纵横交错有色细条纹的轻薄平纹毛织物。经纱常用股线，纬纱用单纱。织物表面光洁平正，手感滑爽挺括。纺纱前，先把部分毛条染上较深的颜色，再加白色毛条（或浅色毛条）相混。由于深色毛纤维分布不匀，在浅色呢面上呈现不规则的深色雨丝纹，形成派立司独特风格。每码（1.42米宽）重170.1～198.45克，属于较为轻薄的织物。派立司除用作薄型西服面料外，在20世纪30—40年代曾作为我国流行长衫的面料。

（十一）凡立丁

精梳毛纱织成的轻薄型平纹毛织物。织纹清晰，表面光泽，手感滑爽挺括，透气性好，多匹染成皂白、青灰、黑色等，适于制作春季服装。每码（1.42米宽）重212.63～255.15克。除用作西服面料外，20世纪30年代也曾作为我国长袍用面料。

（十二）哈味呢

精梳毛纱织成的中厚型混色斜纹毛织物。常用2/2斜纹织成，密度适中，以毛条染成黑灰到银灰等色调，亦有棕灰、青灰等。哈味呢一般经缩绒整理，呢面有短而均匀的绒毛，织纹隐约可见。每码（1.42米宽）重283.5～396.9克，为春秋西装面料。20世纪30—40年代亦作为长袍面料。

# 第五节　麻织物

长期以来,我国曾以丝、麻为服装的主要材料。自元代后,棉得到迅速发展,但麻在服装方面仍有广泛的应用。鸦片战争以后,麻织物除民用之外,在运输、包装等方面继续开拓新的应用领域。

## 一、苎麻织物

苎麻织物系用手工将半脱胶的苎麻韧皮撕劈成细丝,头尾捻绩成纱,用手织机织成。近代的苎麻织物,仍是农家自绩自织,所用工具以及织法与织土布相似。布幅多在0.333～0.433 米。组织多为平纹,亦有少量纱罗组织。织后利用草地露晒漂白,多以本色品出售;亦有染色或印花品,但数量不多。苎麻织物中以夏布为主要品种,其品名多以产地命名,主要的夏布品名和规格见表7-5。

表 7-5　夏布品名和规格[①]　　　　　　　　单位:米

| 品名 | 花色 | 幅宽 | 匹长 |
| --- | --- | --- | --- |
| 万载 | 本色 | 0.57 | 13.32～16.65 |
| 上高 | 本色 | 0.57 | 13.32～16.65 |
| 崇仁 | 本色 | 0.45 | 16.32 |
| 玉山 | 本色 | 0.42～0.50 | 26.64～29.97 |
| 河口 | 本色 | 0.42～0.50 | 36.63 |
| 李家渡 | 本色 | 0.43 | 40.63 |
| 宜黄 | 漂白 | 0.40 | 15.98 |
| 宁都 | 漂白 | 0.42～0.47 | 29.97 上下 |
| 会同 | 漂白或染色 | 0.42 | 17.98 |
| 浏阳 | 本色或漂白 | 0.43～0.45 | 13.99～15.98 |
| 萍乡 | 本色或漂白 | 0.43～0.45 | 13.99～15.98 |
| 醴陵 | 本色或漂白 | 0.43～0.45 | 13.99～15.98 |
| 江津 | 漂白 | 0.45 | 15.32～16.65 |
| 内江 | 漂白 | 0.45 | 14.65 |
| 隆昌 | 漂白 | 0.48 | 16.32 |
| 苏州洋庄 | 本色 | 0.33 | 17.32 |
| 太仓会安 | 本色 | 0.40 | 14.65 |
| 昆山京庄 | 本色 | 0.33 | 17.32 |

---

① 叶量:《中国纺织品产销志》,国定税则委员会,1934 年。

夏布生产以江西、湖南、四川三省最盛,山东、广东、福建、江苏次之,其他各省产量不多。表7–5中所列18种夏布,都是长江流域数省的产品。其中内江、江津、隆昌为四川省产品,品质比较整齐,多属中、上等货,每平方英寸经纬数为130～160根。表中所列的后3种为江苏省产品,品质较差,每平方英寸经纬数为60～70根。其余为江西和湖南省产品,品质优劣不一。其中最好的是江西万载的,上等品每平方英寸经纬数高达180根,细洁如洋纱、纺绸;最差的与江苏省产品相似。普通品的经纬密度为每0.0254平方米80根以上。

夏布除民间作为夏季服装外,还可以用作蚊帐布。夏布质地较为粗糙,但其耐气候性能良好,能在农村中长期使用,深受农民的喜爱。江西万载、湖南浏阳、四川隆昌等地为夏布主要产地。夏布的生产经久不衰,直到20世纪70年代仍大量生产。

苎麻织物中另一种代表产品为渔网。当时用纺绩成的苎麻纱,用人力捻合成线,再用小梭子(内装纬线)套结而成。为使渔网在水中能有较好的耐腐蚀性能,需再在网上涂以猪血并使日晒而凝固,形成保护层。作为渔具使用的渔网,亦需经常晒网、修补及涂猪血等,以使网具有较长的使用寿命。

## 二、大麻织物

利用劈麻与绩麻的方法,将制成的大麻缕纱织成粗布。由于大麻具有厚密胶质,成布僵硬且较疏松,故常缝制成包装用袋,以其能透湿、防腐、耐磨而得以在农村广为应用,如烟叶、蔬菜、茶箱等的外包装。

## 三、黄麻织物

主要用作麻袋及包装材料。黄麻织物因能大量吸收水分并散发迅速,透气性良好,断裂强度高;在储运中能耐摔掷、挤压、拖曳和冲击而不致破裂;在抽样或搬运时使用手钩后,黄麻袋表面留下的孔眼具有自行闭塞而不致泄漏的性能,故在近代得到较大的发展。我国是黄麻主要生产国之一,黄麻织物亦是我国传统纺织品。早期的黄麻织物是农村手工织机产品,20世纪30年代我国开始有麻纺织工业后,即按当时国际市场的通用标准生产麻袋及麻袋布。

麻袋具体品种如下:

(1)蓝经袋(又称蓝杠袋)。袋上织有蓝色经线数条。织物组织用平纹。规格为宽0.71米,长1.02米,袋重1.0206公斤。

(2)绿经袋(又称绿杠袋)。袋上织有绿色经线数条。织物组织用平纹。规格为宽0.74米,长1.09米,袋重1.13公斤。

(3)斜纹袋。织物组织用斜纹,规格为宽0.69米,长1.09米,袋重1.25公斤。

在以上三种麻袋中,以蓝经袋及绿经袋的销路最广。此外,还有以双股线织成的洋线袋。

麻袋布一般有两种规格:

(1)手工织机制品。门幅较窄,规格不一,以能符合实用为主。常用规格有宽

0.387米、匹长7.33米、重1.7公斤和宽0.42米、匹长8.33米、重1.75公斤的两种。

（2）力织机制品。织物幅宽1.4985米，每3.66米为一卷，重量为每码226.8~453.6克，其中以每0.914米重311.85克者最为畅销。

由麻袋布缝制麻袋时，常采用横做的方法，即将麻布开剪成对摺达到麻袋的宽度，之后将底部及边缝成光边，最后再将袋口缝成光边。

# 第六节　针织物

我国的针织工业是从生产袜子开始的，之后逐步生产针织布及其缝制品。

## 一、袜类

我国最初是以棉纱为原料，在没有挑针和掀针装置的手摇袜机上生产直筒无踵袜，即须将织出的直筒剪成斜片，然后手工缝制成袜，也称纱放袜。不久，开始生产男、女中腰、高腰直筒棉纱袜，脚尖用钩针或民用针缝合，但脚跟拐弯处不提针。1912年起，有了电力袜机后，袜子的产量不断上升，所用原料种类增多，但产品大多为素色。

20世纪20年代起，袜机有了挑针、掀针装置，有扎口边技术，可以织出袜尖、袜跟和袜脚板的袜子，但还不能织出大袜跟，又由于袜筒边弹性差，穿着时容易下滑，须用宽紧带或线绳扎于袜口边。20年代中后期，袜子的花色品牌渐多，而且能生产橡皮筋口的袜子。1923年，手摇袜机生产出羊毛夹粗纱袜；同年，上海鸿兴袜厂在手摇袜机上生产出15.6特平口中统男式麻纱袜，注册"狗头牌"商标。1928年，该厂添置电动袜机，生产16.7特、11.1特平口中统男女麻纱袜，用手摇机生产12.5特、10特麻纱舞袜。30年代后，袜子种类更多，如单双纱男女袜、丝光男女袜、童袜、夹底丝光袜、人造丝袜、粗绒袜、驼绒袜等。色彩方面女袜以玉色为主，男袜以灰色为主。

厂家一般采取商标、广告、装潢等手段为促销产品。早期袜子的商标有3种，即袜尖、袜尾和腰箍。商标面积很小，上印有尺码，贴在袜尖上面的称为袜尖，又称头花；长方形，贴在袜口上的叫袜尾，又称封口；长条形，半打袜子一圈，再用别针别着，以便计数和防止散乱的叫腰箍。当时名牌袜子除了"狗头牌"外，还有"康丽牌""金杯牌""花篮牌""司麦脱牌"等。这些名牌袜子远销东南亚、南洋、中西亚和非洲等地。

## 二、针织复制类

一般由台车、棉毛机等生产的针织坯布，经裁剪缝制后即成为成品内衣裤。

内衣出现略晚于袜子。早期的内衣是半胸的，分缝袖和宽袖两种，一般多用缝袖，到20世纪30年代初，才出现圆领宽袖内衣。

汗布类针织内衣品种一般为汗背心、圆领短袖衫。1906年，上海景纶衫袜厂生产的质地厚实的锦地衫、小网眼椒地衫、大网眼桂地衫相继问世。1931年，上海五和织造厂生产的"鹅牌"麻纱汗衫，风行全国。40年代，景福针织厂生产的"飞马牌"汗衫畅销我国汉口、重庆和香港等地,以及东南亚等地区。

棉毛类针织物由棉毛机生产双罗纹针织坯布,又称棉毛布或双面布,织物厚实、保暖。产品用作棉毛衫、裤,运动衫、裤,款式多为圆领长袖,色彩有印花和色织。

绒布类针织物由台车生产,坯布经染整、柔软、烘轧、拉毛起绒、裁剪等工序复制成厚绒运动衫、裤(俗称卫生衫、裤)和薄绒运动衫、裤(俗称春秋衫、裤)。20世纪30—40年代,由上海公和针织厂生产的"僧帽牌"针织卫生衫、裤,畅销国内各地及东南亚地区。

毛线类针织物除手工棒针编结的毛衣、裤外,还有用横机编织后缝合的毛衣、裤。原料多为羊毛纱线,也可用棉纱或毛纱线织制成手套、帽子、围巾等。

# 第七节　日用品和装饰用织物

## 一、毛巾

19世纪70年代,我国已有毛巾生产。1875年,湖北汉阳有4家织户生产毛巾,但其上并无毛圈,而是类似斜纹布的织物。1894年,湖北织布局的产品中有毛巾,这种毛巾是蜂巢结构。起毛圈组织的毛巾大约在1910年开始生产。第一次世界大战期间,国内毛巾生产发展很快,至20年代,上海及邻近各县已成为毛巾生产基地,并出口我国港澳地区以及南洋群岛。毛巾以面巾和浴巾为主,原料为36.5特(16英支)本色粗棉纱,织后漂白。毛巾两端的"档头",常用红、蓝等色的色纱织造,也有织后加印颜色的。上海邻近各地生产的毛巾,大多在上海进行整理,按组织和颜色分有三纬毛巾、四纬毛巾、五纬毛巾、素毛巾、花色毛巾等。

## 二、手帕

近代,英制棉手帕开始输入。第一次世界大战期间,国内手帕业有了发展,生产厂主要集中于上海。手帕通常为方形,20~50厘米(8~20英寸)见方。帕边形式有缝边、抽丝边及锁边三种。20世纪30年代,市场上通销的手帕种类颇多,以夹边巾、充丝巾、麻纱巾、文明巾为主要品种。

## 三、线毯、台毯

线毯是一种提花棉织物,多以棉纱与棉线交织,四边多有穗结或排须,又称珠被,主要用作床上盖垫用。20世纪30年代后,由于印花被单行销,线毯渐趋衰落。台毯品质与线毯相似,规格有所区别,多由线毯厂织造。

## 四、棉毯

棉毯是一种用粗支纱或废棉纱织成的绒毯,一般规格为长2米(80英寸),宽1.5米(60英寸),有红、灰、驼等素色和印花等品种。棉毯价格低廉、用途广,可用作被、垫、门帘等物御寒保暖。

## 五、毛毯

毛毯有两种,供床上用者为床毯,供旅行用的称为车毯或旅行毯,多为格子毯,两端有穗须。毛毯有毛经毛纬和棉经毛纬两种。行销的花色很多,如提花毯、驼绒毯、水浪毯等。国内最早生产提花毛毯的是哈尔滨毛毯厂,驼绒毯主要在北京和天津生产,其他大多由英国、德国进口。

## 六、地毯

近代的地毯主要以北京、天津及新疆等地为集散地。地毯的织造基本采用框架整经,毛绒扣结,人工引纬、铁耙打纬的方式。北京、天津等地生产的地毯多为长方形,图案中带有边框,内四角有小花,中部有大型花纹,主要色调是蓝、棕等色。新疆的地毯主要产于和阗(今和田),图案和格局与北京等地有所不同,常织成满地花纹,色彩艳丽多变,以红、棕色居多,风格上受波斯地毯的影响较深。

## 七、天鹅绒毯

天鹅绒毯是以天鹅绒组织构成的一种壁挂,清末在南京、苏州一带开始流行。初为用杆织法经起绒织成的提花丝织物,由于工艺烦琐和价格昂贵,后将彩经改为单色经丝,在织成后再施彩并剖成绒面。20世纪30年代,一些织绸厂开始采用在双层组织中间剖割的方法生产天鹅绒。

## 八、像景织物

20世纪30年代初,杭州丝织业主都景生,利用阴暗纹组织法,将黑白照片采用纬二重组织,以一黑纬及一白纬与厂丝经交织,在织物表面呈现黑白照片的效果,称黑白像景。之后又对黑白像景织物用人工施彩,使其具有风景画的效果。

## 九、绣品

近代绣品有传统丝绣和新式绣品两大类。传统丝绣包括苏绣、湘绣、粤绣、杭绣、蜀绣等。其中以苏绣和湘绣最为著名。新式绣品不如传统丝绣精致,但用途广,既实用又可欣赏,多供出口。新式绣品中最常见的是十字绣,多用作家纺小件如枕套。

## 十、织带

织带包括花边、腿带、宽紧带等。

花边是晚清以来比较盛行的装饰,20世纪30年代,我国开始采用动力织带机生产花边,即在地经地纬上用彩纬挖梭织成,花边的品种和产量很大,部分出口至欧美。

腿带为扎裤管用,两只为一副,宽3.3~6.7厘米,长67~100厘米。近代棉制腿带逐渐取代了传统的缝制腿带,主要产自营口、天津和山东,销于东北、华北等地。

　　宽紧带是含有橡皮丝的丝质或棉质带。窄者供镶饰衣服用,以 10.97 米为一板,12板为一罗;宽者供制吊袜带、吊裤带用,以 10.97 米为一卷,12 卷为一罗。上海、苏州各地多有生产。

# 第八节　产业用品

## 一、黄蜡绸

　　20 世纪 30 年代,根据国内外电器工业发展的需要,以蚕丝作坯绸,其上涂以绝缘油脂,经烘干、切带,成为包覆电器的绝缘材料。后又在此基础上改用薄棉布做基质,成为黄蜡布。

## 二、黑胶布

　　黑胶布以棉布作为地布,上涂覆沥青酯等材料,使其具有绝缘性能,并利用它所具有的黏合性能直接包覆于裸线的表面。由于它制作方便,应用面广,20 世纪 20 年代即在我国各工业城市制作生产。

## 三、水龙带

　　20 世纪 40 年代,我国利用国产苎麻股线,生产管状织物作为消防水龙带,每段长50 米,最大管径达 0.1016 米,承受水压为每平方英寸 181.44 公斤。主要利用苎麻吸湿后膨胀较大的性能,使苎麻管状织物的孔隙受到很好的密闭而达到不漏水及耐水压的效果。消防水龙带的制作成功,打破了舶来品对国内市场的垄断。

## 四、造纸毛毯

　　20 世纪 30 年代后期,由于造纸业的不断发展,对造纸毛毯的需求量日增,上海的一些粗纺毛呢厂生产了供造纸工业用的环形织物,织造后经修呢、镶接缩呢、起毛、烘干定形等工序制成。当时造纸毛毯有下毯(纸浆槽取纸)、上毯(送纸烘燥)两种,均用粗纺毛纱织成,织物组织用平纹及破斜纹变化组织等。造纸毛毯的国产化,在抗日战争时期保证了我国造纸工业能继续生产。

## 五、浆纱毯

　　粗纺毛纱织成的工业用毯粗厚结实,经起绒整理使其富有回弹性能及吸浆性能,以便在浆纱机上包覆于压浆辊后,使经纱保持适当的上浆率。20 世纪 30 年代制成后,使我国浆纱用毛毯不再依赖进口。

## 六、油布与油绸

　　油布以平纹布为基,上涂桐油、苏子油、亚麻仁油等干性油。以粗布制者,多为黄色,供制伞、雨衣、防雨包装等用。精品为漂白布所制,或加颜料着色,以淡黄、淡绿色为最常见,布面平滑有闪光,多供包装用。这是中国传统的手工产品,近代仍以手工为主,以四川、湖南、湖北产量为最多。油绸是以茧绸为基布,多产于贵州、四川。

# 第九节　纺织艺术品设计

近代服饰的发展,特别是辛亥革命以后清代服制的废除,剪发易服和西方服式的采纳,对近代染织图案产生了重大的影响。近代服装更强调造型而不是装饰,使得单色面料的运用增多,传统纹样繁复的织锦用途减少。同时,装饰纺织品的进一步商品化被广泛用于家庭,使得一般平民使用各种装饰织物的机会增多。纺织品美术和装饰朝着平民化、生活化的方向发展。

近代建筑与室内装饰的发展,也在很大程度上影响了纺织品纹样。以近代上海为例,西班牙式、法国路易十四式、巴洛克式、哥特式等风格迥异的建筑物及其不同的内部结构和装饰,使窗帘、沙发布、帷帐、被单、床罩和椅垫等所用的装饰纺织品也表现出相类似的风格。

## 一、传统纹样的弱化

传统纹样在中国近代纺织品中,虽然总的趋势是逐渐减弱,但仍占极其重要的地位。这种减弱的趋势在农村和内陆远比沿海大城市缓慢。

近代中国的传统染织纹样,继承了明、清纹样的风格化和程式化的特征。风格化即染织纹样的造型表现手段和技术手法,源于历史上形成的相对稳定的艺术表现风格。程式化表现在纹样母题的固定化和表现手法的稳定,也表现在一个不变的基本主题——反映人们迫切需要的心理慰藉和希冀幸福生活的吉祥主题。近代常用的植物母题有牡丹、莲花、梅花、兰花、菊花、桃花、芙蓉、玉兰、海棠、绣球花、百合花、虞美人、秋葵、水仙、灵芝、萱草、蔓草、芭蕉、常春藤、万年青、松树、竹、石榴、桃、柿、柿蒂、葡萄、南瓜、葫芦、茹菇和宝相花等。常用的动物母题有龙、蟒、夔龙、凤凰、鸾、麒麟、狮、仙鹤、鹿、象、天鹿(长颈鹿)、兔子、牛、羊、马、孔雀、鹭鸶、黄鹂、大雁、蝙蝠、鸳鸯、鱼、蝴蝶和蜜蜂等。常用的人物母题有寿叟、仙女、财神、仙人、男孩、仕女和官员等。自然景物以及乐器文具和生活用品也常用作染织母题。以篆、隶、草、行等形式的专语文字可以直接用于染织图等。这些母题常成固定的组合,如"八吉祥""八音""八宝""七珍""五伦""博古""文房四宝""岁寒三友""四君子""君子之交(兰花、芝草)"等。在纹样组合构成时,多运用借物象征和取物谐音的方法。这种方法通俗易懂,人们可以把某一事物当一个字或一个词来使用,如桃—寿、蝠—福、猫—耄、蝶—耋、牡丹—富贵、仙鹤—寿、石榴—多子、佛手—福……这样就可以构成诸如"六(鹿)合(鹤)同春""瓜(南瓜)瓞(蝶)绵绵""吉(盘肠或百结)庆(磬)双余(双鱼)""太师少师(一大一小,两狮)"和"一品当朝(仙鹤、水波、红日)"等吉祥主题。这样的吉祥主题还有"金玉满堂""喜相逢""花好月圆""富贵有余""五湖四海""四世三公""马上封侯""连生贵子""宝历万年""位列三台""双凤朝阳""百代如意""五谷(或百果)丰登""福寿三多(或双全)"等。除了吉祥纹样,较为重要的纹样主题有富于生活情趣的一类,如"小放牛""满天星""落地梅""一年景""一枝花""竞龙舟""蝶恋花"和"鸟衔花"。其中"一枝花"是晚清服装的时新花样,以一枝花缠绵不断地布于领袖衣襟之间。

传统染织纹样的构图和色彩至晚清时达到繁复的顶端,如在色彩配置上引入云锦图案的"锦上添花"式,配色方式以求奢华;辛亥革命以后才逐渐趋于简化,并出现了一批在纹样设计上颇具功力的图案艺人。

近代中国的传统染织纹样作为地位标志的功能在不断地减弱,晚清时官方对纹样使用的限制大为放松。辛亥革命之后,封建冠服制度对纹样运用的限定已无人执行,纹样图案在服饰上的应用更多的是遵循时尚及社会习俗准则。

### 二、外来纹样的影响

近代中国染织纹样愈来愈多地受到西方影响。清代前期和中期的宫廷用纺织品中可以见到不少意大利文艺复兴风格、巴洛克风格和洛可可风格的花卉纹样。鸦片战争以后,欧洲纺织品越来越多地进入中国市场,其图案风格的影响也波及中国平民的日用纺织品和服饰面料。流行于19世纪末至20世纪初的"新样式艺术"是一种欧美装饰艺术,其影响也可在中国近代纺织品纹样上看到,特别是印花织物纹样,不但见之于服饰,也见诸室内装饰织物。"新样式艺术"纹样以装潢优美的结构和多愁善感的情调著称,多使用蜿蜒曲折的线条和铺天盖地的构图,常用母题有藤本植物、绦带、火舌、波纹、水草、脉络和枝杈、青草、滚滚麦浪、年轮木纹、炊烟、头发、根须、水母、珊瑚虫、喜林等类、兰科植物、樱草类植物、菊花类植物、百合花、老虎、斑马和天鹅等。"新样式艺术"纹样的这些母题虽然与中国人喜闻乐见的传统母题不尽相合,但其强调装饰的倾向却是中国人易于接受的。"迪考艺术"最早流行于20世纪初,是一种源于巴黎的装饰和建筑设计风格,曾对欧美时装和纺织品产生很大影响。"迪考艺术"风格的染织纹样常以裸女、鹿、羚羊、瞪羚、卷叶、太阳、束花和彩虹为母题,风格稚拙单纯,色彩鲜艳清新,构图多为对称,直线造形较多。"迪考艺术"纹样除了在印花织物中大量出现外,在刺绣和镶纳中也很常见,提花织物中运用较少。这种风格的染织纹样在上海等大城市中有较为广泛的应用。一些运用欧美传统组织或织法的纺织品,其纹样表现出更多的西方影响,西方纹样中的玫瑰、草藤、野花和建筑风景等题材时有所见。纹样色彩追求柔和、素雅。在纹样表现技法上更多地吸收了欧洲写生变化和光影处理的方法。例如,晚清流行的广州彩缎,材料极薄,彩色繁复,花朵细碎,风格别致。另一种泰西纱,常使用具有光影层次表现的花卉纹样。

中国近代纺织品所使用的条格纹大大超过了古代纺织品。格子纹古代称为綦纹或棋盘纹,条纹被称为"间道"。由于近代生活节奏的加快和人们审美趣味的变化,条格纹很快成为最基本和最重要的纺织品图案。条纹棉织物中的蚂蚁布(米通布)、柳条布、银丝条和金丝条,丝织物中的直条纱、金丝绉、银丝绉、经柳纺、月华缎、雨丝缎、华贵司、闪光条子纱、柳条葛,以及毛织物中的牙签条花呢都曾盛行一时。格子棉织物中的骰儿格子、银丝格、金丝格、芦扉花布（又称芦花布）、三二格子、文武格子、桂花格和自由格，丝织物中的格子碧绉、格子纺、凤尾锦、方方锦和格子线地，以及毛织物中的法兰绒和苏格兰花呢等，有的是脱胎于传统，如方方锦与宋代的格子锦、月华缎与唐代的晕纲锦都有着明显的因袭关系；有的是仿制西方的同类产品，如牙签条花呢和苏格兰花呢。

随着西方纹样的传入，西方系统化的图案分类方式及色彩体系概念在清末民初也传入中国，即按构成形式将纹样图案分为独立形和连续形，按色相、纯度、明度划分色彩体系。近代纺织印染业逐渐由手工作坊向工业化机器生产过渡，这对纹样的风格、色彩均产生很大影响。动力纺织机械的使用使织物组织和配色多样化成为可能，如都锦生开发了明暗打底敷色的类似照片的像景织物；毛纺织行业产生了混色织物。化学染料的使用使织物颜色更为纯正鲜亮，色谱更为齐全。

纺织品的用色从以深沉色为主向浅淡色调发展，这不仅反映在民间服饰，宫廷女服也有相同的趋势，如慈禧晚年就喜欢藕荷、雪灰、雪青、品月、湖色等浅色调服饰。这在故宫博物院以及其他博物馆的藏品中可以得到佐证。

# 第八章 近代中外纺织品贸易

中国的纺织原料、纺织品商品市场，以及纺织品内外贸易历史悠久，长期以来为繁荣经济、促进中外经济和文化交流做出了重要贡献。著名的"丝绸之路"就是为了丝绸贸易而开辟的沟通中外物资和文化交流的通道。

由于经济发展，清代的商路有了扩大，尤其是长江中上游的水运、珠江水运和沿海运输中的北洋航线的开辟，促使东西方贸易有了更大的发展。1840年国内市场上主要商品量见表8-1。由表可见，虽然粮食交易量仍居第一位，但手工生产的工业品的总值已超过了农产品，棉布成为市场上占主导地位的工业品；棉布、丝织品、丝和棉花4项合计占总商品值的34.54%，表明纺织原料和纺织品成为仅次于粮食交易量的重要商品。

表8-1　1840年主要商品市场估计

| 商品名 | 商品量 | 商品值 | | 商品量占产量比重/% |
|---|---|---|---|---|
| | | 银/万千克 | 比重/% | |
| 粮食 | 122.5亿千克 | 816.67 | 42.14 | 10.5 |
| 棉花 | 12 775万千克 | 63.88 | 3.30 | 26.3 |
| 棉布 | 1 260 708万米 | 472.77 | 24.39 | 52.8 |
| 丝 | 355万千克 | 60.12 | 3.10 | 92.2 |
| 茶 | 13 025万千克 | 159.31 | 8.22 | — |
| 盐 | 16.1亿千克 | 292.65 | 15.10 | — |
| 丝织品 | 245万千克 | 72.75 | 3.75 | — |
| 合计 | | 1938.15 | 100 | |

鸦片战争后，我国国内市场逐步扩大，但商品贸易量并不大。1936年，埠际贸易总值为11.85亿元，占当年工农业总产值的4.1%，国民收入的4.6%。与鸦片战争前相比，商品结构发生了重大变化。商品贸易占第一和第二位的是棉布和棉纱，粮食退居第四位，棉花居第六位，在农产品中仅次于粮食。棉花、棉纱、棉布三者合计占全国商品总值的32.5%，详见表8-2。

表 8-2　1936 年埠际贸易商品量和商品值

| 位次 | 商品名 | 商品量/万千克 | 商品值/万元 | 价值百分比/% |
|---|---|---|---|---|
| 1 | 棉布 | 13 223 | 19 146.4 | 16.2 |
| 2 | 棉纱 | 12 503 | 12 804.6 | 10.8 |
| 3 | 桐油 | 9463 | 9170.0 | 7.8 |
| 4 | 粮食 | 85 866 | 8048.8 | 6.8 |
| 5 | 纸烟 | 3088 | 6812.8 | 5.6 |
| 6 | 棉花 | 9179 | 6543.4 | 5.5 |
| 7 | 面粉 | 44 022 | 4704.8 | 4.0 |
| 8 | 煤 | 47 040 | 4162.2 | 3.5 |
| | 合计 | 224 384 | 71 393.0 | 60.2 |
| | 贸易总额 | | 118 470.0 | |

　　纺织原料和纺织品是重要的出口商品,处于举足轻重的地位。中国传统的出口商品是茶叶和丝绸。长期以来,茶叶贸易一直居第一位。自 19 世纪 80 年代末期起,丝绸出口值超过了茶叶,位居第一。据 1859—1938 年近 80 年的统计资料估计,丝绸平均占全国总输出值的 32% 左右。其中早期所占比重高,最高时达 60%;进入 20 世纪后,输出值逐渐降低,但基本上还保持第一位。中国的土布、机制棉纺织品和棉花在中国近代出口贸易中都曾是重要商品。

　　在一口(广州)通商时期,鸦片贸易还未发展起来,在进口货物中,棉花处于第一位,而且主要来自印度。在英国对华出口的货物中,来自英国本土的主要是呢绒,占 80%～90%,目的是冲抵进口中国丝茶的货款。进入 20 世纪,我国棉花和棉纺织品的进口发生了很大变化,但呢绒一直是重要的进口工业品。20 世纪初,已有机器织绸织造的蚕丝织品,以及蚕丝与棉纱、毛交织品进口,且进口量增长很快,于 20 年代达到进口量高峰。之后,由于国内动力织机的引进,我国已能够生产出高档蚕丝织品,遂进口量锐减。到 30 年代,蚕丝织品进口量甚微,代之而起的是人造丝和人造丝织品与交织品的大量涌进。中国古老的丝绸业在产品结构上发生了变化,人造丝被普遍使用,蚕丝与人造丝交织品大量出口。

　　中国近代的纺织原料和纺织品市场在国际上是一个较大市场。各主要资本主义国家,为独霸这个市场,曾在棉、毛、丝和人造丝等纺织原料及其制品上展开过几次激烈的争夺,几易霸主,严重地打击和阻碍了中国的纺织品市场和进出口贸易。中国民族纺织业在这种争夺中,千方百计地寻求生存和发展。除了毛和人造丝原料与制品外,从总体上分析,其他纺织品基本能自立、自给,并建立了以南洋地区为主的国外纺织品市场。蚕丝和丝织品,在国际市场上一直保持重要地位,形成了传统的产品和销售市场。但自日本发动全面侵略战争后,这种状态和发展受到破坏,除了上海曾一度出现"孤岛"繁荣外,国内外市场日益缩小,外贸中断。抗日战争胜利后,在未及恢复战前生产的情况下,又遭到新的破坏,纺织品市场凋零,外贸几乎断绝,陷入了内外交困的境地。

# 第一节 棉及棉织品贸易

早在明清时期,棉花的商品性生产已经有了相当的发展,并形成了各类棉花市场。其中除了地方小市场和区域市场以外,在江南和华北还出现了跨区域的大市场(或称为全国性市场)。

鸦片战争前,虽然出现了集中产棉区和棉花市场,棉花商品量也较大,但总体而言,大量是自给自足的家庭生产,商品性生产只占次要地位。据估计,1840年全国棉花商品量为12 775万千克,占棉花总产量的26.3%。[①]

## 一、国内棉花市场的形成

棉花生产者是分散的个体农户,他们在集市中销售,由经营棉花的商贩运到中点转运市场,最后才到达终点消费市场,出售给纺纱厂等用户或出口。

### (一)集中性的消费市场

1889年,中国第一家棉纺织厂开始投产,中国境内出现了新的棉花集中消费方式。随着棉纺织机器工业的建立和发展,这种集中性消费的棉花数量越来越多,进一步推动了棉花生产的商品化、棉花市场的形成,以及棉花初加工工业的建立和发展。由表8-3可以看出,从20世纪20年代起,纱厂用棉量增长很快。如1919年纱厂用棉量为7142.5万千克,1930年增加到44 695万千克,增加了5倍多。随着纱锭数和用棉量的增加,一些大规模的集中性终点消费市场在全国形成,其中最重要的为上海、武汉、天津、青岛、无锡五大棉市。它们先后形成于第一次世界大战结束至20世纪20年代初期。

表8-3 1919—1936年全国纱锭数和用棉量[②]

| 年份 | 纱锭数/万枚 | 用棉量/万千克 | 年份 | 纱锭数/万枚 | 用棉量/万千克 | 年份 | 纱锭数/万枚 | 用棉量/万千克 |
|---|---|---|---|---|---|---|---|---|
| 1919 | 146.8 | 7142.5 | 1925 | 357.0 | 30 185 | 1931 | 490.4 | 44 845 |
| 1920 | 284.3 | 8329.5 | 1926 | — | 32 905 | 1932 | 518.9 | 44 833 |
| 1921 | 323.2 | 11 657.5 | 1927 | 368.5 | 36 000 | 1933 | 517.2 | 45 481 |
| 1922 | 355.0 | 23 455 | 1928 | 385.0 | 37 800 | 1934 | 538.2 | 32 095 |
| 1923 | — | 30 165 | 1929 | 420.1 | 36 690 | 1935 | 552.7 | 44 220 |
| 1924 | 358.1 | 29 455 | 1930 | 449.8 | 44 695 | 1936 | 563.5 | 45 915 |

注:因统计口径不同,此表数字偏大,可能连线锭也包括在内。

---

① 许涤新等:《中国资本主义的萌芽(中国资本主义发展史)》第1卷,北京:人民出版社,1985年。

② 上海棉纺织工业同业公会(筹):《中国棉纺织统计史料》,上海棉纺织工业同业公会(筹),1950年。

从表 8-4 中可以看出,用棉量主要集中在包括上海、无锡、南通、苏州在内的江苏省,其次包括青岛、济南在内的山东省,再次包括武汉在内的湖北省和包括天津在内的河北省,也就是五大棉市所在的省份。20 世纪 30 年代前半期,五大棉市年平均消费棉花的情况见表 8-5。

表 8-4　1936 年纱厂用棉量的地域分布①

| 省别 | 用棉量 | |
| --- | --- | --- |
| | 万千克 | 占比/% |
| 江苏 | 34 920 | 64.6 |
| 浙江 | 715 | 1.3 |
| 山东 | 8715 | 16.1 |
| 湖北 | 2905 | 5.4 |
| 河北 | 2085 | 3.9 |
| 河南 | 1790 | 3.3 |
| 山西 | 1320 | 2.4 |
| 湖南 | 770 | 1.4 |
| 江西 | 485 | 0.9 |
| 广东 | 210 | 0.4 |
| 陕西 | 150 | 0.3 |

表 8-5　20 世纪 30 年代前半期五大棉市年平均消费量②

| 市别 | 消费量 | |
| --- | --- | --- |
| | 万千克 | 占比/% |
| 上海 | 26 575 | 64.2 |
| 青岛 | 8040 | 19.5 |
| 无锡 | 3180 | 7.7 |
| 武汉 | 2535 | 6.1 |
| 天津 | 1045 | 2.5 |
| 合计 | 41 375 | 100 |

这五大棉花市场的棉花消费量大约占全国集中性总消费量的 80%。上海居五大棉市之首,占总消费量的 64.2%,主要供上海的棉纺厂用,也有部分国内转口和出口国外。

---

① 严中平:《中国棉纺织史稿》,上海:科学出版社,1955 年。
② 严中平:《中国棉纺织史稿》,上海:科学出版社,1955 年。

青岛居第二位,占19.5%,其中有相当大的一部分是出口到日本。上海是全国棉纺织业的中心,也是全国最大的棉花消费市场,在这个市场上不仅进行现货交易,也兼营期货交易。其他棉市,除天津曾一度出现过棉花期货交易外,都是只有现货交易。上海棉市的现货交易规模庞大,图8-1表示其棉花交易关系,图中的实线表示上海的棉花交易关系,虚线表示上海与外埠的交易关系。①

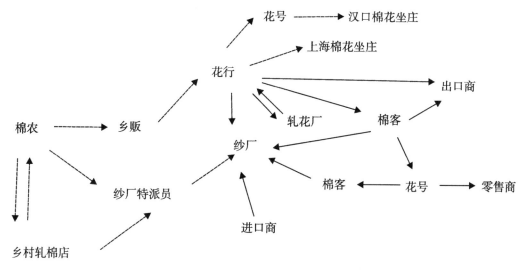

**图8-1　上海棉市棉花现货交易关系**

花行是上海棉市中销售棉花最早的商业单位,主要有南市花行和北市花行。一般花行内设经理1人,下设账房、跑街、秤手等。收花时,由乡贩至农村与棉农接洽。花行收购时,均经秤手评定棉花品质、含水和重量。花行收购的棉花,大部分售予纱厂,小部分售予花号及出口商。介于花行与纱厂、花号、出口商之间的,有棉客(或称棉花掮客)这一中间人。花行亦有自设轧棉厂者。

花号是棉花现货交易的枢纽,全国各地的棉花,均在其贩运交易范围之内,其中分为申帮、汉帮、津帮、安庆帮、通州帮、余姚帮、火机帮等。花号的资本较雄厚,多系合股开设。上海花号在外地设有分号,称为上海花号坐庄;在上海亦有外地花号坐庄。上海花号亦经营期货交易,常与纱厂订立期货合同,有1个月、2个月、3个月期不等。

纱厂是现货棉花交易的最大买主。在上海的中外纱厂常不做期货交易,而以现货交易为主。纱厂购买现货棉花,除直接购自棉农者外,主要是购自花行、花号、轧花厂或进口商。上海棉花期货交易始于1918年,日商于该年设立上海交易所。1920年,中国商人在上海组织证券物品交易所,经营棉花与证券棉纱及标金等期货交易。1921年,又在上海成立华商纱布交易所,经营棉花与棉纱布的期货交易。同年在天津亦设立交易所,内设棉花及棉纱交易部门,但不久即关闭。日商交易所因亏累过巨,于1927年倒闭;华商

① 方显廷:《中国之棉纺织业》,南京:国立编译馆,1934年。

证券物品交易所亦因营业不振,取消棉花和棉纱的期货交易。到全面抗日战争爆发前,仅有华商纱布交易所经营棉花期货交易。棉花期货交易的数量单位为5吨;买卖的棉花限于国产棉,以汉日和通州的细绒花为标准;定期交易以6个月为限;买卖双方或一方须缴纳证据金于交易所,作为交易的保障。全面抗日战争爆发后,交通受阻,许多纱厂被毁,五大棉市相继被日军侵占而停市。抗日战争胜利后,五大棉市又相继复市,但始终未能达到历史上鼎盛时期的水平。

### (二)中转市场

中转市场(也即中点转运市场)是连接棉农出售棉花的原始集市和终点消费市场的中间环节,全面抗日战争前形成的较大的棉花中转市场都分布在铁路沿线或沿江口岸,以汉口、济南、郑州为最大。其他如河北的石家庄,山东的张店与周村,山西的榆次与阳曲,河南的陕州与彰德,湖北的老河口与沙市,浙江的宁波与余姚,湖南的津市,江西的九江,安徽的芜湖,也都是位于交通便利之处。

每个中转市场所吸收的棉花来路、转运的数量,主要由邻近的棉产区的大小和交通条件决定。汉口是最大的中转市场,每年集散的数量为7500万~10 000万千克。

集中于济南的棉花,以鲁北、鲁西两区产品为主,此外也接受冀南、豫北的来货。三省齐集济南的棉花,一小部分为本地纱厂消费,大部分经胶济路东运往青岛;另一部分运往无锡、上海。济南是新兴的棉市,至1909年才有第一家花行,1919年增加到五六家,每年经营500万千克棉花,主要是转运到青岛出口日本大阪。1930年集散棉花5000万千克,1934年增加到8万吨,成为中国第二大棉花中转市场。

郑州聚集的棉花以来自河南省为最多,陕西省次之,山西省最少。三省棉花分别集中于陇海和平汉两铁路沿线,再运至郑州。聚集于郑州的棉花,除一小部分留供本地消费外,大部分由陇海路运往海州(今连云港市),转往上海,也有小部分经平汉路运往汉口。

## 二、棉花进出口贸易

### (一)棉花进口贸易

早在一口通商时期,进口的棉花主要来自印度,供广东、福建一带手工纺纱使用。第一批进口的棉花由东印度公司在1740年运至,共计55.8吨。此后,进口棉花不断运至广东出售,用以抵偿收购茶叶所需货款。1821年以前,棉花进口值一直居中国进口贸易的第一位。以后,随着鸦片贸易迅速发展,进口鸦片货值远远超过棉花。到鸦片战争前夕,棉花进口每年平均仍在2.5万吨左右。鸦片战争后,洋纱输入日益扩大,逐步代替印度棉花进口。从19世纪70年代至第一次世界大战结束,中国棉花进口每年在0.5万吨到1万吨之间,1.5万吨以上的年份极少。

甲午战争后,随着中国棉纺织业的发展,棉花进口贸易发生了重大变化。上海开始进口外棉。1913年,上海口岸进口棉花达到566万千克,占该年全国进口棉花的81.61%,而广州则下降到0.18%。此后,上海一直占全国进口棉花的90%左右。

棉花进口大幅度增长是从20世纪20年代开始的。1920年,棉花进口猛增至3.39

万吨,较 1919 年增加近 2 倍。1921 年又增至 8.41 万吨。此后连续增长,到 1931 年达
23.26 万吨的高峰,跃居当年全国进口商品值的首位,占进口商品总额的 12.45%。第一
次世界大战前,美棉输入量很少,且时断时续,1913 年仅为 131.5 万千克,以陆地棉为主。
此棉纤维较长,适于纺中支以上的纱。第一次世界大战结束后,美棉进口量急剧增加,
1931 年美棉进口量曾一度超过印度棉。埃及长绒棉在 20 世纪 20—30 年代陆续进入中
国市场,其数量远较美棉和印度棉为低。全面抗日战争前棉花输入国别和输入量的变化
见表 8-6。

表 8-6　1905—1936 年全国棉花进口量及主要国家、地区的棉花输入量　单位:万千克

| 年份 | 全国进口数量 | 主要国家或地区的输入量 | | | | | |
|------|------------|------|------|--------|------|------|------|
| | | 印度 | 美国 | 中国香港 | 日本 | 埃及 | 巴西 |
| 1905 | 468(161) | 169.5 | 61.5 | 171.5 | 5.5 | — | — |
| 1913 | 668(566) | 416 | 131.5 | 45.5 | 76 | — | — |
| 1919 | 1209.5(1040.5) | 492 | 186 | 31 | 375 | — | — |
| 1921 | 8412.5(7662.5) | 4905.5 | 2583.5 | 152.5 | 709 | 21.5 | — |
| 1929 | 12 727.5(10 784.5) | 6615 | 4095.5 | 24.5 | 1831.5 | 70 | — |
| 1931 | 23 256.5(21 436) | 9055.5 | 12 869 | 10 | 1200 | — | — |
| 1936 | 3356(3203) | 1700 | 778.5 | — | — | 502.5 | 281 |

注:括号内为上海的进口数量。

　　日军在全面侵华战争一开始,就在占领区掠夺棉花运往日本,致使上海纱厂需要的
棉花大量依赖进口。据海关贸易统计报告,自 1938 年至 1941 年的 4 年内,全国进口棉花
共 34.63 万吨,其中经由上海口岸进口的棉花为 31.72 万吨,占全国总额的 91.6%,详见
表 8-7。

表 8-7　1936—1941 年上海口岸棉花进口值变化

| 年份 | 1936 | 1937 | 1938 | 1939 | 1940 | 1941 |
|------|------|------|------|------|------|------|
| 进口值/万美元 | 1027.7 | 442.7 | 332.4 | 4774.5 | 5317.8 | 4018.0 |

　　在进口棉花中,以印度棉最多,约占 50%,美棉和巴西棉次之,各占 20% 左右,其余来
自埃及、缅甸和东非等地。1941 年底,太平洋战争爆发,海运断绝,海外贸易停止。
　　抗日战争胜利后,大量外棉涌入国内市场,棉花在进口市场上占第一位。1946 年以
普通贸易方式进口了 28.14 万吨棉花,价值 1.5 亿美元,占全国进口总值的 22.3%;另
外,还从联合国善后救济总署进口棉花 6.3 万吨。两项合计为 34.5 万吨,超过了当时上
海棉纺织厂全年所需的 27 万吨的用棉量。大量外棉进口,致使国棉无路销售,"陕西的
棉花,虽跌到 13 万元(法币)一担,还是无人领教。国棉价格已到成本以下,仍无人过

问"。1946—1948 年,全国以贸易方式进口的棉花总值达 2.54 亿美元,其中从上海口岸进口的占 89.26%。进口棉花中以美棉最多,其次是印度棉,详见表 8-8。

表 8-8 1945 年 11 月—1949 年底上海进口美棉、印度棉情况 单位:万吨

| 时期 | 美棉 | 印度棉 |
| --- | --- | --- |
| 1945 年 11 月—1948 年 12 月 | 37.17 | 18.73 |
| 1949 年 1 月—12 月 | 1.68 | 0.989 |
| 合计 | 38.85 | 19.72 |

### (二)棉花出口贸易

1888 年棉花出口 20.25 万担,值银 222.83 万海关两。以后出口量大增,每年出口几十万担,有的年份在 100 万担以上,一直到 20 世纪 20 年代初都是出超。之后出口量时增时减,并转为入超。

美国是近代世界上最大的棉花出口国,主要出口到英国。由于南北战争,南方各港口被封锁,棉花输出困难,世界棉花市场供应紧张。英国为了维护其棉纺织业的生产,不得不向印度和中国搜罗棉花,致使中国棉花出口增加。1864 年,经上海口岸输出的棉花达 2.2 万吨,其中 1.65 万吨直接输往英国,530 万千克经香港转口。[①] 由于出口增加,国内棉花价格大幅度提高,农民种棉的收入超过种植其他作物,在长江下游发生了棉作物种植排挤其他作物的现象。美国内战结束后,世界棉花市场恢复旧观,中棉输出英国减少。由于中棉纤维粗,强力和弹性好,可作为与羊毛混合的原料,所以对欧洲的出口仍未间断,每年出口 150 万~200 万千克。

19 世纪末,中棉对外贸易发生了重大变化,其主要原因是日本在远东崛起,成为新兴的棉纺织工业国。日本新建的棉纺厂,多数只能纺中、低支纱,中棉比较适合需要。与此同时,中国棉纺织手工业受到进口洋纱、洋布的竞争而日渐衰落,致使棉价下跌,更促进了棉花的出口。1886—1890 年,年平均出口量为 1125 万千克,同期年平均进口量为 690 万千克,出超 435 万千克。这种出超的势头一直继续到 20 世纪 20 年代初期。此后,随着国内大批新建棉纺厂的投产,进口棉花量剧增,遂转变为棉花入超(表 8-9)。

表 8-9 1871—1936 年全国棉花进出口量 单位:万千克

| 年份 | 出口 | 进口 | 出入超 |
| --- | --- | --- | --- |
| 1871—1875 | 170 | 930 | 760 |
| 1876—1880 | 160 | 760 | 600 |

---

① 华洪涛等:《上海对外贸易》,上海:上海社会科学出版社,1989 年。

续表8-9　　　　　　　　　　　　　　　　　　　　　单位：万千克

| 年份 | 出口 | 进口 | 出入超 |
|---|---|---|---|
| 1881—1885 | 205 | 845 | 640 |
| 1886—1890 | 1125 | 690 | 435 |
| 1891—1895 | 3085 | 360 | 2725 |
| 1896—1900 | 2125 | 900 | 1225 |
| 1901—1905 | 3845 | 715 | 3130 |
| 1906—1910 | 4255 | 580 | 3675 |
| 1911—1915 | 3810 | 945 | 2865 |
| 1916—1920 | 4425 | 1815 | 2610 |
| 1921—1925 | 4305 | 6305 | 2000 |
| 1926—1930 | 5205 | 12 045 | 6840 |
| 1931—1936 | 2675 | 11 235 | 8560 |

### （三）棉花出口市场的形成

随着棉花出口量的增加，于19世纪末，形成了国内棉花出口市场，最初是宁波、上海、天津3个口岸。与出口棉市相适应，建立了为出口服务的机器轧棉厂、打包厂，以及棉花含水、含杂的标准、检验制度和机构。

棉花出口市场的形成，使棉花产销不得不受国际棉花市场的影响。早期中国棉花的商品化和市场的形成，主要推动力是出口的需要。

### （四）棉花出口贸易地区分布和出口口岸的变化

除了美国内战时期外，中国的棉花主要出口至日本。1862年至1875年，上海已经有经营对日出口棉花的华人商庄，并在日本长崎和横滨办庄，分别称为长崎帮和横滨帮。当时输出的都是籽棉。1875年起，日商洋行在中国采购棉花输日。1879年之后，除籽棉外，已有皮棉出口日本。1890年起，日商拒收籽棉，并宣传推广机器轧棉。当时以蒸汽机驱动者称为"火机"，所轧出之皮棉称为"火机棉"。

进入20世纪，对日输出的棉花占全部出口的一半以上，有时高达90%。

20世纪20年代以前，出口棉花以上海口岸为主，一般占总量的1/2，多时达3/4。随着上海棉纺织业的发展，用棉量的增加和棉花种植区域的进一步北移，河北、山东商品棉增加，加之对日航运的发展，天津、青岛口岸出口日本的棉花超过上海（表8-10）。

表 8-10　1918—1930 年全国对日本出口棉花数量和货物价值①

| 年份 | 全国输出量① | | 全国对日本输出量 | |
|---|---|---|---|---|
| | 万千克 | 万元 | 万千克 | 万元 |
| 1918 | 9610.5(4831) | 143.21(105.05) | 6063(4460) | 134.58(96.96) |
| 1920 | 1881(1081) | 34.87(17.72) | 1101.5(388) | 21.897(6.63) |
| 1921 | 3048(936.5) | 62.002(18.27) | 2805.5(858.5) | 57.46(16.79) |
| 1922 | 4210(1396.5) | 86.41(29.49) | 3222(1166.5) | 66.74(24.66) |
| 1926 | 4392.5(1308.5) | 111.13(32.193) | 3965(1202) | 100.39(29.57) |
| 1930 | 4127.5(459.5) | 100.16(11.74) | 3321.5(355) | 80.58(79.75) |

注:本表括号内均为上海输出量。

天津和青岛两个口岸全部输出量和对日输出量自 20 年代起逐渐增加,一般都在全国输出量的 1/2 以上。天津和青岛除了向日本输出棉花外,还向朝鲜以及我国香港、台湾地区输出。此外也向欧洲、北美洲和澳洲输出,但数量较少(表 8-11)。从天津出口的棉花中,粗绒中棉占很大比例。此种棉纤维粗、弹性好,适合于填塞被褥和与羊毛混纺。

表 8-11　1926—1937 年天津、青岛两口岸对日本和世界各洲棉花输出量比较　　单位:万公斤

| 年份 | 日本 | 亚洲合计 | 欧洲合计 | 美洲合计 | 其他地区 | 各洲合计 | 全国输出量 | 两口岸输出占全国输出/% |
|---|---|---|---|---|---|---|---|---|
| 1926 | 2759.5 | 2771.5 | 29 | 171 | — | 2971.5 | 4442.5 | 68 |
| 1927 | 3020.5 | 3030.5 | 955 | 955 | — | 4940.5 | 7235 | 57 |
| 1928 | 2540 | 2552 | 181.5 | 685 | — | 3418.5 | 5558 | 62 |
| 1929 | 2474 | 2485.5 | 99.5 | 555.5 | — | 3140.5 | 4719 | 67 |
| 1930 | 2970.5 | 2971 | 118.5 | 564 | — | 3653.5 | 4128 | 89 |
| 1931 | 3293.5 | 3294.5 | 53.5 | 312.5 | 5 | 3665.5 | 3949.5 | 93 |
| 1932 | 1932 | 1940.5 | 178.5 | 522.5 | 521.5 | 3163 | 3316.5 | 95 |
| 1933 | 1553 | 1598 | 79 | 627 | 5.5 | 2309.5 | 3619.5 | 64 |
| 1934 | 1067 | 1101 | 78.5 | 158.5 | 5.5 | 1343.5 | 1731.5 | 78 |
| 1935 | 955.5 | 1114.5 | 362 | 183 | 18 | 1677.5 | 2604.5 | 64 |
| 1936 | 1836 | 1988.5 | 164.5 | 542.5 | 25.5 | 2721 | 3136 | 87 |
| 1937 | 1850 | 1987.5 | 231 | 620 | 10 | 2848.5 | 3158 | 90 |

①　赵冈等:《中国棉业史》,台北:联经出版事业公司,1977 年。

虽然中国棉花主要出口日本,但在日本输入的棉花总量中只占很小比例。如 1933—1937 年,日本平均每年进口 1346 万担棉花,从天津和青岛两口岸进口的棉花为 30.49 万担,只占 2.3%。

全面抗日战争爆发后,中国的棉花出口基本断绝。抗战胜利后,直到 1949 年也未能得到恢复。

### 三、国内棉布市场和流通

#### (一)土布的集中产区和流通

我国农村家庭棉纺织业在明代有了很大发展,但各地发展不平衡,出现了"北棉南运和南布北运"的现象。清代以来,北方地区已普遍用棉花织布,并出现了几个棉花集中产区,但与江南地区比较,织布农户比重不高,高质量的品种和染色布还需从外地运入。1860 年左右是近代织布户最多的时期,约占全国总农户的 45%(表 8-12)。[1]

表 8-12　1860 年全国及重点地区农村手工棉纺织户估计

| 项目 | | 全国 | 江苏 | 福建、广东 | 松江 |
|---|---|---|---|---|---|
| 总数 | 户数(万户)8100 | | 80 | 100 | 6 |
| | 人口(万人)40 500 | | 4000 | 5000 | 300 |
| 城镇及非农业户 | 户数(万户)486 | | 80 | 100 | 9 |
| | 人口(万人)2430 | | 400 | 500 | 45 |
| 农户 | 户数(万户)7614 | | 720 | 900 | 51 |
| | 人口(万人)38 070 | | 3600 | 4500 | 255 |
| 纺织户 | 户数(万户)3426 | | 468 | 315 | 46 |
| | 人口(万人)17 131 | | 2340 | 1575 | 229 |
| 非纺织户 | 户数(万户)4188 | | 252 | 585 | 5 |
| | 人口(万人)20 938 | | 1260 | 2925 | 25 |

全国平均有 55% 的农户购买商品布,另外约占全国总人口 5% 的城市人口和非农业人口也需要购买商品布。因此布的商品量很大,其商品值仅次于粮食,居第二位。据估计,在 1860 年全国生产的土布中,商品布约为 3.17 亿匹,占应有产量的 52.4%。

这里所讲的商品布,主要还是农民自织自用多余的布,一般限于在地方小市场和区域市场内流通,但当时已出现了专为市场销售而产生的集中产区,其中最主要的是自明代就已形成的松江府一带。到了清代,这个集中的棉布产区扩大了。此外,在北方和华中地区出现了几个小的集中产区。

---

[1]　许涤新等:《旧民主主义革命时期的中国资本主义》,北京:人民出版社,1990 年,第 308 页。

苏松产区包括江苏的无锡、常熟、太仓、嘉定、松江,以及浙江的嘉兴,自西往东近200公里。其中松江府包括华亭、娄县、奉贤、金山、上海、南汇、青浦七县等,是最集中的棉布产区。无锡是贩运中心,有"布码头"之称。苏州是布商汇集之所,白坯布运至苏州染色,主要染为青蓝布,概称苏布。松江布全年销售约120 000万米,其中销往东北和北平的约60 000万米,销广东约40 000万米,销福建4000多万米,其余销江苏、浙江及运至苏州加染。销广东的土布中有出口南洋的,经英国东印度公司出口的约4400万米。常熟布年销量约40 000万米,销售区为北至淮安、扬州,及于山东;南至浙江,及于福建。无锡布销往本省的淮安、扬州、高宝等地,约有12 000万米。总体来讲,苏松地区年产布约180 000万米,进入长距离销售的约为160 000万米。除了苏松地区外,还有直隶东部以乐亭、滦州为中心的集中产区,除自销本省外,主要销往东北;以元氏、南宫为中心的直隶西南部集中产区,行销太原、张家口等地;以历城、蒲台沿黄河一带的山东产区,也行销到东北;以黄河南部的正阳,北部的孟县为中心的河南产区,远销者主要去西北。此外还有山西榆次,湖北汉阳、德安,湖南巴陵,四川新津等集中产区。这些产区的远距离销售以东北、西北和西南等边远地区为主,数量大约400万米。全国长距离运销棉布可能有180 000万米左右,约占全部商品量的15%,其中苏松产区运出的约占90%,可见"松江布衣被天下"之说实非虚传。随着棉纺织生产在全国的普及和洋布的进口,特别是国内机器棉纺织厂的兴起,土布地位日渐下降。

（二）进口洋布和国产机制布的流通

鸦片战争后,对外贸易中心转移到上海。外商洋行相继在上海设立,出售英国洋布。1850年,第一家专营洋布的清洋布店在上海开设了,名叫同春洋货号,又叫同春字号洋布纱庄,经营门市零售和内庄批发。这种清洋布店在上海陆续增加,到1858年已有十五六家。在其他通商口岸,如广州、汉口、重庆等地也出现了类似的清洋布店。洋布进口后,大都在上海集散,各地商人来上海采购,有些还常驻设庄。这样在上海就形成了若干采购帮别,比较大的有天津帮、北京祥帮、东北帮、汉口帮、长沙帮、川帮、江西帮、福建帮、宁波帮等。洋布的分销,除以上海为中心外,还有一条经香港向华南各省及台湾运销的路线。到1895年,棉布的进销环节已基本建立,形成了从通商口岸到内地城镇的销售网,其流通情况见图8-2。

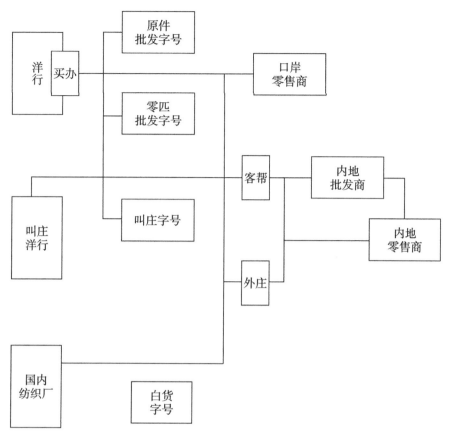

图8-2　棉布销售网

## (三)棉纺织品市场的商品结构变化

农民手工纺制的土纱,主要供自己织布,卖纱数量很少。在布产区也有专事纺纱线的,主要是纺经纱或缝纫用线。商品纱量很少,约占总消费量的1%。1860年,进口洋纱175万千克,仅为农民织布用纱量的0.56%。19世纪60年代后期,洋纱进口量日益增多。1894年进口洋纱达5800万千克,同年国内生产机制纱1700万千克,二者合计约占土布用纱的23.42%,也就是大约有1/4的土纱被国内外机制纱取代(表8-13)。

表8-13　1840—1894年土布销用洋纱量的变化

| 项目 | 1840 年 | 1860 年 | 1894 年 |
|---|---|---|---|
| 全国土布应有产量/万米 | 2 389 308 | 2 418 840 | 2 356 632 |
| 土布销用棉纱量/万千克 | 31 045 | 31 430 | 30 620 |
| 其中:销用洋纱量/万千克 | 125 | 175 | 7170 |
| 销用洋纱比重/% | 0.4 | 0.56 | 23.42 |

　　1860 年后,洋布开始冲击土布,但远不像洋纱排挤土纱那样迅速。到了 1894 年,洋布占棉布总销量的比重达到 14.15%,这比洋纱排挤土纱的过程缓慢得多(表 8-14)。

表 8-14　1840—1894 年洋布供给量增长过程

| 项目 | 1840 年 | 1860 年 | 1894 年 |
|---|---|---|---|
| 全国棉布应有供给量/万米 | 2 400 236 | 2 498 360 | 2 744 984 |
| 其中:洋布量/万米 | 1092 | 79 536 | 388 352 |
| 洋布占比/% | 0.045 | 3.18 | 14.15 |

　　洋布所能排挤的只是土布中的商品布。1894 年与 1860 年相比,土布中商品布减少了 8.6%,而自给布反而增加了 3.8%。虽然这当中包括农民对自给布需要量的增加,但可以看出,洋布尚未能排挤农民自给布的生产。进入 20 世纪以后,随着国内机器棉纺织厂的发展,农村手工土布的生产逐步下降,到 1936 年全国土布生产量约占全国棉布总生产量的 38.77%。土布生产量的降低主要是土布中的商品布的减少。如 1936 年土布中的商品布为 366 480 万米,比 1860 年的 1 267 600 万米下降了 71%;1936 年土布中的自给布量仅比 1860 年下降 9.2%。土布的商品市场逐步被机制棉布所占领,而农村中土布的自给量基本维持原状,这种情况反映出农村土布生产的强大生命力的基础仍然是自给自足的小农经济(表 8-15)。

表 8-15　1840—1936 年全国农村土布中商品布及自给布数量估计

| 项目 | 1840 年 | 1860 年 | 1894 年 | 1913 年 | 1920 年 | 1936 年 |
|---|---|---|---|---|---|---|
| 全国棉布应有产量/万米 | 2 400 236 | 2 498 380 | 2 744 984 | 3 114 380 | 3 371 788 | 3 641 688 |
| 全国农村土布应有产量/万米 | 2 389 308 | 2 418 840 | 2 396 620 | 1 988 508 | 2 209 268 | 1 411 920 |
| 其中:自给量/万米 | 1 128 600 | 1 151 236 | 1 195 196 | 1 239 640 | 1 324 224 | 1 045 440 |
| 商品量/万米 | 1 260 708 | 1 267 604 | 1 161 436 | 750 044 | 885 044 | 366 480 |
| 自给布在农村应有产量中所占比重/% | 47.24 | 47.59 | 49.87 | 62.30 | 59.94 | 74.04 |
| 商品布在农村土布应有产量中所占比重/% | 52.76 | 52.41 | 48.46 | 37.70 | 40.06 | 25.96 |
| 农村土布自给量在全国棉布应有产量中所占比重/% | 47.02 | 46.07 | 43.54 | 39.80 | 39.27 | 28.71 |
| 农村土布商品量在全国棉布应有产量中所占比重/% | 52.52 | 50.74 | 42.31 | 24.08 | 26.25 | 10.06 |

### 四、棉纺织品进出口贸易

#### (一)棉纺织品的出口贸易

##### 1. 土布的出口贸易

中国早期出口的棉纺织品是手工织造的土布,这种土布的历史也很久远。从18世纪到19世纪初期,欧美国家的棉纺织业尚未发达时,中国的土布曾行销欧美,其中美国是中国土布最大的输入国。英国东印度公司于1734年试购了4000米中国土布,并指定要南京的手织品,后来外商称之为南京布。该布呈浅棕色,产于江苏南京、苏州、松江一带,当地称之为紫花布。这种土布曾在英国风行一时。1736年以后,土布成为东印度公司对华贸易中仅次于丝、茶叶的重要商品。许多国家从中国输入土布。据1756年统计,英国从中国输入的土布为168万米,美国为132万米,荷兰为392万米,丹麦为312万米,法国为288万米,瑞典为44万米,西班牙为148万米。1786年至1833年的48年里,在广州口岸出口的土布中,向英国出口60 680万米,占总出口量的37.66%;出口值为7600万元,占总出口值的57.34%。向美国出口91 120万米,占56.56%;出口值为5641万元,占42.56%。向荷兰、丹麦、瑞典、西班牙、法国等国出口仅9320万米,占5.78%。

1786年至1833年,广州出口土布逐步增加,年均出口3661.2万米。其中最高年份是1819年,达13 580万米,创中国出口土布的纪录。1817年至1830年,土布出口量稳定在较高水平,年均4000多万米,之后锐减。1831年至1833年减至21.33万匹,折银11.4万关两。下降原因是欧美国家的机器织布技术有了改进,生产效率提高,成本降低,机制布的品质超过了土布,价格大幅度下降。以美国为例,每码棉布的价格由1816年的0.3美元降到1829年的0.08美元。中国土布在国际市场上受到机制洋布的严重冲击,销路锐减,并逐步被挤出海外市场。同时,洋布大量涌入中国市场,在1830年中国对外纺织品贸易上首次出现了逆差。这种情况一直持续到19世纪70年代。

进入19世纪80年代后,土布出口量开始回升;90年代起出口量增长很快,1892年已超过50万千克,1895年达到183万千克,出口值达134.38万关两。这种出口势头一直持续到20世纪30年代。1920—1929年,土布年均出口287万千克,出口值年均347.7万关两。其中以1921年为最高,出口379万克,出口值467万关两,达到第二个高峰。这种增长的主要原因:一是机制棉纱的出现,使手工机织可以用价廉质优、供应充足的洋纱来代替土纱织出较轻薄的、细密的土布,扩大了土布的品种;二是手工织布业的技术改造有了成效,使织布速度提高了4倍,因而手工织机的生产率大幅度提高,土布的竞争力大为增强,夺回了部分国内外市场,减少了洋布进口量。但土布出口值占全部棉纺织品的比重日益下降,特别是在机制棉纺织品开始出口以后,抢占了一部分原来的土布市场(表8-16)。

表 8-16　1932—1936 年土布和机制布出口数量①

| 年份 | 土布出口量 | | 棉布出口量 | | 土布占棉布出口量/% | |
|---|---|---|---|---|---|---|
| | 万米 | 万平方米 | 万米 | 万平方米 | 按米计 | 按平方米计 |
| 1932 | 1142.268 48 | 371.134 24 | 6697.833 696 | 5926.528 152 | 17.05 | 9.64 |
| 1933 | 2829.6108 | 1414.8054 | 9577.367 073 6 | 7906.835 088 | 29.54 | 17.89 |
| 1934 | 1850.471 28 | 925.235 64 | 4584.573 | 3474.948 6 | 40.36 | 26.63 |
| 1935 | 1050.462 72 | 525.231 36 | 2058.707 592 | 1471.863 96 | 51.03 | 35.68 |
| 1936 | 1495.025 712 | 747.512 856 | 4615.973 496 | 3786.694 992 | 32.39 | 19.74 |

**2. 机制棉纺织品的出口贸易**

中国出口机制棉纺织品的记录始于 1912 年,历年出口值见表 8-17。表中的百分率是以土布、机制纱布以及线毯、棉袜、毛巾、棉胎、废棉等的全部出口总值计算的。虽然出口起步较晚,但增长速度很快。1915—1920 年是第一个高速增长时期,在短短的 6 年里,出口机制纱总值增加了 17 倍多。出口增加的原因主要是第一次世界大战的爆发,欧美各交战国的棉纺织品向远东市场的输出受到了阻碍,中国的机制棉纺织品挤进了部分欧美国家在海外的棉纺织品市场,特别是我国香港地区和新加坡等市场。第二个高速增长时期发生在 1923—1929 年,出口值增长了 9.21 倍。原因是国内机制棉纱、棉布销路不佳,因而极力向国际市场推销,添补和抢占了一部分土布所占有的海外市场。

表 8-17　1912—1930 年全国机制棉纱线、棉布出口量及其占全部棉货出口量的百分比②

| 年份 | 纱线 | | 布 | | 纱、布合计 | |
|---|---|---|---|---|---|---|
| | 万关两 | 占比/% | 万关两 | 占比/% | 万关两 | 占比/% |
| 1912 | 3.51 | 1.11 | 49.81 | 16.11 | 53.32 | 17.22 |
| 1913 | 1.67 | 0.57 | 21.90 | 7.44 | 23.57 | 8.01 |
| 1914 | 4.70 | 2.04 | 15.11 | 6.57 | 19.81 | 8.61 |
| 1915 | 20.40 | 5.83 | 68.46 | 19.56 | 88.86 | 25.39 |
| 1916 | 18.11 | 4.14 | 76.91 | 17.58 | 95.02 | 21.72 |
| 1917 | 45.02 | 8.07 | 155.36 | 28.86 | 200.38 | 36.93 |
| 1918 | 100.05 | 17.85 | 167.02 | 29.80 | 267.07 | 47.65 |
| 1919 | 269.59 | 32.90 | 199.71 | 24.37 | 469.30 | 57.27 |
| 1920 | 290.19 | 35.35 | 73.26 | 8.92 | 363.45 | 44.27 |
| 1921 | 117.58 | 14.65 | 120.17 | 14.97 | 237.75 | 29.62 |

---

① 徐新吾:《江南土布史》,上海:上海社会科学院出版社,1992 年,第 106-113 页。

② 方显廷:《中国之棉纺织业》,南京:国立编译馆,1934 年,第 340 页。

续表 8-17

| 年份 | 纱线 | | 布 | | 纱、布合计 | |
|---|---|---|---|---|---|---|
| | 万关两 | 占比/% | 万关两 | 占比/% | 万关两 | 占比/% |
| 1922 | 166.88 | 19.53 | 172.28 | 18.05 | 339.16 | 37.58 |
| 1923 | 436.99 | 28.06 | 444.95 | 28.58 | 881.94 | 56.64 |
| 1924 | 752.36 | 23.80 | 867.22 | 38.96 | 1619.58 | 62.76 |
| 1925 | 377.45 | 21.56 | 797.60 | 45.80 | 1175.05 | 67.36 |
| 1926 | 1081.63 | 43.08 | 931.33 | 37.08 | 2012.96 | 80.16 |
| 1927 | 1977.05 | 51.37 | 1358.73 | 35.30 | 3335.78 | 86.67 |
| 1928 | 2159.17 | 55.64 | 1188.96 | 30.64 | 3348.13 | 86.28 |
| 1929 | 1834.81 | 49.79 | 1289.72 | 35.00 | 3124.53 | 84.79 |
| 1930 | 1896.84 | 59.33 | 711.63 | 22.26 | 2608.47 | 81.59 |

在机制棉纺织品的出口中,棉纱的增长远高于棉布。例如,1912 年棉纱出口量仅占全部棉纺织品的 1.14%,至 1927 年就增长到 51.37%。机制棉纺织品的出口主要是我国的香港地区以及新加坡、印度、印度尼西亚、菲律宾、日本、埃及、土耳其、伊朗等国家,很少能进入欧美市场。在出口的棉纱中,有相当一部分销售给日本、印度的织布厂,如 1929 年有 31%的棉纱出口到印度和日本。棉布主要输往纺织工业不太发达、国民收入较低的地区,其中除了中国土布的传统国际市场外,又开拓了新的国际市场,其分布情况见表 8-18。

表 8-18　1913—1929 年出口棉纺织品的地区分布

| 项目及年份 | | 总额/万关两 | 份额/% | | | | | |
|---|---|---|---|---|---|---|---|---|
| | | | 我国香港地区 | 印度尼西亚 | 印度 | 土耳其、埃及、伊朗 | 日本 | 其他 |
| 纱线 | 1913 | 1.67 | 10.1 | — | — | — | 16.8 | 73.1 |
| | 1920 | 290.19 | 58.9 | 0.3 | 21.7 | 1.4 | 11.7 | 6 |
| | 1929 | 1834.81 | 57.0 | 6.3 | 14.1 | 1.4 | 17.1 | 4.1 |
| 棉布 | 1913 | 257.76 | 70.5 | 0.1 | 0.3 | — | 0.4 | 28.7 |
| | 1920 | 494.97 | 57.7 | 7.6 | 3.3 | — | 0.7 | 30.7 |
| | 1929 | 1564.00 | 22.5 | 7.4 | 12.0 | 42.1 | 0.3 | 15.7 |
| 其他 | 1913 | 35.10 | 3.1 | — | — | — | 0.7 | 96.2 |
| | 1920 | 35.81 | 3.3 | 0.5 | — | — | 39.7 | 56.5 |
| | 1929 | 285.97 | 15.8 | 1.5 | 0.3 | — | 7.5 | 74.9 |
| 总计 | 1913 | 294.53 | 62.5 | 0.0 | 0.3 | — | 1.4 | 35.8 |
| | 1920 | 820.97 | 55.8 | 4.7 | 9.6 | — | 6.3 | 23.6 |
| | 1929 | 3684.78 | 39.2 | 6.4 | 12.1 | 18.6 | 9.2 | 14.5 |

　　在这期间,输往土耳其、埃及、伊朗等地的棉布增长很快。这表明华商纺织厂有能力独立开辟国外市场,并不完全依靠东南亚及我国香港地区的华侨批发商。总的来讲,华商纺织厂缺乏长远向外推销产品的计划和机构。只是由于20世纪20年代面临国内市场的不景气,商品大量积压,被迫面向国外市场,极力推销棉纺织品。

　　早期出口的棉布中,外商在华棉纺织厂所占比重较大,但华商棉纺织厂增长较快。到1924年,出口棉布中基本上都是华商厂家生产的(表8-19)。出口的棉纺织品中,以上海出口的最多,一般占80%以上(表8-20)。在出口的机制棉纺织品中,针棉织品也占有一定的比重,主要出口到南洋地区。其中以上海景纶衫袜厂的桂地衫和椒地衫较早,1908年,该厂曾去南海试销,20年代中期,年出口汗衫36万～60万件。1920年,上海三友实业社首先在我国香港地区和新加坡设立分销处,扩大了毛巾的出口市场。1921年,海关关册开始有中国机制产品的出口统计(表8-21)。

表8-19　1923—1924年全国华商棉纺织厂出口棉布品种和数量

| 项目 | | 本色细布 | | 本色粗布 | | 斜纹布 | | 共计 | |
|---|---|---|---|---|---|---|---|---|---|
| | | 数量/担 | 金额/万关两 | 数量/担 | 金额/万关两 | 数量/担 | 金额/万关两 | 数量/担 | 金额/万关两 |
| 1923年 | 出口总计 | 290 | 6.90 | 17 528 | 366.44 | 723 | 14.69 | 18 541 | 388.03 |
| | 华商出口 | 192 | 4.71 | 17 408 | 363.99 | 495 | 9.34 | 18 095 | 378.04 |
| | 华商占总出口/% | 66.20 | 68.26 | 99.32 | 99.33 | 68.46 | 63.58 | 97.60 | 97.43 |
| 1924年 | 出口总计 | 558 | 13.37 | 37 503 | 864.64 | 853 | 16.12 | 38 914 | 894.13 |
| | 华商出口 | 556 | 13.34 | 37 345 | 800.97 | 815 | 15.34 | 38 725 | 829.65 |
| | 华商占总出口/% | 99.64 | 99.78 | 99.60 | 92.64 | 95.16 | 95.55 | 99.51 | 92.79 |

表8-20　1920年、1928年和1936年全国棉纱、棉布出口值[①]

| 项目 | 1920年 | | 1928年 | | 1936年 | |
|---|---|---|---|---|---|---|
| | 棉纱 | 棉布 | 棉纱 | 棉布 | 棉纱 | 棉布 |
| 全国出口总值/万关两 | 290.20 | 48.90 | 2159.00 | 1184.80 | 795.80 | 427.50 |
| 其中上海出口值/万关两 | 180.90 | 43.60 | 1833.10 | 1147.20 | 673.80 | 368.10 |
| 上海占全国出口/% | 62.34 | 89.16 | 84.90 | 96.83 | 84.67 | 86.11 |

---

① 华洪涛等:《上海对外贸易》,上海:上海社会科学院出版社,1989年,第480页。

表8-21　1923—1931年全国针棉织品出口值　　　　　　单位:万关两

| 年份 | 毛巾 | 袜 | 棉毯 | 汗衫、汗裤 | 手帕 | 合计 |
|---|---|---|---|---|---|---|
| 1923 | 39.0 | 22.2 | 11.3 | — | — | 72.5 |
| 1924 | 45.4 | 23.8 | 9.5 | — | — | 78.7 |
| 1925 | 44.3 | 23.1 | 10.7 | — | — | 78.1 |
| 1926 | 51.6 | 26.1 | 18.4 | — | — | 96.1 |
| 1927 | 59.5 | 26.2 | 27.1 | — | — | 112.8 |
| 1928 | 60.3 | 17.8 | 37.2 | — | — | 115.3 |
| 1929 | 50.2 | 16.0 | 31.6 | — | — | 97.8 |
| 1930 | 45.4 | 20.9 | 26.4 | — | — | 92.7 |
| 1931 | 47.3 | 68.0 | 35.5 | 58.9 | 26.2 | 235.9 |

出口的针棉织品中,上海出口最多,一般约占全国总值的80%。

全面抗日战争爆发后,中国棉纺织品的进出口贸易都发生了重大变化。太平洋战争前,上海租界形成了"孤岛"的特殊形态,海运仍然畅通,出口的棉纺织品占全国出口量的90%以上(表8-22)。太平洋战争爆发后,海运不通,棉纺织品进出口贸易中断。

表8-22　1938—1941年全国棉纺织品输出量

| 项目 | 全国输出量 | 其中 | |
|---|---|---|---|
| | | 上海输出量 | 上海占全国输出/% |
| 棉纱/万千克 | 5440 | 5390 | 99.1 |
| 棉布(包括土布)/万千克 | 4590 | 4420 | 96.3 |
| 棉线长短袜/个 | 90 696 000 | 89 964 000 | 99.2 |
| 毛巾/万千克 | 258 870 | 244 030 | 94.3 |
| 棉毯、线毯/万千克 | 709 150 | 703 210 | 99.2 |
| 手帕/个 | 13 548 000 | 13 416 000 | 99.0 |

抗日战争胜利后,进出口贸易陆续恢复。从1947年起,棉纱、棉布出口激增,如以1936年上海出口值为100%,1947、1948年棉纱出口值的增长分别为481%和472%,棉布为1277%和2100%(表8-23)。

表 8-23　1936 年、1946—1949 年全国棉纱、棉布出口值

| 项目 | | 1936 年 | 1946 年 | 1947 年 | 1948 年 | 1949 年 | 1946—1949 年合计 |
|---|---|---|---|---|---|---|---|
| 棉纱 | 全国出口值/万美元 | 368.3 | 19.8 | 1498.7 | 1509.3 | 2087.1 | 5114.9 |
| | 其中上海出口值/万美元 | 311.9 | 19.8 | 1498.7 | 1473.4 | 1622.4 | 4614.3 |
| | 上海占全国出口值/% | 84.7 | 100.0 | 100.0 | 97.6 | 77.7 | 90.2 |
| | 上海各年出口值与 1936 年相比/% | 100.0 | 6.3 | 480.5 | 472.4 | 520.2 | — |
| 棉布 | 全国出口值/万美元 | 266.5 | 144.6 | 3311.1 | 5064.0 | 1454.1 | 9973.8 |
| | 其中上海出口值/万美元 | 235.7 | 85.7 | 3009.4 | 4950.2 | 1140.2 | 9185.5 |
| | 上海占全国出口值/% | 88.4 | 59.3 | 90.9 | 97.8 | 78.4 | 92.1 |
| | 上海各年出口值与 1936 年相比/% | 100.0 | 36.4 | 1276.8 | 2100.2 | 483.8 | — |

上海在全国棉纱、棉布出口中占绝对优势,主要输往东南亚,其次是东非、南非和中东。

第二次世界大战后,中国棉纱、棉布向这些地区销售量急剧增长的主要原因是:

(1)原来为英国、日本占据的棉纱、棉布市场出现了空白,中国纱布乘机挤入。

(2)太平洋战争爆发后,东南亚一些地区的纱布来源断绝,存底空虚,需求甚急。

(3)海外侨胞爱国热情高涨,喜用国货,加之中国布匹的花色品种适合当地人民,且价格便宜。

1947 年下半年,正值外销开始好转的时候,由美国扶植的日本经济得到复兴,并开放日本的对外贸易,日本棉纱、棉布在东南亚地区重新抬头,使中国棉纱、棉布的出口受到冲击。但是,值得注意的是,上海口岸从 1948 年下半年起,棉纱、棉布的出口不仅没有降低,反而增长。但这种出口增长并不是正常的贸易。在此时期内,出口的纱、布中有 60%以上是输往我国香港地区。这种输出,实际并非售出,而是国民政府的高官在退往台湾之前,以实物形式抽逃资金。1948 年 12 月运出的纱、布比上年同期猛增 3.79 倍和 3.82倍,为同年出口棉纱的 32.1%,出口棉布的 35.4%。

1946 年,针棉织品的出口值达到 353.1 万美元,其中上海出口达 345.4 万美元,比1936 年高出 4.82 倍。该年棉纱、棉布出口仅为 1936 年的 6.3%和 36%。从 1947 年起情况相反,棉纱、棉布出口激增,针棉织品出口年年下降,到 1949 年竟低到与 1936 年相等(表 8-24)。

表 8-24　1936 年、1946—1949 年全国针棉织品出口值

| 项目 | 1936 年 | 1946 年 | 1947 年 | 1948 年 | 1949 年 |
|---|---|---|---|---|---|
| 全国出口值/万美元 | 73.2 | 353.1 | 240.8 | 133.0 | 75.0 |
| 其中上海出口值/万美元 | 59.3 | 345.4 | 175.2 | 126.5 | 59.3 |
| 上海占全国出口值/% | 81.0 | 97.8 | 72.8 | 95.1 | 79.1 |
| 上海各年出口值与 1936 年相比/% | 100.0 | 582.5 | 295.4 | 213.3 | 100.0 |

(二)棉纺织品的进口贸易

中国进口棉纺织品的历史比出口晚。第一个试图打开中国棉纺织品市场大门的是英国。1786年至1818年,英国东印度公司前后8次来中国试销棉布,但成绩不佳。1826年之后,英国输华棉纺织品大增,1831年起超过自华输英量,以后差距愈来愈大(表8-25)。

表8-25 1817—1834年广州对英国棉纺织品贸易额　　　　单位:万两

| 年份 | 自英输华 | 自华输英 | 中国的出入超 |
|------|---------|---------|-------------|
| 1817—1818 | — | 39.52 | 39.52 |
| 1827—1828 | 12.50 | 46.79 | 34.29 |
| 1828—1829 | 18.33 | 46.94 | 28.61 |
| 1829—1830 | 21.54 | 35.53 | 13.99 |
| 1830—1831 | 24.62 | 38.64 | 14.02 |
| 1831—1832 | 36.05 | 11.59 | −24.46 |
| 1832—1833 | 33.76 | 6.12 | −27.64 |
| 1833—1834 | 45.16 | 1.63 | −43.53 |

19世纪初,英国使用了动力织机,向世界各地竞销机制棉纱、棉布。与此同时,美国和欧洲大陆各国也都努力发展本国的棉纺织工业。1815年以后,英国的棉纺织品在美国和欧洲大陆开始遇到竞争,各国纷纷对英国的纱布采取禁止输入或征收重税的方法,以保护自己新兴的棉纺织工业。于是英国厂商便把棉纺织品销售重点转向远东,试图在中国开辟市场。为此,于1834年废除了限制英国厂商来中国贸易的东印度公司对华贸易专利权。此后,英国输华的纺织品增长很快,如以专利权废止前的1833年与鸦片战争开始时的1840年相比较,平纹布增长近5倍,棉纱增长8倍多。

鸦片战争后,英国取得协定关税权,使英国输华的棉纺织品减少了进口税,其平均税率由19.9%降低到6%,在欧洲到处碰壁的英国棉纺织品,潮水般涌入中国市场。以1857年和1840年相比,英国输华货物总值增长了3.67倍。

1844年,美国迫使清朝政府签订了《望厦条约》,为美国纺织品打入中国市场铺平了道路。1850年,美国输华棉纺织品仅120万美元,3年后就猛增到280万美元。第二次鸦片战争后,进口棉纺织品的关税税率被迫再一次降低(表8-26)。19世纪60年代的美国内战,使英、美两国的纺织生产和出口都受到了打击。

表 8-26　进口棉纺织品新旧关税税率比较

| 货品 | 市价 | 按 1843 年税则应征税率/% | 按 1858 年税则应征税率/% |
|---|---|---|---|
| 棉纱 | 每担 20 元 | 6.94 | 4.86 |
| 斜纹布（英制） | 每匹 2.2 元 | 7.89 | 5.05 |
| 斜纹布（美制） | 每匹 3.0 元 | 4.63 | 4.63 |
| 印花布 | 每匹 1.95 元 | 14.25 | 4.98 |
| 袈裟布 | 每匹 1.95 元 | 10.68 | 4.98 |

1867 年起，中国海关公布贸易统计报告。19 世纪 80 年代以前，棉纺织品的进口总额基本保持稳定；80 年代以后，进口的棉纱和棉布都持续增长；1920 年达到最高值，为 93 293.737 51 万千克，占进口货物总值的 32.38%。棉纱进口量增长的速度远高于棉布，以 1868 至 1870 年的平均进口值与 1916 至 1920 年的平均进口值相比，棉纱进口量增长 15.84 倍，棉布进口量增长 6.86 倍。从 1920 年起棉纱进口量日趋下降，而棉布进口量仍日益增长（表 8-27）。

表 8-27　1868—1930 年全国年平均棉纺织品进口额　　　　　　单位：万关两

| 年份 | 布类 | 纱线 | 合计 |
|---|---|---|---|
| 1868—1870 | 1912.9 | 407.8 | 2320.7 |
| 1871—1875 | 1922.6 | 420.2 | 2342.8 |
| 1876—1880 | 1719.8 | 303.9 | 2023.7 |
| 1881—1885 | 1940.1 | 548.6 | 2488.7 |
| 1886—1890 | 2506.5 | 1328.6 | 3835.1 |
| 1891—1895 | 2563.2 | 2563.1 | 5126.3 |
| 1896—1900 | 4474.7 | 3857.2 | 8331.9 |
| 1901—1905 | 7261.7 | 5964.3 | 13 226.0 |
| 1906—1910 | 7127.8 | 5882.5 | 13 010.3 |
| 1911—1915 | 9521.8 | 6449.7 | 15 971.5 |
| 1916—1920 | 11 204.7 | 6867.5 | 18 072.2 |
| 1921—1925 | 14 472.6 | 5233.6 | 19 706.2 |
| 1926—1930 | 15 755.7 | 2010.6 | 17 766.3 |

值得指出的是，随着棉纱进口量的减少，出口量却日益增加。1927 年，棉纱出口量超过进口量，出现了中国历史上第一个棉纱贸易顺差，并一直保持到 20 世纪 30 年代末。

（三）中国棉纺织品市场上的国际竞争

随着国门的打开,各国在中国棉纺织品市场上的竞争日益加剧。竞争的结果,逐渐形成了彼此分工的局面。到19世纪末,中国进口的棉纺织品大体上分成了3个方面,即由印度进口棉纱,由英国进口细布,由美国进口粗布。

19世纪70年代以前,进口棉纱主要来自英国。1821年,始有东印度公司输华棉纱的记载,该年输入额为2268千克。美国于1829年开始输华棉纱,输入额为12 700.8千克,约为英国当年的1/10。19世纪30—40年代,英国输华棉纱增长很快,1842年达11 214包,约合2 034 668.16千克;1876年为11 165包,与1842年的输华量不相上下。1861—1865年,美国发生内战,英、美两国棉纺织工业由此萎缩,无力顾及亚洲市场。印度自19世纪50年代中期开始发展机器棉纺织业,在美国内战时期得到进一步发展,并乘英国无力东顾之时,在国内尚不能自给的情况下,开始向中国市场推销棉纱。进入70年代后,印度纱厂迅速发展,其中有许多是专为中国市场的销售而生产的。事实上,中国已成为印度纱的唯一国外市场(表8-28)。

表8-28　1872—1898年印度棉纱输华量及其占总输出量的百分比

| 年份 | 输华量/百万磅 | 输出总量/百万磅 | 输华量占输出总量/% |
| --- | --- | --- | --- |
| 1872—1873 | 1.2 | 1.8 | 66.7 |
| 1874—1878 | 9.0 | 10.8 | 83.3 |
| 1879—1883 | 30.1 | 35.8 | 84.1 |
| 1884—1888 | 79.6 | 95.7 | 83.2 |
| 1889—1893 | 141.7 | 159.1 | 89.1 |
| 1894—1898 | 180.9 | 191.8 | 94.3 |

印度纱能抢占中国棉纱市场,其主要原因是:

(1)中国手工机织业一向以24支以下的粗支纱为主,英国的纺纱厂主要是生产24支以上的细支纱,而印度纱厂以生产24支以下的粗支纱为主,在中国市场适销对路。

(2)生产粗支纱的原料成本高于生产细支纱,这对于盛产棉花的印度来说远比从国外进口原棉的英国有利。

(3)中国、印度是邻国,运输成本远低于英国,且中、印两国之间的汇兑都是以银两计算的,较稳定,有利于双边贸易。

(4)印度当时是英国殖民地,印度棉纱输入中国不会损害英国利益。

印度在生产纱线的成本方面也有不利之处:一是在印度设厂所需投资额约为在英国兰开夏设厂的2.5倍;二是印度工人劳动生产率低,致使用工比兰开夏多。但在生产24支以下的粗支纱时,印度纱无论在其本土或在中国市场上都能与英纱竞争,并最终将英纱排挤出市场。从19世纪80年代起,中国各口岸进口的棉纱,便以印度纱为主了。

19世纪90年代以后,资本主义国家对中国纺织品市场的竞争空前加剧,在棉纱市场上以印度纱与日本纱之间的争夺最为激烈。

日本机器纺织业始于1867年。1890年,全日本纱厂生产的棉纱因纱价暴跌,存货甚多,出现了第一次生产过剩。日本厂商在政府、银行以及运输业的协同下,联合抢占中国的棉纱市场。1894年,日本免除棉纱输出税,1896年免除棉花输入税,1897年和1898年政府银行借款给棉纺织厂扶持棉纱出口,并实行出口津贴制。1895年,日本迫使清政府签订《马关条约》,抢夺了中国台湾和朝鲜两大市场,并掠夺了大量赔款,用于发展日本的纺织工业。1905年,日俄战争后,日本继承了俄国在东北地区的一切特权。1913年以后,日本又进一步独占了东北市场。

从甲午战争到第一次世界大战前,英国、印度、日本三国在华销售棉纱情况见表8-29。第一次世界大战期间,国内棉纺织工业有很大发展,棉纱进口锐减。

表8-29　1894—1913年华南、华中、华北及东北地区主要港口销售外纱量

| 年份 | 英国 | | 印度 | | 日本 | | 总计 |
|---|---|---|---|---|---|---|---|
| | 万千克 | 占比/% | 万千克 | 占比/% | 万千克 | 占比/% | 万千克 |
| 1894—1898 | 243.5 | 5.7 | 3265.5 | 76.7 | 75 | 17.6 | 4259 |
| 1899—1903 | 163.5 | 3.0 | 3597.5 | 65.5 | 1731.5 | 31.5 | 5492.5 |
| 1904—1908 | 83 | 1.5 | 3764.5 | 68.1 | 1678.5 | 30.4 | 5526 |
| 1909—1913 | 38 | 0.6 | 3463.5 | 56.7 | 2611 | 42.7 | 6112.5 |

19世纪30年代,美国已在中国市场上销售棉布,但其数量远在英国之后。美国内战时期,输华棉布曾一度锐减;从70年代起,美国输华棉布逐渐恢复,并与英国竞相争夺中国棉布市场。中国市场对棉布的需求和棉纱一样,也是以粗货为主。1875年以后,东北和华北两大市场上,美国粗布已压倒英国,处于绝对优势地位。80年代,美国粗布又在华中和华南市场上取得优势。其主要原因是:第一,美国自产优质价廉的棉花;第二,美国采用新式纺织机器设备,如环锭细纱机和自动织机,从而提高了劳动生产率;第三,美国工资成本较低;第四,从纽约到中国的运费比从英国口岸到中国的低。总的来说,19世纪80—90年代,英国输华棉纺织品的价值比美国多,但增长得慢;美国输华棉纺织品的价值虽低,但增长得快。粗布方面,美国占绝对优势;细布和杂类方面,英国占统治地位。除英、美两国外,荷兰也有一定的棉布输华(表8-30)。

表8-30　1886—1890年英国、美国、荷兰三种棉布输华百分比

| 年份 | 粗市布/% | | 粗斜纹布/% | | | 细斜纹布/% | | |
|---|---|---|---|---|---|---|---|---|
| | 英国 | 美国 | 英国 | 美国 | 荷兰 | 英国 | 美国 | 荷兰 |
| 1886 | 15.0 | 85.0 | 39.4 | 58.7 | 1.9 | 66.1 | 28.7 | 5.2 |
| 1887 | 32.6 | 67.4 | 36.2 | 58.4 | 5.4 | 74.1 | 13.2 | 12.7 |
| 1888 | 40.0 | 60.0 | 49.5 | 45.3 | 5.2 | 77.4 | 6.1 | 16.5 |
| 1889 | 31.8 | 68.2 | 29.2 | 69.2 | 1.6 | 84.3 | 7.5 | 8.2 |
| 1890 | 38.2 | 61.8 | 27.0 | 69.8 | 3.2 | 76.0 | 14.8 | 9.2 |

中日甲午战争后,日本棉织业迅速发展,输华棉布数量大增,并能与美国争夺中国的棉布市场。按日、美两国的条件,美国在原棉、动力、机器设备和固定资本利息诸方面都优于日本,但日本工资远低于美国,足以抵补上述各项。日俄战争后,日本巩固了在我国东北的势力,为抢占东北棉布市场打下了基础,并促进了日本国内棉织业机械化的进程。日美棉布竞争最激烈的地区是东北。1902年以前,美国输华粗布占全部输华的80%～90%,1906年日本粗布输华比重跃升到40%～70%,而美国则下降到50%～20%。

第一次世界大战后,中国棉纺织业有了发展,进口棉布呈下降趋势,但日本棉布的进口量却不断增长,无论是本色布、漂白布、染色布和印花布,日本都占有优势。日本棉布把曾经独霸中国市场的英国制品打败,取得了独霸中国棉布进口市场的地位(表8-31)。20世纪30年代以后,随着日本侵华战争的扩大,其独霸的地位日益巩固。

表8-31　1913—1931年进口棉布价值按来源地分布的百分比

| 年份 | 日本/% | 英国/% | 其他/% |
| --- | --- | --- | --- |
| 1913 | 29.6 | 33.0 | 37.4 |
| 1914—1916 | 36.0 | 33.4 | 30.6 |
| 1917—1919 | 57.7 | 29.5 | 12.8 |
| 1920—1922 | 44.7 | 42.2 | 13.1 |
| 1923—1925 | 56.4 | 31.3 | 12.3 |
| 1926—1928 | 67.3 | 20.9 | 11.8 |
| 1929—1931 | 69.0 | 17.2 | 13.8 |

# 第二节　丝及丝织品贸易

## 一、鸦片战争前蚕丝的产销

中国种桑、养蚕、缫丝、织绸的历史悠久,鸦片战争前,我国蚕丝生产技术已传遍亚、非、欧、美四大洲。

中国丝绸业的发展从布局上讲是由北向南,宋以后丝绸业中心逐渐移到南方。鸦片战争前,蚕丝主要产区集中在江苏、浙江、江西、广东和四川。原来产丝绸的中原各省仍有一定产量,但远不如以上南方诸省。

鸦片战争前,蚕丝生产基本上还作为农家副业,虽然出现了桑叶市场,有了专营桑叶的商人和桑行,但由于桑叶不能过夜,不能远销,种桑仍然主要是自用。此时还没有蚕茧市场,但丝织业基本上与制丝业分离了。据统计,农民自缫丝,大约只占全部纺织用丝量的10%,其余90%的用丝量是织绸者从市场上购买的。

明、清两代长期实行闭关锁国政策,丝和绸的出口外销数量十分有限。1684 年,康熙令开海禁,发展贸易,丝和丝织品出口数量增加,都有出口数量和金额的记载。18 世纪前期,每年出口生丝从几十担到数百担不等,一般很少达到千担。1750 年,清政府输往欧洲的华丝达到 69 850 千克,主要输往英国、法国和荷兰。到 18 世纪后半期,出口有了增长,1775—1800 年,年均出口量 114 550 千克。19 世纪前期,华丝出口量继续增长,1833 年已达 496 000 千克。

综合有关资料,估计在 1840 年时全国桑蚕丝产量为 7.7 万担,商品量为 355 万千克,值银 454 460.98 千克,其中出口 54 万千克,值银 85 124.023 6 万千克(表 8-32)。

表 8-32　1840 年全国生丝产量和市场估计①

| 名称 | 产量和产值 |
| --- | --- |
| 纺织用丝产量(1) | 909 370 千克 |
| 农家自纺绢用丝 | 826 700 千克 |
| 内销丝商品量(2) | 826 700 千克 |
| 生丝出口量(3) | 1 488 060 千克 |
| 全国丝产量(4)=(1)+(3) | 10 581 760 千克 |
| 折合市制 | 12 731 180 千克 |
| 丝的商品量(5)=(2)+(3) | 97 550 660 千克 |
| 折合市制 | 11 739 140 千克 |
| 占产量比重(5)÷(4) | 92.2% |
| 内销丝价值(6)=(2)×245 元 | 1225.0 万元 |
| 出口生丝价值(7)=(3)×350 元 | 315.0 万元 |
| 制丝副产品价值(8)=[(6)+(7)]×9.19% | 141.5 万元 |
| 丝的商品值(6)+(7)+(8) | 1681.5 万元 |
| 折银两 | 454 460.98 万千克 |

除桑蚕丝外,还有柞蚕丝、樟蚕丝以及其他野蚕丝,其中以柞蚕丝产量较大,分布较广,生产的历史较久。但在鸦片战争前,柞丝质粗、价低,市场狭小,只在产区附近的集市销售,没有出口。估计在 1840 年时,全国柞丝总产量约 200 000 千克。

## 二、近代丝的产销

《南浔镇志》载:"近时多往嘉兴一带买茧归,缫丝售之者;亦有载茧来售者。"另有记载,说绍兴人"不自织绸缎,只卖茧于别处,任人作丝纺织也"。在四川也有售茧,《郫县

---

① 许涤新等:《中国资本主义的萌芽(中国资本主义发展史)》第 1 卷,北京:人民出版社,1985 年,第 325-326 页。

志》载:"邑多桑,人家养蚕获茧,多不自缫织,故有商来收茧缫丝,贩至成都销之。"这些史料说明养蚕和制丝在农户中的专业分化。在近代缫丝工厂出现以前,茧市场仍主要属于小农经济的调剂余缺性质。到19世纪70年代中叶,广东地区出现近代蒸汽缫丝工厂和缫丝手工工场;19世纪80年代以后,上海发展了近代机器缫丝工厂,蚕茧的商品交易量才开始迅速扩大。此外,干茧的出口,也促进了蚕茧商品化程度的提高。近代缫丝厂的兴起,促进了传统的蚕茧地区的蚕丝生产的专业分化,促成了新的蚕茧基地。江苏无锡地区,过去蚕丝业极小,自从上海近代缫丝厂兴起后,无锡蚕桑区逐渐扩大,养蚕户逐步专业化,茧的质量得到了提高。伴随而来的是无锡、常州一带出现了茧行与茧灶,从事干茧买卖与烘茧。浙江一些地区的茧市也有所兴盛。估计1894年全国鲜茧商品量为2234万千克,占全国鲜茧产量12 150万千克的18.39%。其中出口干茧481 550千克,折合鲜茧149万千克,占茧商品量的6.47%。到1919年,蚕茧商品量已占全部蚕茧量的49.80%,达到26 545.337万千克。其中厂丝用茧量占12.20%,出口量占6.4%(表8-33)。从1925年起,生丝出口有了起色,总产量增加。1929年达到了顶峰,总产丝量4525.3558万千克;蚕茧商品量达到36 705.48万千克,占总茧量的52.92%。1929年爆发世界经济危机,中国出口生丝量锐减。1936年茧的商品量下降到28 703.024万千克,比1929年减少了17%,但商品茧率提高到66.2%。日本侵华战争给中国蚕丝事业带来巨大破坏,此后茧的商品量不断减少,估计只占茧量的40%左右。

表8-33　1894年和1919年全国桑蚕茧商品量及分配①

| 年份 | 桑蚕茧总产量/万关担 | 商品茧 | | | | | | | |
|---|---|---|---|---|---|---|---|---|---|
| | | 商品茧总量 | | 厂丝用量 | | 手工工场用量 | | 干茧出口量 | |
| | | 万千克 | 占桑蚕茧总产量/% | 万千克 | 占商品茧总量/% | 万千克 | 占商品茧总量/% | 万千克 | 占商品茧总量/% |
| 1894 | 243.20 | 7385.7378 | 18.37 | 5585.1852 | 75.62 | 约1320 | 17.91 | 477.8326 | 6.47 |
| 1919 | 322.91 | 26 546.9904 | 49.72 | 21 586.7904 | 81.32 | 3237.3572 | 12.20 | 1722.8428 | 6.49 |

　　第二次世界大战后,桑蚕生产尚未恢复,世界生丝市场又萎缩,中国生丝和丝织物出口量大幅度下降,国内丝绸生产衰退。1946—1948年,全国桑蚕茧平均年产量为2500万千克。据江苏、浙江、安徽三省统计,1946—1948年农民自留茧与被收购茧的比例平均为52∶48。

　　柞蚕茧商品化较桑蚕茧晚。大约在19世纪60年代,首先在柞丝较著名的地区形成了专业性的茧市。1846年出版的《宁海州志》载:"山茧柞茧也,春秋两作茧,春茧成于五月,秋茧成于八月,俱有茧市。"这种茧市最初是以村为单位的初级茧市,以后随着近代柞丝工厂和手工工场的建立,茧市扩大到制丝业较集中的城市。山东烟台茧市上交易的柞

---

① 徐新吾:《中国近代缫丝工业史》,上海:上海人民出版社,1990年,第68页。

茧,除了本省文登、威海、栖霞等县的本山茧外,还有大量来自东北的辽东茧。经营柞蚕茧的行栈,1900 年在烟台就有 37 家,1914 年在辽宁安东(今丹东)有 40 余家。1894—1932 年柞蚕茧产量、商品量和自留茧量见表 8-34。

表 8-34 1894—1932 年全国柞蚕茧生产量估计

| 年份 | 产量/万千克 | 产值/万关两 | 商品量 | | 自留量 | |
|---|---|---|---|---|---|---|
| | | | 数量/万千克 | 占比/% | 数量/万千克 | 占比/% |
| 1894 | 8781.2074 | 372.83 | 4565.0374 | 51.99 | 4216.17 | 48.01 |
| 1899 | 11 150.5296 | 840.36 | 6934.3596 | 62.19 | 4216.17 | 37.81 |
| 1904 | 13 939.8154 | 1458.82 | 9422.7266 | 67.60 | 4517.0888 | 32.40 |
| 1909 | 15 965.2304 | 1627.54 | 9558.3054 | 60.50 | 6241.585 | 39.50 |
| 1914 | 18 185.7466 | 1258.38 | 5757.1388 | 32.57 | 12 263.2678 | 67.43 |
| 1919 | 21 492.5466 | 2388.08 | 9465.715 | 44.04 | 12 026.8316 | 55.96 |
| 1924 | 22 307.6728 | 3865.48 | 6344.0958 | 28.44 | 15 963.577 | 71.56 |
| 1929 | 18 589.1762 | 2316.16 | 8296.7612 | 44.63 | 10 292.415 | 55.37 |
| 1932 | 14 034.0592 | 1291.99 | 9946.8544 | 70.87 | 4087.2048 | 29.12 |

近代 90% 的土丝是商品,可以直接或经丝贩卖给土丝行。《金陵物产风土志》载:"……茧成缫釜(丝)。负以入城,行户收买,谓之土丝。丝行则在沙湾,所以收南乡之土丝也。"《清嘉录》载:"蚕丝既出,各负至城,卖与郡城隍庙前之收丝客。"据《中国近代对外贸易史资料》,在四川"初夏……绵州、保定、成都、嘉定和重庆的丝贩纷赴各乡村市场收蚕丝"。当时土丝市场兴旺,形成了各有特色的专业丝行。《南浔镇志》记载:"小满后,新丝市最盛,列肆喧阗,街路拥塞,其丝行有招接广东商人及载往上海与夷商交易者,曰广行,亦曰客行。专买乡者曰乡丝行。买选丝经者曰经行。另有小行买以饷大行,曰划庄。更有招乡丝代为之售,稍微抽利,曰小领头,俗呼曰白拉主人。镇人大半衣食于此。"

1874 年以前只有土丝生产,1874 年起在广东,1879 年起在上海有了机器缫成的厂丝。起初产量不多,全部出口,主要销往欧洲。到了 20 世纪 20 年代,也只占丝厂总产量的 10% 左右。30 年代中期,厂丝内销量增加。抗日战争胜利后,厂丝内销量超过了出口量。

柞丝的交易,在产丝地有集市贸易,大多 5 天一集,参加集市的有机户及缫户,亦有商贩。在产丝地较大的城镇设有丝行。东北有售丝与购丝行,河南有丝行,山东有丝行又有丝绸栈。东北柞蚕丝的主要集散市场盖平,1880 年有售丝行 40 家,购丝行 20 家。1900 年左右,山东烟台有从事柞丝买卖的丝行。丝商将一部分售于国内柞绸织造业外,绝大部分运往口岸的外商洋行出口。河南柞丝基本上留供本地织绸业之用。山东柞丝的一半留给本地织绸,一半售于烟台外商洋行或上海洋行。东北柞丝约有 10% 留供当地织造,90%运往烟台,其中小部分供给山东织绸业,大部分与山东丝一同运给上海经营柞丝绸的丝作,再转售于外商洋行。鸦片战争后,柞蚕仍以内销为主,没有引起国外市场的注意。19世纪60年代起,开始出口,且增加较快。到了70年代,平均年出口已达总产量的30%。80年代后陆续增加。总的来讲,柞蚕内销比例比桑蚕丝高,占总产量的52%。

## 三、蚕丝的出口

### (一)蚕丝出口贸易的发展

鸦片战争后,蚕丝的出口量增长很快。1843年出口量为1787包,合71 450千克;1855年猛增到968 000千克,增长了近13倍;1862年又增到300万千克,价值达2400万元,占全国出口总值的37%。20年间增长了41倍。之后,由于国内战争的破坏以及国际市场的竞争,导致蚕丝产量和出口量下降。70年代以后,出口量有所恢复,达到并超过300万千克。分析1871—1937年全国蚕丝的生产量和出口量的变化,可以看出如下基本趋势:

(1)1871—1929年,蚕丝出口量随产量的增长而扩大,1929年达到顶峰,为800万千克,占总产量的58.46%;出口值达519 067.1657万千克,占总产值的70.75%。历年波动不大。

(2)除了特大自然灾害和战争的破坏外,蚕丝出口量和出口单价是制约生产量的重要因素。某年出口量增或减,次年生产量也增或减,有时还会影响到再次一年。如1899年蚕丝出口量比前一年增加33.7%,出口单价也增长18.07%,而这一年的生产量比前一年减少了1.7%,造成市场上蚕丝短缺,丝价大涨,由前一年的每关担398.9关两涨到478.1关两,上涨19.86%,高出出口单价上涨的幅度,因而刺激了丝业生产,造成1900年和1901年蚕丝生产的连续增长,使之分别达到20.4万关担和22.51关担,比1899年增长了14.3%和26.1%。1900年出口量锐减到7.83万关担,比1899年减少了36.53%,出口单价下降到每关担432.7关两,下降了10.19%,但仍高于1899年,所以1901年蚕丝生产仍保持增长的势头,比1900年又增长了9.4%,但单价降低到每关担361.3关两,比上一年降低了16.64%。虽然1901年出口量比上一年增长38.75%,但由于蚕丝生产量多,供应充沛,价格降低,出口单价仅为每关担400.6关两,致使1902年的生产锐减到17.41万关担,下降了22.64%,使蚕丝供应紧张,价格上涨,出口单价涨到每关担581关两,比上一年增加了45.04%,从而又刺激了1903年蚕丝生产的增长,使之达到19.51万关担。在20世纪20年代末和30年代初,同样显示出上述规律性的变化。

### (二)出口蚕丝的种类和品种

中国出口的蚕丝主要是桑蚕丝,也有少量柞蚕丝。桑蚕丝有黄丝、白丝和双宫丝之分。早期出口的是手工缫制的土丝。19世纪70—80年代,广州、上海虽生产厂丝,但到1890年土丝出口仍占出口总量的90%以上。19世纪70年代出现了再缫丝,亦称洋经丝。

20世纪初,白厂丝出口量增长很快,海关关册从1894年起始有白厂丝出口的记载,该年出口值为 232.43 万关两,占蚕丝出口总金额的 8.5%。到了 1900 年,白厂丝出口量增加到 1603.86 万关担,其值超过了白土丝的出口值,占蚕丝出口总金额的 47.3%。此后,白厂丝的出口量日益增长,而白土丝日益下降,到 1948 年基本上被白厂丝所取代。1901 年起,海关关册增加了出口白经丝的记载,当年出口值为 763.34 万关两,占白土丝出口总值的 76.6%;1906 年达到 930.30 万关两,占蚕丝出口总值的 18.9%。自 20 世纪 20 年代起,白经丝出口值逐渐减少,为白厂丝所取代。自 1886 年起,海关关册始有黄土丝出口的记载,当年出口量为 7759 关担,占蚕丝出口总量的 12%;而出口值仅为 126.76 万关两,占蚕丝出口总值的 7%。此后黄土丝出口量一直增长到 20 世纪 20 年代后期,但出口值却总在 10% 以下。从 1911 年起,黄经丝和黄厂丝已有出口记载,黄厂丝出口量增加较快,于 1921 年达到 641.97 万关两,超过黄土丝的出口值,占整个蚕丝出口值的 6.9%。20 世纪 30 年代以后,黄厂丝的出口量渐减,整个黄丝出口不景气,为白丝所取代。

1911 年始有柞厂丝出口的记录,此前出口的柞丝主要是土丝,亦称为灰丝。柞厂丝出口量增长很快,到 1915 年达 2.4 万担,超过了灰丝的出口量。之后一直增长,1925 年出口量达到 3.3 万担的顶峰,而灰丝出口量下降到 1581 关担,只占柞丝出口量的 4.6%。1931 年灰丝出口量锐减到约 104 担,只占柞丝出口量的 0.3%。

在缫丝过程中产生的废茧、废丝也是出口的重要原料,可供绢纺用,出口值从 19 世纪 80 年代起增长很快。1859—1868 年,平均年出口值只占丝绸出口总值的 1.8%;1869—1878 年和 1879—1888 年,分别增长到 2.5% 和 9.2%;1933—1938 年,又升到 21%。

### (三)蚕丝主要输出口岸

鸦片战争前的一口通商时期,土丝和丝织品主要在广州出口。鸦片战争后不久,上海就成为中国最大的土丝市场和出口港。到了 1860 年,上海出口生丝占全国的 93%,而广东则下降到 7%。此后上海比重下降,到 1920 年只占 50%。20 世纪 30 年代以后又增长,到 40 年代占 90% 以上。长江流域及浙江、华北的黄白厂丝、黄白土丝、七里丝、双宫丝以及远至东北的柞蚕丝大都集中于上海,转运至世界各地,故其出口额占全国出口额的比例最高。

19 世纪 60 年代以后,随着生丝外销量的增加和广东省桑蚕事业的发展,广州生丝出口额占全国生丝出口总额的 30% 以上,1910 年和 1920 年又分别达到 42% 和 47%。自 20 世纪 30 年代起又趋下降,到 40 年代只占 2%~4%。除了上海和广州外,其他口岸出口数量不多(表 8-35)。

表 8-35　1830—1946 年全国各口岸生丝出口值比较

| 年份 | 上海 | | 广州 | | 其他口岸 | | 全国合计 |
|---|---|---|---|---|---|---|---|
| | 万关两 | 占比/% | 万关两 | 占比/% | 万关两 | 占比/% | 万关两 |
| 1830 年 1 月—1933 年 4 月 | — | — | 154.0 | 100 | — | — | 154.0 |

续表 8-35

| 年份 | 上海 | | 广州 | | 其他口岸 | | 全国合计 |
|---|---|---|---|---|---|---|---|
| | 万关两 | 占比/% | 万关两 | 占比/% | 万关两 | 占比/% | 万关两 |
| 1860 | 1962.07 | 93.09 | 145.60 | 6.91 | — | — | 2107.67 |
| 1870 | 1401.15 | 73.38 | 486.10 | 25.45 | 22.29 | 1.17 | 1909.54 |
| 1880 | 1966.61 | 87.00 | 293.83 | 13.00 | | — | 2260.44 |
| 1890 | 1174.51 | 63.17 | 565.28 | 30.40 | 119.55 | 6.43 | 1859.34 |
| 1900 | 2200.90 | 64.93 | 1123.24 | 33.14 | 65.42 | 1.93 | 3389.56 |
| 1910 | 3620.16 | 56.99 | 2666.90 | 41.98 | 65.24 | 1.03 | 6352.30 |
| 1920 | 3059.01 | 50.08 | 2877.07 | 47.10 | 171.99 | 2.82 | 6108.07 |
| 1930 | 6083.65 | 61.10 | 3645.70 | 36.62 | 226.81 | 2.28 | 9956.16 |
| 1940 | 25 020.44 | 96.10 | 540.30 | 2.08 | 475.23 | 1.82 | 26 035.97 |
| 1946 | 2 914 313.60 | 92.50 | 122 980.60 | 3.90 | 113 505 | 3.60 | 3 150 799.20 |

柞蚕丝主要产于山东和东北,然而山东的产量尚不到东北的一半。东北的柞蚕丝主要产于辽宁省的安东(今丹东),安东又是唯一的柞蚕茧集散地、出口港,主要出口到日本和朝鲜,也有一部分转运到山东。从 1918 年起安东输出的柞蚕丝增长很快,到 1923 年已占全国输出总量的一半以上,以后仍继续增加,主要运往日本(表 8-36)。

表 8-36　1917—1930 年安东柞蚕丝输出量及占全国比重

| 年份 | 全国输出量/万千克 | 安东输出量/万千克 | 安东输出量占全国比重/% |
|---|---|---|---|
| 1917 | 112 | 13 | 11.60 |
| 1920 | 132 | 55 | 41.67 |
| 1925 | 209 | 122 | 58.37 |
| 1930 | 158 | 120 | 75.95 |

**(四)蚕丝外销市场和国际竞争**

英国、法国和美国是中国蚕丝的主要销售市场。1840 年以后,英国曾一度在中国蚕丝出口贸易中处于独占地位。华丝在英国进口蚕丝中的比重,1842 年仅占 4.6%,到了 1854 年,猛增到 60.7%。英国获得大量华丝,从而扩大了丝织业,增加了丝织品出口,并使伦敦成为中国蚕丝销往欧洲大陆的集散地,英国商人在转手贸易中进行操纵和掠夺。但在 60 年代中期,随着世界航运业和电信的发展,法国、意大利、美国逐渐直接从中国进口蚕丝,打破了英国的独占地位。1894 年出口到英国的蚕丝占总出口的比重下降到 3.78%,20 世纪初又进一步下降到 2% 左右(表 8-37)。

表 8-37 1846—1894 年上海口岸生丝出口地区数量比重变化

| 年份 | 英国 | | 法国 | | 美国 | | 我国香港地区 | | 其他 | | 总计 |
|---|---|---|---|---|---|---|---|---|---|---|---|
| | 万关两 | 占比/% | 万关两 | 占比/% | 万关两 | 占比/% | 万关两 | 占比/% | 万关两 | 占比/% | 万关两 |
| 1846 | 1.22 | 100 | — | — | — | — | — | — | — | — | 1.22 |
| 1868 | 2.94 | 74.43 | 0.85 | 21.52 | 0.07 | 1.77 | 0.04 | 1.01 | 0.05 | 1.27 | 3.95 |
| 1877 | 1.82 | 43.23 | 1.62 | 38.47 | 0.37 | 8.79 | 0.04 | 0.95 | 0.36 | 8.56 | 4.21 |
| 1887 | 0.65 | 13.00 | 3.23 | 64.60 | 0.46 | 9.20 | 0.01 | 0.20 | 0.65 | 13.00 | 5.00 |
| 1894 | 0.26 | 3.78 | 3.68 | 53.57 | 1.04 | 15.14 | 0.05 | 0.73 | 1.84 | 26.78 | 6.87 |

法国是蚕丝生产国,但产量远不能满足丝织业的需要,是华丝最大的买主,但早期是从英国分转的。从 19 世纪 60 年代起,法国邮船公司开辟欧亚航线,其主要目的就是装运中国蚕丝。此后法国逐步代替英国成为华丝的主要市场。到 1894 年,法国从上海口岸进口生丝达 368 万千克,占上海出口总额的 53.57%,而英国只占 3.78%。进入 20 世纪后,法国从世界最大的蚕丝消费国地位上下降,减少了对华丝的进口,但仍保持在华丝出口量的 20%~30%。直到 40 年代后才下降到 10% 以下。

美国从 19 世纪末到 20 世纪初发展成为世界上最大的蚕丝消费国,蚕丝全靠进口,进口量从 1891 年的 223 万千克增加到 1928 年的 3398 万千克,增长了 14 倍多。在这期间,虽然中国对美国蚕丝出口量增长也很迅速,但华丝占美国进口蚕丝总量的比重反而下降。

印度也是中国蚕丝出口的主要市场,一般占出口额的 10%,其中以黄土丝为主,约占 95%。中国出口的黄土丝有 70%~80% 销往印度。

柞蚕丝的出口,早期以广州和上海为主要口岸。1863 年以前,广州输出的柞蚕丝,主要运往印度,其次是中国香港地区;1864 年以后,绝大部分由香港转口。1860 年以前,英国作为转口贸易国家几乎把持了柞蚕丝的国际市场,从上海出口的柞蚕丝中有 97.25% 输往英国。1861—1865 年,约有 60% 输往英国,其余部分主要输往香港转口。1866 年后,随着柞蚕丝出口量的增加,除了向英国、法国输出外,还扩大到美、日、意等国。到了 19 世纪 80 年代,法国取代英国占居首位,英国居次。90 年代,法国输入从上海出口的柞蚕丝已占到总量的 60%,意大利、瑞士次之,美国第三,英国退居第四,占 2.4%,日本第五,仅占 2.2%。20 世纪初,日本对中国柞蚕丝的需求加剧,进口量仅次于法国、美国,第一次世界大战后跃居首位。1919—1931 年,平均年输日本柞蚕丝 114 万千克,占同期出口总量的 65%。1931 年以后,日本完全垄断了东北的柞蚕丝业,输往日本的占七八成。

在国际市场上,中国蚕丝出口的主要竞争对手,早期是意大利,后期是日本,且日本是最大的威胁。日本在明治维新后的 1868—1872 年,输出生丝占总产额的 54.9%,但与中国出口额相比还是低得多。由于日本较早地发展机器制丝,生丝质量日益提高,数量增长很快。1877 年日本出口生丝数量和价值与中国相比,分别为中国出口量和价值的 30.42% 和 18.91%,日丝价值比华丝低得多,仅为华丝的 62%。10 年后的 1887 年,日本的出口量和价值分别提高到 46.81% 和 40.98%,日丝价值提高到华丝的 88%。又过 10 年,到 1897 年,日本输出生丝量和价值又提高到华丝的 70.36% 和 101.54%,日丝价值反而高出华丝 44%,显示出日丝对华丝的强大竞争力。20 世纪初起,日丝不仅在出口价值上,而且在出口数量上超出中国,其差距逐年增大(表 8-38)。从表中可以看出,长时期内,日丝的单价高于华丝,这说明在中国出口的蚕丝中有一部分是单价较低的土丝,同时也说明日丝在价格上有优势。中、日两国在美国市场上竞争激烈。美国丝织业在 1865 年以后发展迅速,华丝输美大量增加。1865—1869 年平均占美国进口总量的 13.1%,1870—1874 年增长到 53%,而日本输往美国的生丝分别占 2.7% 和 6.4%。1875 年以后日本就超过了中国。1895 年日丝已占美国进口生丝总量的 47.5%,华丝下降到 30.34%。到了 1928 年,日丝已占 86%,华丝却下降到 11%,美国的蚕丝市场为日本所垄断。20 世纪 30 年代人造丝发展起来以后,美国丝织业虽有部分采用人造丝代替蚕丝,但美国流行的丝袜、妇女内衣等针织品仍以生丝原料为主,故仍维持生丝进口大国的地位。

表 8-38　1877—1936 年中国、日本桑蚕丝出口数量、价值比较

| 年份 | 中国出口 | | 日本出口 | | 日本出口为中国出口的百分比/% | |
|---|---|---|---|---|---|---|
| | 数量/万千克 | 价值/万关两 | 数量/万千克 | 价值/万关两 | 数量 | 价值 |
| 1877 | 340 | 2536.91 | 103 | 480.04 | 30.29 | 18.92 |
| 1887 | 403 | 2358.83 | 189 | 966.69 | 46.89 | 40.98 |
| 1897 | 590 | 2731.21 | 415 | 2773.18 | 70.33 | 101.54 |
| 1907 | 558 | 4866.24 | 561 | 5826.90 | 100.53 | 119.74 |
| 1917 | 651 | 7532.96 | 1550 | 17 704.18 | 238.09 | 235.02 |
| 1927 | 817 | 8073.23 | 3131 | 35 564.92 | 383.23 | 440.53 |
| 1936 | 371 | 1078.50 | 3032 | 11 424.63 | 817.25 | 1059.31 |

### 四、丝织品的市场和流通

中国的丝织业,长期以来大多结合在男耕女织的家庭副业中。随着织绸原料——生丝生产的大量商品化,织绸业部分分化为独立的城镇机户。生产出来的丝绸,首先是通过当地的商贩和牙行,再由绸行代为转售于客商。客商把买进的丝绸织品携往外地销售,有的远销边陲地区和邻近国家。此外还有丝织品零售商,但在产地销售的主要渠道是绸行。大约在 19 世纪下半期,随着绸庄的兴起,绸行逐渐衰落。绸庄俗称"账房"。它通过发料收货这一基本形式,把丝织的各个工序如丝行、染房、车户、牵经接头、机户等组织起来,置于自己的支配之下,形成一个较大的工业体系。所以绸庄具备了商业资本兼产业资本的性质,控制着丝织业的生产和销售。

20 世纪 20 年代起,一些大、中型丝织工厂相继建立,商业资本在工业中的主导地位

逐渐下降。由于织绸厂销售力量薄弱,还不得不依赖绸庄提供市场信息以及资金周转上的方便,因而绸庄在丝绸生产上仍然具有重要作用。20世纪以后,一些绸庄自置生产设备,改营或兼营绸厂。此类由商业转变为兼营工业的情况,上海、苏州、盛泽、湖州等地都有,但以杭州的户数最多。30年代中期,绸庄兼营绸厂的情况,有了进一步发展。

鸦片战争前,全国最大的丝绸集散地是苏州。苏州地处南北货运主干线大运河的要冲,又是江南丝绸业的中心产地之一,交通便利,客商云集。全国各产绸区的绸庄大都在苏州设有分庄,以利推销。自上海开埠以来,原在苏州办货的客商,纷纷迁往上海,各产地的绸庄亦来上海设立推销机构。到辛亥革命时期,上海已取代苏州,成为全国最大的丝绸集散地。广东的拷绸,山东、河南的柞绸,山东周村的麻丝绸,也都来上海经销或转口。上海本地丝织业的丝绸产量亦居于全国各地之冠。上海的绸缎交易以绸庄对客户的批发销售为主。绸厂卖货大都通过绸庄,直接售与客户的较少。1936年上海的批发绸庄已有200家,这些绸庄因经营产品的产区不同,而分为杭绸、湖绉、盛泾、苏缎、府绸五大组别。各庄经营的产品,主要来自各自产地,同时也经销上海产品。1937年全面抗日战争爆发后,绸缎的产区和销地均蒙受日军的破坏,正常的丝绸销售业大多处于停顿状态,主要依靠部分外销维持市面。

抗日战争胜利后,通货膨胀、投机囤积之风日盛,人们重物轻币心理浓厚,均以实物做筹码。因丝绸被面规格比较统一,通用性强,既可做被面、帏料,亦可做礼品,不受时令季节的限制,成为受人欢迎的产品和保值的手段。当时上海的几个大厂家生产的被面,以十条为一匹,易买易卖,且有存厂账单发行。每张账单票面为100条,随时可以提取现货,深受投机囤户或为保值囤货者的欢迎。

鸦片战争时,估计在国内商品流通额中丝织品次于粮、棉布、盐、茶叶,居第五位;流通量约245万千克,折银549 979.82万千克,占整个商品流通值的3.75%。经过约百年后,在1936年的埠际贸易统计中,丝织品远在20位以下,其地位有很大下降。

## 五、丝织品的出口贸易

中国丝织品的外销历史悠久。清代开放海禁后,设立专营贸易行,垄断和控制了丝绸的对外贸易。18世纪初到一口通商前,我国对英国的贸易中,丝织品的比重大于生丝。从19世纪初到鸦片战争前的广州一口通商时期,生丝出口量是上升的,从几百担增加到近万担,而丝织品的出口量波动较大,出口值从最低的30万元,到最高的300多万元不等(表8-39)。19世纪20年代,由于西欧(主要是法国)近代丝织业的发展,把中国丝绸排挤出西欧市场,同时增加了生丝的进口。从1828年起,丝织品出口量降到100多万元,而生丝出口量增加到200多万元。

鸦片战争后,丝织品出口量逐渐增加。到19世纪50年代末期,出口量和出口值分别达到4000多公担和近200万关两。此后10余年,基本上徘徊在这一出口水平。从70年代起,丝织品出口量开始直线增长,1885年超过165.34万公斤,1895年又突破330.68万公斤。直到20世纪20年代末,出口量仍保持在165.34～330.68万公斤。自30年代起,出口量呈下降趋势,40年代降到约661 360公斤,与100年前的出口量相当。

表 8-39　1805—1831 年全国输出生丝、丝织品数量和价值①

| 年份 | 生丝 | | 丝织品 | | 输出船国别 |
|------|------|------|--------|------|------------|
| | 数量/吨 | 价值/万元 | 数量 | 价值/万元 | |
| 1805 | 29.1 | — | — | — | 英国、美国 |
| 1815 | 32.1 | — | 158.45 吨 | — | 英国、美国、瑞典 |
| 1817 | 105.85 | 63.54 | 149.1 吨 | 98.40 | 英国、美国 |
| 1819 | 206.45 | 170.07 | 305.95 吨 | 333.10 | 英国、美国 |
| 1821 | 301.6 | 197.50 | 1346.4 万米 | 301.58 | 英国、美国 |
| 1823 | 160.55 | 136.92 | 1484 万米 | 199.69 | 英国、美国 |
| 1825 | 376.5 | 231.90 | 2613.2 万米 | 282.03 | 英国、美国 |
| 1827 | 176.85 | 121.27 | 1842 万米 | 215.83 | 英国、美国 |
| 1829 | 320.35 | 205.76 | 1069.6 万米 | 144.47 | 英国、美国 |
| 1831 | 428 | 269.50 | 1260.8 万米 | 191.62 | 英国、美国 |

早期外销的丝绸,主要经广州出口。自 1843 年上海开辟为通商口岸以来,上海逐步发展为全国丝织品的主要集散地,出口量增长很快,并逐步取代广州,成为中国最大的丝织品出口口岸。1867 年上海出口量仅为 59.52 吨,近 20 万关两。甲午战争前的 1893 年增长到 947.73 吨,超过广州,说明丝绸出口的重心虽已开始由南向北移,但未完成。此后 30 年,上海出口量仍略低于广东省。但从 1923 年起,上海出口量超过了广东,并一直保持领先的地位。到 20 世纪 40 年代,上海超过广东 1 倍以上,丝织品出口重心完全转移到了上海。上海出口量的增长,在开埠初期,有出口口岸重点由广州转移到上海的因素,但主要的还是江南地区的丝织品虽然被排挤出欧美市场,但在南洋和印度一带还有一定的销路,特别是在 20 世纪 20 年代后期,上海发展了近代丝绸业,能生产出一批高质量的品种,使上海丝织品出口不断增长。

进入 20 世纪后,中国丝绸的国外市场,以南洋一带为主,其中大部分是从香港转口。20 世纪 30 年代初,输往中国香港和南洋各地的丝织品,一般占总输出量的 80% 以上,有时近 90%。1925 年以后,输往印度等地的丝织品增长很快,1932 年,1935—1938 年的输出量都曾达到占总输出量的 30% 以上,1939 年后呈下降趋势。

(一)丝绣品的出口

丝绣品是精加工的丝织品,是中国传统的手工艺品。丝绣品的绣坯大都是缎。自 19 世纪 80 年代初至 20 世纪 20 年代初,出口数量保持在 49.6～82.67 吨。第一次世界大战时曾跌落到百余关担。20 年代中期开始呈上升趋势,于 1927 年突破 165.34 吨,1929 年超过 330.68 吨。1931 年达到高峰,出口量为 558.68 吨,出口值为 818.7 万元。

---

① 徐新吾:《近代江南丝织工业史》,上海:上海人民出版社,1991 年,第 58-59 页。

抗日战争爆发后,出口量降低,1941 年降到 165.34 吨以下(表 8-40)。

表 8-40　1882—1941 年全国丝绣品出口量和出口值

| 年份 | 出口量/吨 | 出口值/万元 | 单价/元·千克 | 年份 | 出口量/吨 | 出口值/万元 | 单价/元·千克 |
|---|---|---|---|---|---|---|---|
| 1882 | 55.39 | 33.76 | 20.16 | 1930 | 440.96 | 642.21 | 48.16 |
| 1890 | 92.09 | 93.64 | 33.62 | 1931 | 558.68 | 818.72 | 48.46 |
| 1900 | 72.09 | 67.26 | 30.86 | 1932 | 392.02 | 472.41 | 39.84 |
| 1905 | 86.14 | 105.60 | 40.54 | 1933 | 444.27 | 513.62 | 38.24 |
| 1910 | 68.78 | 74.12 | 35.64 | 1934 | 526.61 | 488.74 | 30.7 |
| 1915 | 26.45 | 31.86 | 39.82 | 1935 | 417.32 | 333.27 | 26.4 |
| 1920 | 46.79 | 55.91 | 39.52 | 1936 | 525.29 | 429.10 | 27.02 |
| 1925 | 127.48 | 184.98 | 47.98 | 1937 | 501.31 | 426.64 | 28.14 |
| 1926 | 86.47 | 134.80 | 51.54 | 1938 | 327.04 | 250.25 | 25.3 |
| 1927 | 193.78 | 282.91 | 48.28 | 1939 | 421.12 | 414.83 | 32.58 |
| 1928 | 255.61 | 374.28 | 48.42 | 1940 | 307.2 | 498.01 | 53.6 |
| 1929 | 350.52 | 538.68 | 50.82 | 1941 | 160.55 | 459.79 | 94.7 |

(二)绢丝的出口

我国绢纺原料虽多,但绢纺工业不发达。20 世纪 30 年代,每年约生产绢纺丝线 1 万担,其中一半出口。在机器绢纺工业之前主要是手工纺,供织绵绸用,以湖州一带为盛。绢纺丝出口市场,主要在印度和日本,主要输出口岸为上海和安东(今丹东)(表 8-41)。

表 8-41　1925—1931 年全国绢丝出口量、出口地区和出口口岸[①]

| 年份 | 输出值/吨 | 输出量/吨 | | | | |
|---|---|---|---|---|---|---|
| | | 总量 | 输往印度 | 输往日本 | 上海输出 | 安东输出 |
| 1925 | 70.6 | 453.36 | 69.94 | 58.7 | 408.56 | 71.1 |
| 1926 | 105.0 | 672.77 | 249.17 | 105.65 | 566.95 | 106.64 |
| 1927 | 134.0 | 994.35 | 509.91 | 171.95 | 820.42 | 169.34 |
| 1928 | 120.7 | 803.55 | 308.86 | 237.76 | 571.08 | 249.66 |
| 1929 | 98.0 | 809.5 | 212.79 | 337.79 | 337.79 | 336.47 |
| 1930 | 149.5 | 1029.57 | 392.52 | 261.4 | 777.26 | 261.57 |
| 1931 | 156.4 | 978.81 | 486.6 | 233.46 | 748.16 | 239.74 |

---

① 叶量:《中国纺织品产销志》,国定税则委员会,1934 年,第 36—37 页。

### 六、丝织品的进口贸易

1909 年已有蚕丝绸缎和蚕丝与棉纱交织品从英国和中国香港地区进口，数量为 69.45 吨，价值 109 万多元。当年还有蚕丝与人造丝交织的丝绒和剪绒进口，进口量为 78.5 吨，价值 44.44 万元。1926 年又增加了蚕丝与人造丝交织品，主要来自中国香港地区及英国、法国、德国、日本、意大利和美国等国家，其中以英国为最多，其次为德国和法国。

进口的丝织品，无论是蚕丝的或蚕丝与其他纤维交织的，其数量增长很快，于 20 世纪 20 年代中期达到高峰，1924 年进口总值达 942.37 万元。20 年代初期，上海始有新式织绸机进口，并仿制进口的高档丝织品。随着国内新式织绸机的引进，蚕丝丝织物的进口量逐年减少。蚕丝与棉纱交织的丝绵缎、蚕丝与毛交织的毛葛的进口量，分别从 1924 年和 1928 年开始下降。这些蚕丝与棉纱和毛交织品进口量的下降，是由于国内能够生产，代替了进口外绸的结果。进入 30 年代后，由于资本主义世界爆发经济危机，蚕丝织品和蚕丝与其他纤维交织物的进口量大减。如蚕丝织物在 1933—1934 年的进口减少到仅三四万元，丝绵缎降低到万元以下。这种降低的情况，一直维持到 1938 年。自 1939 年起，逐渐有所回升。[①]

# 第三节　毛及毛织品贸易

### 一、羊毛在贸易上的分类

我国羊毛在贸易上的分类，一般以产区或集中大市场的地名或剪毛之时期及剪毛之方法而分别命名。例如，春季所剪之毛为春毛，秋季所剪之毛为秋毛；产于榆林的称为榆林毛；产于青海而由西宁集中出口的为西宁毛；由铁抓抓取的称为抓毛；等等。

我国羊毛的品质差，不宜于纺织呢绒。全面抗日战争前用于国内毛纺织数量很少，大部出口外销。国内自销的用途为：

（一）制造地毯

我国羊毛适宜制造地毯，在天津、北京等地设有地毯公司，制造地毯出口，用毛量很大。

（二）织造粗纺毛呢和毛毯

在西北、华北等地设有小型毛纺织厂，用国毛生产粗纺毛织物。

（三）制毡

西北、华北和东北等地人民多用短而粗的秋毛制毡，如坑垫、褥子、衣帽、鞋袜等。

① 徐新吾：《近代江南丝织工业史》，上海：上海人民出版社，1991 年，第 442—443 页。

（四）手工纺织

主要有土毛线、土呢、毛口袋等。大多为西北、华北、东北等地农、牧民家庭副业。

全面抗日战争后，羊毛出口断绝，国内羊毛积滞，价格降低。进口毛纺织品锐减，价格猛增，各地手工毛纺织业应时而起，迅速发展，羊毛内销市场转旺。

## 二、羊毛市场交易

依据地形、交通和羊毛集散情况，我国近代羊毛交易可划分为几个地区，每个区域内的绵羊品种和羊毛品质多有相似之处。

（一）西北区

指陕西、甘肃、宁夏、青海四省区，各省所产羊毛多集中于兰州、西安、银川等地。出口羊毛顺黄河至包头，再用火车转运至天津出口。

（二）新疆区

集中于乌鲁木齐、伊宁和哈密，向东运至兰州。因交通不便，数量有限。向西出口苏联等地的数量亦不多，主要是自销。

（三）川康区

指川西松潘和西康。该区羊毛集中地为康定和灌县。出口羊毛顺嘉陵江至重庆，再转运至上海出口。

（四）华北区

该区羊毛集中于包头、呼和浩特、大同、张家口等地，有铁路可通天津，出口甚便。

（五）东蒙区

指内蒙古自治区的东北部，羊毛多集中于海拉尔市。

（六）西南区

指云南、贵州两省。羊毛集散于宣威、蒙自，并可从蒙自出口。

（七）西藏区

交通闭塞，羊毛输往内地很少，与南部邻国印度、不丹、尼泊尔等有少量贸易。

其他地区如河南郑州、山东济宁、江苏无锡均有少量羊毛集中。

我国羊毛除产区就近自销外，远销的目的地为沿海口岸，从产区到口岸，交通不便。羊毛从牧民手中转运到毛纺场或出口商须经若干环节，一般交易环节见图8-3。

出拨子是专门收购羊毛的小商人，他们携带杂货、茶叶、布匹和杂粮等深入牧区，向逐水草而居的牧民以不等价交换羊毛。擀毡的是做毛毡的工匠，每年春季结伙至牧区，为牧民擀制毛毡，牧民付给羊毛代替工资。擀毡的也带收羊毛。毛贩子与牧民的交易方式有现金购买、契约购买和票据收买。契约购买是与牧民订立契约，在羊毛出产以后，运至指定地点以现金或日用品交换。票据收买是先收羊毛，给牧民一张票据，持票到毛贩子的行中兑取现款或日用品。至于杂货店是兼营收购羊毛的。出拨子和擀毡的从产区收集羊毛运到内地市场，就住在毛栈内。毛栈除受寄羊毛代为保管外，也接受抵押贷款和介绍交易。毛贩子和毛栈、杂货店的交易对象是内地毛商。毛商在口岸设立分号称为"外庄",通过外庄进行交易。毛商在口岸委托的代理人,叫作"外客"。外客寄居在口岸的货栈或客栈内,平时调查市场商情报告给内地毛商,交易时代表内地毛商开发汇票、接受货色、商议货价等。此外,在内地或口岸介绍买卖双方成交的还有经纪人。羊毛经过如此的辗转贩运和层层剥削,牧民实际到手的收入就很少了。1929 年天津的西宁毛每担售 60 余元,而西宁当地的毛价仅 10 余元,牧民到手的收入更低。

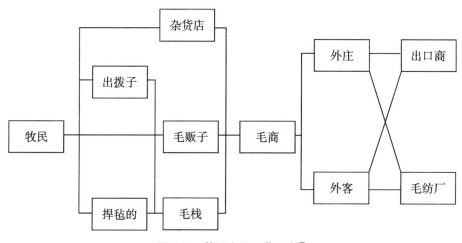

**图 8-3　羊毛交易环节示意①**

甘肃、宁夏、青海、新疆等省政府,均视羊毛交易为财源,各设收毛机构。如青海湟中公司、甘肃贸易公司、新疆土产公司等官僚企业机关,垄断收购了大部分羊毛。农作区域的养羊者,将羊毛直接售与土产商人。土产商待集中到一定数量后转售与大城市的毛商。大城市的毛商亦有直接到县城收购的。最后由毛商将收购的羊毛集中到重庆、西安、天津、济南、开封、太原等地,供内销或出口。

我国主要的羊毛市场在乌鲁木齐、伊宁、哈密、兰州、西宁、银川、呼和浩特、包头、张家口等地,其中以包头最重要。全面抗日战争前,包头有专营羊毛贸易的毛栈 70 余处,羊毛贸易盛极一时,每年输出的羊毛常在 1750 万公斤以上。

羊毛自产地到城市,大部用畜力拉运。西北地区的羊毛多集中于兰州,经黄河水道,以皮筏装载,顺流至包头,再用火车运至天津。西宁羊毛可顺湟水运至兰州。从西宁至兰州约需 7 天,从兰州至包头约需 1 个月。从西宁运天津之运费约等于西宁毛价的40%,而从天津装船运至美国纽约之运费仅等于天津毛价的 15%。由此可见,国内交通不便,造成运费高昂。

① 上海毛麻纺织工业公司史料组等:《上海民族毛纺织工业》,北京:中华书局,1963 年,第 71 页。

### 三、羊毛出口

我国羊毛品质适宜制造地毯,故以地毯毛著称,出口到世界上主要资本主义国家。全面抗日战争前,以美国、法国、日本、德国、英国为主要市场。早期羊毛出口占全部出口总值的比例不大,但自19世纪80年代起增长很快。如1877年羊毛出口总值仅占全部出口总值的0.1%,1887年增长到0.5%,1894年又增长到1.6%,达到205.3万关两,居出口商品的第六位。20世纪前半期若干年的羊毛出口数量见表8-42。

表8-42 1915—1940年全国羊毛出口量[1]

| 项目 | 1915年 | 1920年 | 1925年 | 1930年 | 1935年 | 1940年 |
|---|---|---|---|---|---|---|
| 出口量/吨 | 22 804.2 | 8529.6 | 25 722.5 | 11 796.6 | 19 945.5 | 949.7 |

全面抗日战争开始后,交通受阻,出口锐减,仅有小量羊毛用汽车自新疆输出到苏联,1938年经由此道出口的羊毛约有100万公斤。此外尚有很小一部分用牦牛运载,自青海经西藏至印度。我国羊毛出口业务主要操纵在外国洋行手中。仅天津一埠,在全面抗日战争前就有经营羊毛出口业务的洋行30余家,其中最大的有美商新泰兴和仁记洋行,英商隆茂和高林洋行。这几家洋行都附设有洗毛厂和打包厂。华商虽有几家,但规模较小,名义上是出口商,实际上收购的羊毛仍转售给洋行。洋行一般通过外庄或外客的关系收购内地毛商的羊毛。多数外商都与一定的洋行挂钩,不少外庄有洋行买办投资,洋行与外庄关系密切。

1929年资本主义国家爆发了严重的经济危机,银价、物价齐落,国际市场羊毛价格随着暴跌,出口羊毛的价格和数量剧烈下降。从天津运往美国的羊毛自1930年后,按美元计值的价格,也一路泻跌,1932年只及1929年的41%,其变化数值见表8-43。

表8-43 1929—1932年天津销往美国羊毛价格[2]

| 年份 | 每百磅价格/美元 | 指数 |
|---|---|---|
| 1929 | 23.26 | 100 |
| 1930 | 16.42 | 71 |
| 1931 | 12.10 | 52 |
| 1932 | 9.43 | 41 |

---

① 张松荫:《我国羊毛之产品情况及纺织性能》,《纺织建设月刊》1950年第3卷第10期。
② 上海毛麻纺织工业公司史料组等:《上海民族毛纺织工业》,北京:中华书局,1963年,第76页。

国际羊毛价格的低落和国际市场竞争的加剧,使我国羊毛出口受阻,出口数量大减,其数值见表8-44。1932年的出口量仅及1929年的9.09%。

表8-44 1929—1932年全国羊毛出口量

| 年份 | 出口量/吨 | 指数 |
|------|------------|------|
| 1929 | 11 825 | 100 |
| 1930 | 9770 | 51.89 |
| 1931 | 11995 | 63.72 |
| 1932 | 1710 | 9.09 |

出口羊毛价格和数量的急剧下降,影响到国内羊毛价格,自1930年起直线下跌,一直延续到1934年。几种羊毛价格变化情况见表8-45。

表8-45 1929—1934年几种主要羊毛市价

| 年份 | 天津西宁毛 | | 天津寒羊毛 | | 上海山东秋毛 | |
|------|------|------|------|------|------|------|
| | 元/公斤 | 指数 | 元/公斤 | 指数 | 元/公斤 | 指数 |
| 1929 | 1.32 | 100 | 1.60 | 100 | 0.77 | 100 |
| 1930 | 1.11 | 84.5 | 1.50 | 93.6 | 0.77 | 100.3 |
| 1931 | 1.10 | 83.3 | 1.42 | 88.8 | 0.63 | 82.5 |
| 1932 | 0.73 | 55.3 | 1.20 | 75.0 | 0.61 | 80.0 |
| 1933 | 0.69 | 52.5 | 1.16 | 72.5 | 0.57 | 74.7 |
| 1934 | 0.72 | 54.3 | 1.16 | 72.5 | 0.59 | 76.6 |

## 四、羊毛和毛条进口

随着我国机器毛纺织工业的发展,特别是绒线和精纺的发展,进口羊毛和毛条的数量自20世纪30年代起大幅度递增,这种情况一直继续到全面抗日战争前夕。表8-46给出了其增长的数值。

表8-46 1929—1937年全国外毛进口量  单位:吨

| 年份 | 绵羊毛 | 废毛 | 毛条 | 合计 |
|------|--------|------|------|------|
| 1929 | 165 | — | — | 165 |
| 1930 | 80 | — | — | 80 |
| 1931 | 280 | — | — | 280 |

续表 8-46

| 年份 | 绵羊毛 | 废毛 | 毛条 | 合计 |
|------|--------|------|------|------|
| 1932 | 95 | 90 | 45 | 230 |
| 1933 | 270 | 350 | 155 | 775 |
| 1934 | 695 | 905 | 670 | 2770 |
| 1935 | 545 | 370 | 1510 | 2425 |
| 1936 | 410 | 740 | 3935 | 5085 |
| 1937 | 840 | 1770 | 3425 | 6035 |

1930 年以后,上海曾经出现过一些小的毛织厂,专门用进口毛纱织造精纺呢绒,有些粗纺厂也转而用进口毛纱织精纺呢绒,但进口毛纱缺少统计资料。1934 年进口的毛条几乎全部为绒线厂所用。1935 年以后,进口毛条中也仅一小部分用于精纺厂,估计每年约453.6 吨。

### 五、毛纺织品进口

中国手工毛纺织品的生产具有悠久的历史,几千年来发展缓慢,直到近代仍处于落后状态。国内毛纺织品市场容量很小,在全国商品市场上,只占很小的份额。从 17 世纪下半期开始有洋货进口以来,直到 1881 年才有国产毛纺织品的生产,但市场上的毛纺织品仍以进口的和洋商在华办厂生产的洋货为主。进入 20 世纪以来,手工地毯业有了发展,其产品大部分供出口。

中国的毛纺织品市场从形成时起,就是主要资本主义国家激烈竞争的对象。

#### (一)毛纺织品市场

中国毛纺织品市场,是在洋货进口后形成的。毛纺织品的主要集散地,是在口岸大城市,早期在广州,后来转移到上海。资本主义国家,主要是英国,经过 200 年的努力,试图在中国为英国的毛纺织品开拓国外市场,但所得结果甚微。到中国第一家毛纺织厂建立时为止,每年输华毛纺织品只有 400 多万米。

早期进口和国产呢绒主要是粗纺制品。它的消费对象有二:一是清政府的军用,如用羽毛、哆罗呢、粗哔叽、毡毯、旗纱等做军服、号衣、军毯、军旗等;二是民用,供有钱的富贵人家做衣料、椅披、椅垫、礼毡、呢轿、伞料、鞋料、枕头、衣里、风披、斗篷等服饰,以及家具、车轿用品。当时呢绒价格相当于绸缎,以 1859—1884 年的平均价格计算,大呢为每匹 24.08 关两,小呢和羽毛分别为 10.17 关两和 10.59 关两,粗哔叽为 5.14 关两,远较土布高出几倍到二十几倍。这样昂贵的价格是广大劳动人民消费不起的,所以呢绒市场非常狭窄。1881 年以后,在兰州织呢厂、日晖织呢厂、溥利织呢厂和湖北毡呢厂已投产情况下,国内生产的呢绒也仅 27.43 万米,占进口量的 3% 多一点。华人厂商也曾努力仿制、推销新产品,试图扩大呢绒市场,但终因穿着习俗的改变,绝非短时间内所能实现,故收效不大。

　　辛亥革命后,在大城市里穿制服、西装的人逐渐增多,进口呢绒数量显著增加。第一次世界大战期间,呢绒进口量锐减。1919年五四运动后,知识分子中穿西装的更多了,一些富人也穿西装或用呢绒做的中式服装,呢绒的主要市场,仍限于城市。中国市场上进口呢绒的畅销,曾引起英国呢绒厂商的莫大兴趣。

　　进口呢绒不仅在数量上增加,而且深入全国各地。进口口岸从上海、广州等几个口岸,扩展到十几个口岸。1921—1923年各主要口岸输入呢绒的数量和金额见表8-47。

表8-47　1921—1923年全国各主要口岸输入呢绒数量和金额

| 口岸名 | 1921年 | | 1922年 | | 1923年 | |
|---|---|---|---|---|---|---|
| | 数量/万米 | 金额/万关两 | 数量/万米 | 金额/万关两 | 数量/万米 | 金额/万关两 |
| 上海 | 85.04 | 195.2 | 65.65 | 175.1 | 168.52 | 419.4 |
| 大连 | 13.72 | 50.8 | 21.76 | 73.1 | 32.1 | 82.7 |
| 天津 | 5.39 | 21.1 | 9.33 | 23.8 | 16.55 | 40.6 |
| 青岛 | 1.46 | 5.3 | 1.65 | 5.2 | 1.74 | 4.6 |
| 重庆 | 1.10 | 4.1 | 2.29 | 6.2 | 5.12 | 11.6 |
| 汉口 | 1.92 | 8.2 | 6.04 | 17.3 | 19.29 | 50.1 |
| 牛庄 | 0.73 | 0.9 | 1.10 | 2.4 | 5.49 | 13.7 |
| 安东 | 0.64 | 2.5 | 1.28 | 3.1 | 1.10 | 2.5 |
| 沙市 | — | — | 0.18 | 0.5 | 0.91 | 3.1 |
| 厦门 | 1.55 | 2.0 | 2.19 | 3.9 | 6.31 | 12.5 |
| 福州 | 0.55 | 0.9 | 0.37 | 0.6 | 1.19 | 2.2 |
| 汕头 | 2.56 | 5.6 | 5.76 | 10.5 | 11.9 | 24.6 |
| 广州 | 7.96 | 14.5 | 15.91 | 27.6 | 30.08 | 55.7 |
| 梧州 | — | — | 0.09 | 0.7 | 0.914 | 1.6 |
| 蒙自 | 0.82 | 16 | — | — | 0.37 | 1.0 |

　　1927年以后,穿中山装和西装的更为普遍,精纺呢绒后来居上,成为畅销的商品,输入的数量超过了粗纺呢绒。早期进口最多的粗纺呢绒品种,如大呢、小呢、斜纹呢等,至1938年已绝迹。余下的粗纺呢绒仅为火姆司本大衣呢等,供裁制西装大衣用。呢绒销售对象和范围变得更加狭窄了,主要是供城市里的富者穿用,而广大劳动人民是消费不起的。

　　绒线的消费情况与呢绒不同。早期进口绒线称为毛纶或毛冷,是四股或八股的绒线,主要供城市广大妇女扎发辫用,是一种彩色的头绳。早期绒线仅有桃红、大红、湖蓝、黄黑等几种色调,头绳虽是一种小商品,但深入穷乡僻壤。19世纪输入量约5万公斤。以后,绒线推广到编结衣服、围巾、鞋帽、手套,进口量随着用途的扩大而迅速增加。辛亥革命前后,输入量为50万公斤左右,1936年又增加到73万公斤。由于绒线编织品可以翻拆,经久耐用,价格较廉,适合于一般中等以上的购买力水平,因此比呢绒的销售面广。

(二)毛纺织品进口

早在17世纪60年代,英国商船就开到厦门,运来大呢、羽毛、哔叽等毛织物,转运广东销售。开放海禁后,到18世纪初,英国输华呢绒价值只有数万两。从18世纪70年代起,英国呢绒输华数量渐增。到19世纪初,每年输入金额为300万元左右,成为英国输华商品中仅次于鸦片和棉花的主要商品。表8-48是1817—1833年广州一口通商时期进口呢绒金额及其占进口总商品额的比重。如果扣除鸦片、棉花等由印度、南洋各地转贩而来的东方货物,单从英国本土运来的工业品而言,呢绒占80%～90%,占有极为重要的地位。

表8-48　1817—1833年广州一口通商时期呢绒进口金额

| 年份 | 进口货物总额/万元 | 呢绒进口额/万元 | 呢绒进口额占进口总额比重/% |
|---|---|---|---|
| 1817 | 1491.65 | 312.75 | 20.97 |
| 1825 | 2326.90 | 392.15 | 16.85 |
| 1830 | 2671.46 | 291.03 | 10.89 |
| 1833 | 2894.44 | 251.73 | 8.70 |

从19世纪30年代起,英国棉布开始输入中国,呢绒在英国输华工业品总额中所占比例下降到70%左右,但仍然高居首位。在此期间,其他国家也有呢绒输华,数量远较英国少,约占20%。英国呢绒输华主要是为了抵充进口中国丝、茶叶的银款。由于中国人民的服饰习惯和传统,呢绒不太受欢迎,销路有限,致使早期英国输华呢绒不得不降价出售,一直处于亏损状态。

鸦片战争后,英国又企图扩大在中国的呢绒市场,增加输华的呢绒量,1854年达到720万米。但在以后几年内,不但未有增加反而下降(表8-49)。

表8-49　1845—1856年英国输华呢绒量　　　　　　　　单位:万米

| 货名 | 1845 年 | 1846 年 | 1856 年 |
|---|---|---|---|
| 直贡呢 | 53.6 | 32 | 18 |
| 哔叽 | 366 | 303.2 | 146.4 |
| 其他毛织品 | 305.2 | 261.6 | 384 |
| 合计 | 724.8 | 596.8 | 548.4 |

从1844年起,英国输华棉纺织品价值赶上了毛纺织品,达65.77万多公斤。此后40多年,毛纺织品总额,基本上维持在45.36万公斤上下。1881—1884年,毛纺织品年平均进口总额为46.72万公斤,而棉纺织品进口总额增加了5倍多,达245.85万公斤。此时

英国毛纺织品在中国市场上,仍然占据统治地位。五口通商后,进口呢绒的主要口岸转到上海。1864 年上海口岸进口呢绒总额为 15.38 万吨,约占全国输入呢绒的 90%,上海成为外国呢绒的最大集散地。进口呢绒的品种很多,主要有羽毛、粗哔叽、哆罗呢、小呢、羽绫、羽纱 6 个品种。1864—1884 年,从上海口岸输入的上述 6 个品种,占输入呢绒总金额的 78.1%。各品种的输入量及其所占比重见表 8-50。

表 8-50　1864—1884 年上海进口呢绒的主要品种金额　　　　单位:万关两

| 年份 | 输入总额 | 羽毛 | 粗哔叽 | 哆罗呢 | 小呢 | 羽绫 | 羽纱 | 其他 |
|---|---|---|---|---|---|---|---|---|
| 1864—1866 | 1482.3 | 230.0 | 244.4 | 140.1 | 167.4 | 86.9 | 194.0 | 419.5 |
| 1867—1869 | 1703.4 | 363.6 | 253.0 | 161.1 | 211.6 | 82.6 | 209.0 | 422.5 |
| 1870—1872 | 1215.5 | 238.0 | 170.3 | 231.4 | 149.6 | 103.1 | 44.0 | 279.1 |
| 1873—1875 | 1289.0 | 312.4 | 135.4 | 227.2 | 163.3 | 150.6 | 207.6 | 92.5 |
| 1876—1878 | 1210.1 | 235.0 | 159.1 | 203.3 | 136.6 | 140.8 | 21.9 | 313.4 |
| 1879—1881 | 1417.3 | 383.2 | 161.5 | 136.4 | 140.5 | 193.3 | 41.2 | 361.2 |
| 1882—1884 | 951.7 | 250.2 | 99.5 | 85.6 | 97.6 | 158.8 | 0.1 | 259.9 |
| 合计 | 9269.3 | 2012.4 | 1223.2 | 1185.1 | 1066.6 | 916.1 | 717.8 | 2148.1 |
| 金额比重/% | 100 | 21.7 | 13.2 | 12.8 | 11.5 | 9.9 | 7.7 | 23.2 |

进入 20 世纪后,进口呢绒的金额基本上维持在 300 万～400 万关两。进口呢绒的品种发生了变化,其中,国内能生产的品种进口量明显减少;国内尚无生产而价格低廉的棉毛交织物或混纺的斜纹呢和未列名的其他类棉绒货增加较多,其变化情况见表 8-51。

表 8-51　1902—1911 年全国进口主要呢绒量　　　　单位:万米

| 年份 | 大企呢、哆罗呢、哈喇呢 | 羽毛 | 粗哔叽 | 小呢 | 斜纹呢 | 未列名的其他类棉绒货 |
|---|---|---|---|---|---|---|
| 1902 | 73.15 | 271.94 | 164.32 | 79.28 | 13.35 | 27.52 |
| 1903 | 56.78 | 273.41 | 186.45 | 55.87 | 14.08 | 24.51 |
| 1904 | 35.66 | 316.11 | 303.67 | 71.14 | 31.36 | 46.73 |
| 1905 | 53.86 | 243.5 | 177.58 | 76.17 | 72.97 | 66.84 |
| 1906 | 56.14 | 235.82 | 174.83 | 61.36 | 158.83 | 136.34 |
| 1907 | 56.97 | 206.75 | 175.38 | 57.61 | 159.2 | 179.59 |
| 1908 | 44.35 | 167.34 | 153.34 | 60.81 | 96.74 | 122.26 |
| 1909 | 28.25 | 139.9 | 143.1 | 44.9 | 95.65 | 117.23 |
| 1910 | 29.72 | 133.05 | 117.5 | 26.88 | 92.72 | 215.89 |
| 1911 | 30.27 | 118.05 | 105.06 | 29.9 | 130.85 | 217.17 |

第一次世界大战前的 1911—1913 年,进口呢绒量有一定的增加。1914 年大战爆发后,进口量锐减;大战结束后也未能立即恢复。毛呢和棉毛呢进口量从战前 1913 年的 1100.39 万米,下降到 1919 年的 393.92 万米,同期毛纱线从 73 万公斤下降到 20 万公斤。在这段时期内,由于大战的影响,毛纺织品价格飞涨,致使毛纺织品金额下降的幅度远较进口数量下降得小,其变化情况见表 8-52。

表 8-52　1911—1919 年全国进口毛纺织品数量和金额

| 年份 | 毛呢 | | 棉毛呢 | | 绒线 | | 毡毯 | | 金额合计/万关两 |
|---|---|---|---|---|---|---|---|---|---|
| | 万米 | 万关两 | 万米 | 万关两 | 吨 | 万关两 | 万公斤 | 万关两 | |
| 1911 | 464.7 | 274.7 | 415.05 | 237.0 | 486.4 | 122.2 | 35.56 | 32.8 | 666.7 |
| 1912 | 421.9 | 240.0 | 725.94 | 396.1 | 478.85 | 101.6 | 61.15 | 47.2 | 784.9 |
| 1913 | 471.92 | 270.5 | 628.47 | 326.1 | 732.3 | 159.4 | 73.85 | 61.4 | 837.4 |
| 1914 | 364.3 | 208.0 | 462.69 | 256.8 | 405.4 | 90.6 | 48.67 | 38.5 | 593.9 |
| 1915 | 177.58 | 105.1 | 115.95 | 49.1 | 237.4 | 59.2 | 10.25 | 16.0 | 229.4 |
| 1916 | 130.21 | 158.2 | 96.19 | 67.7 | 213.45 | 65.7 | 4.45 | 7.1 | 298.7 |
| 1917 | 178.4 | 207.1 | 262.16 | 235.5 | 311.9 | 134.4 | 13.2 | 22.7 | 599.7 |
| 1918 | 126.37 | 217.0 | 205.92 | 198.3 | 172.35 | 81.8 | 15.42 | 22.2 | 524.3 |
| 1919 | 100.49 | 237.6 | 238.57 | 301.4 | 197.8 | 103.6 | 15.33 | 37.0 | 679.6 |

毛纺织品价格上涨,一直持续到 20 世纪 20 年代初,如表 8-53 所示,1921 年比 1912 年价格平均上涨 1 倍以上,其中斜纹呢上涨幅度最大,为 322%。

表 8-53　1912—1921 年呢绒单价变化　　　　　　　　单位:关两/码

| 年份 | 斜纹呢 | 小呢 | 大企呢 | 绒线 |
|---|---|---|---|---|
| 1912 | 0.51 | 0.62 | 1.53 | 106 |
| 1915 | 0.62 | 0.77 | 1.40 | 125 |
| 1917 | 0.80 | 1.05 | 1.66 | 215 |
| 1919 | 0.88 | 0.88 | 1.97 | 262 |
| 1921 | 1.64 | 1.35 | 3.79 | 244 |

进入 20 世纪 20 年代以后,毛纺织品进口量呈上升趋势。表 8-54 列出了 1920—1928 年全国进口主要毛纺织品品种的数量和金额的变化。毛呢和棉毛呢在这 9 年间,进口量从 572.05 万米上升到 2079.16 万米,增长了 263%;毛纺织品进口总金额增长了 458%。

表8-54 1920—1928年全国进口毛纺织品数量和金额

| 年份 | 毛呢 | | 棉毛呢 | | 纱线 | | 毡毯 | | 金额合计 |
|---|---|---|---|---|---|---|---|---|---|
| | 万米 | 万关两 | 万米 | 万关两 | 吨 | 万关两 | 万公斤 | 万关两 | 万关两 |
| 1920 | 180.14 | 312.9 | 391.91 | 560.6 | 321.1 | 122.3 | 17.78 | 58.8 | 1054.6 |
| 1921 | 194.22 | 495.2 | 262.98 | 500.1 | 423.6 | 206.9 | 17.19 | 51.8 | 1254.0 |
| 1922 | 314.74 | 619.8 | 439.64 | 584.0 | 617.85 | 214.8 | 30.79 | 66.5 | 1485.1 |
| 1923 | 603.41 | 1331.7 | 658.09 | 799.7 | 1600.95 | 525.6 | 89.58 | 98.0 | 2755.0 |
| 1924 | 686.16 | 1320.9 | 1152.05 | 1055.5 | 1543.35 | 415.3 | 91.99 | 113.4 | 2905.1 |
| 1925 | 539.59 | 1152.0 | 914.13 | 744.4 | 1250.6 | 382.6 | 42.05 | 58.7 | 2337.7 |
| 1926 | 891.17 | 2009.3 | 1126.08 | 1090.9 | 3036.45 | 883.9 | 146.01 | 143.6 | 4127.7 |
| 1927 | 575.15 | 1293.5 | 782.63 | 827.8 | 1463.6 | 445.3 | 239.45 | 186.2 | 2753.8 |
| 1928 | 1197.59 | 2732.3 | 881.57 | 1036.9 | 2957.25 | 881.9 | 172.09 | 164.9 | 4816.0 |

在进口量增长的同时,进口毛纺织品的结构发生了变化,逐步变为以精纺为主。1925年精纺呢绒进口为437.27万米,超过了粗纺呢绒的349.12万米。此后,精纺呢绒进口量一直保持大于粗纺呢绒进口量。1913—1935年,精纺、粗纺呢绒进口量变化情况见表8-55。

表8-55 1913—1935年全国精纺和粗纺呢绒进口量[①]

| 年份 | 呢绒进口总量 | 精纺呢绒 | | 粗纺呢绒 | | 精、粗纺混合项目 | |
|---|---|---|---|---|---|---|---|
| | 万米 | 万米 | 占比% | 万米 | 占比% | 万米 | 占比% |
| 1913 | 1100.38 | 196.96 | 17.9 | 617.4 | 56.1 | 286.02 | 26.0 |
| 1919 | 394.01 | 132.86 | 33.7 | 203.91 | 51.8 | 57.24 | 14.5 |
| 1922 | 754.47 | 202.53 | 26.8 | 315.46 | 41.8 | 236.46 | 31.4 |
| 1925 | 1453.71 | 437.2 | 30.1 | 349.11 | 24.0 | 667.3 | 45.9 |
| 1927 | 1361.9 | 501.45 | 36.9 | 454.9 | 33.3 | 405.53 | 29.6 |
| 1928 | 2079.07 | 1094.81 | 52.7 | 643.6 | 30.9 | 340.6 | 16.4 |
| 1929 | 1407.53 | 716.61 | 50.9 | 425.37 | 30.2 | 265.54 | 18.9 |
| 1930 | 776.32 | 388.43 | 50.0 | 239.93 | 30.9 | 147.94 | 19.1 |
| 1931 | 623.25 | 312.54 | 50.1 | 206.1 | 33.1 | 104.6 | 16.8 |
| 1932 | 320.95 | 160.11 | 49.9 | 50.84 | 15.8 | 110 | 34.3 |
| 1933 | 336.86 | 151.33 | 44.9 | 40.05 | 11.9 | 145.48 | 43.2 |
| 1934 | 404.16 | 259.04 | 64.1 | 121.24 | 30.0 | 23.86 | 5.9 |
| 1935 | 318.3 | 221.19 | 69.5 | 79.36 | 24.9 | 17.73 | 5.6 |

---

① 上海毛麻纺织工业公司史料组等:《上海民族毛纺织工业》,北京:中华书局,1963年,第87页。

　　另一个变化是进口毛纱线的比重增加,品种也发生了变化。第一次世界大战前进口毛纱线一般只几吨,其中大半是毛线,供妇女扎发及织衫帽用。大战期间毛纱线进口减少,但到1922年已接近战前最高水平。1923年猛增到1.5吨,超过战前最高进口量的1倍以上。到1926年又增长1倍,达300多万千克。进口毛纱线的品种和用途很广,其中十之八九为针织或编织用的毛纱或绒线;其余是供织造精纺呢绒的毛纱。自1930年起,上海出现了一些小厂,专用进口毛纱织造精纺呢绒,以供国内市场对精纺呢绒的需求。

　　中国的呢绒市场,从开始形成起就是资本主义国家竞争的对象,起初是英国占有绝对优势,之后有德国等欧洲国家和日本与之竞争。第一次世界大战时期,日本乘虚而入。战争结束后,英国又卷土重来,重新占有绝对优势。表8-56列出了1921—1923年几种主要毛织品全国进口金额、英国进口金额及其所占比重,说明当时英国重新夺回了在中国毛纺织品市场上的独霸地位。

表8-56　1921—1923年英国输华毛纺织品金额和比重

| 种类 | 1921年 | | | 1922年 | | | 1923年 | | |
|---|---|---|---|---|---|---|---|---|---|
| | 输入总金额/万关两 | 英货输入金额 | | 输入总金额/万关两 | 英货输入金额 | | 输入总金额/万关两 | 英货输入金额 | |
| | | 万关两 | 占总金额百分比/% | | 万关两 | 占总金额百分比/% | | 万关两 | 占总金额百分比/% |
| 呢绒衣料 | 320.2 | 241.9 | 76 | 330.7 | 227.9 | 69 | 681.7 | 508.3 | 75 |
| 其他呢绒 | 101.4 | 85.0 | 84 | 210.3 | 177.0 | 84 | 539.1 | 457.9 | 85 |
| 各种羽纱 | 55.8 | 47.9 | 86 | 89.7 | 76.3 | 85 | 145.0 | 124.5 | 86 |

　　毛纱线市场,特别是绒线市场的竞争更为激烈。第一次世界大战期间,从欧洲进口减少,日本绒线大量输入,其中有仿德国鹅牌的鸭牌和仿英国蜜蜂牌的龙凤牌。战后德国和英国为夺回失去的市场,与日本展开了激烈的竞争。争夺的结果,英、德绒线分别在1920年和1921年压倒了日本货,并居统治地位,但日本绒线仍保持了一定的比例,其变化情况见表8-57。

表8-57　1912—1932年全国进口毛纱量、输入国别和口岸[①]

| 年份 | 输入总量 | | 输入国别(数量/千克) | | | 输入口岸(数量/千克) | |
|---|---|---|---|---|---|---|---|
| | 千克 | 万关两 | 英国 | 德国 | 日本 | 上海 | 天津 |
| 1912 | 478 850 | 101.6 | — | — | — | 119 850 | 44 650 |
| 1913 | 732 300 | 159.4 | — | — | — | 333 050 | 49 400 |
| 1914 | 409 000 | 90.6 | — | — | — | 135700 | 30 250 |

---

① 叶量:《中国纺织品产销志》,国定税则委员会,1934年,第32页。

续表 8-57

| 年份 | 输入总量 | | 输入国别（数量/千克） | | | 输入口岸（数量/千克） | |
|---|---|---|---|---|---|---|---|
| | 千克 | 万关两 | 英国 | 德国 | 日本 | 上海 | 天津 |
| 1915 | 237 400 | 59.2 | — | — | — | 69 300 | 20 150 |
| 1916 | 213 450 | 65.7 | — | — | — | 70 700 | 19 300 |
| 1917 | 311 900 | 134.4 | — | — | — | 105 700 | 20 950 |
| 1918 | 172 350 | 81.8 | — | — | — | 74 750 | 8150 |
| 1919 | 197 800 | 103.6 | 16 700 | — | 151 750 | 77 800 | 18 400 |
| 1920 | 321 100 | 122.3 | 198 000 | 160 | 75 750 | 220 050 | 10 250 |
| 1921 | 423 600 | 206.9 | 216 300 | 2248 | 54 700 | 248 150 | 21 500 |
| 1922 | 618 750 | 214.8 | 367 400 | 3096 | 65 600 | 324 700 | 6 3600 |
| 1923 | 1 600 950 | 525.6 | 1 094 600 | 6798 | 78 800 | 1 033 200 | 196 150 |
| 1924 | 1 543 350 | 415.3 | 909 650 | 8701 | 46 050 | 820 400 | 330 300 |
| 1925 | 100 650 | 382.6 | 630 700 | 7574 | 114 850 | 482 500 | 229 450 |
| 1926 | 3 036 450 | 883.9 | 1 328 400 | 23 283 | 105 750 | 1 840 600 | 275 000 |
| 1927 | 1 463 750 | 446.3 | 599 500 | 8249 | 103 000 | 410 700 | 207 400 |
| 1928 | 2 957 250 | 881.9 | 1 159 500 | 20 070 | 119 850 | 1 476 350 | 222 600 |
| 1929 | 4 919 500 | 1597.7 | 2 377 800 | 36 807 | 174 700 | 2 951 200 | 353 150 |
| 1930 | 1 691 200 | 652.7 | 679 100 | 8423 | 208 950 | 149 650 | 172 050 |
| 1931 | 3 427 950 | 1372.6 | 1 805 050 | 16 592 | 236 700 | 1 993 500 | 199 200 |
| 1932 | 2 724 350 | 886.1 | 1 944 900 | 9447 | 237 350 | 1 983 400 | 90 800 |

由于绒线编结服装的流行，绒线编结市场不断扩大。20 世纪 30 年代初，国内已开始生产绒线，并与外国货并立，从而使外国货逐年减少，其变化情况见表 8-58。从表中可以看出，自 1932 年起，进口绒线量逐年下降，1935 年进口量为 852.3 吨，仅为 1934 年的 26%。进口绒线量的减少，一方面是由于国产绒线的发展；另一方面是由于外国资本对中国进行资本输出，在中国设立绒线厂的结果。自 1939 年起，洋商在华绒线厂生产的绒线量超过了国产绒线量，因此在中国绒线市场上，还是洋货处于统治地位。

表 8-58　1931—1937 年进口绒线量和国产绒线量估计值　　　　单位：吨

| 年份 | 进口绒线量 | 国产绒线总产量 | 其中 | |
|---|---|---|---|---|
| | | | 华商产量 | 外商产量 |
| 1931 | 4154.3 | 31.8 | 31.8 | — |
| 1932 | 3294.5 | 49.9 | 49.9 | — |
| 1933 | 3467.6 | 181.4 | 181.4 | — |

续表 8-58

单位:吨

| 年份 | 进口绒线量 | 国产绒线总产量 | 其中 | |
|---|---|---|---|---|
| | | | 华商产量 | 外商产量 |
| 1934 | 3236.2 | 771.1 | 362.4 | 40.824 |
| 1935 | 852.4 | 1360.8 | 453.6 | 907.2 |
| 1936 | 613.0 | 4082.4 | 1360.8 | 2721.6 |
| 1937 | 534.54 | 3628.8 | 1134.0 | 249.8 |

从 1935 年起,外商在华生产的绒线量远大于从国外输华的绒线量和华商生产的绒线量。全面抗日战争爆发后,绒线进口量逐步减少。太平洋战争后,因进口绒线、羊毛和毛条都已断绝,上海市场上的绒线绝迹。

全面抗日战争胜利后,美国毛纺织品大量涌入中国市场。美国毛纺织品在中国市场上所占的比重,在全面抗日战争胜利前是不大的,但到 1946 年排斥了其他国家跃居第一位,占全部进口额的 64.2%。美国输华呢绒品种很多,主要有毛绒、羽纱、哔叽、华达呢、花呢等。1946 年各国输华毛纺织品金额和各自所占比重见表 8-59。

表 8-59 1946 年各国输华毛纺织品金额

| 国别 | 输入金额/法币万元 | 比率/% |
|---|---|---|
| 美国 | 4 778 521 | 64.20 |
| 英国 | 926 852 | 12.45 |
| 意大利 | 269 709 | 3.62 |
| 日本 | 774 | 0.01 |
| 其他 | 1 467 846 | 19.72 |
| 合计 | 7 443 702 | 100.00 |

### 六、地毯出口

中国的地毯织造业在清代中期,主要分布于西北和西藏。19 世纪末北京的地毯织造业开始兴起。当时主要供清朝官府和官吏用,亦用于寺庙装饰和铺地等。20 世纪初,地毯出口量逐渐增加,并主要转向为出口而生产,出口量按价值计占生产量的 90% 以上,最高时有 650 多万关两。

地毯出口商埠主要有天津、上海、山东的胶州及烟台。其他尚有安东(今丹东)、汉口以及思茅和腾越,但数量较少。上述出口商埠都是地毯工业中心或邻近地毯工业中心。天津除 1921 年外,其出口值占全国出口总值的 3/4 以上,多数年份占 80% 以上。其次是上海,除 1921 年居第一位外,多数处于第二位,出口总值占的比重远低于天津。山东省在 1922 年以前由烟台出口,之后由胶州出口。中国地毯出口销售的国家主要是美国,其次是日本和英国。1913—1932 年的 20 年间,有 18 年美国输入中国的地毯值居于第一位。日本多年居于第二位,1916 年超过美国跃居第一位,但次年又降到第二位。英国早期进口量高于日本,1912 年高于美国跃居第一位,但从 1913 年起猛烈下降,20 年代起又有增长,但总的来讲,其进口值远低于美国。1912—1932 年全国地毯输出总额、主要输入国进口值、主要港口输出和转口值见表 8-60。

表 8-60　1912—1932 年全国地毯出口量、主要港口出口和转口值及主要输入国的进口值①

| 年份 | 输出总额 | | 主要国输入值/万关两 | | | 主要港口输出和转口值/万关两 | | |
|---|---|---|---|---|---|---|---|---|
| | 万条 | 万关两 | 美国 | 日本 | 英国 | 天津 | 上海 | 胶州 |
| 1912 | 1.20 | 5.71 | 1.40 | 0.56 | 2.20 | 4.46 | 1.05 | — |
| 1913 | 1.24 | 9.99 | 5.55 | 0.63 | 1.82 | 7.39 | 1.84 | — |
| 1914 | 0.99 | 10.38 | 6.03 | 1.12 | 1.70 | 7.75 | 1.59 | — |
| 1915 | 1.48 | 16.48 | 10.15 | 5.04 | 0.24 | 13.18 | 1.89 | — |
| 1916 | 2.29 | 77.49 | 29.65 | 46.63 | 0.05 | 73.80 | 3.39 | — |
| 1917 | 3.09 | 78.97 | 43.11 | 32.90 | 0.01 | 73.53 | 4.67 | 0.21 |
| 1918 | 1.78 | 36.79 | 13.41 | 18.11 | — | 34.91 | 2.72 | 0.01 |
| 1919 | 5.12 | 46.06 | 29.48 | 6.96 | 2.78 | 44.79 | 5.42 | 0.14 |
| 1920 | 7.47 | 142.42 | 103.31 | 17.27 | 11.50 | 115.17 | 12.97 | 1.57 |
| 1921 | 9.05 | 97.53 | 64.82 | 8.74 | 9.33 | 12.55 | 30.26 | 0.72 |
| 1922 | — | 329.97 | 269.72 | 33.23 | 10.48 | 290.79 | 37.94 | 4.89 |
| 1923 | — | 469.11 | 401.68 | 37.72 | 11.85 | 418.32 | 36.68 | 13.62 |
| 1924 | — | 598.98 | 533.66 | 19.07 | 24.28 | 551.60 | 27.03 | 21.61 |
| 1925 | 17.91 | 636.26 | 524.60 | 63.14 | 24.04 | 611.81 | 22.12 | 17.44 |
| 1926 | 18.01 | 654.72 | 561.64 | 47.86 | 20.75 | 667.91 | 28.83 | 24.44 |
| 1927 | 17.65 | 652.66 | 485.08 | 90.85 | 44.29 | 616.57 | 27.77 | 29.61 |
| 1928 | 15.88 | 593.54 | 404.60 | 82.10 | 80.60 | 566.00 | 20.80 | 19.70 |
| 1929 | 16.10 | 559.70 | 387.50 | 104.00 | 37.00 | 543.70 | 18.00 | 10.20 |
| 1930 | 12.30 | 442.10 | 271.60 | 114.70 | 25.00 | 437.60 | 17.30 | 4.00 |
| 1931 | 13.40 | 454.90 | 322.20 | 11.9 | 69.50 | 477.10 | 20.20 | 1.10 |
| 1932 | 110 万千克 | 317.30 | 183.60 | 7.30 | 56.40 | 257.20 | 58.70 | 0.20 |

---

① 方显廷:《天津地毯工业》,南开大学社会经济研究委员会,1920 年,第 51、54、55 页。

# 第四节　麻及麻纺织品贸易

近代中国麻纤维的出口,大部分由上海输往日本。1924年全国出口麻纤维732万关两,其中输往日本的为500万关两,占全国出口麻类总值的68%,占上海麻类出口值的83%。

除了麻纤维外,麻纺织制品也有输出和输入,但进、出口比重不大。进口的麻纺织品主要有麻袋、帆布等。出口的数值比进口还低,主要是苎麻和夏布。

## 一、麻和麻纺织品的流通与出口

### (一)苎麻和夏布

20世纪初到全面抗日战争前,每年大约有1/4的苎麻出口,其余部分主要是用手工绩麻织夏布。夏布生产以江西、湖南、四川三省最盛,以江西万载、宜黄,湖南浏阳,四川江津、内江等地著名。

此段时间,全国夏布年产量约1000万千克。据海关贸易统计,夏布贸易经由各通商口岸者200万~250万千克,其中半数为转输到国内其他口岸,一半为出口到国外。境外夏布市场主要是朝鲜,其次为日本,再次为中国香港、南洋等地(表8-61)。

表8-61　1912—1932年全国夏布输出量、主要港口的输出和转口量[①]　　单位:吨

| 年份 | 输出和转口量 | | | | | 转口量 | 输出量 | |
| --- | --- | --- | --- | --- | --- | --- | --- | --- |
| | 总额 | 其中 | | | | 总额 | 总额 | 其中输往朝鲜、日本、中国台湾 |
| | | 重庆、万县输出 | 九江、长沙输出 | 上海、苏州输出 | 汕头输出 | | | |
| 1912 | 1715.4 | 263.45 | 751.2 | 155.95 | 399 | 792.15 | 923.25 | 758.35 |
| 1913 | 1576.05 | 213.85 | 797.05 | 142.55 | 319.85 | 780 | 777.5 | 322.15 |
| 1914 | 1605.5 | 291.7 | 782.35 | 139.85 | 282.7 | 775.8 | 750.15 | 608 |
| 1915 | 1522.55 | 319.3 | 754.25 | 102.55 | 244.5 | 797.65 | 685.6 | 518.45 |
| 1916 | 1597 | 351.5 | 746.55 | 112.35 | 291.55 | 855.3 | 784.0 | 661.6 |
| 1917 | 1591.85 | 240.5 | 785.25 | 143.8 | 302.2 | 831.15 | 665.3 | 665.30 |
| 1918 | 1910.7 | 269.15 | 991.35 | 132.1 | 430.0 | 1183 | 714.6 | 605.65 |
| 1919 | 2477.75 | 390.4 | 1141.4 | 214 | 618.65 | 1177.05 | 1313.85 | 1205.45 |
| 1920 | 2669 | 486.95 | 1176.6 | 168.65 | 752.6 | 1349.45 | 1295.0 | 1640.25 |

---

① 叶量:《中国纺织品产销志》,国定税则委员会,1934年,第111-112页。

续表 8-61

| 年份 | 输出和转口量 | | | | | 转口量 | 输出量 | |
|---|---|---|---|---|---|---|---|---|
| | 总额 | 其中 | | | | 总额 | 总额 | 其中输往朝鲜、日本、中国台湾 |
| | | 重庆、万县输出 | 九江、长沙输出 | 上海、苏州输出 | 汕头输出 | | | |
| 1921 | 3184.8 | 648.95 | 1110.35 | 257.8 | 660.95 | 1150.75 | 1457.75 | 1321.35 |
| 1922 | 2767.95 | 660.55 | 1191.8 | 247.95 | 539.05 | 913.9 | 1929.25 | 1724.4 |
| 1923 | 2367.1 | 611.25 | 1077.3 | 146.0 | 405.2 | 1245.1 | 1059.85 | 906.55 |
| 1924 | 2205.75 | 769.95 | 919.8 | 154.75 | 261.85 | 1046.75 | 1232.05 | 1121.55 |
| 1925 | 2171.85 | 540.2 | 1160.55 | 176.35 | 174.5 | 1020.95 | 1036.3 | 999.0 |
| 1926 | 2179.5 | 600.3 | 1108.1 | 185.95 | 209.15 | 715.7 | 1332.95 | 1305.35 |
| 1927 | 2281.3 | 742.4 | 995.75 | 139.6 | 264.85 | 1022.75 | 1288.0 | 1218.6 |
| 1928 | 1898.25 | 543.9 | 101.48 | 83.5 | 190.9 | 488.1 | 1331.15 | 1290.65 |
| 1929 | 2124.1 | 592.95 | 1194.6 | 74.6 | 209.95 | 838.6 | 949.15 | 929.55 |
| 1930 | 2270.25 | 717.0 | 1234.75 | 64.75 | 199.25 | 945.6 | 516.15 | 491.2 |
| 1931 | 1542.95 | 425.05 | 805.6 | 75.2 | 189.8 | 283.25 | 1237.05 | 1201.55 |
| 1932 | 942.35 | 77.4 | 284.5 | 111.95 | 119.8 | 464.65 | 477.8 | 411.0 |

夏布品种很多,按用途可分为衣料和帐料;按麻线的粗细可分为粗布、中庄布和细布;按颜色可分为本色布、漂白布和染色布。本色布又称黄布;漂白布又称白布或漂布;染色布可染各种颜色,以蓝色、玉色及青色为最多。印花布有色底白花,白底青花及五彩花3种。夏布的等级是以粗细为标准,用头分之多少来辨别。头分以夏布幅宽内经线根数的一半表示。粗布的头分在500根以下,中庄为500~1000根,细布为1000根以上。如四川生产的"四八布""六八布",其头分分别为480根和680根。

(二)渔网

渔网为麻织品或棉织品,浸防腐剂。我国各地消费量颇多,系各地妇女手工织造,无大宗贸易。唯汕头、上海、琼州及其他沿海各口岸有输出南洋等地者,每年约万关担。表8-62列出了1926—1932年的出口量和出口港。

表 8-62　1926—1932 年全国渔网输出量

| 年份 | 输出总值/万关两 | 输出量/吨 | | | |
|---|---|---|---|---|---|
| | | 总量 | 汕头输出 | 琼州输出 | 上海输出 |
| 1926 | 43.6 | 1332.80 | 814.13 | 66.14 | 255.62 |
| 1927 | 47.5 | 1287.5 | 960.2947 | 125.33 | 0.83 |
| 1928 | 46.4 | 421.62 | 874.65 | 121.03 | 685.17 |
| 1929 | 48.9 | 1385.88 | 991.71 | 144.18 | 77.71 |

续表 8-62

| 年份 | 输出总值/万关两 | 输出量/吨 | | | |
|---|---|---|---|---|---|
| | | 总量 | 汕头输出 | 琼州输出 | 上海输出 |
| 1930 | 69.2 | 2632.54 | 1294.94 | 451.71 | 457.33 |
| 1931 | 57.9 | 2923.87 | 1015.68 | 257.5997 | 1292.2974 |
| 1932 | 37.2 | 1099.51 | 867.04 | 147.32 | 2.1494 |

### (三)大麻绳

我国近代寻常所用绳类主要为大麻所制,其中用途最广的是缝制布鞋和纳鞋底用的鞋绳。这种鞋绳大都为农家购麻自纺。其次为包扎用绳,由麻店、山货店供零售,很少大宗供应。沿海一带和通商大埠,需用较广。我国绳索产品不少,除自用外,每年有 5 万 ~ 6 万担输出,主要市场是中国香港地区以及南洋等地。

## 二、麻纺织品进口

### (一)麻袋

麻袋主要供包装米、麦、杂粮、糖、碱、水泥等用,我国用量很大,每年约 1.65 万吨,但国产数量很少,需大量进口。世界麻袋纺织业以印度最发达,英国、美国次之。表 8-63 列出了 1926—1932 年我国进口的新、旧麻袋数量。

表 8-63　1926—1932 年全国进口麻袋数量和金额

| 年份 | 新袋 | | 旧袋 | |
|---|---|---|---|---|
| | 数量/万吨 | 金额/千克 | 数量/万吨 | 金额/千克 |
| 1926 | 3.35 | 600.0 | 1.73 | 150.0 |
| 1927 | 3.07 | 565.0 | 1.92 | 160.0 |
| 1928 | 3.58 | 585.0 | 2.27 | 200.0 |
| 1929 | 4.13 | 650.0 | 2.08 | 190.0 |
| 1930 | 2.09 | 385.0 | 2.14 | 230.0 |
| 1931 | 3.07 | 660.0 | 2.20 | 235.0 |
| 1932 | 1.89 | 360.0 | 1.47 | 140.0 |

我国进口的新麻袋主要来自印度。旧麻袋有单麦、双麦等名称,以所印麦头多少表示新旧的程度。

麻袋主要有 3 个种类:蓝经袋、绿经袋、斜纹袋。兰经和绿经麻袋销路最广。

### (二)洋线袋

洋线袋亦系黄麻产品,与普通麻袋相似,但较细,价格高,每年约有 50 吨自印度进口。

### （三）麻袋布

国内生产的麻袋布有两种，一为手织品，另一为机制品。机制品宽为 1.14 米，1000 码为一卷，每码重 226.8 ~ 453.6 克，畅销者为 311.85 克。我国早期主要从印度进口，20 世纪 30 年代时仍以进口为多。1926—1932 年麻袋的进口量和金额见表 8-64。手织品主要产于河北和浙江。浙江笕桥、临平、桥司、许村一带生产的有原机八四麻布和重八四麻布两种，前者宽 0.38 米、每匹长 7.33 米、重 1.7 千克，后者宽 0.42 米、长 8.33 米、重 1.75 千克，主要供包装农产品，年产 24 万千米。20 世纪 30 年代，由于麻袋销路增加，麻袋布产量日减。

表8-64  1926—1932 年全国麻袋布进口量

| 年份 | 进口量 | |
| --- | --- | --- |
| | 万千克 | 吨 |
| 1926 | 270.0 | 67.0 |
| 1927 | 165.0 | 41.0 |
| 1928 | 305.0 | 78.5 |
| 1929 | 245.0 | 63.0 |
| 1930 | 145.0 | 4.0 |
| 1931 | 120.0 | 34.0 |
| 1932 | 100.0 | 27.0 |

### （四）麻帆布

麻帆布主要用大麻或黄麻制织。其中有面敷油蜡而有防水性者称为油帆布，或称为太普令帆布，每匹长 54.86 米、宽 0.80 ~ 1.20 米，供制作船帆、篷帐、包、袋、箱、匣等使用。我国市场销售者以英国、日本输入的居多，其进口量见表 8-65。

表8-65  1926—1932 年全国麻帆布进口量

| 年份 | 进口量 | |
| --- | --- | --- |
| | 万米 | 万关两 |
| 1926 | 54.45 | 24.21 |
| 1927 | 49.46 | 19.43 |
| 1928 | 31.87 | 12.65 |
| 1929 | 31.779 78 | 17.03 |
| 1930 | 19.897 78 | 12.66 |
| 1931 | 23.21 | 14.42 |
| 1932 | 13.47 | 5.87 |

（五）细麻布

细麻布为漂白的亚麻细布，质地光洁、柔软，幅宽1.07～2.26米不等，主要供制作抽绣品，用作衣料不如夏布凉爽。细麻布大都从英国和比利时进口，1925—1932年进口量和进口地见表8-66。

表8-66　1925—1932年全国细麻布进口情况

| 年份 | 进口总量 | | 主要进口地输入数量/万米 | | |
|---|---|---|---|---|---|
| | 万米 | 万关两 | 英国 | 比利时 | 中国香港地区 |
| 1925 | 82.17 | 60.3 | 60.51 | 2.19 | 15.09 |
| 1926 | 200.07 | 134.7 | 118.73 | 18.01 | 9.06 |
| 1927 | 149.16 | 100.1 | 113.61 | 17.73 | 16.36 |
| 1928 | 202.73 | 143.4 | 126.41 | 13.62 | 57.33 |
| 1929 | 299.43 | 185.4 | 134.08 | 48.53 | 91.4 |
| 1930 | 456.73 | 328.7 | 204.74 | 46.07 | 186.37 |
| 1931 | 451.61 | 430.5 | 301.62 | 49.08 | 72.297 |
| 1932 | 207.94 | 152.8 | 153.19 | 42.14 | 1.37 |

（六）法西衬

法西衬是西服外套衬里所用之材料，通常为亚麻织品，亦有用大麻或菠萝麻仿制的。此衬系平纹组织，质地稀而手感硬。因宁波等地所产大麻制品数量不多，市场所销大部为英、日等国的亚麻制品，宽32英寸。1925—1932年法西衬进口的数量和货值见表8-67。

表8-67　1925—1932年全国法西衬进口数量

| 年份 | 进口量 | | 年份 | 进口量 | |
|---|---|---|---|---|---|
| | 万米 | 万关两 | | 万米 | 万关两 |
| 1925 | 25.87 | 6.42 | 1929 | 29.37 | 8.04 |
| 1926 | 17.36 | 4.24 | 1930 | 43.90 | 13.24 |
| 1927 | 15.80 | 3.63 | 1931 | 27.56 | 9.92 |
| 1928 | 40.49 | 9.28 | 1932 | 15.58 | 5.21 |

# 第五节　人造丝及其制品贸易

几千年来,丝织品一直是用天然蚕丝织造的。从 17 世纪起,就有人提出用人工方法制造蚕丝。20 世纪初首先在工业发达的国家实现了工业化生产,并用以代替蚕丝织造出丝织品,称为"人造丝"。人造丝的历史虽短,但发展迅猛。第一次世界大战前的 1913 年,世界人造丝总产量已有 1 万多吨,为当年天然蚕丝总产量的 1/4,1923 年就超过了蚕丝,1936 年为蚕丝的 8.58 倍,达 46.3 万吨。人造丝的广泛利用,不仅为丝织业提供了物美价廉的原料,也为丝织物开拓了不少新品种,促进了丝织业的发展。中国丝织业利用人造丝经历了由拒绝、排斥到试用、流行的曲折过程。20 世纪 20 年代以后成为世界上重要的人造丝输入国。

## 一、人造丝进口

1909 年上海港已有人造丝进口的记录。首先来自英国,之后有荷兰、意大利、法国、比利时和日本的产品。1923 年起,中国海关贸易统计中把人造丝进口设专栏记载。1924 年起,意大利产人造丝大量涌入,该年进口量达 884 569 千克,占该年进口总量的 40.97%,居第一位;1929 年又增加到 17 311 098 千克,占当年进口总量的 72.47%。日本人造丝业起步较晚,但发展很快,对中国的出口量增长得更快。如 1923 年只有 330.68 千克,1930 年猛增到 3 587 878 千克,增长了 1 万多倍。此后意大利的人造丝进口量逐步减少,而日本人造丝的进口量逐步增加。1935 年日丝进口量已达 5.621 560 千克,意大利丝进口量下降到 4 331 908 千克。

上海自 1909—1922 年为全国输入人造丝唯一口岸,总计进口人造丝 146 932.7 千克,平均每年只有 10 661.123 千克。从 1923 年起,进口口岸增加苏州、汉口、杭州、天津、烟台等,进口数量猛增(表 8-68)。

表 8-68　1923—1940 年全国各主要口岸进口人造丝数量[1]　　　　单位:吨

| 年份 | 上海 | 苏州 | 杭州 | 汉口 | 天津 | 东北各口 | 烟台 | 胶州 | 广州及九龙 | 全国总量 |
|---|---|---|---|---|---|---|---|---|---|---|
| 1923 | 1046.44 | 114.25 | — | 6.86 | — | — | | 9.23 | 35.22 | 1222.85 |
| 1924 | 1415.15 | 175.26 | 4.30 | 35.21 | | | | 42.66 | 249.00 | 1925.88 |
| 1925 | 3281.01 | 158.23 | 20.35 | 162.36 | 734.94 | 46.13 | — | 105.49 | 311.17 | 4931.59 |
| 1926 | 3763.80 | 0.53 | 43.49 | 128.63 | 1204.01 | 75.06 | | 276.78 | 718.90 | 7084.98 |
| 1927 | 8188.46 | 314.97 | 45.13 | 66.96 | 3194.03 | 101.6 | — | 467.91 | 363.91 | 13 054.75 |
| 1928 | 9932.80 | 747.34 | 556.53 | 267.52 | 5663.39 | 55.39 | — | 1979.78 | 435.67 | 20 462.48 |

---

[1]　徐新吾:《近代江南丝织工业史》,上海:上海人民出版社,1991 年,附录 9。

续表 8-68

| 年份 | 上海 | 苏州 | 杭州 | 汉口 | 天津 | 东北各口 | 烟台 | 胶州 | 广州及九龙 | 全国总量 |
|---|---|---|---|---|---|---|---|---|---|---|
| 1929 | 8328.67 | — | 770.00 | 317.45 | 94 646.76 | 55.06 | — | 4416.89 | 533.88 | 24 719.65 |
| 1930 | 9977.28 | 1.65 | 210.48 | 299.26 | 4862.65 | 52.41 | — | 4941.68 | 354.49 | 21 086.80 |
| 1931 | 12 961.00 | 14.88 | 777.43 | 195.59 | 3696.01 | 56.06 | — | 3673.52 | 103.67 | 21 875.64 |
| 1932 | 13 445.28 | — | — | 34.72 | 1346.53 | 27.28 | — | 2319.72 | 2.98 | 17 177.50 |
| 1933 | 9836.57 | 168.98 | 972.36 | 8.763 | 214.45 | — | — | 191.62 | 4.63 | 11 432.60 |
| 1934 | 4196.83 | 139.88 | 773.79 | 25.96 | 516.19 | 78.21 | 1005.60 | 90.61 | 42.82 | 7261.07 |
| 1935 | 6141.88 | 556.20 | 1416.47 | 6.944 | 640.69 | 43.82 | 341.43 | 989.06 | 52.41 | 10 538.61 |
| 1936 | 730.22 | 1133.08 | 2125.61 | 16.54 | 218.25 | 16.20 | 44.80 | 184.35 | 34.23 | 11 117.46 |
| 1937 | 6034.74 | 1275.27 | 2328.48 | 13.23 | 626.14 | — | 7.11 | 107.31 | 17.19 | 10 421.38 |
| 1938 | 4229.89 | — | — | 8.27 | 4010.32 | 2.64 | 5.62 | 866.38 | 34.23 | 9165.29 |
| 1939 | 13 138.74 | — | — | — | 2710.09 | 44.48 | 36.04 | 1068.76 | — | 16 988.68 |
| 1940 | 128 642.13 | — | — | — | 1812.95 | 32.04 | — | 717.08 | 10.91 | 15 488.01 |

　　江南丝织业自 1924 年起掺用人造丝,用量月月增加,遂使人造丝进口量年年递增。当时进口的人造丝,主要供各地的丝织业、丝线业使用。1926 年的海关贸易报告中曾对上海进口的人造丝的用途做过分析:"此项贸易大半为乡民织造之用,今市上所售之贱价物品,如缨穗带、花边、纽扣、帽结等,均以人造丝为主。其用以织造布匹者,亦甚发达……所有进口人造丝,其品质大都甚劣,为欧美所难以行销者,此乃因乡民用手机织造,既不嫌其费工,又不惜其消耗之巨,而乐于购此劣质之人造丝以织造物品。"杭州、湖州的丝织业在掺用人造丝的问题上,曾进行过赞成和反对的激烈争论。杭州丝织业相约禁用人造丝并规定如机户掺用人造丝,每台机罚款 2000 元。但掺用人造丝的趋势不可阻挡,1925 年以后掺用者日多,人造丝进口量大增。由于利用了人造丝,丝织品从单一的真丝织品发展为人造丝与蚕丝交织品、人造丝与棉纱交织品和纯人造丝织品。

　　上海港进口的人造丝数量长期以来居于首位,但从天津进口的人造丝增长很快,这主要是因为当时天津和河北高阳等地原来的棉织户用人造丝织造所谓"麻布"。1927 年天津进口的人造丝猛增到近 330.68 万千克,1929 年达到顶峰,为 963.93 万余千克,超过了上海。但第二年就降到不足 496.02 万千克,之后直线下降,到 1933 年只有 5 万余千克,远较上海进口量少。天津进口量的减少,除了有行业的兴衰关系外,与 1931 年之后日本人造丝在华北走私进口有关。自 20 年代起,全国已有二十几个港口输入人造丝,其中主要是上海、天津和胶州,其他口岸时有时无,变化较大,具体数额参见表 8-68。

　　人造丝的进口税,在 1929 年以前很低,仅为从价 5%,1929 年调高到 10%。1933 年起改为从量每担征收 58 个金单位,后又提高到 73 个金单位。人造丝进口税率的提高,对进口量起到了一定的限制作用。

　　日本除了向中国大力推销人造丝外,还疯狂地进行人造丝的走私,尤其是 1933 年以后,中国提高了人造丝进口税率后,日本在东南沿海和华北一带走私猖獗。据 1934 年海关贸易报告,在当年进口人造丝 270 万公斤中,计有 72.7 万公斤是缉获之私货。走私的人造丝竟占进口量的 36.85%,而未被缉获的走私量更大。1936 年经铁路运往天津的走私量计为 399.42 万公斤,数量惊人。日本人造丝走私是日本军国主义侵略我国的一个组成部分,日本在华北的人造丝走私,曾引起了全球性的轰动。

全面抗日战争爆发后,上海处于"孤岛"地位。日本极力向中国推销人造丝及其制品,1940 年和 1941 年分别占日本对上海输出货物的首位,其货值和比重见表 8-69。

表 8-69　1938—1941 年上海进口日本人造丝及其制品数额

| 年份 | 进口总货值/万美元 | 人造丝及其制品 | |
| --- | --- | --- | --- |
| | | 占比/% | 占对上海输出货物的位次 |
| 1938 | 1385.2 | 7.9 | 第 4 位 |
| 1939 | 3214.5 | 6.4 | 第 7 位 |
| 1940 | 2041.2 | 12.3 | 第 1 位 |
| 1941 | 2081.8 | 14.4 | 第 1 位 |

人造绢丝由废人造丝纺成,其强力和光泽不如人造丝,仅可纺粗支纱,其主要用途为织丝绒和针织袜衫,各主要生产人造丝的国家均有生产,其中英国和德国所产的人造绢丝在中国市场处于第一、第二位。1927—1932 年我国输入的人造绢丝数量和货值见表 8-70。

表 8-70　1927—1932 年全国人造绢丝输入量[①]

| 项目 | 1927 年 | 1928 年 | 1929 年 | 1930 年 | 1931 年 | 1932 年 |
| --- | --- | --- | --- | --- | --- | --- |
| 输入量/吨 | 227.84 | 557.20 | 834.31 | 426.58 | 405.08 | 85.65 |
| 货值/万关两 | 17.5 | 37.6 | 68.5 | 33.9 | 41.5 | 8.8 |

## 二、人造丝织品进口

20 世纪初就有人造丝和蚕丝的交织品进口,1902 年进口值为 44.44 万元,约占当年进口丝织品总金额的 29%。1914 年起有纯人丝织物和人造丝与蚕丝之外的其他纤维的交织品进口,进口价值为 44.22 万元,占当年进口丝织品总值的 9.3%。1923 年起人造丝织品和人造丝交织品进口数量大增,当年进口值达 152.6 万元,比 1922 年猛增 1 倍多,超过了蚕丝绸的进口值。1924 年又增长到 267.7 万元,比上一年增长近 1 倍。以后数年增长幅度都很大,到 1929 年达到高峰,进口值为 1367.2 万元,为当年进口丝织品总金额的 77.43%。进入 30 年代后逐年有所下降,其中一个重要原因是在关税自主后,增加了对

---

① 徐新吾:《近代江南丝织工业史》,上海:上海人民出版社,1991 年,第 229 页。

人造丝织品的进口税,同时也有走私进口未反映在进口统计数值内。1935 年进口金额锐减到 37 万多元,1936 年回升到 136 万元,1940 年又增长到 1924.62 万元,占当年进口丝织品总金额的 86.8%。1902—1940 年全国进口人造丝织品及人造丝交织品数值见表 8-71。从表中的数值可以看出,从 1932 年起进口数额大幅度下降,其中纯人造丝织品下降得尤为厉害,1933 年和 1934 年又进一步下降,处于人造丝织品进口量的低谷。

表 8-71　1902—1940 年全国进口人造丝织品数值[①]　　　　单位:万元

| 年份 | 蚕丝与人造丝交织丝绒等 | 人造丝织品及人造丝交织品 | 合计 | 年份 | 蚕丝与人造丝交织丝绒等 | 人造丝织品及人造丝交织品 | 合计 |
|---|---|---|---|---|---|---|---|
| 1902 | 44.43 | — | 44.43 | 1927 | 49.19 | 563.57 | 612.76 |
| 1905 | 96.92 | — | 96.92 | 1928 | 82.13 | 882.34 | 964.47 |
| 1910 | 72.51 | — | 72.51 | 1929 | 60.57 | 1306.64 | 1367.21 |
| 1915 | 8.36 | 32.13 | 40.49 | 1930 | 38.24 | 917.91 | 956.15 |
| 1916 | 7.18 | 27.38 | 34.56 | 1931 | 56.84 | 488.48 | 545.32 |
| 1917 | 13.02 | 52.25 | 65.27 | 1932 | 21.52 | 118.41 | 139.93 |
| 1918 | 26.55 | 75.71 | 102.26 | 1933 | 20.93 | 50.22 | 71.15 |
| 1919 | 18.12 | 28.57 | 46.69 | 1934 | 13.87 | 26.40 | 40.27 |
| 1920 | 11.04 | 30.18 | 41.22 | 1935 | 7.70 | 30.17 | 37.87 |
| 1921 | 16.57 | 31.53 | 48.10 | 1936 | 12.81 | 103.09 | 115.90 |
| 1922 | 19.84 | 52.56 | 72.40 | 1937 | 8.06 | 310.92 | 318.98 |
| 1923 | 25.72 | 126.91 | 152.63 | 1938 | 19.38 | 898.37 | 917.75 |
| 1924 | 18.67 | 248.98 | 267.65 | 1939 | 23.82 | 862.80 | 886.62 |
| 1925 | 27.01 | 294.51 | 321.52 | 1940 | 55.93 | 1868.31 | 1924.24 |
| 1926 | 57.79 | 540.05 | 597.84 | — | — | — | — |

人造丝织品及其交织品的输入,早期主要来自欧美,日本所占比重很小。例如 1915 年从日本仅进口了 75 码,占进口总额的 0.2%。到了 1929 年,从日本的进口量达到 1085.64 万米,跃居进口国的首位,占全部进口量的 68% 左右。1937 年又进一步增加到 1318.25 万米,占进口总额的 91%。日货所以能排挤掉欧美货,主要是因为日本自己生产人造丝以及丝织机器和丝织工艺技术较先进;劳动生产率高和工资低;交通便利,路途较近。日本生产的人造丝织品和交织品的成本远低于中国国内厂家生产成本,因此国产丝品在国内市场的销路大受影响。如蚕丝和人造丝交织品南新绉,上海美亚织绸厂每码售价为 0.73 元,而日本进口货只卖 0.63 元;人造丝与棉纱交织的新华葛,美亚厂卖 0.45 元一码,日本货只卖 0.28 元;线绨美亚厂卖 0.67 元,日本货卖 0.49 元。国产货价格高的原因是人造丝原料是从日本进口的,要附加关税;织绸机器自动化程度不高,劳动生产率低。

---

① 徐新吾:《近代江南丝织工业史》,上海:上海人民出版社,1991 年,附录 8。

### 三、人造丝织品出口

1925 年起始有人造丝织品的零星出口,该年出口值仅 4749 元。1926 年有人造丝与其他纤维的交织品出口,出口值为 10 万多元。1927 年有人造丝与蚕丝交织品出口,出口值高达 60 多万元,占全部人造丝织品和人造丝交织品出口总值的 78.77%。1929 年人造丝织品和人造丝与蚕丝交织品的出口猛增到近 188 万元和 143 万多元。此后人造丝织品出口值呈下降趋势,到 1935 年锐减到 4.5 万多元,而人造丝与蚕丝交织品的出口额直线上升,1933 年达到 476 万元,占整个人造丝织品和交织品出口金额的 87%。1934—1937 年,人造丝织品和人造丝交织品的出口量下降,但人造丝与蚕丝交织品占总量的百分率上升,1934 年为 94.73%,1935 年为 94.69%,而上述两年人造丝织品的比重只占1.9% 和 3%。1925—1941 年全国人造丝织品和人造丝交织品出口的数量和价值见表 8-72。我国丝织品出口的主要地区为南洋一带,除了少数蚕丝织品和蚕丝与人造丝交织品外,很难与日本产品竞争。日本不仅在中国市场上大量倾销,而且霸占了南洋丝绸市场。1929 年日本出口丝织品总价值达 1.50 亿元,合 1.09 亿关两,约为中国丝织品出口总值的 10 倍。中国人造丝织品和人造丝交织品难以与日本货在南洋竞争的一个重要原因是中国对人造丝进口有高额关税。美亚织绸厂提出如能退还进口原料税,或免税,则凭借我国廉价劳动力,可以与之竞争。1932 年上海丝织厂业工会向财政部请求退还关税,未获批准。之后美亚织绸厂提出建立"关栈厂"即"保税厂",以免税进口人造丝,在海关派员督造下,成品全部出口与日本货竞争南洋市场的申请,直拖至 1936 年始获准。

表 8-72　1925—1941 年全国人造丝织品及人造丝交织品出口量

| 年份 | 人造丝织品 | | 人造丝交织品 | | 人造丝、蚕丝交织品 | | 合计 |
|------|------|------|------|------|------|------|------|
| | 吨 | 万元 | 吨 | 万元 | 吨 | 万元 | 万元 |
| 1925 | — | 0.47 | — | — | — | — | 0.47 |
| 1926 | — | 0.19 | — | 10.86 | — | — | 11.05 |
| 1927 | — | 7.49 | — | 8.78 | — | 60.36 | 76.63 |
| 1928 | — | — | — | 4.16 | — | — | 4.16 |
| 1929 | — | 187.99 | — | 23.68 | 178.73 | 143.16 | 354.83 |
| 1930 | — | 128.76 | — | 19.29 | 248.67 | 191.95 | 340.00 |
| 1931 | 71.22(万米) | 42.32 | 76.73(万米) | 43.77 | 420.29 | 315.61 | 401.70 |
| 1932 | 50.1 | 16.89 | 212.29 | 52.69 | 667.64 | 361.87 | 431.45 |
| 1933 | 65.97 | 16.97 | 182.54 | 52.29 | 1046.77 | 467.16 | 536.42 |
| 1934 | 15.38 | 5.79 | 32.57 | 10.27 | 614.24 | 288.88 | 304.94 |
| 1935 | 16.53 | 4.53 | 18.02 | 3.44 | 333.82 | 142.10 | 150.07 |
| 1936 | 46.96 | 12.11 | 20.83 | 5.38 | 291.99 | 122.97 | 140.46 |
| 1937 | 17.86 | 7.20 | 12.57 | 3.54 | 307.53 | 133.11 | 143.85 |

续表 8-72

| 年份 | 人造丝织品 | | 人造丝交织品 | | 人造丝、蚕丝交织品 | | 合计 |
| | 吨 | 万元 | 吨 | 万元 | 吨 | 万元 | 万元 |
|---|---|---|---|---|---|---|---|
| 1938 | 41.34 | 10.80 | 23.92 | 8.95 | 436.001 | 185.17 | 204.92 |
| 1939 | 329.19 | 112.35 | 151.62 | 55.91 | 1221.37 | 642.63 | 810.89 |
| 1940 | 709.48 | 455.08 | 283.89 | 178.27 | 890.85 | 1018.25 | 1651.60 |
| 1941 | 1527.23 | 1945.00 | 187.99 | 177.03 | 655.08 | 1330.04 | 3452.07 |

我国丝织品出口在 1937—1941 年是增加的,尤其是 1939 年比上年增长了 1 倍多。这是因为德国发动了第二次世界大战后,欧洲生产丝绸的国家无暇东顾;日本国内工业大都转向军工生产;上海租界外商洋行经营出口南洋的丝织品,特别是适销廉价的人造丝织品的利润颇高,遂使丝织品外销量增加。1937—1941 年全国丝织品出口总量、分类出口量和比重见表 8-73。由表可见,虽然丝织品的出口量逐年增加,但从分类来看,全蚕丝织品出口量稍有下降,人造丝织品和人造丝交织品以及人造丝与蚕丝交织品的出口量增加。其中以人造丝织品增加最多,增加了 85.4 倍;其次是人造丝交织品,增加了 14.9 倍;蚕丝与人造丝的交织品增加了 2.1 倍。这反映了中国丝织品在国外市场消费结构的变化,并使之适合当时国外市场上一些低消费水平的需要。

表 8-73　1937—1941 年全国出口丝织品总量及分类

| 项目 | | 1937 年 | 1938 年 | 1939 年 | 1940 年 | 1941 年 |
|---|---|---|---|---|---|---|
| 全蚕丝织品 | 数量/吨 | 788.18 | 761.56 | 832.16 | 716.42 | 743.04 |
| | 价值/万元 | 424.03 | 384.66 | 626.70 | 1282.10 | 2177.70 |
| | 比重/% | 74.67 | 65.24 | 43.59 | 43.70 | 38.68 |
| 人造丝织品 | 数量/吨 | 17.86 | 41.34 | 329.19 | 709.47 | 1527.41 |
| | 价值/万元 | 7.20 | 10.80 | 112.35 | 455.08 | 1945.09 |
| | 比重/% | 1.27 | 1.83 | 7.82 | 15.51 | 34.55 |
| 蚕人丝交织品 | 数量/吨 | 307.53 | 436.0 | 1221.37 | 890.85 | 655.08 |
| | 价值/万元 | 133.11 | 185.17 | 642.63 | 1018.25 | 1330.04 |
| | 比重/% | 23.44 | 31.41 | 44.70 | 34.71 | 23.62 |
| 人丝等交织品 | 数量吨 | 12.57 | 8.76 | 151.62 | 283.89 | 186.99 |
| | 价值/万元 | 3.54 | 8.95 | 55.91 | 178.27 | 177.03 |
| | 比重/% | 0.62 | 1.52 | 3.89 | 6.08 | 3.14 |
| 合计 | 斗数量/吨 | 1126.13 | 1247.66 | 2534.33 | 2600.63 | 3112.53 |
| | 价值/万元 | 567.88 | 589.58 | 1437.59 | 2933.70 | 5629.86 |

## 第六节　合成染料贸易

我国使用合成染料首先来源于欧洲。然而关于早期合成染料传入我国的有关问题尽管多有报道，说法不一，甚至有些论述不甚准确，所以，进一步探讨这些问题很有必要。

### 一、合成染料传入我国的时间

由肖刚等编著的《染料工业技术》一书在第一章染料工业概论里面指出："欧洲合成染料产品进入中国市场的时间，应在 20 世纪初期。"①他是根据 1909 年上海《申报》刊登的艾礼可洋行有销德国巴斯夫公司靛蓝的广告。② 的确，作者查阅了《申报》，该报刊 1909 年 9 月 24 日刊登有此广告。声称该洋行经营数十年，专销巴底斯老牌的"真正靛青"，远销中国各地等。从此可以证明，欧洲的合成染料进入中国市场的时间应在 1909 年之前，此为第一种说法。

《中国近代纺织史（上）》在第二章谈到染色时说："1902 年德国生产合成靛蓝，恰大量输入我国，并很快淘汰了国产植物靛蓝。"③如果此论正确的话，合成染料传入我国的时间为 1902 年。书中没有给出资料来源处，因此无从考证，但此为说法之二。

但另据《大公报》（天津版）1902 年 6 月 17 日广告载："万寿宫胡同内以诚信染店，本店特采用高等颜料专染绫罗绸缎，起油弹色，时色鲜明，格外价廉，特此谨启。"④广告所谈高等颜料是否为进口合成染料这里没有直说，但至少不是传统染料，从描述的染色效果来看，推断应是合成染料。这里也说明合成染料传入我国的时间 1902 年是可能的。同时也可以推断出所说的高等染料应该就是合成染料。此观点也是对前说的佐证。

《青岛纺织工业志》第 351 页大事记记载："1897 年清光绪二十三年〈海云堂随记〉记载：3 月 14 日晚记，青岛计有……成衣……染坊 6 家；3 月 15 日记，本口（青岛口）去春'瑞顺'、'协昌福'、'庆泰'进细白棉纱 127 件，今春进 261 件，余者为靛蓝、洋红均行销畅利。"⑤这里的靛蓝并未指是合成靛蓝，但洋红应指洋染料，应为合成染料。那么据此我们应把进口染料的时间前推至 1897 年 3 月 15 日。这应该是提前了很多时间，此为说法之三。

1946 年出版的《纺织周刊》第七卷发表诸楚卿的文章《推进染料工业之计划》指出，"人造染料，在我国之应用，大概已历六十年矣。外国最初以靛青输入供用，继以直接染

---

①　肖刚：《染料工业技术》，北京：化学工业出版社，2004 年。

②　《申报》，1909 年 9 月 24 日。

③　周启澄：《中国近代纺织史》，北京：中国纺织出版社，1997 年，第 123 页。

④　《大公报》，1902 年 6 月 17 日。

⑤　曾繁铭：《青岛市纺织工业志》，青岛：青岛海洋大学出版社，1994 年，第 351 页。

料与盐基染料及酸性染料等之供给,逐渐推广……"①如果按60年推算,那么此处提及的"靛青"输入应为1886年前后,那么如果诸楚卿先生这篇文章所谈时间准确的话,那么合成染料传入我国的时间又提前了8年,即1886年。罗钰彦先生在其整理的《中国染料工业发展史》中曾经谈到,"合成染料出现在中国,并在中国倾销是在十九世纪八十年代"②。尽管他没有给出进一步的考证记录,但也应有一定依据。此乃第四种说法。

另外,《中国近代化学工业史》对合成染料传入我国有这样一段叙述:"早在19世纪80年代就已有德国的染料进入我国市场,由于其品质精美、价位合适,国人竞相采用,对原有植物性染料市场打击严重。1982年国外有关染料的技术资料,纷纷刊登有关纪念德国巴底斯染料进入中国一百周年的文章。可见德国染料早在1882年就进入中国。1909年9月24日上海《申报》刊登上海爱礼司洋行推销巴底斯合成靛蓝的广告,声称:爱礼司洋行经营数十年,专销巴底斯老牌的真正靛青运销中国各地。这则广告所说的时间和关于巴底斯染料进入中国百年的纪念文章所述的时间是吻合的。"③此观点所推时间为1882年,理由有两个,一是纪念文章所述,二是《申报》广告所载。如果说1982年的纪念文章作为一个原因的话,还有道理,但如果《申报》广告上的"数十年"来推测和"1882年"这个时间相吻合应该说是不科学的。但这不影响"1882年"这个时间的可取性。这毕竟也是一个时间点。

综上所述,几种说法,何种更为准确呢?何种说法更符合实际情况呢?笔者认为合成染料传入我国的时间应为19世纪80年代,即1887年左右。这里称1887年为合成染料最早传入我国的时间,并不是因为这个时间是最早的。

## 二、国外对我国合成染料的倾销

自从合成染料传入我国之后,由于其优质的染色效果很快被国人接受,洋行纷立,贸易活跃。在合成染料被使用之前,我国一直是天然染料的出口国,据文献记载,④光绪二十四年(1898年)及1899年,汕头一地天然染料输出额就达93 000担,合成靛蓝发明以后(1897年),我国天然靛蓝输出逐年减少,直至终止。而相反合成靛蓝的进口却逐年增加,1937年曾达到98 245担,其中德国占28 946担,美国占30 477担,日本占13 970担,总值450余万关金单位。靛青与硫化元市价统计见表8-74。

---

①　阎承斌,1929年出生,1949年进厂工作,原大连染料厂总工程师。

②　楚卿:《推进染料工业之计划》,《纺织周刊》1946年第7卷。

③　陈引文:《中国近代化学工业史》,北京:化学工业出版社,2006年,第16页。

④　李乃铮:《十九年来我国染料贸易与染料工业》,《纤维工业》1947年第2卷第9期。

表8-74 1914—1926年靛青与硫化元市价统计表

| 年份 | 靛青每担值银 | 硫化元每担值银 | | | |
|------|------|------|------|------|------|
| 1914 | 上半年<br>下半年 | 38～42<br>120 | 东货45<br>150 | 德货 | 美货 |
| 1915 | | 200～400 | 160 | | |
| 1916 | | 400 | 50 | 100 | 60 |
| 1917 | | 400 | 50 | 100 | 60 |
| 1918 | | 350 | 40 | 缺货 | 55 |
| 1919 | | 250 | 35 | | 50 |
| 1920 | | 150 德货 | 35 | 60 | |
| 1921 | | 150 | 35 | 60 | |
| 1922 | | 85 | 30 | 50 | |
| 1923 | | 70 | 28 | 38 | |
| 1924 | | 60 | 25 | 35 | |
| 1925 | | 45 | 20 | 32 | |
| 1926 | | 30 | 18 | 25 | |

在合成靛蓝进口的同时,硫化染料、直接染料、盐基染料、酸性染料、还原染料、冰染染料等也相继进入国内。1939年总值达14 306.727关金单位。仅硫化元一项输入总量达95 443公担(合155 738担弱)。德国占36 229公担,日本占54 957公担。1942年由于全面战争关系,输入量大大减少,降至14 230公担,合23 717担。日本占10 819公担,德国只占3391公担。

根据我国海关报告,1932—1946年以及1947年1月至4月,合成染料(包括合成靛蓝、硫化黑及其他各种合成染料)输入我国比较如下(表8-75):

表8-75 1932—1947年4月合成染料输入我国比较①

| 年份 | 总量 | | 合成靛蓝 | | 硫化黑 | | 其他合成染料 | |
|------|------|------|------|------|------|------|------|------|
| | 重量 | 价值 | 重量 | 价值 | 重量 | 价值 | 重量 | 价值 |
| | 公担 | 关金单位 | 公担 | 关金单位 | 公担 | 关金单位 | 公担 | 关金单位 |
| 1932 | — | 14 280 481 | — | 4 640 236 | — | 4 183 528 | — | 5 456 717 |
| 1933 | — | 14 036 549 | — | 6 896 421 | | 2 505 916 | | 4 634 212 |
| 1934 | | 11 823 245 | 2 450 100 | 4 003 482 | 84 215 | 2 418 492 | | 5 401 271 |
| 1935 | | 12 834 923 | 3 365 121 | 4 844 278 | 84 887 | 2 238 869 | | 5 751 779 |
| 1936 | | 11 949 241 | 3 188 131 | 3 877 623 | 57 518 | 1 454 196 | | 6 617 422 |

① 薛之斌:《染料之选择与购买》,《杼声》1941年第6卷第2期。

续表 8-75

| 年份 | 总量 | | 合成靛蓝 | | 硫化黑 | | 其他合成染料 | |
|---|---|---|---|---|---|---|---|---|
| | 重量 | 价值 | 重量 | 价值 | 重量 | 价值 | 重量 | 价值 |
| | 公担 | 关金单位 | 公担 | 关金单位 | 公担 | 关金单位 | 公担 | 关金单位 |
| 1937 | — | 11 638 937 | 5 894 703 | 4 508 964 | 50 189 | 1 209 474 | — | 5 920 499 |
| 1938 | — | 10 323 164 | 4 111 952 | 4 195 791 | 38 385 | 1 527 332 | — | 4 600 041 |
| 1939 | — | 14 306 727 | 4 003 882 | 4 872 424 | 93 443 | 3 126 041 | — | 6 308 262 |
| 1940 | — | 12 380 766 | 1 825 868 | 3 566 773 | 53 062 | 2 868 503 | — | 5 925 490 |
| 1941 | — | 16 318 567 | 2 196 217 | 5 213 566 | 41 368 | 3 777 634 | — | 7 327 367 |
| 1942 | | 5 413 568 | 378 349 | 1 434 176 | 14 230 | 1 166 626 | | 2 812 766 |
| | (CN ＄ 1000) 国币 1000 元 | | (CN ＄ 1000) 国币 1000 元 | | (CN ＄ 1000) 国币 1000 元 | | (CN ＄ 1000) 国币 1000 元 | |
| 1946 | 3 157 533 | 18 653 283 | | 1 019 237 | 22 082 | 55 812 206 | 504 | 2 879 691 |
| 1947 | 1 559 486 | 18 812 939 | | 7 000 081 | 12 420 | 1 166 147 | 826 | 196 711 |

　　据德国在 1939 年调查所得,世界染料产量价值 1929 年达 35 750 万马克。1936 年以后战争已布满全球,各国都在急于备战,染料厂大多转产制造炸药及其他军用品,染料年产量迅速降低。至 1938 年已降至 21 860 万马克。德国也从 21 160 万马克降至 11 240 万马克。其产量于 1937 年为 37.537 吨,而 1938 年则为 27.218 吨,一年间锐减 27%。现将世界各染料生产国的染料年产总值比较如下(表 8-76):

表 8-76　世界染料产量价值①　　　　　　　　　　单位:100 万马克

| 国名 | 1929 年 | 1936 年 | 1937 年 | 1938 年 |
|---|---|---|---|---|
| 英国 | 20.1 | 16.4 | 18.2 | 14.6 |
| 德国 | 211.6 | 138.2 | 151.6 | 112.4 |
| 奥地利 | 0.2 | 0.1 | 0.1 | 0.1 |
| 法国 | 10.7 | 13.7 | 13.1 | 14.9 |
| 美国 | 33.8 | 16.4 | 19.5 | 12.3 |
| 日本 | 0.7 | 4.3 | 4.7 | 5.5 |
| 瑞士 | 69.3 | 57.2 | 49.9 | 48.7 |
| 捷克 | 1.3 | 2.1 | 2.1 | 1.6 |
| 其他 | 9.8 | 8.1 | 10.0 | 8.5 |
| 合计 | 357.5 | 256.5 | 269.2 | 218.6 |

---

① 《八大染料国最近两年染料输入情形》,《纺织周刊》,第 2 卷第 21 期。

第一次世界大战以前,世界染料市场几乎全被德国所独占,包括合成染料发源地英伦,也不得不尾随其后,当时美国的染料工业,更是刚刚起步,只能通过染料的中产物制造几种简单染料。第一次世界大战爆发后,染料来源中断,染色工业深受其害,不得不奋力研究,制造供应。最初研制成功的为合成靛蓝及硫化染料,1919 年蒽醌族还原染料制造成功。军队供应缩减以后,德国染料又得以复苏,重起竞销市场。对于美国非常薄弱的染料工业,当然遭受巨大打击,1926 年时几乎没有一家染料厂不亏本,于是乃发愤研究改进,政府又倍加奖励及保护,到 1930 年以后,再回复到其繁荣的景象,当时也是染料出产量最多的国家之一。

后来各种偶氮直接染料(Direct Azo Colour)、显色染料、硫化染料、酸性染料、硫化靛族还原染料相继产生。染印技术又大大改良,如助剂二乙烯乙二醇(Diethylene Glycol)即商品所谓 Fibrit D. 及二或三氨基乙醇(Di or Triethanolamine)的使用,使染料用于印花时得以获得更良好的效果。1936 年稳定性不溶性还原染料(Rapid Fast)制造成功,又将铬原子导入偶氮染料分子中制成含媒染料(Chromferous or permetallized Dyes)。于是染料的应用手续大大简化,同时染色法又大为改进。

1937 年以来,美国已成为世界染料产量最大国之一,其输出量仅次于德国,1937 年总额达 13 224.4 万磅,1938 年因备战关系产量大打折扣,较上年减少 34%,只达 8132.6 万磅。

战前我国染料输入国,美国居第二位,第二次世界大战结束以后,在我国原有的德国和日本市场几乎全被美国染料所代替。

那么美国 1928—1938 年各类染料生产情况如何呢？表 8-77 给出了详细情况。[1]

表 8-77　1928—1938 年美国染料生产情况统计表

| 年份 | 1928 | 1929 | 1930 | 1931 | 1932 | 1933 | 1934 | 1935 | 1936 | 1937 | 1938 |
|---|---|---|---|---|---|---|---|---|---|---|---|
| 产量（100 万磅） | 60 | 55 | 42 | 48 | 49 | 50 | 52 | 58 | 61 | 63 | 45 |

英国合成染料在 1928 年至 1938 年中,十一年来染料生产比较情况见表 8-78。

1938 年亦因备战关系,染料产量大减,与 1937 年产量相比较减少 28%,其中 1938 年染料生产情况在表 8-78 中给出了详情。

[1]　李乃铮:《十几年来我国染料贸易与染料工业》,《纤维工业》,1947 年第 2 卷第 9 期。

表8-78 英美各种合成染料产量比较①

| 染料名称 | 1925—1938年美国染料产量 | | | | | | 1938年英国染料产量 | | |
| --- | --- | --- | --- | --- | --- | --- | --- | --- | --- |
| | 1925—1930年（平均值） | | 1937年 | | 1938年 | | 1938年 | | |
| | 产量（1000 lbs.） | 占比/% | 产量（1000 lbs.） | 占比/% | 产量（1000 lbs.） | 占比/% | 产量（lbs.） | 颜色 | 产量（lbs.） |
| 直接染料 | 17 984 | 19.2 | 30 595 | 25.1 | 21 061 | 25.90 | 8 573 218 | 黑 | 12 869 474 |
| 酸性染料 | 11 814 | 12.6 | 15 343 | 12.6 | 11 699 | 14.39 | 9 542 040 | 蓝 | 9 741 817 |
| 铬媒染料 | 3612 | 3.84 | 6193 | 5.07 | 3059 | 3.76 | 5 378 909 | 褐 | 3 534 817 |
| 盐基染料 | 4833 | 5.14 | 5775 | 4.73 | 4473 | 5.50 | 2 759 380 | 绿 | 3 192 652 |
| 硫化染料 | 20 005 | 21.3 | 20 529 | 16.8 | 11460 | 14.09 | 6 522 000 | 橙 | 2 051 996 |
| 瓮染料（蓝）<br>（一般） | 27 128<br>6093 | 3.34 | 18 417<br>16 084 | 28.22 | 11 001<br>10 950 | 26.99 | 6 242 755 | 黄 | 5 041 917 |
| Lake making colour<br>Oil soluble & alcohol<br>Soluble colour | 1947 | 2.07 | 3157 | 2.58 | 2285 | 2.81 | 2 157 795<br>1 379 988 | 紫罗兰 | 1 547 006<br>5 858 082 |
| 纤维素醋酸酯染料 | | | 2192 | 1.79 | 2072 | 2.55 | 1 178 784 | 红 | 1 664 312 |
| 拉披达染料 | — | — | 2700 | 2.21 | 2688 | 3.30 | — | 其他 | |
| 其他 | 587 | 0.63 | 1259 | 1.03 | 578 | 0.71 | 1 767 274 | | |
| 总量 | 94 003 | 100 | 122 244 | 100 | 81 326 | 100 | 45 502 043 | | 45 502 043 |

　　20世纪30年代,我国服色崇向蓝色和黑色,尤特别以黑色为流行,因此黑色染料在我国每年的消耗量在各色染料中最多,根据我国海关报告,将我国1946年度及1947年度染料输入统计情况比较如下(表8-79):

---

① 《八大染料国最近两年染料输入情形》,《纺织周刊》,1948年第2卷第21期。

表8-79　1946—1947年我国染料输入情况①

| 名称 | 1946年 | | 1947年1—6月 | |
| --- | --- | --- | --- | --- |
| | 数量/公担 | 百分率/% | 数量/公担 | 百分率/% |
| 合计 | 31 575 | 100 | 43 466 | 100 |
| 硫化元 | 22 082 | 69.93 | 18 480 | 42.51 |
| 合成靛蓝 | 2989 | 9.47 | 1420 | 3.27 |
| 其他合成染料 | 6504 | 20.60 | 23 566 | 54.22 |

从当年的统计情况来看,输入染料以硫化元为最多,1946年输入量虽只有22 082公担,但已占总输入量的近70%,而1939年曾达93 443公担的最高值,其他如直接元、酸性元、铬媒元、精元等还没有列入。黑色染料以华北、西北等地消耗量较多,这可能因为地域与气候的关系。

第二次世界大战以前,我国硫化元每年输入量,德日两国轮流高居首位,而日本以廉价染料为主,如果以价值而论,则德国远高出日本。表8-80给出的数据就较好地说明了这一问题。

表8-80　第二次世界大战前四国输入硫化元统计表②

| | 数量/公担 | 百分率/% | 价值/关金单位 |
| --- | --- | --- | --- |
| 输入总额 | 517 247 | 100.00 | 19 817 164 |
| 日　本 | 235 578 | 45.54 | 5 357 207 |
| 德　国 | 235 302 | 45.49 | 12 374 662 |
| 美　国 | 37 251 | 7.20 | 1 798 695 |
| 英　国 | 5341 | 1.03 | 194 299 |
| 合　计 | 513 472 | 99.26 | 19 724 873 |

1934年至1942年我国硫化元输入统计如表8-81所示(1934年以前硫化元输入量未有统计,又其他输入国之输入量及再输出数字均未列入):

表8-81 1934—1942年我国硫化元输入统计详情①

| | 1934 | 1935 | 1936 | 1937 | 1938 | 1939 | 1940 | 1941 | 1942 |
|---|---|---|---|---|---|---|---|---|---|
| | 2 418 492 GU | 2 238 866 GU | 1 454 196 GU | 1 209 474 GU | 1 527 332 GU | 3 126 041 GU | 2 898 503 GU | 3 777 634 GU | 1 166 626 GU |
| | 公担 | 公担 | 公担 | 公担 | 公担 | 公担 | 公担 | 公担 | 公担 |
| 共计 | 84 215 | 84 887 | 57 518 | 50 139 | 38 385 | 93 443 | 53 062 | 41 368 | 14 230 |
| 日本 | 42 031 | 41 501 | 21 139 | 10 680 | 9940 | 54 957 | 2 6821 | 17 690 | 10 819 |
| 德国 | 33 014 | 32 540 | 27 381 | 36 661 | 26 698 | 36 229 | 17 019 | 22 369 | 3391 |
| 美国 | 7704 | 9531 | 8285 | 2094 | 433 | 1091 | 6443 | 1665 | 5 |
| 英国 | 1439 | 1269 | 685 | 693 | 398 | 513 | 267 | 77 | |
| 其他 | 27 | | 36 | 11 | 916 | 701 | 3777 | 137 | 15 |
| 已进口而未完关税 | | | | | | | | | |
| 再出口 | （—） | （—） 46 | （—） 8 | | | （—） 48 | （—） 1265 | （—） 570 | |
| 百分率 | | | | | | | | | |
| 合计 | 100% | 100% | 100% | 100% | 100% | 100% | 100% | 100% | 100% |
| 日本 | 49.91% | 48.89% | 36.15% | 21.30% | 25.90% | 58.81% | 50.55% | 42.76% | 76.03% |
| 德国 | 39.20% | 38.33% | 47.61% | 73.12% | 69.55% | 38.77% | 32.07% | 54.07% | 23.83% |
| 美国 | 9.15% | 11.23% | 14.40% | 4.18% | 1.13% | 1.17% | 12.14% | 4.02% | 0.04% |
| 英国 | 1.71% | 1.50% | 1.19% | 1.38% | 1.04% | 0.55% | 0.51% | 0.19% | |
| 其他 | 0.03% | 0.05% | 0.06% | 0.02% | 2.38% | 0.75% | 7.12% | 0.34% | 0.10% |
| 再出口 | | | （—） 0.01% | | | （—） 0.05% | （—） 2.39% | （—） 1.38% | |
| 已进口而未完关税 | | | | | | | | | |

1937年德国输入总量达36 661公担,占输入总量的73.12%,至1939年(即1934—1942年中硫化染料输入的最高峰)降至36 229公担,而日本则锐升至54 957公担,占总额的58.81%。后来大战日趋激化,我国染料输入量也逐年减少,至1942年硫化元输入总额14 230公担,只及1939年15.23%还要弱,日本10 819公担,即总量的76.03%,德国只3391公担。日本偷袭珍珠港之后,世界形势日益混乱,各国集中全力投入战事,商

① 李乃铮:《我国之硫化元输入及制造》,《纤维工业》1948年第3卷第1期。

业无从进行,自1942年至1945年间,世界贸易实已呈麻疲状态。胜利以后,世界贸易渐渐复苏,所以,1946年我国硫化元输入量又达22 082公担,输入国则以美国为主,计18 264公担,占输入量的82.717%。

当时政府当局,由于外汇有限,不能长期任意无限消耗,因此于1946年11月17日宣布输入临时办法,设立输入临时管理委员会,规定为限额分配入口类,使硫化元输入受到很大限制,输入量当然大受影响。据海关报告,1947年1月至6月半年来硫化元输入量达18 480公担,价值2 681 481.5万元。美国输入9642公担,为总量的52.18%,日本也有785公担输入,输入口岸以上海为最多,计15 146公担,占全量81.96%。表8-82把1947年1—6月硫化元输入情况进行了统计。

表8-82　1947年上半年硫化元输入统计[①]

| 摘要 | 数量/公担 | 百分率/% | 价值/法币千元 | 百分率/% |
| --- | --- | --- | --- | --- |
| 共计 | 18 480 | 100 | 26 814 815 | 100 |
| 美国 | 9642 | 52.18 | 16 107 218 | 60.07 |
| 英国 | 5980 | 32.36 | 7 746 809 | 28.89 |
| 荷兰 | 1146 | 6.2 | 1 188 978 | 4.44 |
| 日本 | 985 | 5.33 | 257 919 | 0.97 |
| 比利时 | 342 | 1.85 | 201 496 | 0.76 |
| 瑞士 | 146 | 0.79 | 502 442 | 1.88 |
| 其他 | 239 | 1.29 | 800 953 | 2.99 |

表8-83为1947年1—6月输入口岸比较。

表8-83　1947年1—6月输入口岸比较[②]

| 输入口岸 | 数量/公担 | 百分率/% |
| --- | --- | --- |
| 上海 | 15 146 | 81.96 |
| 九龙 | 2442 | 13.21 |
| 天津 | 756 | 4.09 |
| 其他 | 136 | 0.74 |
| 共计 | 18 480 | 100 |

---

① 李乃铮:《我国之硫化元输入及制造》,《纤维工业》1948年第3卷第1期。

② 《上海染料工业十年(草稿)》,存放于东华大学图书馆。

　　全面抗战前，我国原有硫化元制造厂多家，规模不大，产量有限，但因人工低贱，故成品价格比较低廉。适合内地一般用户需求，所以销路以内地为主。全面抗战期间，各厂大多位于沦陷区，或被占领，或被摧残。当时日本人虽然也曾在华北沦陷区设立硫化元厂多家，只是由于当时时局所限，均发展不理想。胜利以后，为我国当局接受，有的售给民营，有的由国家续办，也有的还处于停顿状态。另外因种种人事关系，虽有设备但并没有发挥其最大效能。

　　输入管制以来，硫化元输入大受限制，而市场需要量又很大，所以价格日涨。硫化元制造厂因之闻风而起，纷纷设立，犹如雨后春笋，一时大小新旧厂不下四五十家。据上海市商会编辑的纺织工业调查报告，上海较大的硫化元制造厂的产量如表8-84所示①。

表8-84　输入管制后上海部分染料厂生产情况

| 厂名 | 出品商标 | 每日最大产量 | 现在每日产量 |
| --- | --- | --- | --- |
| 中孚兴业化学制造公司 | 钟斧 | 500桶（60公斤） | 75桶（60公斤） |
| 华元染料化工厂 | 飞机 | 150桶 | 60桶 |
| 中央化工厂 | 中央BX | 50桶 | 15桶 |
| 中一染料厂 | 中一 | 40桶 | 20桶 |
| 大中染料厂 | 大中 | 30桶 | 15桶 |
| 庆华颜料化工厂 | 峨眉山 | 20桶 | 10桶 |
| 华联染料化工厂 | 花篮 | 20桶 | 10桶 |
| 大可染料化学厂 | 大可 | 15桶 | 8桶 |
| 大中华染料厂 | 地图 | 10桶 | 5桶 |
| 庆裕化学工业公司 | AAA | 10桶 | 5桶 |
| 华丰染料化工厂 | 古钱 | 10桶 | 5桶 |
| 亚中化工厂 | 亚中 | 10桶 | 5桶 |

　　还有其他较小的制造厂三四十家，有日出一两桶，甚至数日出一桶者，有随市场的需要而时产时停的，也有其他化学厂因利厚可图，而临时改制的；故其实际生产量无从统计。总之，即上海以硫化元每日产量恐已超过300担。每担价格虽达120元至160元，只有以通货日增，外汇高涨不已，原料工资，日涨夜大，各厂前途，未可乐观。总之，自从合成染料输入我国后，国内所有合成染料主要靠国外进口，尽管有工厂生产合成染料，但远不能满足国内需要，主要因为：一是技术落后，生产量有限，品种单一；二是由于长年战乱，我国的染料工业倍受摧残，无法健康成长。

---

　　① 《上海染料工业十年（草稿）》，存放于东华大学图书馆。

### 三、洋行建立及其贸易

前已谈到,合成染料在国内的销售有三种途径:一是外商在国内开办洋行直接销售;二是通过买办进行经营;三是通过经纪人的方式进行经营。在鸦片战争后,接着又是甲午战争、八国联军侵华战争,腐败无能的清政府被迫由闭关自守转而开放了门户,听任外国列强的瓜分和经济侵略。先后开辟沪、津、汉等十几个城市为商埠,承认洋人的治外法权等。在一系列不平等条约的保护下几乎所有的中国重要城市和交通枢纽都设立了名目繁多的洋行买办,他们使用各种手段垄断着中国的市场,控制着中国的经济命脉。

但受当时中国经济管理水平低下和政治上软弱的影响,未能留下较完整的官方资料来记述洋染料侵占中国市场的情况。唯一可资参考的是海关贸易年鉴。但它只列了硫化黑、靛蓝以及一些未指明的苯胺染料,再加上没有统一规划的注明强度,故难以确切推算与统计。洋行的材料又极其保密,再加上"文化大革命"中的散失,使调查与收集工作倍加困难。因此,仅能靠零散的材料或个人的回忆记述来补救。

薛之斌于1941年发表在《杼声》上的一篇文章《染料的选择与购买》[①]谈到,当时"我国能自制之人造染料,仅硫化元一种……故一般印染工厂中,染料之来源,90%以上由外商洋行供应"。他提到当时在上海主要经售染料的外商洋行如下(表8-85):

表8-85　上海主要洋行统计

| 名称 | 简写 | 国籍 |
|---|---|---|
| 德孚洋行 | I. G. | 德商 |
| 恒信洋行 | Dupont | 美商 |
| 卜内门洋碱公司 | I. C. I | 英商 |
| 培亚洋行 | Gy | 瑞士商 |
| 兴昌洋行 | Sandoz | 瑞士商 |
| 永兴洋行 | C. M. C | 法商 |
| 汽巴化学公司 | Ciba | 瑞士商 |
| 南星洋行 | N. A. C | 美商 |
| 昭华洋行 | N. S. K | 日商 |
| 昭和隆洋行 | C. B. C | 日商 |

至于染料字号,在上海一地约有八九十家,其主要业务为经营外国染料。图8-4为在当时的期刊上刊登的一些洋行销售染料的广告。[②]

---

① 薛之斌:《染料之选择与购买》,《杼声》1941年第6卷第2期。
② 《销售染料广告》,《纺织染季刊》1940年第1卷第3期。

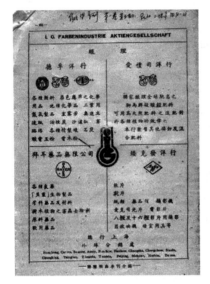

图 8-4　洋行销售染料的广告

1949 年 12 月号的《染化月刊》,曾以《发展中国染料工业之我见》为题,发表了龚祖德的政论文章,[1]介绍了他在新中国成立初派往清理德孚洋行时所整理的一些数据,是很有参考价值的。

据他说,德孚洋行最早独霸中国市场。后来由于英、美、瑞士等激烈竞争,经商定,达成了一项"销售协议",以便协调他们的限额,照顾彼此间的利益。1958 年总结的《上海染料工业十年》中开列了五国洋行染料销售的份额表(表 8-86)。

表 8-86　五国洋行染料销售份额表

|  | 硫化黑/% | 靛蓝/% | 直接黑/% | 直接靛蓝/% | 直接湖蓝/% | 直接朱红/% |
|---|---|---|---|---|---|---|
| 德国德孚 | 66.15 | 65.22 | 56.78 | 48.87 | 61.85 | 57.76 |
| 美国南星 | 20.25 | 18.00 | 15.35 | 14.10 | 8.00 | 28.25 |
| 美国恒信 | 8.60 | 7.80 | 16.79 | 20.07 | 12.00 | 1.00 |
| 英国卜内门 | 8.98 | 6.06 | 14.09 | 11.04 | 1.82 |  |
| 法国西门西 | 3.43 | 1.51 | 0.70 | 0.36 |  |  |
| 瑞士 |  | 1.55 | 3.73 | 6.41 | 1.81 |  |

据沈鼎三、徐昭隆一起整理的《上海染料工业史料》[2]介绍,这样的垄断组织,已存在

---

①　龚祖德:《发展中国染料工业的我见》,《染化月刊》,1949 年。

②　沈鼎三、徐昭隆:《上海染料工业史料(草稿)》。

很长时间了。它的名字为"国际染料卡特尔"(Internationals Dyestuffs Cartel)。其任务有三项：①稳定染料价格,调节生产与分配;②瓜分主要市场,分配出口限额,消除或减少成员间的相互竞争;③通过专利协定,交换专利及技术方面的情报等。

早在1925年至1929年间,德国的IG公司,瑞士厂和法国的西门(Cme,Contrals Des Matieres Colorontes)就订有关于专利、稳定价格以及市场分配的双边合约,后在1929年成立欧洲大陆三方协议,即大陆染料卡特尔(Continental Dyestuffs Cartel),核心以IG公司为主。该公司在意大利、罗马尼亚、保加利亚、西班牙、葡萄牙、波兰、法国、捷克斯洛伐克、瑞士、加拿大以及美国设立的子公司均参加该组织。1931年,英国通过卜内门公司加入该组织,达成"四方协议",成立新的国际卡特尔。同年,意大利的阿克纳也加入该组织,美国的杜邦的通用苯胺也加入该组织。1933年美国的道公司也参加。至此,该组织已成了以世界不发达地区的染料商为手段进行经济侵略的工具了。

当时日本还不是卡特尔的成员,但由于地理上的因素,以走私、出口技术办厂和商品等形式向中国进行不同形式的经济渗透,30年代后发展为赤裸裸的武力侵略了。

第二次世界大战前,中国市场主要由该组织的成员国控制,即主要由五国成员控制。

据1938年美国税务署(US Tariff Mission)报告称,在各国生产染料出口国家或地区中,以中国(不含香港数据)数量最高,为2680万磅(12 181吨);印度次之,为1207万磅(5480吨);中国香港地区为1435万磅(6520吨),而输入香港地区的染料主要转口至内地。以上三处的输入额,为各国出口量的40%。日本的出口染料1928年至1932年间,约80%输至中国。1932年至1937年,德国洋行在中国的染料销售量,平均年量为14 000吨,1938年至1939年平均年量为12 000吨,这些染料是通过洋行打入中国市场,销往各地的。下面就主要洋行经营情况和特点以及简单的原则考证如下。

德孚洋行于1942年在德国各染料厂合并成总公司IG后在上海成立。地址在上海四川中路纺品站处。该洋行统一进口德国生产的高浓染料(关税按重量计,不计浓度),在上海杨树浦区的拼装加工厂(现杨树浦区染化十三厂)添加明粉和食盐,拼混成适合中国销量的浓度,并分装成小包装,发给染料号,销往各地。

该洋行的前身是爱礼司洋行,专销巴底斯公司出产的靛蓝。1909年的《申报》,便有该洋行经销靛蓝的广告。洋行买办为邱培珊,后合并为德和公司。均专销巴底斯靛蓝。第一次世界大战时,德国染料来源中断,染料价格飞涨,邱氏兄弟获暴利,成为上海巨富之一。德和公司于第二次世界大战后停业,后办中孚厂的董荣清便在爱礼司化验间任过职。

德孚洋行的另一前身是谦信洋行,专销赫斯特公司前身MLB公司的"狮马牌"的靛蓝等。由贝润生设业的谦和靛青号包销,同邱氏兄弟一样后也成为上海巨商。

德国其他各染料厂,也分别经洋行,颜料号在华倾销商品染料。

据1949年《染化月刊》称,①德孚在中国的染料销售占进口总量的60%以上,该公司1932年至1937年,连同助剂在内,平均年销量为14 000吨;1938年至1939年,平均年销

---

① 龚祖德:《吾国之染料贸易与销售》,《染化月刊》1949年第5卷第8期。

量为 12 000 吨;以后因战争关系,逐年减少,其中以 1934 年至 1937 年,由于商业较稳定,统计较可靠,单就染料来说,销售量约 10 000 吨左右,各类染料所占比例见表 8-87。

表 8-87　德孚洋行染料销售配比

| 染料品种 | 硫化黑 | 直接染料 | 靛蓝 | 盐基染料 | 酸性染料 | 还原染料 | 硫化染料（除硫化黑） | 其他 |
|---|---|---|---|---|---|---|---|---|
| 销售配比/% | 45.60 | 19.63 | 14.80 | 7.22 | 6.61 | 4.32 | 1.57 | 0.25 |

其中黑色染料占 54.38%,蓝色染料占 25.59%,红色染料占 9.70%,紫色染料占 2.87%,绿色染料占 1.19%,其他染料占 6.27%。

德孚洋行染料销售地区见表 8-88。

表 8-88　德孚染料销售地区配比

| 地区或口岸 | 上海 | 天津 | 汉口 | 东北 | 香港 | 济南 | 广州 | 长沙 | 重庆 | 福州九江 | 太原 | 北京 | 共计 |
|---|---|---|---|---|---|---|---|---|---|---|---|---|---|
| 染料销配比/% | 37.40 | 13.30 | 12.80 | 8.50 | 6.60 | 4.80 | 4.30 | 3.30 | 2.65 | 1.60 | 1.59 | 1.00 | 100.00 |

德孚一家染料销售量为 10 000 吨,占据了各洋行销售总量的 65%,因此反推各洋行总销售量为 15 000 吨。如果将大连、青岛、上海、重庆等地当地的染料算在内,则全国在全面抗战前的经济稳定时期,染料总需求量为 20 000 多吨。如按当时 4 亿人口计算,每人平均单耗合成染料 0.005 公斤。

由此可见,洋行占据了中国染料市场销售量的 75% 以上,如果将中国各地生产染料的外资部分除去,则纯属民族工业的成分所占比例甚小。

洋行之所以在中国兴盛起来,除了当时中国政府腐败无能,经济落后以及洋行有强大的工业能力做后盾之外,还和它的经营手段和较完善的管理方法密切相关,德孚洋行便具备这些特点。那时海关不能由中国自由控制,大权掌握在洋人手里,海关按重量收税,而不同染料有浓度高低、力份强弱。因此德孚便以进口原染料的办法来偷漏关税。在中国设加工厂(上海在杨树浦,现染化十三厂处,天津在金刚桥,现染化一厂处),添加元明粉、食盐,拼混成中国市场所需浓度,然后分装成小桶,贴以"狮马牌"标签发往各地颜料号销售。这样既减少了关税,又节省了运输的费用,因为大量元明粉和食盐是当地产的。德孚洋行设有专门的完善实验室,进行大量的打样、应用试验工作,以便掌握本公司的产品特性和应用性能以及合适的配方;设专人掌握用户的生产情况,包括用什么样的设备、有多大生产能力、需要什么染料以及用多少染料,以便分类、分品种立卡,准确掌握染料市场供需动态。在用户出现质量问题时,如果是染料造成的,则进行赔偿;如果是配方问题,则提供新的配方;如果是技术问题,则可以进行人员代替。一切从方便用户、扩大销路和提高信誉出发,基础仍是扩大其经济效益。用其染料染的合格布匹,要贴以德孚商标,以便不断扩大其信誉影响,并使用户习惯并信赖其染料产品,而不至于轻易改换。如士林蓝、安安蓝等染料即如此办。

在中国,比德孚规模和影响而略小的是卜内门洋行。卜内门公司原为伯路勒(Bruller)和孟德(Mond)两人所办,因此取其译音卜内门而被沿用。后才改为帝国化学工业有限公司(Imperial Chemical Industries Ltd),并在上海设子公司,地址在现今四川路新华书店处。在天津、汉口、重庆、青岛、广州以及香港均设子公司。卜内门洋行于19世纪20—30年代开始在中国兴办。最先推销"月牌"烧碱。太平洋战争时歇业,直到抗日战争胜利后的1946年底复业。由于第二次世界大战期间德国本土被炸,中断染料来源,德孚被迫停业,卜内门乘虚挤入中国市场,并与瑞士的汽巴、嘉基,美国的杜邦、南星等,进行有机颜(染)料的激烈竞争。

1947年开始兴旺,设化验室,专事有关染料、颜料的分析和检验工作,推销"月牌"商品染料。新中国成立后将上海业务相继迁往香港,董事会董事长法米尔(Famer)及有关主要负责人也相继申请离境,于1956年5月,申请政府无条件接收。与德孚相似,行内设有较完善的实验室,配有高级技术人员4名,一般技术人员8名,做样本的技术工人5名,普通工人2名,从事打样、检验、分析、拼色应用、制定样本等项业务。在染料部中,设立台账、卡片、登录用户需要的染料品种和数量以及不同的性能要求等。在营业部中,为推销化肥设有中国各省土壤组成档案,试验施用化肥最佳配方,登录所需化肥数量,并在六六六粉中已试加除虫菊草,提高其杀虫效果。

法国、意大利、日本等国染料厂都设有推销机构参与市场的竞争。

第一次世界大战中,列强相争、无暇东顾。这是中国染料工业萌发的良机。在第一次世界大战期间,由于列强间的争夺,放松了对中国市场的扼制,给中国民族工业提供了萌芽、生长的良机。日本的技术和资本乘虚而入,在其政府扶植与鼓舞下,纷纷在中国建厂。

# 第九章 纺织文化事业和纺织行业团体

纺织文化事业和行业团体对纺织染业的发展起到了极大的推动作用。学术交流有了平台,人才培养有了师资和场所,技术得以提升,经验得以很好地总结等。

## 第一节 纺织教育

我国的纺织教育事业,发展较早,但进度缓慢,并受政治、经济形势的制约。第一次世界大战时,中国纺织业勃兴,纺织教育亦趋上升。后因日本发动全面侵华战争,损失巨大。抗日战争胜利后虽略有起色,但社会动荡,亦无法安定。中华人民共和国建立,才同纺织事业一样,进入飞速发展的时期。

### 一、初创阶段

我国丝绸产品,历史悠久,驰誉世界,为出口重要物资,浙江产量约占全国 1/3 以上,但蚕病猖獗,缺乏科学养蚕方法。有识之士,明察发展斯业,必须教育领先。1897 年杭州知府林启呈准创办蚕学馆,于 1898 年 3 月开学,成为我国纺织教育事业的先驱。1912 年史量才在苏州建立女子蚕业学校。这两所学校经过多年变化,遍历风霜,后发展为浙江丝绸工学院(现为浙江理工大学)。和苏州丝绸工学院(1997 年并入苏州大学)以及一批蚕桑专科学校,成为培养丝绸及蚕桑专业人才的摇篮。

中国近代棉纺织工业进步缓慢,早期在技术上完全仰仗外国工程师和洋匠,使从业者痛感非自办纺织教育,就无从改变受制于人的落后局面。张謇在创办大生纱厂的同时,即兴办文化教育事业。甲午战争以后,他便有"以实业办教育相迭为用之思",并指出:"无学堂则工艺无由以致精","有实业而无教育则业不昌"。当时我国精通纺织机械的人才很少,大生各厂初期的机械安装、调试、工艺、维修全操之外人,洋匠趾高气扬。这种情况更使他下决心培养本国人才。1912 年张謇在大生一厂附设纺织传习所,以后逐步扩大,并亲任校长 16 年。教员除日籍外,多数是留美学生,并逐步选拔毕业生留洋深造后回国替代外籍教师。早期教材袭用美国费城纺织学校原本,以后自编教材。1927 年改为大学本科。1930 年经教育部立案,定名为南通学院。在办学的 40 年间,有 1750 余名毕业生散布在国内外。

晚清也有一批官办的纺织学校,但数量少且学制参差不齐,部分还受兴办人的进退而兴废。1890 年张之洞在湖北武昌设织布、纺纱局后,1903 年在湖北工业中学设置了我国最早的染织学校,但4年后即随张之洞调迁而停办。京师高等实业学堂、天津北洋大学、天津高等工业学堂均成立于晚清,以后设置纺织科系,培养专业人才。[1] 苏州工业专门学校(简称苏工)和杭州高级工业职业学校(简称杭工)也是官办的工业学校,纺织是重点的科系,两校在数十年中培养了大批人才。

企业办班最早的有恒丰纱厂职员养成所,由聂云台于1909年亲自主持。初期开办8期,中间曾委托南通学院代办,1929年后又续办数期。

## 二、发展阶段

第一次世界大战期间,我国纺织工业迅速发展,人才紧缺成为重要矛盾,各大系统都举办技术训练班或合组技术学校。这些专业训练班,虽然学制较短,但多数能满足当时技术人员短缺的需要。

1922年华新公司设天津棉业专门学校,培养棉业和纺织专业人才。1928年后申新和庆丰公司亦先后建立职员养成所。

作为私营企业技术队伍的后备,在专业学校学生无法满足之际,工务练习生是多数工厂广为采用的培养人才的形式。各厂招收相当于中学水平的青年进厂,跟随技术人员熟悉生产,并在机械操作中实践,以迅速提高;部分进入专业学校深造。这在近代中国的纺织技术人员中占了相当大的比重。其中也有不少自学成才,成为工厂技术骨干或专家。这种形式一直维持到抗战胜利。

抗日战争之前,南通学院、苏工、杭工等校均发展到全盛时期。1926年张学良在东北创建东北大学,并设纺织系。九一八事变后即撤入关内,部分并入北平大学工学院,纺织系则并入南通学院。

## 三、转折阶段

由于日本发动全面侵华战争,我国纺织教育事业与其他各业一样,受到了重大摧残,各院校设置地都先后陷入战区,校舍、设备、图书资料均受到严重损失。各蚕桑学校都迁入农村上课或停办。城市各院校多数迁入内地。北平大学、北洋大学迁入陕西城固组成西北联合大学。1937年刚建立的交通大学纺织系也迁渝复课。南通学院和苏工迁入上海租界复课。杭工一度由浙江大学代办,但在浙大内迁时,杭工因内迁经费无着,被迫将甲、乙班全部解散,抗战胜利后也一直未能复校。杭工建校共28年,据校友会统计,包括各科系、机械传习所及各种培训班,全部校友4000人之多。

全面抗战时期内地成立的纺织学校,还有山西铭贤学院和中央(乐山)技艺专科学校等。

上海租界一度成为全面抗战时期棉纺织业大发展的基地,纺织教育事业亦相应地有所进展。苏工迁沪后发展成私立上海纺织工业专科学校。申新公司创办了中国纺织染专科学校;诚孚公司也设立了诚孚纺织专科学校;染织业还筹建了文绮染织专科学校等。

---

[1]　天津纺织工学院校史编写组:《我国北方纺织教育发展概况》,《纺织教育研究》,1993年。

### 四、恢复阶段

抗战胜利后,南通学院、苏工、交大及北方的一些院校都陆续迁回原址复校。河北工学院于战时停办,1947年也复校。上海一度停办的诚孚、文绮两校也先后恢复。但当时局势混乱,教育经费紧缺,办学十分困难。

中国纺织建设公司成立后,于1946年设立技术人员训练班。训练班运用公司雄厚的师资力量及部分留用日籍专家,集中各厂中级以上技术人员,开办了原棉及各工序的技术训练班和研究班,并编制了成套的教材。训练班虽在1950年结束,但取得的成果颇大。

抗战胜利后,各地纷纷建立一批纺织高等专科学校。据1949年末的不完全统计,全国纺织高等院校(系)已有18所,在校学生1200余人。当时设有纺织系科的大专院校有天津北洋大学、河北工学院、江苏南通学院、苏南工业专科学校、上海交通大学、上海市立工业专科学校、山西铭贤学院、西北工学院、山东省立工业专科学校青岛分校、四川乐山技艺专科学校、成都艺术专科学校、敦义农工实验学院、武汉江汉工专等。专门的纺织院校有上海私立中国纺织染工程学院、私立上海纺织工业专科学校、私立诚孚纺织专科学校、私立文绮染织专科学校及浒墅关蚕丝专科学校。

中等纺织技术学校(多数为高级工业职业学校,简称"高工")有20余所,在校学生1500人左右。历史悠久、影响较广的有杭州高工、济南高工、长沙高工、开封高工、武昌高工、常德高工、广东新会高工、兴宁高工、西北高工、雍兴高工、三原高工、甘肃秦安高工、兰州高工、临洮高工、石家庄高工、东北高工、成都高工等。此外各大纺织公司还根据生产需要,举办半工半读技训班和各种专业人员训练班。

在近代纺织工业发展中,涌现了一批热心纺织教育事业的人士,其中有朱仙舫、傅道伸、陈维稷、李升伯、邓着先、张方佐、徐绒三、嵇慕陶、张朵山、任尚武、张汉文、周承佑、诸楚卿、郑辟疆、曹凤山等。他们或长期执教,或长期主持院校,或编撰教材,为培养大批学生和技术专家做出了很大贡献。

综观我国近代纺织教育的历程,艰难坎坷。浙江蚕学馆创办人林启倾向新政,戊戌政变失败后忧愤而逝。1902年浙江巡抚下令蚕学馆停办,改建李(鸿章)氏专祠,浙绅大哗,联名上奏。"上谕"命设试验场,以同一蚕种、同一蚁量由熟练蚕农与蚕学馆学生分屋饲养对比,如新法优则馆留,否则停办。结果新法远胜土法,停办之议遂解。

南通学院在大生纱厂经营困难时,亦随之陷入困境。

全面抗战时内迁院校,设备图书无着,不少校舍亦只能借用寺庙。

抗战胜利后,纺织教育事业经各方努力,逐步发展,到1949年已具有一定规模,但系科设置仅纺织、染化、缫丝3种,系科之下不分专业。多数院校师资薄弱,经费拮据,设备简陋,教材单一。但一些有名望的院校则水平较高,采用较高的淘汰率优选和培养专门人才。

中华人民共和国成立后,进行了院系调整,并新建了一批院校,教育条件、图书设备、教育质量也逐步提高。

# 第二节　纺织科学研究机构

中国近代纺织工业,是在一条崎岖的道路上迂回发展的。为了与外货竞争,我国纺织界有识之士认为必须在纺织科学技术上求得进步。经过这些人士的推动与筹划,我国于 20 世纪 30 年代开始组建纺织科研机构。

## 一、棉纺织染实验馆

1934 年创办于上海的棉纺织染实验馆(以下简称实验馆),是我国最早的纺织科研机构。实验馆由中央研究院与棉业统制委员会合办。兴建计划分 3 期实施,第一期经费 40 万元,基地建筑费用占 40%,实验设备及研究工作所需直接费用占 60%。[①]

实验馆设干事会主持馆务,由当时科技界、企业界、金融界有实力的代表人士 7 人组成。棉统会常委、大生纱厂总经理李升伯为主任干事,棉统会委员、恒丰纱厂总经理聂其焜为会计干事,中央研究院朱家骅为文书干事,另 4 名干事为童润夫、邹秉文、周仁、徐韦曼。干事会之下,设研究、工场、事务 3 股,专任研究员有傅道伸、任尚武,兼任研究员有聂光育、李晔,技师有陶泰基,技术员有李学瑞、蔡谷夫、刘玉钧、邹恒吉、杨供存,试验员有苏延宾等。这些研究业务人员,大多具有真才实学,曾在国外学习与工作。

实验馆在白利南路(今长宁路)愚园路底,占地 15.62 亩。第一期建筑四所,主楼为纺织馆,包括生产试验工场、试验室、研究室、办公室等,占地近 2000 平方米,为三层、二层及单层梯形立体建筑,使用面积约 4000 平方米。另三所建筑,一为女工宿舍及课堂、餐室,一为职员宿舍及仓库,一为水泵及锅炉间。另外留出空地,准备添建漂染整理馆。由于实验馆与研究院的理工实验馆毗邻,可就近利用研究院的物理、化学及金工设备。

实验馆采取求实、求广、求精、求比较的原则,征集搜购的纺织机械及试验设备,大多是英、美、德、日、瑞士等国及国内的最新型设备。纺部设备计 31 种,纺锭 1880 枚,包括多种型式牵伸;织部设备 33 种,计 64 台自动织机及 8 台特种织机;试验仪器计 74 种 22 大类。仪器设备品种多、型号新、性能优良,有利于科学实验的开展。

主楼纺织馆于 1935 年底建成。其时试验设备已先运到,纺织机械亦于年底前陆续运到,随即开始安装。其余建筑则于 1936 年 9 月全部建成。各类机械均采用单独马达传动。空气调节装置包括给湿、减湿、给热、滤气及冷气 5 种设备,利用总导管将调节后的空气送入纺织厂,保持车间的标准温湿度。

试验仪器于 1935 年下半年最先运到后,随即安装调试,开始工作。棉统会各农场送来棉样,不少工厂送来纱布成品,实验馆逐一检验分析,提出鉴定报告。同年底纺织机械陆续安装试车。开车后出产 42 支双股线及细布,并试纺 50 支纱,试织直贡哔叽提花等精细制品。其后试验部分日趋忙碌,馆外请求检验分析者络绎不绝。

---

① 任尚武:《棉纺织染实验之旨趣及其内容》,《纺织年刊》,1934 年。

实验馆十分注重消化吸收工作,对重要设备的功能及特性进行剖析研究,包括是否准确、是否方便、产质量是否符合设计要求、电耗如何、是否便于维修管理等。

实验馆经过挑选,有来自各厂富有经验的技术男工 18 人,具有一定文化程度的熟手女工 34 人。女工住宿馆内,晚间上课 2 小时。1937 年全部设备内迁西南。抗日战争胜利后虽有恢复重整意图,但终未实现。

### 二、公益工商研究所

公益工商研究所于 1944 年 9 月在重庆创办,1946 年夏迁至上海,1956 年 4 月由上海纺织研究所接收。

1944 年 1 月,作为茂福申新总公司代表的荣尔仁到重庆,向政府申请办理登记手续,为战后发展企业取得合法地位。同年 2 月,荣尔仁创设苎麻实验室,在脱胶、纺织等方面取得成果,决定扩大研究范围。9 月在重庆棉花街正式成立公益工商研究所,由经济学家刘大钧任所长,吴稚晖任理事长,荣尔仁任常务理事。

研究所成立后,由于抗日战争时期的重庆难以设立实验工场,实际工作侧重于经济研究。一年中完成课题达 30 余项,主要有:重庆市棉纺厂及纺机厂情况调查,战后棉纺业设厂区域之研究与设计,中国战后长期资金市场之建设,战后工业建设与资金问题,以统计方法鉴定棉布拉力,棉花之生产与运销,等等。

1945 年 10 月,出于基金及人事调动等原因,研究所迁至申四渝厂内,由沈立人全面负责,开展对申新四厂管理制度的专项研究。1946 年夏,研究所迁到上海,购得西康路293 号为所址,荣尔仁兼任所长,顾鼎吉任总干事,聘钱宝钧、张承洪为研究师,增设化学实验室,研究方向有所改变。1947 年秋,研究所迁至建国西路 296 号。当时,荣尔仁曾向国外订购毛纺、针织、印染、整理等设备,价值 30 多万美元,并在真如购入 53 亩土地,拟设棉纺、针织、毛纺及混合纤维、经纱准备及机械、染整 5 个实验工场,计划建成为科研与生产相结合的研究所。同时,成立纺织、化工、管理 3 个组及图书资料室,增聘研究人员,充实研究力量。当初步设计完成并准备招标兴建时,由于通货恶性膨胀,研究所的兴建计划于 1948 年春夭折。所订国外设备到沪后,安装和暂存于申新五厂,部分研究人员也转入该厂。

1947 年 4 月,研究所创办《公益工商通讯》半月刊,至 1949 年 5 月共出版 50 期,内容以纺织技术和经济信息为主,并刊登有关工商法规及统计资料。

# 第三节　纺织学术团体

20 世纪 30 年代以后,我国纺织科技人员为追求民主、科学、救国的理想,进行了以学术交流为主的有益于社会的各种活动,成立了发挥本专业人员群体作用的民间学术团体,其中以中国纺织学会为嚆矢。

### 一、中国纺织学会

中国纺织学会于 1930 年 4 月 20 日在上海成立,其宗旨是"联络纺织界同志研究应用技术,使国内纺织工业臻于发展"。成立时有会员 63 人。1931 年 5 月举行的第一届年会上,宣布会员共 312 人。学会第一届主席委员,经推选由当时任申新纺织厂厂长的朱仙舫担任,以后连选连任(第十二届起改称理事长),直至第十四届。从学会成立到中华人民共和国建立的 19 年中,学会共举行 14 届年会。年会召开地点遍及全国许多大中城市。

各届年会的内容,主要是报告和讨论会务,宣读论文,改选理事会。多数年会在召开的同时,还编辑出版《纺织年刊》分发给会员,其内容包括纺织述评、学术论文、会务消息、会员名录。此外,学会还举办学术演讲,召开讨论会,接待外国专家,并举办纺织夜校,等等。学会成立后,在《纺织时报》上辟有专栏公布会务消息。1931 年后改在《纺织周刊》上发布消息,并发表技术论文及述评文章。该周刊原为私人创办,后由学会接办。学会经费来源为会员会费、企业赞助及期刊广告收入。

中国纺织学会总会设在上海,并先后在无锡、青岛、西安、天津、东北等地成立分会或分筹会。1931 年 3 月,一些在欧洲学习纺织的中国留学生,在法国里昂集会,成立中国纺织学会旅欧分会。1948 年 1 月,台湾省纺织技术人员在台北集会,成立中国纺织学会台湾分会筹委会。

抗战胜利后,中国纺织学会处在一个新的发展阶段。在中国共产党上海地下组织领导下,1946 年成立了中国纺织事业协进会(简称小纺协),其成员大部分也是学会会员。他们积极参加中国纺织学会的活动,担任学会干事会的负责人和干事。当时学会的事务包括:发展会员;做好《纺织周刊》的编辑出版工作;举办时事座谈会,发表《抗议麦克阿瑟偏护日本纺织工业》声明;举办学术讲座及研讨会,推进技术交流;筹建学会会所(1948 年在上海迪化北路即今乌鲁木齐北路建成);筹备召开第十三届年会及第十四届年会;等等。

1949 年 5 月 27 日上海解放。中国纺织学会第十四届年会于同年 8 月在上海举行。在这次年会上通过一项决议,学会改组为中国纺织染工作者协会。1950 年 11 月,工作者协会在北京召开代表会议,决议恢复中国纺织学会原名。

1951 年中国纺织学会加入当时的中华全国自然科学专门学会联合会(1958 年改为中国科协)。联合会要求学会在原有的基础上,合并其他纺织学术团体,筹组中国纺织工程学会。筹组期间,学会在全国范围内登记、甄审会员,并推动一些大中纺织城市筹组中国纺织工程学会地方分会。同时,以中国纺织工程学会筹备委员会名义,开展学术活动及其他活动。1954 年 2 月,正式改称中国纺织工程学会。

### 二、中国染化工程学会

中国染化工程学会于 1939 年 10 月 22 日在上海成立,成立时会员合计 270 人。首次理监事会议推选诸楚卿任理事长。1941 年日军侵入上海租界后,会务活动停顿,直至1946 年后恢复活动。

学会恢复活动后,接办了原由南通学院纺织科染化研究会已出版 3 年的《染化月刊》;开展学术与科普活动;创办染化补习学校,设印染工程及应用化学两科,分沪东、沪西上课。

1950 年前,染化工程学会召开了 4 次会员大会。除诸楚卿任首届理事长外,先后任理事长的还有印月潭、舒昭圣、陈贤凡、黄立。学会于 1952 年 11 月宣告结束,多数会员加入纺织工程学会,少数加入化学工程学会。《染化月刊》由重新组建的染化月刊出版社继续出版,由庞韦祥、平麟伯负责。档案、图书及资产移交给纺织工程学会。

### 三、中国原棉研究学会

中国原棉研究学会于 1948 年在中国纺织建设公司原棉研究班基础上,由该班 3 期毕业学员共同发起组织。目的是推进我国自己的原棉检验及配棉技术,促进棉农、棉商、棉工的联系。

学会会员 57 人。学会名誉会长束云章、李升伯、吴味经、张方佐、骆仰止,名誉顾问秦德芳、吕德宽、夏循元,顾问胡竟良、狄福豫、应寿纪、华兴鼐以及留用的日本技术人员长谷川荣治郎、初濑金治。日常会务由干事会主持,朱善仁任总干事。学会的主要活动有:

(1)经过学会及会员的推动,在多次交流及观摩的基础上,许多棉纺织厂纷纷建立原棉检验室,配备专职人员,建立专业管理制度。

(2)编印出版《中国原棉研究学会论文集》及《混棉手册》,并出版《混纺学》一书,作为纺织染丛书的第 1 辑。

(3)新中国成立初期曾召开节约用棉学术交流会,并参加人民政府举办的增产节约展览会,学会承办其中的节约与合理使用原棉部分。此外,通过大规模的节约用棉试验,探讨了适合国情的原棉检验与混棉方法,取得明显成果。《纺织建设》月刊为此编辑专辑出版。学会于 1952 年末并入中国纺织工程学会筹备委员会。

# 第四节　纺织行业团体

在商品经济有了相当发展的条件下,工商企业为了规定生产与业务范围,限制外来及同行的不合理竞争,保护同业利益,往往联合同业或相关行业组成行业团体。行会或是公所,即是中国封建社会时期的行业组织。19 世纪中叶,由手工织布业及布商业组成的布业公所,曾经反对外来资本在华设立纺织厂,也曾反对筹建机器织布局。这种行业组织为业内大户及封建把头所操纵。

1929 年国民政府颁布《工商同业公会法》,所有工商同业组织改称同业公会。该法规定,在同一区域内各种工商业有 7 家以上发起组织,经官署核准即可设立。各地各业一般都有同业公会。

### 一、华商纱厂联合会

1917年初,日本向北洋政府提出免征棉花、羊毛、生铁等物资输出税的要求,上海工商界群起反对。棉纺织界人士决定成立华商纱厂联合会(简称纱联会),并以这一名义致函北洋政府严行拒绝。纱联会经过1年筹建,于1918年3月14日通过章程,选出张謇为会长、聂云台为副会长,并由7人组成董事会,正式开展活动。纱联会的宗旨是:"集全国华商纱厂为一大团体,谋棉业之发展,促纺织之进步,凡关于纺织应兴应革事宜及联络维持公益事,一律以全体公意行之。"当时全国华商纺织厂共34家,纱锭64万余枚,布机3500台。在华的外资纺织厂占华商厂的比重,纱锭为75%,布机为78%。

纱联会成立后,其活动有以下几个主要方面:

(1)参加反帝爱国运动。纱联会对历次反帝爱国运动予以响应和支持。五四运动中,纱联会参加罢市,并电北洋政府要求释放被捕学生,罢免卖国贼。陕西督军为向日本借款,以棉花专利权作为抵押,纱联会首先致电陕西阻止,并电北京责问,于是全国哗然,陕西被迫取消条约。此外,纱联会为维护租界华人利益,多次参与了与租界当局的斗争。

(2)维护华厂利益。抵制洋货运动中,外资纱厂常有假冒华厂产品混入市场,纱联会聘请律师维护权益,并刊印中国棉纱商标一览,以便识别真伪。1919年下半年,日商企图兼并华商裕通厂,纱联会多方应对,后由纱联会董事刘柏森租办裕通,改名寅丰。在华日商为操纵中国棉纱市场,日人的交易所兼做棉花贸易。纱联会决议抵制,华商各厂一律不向交易所购棉。当华资企业与外资企业发生纠纷时,纱联会积极保障华资利益。1934年国民政府迫于日本压力,修订进口关税,纱联会也曾"披沥陈词",指出这种新税是"华商之厄运"。1935年英商汇丰银行因索款事拍卖申新七厂,纱联会与总工会、总商会联合呼吁制止。

(3)联合限价限产。1922年开始,民族棉纺织业逐渐出现萧条,纱联会征集各厂意见,决定各厂售纱以(16支)每件135两为最低价格,但没有起到作用,纱价于9月跌至124两。为此纱联会再次征求各厂意见,决定于12月18日起停工1/4,这是民族纺织业的第一次集体限产。1933年纱联会又一次决定集体减工23%。

(4)试验推广优良棉种。纱联会将改良棉种列为经常的重要活动,成立植棉委员会,引进优良品种,在主要植棉区推广。同时在一些地区建立试验场,聘请专家对国内国外良种做比较试验。纱联会还先后与金陵大学、东南大学建立长期合作,拨出科研经费,培育优良棉种,开创了我国工业与教育、科研互相协作的先河。

(5)重视纺织教育。纱联会与江苏教育会协作,筹建纺织技工学校,拨付开办费及常年经费。同时为浙江、苏州、南通、北平(今北京)有关纺织科系的毕业生介绍实习场所,推荐到纺织厂工作。

(6)广泛开展调查。纱联会每年派出人员赴各地调查棉花生产情况,报道棉产丰歉及有关数据。纱联会对华厂及在华外厂的资本、规模、职工数、用棉量、产质量等资料及时统计印发。此外,还收集世界纺织生产、技术、市场等信息资料,为各会员厂服务。

(7)编辑出版报刊。纱联会每年出版《棉产调查报告》及《中国纱厂一览表》。

1919 年起出版《华商纱厂联合会季刊》，刊载纺织时事论述文章、技术专著及重要信息，共出版 8 卷。1931 年起该刊改为半年刊，扩大篇幅 1 倍。1922 年纱联会创办《纺织时报》，报道国内外纺织时事及各方面消息，每周出版 2 次，每次 4 版，1925 年起扩大为 8 版。

纱联会的许多活动取得实际效果，留下不少宝贵史料。但在当时的时代背景下，纱联会自身基础并不牢固，组织松散，它的一些决议对厂家逐渐失去约束作用，不少地区的纱厂另行组成地方联合会，实际上脱离了纱联会。此外，企业间的明争暗夺，使纱联会逐渐削弱了联合作用与推动作用，消失了凝聚力与吸引力，终至 1942 年宣告解散。

## 二、全国纺织业联合会

全国纺织业联合会于 1945 年 8 月 28 日在重庆成立，全称为"中华民国机器棉纺织工业同业公会联合会"（以下简称纺联会），其宗旨是"谋机器棉纺织业之改良发展"。1946 年纺联会迁至上海，会址设在迪化路（今乌鲁木齐北路）。理事长为杜月笙。

纺联会属全国性团体。各地区所设地方纺织业同业公会均加入纺联会为会员，全国分 12 个区，其中第四、第五两区于 1945 年撤并，实际为 10 个区（详见表 9-1）。

表 9-1　全国纺织业联合各地区简况

| 区划 | 会址 | 理事长 | 成立时间 | 所辖范围 | 备注 |
|------|------|--------|----------|----------|------|
| 第一区 | 重庆 | 潘仰山 | 1945 年改组 | 四川 | |
| 第二区 | 西安 | 石志学 | 1941 年 | 陕西、甘肃、青海、新疆、宁夏、 | |
| 第三区 | 昆明 | 金龙章 | 1946 年 5 月（改组） | 云南 | |
| 第四区 | — | — | — | | 原湖南范围，并入第八区 |
| 第五区 | — | — | — | — | 原与第三区重复，撤销 |
| 第六区 | 上海 | 王启宇 | 1946 年 8 月 2 日 | 江苏、浙江、安徽、上海 | |
| 第七区 | 天津 | 杨亦周 | 1947 年 3 月 16 日 | 河北 | |
| 第八区 | 汉口 | 李国伟 | 1947 年 4 月 5 日 | 湖北、湖南、江西 | |
| 第九区 | 青岛 | 范澄川 | 1947 年 6 月 15 日 | 山东 | |
| 第十区 | 太原 | 王吉六 | 1947 年 11 月 7 日 | 山西 | |
| 第十一区 | 沈阳 | 桂季恒 | — | 东北 | |
| 第十二区 | 台北 | 李占春 | — | 台湾 | |

从表中可以看出，第一区至第五区属抗战时期的大后方，第六区至第十二区则为收复区。大后方各地的纺织同业公会约在 1941 年即筹备成立，后来有的经过改组或撤并，加入纺联会；收复区的纺织同业公会则是在纺联会成立后成立的。

1947年9月在上海召开的纺联会第二次会员大会上，通过了纺联会的修正章程。章程规定的纺联会任务有：各厂技术及管理之促进；有关本业各种标准之制订及推行；各厂安全设备、制品、原料及材料之检查与取缔；原料及制品之共同购销；机器物料之设计与购置；纺织教育之推进；国内外之调查研究及统计；各厂业务上必要时之统筹；协助原料之增产及改进；等等。在当时中国动荡的形势下，纺联会的活动范围十分有限，以上任务实际上完成得很少。从筹备时期开始，纺联会开展了以下活动：

（1）推广棉种。纺联会与农林部合作，在陕西收购斯字棉良种18.9万斤，在河南交棉农种植2.34万亩，平均亩产皮棉37.5斤，较当地土棉增产约30%。

（2）棉产调查。1945年起，纺联会曾数次派员赴各省调查棉产情况，1946年8月并函请700余产棉县政府协助，历时两个月，完成第一次估计数字；接着进行第二次调查，修正估计数字。该项棉产统计数据在报端随时公布，并编印专册分送各会员厂。1947年亦曾继续进行棉产调查统计。

（3）厂锭调查。抗战胜利后，中国接收了日本在华全部纺织厂。据纺联会调查，1947年全国共有棉纺织厂238家，计纱锭466.98万枚，线锭50.71万枚，布机6.35万台，此外还调查了英商在华纺织厂为3家，共计纺锭6.61万枚，布机48台。

（4）购置会所。纺联会迁沪后，原拟购置亨利路（今新乐路）房屋，款项由各区同业分会及中纺公司筹措或借垫，但因物价飞涨，部分收款较迟，币值贬落，以致不能成交。后于1947年8月购置迪化路27号房地产，10月迁入，并进行添建改造。此外，纱联会还积极支持中国纺织学会建立会所，筹措棉业基金，出版《纺联会刊》等。

1949年上海解放后，纺联会停止活动，其房产由中国纺织学会接收。

### 三、其他纺织行业团体

纺织工商行业包括范围甚广，一般均设有行业团体。其中较早设立的有陆崧候等发起组织的上海染织厂公会，诸文绮等发起组织的染织业同业公会等。1929年《工商同业公会法》颁布后，全国各省、市、县的纺织行业团体有了很大发展。1936年底统计的上海工业性同业公会计40家，其中纺织工业同业公会当在10家以上。抗战胜利后，除全国纺联会所属各区棉纺织工业同业公会外，上海地区还设有机器染织工业、毛纺织工业、骆驼绒工业、电机丝织工业、绸缎印花工业、内衣织造工业、衬衫工业、毛巾被毯工业、手帕织造工业、织带工业以及手工棉织工业等10余家同业公会。全国各地不同层次的纺织工业同业公会虽无统计，估计当在百家以上，这还不包括商业性的纺织同业公会。

各个行业同业公会的职能作用有很大的共性，概括起来就是发挥群体作用，维护本业利益，促进生产与流通的发展。同业公会的任务大致为：开展调查研究，协调产销关系，统一同业产品规格与价格，监督产品质量，沟通同业与政府的联系。通过同业公会的活动，对其本业的规模、设备、生产、流通、职工数等情况可以有基本的了解。例如上海手工棉织工业同业公会于1946年4月成立，同年11月已统计出以下资料：会员厂1244家，计织机5000余台，月用纱3000余件，月产布9万余匹，毛巾被单3万条。在向政府当局提出要求、呼吁等方面，同业公会代表同业利益，也起过一定的作用。1947年纺管会与中纺公司配售的棉纱价格与黑市价格相差很大,但当时只对上海厂商配售,给外地厂商带来很大困难,为此无锡、常州等 5 县染织工业同业公会派代表向纺管会提出要求,并登广告,呼吁不平,最后得到部分解决。另外,毛纺织同业公会也曾于 1946 年 12 月呈请政府减低毛纱税率;手工棉织同业公会于 1946 年 4 月要求政府豁免营业税,并对家庭手工业低利贷款。类似的要求和呼吁,许多行业都通过同业公会提出。

## 第五节　纺织出版物

中国近代纺织工业的兴建与发展,需要一大批纺织技术管理人员和纺织技术工人。传授纺织知识成为一项重要工作,纺织出版事业成为发展纺织业的一个重要环节。

我国古代早有纺织技术出版物,大都是手工纺织的经验介绍与总结。近代早期的纺织出版物,有英国传教士傅兰雅于 1891 年左右译成汉语的《纺织机器图说》及《西国漂染棉布论》,由上海江南制造局翻译馆出版。1897 年陈启沅著的《蚕桑谱》在广东出版。20 世纪初,上海恒丰纺织新局编印了《纺织技师手册》。

20 世纪 20 年代,随着纺织生产与纺织教育的发展,对于出版物的需求更加迫切。由于我国近代纺织业的技术与设备几乎完全从国外引进,早期的纺织出版物大多依靠少数留学国外的科技人员根据国外资料翻译编写,数量很少,其中主要有朱仙舫著的《理论实用纺织学》,樊鼎新译的《棉纺机械算法》,黄泽普译的《南中国丝业调查报告书》,周培兰译的《中国之纺织品及其出口》等。1931 年以后,各种纺织书籍有较多出现,其中包括纺织教材、纺织技术、纺织企业管理、统计与成本会计等。到 1937 年,估计出书 80 余种,平均每年出书 10 种以上。

全面抗战开始后,除遭日军摧毁的工厂外,少数纺织企业迁往内地,多数企业在沿海继续开业。同时,纺织教育包括大专院校、养成所、训练班等,在沿海地区仍有开办。抗战胜利后,纺织出版物仍有一定的发展。1937—1949 年,沿海地区出版的纺织书籍内容更趋广泛,涉及棉纺织、印染、纺织机械、纤维材料等各个方面。

纺织出版物除书籍外,还有定期出版的纺织刊物与报纸。最早正式出版的纺织期刊是 1919 年在上海创刊的《华商纱厂联合会季刊》,刊载纺织时事论述文章、技术专著及重要信息。最早出版的纺织报纸是 1923 年在上海创办的《纺织时报》,记载国内外纺织时事及各方面消息,每周出版 2 次,是中国近代唯一的纺织报纸。20 世纪 30 年代后,由于我国纺织工业已达一定规模,纺织从业人员大量增加,纺织期刊的出版有较大发展。其中最具影响的是 1931 年 1 月创刊的《纺织周刊》,每周出版,持续不断,1937 年停刊,1946 年 1 月复刊,1950 年再次停刊。另外,较具影响的纺织期刊有 1939 年创刊的《纺织染工程》《染化》,1945 年创刊的《纤维工业》,1947 年创刊的《纺织建设》等。1919—1949 年我国正式出版的纺织期刊超过 20 种。

这些书刊的出版,对当时纺织染技术的传播与光大起到了极其重要的作用,不仅对国外技术和知识的引进和利用,也对国内此领域的发展概况以及取得的成果进行了广泛的交流和宣传。同时它们也记载了当时整个近代我国纺织染工业和技术的实况。这对今天我们研究近代纺织染技术的发展与应用,以及工业生产发展史,都是难得的第一手资料(表9-2)。

表9-2　中国近代出版的主要纺织书籍

| 书名 | 编著者或译者 | 出版年份 | 出版单位 |
| --- | --- | --- | --- |
| 纺织机器图说 | 傅著雅译 | 1891 | 上海江南制造局翻译馆 |
| 西国漂染棉布论 | 傅著雅译 | 1891 | 上海江南制造局翻译馆 |
| 蚕桑谱 | 陈启沅著 | 1897 | 奇和堂药局 |
| 纺织技师手册 | 恒丰纺织新局编辑 | 1919 | 上海恒丰纺织新局 |
| 理论实用纺织学(上、中、下三册) | 朱仙舫著 | 1920 | 上海元记印书局馆 |
| 天津地毯工业 | 方显廷编 | 1920 | 南开大学社会经济研究委员会 |
| 棉纺机械算法 | 樊鼎新译 | 1922 | 山东鲁丰纱厂 |
| 实用机织法 | 黄浩然编 | 1922 | 上海学海书局 |
| 南中国丝业调查报告书 | 黄泽普译 | 1925 | 广州岭南农科大学 |
| 染色试验法 | 张迭生著 | 1926 | 华商纱厂联合会 |
| 染色学 | 张迭生著 | 1926 | 华商纱厂联合会 |
| 漂棉学 | 张迭生著 | 1926 | 华商纱厂联合会 |
| 中国之纺织品及其出口 | 周培兰译 | 1928 | 商务印书馆 |
| 纺纱厂实地工作法(第一、二册) | 王竹铭著 | 1931 | 华商纱厂联合会 |
| 纱厂实用手册 | 陆绍云编 | 1931 | 华商纱厂联合会 |
| 纱厂机械算法 | 杨思源译 | 1931 | 南通学院纺织科学友会 |
| 天津针织工业 | 方显廷著 | 1931 | 南开大学经济学院 |
| 天津织布工业 | 方显廷著 | 1931 | 南开大学经济学院 |
| 纺织(工学小丛书)(上、下册) | 朱升芹(仙舫)著 | 1931 | 商务印书馆 |
| 改良纺织工务方略 | 朱仙舫编 | 1931 | 华商纱厂联合会 |
| 棉纺织标准工作法 | 陈芳洲编 | 1932 | 天津大公报馆 |
| 纺织合理化工作法 | 朱升芹编 | 1932 | 华商纱厂联合会 |
| 大牵伸 | 沈潘元编 | 1932 | 华商纱厂联合会 |
| 湖南第一纺织厂规范汇编 | 湖南第一纺织厂编 | 1932 | 湖南第一纺织厂 |
| 日本之棉纺织工业 | 王子建编 | 1933 | 北平社会调查所 |
| 棉纺织工作管理法 | 朱希文编 | 1933 | 华商纱厂联合会 |
| 纺织工场之合理化与成本计算 | 纺织周刊社编 | 1933 | 纺织周刊社 |

续表 9-2

| 书名 | 编著者或译者 | 出版年份 | 出版单位 |
|---|---|---|---|
| 理论实用力织机构学（上、下册） | 蒋乃镛编著 | 1933 | 华商纱厂联合会 |
| 理论实用平纹斜纹力织机学 | 纺织世界社编 | 1933 | 纺织世界社 |
| 中国纺织品产销志 | 叶量编著 | 1934 | 生活书店 |
| 中国之棉纺织业及其贸易 | 方显廷著 | 1934 | 上海国立编译馆 |
| 实用纺织机械学（上、中、下三册） | 姚兆康著 | 1934 | 南通学院纺织科学友会 |
| 实用机织学（上、中、下三册） | 傅道伸著 | 1934 | 南通学院纺织科学友会上海分会 |
| 纱布厂经营标准 | 任学礼著 | 1934 | 棉业统制会 |
| 纺织工厂管理学（上、中、下三册） | 邓禹声著 | 1934 | 南通学院纺织科学友会 |
| 棉纺并线学 | 唐孟雄译 | 1935 | 南通学院纺织科学友会 |
| 重庆市之棉纺织工业 | 中国银行总管理处经济研究室编 | 1935 | 重庆中国银行 |
| 七省华商纱厂调查报告 | 王子建、王镇中著 | 1935 | 商务印书馆 |
| 染织论丛 | 染织周刊社编 | 1935 | 上海商报社 |
| 中国棉业问题 | 金国宝著 | 1936 | 商务印书馆 |
| 棉纺学 | 钱彬著 | 1936 | 商务印书馆 |
| 染织工业 | 陶平叔编 | 1936 | 上海中华书局 |
| 河北省棉产调查报告 | 河北省棉产改进会编 | 1936 | 河北省棉产改进会 |
| 力织机构学 | 曹骥才译 | 1936 | 商务印书馆 |
| 大牵伸之理论与实际 | 何达译 | 1936 | 上海纺织世界社 |
| 阪本式自动织机 | 傅翰声著 | 1936 | 上海纺织世界社 |
| 织物构造与分解 | 孟洪诒编 | 1936 | 苏州小说林书社 |
| 染织品整理学 | 诸楚卿编著 | 1936 | 染织纺周刊社 |
| 染织机械概论 | 诸楚卿著 | 1936 | 染织纺周刊社 |
| 染织概论 | 诸楚卿著 | 1936 | 染织纺周刊社 |
| 英汉纺织辞典 | 孟洪诒编 | 1936 | 染织纺周刊社 |
| 中国绣之原理及针法 | 马则民编 | 1936 | 商务印书馆 |
| 四川之夏布 | 中国银行总管理处经济研究室编 | 1936 | 重庆中国银行 |
| 实用染色学（上、下册） | 徐传文编著 | 1936 | 江西省立南昌工业职业学校 |
| 梳棉机管理法 | 何达译 | 1937 | 上海纺织世界社 |

续表9-2

| 书名 | 编著者或译者 | 出版年份 | 出版单位 |
|---|---|---|---|
| 南京缎锦业调查报告 | 国民经济建设委员会编 | 1937 | 国民经济建设委员会 |
| 实用力织机标准 | 应寿纪、吕师尧编译 | 1937 | 上海纺织世界社 |
| 实用织物组合学 | 蒋乃镛著 | 1937 | 商务印务馆 |
| 男女洋服裁缝法 | 蒋乃镛著 | 1937 | 商务印务馆 |
| 家庭实用漂洗学 | 蒋乃镛著 | 1937 | 上海正中书局 |
| 实用纺织机械计算法 | 郭耀辰译 | 1937 | 上海正中书局 |
| 蚕学(上卷) | 姚天沃编述 | 1937 | 北平文化学社 |
| 漂染印整工厂日用手册 | 南通学院纺织科染化工程系编 | 1937 | 染织纺周刊社 |
| 国产植物染料染色法 | 杜燕孙著 | 1938 | 商务印书馆 |
| 最新棉纺学(上、下册) | 何达编著 | 1939 | 中国纺织染工业补习学校 |
| 摇纱机管理法 | 何达著 | 1939 | 中国纺织染工业补习学校 |
| 纱厂成本计算法 | 何达著 | 1939 | 中国纺织染工业补习学校 |
| 棉纺合理工作法 | 薛韶笙编著 | 1940 | 中国纺织染工业补习学校 |
| 织物整理学 | 周南藩编著 | 1940 | 商务印书馆 |
| 棉纺机械计算学 | 唐孟雄著 | 1940 | 中国纺织染工业补习学校 |
| 现代棉纺织图说 | 何达编著 | 1940 | 中国科学图书仪器公司 |
| 机织工程学 | 黄希阁编著 | 1941 | 中国纺织染工程研究所 |
| 交织物染色法 | 奚杏荪编著 | 1941 | 染化研究会 |
| 纺绩工程学 | 黄希阁编著 | 1941 | 中国纺织染工程研究所 |
| 机织工程学 | 黄希阁编著 | 1941 | 中国纺织染工程研究所 |
| 换经式自动织机手册 | 黄金声、张灿编著 | 1941 | 中国纺织染工程研究所 |
| 换纬式自动织机手册 | 黄金声、张灿编著 | 1941 | 中国纺织染工程研究所 |
| 中国棉业之发展 | 严中平著 | 1942 | |
| 棉纺要览 | 诚孚公司设计室编 | 1943 | 诚孚公司 |
| 棉纺织试验法 | 诚孚公司设计室编 | 1943 | 诚孚公司 |
| 纺织机构学 | 诚孚公司设计室编 | 1944 | 诚孚公司 |
| 实用皮辊学 | 诚孚公司设计室编 | 1944 | 诚孚公司 |
| 织物组合与分解 | 黄希阁、瞿炳晋著 | 1944 | 中国纺织染工程研究所 |
| 纺织机械 | 黄希阁、姜长英著 | 1944 | 中国纺织染工程研究所 |

续表 9-2

| 书名 | 编著者或译者 | 出版年份 | 出版单位 |
|---|---|---|---|
| 纤维工业辞典 | 黄希阁、姜长英编 | 1944 | 中国纺织染工程研究所 |
| 英华纺织染辞典 | 蒋乃镛编著 | 1944 | 世界书局 |
| 中国纺织染业概论 | 蒋乃镛著 | 1944 | 中华书局 |
| 纺织染工程手册 | 蒋乃镛编著 | 1944 | 中国文化事业社 |
| 大后方纺织染整工厂一览表 | 蒋乃镛编 | 1944 | 申新四厂（重庆） |
| 最新纺纱计算学 | 何达著 | 1944 | 中国纤维工业研究所 |
| 纤维工业 | 吴中一、黄希阁编 | 1945 | 中国纺织染工程研究所 |
| 纺织日用手册 | 陆绍云著 | 1945 | 中国纺织染工程研究所 |
| 自动织机手册 | 黄金声著 | 1945 | 中国纺织染工程研究所 |
| 漂染印花整理学 | 纺织染研究委员会编著 | 1945 | 中国纺织染工程研究所 |
| 棉纺织工场之设计与管理 | 张方佐著 | 1945 | 作者书社 |
| 纺织原料与试验 | 黄希阁著 | 1945 | 中国纺织染工程研究所 |
| 棉纺学（上、中、下三册） | 石志学著 | 1946 | 纺织书报出版社 |
| 纤维材料学 | 应寿纪编著 | 1946 | 纤维工业出版社 |
| 棉纺工程（上、下册） | 吕德宽编著 | 1947 | 纤维工业出版社 |
| 棉漂练学（上、中、下三册） | 杜燕孙编著 | 1947 | 纤维工业出版社 |
| 中国棉产统计 | 中华棉业统计会编 | 1936—1947 | 中华棉业统计会 |
| 纺织力学 | 何达著 | 1947 | 中国纤维工业研究所 |
| 纤维学 | 陈文沛著 | 1947 | 文沛纺织化学工程所 |
| 人造纤维 | 丁宪祐、王世椿编著 | 1948 | 纤维工业出版社 |
| 自动织机工作与管理 | 黄金声、张灿编著 | 1948 | 纤维工业出版社 |
| 纺织计算学 | 瞿炳晋编著 | 1948 | 纤维工业出版社 |
| 梳毛纺织学 | 孙文胜、竺开伦编 | 1948 | 纤维工业出版社 |
| 蒽醌还原染料（阴丹士林染料） | 陈彬、王世椿著 | 1948 | 中国科学图书仪器公司 |
| 人造丝及其他人造纤维 | 张泽尧译 | 1948 | 中国科学图书仪器公司 |
| 毛纺学 | 张汉文著 | 1948 | 学者书店 |
| 胡竟良棉业论文选集 | 农林部棉产改进处编 | 1948 | 中国棉业出版社 |
| 洗濯化学 | 郭仲熙译 | 1948 | 中国科学图书仪器公司 |

续表 9-2

| 书名 | 编著者或译者 | 出版年份 | 出版单位 |
|---|---|---|---|
| 棉纺工场工作法 | 谈祖彦著 | 1948 | 中华书局 |
| 混棉学(纺织染技术研究丛书第 1 辑,上、下册) | 中纺公司工务处编 | 1949 | 纺织建设月刊社 |
| 清棉机械装置及保全标准(纺织染技术研究丛书第 2 辑) | 中纺公司工务处编 | 1948 | 纺织建设月刊社 |
| 梳棉机械装置及保全标准(纺织染技术研究丛书第 3 辑) | 中纺公司工务处编 | 1949 | 纺织建设月刊社 |
| 条粗机械装置及保全标准(纺织染技术研究丛书第 4 辑) | 中纺公司工务处编 | 1948 | 纺织建设月刊社 |
| 精纺机械装置及保全标准(纺织染技术研究丛书第 5 辑) | 中纺公司工务处编 | 1948 | 纺织建设月刊社 |
| 准备机械装置及保全标准(纺织染技术研究丛书第 6 辑) | 中纺公司工务处编 | 1949 | 纺织建设月刊社 |
| 织布机械装置及保全标准(纺织染技术研究丛书第 7 辑) | 中纺公司工务处编 | 1948 | 纺织建设月刊社 |
| 清棉机械运转工作标准(纺织染技术研究丛书第 8 辑) | 中纺公司工务处编 | 1948 | 纺织建设月刊社 |
| 梳棉机械运转工作标准(纺织染技术研究丛书第 9 辑) | 中纺公司工务处编 | 1948 | 纺织建设月刊社 |
| 并条粗纺机械运转工作标准(纺织染技术研究丛书第 10 辑) | 中纺公司工务处编 | 1949 | 纺织建设月刊社 |
| 精纺机械运转工作标准(纺织染技术研究丛书第 11 辑) | 中纺公司工务处编 | 1948 | 纺织建设月刊社 |
| 准备机械运转工作标准(纺织染技术研究丛书第 12 辑) | 中纺公司工务处编 | 1948 | 纺织建设月刊社 |
| 织布机械运转工作标准(纺织染技术研究丛书第 13 辑) | 中纺公司工务处编 | 1949 | 纺织建设月刊社 |
| 印染工厂工作法—机械篇(纺织染技术研究丛书第 18 辑) | 中纺公司工务处编 | 1949 | 纺织建设月刊社 |
| 棉布印花浆通例(纺织染技术研究丛书第 29 辑) | 中纺公司工务处编 | 1949 | 纺织建设月刊社 |
| 棉纺织工程研究论文专辑 | 中纺公司编 | 1949 | 纺织建设月刊社 |
| 工务辑要 | 中纺公司工务处编 | 1949 | 纺织建设月刊社 |

表9-3 中国近代出版的主要纺织报刊

| 报刊名称 | 起讫时间 | 编辑出版单位 | 备注 |
|---|---|---|---|
| 华商纱厂联合会季刊 | 1919年9月—1937年8月 | 华商纱厂联合会 | 1931年第九期起改名为华商纱厂联合半年刊,卷期续前 |
| 纺织时报 | 1923年4月—1937年8月 | 华商纱厂联合会 | 每周出2次,每次4版;1925年起扩大为8版 |
| 纺织周刊 | 1931年4月—1950年 | 上海纺织周刊社 | 1937年后曾停刊,1946年1月复刊,卷期续前 |
| 人钟月刊 | 1931年9月—1937年8月 | 人钟月刊社 | |
| 纺织之友 | 1931年5月—1940年6月 | 上海南通学院纺织科学友会 | 月刊 |
| 纺织年刊 | 1931年5月—1949年5月 | 中国纺织学会 | |
| 杼声 | 1933年5月—1948年3月 | 南通学院纺织科学生自治会 | 半年刊,自1947年9月第十卷起改为月刊 |
| 染织纺周刊 | 1934年8月—1950年4月 | 上海中华纺织染杂志社 | |
| 染织纺周刊 | 1935年8月—1941年8月 | 上海染织纺周刊社 | 第三卷起改为月刊 |
| 纺织世界 | 1936年5月—1937年8月 | 上海中国纺织世界社 | 半月刊 |
| 棉业月刊 | 1937年1月—1937年8月 | 棉业统制委员会 | |
| 染化月刊 | 1939年3月—1953年 | 南通学院纺织科染化工程系同学会染化研究会 | 1941年起休刊,1946年复刊,改由中国染化工程学会出版 |
| 纺织染工程 | 1939年5月—1953年7月 | 中国纺织染工程研究所 | 初为季刊,第八卷起为月刊 |
| 纺织染季刊 | 1939年10月—1949年5月 | 苏州工业专科学校纺织染学会 | 1941年曾停刊,1947年4月复刊 |
| 纺工纤维工业 | 1941年1月—1945年11月—1951年 | 南通学院纺工出版委员会纤维工业出版社 | 季刊 |
| 公益工商通讯 | 1947年—1949年5月 | 公益工商研究所 | 共出版50期 |
| 纺织建设月刊 | 1947年12月—1953年3月 | 纺织建设月刊社 | |
| 纺建立 | 1947年11月—1949年1月 | 中国纺织建设公司 | 半月刊 |
| 纺修 | 1947年9月—1948年4月 | 南通学院纺织进修社 | 月刊 |
| 纺声 | 1945年3月—1948年 | 上海纺织工业专科学校纺织工程系学友会 | 月刊,自1948年2月起改为半年刊 |
| 棉纺会讯 | 1948年8月—1949年5月 | 江苏、浙江、安徽、南京、上海区棉纺织工业同业公会 | |

# 第十章 近代服饰

近代服饰受社会政治环境的变化影响很大。本章在写作方面按照时间的变化以及政治事件发生阶段来分节。

## 第一节 晚清时期的服装

清朝末年,社会剧烈动荡,是中国人民面临重大变革的时代,同时,又是中国服装变化得令人眼花缭乱的特殊时期。从1840年到1912年的70多年间,围绕着服装的变化,我们能看到国人因政治变革而表现出的激烈的抗争,又能够从中发现很多社会生活不可思议的戏剧性。

### 一、社会服装

在这个时期,中国民众服装中最明显的两个趋势分别是内向型融合和外向型吸收。内向型融合指的是满汉女子服装的渐趋融合。外向型吸收指的是中国民众服装对西方服装文化元素的吸收。

#### 1.渐趋融合的满汉女子服装

众所周知,当清兵入关及清朝刚确立统治地位时,清朝统治者曾动用系统的、有组织的(当然也是有控制的)暴力手段要求汉族人"衣冠悉遵本朝制度",即剃发和更换满族衣冠。随着满汉两族长期混居,汉族先进的生活方式自然引发一部分满族人提出更改满服的要求。但具有讽刺意味的是,以乾隆为代表的这些汉文功底深厚、酷爱汉文化的满族皇帝,却是最激烈的反对者,这使得清朝近三百年间的民众服装,尤其是男子服装一直保留着满服的样式。因此,值得注意的是清初满汉女子之间严苛的服装区别,在这一时期已显露出松弛的势头。这一时期的女子典型衣服有着诸多特色,尤其是在袄裙、裤、云肩、镶滚上。汉女贴身小袄颜色一般很鲜艳,如葱绿、粉红、桃红、水红等。《红楼梦》中写尤三姐"露着葱绿抹胸",就是真实的写照。大袄主要为右衽大襟式样,根据季节变化有单夹皮棉之分,多长至膝下,但到了光绪末年,又开始短小。袄外罩坎肩和披风,前者多为防春寒秋凉,最长时可至膝下。披风多为外出时穿用,有吉服和素服之分,吉服以天青为面,素服以元青为面。下裳主要是系在长衣内的长裙,从清初到清末,"月华裙""弹墨裙""凤尾裙""鱼鳞裙"等层出不穷。

由晚清女子服装的发展可以看出,一方面,满族女子效仿汉服的趋势在重重阻力下持续发展;另一方面,在清初"男从女不从"协议下还保持明末风格的汉族女子服装,也在满汉两族女子的长期接触下,开始不断演变,最终形成了清代晚期女子的典型服装特点。

2. 太平天国时期服装

与这一时期总体缓慢西化的服装发展趋势相反的,是历时十余年的太平天国服装变革运动。在论说太平天国服装特点之前,首先要说明之所以将其列为民众而非军警服装,是因为太平天国虽然可以被认为是一支有明确组织、指挥与后勤系统的起义军,但它除了作战部队外,还包括政治人物、工匠以及各种职业的民众,甚至太平天国的作战部队在很大程度上也带有寓军于民的性质。同时,即使是将太平天国服装作为军事服装看待,也应该看到其服装变革的重点是强调政治性而非作战和勤务上的便利性,所以它应该被划入民众服装范畴。

作为一场影响深远的农民起义,太平天国的意义不仅仅在于沉重动摇了清政府的统治,颁布了具有进步性的《天朝田亩制度》,还在于在席卷半个中国的峥嵘岁月中,太平天国发展起了自己独特的服装样式和色彩,成为服装社会学意义上小范围制度更易导致服装变化的实例,而且太平天国的作战部队成为中国最早一支有自己服装制度的农民起义武装力量。

从服饰社会学的角度讲,社会制度变革是确定服装等具体制度不容置疑的先决条件。因此,太平天国提出的变革社会制度的正式纲领,是他们坚持改革服装制度的原始动力。在这一基础上,强化统一自身形象,巩固组织凝聚力,展现自身政治纲领和宗教信仰等要求,都是太平天国领导者和军民设计自己统一服装的扩展目的。太平天国初期,太平天国军民凡遇裁缝便"俱留养馆中","取人家蟒袍去马蹄袖缝其系而著之"的举动,实际上已经表明了领导者彻底改变清朝服装特征的鲜明立场和坚定不移的态度,而这些都为太平天国最终成立自己的冠服制度,奠定了包括舆论在内的实质性基础。因此,在这些先期工作的基础上,太平天国永安年间初步拟定冠服制度的工作也就显得水到渠成,这一制度在太平天国定都天京(今南京)后进一步修改,设立了专门制作衣冠的机构——"绣锦营"和"典衣衙"。在具体表现上,太平天国军民极度厌恶清朝服装,认为它是清朝统治者强加给汉人的"奴隶标记",因而在起义前期便将清朝官服"随处抛弃""往来践踏"。并定有严明纪律强调"纱帽雉翎一概不用""不准用马蹄袖"等,都是对清朝服装的坚决抵制。

既然太平天国军民不着满族服装,那么在自己衣冠制度还未完善之时,士兵怎么办呢? 这里有意思的是他们穿着根据清初"十从十不从"而保留唐宋明汉族服装传统的戏装作战。太平天国女兵不缠足,体现出与汉族自身陋习的决裂。

太平天国的悲剧性结局固然发人深省,但对中国近代服装变化的研究却不无裨益,我们可以通过太平天国坚决摈弃清朝封建服装—设计自己较为进步的冠服制度—高层重拾封建权贵服装这样一个循环,看到一场完全发生在中国封建末期大文化背景下的、时空都较为有限的服装变革活动。

3. 归国留学生服装

沉重的外来压力使得清政府不得不向海外先进国家派遣留学生,一批批肩负重任的热血青少年登上远赴异乡的客轮。他们在外国居住学习,脑后的长辫和累赘的长袍受到外国人的歧视和不解,这给他们带来无尽烦恼。在这一点上,后来成为中华民国国务总理的段祺瑞的经历很有代表性。段祺瑞作为北洋武备学堂的优秀毕业生,受袁世凯赏识赴德留学,但他的强烈自尊心时常被脑后发辫引来的异样目光所伤,他不得不把发辫盘在帽中。但在操练时经常帽脱辫露,成为他人嗤笑的对象。对于志存高远的年轻人来说,没有什么会比这刺激更大了。他决心剪掉发辫,却被清政府驻德国公使荫昌呵斥,血气方刚的段祺瑞愤而顶撞:"我宁愿发狂也不愿受辱了。"后来,越来越多的留学生纷纷避开清政府驻外机构的监视,剪掉发辫换成西式装束。清政府也不得不表示:"不妨暂时易服,然回华即应复归。"

当怀抱着用知识振兴祖国的热忱返乡时,留学生们自然也把在国外称心的衣着带回了祖国,可是,不免为家乡那种凝滞的气氛所窒息。当一个群体中,异样着装的个体占极少数时,自然要承受难以想象的压力。有的人暂且换上长袍戴上假发辫等待时机,也有勇敢者毅然穿着西装上街。他们正是欧美西装和日本立领学生装在古老神州大地上最早的传播者。

4. 新式学堂服装

清末,中国培养年轻学子采取了"两条腿走路"的方法:一方面选派部分学生直接赴外国留学,以留美幼童为代表;另一方面在国内采用准西方式的教育方法开办新式学堂。

身着西服的归国留学生无疑对国内新式学堂的学生易服起到了巨大的带动作用,同为血气方刚、受过新式教育的年轻人,后者中间西服的流行速度也相当迅猛。这一现象引起了湖广总督张之洞的担忧,对于学堂学生的易服之风,他大声疾呼:"近来各省学堂冠服一端,率皆仿效西式短衣,皮鞋,文武无别,学堂内多藏非圣无法之书……以及剪发胶鬓诸弊层出,实为隐忧。"他还在自己的管辖范围内积极采取行动,亲手拟定湖北各学堂冠服章程式样,以进为退,以攻代守,试图避免易装之风刮到湖广两省。1907年,清廷依照张之洞呈奏的冠服式样,颁布了学堂冠服程式。"将各等文学堂自大学以至中学之学生,定为三项服式:一礼服,一讲堂服,一体操服及整列出行服。"这便是独特的清末新式学堂服装的由来。除此之外,清廷还要求学堂以外的学生常服只许着便帽和长衫,不得穿短衣,且下令"无故改装治学生或诸色人等,照违制律从严治罪"(刘锦藻《清朝续文献通考》)。

5. 清末女子时装

在满汉女子服装渐趋融合的同时,随着西方服装风格的不断传播渗透,对中国各族女子(尤其是城市女子)的服装观念产生了巨大的影响,因而诞生了许多新的时尚女装。由于世界范围内的女装较之男装,都更少受到政治和等级观念的束缚,可以较自由地变化和追逐时尚,所以清末女子时装对于我们了解清末社会心态有着重要的研究价值。服饰形象最能集中表现服装的流行趋势。而一个国家的权贵人物如果率先领导这种服装流行趋势,就无疑具有了更大的效力。慈禧(图10-1)在人们印象中是晚清最反对变革的顽固派,她见到珍妃穿西装曾大发雷霆,但这无疑带有政治的意味。事实上,在个人生活中,慈禧常表现出求洋的倾向,留下的众多照片无不说明她对舶来品的强烈爱好。在慈禧垂帘听政的多年中,尽管其不肯让皇权退出中国舞台,却并未强烈反对洋服、西裙、眼镜、发卡、纽扣、怀表以及手摇缝纫机等成为大家贵族(也包括皇族)追逐的时髦。

除去皇家权贵追逐时尚的举动,清末民间女性在封建礼教松动,新鲜事物不断出现的大背景下,也开始用自己的方式赶时髦。当时民间"什不闲""莲花落"等曲词都用极为生动鲜活的词语,留下了当年妇女时尚打扮的景象。如头戴一顶倭缎镶边纺丝里儿的草帽,身穿一件牡丹暗纹的鸭蛋青色细洋绸的长袍,内衬花洋绉葱心绿的套裤,都沿着桃红色的贴翘……清朝末年随着社会审美价值观日趋多元甚至混乱,妇女着装变化快且具反传统的特点,当然也可看出当时的社会舆论对这类情况的态度:即使不是批判,也是讽刺。

图 10-1　着典型满装的慈禧

光绪、宣统之交(1908 年左右),妇女的冬装都喜欢用宝蓝色的洋绉做面儿,里边穿上深红浅绿的小袄儿,把袖口挽在外边,以与皮袍袖口银白色的锋毛相衬。衣服上的花边也一时兴起"鬼子栏杆"式。一些赴"善会"的旗人妇女则喜欢披一件绛色洋呢大氅,把金壳怀表那闪光的表链故意露在外边,以显示自己的时尚与财力。最能体现女性赶时髦坚定决心的莫过于 1900 年 5 月 6 日的一起不幸事件,当时去北京妙峰山赶香的女性,多穿宁绸、铁机缎、洋布、竹布大褂等夏日时装,不幸遭遇立夏前寒潮而冻死 60 余人。

## 二、军警服装

从第一次鸦片战争到辛亥革命的几十年中,连绵的内外战争催生了名目繁多、服装各异的中国军队,这种军队体系庞杂的现象一直延续到 1949 年。充分暴露出这一时期中国政权分裂,国力贫弱的现实。清末,中国政坛枝强干弱的局面愈发明显,像清政府这样依靠地主团练武装(湘、淮军)和地方武装(清末各省编练新军)维持国家安全的情况,实在是国家的悲哀。但从另一个角度说,这种军事力量派系庞杂的现象,使得这一时期中国军服变化更加繁复,尽管少了统一的严整威武,却有着多变多样的耐人寻味之处。

与民众服装的变化相比,清末中国军服的变化能更清晰地体现出中国服装的西化倾向。军服由中式向西式转变,有助于战斗力的提高,更有助于中国军队跟上世界范围内日新月异的军事科技发展与战术变革,因此也得到了以守旧著称的清朝统治者的重视。

### 1. 湘淮陆军服装

湘军和淮军本不是清王朝的正规军,但因为八旗兵和绿营兵在镇压太平天国起义中屡战屡败,清廷准许各省办团练。曾国藩等人以湖南乡民武装为基础,部分采用新式武器和战术,组成了湘军,成为太平天国最强劲的对手。后来曾国藩由于担心清廷猜忌,主动将数万湘军解散。尽管湘军在镇压了捻军起义后作为一支整体性的武装力量在中国逐渐退至幕后，但不可否认这支军队为后来李鸿章的淮军起到了"传帮带"的作用。南洋海军也属于湘军系统，一大批出自湘军的将领日后在中国政坛、军界和实业界大展身手，尤其是1875年被任命为钦差大臣并最终收复伊犁、和田的左宗棠。但湘军的军服较之绿营并无多大变化。宽大拖沓的号衣、双梁鞋或草鞋与需要大范围机动、隐蔽冲锋的近代陆战十分不相配(图10-2)。

图10-2　湘军士兵

李鸿章创建的淮军起家较湘军为晚，在晚清中国政坛上延续的时间也较长，在1884—1885年的中法战争和1894—1895年的甲午中日战争中，淮军都是清廷对抗外敌的不二主力。随着甲午战争的失败，淮军的地位逐渐被袁世凯的新式陆军取代。由于淮军成军时间长，因此军服变化也较丰富且具有代表性。甲午战争中的淮系陆军形象，在照片和新闻画中出现较多，我们可以清楚完整地了解淮军这一时期的军服装备情况。坦率地说，这支中国当时近代化程度最高的军队，其军服较之老式绿营部队进步不大。上兵的军帽有头巾草帽、斗笠等多种，松松垮垮的号衣和"布袋式"的中长宽口裤，脚穿双梁鞋或草鞋，身上背着子弹袋和杂物袋，间或还有一把油布伞或扇子。这身士兵军服从几个角度来说都是不合理的。首先，随着枪炮技术的发展，19世纪初的步兵横队齐射战术转为19世纪末的纵队散兵线战术，这样，单兵需要能更灵活机动地寻找隐蔽物。淮军官兵肥大的号衣远远谈不上合身和运动自如，没有扎紧的裤腿容易被树枝等钩挂，士兵挂在肩上的布袋也妨碍了匍匐和射击等战术动作。最致命的是，士兵胸部正中写有所属部队的圆圈十分醒目，后背写着"勇"字的圆圈也是一样，实在是敌人瞄准的好靶子。

另一方面，中国军官制服与士兵制服的差异之大也不适合近代战争，当时的淮军将领和同时期清武官一样穿类似文官蟒袍的行袍，为了适合骑马，右膝处的衣裾较短并扣在袍上(因为大多数人都是从左侧上马，需要右腿跨过马身)，此外还要穿马褂，头戴官帽(分暖帽和凉帽)。可以说，淮军军官与士兵制服的差异之大，还停留在冷兵器时代。将领服制鲜明有利于树立威严形象，鼓舞本部士兵作战，但随着步枪射程的提高和狙击战术的发展，这一做法开始显得不明智。比较典型的例子发生在甲午战场最残酷的平壤保卫战中，淮系奉军统领高州镇总兵，回族将领左宝贵，身穿御赐黄马褂，头戴顶戴花翎出现在战斗最激烈的玄武门上，身先士卒激励士兵英勇作战，多次拒绝部下劝他换掉朝服的建议，并亲自操作机关炮开火。他的英勇精神值得所有人钦佩，但是醒目的装束也不可避免地吸引了敌人密集的火力。不久，左宝贵在身中两弹后胸部被弹片击中，壮烈殉国，成为中国牺牲在朝鲜战场级别最高的陆军军官。

反观甲午战场上的日军在明治维新后，装束完全向西方看齐，合体的西式军装、武装带和背包便于士兵行动，绑腿既防止钩挂裤脚，又能压缩腿部血管，防止行军时间过长血液流向小腿,有利于减少疲劳。带有短帽檐的军帽与清军的头巾相比可以防止阳光炫目,与斗笠相比又不致因帽檐太长妨碍端枪瞄准。军官与士兵的军服从远处难以分辨,不会被对方的狙击手注意,但近看完全可以表明军官的级别,不影响指挥。

2. 北洋海军服装

作为一个新兴兵种,海军从一开始就走在了中国军服革新的前面。清末,中国成立了几支新型近代化海军,各海军的编制体系复杂,分别隶属于地方政治集团、工业实体和省政府,近代化的程度也不一,这都对后来建立统一的海军军服体系造成了困难。由于北洋海军地位重要,大量的财力、人力、物力被投入其中,因此北洋海军的军服体系最为系统规范,也是晚清军服变革的先行者,后来自然被其他几支新式海军效仿,因此最具研究意义。

早期北洋水师的军服和其他水师部队一样,是中国沿用了千年的号衣,较为宽大,也许在老式木质帆船上还无太多不利,但到了19世纪80年代,新型蒸汽机、后膛装填火炮、液压装置的广泛使用,使新型战舰上的环境较之帆船时代更为艰险,对水手的灵活程度和训练水平也都提出了更高的要求。此时中国逐渐打开国门,海军的对外交往已初具规模,军舰访问和军官交往都需要从服装上明晰等级制度。因此,北洋水师上下达成了这样的共识:要想更好地操作从国外购入的大型蒸汽机军舰,要想尽快增强实际战斗力适应近代化海战,要想让海军在出访和接待等外事活动中真正达到壮军威国威的目的,海军军官和水兵服装必须改革。

在面对外来文化时仍怀有强烈的优越感,精英阶层仍普遍将西方人视为蛮夷,这一政治上的现实注定了海军军服的改革不能超出一定的范围,而必须本着洋为中用中学为体的原则进行。1882年,在丁汝昌的组织下中国第一部关于海军军服的指导性文献《北洋水师号衣图说》起草完毕,并报送北洋海军的缔造者和直接上司——北洋通商大臣李鸿章批准。1888年北洋海军正式成军,《北洋海军章程》中的冠服规范,对1882年军服样式做了解释和补充,由此拉开了中国海军军服规范化、近代化的进程。在这套《北洋水师号衣图说》中,详细划分了军官、土官、海军陆战队、水兵、杂役的制服,并分为春、秋、冬制服和夏季制服,这与中国北方沿海地区的气候是相符合的。从总的形制来看,这套制服受到了当时世界海上新主英国海军制服的深深影响,但仍以中国传统水师的官服和号衣为基础。

综合来看北洋海军军服大幅度引入西方(尤其是英国)海军军服设计特点,注意到了便利安全等要求以及海军这一技术军种军服的特殊性,军官袖口花纹和水兵臂章顺应了近代海军技术岗位日渐增多的趋势,直接为增强部队战斗力做出了贡献。北洋海军的军服在中西风格融会贯通方面做得相当好,既吸取了西式军服便于舰上行动的优点,又保留发扬了中式军服含蓄大气的精髓。我们可以这样说,这身中西合璧以中为主的海军军服比起同时期的中国陆军军服尽管整体形制差别不明显,但其功能无疑更为先进,且显得军容整肃。很显然海军军官和士兵的短褂已经较陆军官兵的军服合身,军官便帽和士兵草帽都有其适应舰上生活和作战的合理一面。

３. 清末新建陆军服装

新军制服规范化始于 1898 年《新建陆军兵略存录》中突出了制服规范化的要求，这一规范化主要着眼于军容、军衔标记、实战要求三个方面。首先是军容，文中多处出现的对颜色样式尺寸规定"不许参差"的文字就很能说明问题，军服一致有利于树立军威和保持作战训练时的秩序。而关于军衔标记"正头目操衣两袖以红线两道，副头目以红线一道"则表明西式军衔制度的优越性开始被注意到，这是理顺指挥渠道的重要举措。最后，新军装对实战性提出了初步的要求，"在营军衣均须窄小"避免了以前传统号衣过于宽大，以至于掣肘行动的弊端。应该说，这是新军军服制度改革的前奏，作为一支试验性的武装力量，新军在军服制度上的变更有特事特办的性质，这种既是试验部队，又是实战部队的情况，在西方国家是不多见的，却非常适合中国这样近现代军制建设起点较低、基础较薄的大国。

作为一支整体性的武装力量，新建陆军的成军时间是短暂的，但在其后几十年中在国内几乎任何一支军队的编成、战术到军服上都可以看出它的影子。青呢大檐帽、青灰军装、裹腿布鞋，这就是停留在人们印象中的 20 世纪前 30 年中国军队的标准士兵装束，而这些都要上溯到一支军队——北洋新建陆军。

４. 清末新建海军服装

新建海军军衔制度的建设于 1909 年推行，由于有陆军军衔制度改革的成功经验可循，因此进行得十分顺利。海军军衔分为都统（将）、参领（校）、军校（尉），每级又分正副协三级，这样就与世界统一军职基本接轨。这一国际化的军衔制度对于中国海军走向大洋，出访巡航时的海军国际交往都是必不可少的。

清末新建海军士兵制服设计较为完善，对于功能性和美观性均有考虑，唯一遗憾的是脑后的发辫还妨碍行动，在布满快速往复运动装置（如炮尾驱动杆、液压装置等）的近代化军舰上，一旦发辫被绞进机器，后果不堪设想。而且日益扩大的海军国际交往，身着笔挺西式军装的海军军官，自是不愿再拖着长长的发辫。于是 1910 年"海圻"号出访刚刚开始，舰长程璧光就允许全舰军官剪去发辫，此举受到一致拥护，后来全体水兵也要求剪去发辫，全舰官兵以崭新形象出访英国，沿途停靠墨西哥等国，抚慰华侨并只差一步完成中国历史上的第一次环球航行。

５. 清末警察服装

正如清末几年具体操办的许多事宜一样，真正意义上的近代警务系统也是中国历史上的新生事物。可以说在中国历史上警务系统和政务系统的职能是交叉在一起的，由县官、衙役、捕快负责审理、侦破（在有限的程度上）案件。伴随着中国对外的不断开放，与外国人士、外国法律打交道的机会不断增多，案件的数量和复杂程度也呈上升趋势，再加上新军建立提供的经验教训，新型警察部门的建设必须重视并严整起来。20 世纪初，清政府设立巡警部，为了解决各省纷纷建立警察部门后警服无一定之规的弊端，光绪皇帝又颁布诏书，对警服制式、章程加以统一，这就产生了清末最具有代表意义的警服和警衔制度。

总的来说，新警服采取了与新军陆军军服类似的形制，檐帽上的帽徽仅有一种形制，即龙形帽徽。警服分为礼服、夏季常服、冬季常服三种,礼服有标明等级的肩章,两种常服则不设,但礼服和常服上都有标明等级的领章和袖章。此外,警官(分三等九级)和长警(分巡长和巡警)等还有长外套,夏季为黄色,冬季为深灰色。

清末警察制服本身就具有开创性的意义,同时又奠定了此后几十年中国警服的大体形制,以至要研究民国期间警察制服都要上溯到这一时期。

## 第二节　民国初年服装

民国初年是中国近代史上一个引人注目的时间段,1911 年的辛亥革命具有划时代的意义,1919 年的五四运动是一次彻底地反对帝国主义和封建主义的爱国运动。这些政治事件对服装的变化产生非常大的影响,所以这个时期的服装也发生了很大的变化。

### 一、社会服装

从清王朝被推翻至 1919 年,中国民众服装呈现一种剧烈动荡与稳步发展混杂的变化趋势。一方面封建制度(包括服装)并未完全被铲除,另一方面民主的风气大开。人们大谈"改良"与"文明",如穿上辛亥革命后的服装,表演当时的人和事,又用传统程式与唱腔演出的新剧,被称作"文明戏";女子穿西式白婚纱,但新郎依旧长袍马褂,甚至披红戴花,在家里(不去教堂)举行的婚礼,谓之"文明结婚",实属特殊年代的产物。总的来看,尽管这一时期的许多民众服装显得似是而非,甚至有些可笑,但它们仍然在不同程度上具有文明意义,因为社会借此确实前进了一步。

#### 1. 剪辫

过去,"东亚病夫"的蔑称和中国男人脑后那根被世界耻笑的辫子紧紧联系在一起。且不说男人留辫在世界着装文化中属于异类,更不用说这种形象并无美感可谈。最重要的是,作为社会生产、国家自卫中坚力量的男性,脑后的发辫制约动作,时间一长还极不卫生。

武昌起义后,剪辫作为革命胜利的象征被强制推行,自愿剪辫者当然不能说是少数,但不愿剪辫者却也为数不少。绝大多数满族人抵制剪辫自然有可以想见的原因,但很多汉族人出于一种令人窒息的惰性也加入了反对剪辫的行列。在孙中山发出的一系列命令中,《令内务部晓示人民一律剪辫文》就提出"今者满廷已覆,民国成功,凡我同胞,允宜涤旧染之污,作新国之民……凡未去者,于令到之日限二十日一律剪除净尽。有不遵者(以)违法论"。

许多地方对剪辫号召一呼百应的景象固然令人鼓舞,但一些尴尬言行仍在角落里伸张着旧俗。比如京都一时传唱:"革命党,瞎胡闹,一街和尚没有庙。"还有由剪去长辫但不剃短头发而形成的发式"马子盖",更不用说一些拒不剪辫的遗老遗少了。不过,透过其令人鄙夷的形象和目的,"马子盖"发式在当时确是属于流行之列了。这种发式是前面仍有影发遗痕,后面成了散着的短发,类乎大背头(图 10-3)。当年老北京人将其称为"帽缨子",它自民国初年流行了很长一段时间,一些封建思想浓厚的富户老者,一直延续着这种发型。

图 10-3　蓄"马子盖"发型的中年男子

2. 放脚

与男子发辫一样令人反感的陋习,是汉族始于五代宋初的妇女裹脚。从道德和社会结构角度说,裹脚使女子屈从于男子的审美观,放弃自己的独立性,变成了男权的附属品;从生理角度说,裹脚的妇女不但要承受疼痛,更难以从事劳动生产活动,这必然导致身体虚弱。

作为和陈腐传统决裂的一种象征,太平天国的女子保持天足,和男子一样上阵打仗,尽展飒爽英姿。晚清众多有识之士则在各种场合尽陈裹脚之弊,强烈呼吁妇女保持天足,这一明智之举终于在辛亥革命后得到确认,继之流行开来。小姑娘一双天足进出学堂,缠足的妇女也讲究放开双脚(图 10-4)。一时间有文化的家庭中女性以不缠足为文明的象征。当然,也存在一些裹脚半途放弃的现象,成为民国初年城里人的时髦。正因为废除了裹脚陋习,此后改良旗袍高跟鞋长筒丝袜等一系列服装才有出现乃至流行开来的可能性。

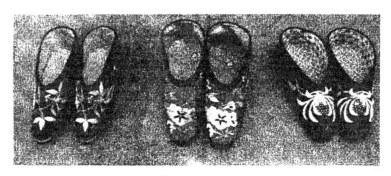

图 10-4　缠足放脚后穿用的绣花鞋

### 3.辛亥革命后的西装

辛亥革命以后,国外势力(包括个人、公司乃至整个国家)介入中国内政外交,甚至于影响民众生活的深度较之清政府统治期间都更深了一层。门户已被彻底打开,利用法规和技术保护自己的能力又尚未形成,民族企业在夹缝中艰难求生存,市场几乎被倾销的洋货淹没,这就是民国初年中国经济与社会生活的一个缩影。原先只被西方人和留学生穿着的西装,这时已被另一个新生阶层夺去了风头,这就是买办——西方人和中国人之间的中介。着西装的买办聚集在沿海的工商业城市,日夜不停地买进卖出,为洋行牟取利润,这在民国初年是一道风景,也可以说是不成文的风气。买办们的服饰形象是西方的,面孔是中国的,灵魂则在中西方之间徜徉,找不到归宿。

### 4.长袍马褂

棉质长袍、缎面马褂、瓜皮小帽、黑鞋白袜扎裤管(中式裤),见人就唱喏,这种服饰形象想必不用细说,即使不是地主老财,至少也是思想守旧意识落伍的中年人。实际上,这身装束和后来长袍、西裤、礼帽组合而成的男子套装一样,都是民国时期男子尤其是中年男子和公务人员交际时的重要衣着,作为纯中式服装顽强的堡垒一直保有自己的一席之地。(图10-5)

在北洋政府的大典场合,身着蓝色长袍、黑色马褂、青鞋白袜的官员与身着笔挺燕尾服、头戴大礼帽的官员同站一处,在服饰上似乎暗含两种思想尖锐交锋之势。

图10-5　着长袍马褂的康有为

### 5.民国礼服

一个新成立的国家需要一套政府承认的礼服。在许多国家,这本不是问题,沿用传统或模仿他国都可选择。但这两种方法在辛亥革命后的中华民国似乎都行不通,因为1912年的中国,正是中西两股势力在经济、政治思想等领域激烈竞争的年头,参议院尚未颁布的《服制条例》一时成为焦点,其中无论规定民国礼服采用何种形制、何种材料,都必定是个一石激起千层浪的决定。

在参议院审慎地为《服制条例》广泛咨询各界人士意见的过程中,他们发现支持采用西式礼服的人占了压倒性的优势。毕竟经过晚清的近百年耻辱,西服"发奋踔厉"和满服"松缓衰懦"间的鲜明反差,在大多数人心中留下了不可磨灭且并不愉快的记忆,各界对"易服"的呼吁力度不逊于"剪辫"。即使有部分人士担心西式礼服会助长社会"洋化"之风,但如果参议院顺应民意,将礼服定为西式,定会获得多数民众的支持。

然而情况并非那么简单,在西服被定为礼服后,固然可以满足大多数人与晚清耻辱一刀两断的愿望。但回到现实中却有一个严峻的问题,西装的"严肃""发皇"等特点相当程度上来自其采用的呢绒材料,而呢绒当时只能进口。若民国礼服采用西式,并用呢绒材料,则以丝绸为主的中国民族纺织工业必定会进一步陷入困境。从晚清就已出现的"穿绸者日少",呢绒紧俏价格飙升,而国产丝绸堆积如山等现象势必进一步恶化,长此下去中国民族纺织业将难以为继,即"我国衣服向用丝绸,冠履亦皆用缎,倘改易西装,衣帽用呢,靴鞋用革,则中国不及外国呢革,势必购进外货,利源外溢"。再往远看还不单是纺织行业的问题,纺织品和服装作为国民消费用品的主力,如果大量依赖进口势必导致货币外流。北洋军阀统治期间每年在棉、铁两项上造成的逆差,即外流白银近三亿两,长此以往将"农失其利,商耗其本,工休其业"。兼有官商双重身份的爱国人士张謇所言,更加言简意赅:"即不亡国,也要穷死。"

面对生死存亡,中国民族纺织业自身积极行动起来。1912年初,即《服制条例》开始酝酿之时,江苏、浙江、上海的丝绸、典当、成衣等行业团体成立了"中华国货维持会",这是中华民国以"提倡国货"为宗旨成立的第一个民间组织,也是延续整个中华民国历史的国货运动之始。乍一成立,"中华国货维持会"即积极进行游说活动,在南北会谈、民国临时政府由南京迁至北京后,活动更加频繁,他们疏通报馆进行舆论导向,劝用国货的印刷传单广为散发,1912年6月更是派代表赴京向当时的国务院请愿。同类组织"江浙丝绸同业会"还致电农商部提请"注意国货绸缎"。7月2日署理商部总长王长廷批复:"服制现经国务院认定,仍准以本国绸业为宗旨。"

在各方的一致努力下,经过9个月的研究,共三章十二条的《服制条例》于1912年10月出台。条例规定男子礼服分为大礼服和常礼服,大礼服为西式,配有高平顶大礼帽和圆顶大礼帽,常礼服为中式;女子仅有一种礼服,但周身加绣饰。依据《服制条例》,民国礼服采取了形制和材料上的双重折中策略,"议定,分中西两式,西式礼服以呢羽等材料为之,自大总统以至平民其式样一律,中式礼服以丝缎等材料为之,蓝色袍对襟褂,于彼于此,听人自择"。《服制条例》以成文的形式规定了国产棉、丝、麻织品可以作为礼服面料,极大提升了人们对国货的信心,也为以后的国货运动营造了一个良好的开端。

确定后的民国礼服广泛出现在各类大型礼仪活动中,民国三年(1914年)总统府设礼官处置大礼官长一名,大礼官若干名,他们平时即着大礼服办公,主要是陪同大总统出席庆典和接待中外来宾,可见大礼服已经成为国家公务员的礼仪专用服饰(图10-6)。

图10-6 民国初年大礼服式样

### 6.民国初年女子时装

随着清政府的垮台和封建政治管制的放松,清末女子追求时装之风刮到民国初年,力度已经更大,范围已经更广。追求时尚的青年女性敢作敢为,不为世言所动,思想传统的学者、媒体大声疾呼甚至猛烈抨击,政府更是不时发布禁令。但从结果来看他们的努力没有得到预想的成效,女子时装和其追求者仍在以令人眼花缭乱的速度前进,即"靓装倩服,悉随时尚"。(图10-7,图10-8)

清朝女服追求繁缛的镶滚装饰,其美学基础来自相似造型元素的堆砌,是无意义的重复,是数量上的叠加,而且服式以掩盖女性体形为要。民国初年女子时装开始摆脱传统文化中某些消极观念附加在她们身上的桎梏,大胆地挑战僵化审美观——女性需要以封闭的衣裙来造就温柔、端庄、顺从的性格,使时尚女性得以借助服装展现自身优美曲线,局部暴露身体。这可以说是中国女性服装美学史上的质变,走出了一味堆砌装饰的死胡同,开始向一个更加广阔具有无限可变性和循环可能性的境界迈进。

图10-7　仍然保留清代服装镶滚特色的女童袄

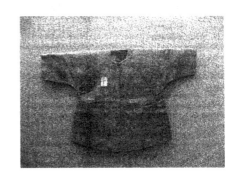

图10-8　逐渐简约的女童袄

1917年5月18日《上海时报》的一篇评论用自以为相当辛辣的笔锋对这种"身若束薪,袖短露肘"的时装大加嘲讽:"近来女界中流行一种女服,则衣无领,而秃颈也……今日秃颈则不久将是其玉雪之胸背。"次年5月14日该报又刊登了上海县议员江确生发给江苏省公署的公函:"妇女流行一种淫妖之时下女服,实不成体统,不堪寓月者,此等妖服始行于妓女,夫妓女以色事人,本不足责,乃上海之各大家闺秀均效学妓女之时下流行恶习。"江确生可以说是"妖魔化"女子时装的始作俑者,急切愤慨之情溢于言表,尽管其眼界之狭窄今天看来颇为滑稽,但他却无意中点明了当时女装流行的实质问题——服装在不同阶层间的竖向循环流动现象。

尽管女性对时尚的执着追求以及保守人士对其的激烈反对是人类社会的一个共同现象,而并非清末民初中国所独有,但民国初年警察部门对这一争论的行政介入力度却是世所罕见的。天津《益世报》1919年登载了所谓的《取缔妇女妖服之部令》:"省长公署准内务部来咨云:查违警法第49条凡有奇装异服妨害风化应处五日以下之拘留,或五元以下之罚金等云。原以衣服裁制最宜合度,不炫异矜奇,近查各省习尚日趋奢靡,尤以妇女为最甚,一切所穿衣服故为短小,袒臂露胫不为怪,招摇过市,时髦争夸,长此以往非至相率效尤不知羞耻为何事也。"

### 二、军警服装

从辛亥革命到 1919 年的中国军警服装变化,主要围绕着北洋军事集团的发展而展开。由于不存在统一的后勤被服系统,因此北洋各部队军服从一开始就存在材料质量之间、做工之间、原始样式之间的差别,最终造成各部军服颜色、款式上的不同。因此尽管我们可以从当时各种官方的命令、文件中认识到以袁世凯为代表的北洋军阀上层多次有统一军服制式的意愿,但限于时势,难以彻底实行。这种军服间差异颇大的趋势,随着袁世凯的死亡和北洋军事集团的分裂而渐趋恶化。

这一时期,社会各界强烈呼吁的倡用国货之风也影响到军警服装的走向,早在民国成立之初,就有人呼吁军服应用国货,可以说这些呼声是对清末以来军服多用进口呢料的反击。1926 年北伐进行当中蒋介石就号召国民革命军官兵皆穿国产布料军服。

#### 1. 分裂前的北洋军服装

辛亥革命后的北洋军仍然大体延续清末新军的军衔制度和军服样式。但南北军队制服统一的问题,也令军服制度更加混乱。在袁世凯担任中华民国临时大总统期间,制定的官佐礼服制式中增加了大礼服。大礼服帽颇具特色,类似于直上直下的法国军帽,帽用蓝呢制成,上边又有红、黄、蓝、白、黑五色组成的五角星帽徽,象征民国初年的国旗,顶部加上白鹭鸶羽毛或白色丝线制的帽缨,高约 15 厘米,又称叠羽冠,显得很有气势。当然,顶级军衔,也就是大元帅,帽缨是红色的,与其他军官的白帽缨区别明显。除了军帽,肩章也是北洋军礼服与清末新军军装的最大差别之一,与新军的金边肩章相比,北洋军金盘金穗相结合的肩章加宽了肩部轮廓,更为威武,垂下的金穗也更为庄重和具有礼服特质。此外,腰带、衣袖等处更为精致繁复的装饰以及勋章的佩戴,都令北洋军大礼服更具有西方古典军服意味(图 10-9,图 10-10)。

图 10-9　北洋政府海军礼服　　图 10-10　北洋政府陆军校级军官大礼服

与此同时,北洋士兵的标准军服为青呢大檐帽,同样缀有五色帽章。士兵军服也为同样的青呢质料,领章上分别用罗马数字和阿拉伯数字写上所属团营号。值得注意的是,出于实战考虑和勤务方便,北洋军官兵的肩章逐渐由横式转为立式(图10-11,图10-12),在这一时期,随着武器技术的飞速发展,士兵军服中制式化的装具逐渐增多。

图10-11　1913年北洋政府简任职高级警
官冬季常服服制除警徽外多沿
袭清末警服

图10-12　北洋政府陆军士兵服

在北洋军阀作战部队官兵之外,军校生的服装也值得一提。保定陆军军官学校的前身是直隶北洋武备学堂,是为北洋军阀提供指挥人才的基地,也为全中国培养出了众多军事人才。保定陆军军官学校学员均为官贵,因此校方管理也十分正规,财力投入较大。首先是学员的食宿衣帽方面均由校方提供,学员的制服与正规军稍有区别,但质料更好,衣帽式样分春秋季、夏季、冬季三种,并分为单军衣裤、棉军衣裤、昵军衣裤。夏季为灰斜纹布军装一套,冬季为黄呢子军装一套,其他手套、皮鞋、马靴应有尽有,这种供应充足的情况在当时的中国军界可算是奢侈了。

2.分裂后的北洋军服装

从20世纪初的中国政治经济环境来看,北洋军事集团的分裂不是由于袁世凯的死而偶然发生的,而是一种必然,因为它缺乏一种统一的约束机制。一支部队的组织更多的是依靠将领的个人魅力,而非行之有效的管理体制,再加上部队自行解决粮饷现象的存在,可以说根据部队驻扎地点,北洋军事集团分裂为直、皖、奉三大派系,并从中又分裂出西北军、东北军、直鲁联军、五省联军就不足为奇了。(图10-13)

图 10-13　时任直鲁豫巡阅使公署参谋长的直系将领李
济臣（根据照片绘制）

总的来说，从 1916 年袁世凯死后，至 1919 年，各派系军阀在军服上的差别只能说已经露出苗头，具体与北洋时期没有本质上的差别。而除了北洋系，中国其他有重要意义的武装力量也很多。在 1919 年以后，一种真正异彩纷呈的局面，才出现在中国军服发展的进程中。

# 第三节　1919—1929 年服装

五四运动的滔滔声浪尽管从北平的街头消失了，但它唤起的熊熊烈焰却从未在国人心中熄灭。1919 年至 1929 年这 10 年间，大部分时间国内是处于军阀混战的局面，但北伐却代表着历史的进步潮流，工农红军的建立更是点燃了中华民族希望的火炬，并将在日后大放光芒。这期间的服装就是在这样的背景下发生变化的。

## 一、社会服装

19 世纪 20 年代的民众服装在动荡中继续向前发展，这期间有一个值得注意的事实，那就是服饰社会学理论中提到的服装流行变化中的垂直运动，尤其是自上而下的"瀑布"式流动方式，在这一时期体现得十分明显并具有典型性。孙中山伉俪的美好形象再加上媒体，尤其是画报、广告上形象的渲染，极大地宣传了中山装和改良旗袍，对中国民众的服装变化潮流起到了巨大的推动作用。

在中山装和改良旗袍这样的新型服装背后，长袍和西装仍在服装变革大潮中努力寻找自己的价值坐标。徐国桢曾著《上海生活》一书，专门记述过上海人的穿着。说那时西装革履是时髦，但中式长袍依然存在，只是马褂不再盛行。男人们也放宽中式裤脚，不再扎腿带，"学生、商人及新式职员穿西装及中西合璧式（如中山装、学生装）为多；旧式店员穿中式服装为多,工人大多数以蓝布衫裤为标志;苦力衣衫褴褛多穿缀满补丁的旧布短衣,却戴阔沿帽;游民穿得不伦不类,有部分人居然也穿绸着缎宽袍大袖,多素色,帽子歪戴,衣多袒胸"。由此可见,当时城市居民的服饰形象呈现一种视觉效果并非悦目的多样性。

1. 中山装

作为一种单纯质朴、含蓄大气的服装,中山装本身就是西式剪裁技术和中国传统文化的一种成功的巧妙交融,成为这一历史时期留给中国最深刻的烙印之一。在孙中山先生带头穿着的号召作用下,中山装开始在中国,尤其是政务系统和思想进步的爱国人士间流行开来。

一个新的政府、一种新的意识形态,自然应该有一种全新的服饰形象,那么民国政府的官员穿什么,成为令政府上下乃至民间人士殚精竭虑的问题。有人建议穿长袍马褂,理由是延续传统,但很快被反驳声淹没。显而易见,新政府的公务员不能再用清王朝的服装做礼服,那样难免有历史倒退、革命前功尽弃之嫌。全面改用西服的建议自然也不能通过,因为这显然违背了建立自主自强中国的民族主义信念,而且价格昂贵,又不完全适合中国人体形与起居习惯。综合各方面考虑,革命党人需要一种形式上崭新的,内涵上本土化的,经济上可以接受的服装,以彰显自身形象。

辛亥革命不仅建立了新的政权,还伴随着新意识形态的确立,出现了服制改革的呼声。1912年民国政府参议院通过的《服制条例》,其中最重要的莫过于规定男子礼服使用国产织物,如丝、麻棉等。这当然并非意识形态偏激和盲目抵制洋货的举动,而是最初最朦胧的将西式服装本土化以求减少服装进口的意识。显然,当时的民国政府上层,对于中国有限的资金被大量用于购买外国服装和织物感到痛心,因为这些宝贵的资金原本可以用于购买更加急需的机械设备和药品。

从体现新政权新风貌的目的出发,以支持国货节约资金为基础,结合个人经历与感悟,考虑到当时的服装流行形势,孙中山先生开始构想新式服装的样式,在他的设想中,"彼等衣式其要点在适于卫生,便于动作,宜于经济,壮于观瞻"。卫生、便利、经济壮观,这便是孙中山对于新服装的基本准则。当然,第一件中山装诞生于谁手,已经是众说纷纭。但这第一件衣服无疑是以西服和学生装为范本的。有一种观点认为,孙中山先生采用了清代衣领翻折的特点,这种将中西思维相结合的做法是可信的;还有人认为中山装是根据1912年童子军服设计的。总之,穿中山装使中国人胸前平顺显得朴实规整,同时,立领也使穿着者的颈部得以拉长,较之学生装的立直领,改进的立翻领更为庄重和舒适。早期的中山装为九纽,胖裥袋,口袋内可以装一些随身物品,实用性较强。同时相对于原来的中式服装,中山装由于采用了科学的西式剪裁技术,符合人体比例与结构,使穿着者身体轮廓显得挺拔伟岸,如果再结合比较好的毛料,就更有一股英武儒雅相结合的气势了。(图10-14)

图 10-14　孙中山先生着中山装的形象

（根据 1924 年孙中山先生于韶关演讲时照片绘制）

当然,这身服装一开始并没有特定的名称,直至 1925 年孙中山先生去世,为了纪念孙先生对中国革命的不朽贡献,广州革命政府确立了"中山装"这一名称。同时更名以表对伟人纪念的还有后来名噪一时的"中山舰"（原永丰号）、中山县（原香山县）。随着名称的确定,中山装的形制也基本固定下来。众多的服装设计经销者,还将中山装与国货运动联系起来。

到了 1929 年国民党制定宪法时,曾规定特、简、荐、委四级文官宣誓就职时一律穿中山装,以示奉先生之法。而且随着国民党政府基本实现对中国的统一,各方面规章开始正规起来,政府和党务部门的制服——中山装自然也需要更加讲究。由此,中山装渐渐褪去最初革命时期因陋就简和随意变化的外观,开始将服装的细节与深厚的国学内涵联系起来。首先是中山装前襟上区别西装三袋的四个口袋,四袋代表着"国之四维",即分别代表礼、义、廉、耻,细细品味意蕴深远。如果从形式上看,则又与中国人平衡稳健、中庸的世界观和人生观有着直接的关系。同样,早期中山装前襟的九个纽扣,继而减至七个,再变为五个,则与国民党的政治制度有关,国民党早期政治制度的确立,引入了西方通行的三权（行政、立法、司法）分立思想后,结合中国国情变为五权分立（行政、立法、司法、考试、监察）。这一重大变化和带有特别意义的数字无疑也应该在制服上体现出来。至于为何确定中山装袖口必须为三个扣子,而不是像西服那样可以三个,也可以两个,则要联系到孙中山先生提出的最著名的三民主义口号（民族、民权、民生）。可以说自 1929 年以后,中山装逐步成熟而成为礼服,由政界又逐渐普及到民间,由此掀开了中山装在中国服装领域数十年纵横驰骋的序幕。

2. 旗袍

20 世纪 20 年代的中国服装形形色色,被人们称为服装博览会,各种流行式样你方唱罢我登场,熙熙攘攘,令人难免有时空错乱之感。从时间上说,清朝和民国服装同时出现;从空间上说,本土的、东洋的、西洋的应有尽有。但再喧嚣、再嘈杂的变化也不能遮掩博览会上最耀眼的服式——改良旗袍。我们可以从保留至今的众多传世照片上看到,身着改良旗袍的女性婀娜多姿,光彩照人,集中了东方的典雅,中华的神韵,同时又令女性躯体的曲线外显,映射出中国女性的亭亭玉立,真正呈现出新一代中国服装之风采。

作为中国 20 世纪上半叶最具有代表性的女服,改良旗袍有着久远的渊源。其前身——旗袍最初是满族人的一种典型服装。旗袍的旗字最早代表满族特有的一种军事组织单位,努尔哈赤时代成型,有"正黄旗""镶黄旗"等八旗,这也是后来各族人民习惯称满族人为"旗人""旗女"的缘故。最古老的旗袍与满族的生活环境密切相关,满族人早先生活在气候严寒的中国东北地区,为了御寒穿着的长袍长至脚底,袍下只能露出木底鞋的高跟部分。比较典型的旗袍衣身呈直筒状,不开衩,长袖,无领,外加小围巾。在漫长的时间里,旗袍的穿着因满汉两族女子服装融合而渐渐脱离旗人的概念,因此也可以将其理解为满族女子的长袍了。

清末期的旗袍体宽大,腰平直,衣长至足,还有很多镶滚,镶滚的技艺高超,得到世界公认,但依旧带有农业封建文明和手工艺的深刻烙印,如遮掩人体曲线和自然美,侧重于堆砌装饰的服饰美学观。时钟拨前一百年,也许没有人会料到这种本应随着清王朝覆灭而被扔进垃圾堆的衣服,后来竟会在多次变革后获得新生,大放异彩,历史有时就是这样充满了不可预见性。

旗袍的演变过程绝非一朝一夕完成,也绝非一人一计之力,其中体现着多方面的因素。大约在 20 世纪 20 年代,满汉两族妇女都开始穿改良旗袍,这种旗袍袍身逐渐缩短至踝骨处,后来又发展至膝下。袖子也是先向肥口样式发展,进而改成半袖,后来索性不要袖子了,由直筒改成有腰身,而且下端两侧开衩。其他领襟部位也是不断地变化。改良旗袍的最大特点是打破了原来旗袍无"省"的裁法,从而突出腰身,充分显示出女性躯体的曲线之美。综合来看,20 年代旗袍的主要穿着群体仍限于城市中的知识界女性和商界女性,据说最早的窄腰款式就是由女学生的蓝布旗袍而起。当然这只是一个开始,就像春雨过后钻出地面的小草,其顽强的生命力要在日后才能看得更为明显。(图 10-15)

图 10-15 20 世纪 20 年代女性改良旗袍

人们总是用"天生丽质"这个词来形容那些与生俱来美丽高雅的女性,同样这个词也可以用来形容一些自流行之始便绽放光芒,并在很长一段时间内独领风骚,以至在时尚流行前沿平步青云的服装。回顾改良旗袍的诞生与发展,可以说"她"完全对得起这样的称谓。生逢乱世，却能在较长时期内主宰中国女装风潮，除去时势之利外，改良旗袍具有的许多明显优势也是其能在服装竞争中胜出的原因。

款式多样是旗袍的特点和优势，在旗袍大体造型不变的情况下，通过长度的变化，比如或长至脚踝或短到膝间，可以适合各年龄段的女子。活泼好动的年轻女子可能会选择短一些的以适合跑跳运动，年长女子可能会选择较长的以突出稳重高贵。与总体长短变化相比，更有韵味的变化是旗袍开衩的长短，开衩长短不同，可以巧妙地帮助女性选择适合自己的服装风格，是更稳健矜持一些还是更突出女性魅力，全看自己选择。随着着装者的走动，女性修长的双腿在开衩间时隐时现，体现出一种朦胧和含蓄之美。当然这一变化是有限度的，开衩太低走动不便，开衩太高则有诱惑之嫌。同样各种袖子、开襟和领口的变化也令旗袍的形象更为多元和富于适应性，大、中、小圆领和方领固然是较常见的样式，但一种高高耸立，遮住整个脖子高及耳垂的俗称"元宝领"的样式也分外迷人。因为领子较高使头部被托起，虽然穿着者活动会稍受限制，但昂首挺胸可以带来气宇不凡的魅力。

改良旗袍处处体现着浓郁的中国特色。从外观上看，紧扣的衣领，鲜明柔美的女性曲线，角度走向富于韵律的胸前斜襟，这一切都体现着东方女性的端庄、含蓄、典雅、沉静之美。从本质上，这种上下连属、合为一体的服装款式隶属古制，有着中华传统精髓的内核。但与中国古代服装的不同之处在于，以前的女性服装很少突出女性曲线变化，胸、肩、腰、臀等处基本成平直的状态，而从20世纪20年代的改良旗袍开始，中国女性才开始认识到"曲线美"的意义。剪裁得称身适体的旗袍，再加上高跟鞋的衬托，将中国女性的秀美身姿表现得淋漓尽致。细细观察改良旗袍的演变过程，会发现极丰富的内涵和变化关系。很显然，改良旗袍的产生绝不是因一人一时心血来潮所致，而是一个民族女性智慧、灵巧与气质的完美体现。

旗袍自身极大的包容性和含蓄内敛的风格，使得其变化更加丰富，随着时间、空间的转移而不断改变着自身的形象。不论是在古都北京的胡同，还是在上海的十里洋场，抑或是偏远的山城，各地的中国女性都在根据自己的喜好、财力、环境选择旗袍的样式，在那个艰难的年代，顽强执着地展现着自身魅力。五省联军总司令孙传芳曾颁布禁令禁止妇女穿改良旗袍，就因为其会显露女子的优美身姿，此令一出即贻笑大方，甚至连孙传芳的夫人都不顾禁令，身穿改良旗袍赴杭州灵隐寺上香，可以想见这条荒谬禁令该有多么短寿。

可以说，旗袍最为流行的时间正是中国命运最多舛的岁月。其之所以能在这样的环境中大放异彩，完全是因为旗袍那朴素难掩高贵妩媚不失分寸的天性。并非巧合的是，旗袍的天性与中国女性柔美坚强的优良品德契合得竟是如此完美，如此天衣无缝。旗袍的演变历程刚刚开始，更大的舞台正徐徐展开，一个服装界不朽的传奇就此拉开序幕，并与中国社会的变迁和千百万人的喜怒哀乐紧紧相连。

3. 长袍马褂与男子套装

民国年间，在中国激烈且异彩纷呈的服装变化大潮中，长袍马褂犹如活化石直到新中国成立初年还基本保留着清末形成的大体形制。其之所以有这样顽强的生命力，在中山装、西装、男子套装的冲击下还能保持四分天下有其一,很大程度上在于其深厚的东方内涵和拥有坚定的中老年消费群。第一,这身服装上基本没有任何西方文明漫染的痕迹,最忠实地保留着中式服装的原始风貌,自然容易被思想上不那么激进,甚至可以说有些怀旧的中老年人所喜爱。第二,相对西装和中山装等使用西式剪裁技术的服装而言,长袍马褂尽管谈不上笔挺,但在穿着的舒适性上自然更胜一筹,尤其适合动作较慢的老人。第三,这身服装略显保守的风格似乎暗示了其温厚可靠的个性。

可以说,20世纪20年代最有特色的中国男装除了中山装和长袍马褂外,则非中西合璧的男子套装莫属,即在五四时期革命青年身穿长袍颈绕毛围巾的形象基础上,再戴顶礼帽,下穿西式裤皮鞋。这在表现20世纪20年代社会生活的电影中已成为知识分子、商界人士的经典套装,给人们留下深刻的印象。

4. 西装

服饰社会学中关于社会变革和服装变革有过这样的定义,社会变革是服装变革的先决条件,服装变革是社会变革的一个组成部分。从本质上看,处在暴力威胁和经济压力下的服装变革,就是一个弱者向强者,被侵略者向侵略者被迫学习,以求自立、自新、自强的过程。基于此,传统中服和西服的竞争已经超出了经济生活的原有领域,上升到文化表象的内核精髓上来。由于中西国力的巨大差距,处于弱势的一方不可避免地会产生与强势一方趋同,以求降低生存成本的办法。

自晚清以来,"全盘西化"的言论屡屡出现,但如果发展到一个极端,就会出现带有民族虚无主义和逆向种族主义色彩的言行:"万国咸尚西装,一国独为异服则于公理上有碍,不独见恶于观瞻者也。"崇尚易服为西装,在当时已经成为"全盘西化"的一个组成部分。21世纪初西服在中国的普及程度似乎证实了这场爆发在20世纪20年代的争论,但今天中国人着西服更多是出于便利和礼仪,而并非想否认自己的民族身份,中学西学孰为体孰为用自有公论。在民国初年这场跨越世纪的服装大变革中,每个着装者的功过是非现在评论恐怕还为时过早。

5. 女子袄裙

尽管上下一体的旗袍在20世纪20年代已经初露锋芒渐成不可阻挡的流行趋势,但上衣下裙形制的传统女服仍占据着半壁江山,如果从单纯的绝对数量来计算恐怕后者的拥趸还要多些。而且如果细究起来,这种上衣下裙的女服才是清代女子装束的直系后代。同时,这也是受到留日归国女学生的影响。在清末服装一章中讲过,清末满汉女装渐趋融合,上衣下裙的装束逐渐固定化,但从清末到民初最大的变化在于衣长和袖长逐渐缩短,而领子却相应变高。和改良旗袍一样,袄裙同样具有一些如价廉易穿可繁可简等优点。当然,和改良旗袍相比,袄裙上下衣分开的特点使得色彩间的搭配成为一门学问,上下衣的色彩如果搭配不当就会大大影响效果,反之则会增强效果。另外,袄裙尽管也有窄小化的趋势,但于形制终究不可能像改良旗袍那样通体贴身,自然也就无法如后者那样无拘无束地展现身体曲线美。话虽这样说,其实袄裙装的小袄可以腰窄袖宽,再加上较肥大的裙子,一身轮廓也是非常有韵味的。(图10-16)

袄裙在展露曲线上稍逊一筹,但也有自己的过人之处,这就是更丰富的表现元素与变化空间。西方文化和生活方式不但通过纯粹的西洋服装体现出来,而且西方上衣下裙服装的样式也影响到了袄裙或袄裤这样中式服装的流行趋势,人们开始趋于穿华丽服装,并出现了所谓的"奇装异服"。从保存至今的实物和照片来看,当时流行的袄裙样式一般是上衣窄小,领口很低,袖长不过肘,袖口似喇叭形,衣服下摆成弧形,有时也在边缘部位施绣花边,裙子后期缩短至膝下,取消褶裥而任其自然下垂,当然也有在边缘绣花或加以珠饰的。上衣可长可短可宽可松,裙子更是可以变换长短,并可选择有无褶裥,特别是裤式裙和裙裤的流行都使袄裙装常变常新。这种巨大的灵活性,使得袄裙(裤)套装在 20 世纪 20 年代末成为时尚流行的载体,并重新焕发出巨大的生命力。

图 10-16　着袄裙的瓷人

6. 女学生装及文明新装

这里的学生是新型教育体制、新型教育思想所培养的,与以前私塾培养出的童生、秀才不可同日而语。他们有着前辈人所不及的人文科学知识以及一种勇于抗争的思想。就像他们真正意义上的前辈人——清末留学生一样,他们的衣着自然也显露出不同凡响的深远意义。如果把话题进一步缩小到服装流行的范围,在学生中间更称得上新生力量的自然是女学生。民国初年的女学生是中国数千年历史上第一批规模化、系统化、公开化掌握知识的女性。学生敢于求新求变的热忱与激情,加上女性爱美的细腻特质,自然令民国初年的女学生装具有不同的意味。在民国初年,影响女学生着装的因素很多,包括外来服装元素的冲击,影视和纸质媒体的宣传,家族成员的教导等,但其中最为深远的是中国思想界的新文化运动和当时风靡欧美的女权主义运动。正是在这两种思潮的交替影响下,以女学生为主,20 世纪 20 年代的中国服装流行中掀起一股"文明新装"风,文明新装不是一件衣服,而是一种着装风格。其普遍特点是身穿蓝或月白色布旗袍(已不是满族女子大而直的袍子)略略显示出腰身,裙或袍身缩短,露出小腿,同时不戴簪钗耳环、手镯和戒指,更有些女学生在左前襟缀一块布,上写"革命"两字。与此同时,倒大袖(即敞口袖,后人称为秋瑾袖)袄衫,配上黑长裙、白线袜、黑偏带布鞋,脑后一条长辫或齐耳短发的装扮也成为女学生最常见的装束,全身上下的衣服和饰物无一不在显示着新青年的风采。

女学生装和文明新装与其说是一种着装现象,不如说是一场社会运动。反映的是五四运动以来女性抗争传统礼教束缚的决心与行动,是对诸如 1926 年直隶省整顿女校颁布的禁止袒胸露肘申诫令(以及类似事件)的反击。与之相比,剪发则是一场延伸到文明新装范围以外、波及面更广的活动,这一剪去长发的活动基本始自五四运动,当时有两个公认的原因:一是"原来梳发髻,不便利,不卫生,不省钱而且也不美观,当然剪掉好";二是"妇女剪发的目的不但是在妇女的头而且在妇女全体精神上。女子剪发可以节省时间,可以方便就业与男子争得平等地位。开始女子剪发也不习惯,但剪发毕竟是新生事物,很快就被广大妇女接受了"。由于当时革命女性大多剪短发,因此剪发女子难免会受到警察当局的注意。1926年10月30日天津《益世报》就登载了天津警察厅各区署抓获剪发女子多人的消息。当时的直隶督军褚玉璞曾命令"取缔剪发女子",并谕令天津警察厅遵办,"一时解往警署数十起剪发女子"。

7. 女子时装

对于社会生活和服装流行同样重要的因素莫过于大众媒体的崛起,确实,相对较低的资金与技术门槛,它使得办报与办刊从20世纪20年代开始变得炙手可热起来。当时一些具有代表意义的媒体,包括1925年创刊的《上海画报》,1926年创刊的《北洋画报》和《良友》,1928年创刊的《今代妇女》。媒体对于革新思想的传播和科学知识的普及有着不可低估的意义,当细化到服装流行领域时,大众媒体则起到了用最快的速度传递直观图像的作用。尽管专门的服装媒体还很鲜见,但一些综合媒体,在介绍社会生活、娱乐新闻、新面料动向的同时,用很大篇幅来介绍欧美新款流行时装,成为国内服装厂家跟踪世界流行趋势的信息通道。当中国国内的一批画家开始大胆迈入服装设计行业时,媒体又成为国内设计界展现自我的平台。而着装另类夺目的影视明星也在各类媒体上频频出现,宣传自我的同时也在间接地引领时尚。(图10-17)

图10-17 1925年瓷瓶上的成年女装和儿童装

二、军警服装

20世纪20年代前期的中国仍旧在军阀混战的泥潭中挣扎。孙中山先生在一次又一次护法运动失败的经验教训中体会到,没有自己的武装力量,就无异于空谈革命。这时候,国民党建立的国民革命军、共产党领导的代表新生力量的工农红军,再加上苟延残喘的北洋军阀各部武装,显示出这一时期最具典型性的军事服装。

1. 北伐期间的国民革命军服装

1924年中国革命武装的摇篮——黄埔军校在广州建立。由黄埔军校生组成的队伍是一支朝气蓬勃肩负重任的武装力量,正是他们在两年后开始的北伐中谱写了惊天动地的壮烈诗篇,但可惜太过短暂。

早期的中国清末新军服制受日本军队影响很大,后来的各路北洋军阀和大小地方实力派军队又分别接受西方列强的支持,以至于在服制上显现出一种凌乱。新建立的黄埔军校和国民革命军要结束军阀混战的局面,统一中国,就自然和列强的利益相冲突,因此孙中山所需要的军事支持,不可能来自对中国垂涎已久的西方列强。很自然建立于十月革命烈火后的苏联,引起了孙中山先生和国民党人的浓厚兴趣,"联俄联共扶助农工"的口号正是在这样一种情况下提出的。

苏联武装力量的建设模式,包括其军衔制度和服制在这样一个历史时期内深深影响了中国军队,尽管这一影响随着1927年蒋介石背叛革命而有所褪色,却未曾彻底消失。1925年国民政府在广州将所属部队编为五个军的国民革命军,第二年在充实了众多黄埔军校学员作为骨干后,国民革命军开始了北上讨伐军阀的战斗。由于广州国民政府财力的匮乏,这支军队的着装并不规整,以灰色调军装为主。最大的特点是军官有职务但没有军衔,也就是从军官的军装上看不出级别(图10-18),这在很大程度上反映出一支初创时期的军队还没有被森严等级观念束缚的状况。除了呢制军装比较统一以外,军官其他的装具多沿袭旧制部队且不统一,比如军鞋就呈现马靴、皮鞋并存的局面,还有的军官也打绑腿。士兵的装备更是简陋,尽管军装的颜色和头戴的大檐帽等都与军官类似,但大多脚穿草鞋、打绑腿,身背斗笠,这已成为北伐军士兵的衣着特色。在北伐战争中,蒋介石曾命令国民革命军上至总司令,下至士兵皆穿国产

图10-18 北伐时期国民革命军服装

棉布军服,以示爱国精神。这副装束作为一个被定格的形象,在日后众多的中国军队中都可以见到,特别是在淞沪抗战中顽强抵抗的十九路军,依旧保持着北伐军的服饰形象,身背斗笠在江南水乡的巷陌中与日军浴血奋战、逐屋争夺的场景激励了无数中华热血儿郎走上抗日前线(图10-19)。

图10-19 淞沪会战中的十九路军官兵,其服装基本继承了早期国民革命军的特色

2. 中国工农红军服装

1927 年，一支脱胎于国民革命军，却又有着全新的思想基础与更广阔前景的军队，在南昌起义的枪声中诞生，这就是中国工农红军，一支中国共产党人的武装。如果在20 世纪 20 年代末，任何一个观察者看到这支军队的军容都会对其破旧凌乱的程度表示惊奇，更不会相信这支军队可以在日后为中国这片古老的土地换了颜色。在红军的历史上，一种铁打的军魂、一种必胜的信念从未改变。在世人心中，那枚军帽上的红五角星永远放射光芒。

当然，在南昌起义时，红五角星还没有在军服上出现。由于起义部队的军装与旧国民革命军的别无两样，因此起义部队都在颈上系着红领巾，火红的颜色象征着共产主义的信仰。就在 16 年前，清末湖北起义新军也曾在臂上系上白布条，两者在形式上和一定程度的精神内涵上都有相似之处，都代表与过去彻底决裂的勇气和寻求真理的志向。而最初工农红军的另一组成部分，来自秋收起义的农民自卫军等部，则佩戴红布袖章。

最初齐聚井冈山革命根据地的工农红军队伍，在军装上无疑是不整齐的，财力的匮乏、物资的紧缺、技术力量的薄弱，使工农红军军服建设从一开始就面临重重困难。长裤、短裤同时出现，八角帽、六角帽并存，服装颜色更是青、灰、蓝不一，口袋、纽扣的位置样式就更谈不上统一了。在当时的历史条件下，红军只能采用从敌人手中缴获军服再加以改造，或用民服改造的方法来为新战士发军服。当然，红军一直在利用根据地简陋的物质条件尝试自制军服。1928 年红军第一个被服厂建立并开始制作灰色中山装式上衣，头上是缀着布质红色五角星的八角军帽，这套军装虽然谈不上精良，各根据地也不够统一，但如果我们放眼长远，会意识到这只不过是一支伟大军队在正规化建设道路上迈出的第一步，稚嫩却又无比坚定的一步。

3. 北洋军阀各部服装

相对于上一个十年，各军阀部队的军装基本制式并无本质的变化，大体也就是因为财力和地域特色，而在军服颜色与个别细节上发生变化。和在政治信念支持下新组建的国民革命军与工农红军相比，北洋系的各军阀部队在道义和历史进步性上无法相比。但由于割据一隅，又不吝于搜刮百姓，在财力上或多或少阔绰一些，再加上为争夺地盘不断混战的急迫需求，各军阀争相从国外购买装备强化自身实力。装甲兵、空军等新型军兵种相继成立，只是限于财力，引进更多的还是步兵装备与装具，因为步兵这一古老、相对来说也是最节省资金的军种，仍然是军阀混战的主力，由此带来北洋军阀各部军装形式不一，风格大致相同的发展趋势（10-20）。

图 10-20　国民政府时期东北军服装式样

各军阀部队都要搜刮所在地人民,自行解决粮饷,由于各地贫富不均,造成军阀间财力差距极大,因此军服的精致和规范程度显出三六九等也就不足为奇了。比如从直系中分裂出的孙传芳部,开始装备简陋,入浙前甚至被称为"花子兵"。后来占据了富庶的东南地区,财力雄厚起来,孙传芳授命他的外甥,五省联军军需总监程登科主持军装更新工作,他专门设计了在用料、质地、做工上都比较讲究的新军装,因为采用了新里、新面和新棉花而被称为"三新"军装。而且孙部为了适应东南地区的气候,设计了一种帽檐很宽且可以向上折起的军帽,被人戏称为"大帽子兵"。与孙部由穷变富的经历截然相对的是从直系中分裂出的国民军地处土地贫瘠的西北,百姓生活困苦,由此国民军(也称西北军)的军服在各军阀部队中可以说是最简陋的中式大裆裤,土法染就的粗布军装,冬天的光板羊皮御寒坎肩都是西北军的服装特色。

至于步兵军服外的其他装具,特色差别并不表现在军鞋装备上,军官仍是以皮鞋为主,士兵则多是布鞋和草鞋。在此基础上,东北军设计出一种颇具地方特色的翘尖布鞋。钢盔在第一次世界大战时主要是西方军队的装束,而中国军队大规模装备钢盔,则是20年代的事了,因为这时英法等国开始向中国各军阀部队倾销战后作为剩余物资的钢盔。

# 第四节　1929—1939 年服装

## 一、社会服装

20 世纪 30 年代,中国沿海大城市中歌舞升平、纸醉金迷,这一景象似乎让人们暂时忘却了挥之不去的战争阴云。因为欧美时装在流行三四个月后传入中国,总是先在上海出现并时兴起来,因此上海毫无争议地成为中国的时装中心,以至于当年的女装曾有"海派"之称。从这一时期起,女性的装饰品由简入繁,瞬息万变;男子西装的流行也带有时尚的味道,并因此带动了时装业的发展。在喧嚣与繁华背后,与富人家一掷千金定做服装相比,穷人却只能去估衣街购买衣物。旧中国的贫富差距之大由此可见一斑。与此同时,过年过节时的儿童装束给民众生活带来了浓郁的民俗色彩,如虎鞋、虎帽、百岁锁等留下了那一个时期的祝福。

### 1. 旗袍

20 世纪 30 年代是一个摩登的时代,当时的上海更是一个摩登的城市。这里的都市女性热衷游泳、骑马、打高尔夫球以及飞行,因此越来越崇尚西式服装的合体与便利。正是建立在这种对时装的巨大需求基础上,从 30 年代起,沪上各大报纸杂志上开始出现琳琅满目的"服装专栏",五颜六色的霓虹灯闪烁着化妆品的广告用语;各大百货公司、纺织公司及服装公司纷纷举办各类明星参与的时装表演,月份牌上的时装美女画更是红极一时(图 10-21)。如 1931 年在上海大华饭店举行的服装表演,有着婚礼服、旗袍、泳装、晨装、晚礼服、西式裤装和披肩等的男女模特参加表演,观众达千余人。

**图 10-21　20 世纪 30 年代广告中的女子时装**

　　总之,人们在狂热地追求一切现代的、时新的事物,这种狂热体现在服装流行的速度上,而服装流行的速度在很大程度上又要看女装尤其是改良旗袍的变化速度,充分显示出人们的时尚观。说改良旗袍引领了 30 年代上海时装的发展并不为过。

　　纵观改良旗袍在 30 年代的逐渐演变过程,可以在纷繁的款式中整理出一条清晰的主线,那就是其不断时装化,不断创新并越来越凸显女性身材的线条。

　　进入 30 年代后,由于现代通信工具的发展和人员流动的频繁,旗袍的款式色彩等流行周期变得相当短。这里只能就大体的形制而言。首先,在 1931 年前后,腰身逐渐缩小,开衩由通常的膝下部位升高至膝上;1932 年以后呈现袍身加长的趋势;1934 年已是衣摆扫地。1937 年以前,风靡一时的面料是花布条纹布和阴丹士林布等,而且袖子逐渐缩短。当然,这一变化是有先后的,始作俑者是上海的摩登女郎和服装业者。细看这时旗袍的大体外形,会发现衣服廓形逐渐向流线型发展,这一审美情趣与世界范围内的流线型趋势紧密相关。

　　2. 西装

　　西装发展到 20 世纪 30 年代,在民众服装中虽然已经基本摆脱了"离经叛道"的阴影,却仍被打上"崇洋媚外"的烙印。脱胎于西装的中山装虽日渐普及,却很难说挤占了西装的市场份额,因此西装的消费群体并没有绝对意义上的缩小,而且由于款式更接近时尚潮流,自然引起年轻人的追捧。既然要体现时尚,时髦的人就要严格遵守穿西装复杂的讲究,否则必会被人讥为"头齐脚不齐"。因此,时髦人士要头戴礼帽,脚蹬亮面皮鞋,上衣小兜里掖一块折叠有致的手帕(深色西服必须为白手帕),颈间系着领带或领结。与此相配的有各种装饰的领带夹,西装坎肩、背带等也是一丝不苟。胸前垂着金壳怀表的金链,有的为了炫耀和显富,还要在金链上装饰着宝石雕成的小桃、石榴或翠玉琢成的白菜、香瓜等。手上戴着镶各种石头的戒指或素金戒,出门要戴白手套,提着根"司的克",国人名为"文明棍",腋下夹着个大皮包。提文明棍不为拄地,就为了显得有所谓的"派头"。

既然西装成为当时男子追求时尚的重要载体,自然不吝惜金钱以求上佳质量。另一方面,西装剪裁制作工艺上的特点,穿着礼仪的讲究,也要求不能用太一般的面料,这几个因素相结合,必然使西服制作成为 20 世纪 30 年代时装业的重要支柱,30 年代全国大中城市均有西装店。

在政府部门,尽管成文或不成文的规定要求公务员着中山装,但多用于政训系统,而政府中外交、财政等常和外国人打交道的部门则自然多着西装。中国社会中对西服泛滥持保留态度的行政、文化力量正在试图反击,政府反对公务员着西服更多的是和国货运动相结合,常用训令等方式。新时代的文化人不再像遗老遗少那样盲目排外,而是针对西服流行中的一些不正常现象鞭辟入里地加以讽刺,其中先锋首推林语堂。除去抨击西装穿着流行中的怪现象外,西服自身的特点也在一定程度上给自己造就了对立面。即使今天各行各业西装笔挺的男士一有机会也会迫不及待地扯松领带,解开衣扣。可以说任何高度礼仪性的服装其舒适程度都是建立在一个较低的起点上,但凡气宇轩昂的服装多少都会对穿着者有所限制,这就是一个文化精神与生活习惯的问题了。

3. 女子时装

1929—1939 年的中国女子时装呈现一种多样化的局面,在商业利益的驱动下,服装纺织经销企业开始普遍筹划大规模的时装表演活动,将服装展示工作由静态推向动态,将服装销售工作由被动转为主动,这也是当时中国服装界对西方经验的有益借鉴。如1929 年上海《申报》就记载了一次由天津大西服店铺组织的时装赛艳会,在当时英租界内的利顺德大饭店内由 5 个国家的参演团表演,多位中国政界人士莅席助兴,反映了当时尽管繁荣盛况空前,却并不令人骄傲的租界文化状况。

在 20 世纪 30 年代单一种类的女性流行服装中,连衣裙无疑令人耳目一新。与中西合璧的改良旗袍相比,女士连衣裙可算是一种不折不扣的舶来品,其能够在中国大地站稳脚跟,主要也是由于其与中国传统女装存在着形与神上的默契。一方面,连衣裙与改良旗袍在大体上有许多相似之处,改良旗袍具有的很多优点也为连衣裙所具备,比如价格低廉,穿着方便等。但连衣裙由于没有旗袍的开衩因此下摆往往要散开一些,显得更加丰富或俏皮,显然更有"洋味",更适合青春洋溢的少女穿着。再有,连衣裙多变的款式和宽松的形制使其十分适合夏装,背带式、罩衣式、挂颈式、衬衣式,琳琅满目,尽显少女活泼开朗的天性,也为炎炎夏日增添一丝清凉(图10-22)。

图10-22 20 世纪 30 年代的女子时装形象

从1929年起越来越快的时装发展趋势,于1934年受到了意料之外的严重冲击,以至于被严重弱化,其主要原因就是蒋介石发起的"新生活运动"。"新生活运动"是蒋介石为巩固自己的统治所做举措的一个有机组成部分,其道义基础是"礼义廉耻",其原则是"整齐、清洁、简单、朴素、迅速、确实";其表层目的是"使全体国民的生活普遍的革新";其深层目的是使国民在生活及政治上安分守己循规蹈矩,不对蒋家构成实质性威胁;其切入点就是国民的衣食住行,尤其是衣,当时要求衣要"洗净宜勤""缝补残破""拔上鞋跟"。为了以身作则,连生长于西方背景下的宋美龄都留起传统的齐眉刘海,旗袍的面料也不像过去那样讲究了。更有像河北省主席于学忠为了召开河北省第一次行政会议和天津市市长张延锣要求市府公务员平时办公为了"整齐观瞻",而统一着藏青色制服的极端例子。尽管"新生活运动"是蒋介石的政治手段之一,但不可否认在当时中国的现实状况下,确实对改进国民卫生状况和服饰形象起到了一定的积极作用。只是这一运动在达到某种程度后就不可避免对时尚流行产生冲击,尤其是妇女烫发和穿高跟鞋更是在禁止之列。尽管各级政府积极推动"新生活运动",但各地方对"新生活运动"阳奉阴违的现象也不是没有,但在1934年到全面抗战前这一时期,时装流行的潮流还是被极大地遏制了。

### 4. 汗衫和棉毛衫等内衣

在中国漫长的服装发展史中,内衣一直是一个重要的部分,肚兜更是体现着中国传统美学简洁、含蓄的特征。可是,长时期以来,大多数中国百姓只是穿土布内衣,在制作上也并不是很讲究,至于合体、卫生、吸汗、舒适、有弹性等就不能奢求了,只有上层社会的真丝绣花肚兜才记述下中华的工艺。完全能够满足这些需求的新型内衣于20世纪初出现于欧洲,是建立在新型细纱面料和大工业化生产基础之上的。20世纪20—30年代的中国服装界,一致秉承一种开放的心态紧紧跟随欧美服装界时尚,甚至有些寸步不离。当进口针织内衣出现在中国市场不久时,眼光敏锐的中国商人就已开始了将其国产化的进程。这样一来,不但为中国消费者提供了价廉质优的内衣,而且还在一定程度上使中国消费者更注重内衣的卫生条件,增强了免疫力和身体廓形,具有相当程度的社会效应。在这些企业中,上海五和厂生产的"鹅"牌针织汗衫无疑是其中的佼佼者。此外"飞马"牌汗衫、"505"牌汗衫、"双枪"牌棉毛衫裤的产品和成长历程也都具有一定的代表性。

### 5. 劳动短装

当探讨一个时间段内服装变化的时候,农业劳动人口和城市重体力劳动者的着装很容易因缺少个性和研究价值而被忽略。从某种角度上来说,中国近现代劳动装是这样的,疙瘩袢布背心或长袄、大裆裤、中式布鞋、头扎羊肚手巾。这样装束的农民与城市中身着西装、奢华倜傥,紧随流行趋势的大家显贵站到一起,确实不像后者那样吸引眼球。但就像电影永远不能取代皮影戏一样,任何舶来品来到中国这片古老的土地上,都不会一定比土生土长的事物更有生命力。劳动者的装束固然受到财力、眼界、环境的局限,但更多的是对自己劳动环境日积月累的适应。劳动者的衣着只会挑选最朴素最有利于劳动的质料和样式,这也使中国近代服装史多了一条西服东渐之外的主线。

劳动装的样式是多种多样的,陕北农民头扎白手巾或戴草帽,身穿布坎肩中式裤,扎宽大的腰带,裤脚用腿带扎紧,一方面可以防止裤脚被勾挂,另一方面也可以避免热量流失。中年或老年的农民可能会在腰间挂上旱烟袋和打火石,荷包和钱袋的佩戴则不分年龄被普遍运用。在一些内陆城市或沿海地区,城市劳动者,比如黄包车夫等,穿着与此类似,但很少扎头巾,而是多戴一种前檐放下、后部折起的毡帽。如果天气寒冷,黄包车夫还可能穿长袍,但奔跑时则将长袍下摆卷起在腰间,或将长袍放在车上为客人挡风。扎裤脚白布袜和黑布鞋绝对是中国劳动者普遍的装束。(图10-23,图10-24)

图10-23 新媳妇回娘家　　　　　图10-24 卖瓜老农

### 二、军警服装

1929—1939 年中国军警服装的变化可以用三条主线来代表:第一条主线,是南京国民政府多次颁发的服制条令,意图统一中国军服制式混杂的状况。第二条主线,是国民党中央军德械师这样的精锐野战部队,以及空军、装甲兵等新技术兵种,他们服装的变化发展及最终形制,代表了20世纪30年代中国军服的最高技术水平。第三条主线,是中国共产党的武装——中国工农红军在国共合作的大背景下,换装国民革命军军服的历程。

这三条主线,后两条我们都可以用野战部队的具体情况结合实际战例来说明,唯有第一条主线的涉及面太过宽泛,如果统而论之,必然显得泛泛且有堆砌资料之嫌,如果试图结合具体部队来说,又因这一时期军服装备情况的混乱而难有着力点。只能两者折中,介绍一下国民党军服制度改革的大框架和要点。

1929年1月,伴随着整编全国军队的编遣会议,南京政府颁布了《陆军军常服暨军礼服暂行条例》,初步规定了陆军官兵军服的数量、色彩、质料、规格和穿着场合等,可以说是中国军队军服建设正规化、制度化的一个阶段性开端。这其中有一些值得注意之处。首先,《陆军军常服暨军礼服暂行条例》明确规定军服制作必须使用国产织物,军官为丝织品,士兵为棉毛织品,这明显带有支持民族工业发展的用意。其次,兵种颜色也在沿袭清末北洋新军的基础上有所发展完善,步兵红色,骑兵黄色,炮兵浅蓝色,辎重部队用黑色(第一支国民党装甲部队就归属绿辎重部队,自然也带黑色兵种识别色),以适应技术兵种增多的趋势。

陆军官兵装备领章、胸章和臂章,前两者可以反映佩戴者的级别,尤其是将官的胸章和领章多为红边,以明确等级制度,其大背景就是国民党军队从北伐战争结束后才开始颁布军衔的活动。臂章则主要表示该官兵所属部队的番号,从全面抗战开始后逐步由"还我河山"等暗语代号取代。国民革命军在北伐时期提出的一句最著名的口号"不爱钱,不怕死,爱国家,爱百姓"出现在这身军装的许多地方,比如胸章背面和佩刀的刀柄上。此外,还规定了军属人员(并非军人家属,而是军事政工人员等)的衣着。

在同年9月,南京政府又颁布了《陆军军常服军礼服条例》。这一次去掉了"暂行"两字,明显更为正式。改动之处包括把将官识别色改为金色,佩刀柄上原来镌刻的口号也消失了。南京政府于1936年又颁布了《陆军服制条例》,对大礼服的规格和穿着场合又做了进一步的详细规定。

当然,对于两部条例详尽的细节规定,在有些方面实在不必认真对待,出于种种原因,这一条例细则的实施在时间和空间上都很有限,很多非嫡系部队直到抗战结束都没有按条例要求置办或领到军服。总的来说,全面抗战期间几支特定部队,尤其是八路军、国民党中央军的德械师以及新建空军,还包括西北军等非嫡系军队的装备军服的形制与经历更值得深究,因为他们的军装演变发展更具有实战意义,更能反映这十年间中国军警服装的真正变迁。

1. 工农红军、八路军与新四军服装

众所周知的是,大概在20世纪30年代初期以红军学校设计的军装为蓝本,各地的工农红军军服制式开始统一,只是个中细节值得深究。1931年中华苏维埃共和国在瑞金宣告成立,基于培养政治与军事干部的急迫需要,建立工农红军学校,刘伯承于1932年起任校长。他发现学员们着装杂乱无章,没有正规军队应有的严整鲜明,深感没有统一军装之弊。当时红军中专业服装人才匮乏,刘伯承得知俱乐部主任赵品山多才多艺,精通书法绘画,于是将设计红军学校学员服装的任务交给了他。赵品山认为军帽仍以沿用"八角式"为宜,但考虑到中国人的脸形,所以改为"小八角",上面仍缀有红五角星。关于军服则费了一番周折,早先红军军服模仿苏联红军军服样式,为紧口套头衫,但这种样式适于寒区作战,对地处南方炎热地带的中国工农红军则有诸多不便,所以赵品山将其改为开襟敞口,领口上缀红领章,这种服装在得到毛主席赞同后渐渐成为红军的统一服装,尽管样式统一,但红军服装制作限于财力和技术条件,仍与当时国内外军服的先进水平有较大差距,颜色也是有青、灰、蓝等多种。(图10-25)

1937年抗日战争全面爆发,国难当头,国共两党再度合作摒弃前嫌一致抗日,中国工农红军改编为国民革命军第八路军。南方的红军游击队则改编为国民革命军新编第四军,工农红军的主要武装力量穿上了国民革命军的制服。

图 10-25　1934 年中国工农红军服装

2. 国民党中央军德械师服装

20 世纪 30 年代的国民党军队来源成分复杂,服制自然也五花八门,但有这样一支国民党部队军容严整装备精良,经受过严格的现代化军事训练,这就是蒋介石嫡系中的嫡系——中央军校教导总队和警卫军(后改编为第五军)。在全面抗战初期惨烈的第二次淞沪会战中,原归属于警卫军的 87 师、88 师、36 师凭借较高的军事素质给予日军极大的杀伤。

这支部队与众不同的面貌与较强的战斗力,来自国民党政府从 1933 年正式开始的中德军事合作。这一合作规模庞大,涉及野战军整训、建立现代化指挥系统、建立现代国防安全制度推广兵役制度、建筑永久性国防工事和战略性铁路等。其中最直接的目的就是德国军事顾问团提出的 60 个整编师方案。中德间的协议规定,在中国军火工业自给自足前,由德方提供这支部队所需的装备,事实上,钢盔等德国生产的军事装备被指定优先供应给中方。在全面抗战爆发前,最完整接受了德国顾问整训和德式装备的部队就是南京中央军官学校的教导总队,这是一支师级编制的示范部队,担负着作为整编范本部队的责任,再就是有蒋介石御林军之称的警卫军下辖的 87 师、88 师以及由这两个师补充旅组成的 36 师。当然还有一支隶属财政部的税警总团,也是接受了完整德式装备和训练的部队,该部在淞沪抗战中有出色表现,但毕竟是宋子文的嫡系,不属于黄埔系中央军。(图 10-26)

图 10-26　德械师官兵服饰形象

这几支部队最鲜明的特色莫过于士兵头上一色的德国制式 M1935 钢盔。根据资料，在 1937 年以前中国一共进口了 31.5 万顶这种钢盔，主要用于装备中央军中的精锐师。这种钢盔虽然不太适合亚洲人的头形，但就做工与设计科学性来说，无疑处在那个时代的前沿，其遮护面积是同时期世界上各种钢盔中最大的。德械师也普遍装备了军便帽，这种军帽造型独特，据说是德国军事顾问团根据中北欧"滑雪帽"的形制结合中国人的头形设计的，帽舌较大，周边的护布可以放下，为面颊等部位御寒，不用时则折叠起来，用两颗纽扣在帽子前端固定。军便帽造价低廉，使用方便，很快取代了士兵的大檐帽，很多军官在战斗和训练甚至更郑重的场合也经常穿戴，但高级军官还是普遍戴着象征级别的大檐帽。

在军服上，这几支部队全部穿着用德国原产土黄呢制作的军服。这样一来，在用灰精布制作军服的国民党中央军中显得旗帜鲜明。单兵装具则是随德国武器一并进口的皮革弹药装具，皮质背包、军毯、雨布、铁制饭盒、子弹袋是与德国毛瑟步枪配套的两组三联装弹盒。总的来说，这身完整的步兵装具，在保留中国军队特色的同时，基本与当时德国陆军制式装备看齐，具有世界先进水平。此外，类似德国装备的干粮袋、防毒面具盒、小铁铲、手榴弹袋也比较完善。士兵打绑腿，多穿低靴皮鞋，也有部分穿黑色胶鞋。（图 10-27，图 10-28）

(a)　　　　　　　　　　　(b)

图 10-27　国内刊物封面上的德械师官兵

图10-28　1942年3月美国《新闻周刊》封面上的德械师官兵

3. 延安市警察队服装

延安市警察队建立于1938年5月,直接目的是保护党中央和地方党政军机关的安全。当时延安警察队制服上唯一鲜明的特色就是与八路军军帽一样的警帽而非大檐帽,但是帽墙上并没有钉帽徽。铝制(一说铝合金)领章和其上的"边警"两字也是区别边区警察与国民党警察的主要标志。

尽管这身制服在当时全中国警察中不显眼,但在中国共产党的武装力量和配有制服的各系统中可谓独树一帜。从1938年到1947年的近十年间,这支队伍为维护边区稳定保卫党中央安全做出了巨大贡献。1943年边区政府还做出过警察部队着灰色警服和警帽的规定,并佩戴白底上有"公安"两个蓝字的臂章。

1947年,胡宗南的部队严重威胁边区,这支队伍又转变为战斗序列,走上决定中华民族命运的战场。

另外,国民党早期空军服装、早期战车兵服装也都有自己的特色。

# 第五节　1939—1949年服装

## 一、社会服装

20世纪40年代具有代表性的民众服装中,既有历久弥新不断演变且生命力旺盛的改良旗袍,也有毛线衣等素朴含蓄的服装,还有时新的美式服装,如夹克短大衣等。

1. 旗袍

改良旗袍在20世纪30年代确实迎来了自己发展的黄金时期。在40年代,中国政治、经济、文化各方面的变化更加剧烈动荡,要想全面把握改良旗袍在这一时期的发展轨迹,势必面临众多变数,也许从宏观和微观两个视角入手是最好的选择。

服装变化是一种社会性很强的现象,随着中国在40年代遭受战火荼毒经济倒退,旗袍这种光彩照人的服装形式也体现出受时局窘迫的影响。当大半个中国都在为图存而浴血奋战怒火满腔时,体现出奢侈意味的服装和穿着奢侈衣服的意愿本身都是不能被人接受的,况且生产力的倒退、工业设施的被毁、交通体系的混乱,都制约了旗袍发展的趋势——没有进一步走向豪华。

这样一来,我们对40年代旗袍的演变可以归纳出三个特点。

(1)用料制作节俭化。40年代旗袍在用料和制作工艺上的节俭化趋势有着深刻的国内外背景。第一,战争期间人民可支配收入大幅降低。广大城乡居民不得不压制自己购置高档布料的愿望。第二,国家遭受外敌入侵,也令已延续数十年的"国货运动"在人们心中愈燃愈旺,购买国货在很多人心中已成为无须明说的不二选择,国产的人造丝、人造羊毛甚至土布都成为旗袍制作的首选布料。第三,中国30年代主要的高档面料进口地点、时尚服装元素的主要来源——西欧,30年代旗袍上那种广泛镶细边镂空和透明的处理、宝石纽扣等奢华细节自然消失得无影无踪。

(2)样式长度实用化。30年代的海派旗袍长度曾一度长至地面,显而易见,这是和平环境(尽管30年代的和平只是相对的)造成的奢靡浮华之风使然。到了时局危急的1939—1949年,由于日军的侵略急如星火,沿海地区和一些重要大中城市的军政要员、文化名人等被迫内迁,这其中包括大批曾经引领服装潮流的社会名媛(上海是个例外),频繁的搬迁生活自然使得女性服装力求实用和利于行动。再加上拮据窘迫的经济状况,女性制作服装希望尽可能节省布料,这样一来,旗袍长度渐渐缩短到小腿中部甚至膝盖部位也就不足为奇了。除了长度缩短,40年代的旗袍还做了其他的改动以适应形势,尤其是在领子和袖子部位,旗袍的千般变化也主要体现在这里,30年代旗袍的奢华之风即主要通过这两处体现。由于时势所需,40年代前期的旗袍经常采用可拆卸的领衬,不但显得比原来的领子挺括,而且也方便清洗。至于袖子,则渐渐变为短袖乃至无袖,这些都使得抗战时期的旗袍形成了轻便简洁的鲜明风格。

(3)佩件装饰时尚化。当抗战胜利后,尽管国民经济的恢复并非一朝一夕所成,但人们追求时尚美的心情却急不可待,经过了抗战时期的闭塞贫困,妇女们迫切希望看到外边的世界在这噩梦般的几年内有了怎样的变化。在这一引领旗袍发展变化的阶段里,奢华繁缛的欧洲风格渐渐淡出,取而代之的是美国特色的科技支持与简洁风格。

在着装现象上,宏观与微观的关系不等同于整体和局部,因此微观现象尽管是宏观现象的一个组成部分,却并非绝对服从于宏观,甚至可能比宏观现象更为引人注目。

2. 毛线编织服装

在中国近现代服装发展史上,除了前店后厂的定制服装和大工业服装生产外,不能忽略的是那些由妇女自行购置布料、缝制剪裁、编织的衣服,它们也许不起眼,也许不成系统,也许形制各异,以至于难以归纳整理,但这种自制衣服现象的巨大规模颇有研究价值,否则也不能解释为何布料和毛线的零售额会如此之高。同时,这种衣服在家庭经济小环境和社会消费大环境中还有自己不可替代的重要性。在一个作为独立经济核算单位的家庭,主妇买来原材料为家人制作衣服,可以极大地节约资金,而且当时工业制作的成衣无论在数量上还是款式上都还不能完全满足消费者的需求(就毛线衣而言,直到20世纪80年代手工编织毛衣依然是妇女业余生活的重要部分)。

东亚厂和安乐厂都是抓住了毛线编织衣物之风刚刚兴起,市场真空还很大的时候进入这一市场的。在狠抓技术创新和产品质量的同时,两家毛线厂还主动出击,采用了很多富于创造力的活动方式培养潜在消费者,带动消费理念,营造正确的消费氛围。比如东亚厂开设了面向家庭妇女的手工编织研讨班,向这些未来的消费者义务传授技能,并使她们切实看到毛线编织技术易于掌握和毛线衣舒适耐穿的特点。此外,东亚厂还利用媒体平台,自行发行名为《方舟》的月刊,不露痕迹地为自己的产品做了柔性广告。与东亚厂的恒心相比,安乐厂的举措显得更有创意,他们举办了"英雄牌绒线编结品评奖会",规定参赛者只能使用安乐厂的旗舰产品。声势浩大的宣传、公开的评选过程、包括影星名流在内的评选团都极大地吸引了媒体和观众的注意力,为自己的产品做了最好的广告。

毛线衣的编织和穿着现象自20世纪20年代就已露出苗头,到40年代则已成野火燎原之势,谁家没有自织毛衣,哪个女人不会织毛衣,倒成了稀罕事。毛线衣具有保暖性好、舒适易穿脱、不易走形等先天优势,又便于主妇闲暇时自制,在毛线生产厂家的大力鼓动下,毛线编织服装在中国的流行自然是水到渠成的事了。至于毛线衣的形制,除了手套、围脖、帽子等外,要数毛背心和毛坎肩数量最多、流传最广。

## 二、军警服装

1939—1949年的十年间,中国处在连绵的战争状态中,当1942年正面战场进入相持状态后,为了保护西南大后方,国民党政府组织十万远征军入缅作战,牵制和消灭了日军的重要武装力量。退至印度的部分远征军被改组为中国驻印军,成为当时中国武装力量中装备最精良、训练最系统的部队,并为收复滇西的民族大业做出了历史性的贡献。这期间,国民党的服装没有多少变化,这些远征军的服装都有各自的特点。

1946年中国人民解放军建军,各解放区部队先后更改番号,建军之初的解放军基本延续了全面抗日战争时期八路军和新四军军服的大体形制,由于各解放区的经济技术条件还没有大的改善,因此各部队的军服制作还以手工为主,质料也谈不上讲究,只有华中军区和晋察冀军区的部分干部使用了灰细布军装,其他解放区的部队还是土布一统天下,但官兵的军裤逐渐统一为西式裤。在缺乏大规模工业化生产的条件下,解放军的被服供应中最大的难题是染色不准确、不统一,这也是各军区部队军装土黄、草绿、草灰、青灰等颜色并存的主要原因。

在解放军军服建设上具有历史意义的是1948年12月,这个月由军委后勤部召开的全军后勤会议将中国人民解放军的制服样式、颜色和尺寸以成文的形式做了规定,第二年解放军军服的颜色被定为草绿色,材质被定为棉平布,军装基本样式仍为中山装式,军装左前胸的胸章写有"中国人民解放军"七个字。军帽由八路军的军便帽改为独具特色的解放帽。这种军帽呈圆形且帽檐相对较短,正中配有"八一"帽徽,帽徽质地也由珐琅质改为金属质。这一时期的解放军军装更从实战角度出发,比如普通步兵的军装肩部有增强补片,以防长期背枪对肩部的磨损;同理骑兵裤和炮兵裤分别在裆部和膝部有增强补片,骑兵裤的特殊结构很好理解,而炮兵则因为在装弹发射时需要单膝跪地,这一切都反映了解放军军服建设向正规化发展的巨大进步。

# 第十一章 近代纺织染技术历史人物

中国近代纺织工业是在艰难、复杂的环境中发展起来的,许多志士仁人为倡导、力行纺织工业倾注了大量心血,并做出了重要的贡献。从个人事功的角度,记录其成败得失,可为现代纺织业者提供许多有益的借鉴。

## 第一节 概　况

### 一、前期的开拓者(1840—1894 年)

这一时期是近代纺织工业的起步阶段,清政府和民间以不同的方式探索纺织工业的发展道路,出现了几位著名的纺织工业的开拓者。

陈启沅、黄佐卿在缫丝生产领域首先采用西方改良的机器设备和工厂形式,创办小型企业。1872 年陈启沅在广东南海建成继昌隆缫丝厂,带动了珠江三角洲地区机器缫丝业的发展。10 年后黄佐卿在上海建成公和永缫丝厂,在长江三角洲地区树立了成功的范例。他们都是中国民族资本家的先驱。

19 世纪 70 年代以后,左宗棠、李鸿章、张之洞等洋务派官员先后兴办了一批纺织企业。1878 年李鸿章在上海筹设上海机器织布局;1878 年左宗棠在兰州筹设甘肃织呢局;1888 年张之洞在湖北筹设纺纱局,1894 年设织布局,1895 年设缫丝局,1897 年设制麻局,合为湖北纺织四局。他们兴办的这批企业,资本来自国库,管理颇具封建性,技术依赖外国技师,最终都不免失败。但他们凭借各自的权力和财力,系统引进西方动力纺织机器设备,从事商品生产,为近代纺织工业的发展起到了先导作用。

### 二、中期的实业家(1895—1913 年)

甲午战争的失败,促使一部分开明官绅走上了"实业救国"的道路。这一时期出现了以张謇为代表的一批爱国实业家。他们大多出身于封建士大夫阶层,在清末民初社会急剧变动时期,利用其政治权力和社会影响,一面寻求官府支持,一面募集民间游资,开办了各种近代企事业。纺织业由于投资较少,原料和劳动力充足,市场又较广阔,成为他们的投资重点。杨宗瀚,原为李鸿章幕僚,曾总办上海机器织布局和湖北织布局,1895 年在家乡无锡集资开办了最早的民营纱厂之一的业勤纱厂。薛南溟,中过举人,当过候补知县,1896 年在上海开办永泰丝厂。张謇,1895 年以恩科状元、翰林院修撰的身份回家乡南通,创建大生纺织企业集团。聂云台,为曾国藩的外孙,1904 年任复泰公司华新纺织新局经理。1909 年聂家买下华新,改为恒丰纺织新局,聂云台出任总理。与洋务派官办企业不同,这批实业家创办的纺织企业不断发展。如薛南溟共办成 5 个丝厂,形成了永泰丝业集团;聂云台创办了大中华纱厂,并投资于其他工矿业;张謇成功地发展了大生资本集团,在南通开辟"地方自治"的模式。这一时期,张謇、聂云台成为纺织界、实业界的领袖人物,他们的实践为发展纺织工业提供了宝贵的经验。

这些历史人物,除倡导"实业救国"外,还主张"教育救国"。他们开办了中国最早的纺织技术学校,培养专门人才。杭州知府林启,创办了全国第一所蚕丝学校——蚕学馆。张謇于 1912 年创办了南通纺织专门学校,为全国第一所纺织高等学校。聂云台则于1909 年率先开办恒丰技术养成所,同时支持张謇办学。

由于这批实业家的成功实践和宣传倡导,中国民间开始较大规模地投资纺织工业。他们的爱国创业精神得到后人的推崇。

### 三、后期的专家群体和工人领袖(1914—1949 年)

中国民族纺织工业在第一次世界大战期间及战后数年的"黄金时期"蓬勃发展,占据了中国近代工业的首要位置,并与国际资本主义进行激烈竞争。在发展与竞争的背景下,纺织界风云人物大量涌现,开始形成包括企业家、技术专家和教育专家在内的群体。一些受过近代科学技术教育的专门人才成为纺织工业的中坚力量。同时,在日益壮大的工人运动中产生了纺织工人的杰出代表。

这一时期的纺织企业家出自各个社会阶层,有商人出身的荣氏兄弟、吴麟书、刘国钧,职员出身的苏汰余,侨商出身的郭氏兄弟,官僚出身的周学熙,买办出身的严裕棠,还有新式学生出身的稽慕陶、穆藕初、诸文绮等。由于市场竞争对企业管理和技术水平提出更高要求,20 世纪 20 年代以后,"学生型"的比例不断增加,成为纺织企业家群体的主要成分,如蔡声白、薛寿萱、李国伟、李升伯、朱继圣、童润夫、宋棐卿等。此外,朱仙舫、汪孚礼、石凤翔、陆绍云、吴味经、张文潜、王瑞基等,先为纺织技术专家,后也逐步加入纺织企业家的行列。1918 年华商纱厂联合会正式成立,以后染织业同业公会、电机丝织业同业公会、丝绸业联合会相继成立,标志着纺织企业家群体的形成。

这一时期的纺织企业家继承了清末民初实业家的爱国创业精神,在内忧外患的艰难环境中,稳健决策,灵活经营,积累资本,扩大生产,形成具有相当规模的企业集团。如荣氏兄弟的申新纺织集团,郭氏兄弟的永安纺织集团,薛氏父子的永泰丝业集团,蔡声白的美亚绸业集团,刘国钧的大成纺织集团,徐荣廷、苏汰余、石凤翔的裕大华纺织集团,周学熙的华新纺织集团等。同时,纺织企业家更加重视企业内部管理。如穆藕初开中国企业科学管理之先河,翻译美国泰勒的《科学管理法》,并在厚生、德大等企业中实施,取得很好效果。又如汪孚礼,克服重重阻力,先后在恒丰纺织新局、申新三厂推行废除工头制,启用学生治厂,实行标准工作法的改革;编写《纱厂工作心得》《纱布厂经营标准》,宣传改革治厂经验。汪孚礼在申新三厂改革的成功,加速了工头制的消亡。20 世纪 20 年代后期,李升伯、张文潜在大生纺织企业,薛寿萱在永泰丝厂,朱仙舫在申新二厂、五厂,陆绍云在宝成纱厂,李国伟在申新四厂都进行了不同程度的改革。在这批"学生型"企业家的努力下,10多年内无论新厂、老厂,基本普及了新的财务制度、用工方式、工资制度、工作标准,并出版了各种符合国情的纺织厂建设管理的专著。

随着纺织工业的发展,一批具有较高学术水平的技术专家脱颖而出,如朱仙舫、雷炳林、汪孚礼、石凤翔、陆绍云、朱梦苏、黄云騄、吴士槐、骆仰止、张文潜、郑家朴、钱子超、张方佐、张汉文、刘持钧、王瑞基等。1930年中国纺织学会成立,1939年中国染化工程学会成立,标志着纺织技术专家群体的形成。

高级纺织技术人才在引进、消化、改造、仿制西方先进的技术设备中发挥了关键作用。20世纪20年代后,他们在技术管理方面已完全替代了外国技师。有些技术专家加入企业经营决策层,成为优秀的企业家。此外,他们还结合国情,进行某些重要的技术革新与发明创造。如雷炳林发明雷式精纺大牵伸和粗纺机双喇叭导纱管,提高了纺纱效率;都锦生创制机器丝织像景,发展了中国传统织锦工艺;酆云鹤创导苎麻化学脱胶法,使中国特产的苎麻成为适于机器加工的纺织原料。全面抗战时期,张方佐等研制新农式纺纱机,刘持钧、王瑞基研制业精式纺纱机,邹春座研制三步法铁木纺纱机,穆藕初组织研制并推广七七纺纱机。这些纺纱机重量轻、结构简单,适合于战时的特殊条件,对维持纺织生产,供应军民衣被之需发挥了重要作用。

纺织工业的发展和技术进步离不开人才的培养。这一时期出现了更多的纺织教育家,他们在全国各地创办和扩建纺织学校,培养了大批人才,还出版了大量纺织经济技术论著。其中较著名的有:主持恒丰养成所并编著第一本中文纺织专著《理论实用纺织学》的朱仙舫,主办江苏省女子蚕校、江苏省立蚕丝专科学校的郑辟疆,创办苏州工专纺织科的邓邦逖,创办文绮纺织专科学校的诸文绮,扩建南通学院纺织科和创办诚孚纺织专科学校的李升伯,创建镇江女子蚕校的朱新予,创办楚兴纺织学校、江汉纺织专科学校的石凤翔,以及为各纺织院校长期聘为系主任、教授的诸楚卿、张文潜、张朵山、陈维稷、张汉文等。此外,还有许多著名纺织技术专家成为各校客座教授,如雷炳林、任理卿、傅道伸、黄云騄、张方佐、吕德宽等。这些专职和兼职的教育专家为推广纺织科学技术、培养纺织专业人才做出了重大贡献。近代纺织工人一直是中国工人阶级的主要力量。五四运动后,纺织工人群体更加壮大成熟。在中国共产党的领导下,纺织工人开展自觉的政治、经济斗争,涌现出黄爱、庞人铨、张佐臣、顾正红、刘华等工人运动的先驱。他们为反帝爱国和争取民主的事业,抛头颅、洒热血,献出了年轻的生命。还有刘群先、陈少敏、汤桂芬等在工人运动中锻炼成长,成为工人领袖和共产党的优秀干部。他们作为纺织工人的杰出代表,为中国工人运动史和中国革命史写下了不朽的篇章。

## 第二节　近代纺织染人物传略

## 陈启沅（1834—1903）

企业家,中国近代机器缫丝的创始人。广东南海县人,少时聪颖,酷爱自然科学。后因丧父家贫,随两兄从事农桑。1854 年与兄陈启枢去南洋经商,在安南(今越南)西贡堤岸先开设怡昌荫号,主营丝绸;继开设均和栈杂货店、均和昌酱园、裕昌和东京庄、盛其祥谷米行;又承办怡丰押当铺致富,成为知名的华侨富商。

陈启沅的家乡南海、顺德一带,是中国蚕丝主要产区之一,一年四季都可养蚕,蚕丝产量仅次于浙江。19 世纪 60—70 年代,生丝虽是中国的大宗出口商品,但仍用土法手工缫制,在国际市场上已呈疲软趋势。陈启沅早年在南洋经商之时,曾遍历各埠,对机器缫丝生产颇有研究。1872 年他自筹资金,在家乡南海简村,创办中国第一家以民族资本经营、采用机器缫丝的继昌隆缫丝厂。从建厂设计到机器安装,均亲自担任技术指导,并商请广州陈联泰号(五金作坊)协助进行。1873 年继昌隆建成投产,就近吸收擅长家庭缫丝的女工,最盛时达 800 人。原料取自本乡及附近的顺德、三水等地,设备采用自己设计的"机汽大偈"。此机每个"机偈"每日可缫丝四五十斤,一人可抵十多人手工操作,且缫出的丝粗细均匀,色泽光洁,弹性好,售价较土丝高出 1/3,畅销欧美。面对产销业务的逐步扩大,陈启沅乃出资自设"昌栈"丝庄于广州,派其子主持外销工作。继"机汽大偈"之后,陈启沅又与其子设计了一种名为"机汽单车"的缫丝小机,功用与大机无异,特点是既可用汽机带动,又可以足踏为动力。由于它适合小本经营,很快便得到推广,使用者数万人。"机汽大偈"和"机汽单车"的出现,是对我国手工缫丝方式的一大改革。从此,缫丝逐渐脱离栽桑养蚕之家,成为独立的加工行业。

继昌隆缫丝厂投产 3 年,盈利丰厚,影响日广。各地到厂学艺的达千人,陈启沅均毫无保留地授以仿制、操作之法。随着南海机器缫丝业的兴起,1881 年广州周围地区已有 11 家机器缫丝厂。到 1901 年,全省机器缫丝厂达数百家,女工 10 多万人,生丝出口值达 4000 万两,居全国领先地位。

1881 年南海蚕茧歉收,手缫土丝上市量锐减,丝织业因缺土丝而停产。作为丝织工人行会组织的锦纶堂,纠集 1000 多人把一家名叫裕昌厚的机器缫丝厂捣毁后,又扬言要砸毁继昌隆。南海知县竟也以"男女混杂,易生瓜李之嫌"等为由,禁止裕昌厚复工,勒令继昌隆等几家缫丝厂关闭。陈启沅虽多方疏通,仍无济于事,只得在当年底将继昌隆迁至澳门,改名复和隆。3 年后风潮平息,复和隆迁回南海,并对机器设备做了全面更新,定厂名为世昌纶。1887 年清政府行文确认以陈启沅办缫丝厂为开端的南海等县民办机器缫丝业"属兴利之端","仍准照旧开设"。

陈启沅于 1903 年去世。世昌纶缫丝厂由其子经营,1928 年因管理不善而结束。陈启沅一生博学多才。他曾于 1886 年把其数十年中亲手考究得来的种桑养蚕之法,用通俗俚语写成《广东蚕桑谱》。此书被乡人广为传抄,竞相效法。1897 年又刻版刊行,广泛流传。他的著作还有《理气源》7 卷、《周易理数会通》8 卷、《陈启沅算学》13 卷等。

## 林启(1839—1900)

我国第一所蚕丝学校——蚕学馆的创办者。福建侯官(今福州)人。同治甲子(1864 年)科举人,光绪丙子(1876 年)科进士,翰林院庶吉士,后任陕西督学、浙江道监察御史。1894 年林启因上疏"请罢颐和园之役,以苏民困"得罪了慈禧太后,被外放浙江衢州府任知府。任内他竭力提倡蚕桑,曾捐资 1000 两助购桑苗,并让夫人、儿媳妇养蚕以为倡导。他还将《蚕桑辑要》一书印行传布。

林启

1896 年 2 月,林启调任杭州知府。其时,浙江蚕病猖獗,蚕种退化,养蚕农民连年歉收,蚕丝生产和出口锐减。鉴于此,林启曾条陈整顿。为从根本上改进蚕丝业,林启自购小号显微镜 3 种及日本蚕书,在杭州四处探访调查。通过广泛的调研印证,他逐步认识到要改良蚕丝业必须学习和推广国外先进的蚕丝科技,而第一步则必须兴办新型的蚕丝教育。1897 年 4 月,林启具禀浙江巡抚廖寿丰筹款创立蚕学馆,认为振兴蚕丝业关系到"中国之权利""百姓之生计",兴办蚕学馆旨在"除微粒子病、制造佳种、精术饲育、兼讲植桑、改良土丝、传授学生、推广民间","为各省开风气之先声","为国家裕无穷之帑"。

1897 年 7 月,浙江巡抚批准兴办蚕学馆。8 月,林启即在西湖金沙港原关帝庙和怡贤王祠附近购地 30 亩,兴建校舍。次年 2 月,校舍建成,蚕学馆成立,林启兼任学校总办。他制定了蚕学馆章程,聘请国内及日本蚕丝专家任教,设置了数学、物理、化学、植物、动物、气象、土壤、桑树栽培、蚕体生理病理解剖、养蚕法、缫丝法、蚕茧和生丝检验、肥料论、菌毒论等课程。首届招生 30 人,1898 年 4 月正式上课。

林启创办的蚕学馆,将西方先进科学技术引入中国蚕丝业。蚕学馆学生毕业后应聘到全国各地,对促进中国蚕丝业的发展做出了很大贡献。此后,林启还选派留学生赴日本学习蚕丝科学,并创办了求是书院(浙江大学前身)、养正书塾(杭州市第一中学前身)等新型学校,被时人誉为"兴学启新知"的教育家。为纪念林启的功绩,杭州人士在西湖孤山建立了林社。

## 黄佐卿(1839—1902)

纺织实业家。原名黄宗宪,浙江湖州人。早年在上海开办昌记丝行、祥记丝栈,并是公和洋行的买办。1881 年黄佐卿为加工出口生丝投资 10 万两,从法国购进缫丝车100 台及其他辅助设备,于次年在上海建成公和永缫丝厂。这是上海最早的民族资本机器缫丝厂。

公和永缫丝厂创办之初曾委托公和洋行出面管理。由于产品质量差,营业不顺利。1887 年后,公和永丝货在法国打开了销路,生产得到发展。黄佐卿曾多次增资扩建。1892 年公和永已有缫丝车 380 台,资本 30 余万两,职工 1000 人。同年,黄佐卿又在上海创建了新祥缫丝厂,有缫丝车 416 台,资本 33 万余两。黄佐卿成为当时上海丝界的头面人物。

1894 年张之洞创办湖北缫丝局,因官款不足,邀黄佐卿合办。黄先以官方势重踌躇不前,继而议定资本 10 万两,官八商二,官督商办。黄佐卿委托其子黄晋荃到武汉主持筹建。1895 年夏,湖北缫丝局开工。不久,黄佐卿因不满湖北缫丝局的官僚统治而从中退出。

黄佐卿除投资缫丝业外,还曾投资机器棉纺业。1893 年上海机器织布局毁于火灾后,李鸿章曾授意他开办纱厂。黄即投资筹办裕晋纱厂。1895 年裕晋纱厂建成开工,有纱锭 1.5 万枚,是中国最早的商办纱厂之一。1897 年夏,裕晋纱厂改组为协隆纺织局,纱锭增至 2.58 万枚,资本 30 余万两。

黄佐卿是 19 世纪末中国最大的民族纺织资本家之一。他创办的公和永、新祥、裕晋 3 个企业,资本总额近百万两。但他的企业一直受外商的倾轧。1901 年协隆纺织局因积欠道胜银行透支款而被迫拍卖。次年,缫丝厂也在外商的倾轧下倒闭破产。

## 张謇(1853—1926)

纺织实业家,教育家。江苏南通人,16 岁中秀才。1873 年任江宁发审局文书。1876—1887 年先后任淮军提督吴长庆、开封知府孙云锦幕僚。1888—1893 年,先后应聘主持赣榆选青书院、太仓娄江书院、崇川瀛洲书院,曾修赣榆、太仓、东台县志。

自 1885 年中举以后,张謇先后三次参加礼部会试,均落第。长期的游幕、科举生活使他逐渐认识了清廷的腐败,萌发了通过振兴实业,救亡图存的思想。1886 年他在家乡试图以资本主义企业形式发展蚕桑、缫丝业,但没有成功。

1894 年张謇中恩科状元,授翰林院修撰。1895 年署理两江总督张之洞授意丁忧在籍的张謇兴办纱厂、丝厂。张謇认为南通最宜植棉,而振兴实业需从棉纺织入手,因此决心在南通创立纱厂,定名大生。创办之初,适逢上海纱市疲软,而南通风气未开,从集股到开工,张謇历经艰难挫折,忍辱负重,经过 4 年努力,终于在 1899 年建成一座拥有 2.04 万纱锭的纱厂。开工后,张謇确定了土产土销的经营方针,与当地棉业、土布业相辅相成,使大生连年获利。1904 年大生纱厂扩充至 4.08 万锭,同时在崇明久隆镇(今属启东市)筹建大生二厂。1907 年大生二厂建成开工并迅速盈利。1911 年张謇与刘柏森组织大维股份有限公司,租办湖北布纱麻丝四局,后因武昌

张謇

起义爆发而作罢。大生纱厂开工后,张謇为建立稳定的纺织原料基地,于 1901 年建成了全国第一个农业企业——通海垦牧公司,并在南通海门交界处开垦 10 余万亩海滩荒地,

进行科学植棉。经过 10 多年的努力,通海垦牧公司发展为年产皮棉 1.2 万担的原棉基地。为适应大生企业运输和发展实业的需要,从 1901 年起张謇陆续兴办了大达内河轮船公司、大达轮船公司、达通航业转运公司等一批企业,并兴建了公路。1903 年和 1905 年,张謇创建了资生冶厂和资生铁厂,承担大生机械维修和大达货轮的维修制造。1915 年前后,张謇指令资生铁厂仿制英、日式织布机、开棉机和经纱机。1500 多台仿制织机相继装备了大生一厂、二厂。1903 年张謇创办了阜生蚕桑染织公司,经营植桑、缫丝和染织业务。20 世纪初的 10 多年里,张謇创办的企业还有复兴面粉厂、广生油厂、翰墨林印书局、同仁泰盐业总公司、通燧火柴厂、镇江笔铅公司、耀徐玻璃厂、颐生酒厂、大隆皂厂等 10 多家,形成了以棉纺织业为核心的民族资本企业系统,张謇成为全国闻名的"实业大王"。

张謇认为,"实业与教育迭相为用"。1901 年他在通海垦牧公司内创办了农学堂(后发展为南通甲种农业学校)传授植棉技术。1902 年创建了全国第一家师范学校——南通师范学校,并附设工、农、蚕等科。此后还创办过女子师范、盲哑师范、职业学校、南通河海工程专门学校及普通中小学。1912 年张謇创办了南通纺织专门学校。这是全国第一所纺织专业高等学校,为大生系统和全国各地纺织业输送了大批技术人才。1913 年创办了南通医科专门学校。1914 年创办了南通甲种商业学校,为大生系统培养管理人才。同年还创办了一所刺绣工艺学校——女红传习所。另外,他还创办过南通博物苑和南通图书馆。在张謇的努力下,通海地区形成了全国独有的地方教育网络。

张謇在创办实业、教育的同时,还积极参加社会政治活动,并成为清末立宪运动的领袖人物。他曾被清廷任命为商部头等顾问官、农工商大臣;辛亥革命后曾为促成南北议和出力,并任中华民国临时政府实业总长。1913 年 10 月,张謇任北洋政府农林工商总长兼全国水利局总裁。任内他制定了一整套保护和推动民族工商业发展的经济法规和政策。为发展民族纺织业,他曾对全国棉织土布一律实行免税,对棉毛纺织企业实行股本保息,并在定县、南通、武昌三地建立了棉业试验场。

1915 年张謇因反对袁世凯称帝而辞职,在家乡继续兴办地方事业。第一次世界大战及战后 3 年期间,大生一厂、二厂共获利 1100 余万元。张謇因此锐意扩展,计划再于海门建三厂、四扬坝建四厂、天生港建五厂、东台建六厂、如皋建七厂、南通建八厂、上海吴淞建淞厂。1921 年三厂建成;1924 年八厂建成。至此,大生四个厂共有纱锭 15.57 万枚、布机 1342 台,分别占全国华商纱厂总数的 7.65% 和 10.04%,大生系统成为当时全国最大的纺织企业系统。1914—1924 年,在张謇的倡导下,南通、如皋、东台、阜宁等县的广阔海涂滩地上兴建了 40 多个农垦公司,大生系统投资达 1183 万两。1920 年张謇创办了南通绣织总局,从事绣品的生产和出口。张謇回乡后创办的地方实业、文教慈善事业还有淮海实业银行、公共汽车公司、伶工学社、更俗剧场、军山气象台、贫民工场、盲哑学校、养老院、工商补习学校、蚕桑讲习所等。1917 年张謇等人在上海发起成立华商纱厂联合会,张被推选为会长。

第一次世界大战结束后,洋货再度入侵。1922 年市场花贵纱贱,大生一厂、二厂开始亏损,张謇计划兴建的四厂、五厂、六厂、七厂及淞厂已不能实现。由于张謇用大生盈利在地方事业上的 300 万两巨额投资难以收益,分配上长期实行"得利全分",加上私人挪用巨款,最终使大生各厂亏损严重,负债累累,难以为继。到 1925 年,大生一厂、二厂、三厂已无力偿还所负债务,先后为债权人接管;大生八厂刚建成即出租他人。

张謇著有《张季子九录》《张謇函稿》《张謇日记》《啬翁自订年谱》等。

## 周学熙(1865—1947)

周学熙,北洋政府官员,实业家,华新集团创始人。安徽至德(今东至县)人,其父周馥为清廷封疆大臣。周志俊,周学熙之次子,青岛华新纱厂继承人,上海久安集团的代表人物。

周学熙

周学熙 1893 年中举人。1898 年报捐候补道,任开平矿务局会办,后任总办,开始接触新式工矿事业。1901 年由袁世凯委办山东高等学堂。1902 年创办北洋银元局。1903 年赴日本考察工商业两个月。周认为明治维新不外练兵、兴学、制造三事,中国要富强,也必须搞好这三件事。回国后开办直隶工艺总局,主持北洋实业的开发,成为袁世凯经济方面的得力助手。1905 年周氏升任天津道。1907 年任长芦盐运使、直隶按察使,并继续担负工艺总局职务,陆续创办商品陈列所、植物园、天津铁工厂、高等工业学堂、教育用品制造所等事业。

1906 年周学熙与英方交涉,收回在八国联军侵华时被强占的唐山细棉土(水泥)厂,开办了唐山启新洋灰公司。该厂投产后发展迅速,获利甚丰。同年,周筹建滦州矿务有限公司,第二年正式成立。后与英资开平煤矿联合,组成中英合办的开滦矿务总局。1908 年周以工商部丞参职,承办了京师自来水公司。

1912 年与 1915 年,周学熙两度任北洋政府财政总长,兼税务处督办,曾参与秘密签订"善后借款合同",倡行烟酒公卖及清理官产,倡设中国实业银行与大宛银行。

1915 年周学熙筹建华新纺织股份有限公司,原计划官商合办,后改为完全商办。华新第一厂设在天津。周自任经理,邀无锡杨味云为协理,并向美商慎昌洋行订购棉纺机 2.5 万锭。工厂于 1918 年投产,获得可观利润。接着在青岛筹建华新第二厂。1919 年底投产,委次子周志俊任经理。周学熙看到唐山、卫辉(今河南汲县)有就地收棉、就地销售的有利条件,遂于 1921 年和 1922 年在两地分别建成第三、第四厂。两厂投产后,连年盈余,不但如期还清了债款,而且经济实力大增,资本总额达到 800 万元。接着他又开办了耀华玻璃公司、华新银行等企业,形成了一个从轻、重工业到金融业的集团。

1918 年周学熙担任全国棉业督办,提出了一个全面发展中国棉业的计划。其中包括在华北办模范纱厂;开办棉业传习所和设立棉种场,以改良棉种和培养植棉、纺织技术人才。1919 年成立长芦棉垦局,周兼任督办。原计划利用废盐场开河蓄水,筑堤防潮,开展大规模原棉生产。但在军阀混战、政局动荡的年代,所需资金难以筹措,此事只得作罢。不久,周即引退归隐。1947 年周学熙在北平逝世。

　　青岛华新纱厂是周学熙投资最大、获利最丰的主要纺织企业。1925年周志俊升任青岛华新纱厂常务董事并主持厂务。当时,青岛已有日本纱厂6家(后增至9家),形成对华新的包围。在剧烈的市场竞争中,周志俊在华新厂废除封建式管理,推行科学管理制度;在山东高密开办植棉试验场,推广美国斯字棉种,建立可靠的原料基地;1928年订购瑞士1800千瓦汽轮发电机,自行发电;1932年引进英国大牵伸纺纱机,产品质量明显提高,60支棉纱、80支股线新品种获美国芝加哥百年进步世界博览会优秀产品奖;1933年出访欧美10国,引进设备,延伸工艺流程;次年设立布场,1935年又增设印染场。经过苦心经营,逐年扩充,到1937年七七事变前,青岛华新纱厂已拥有纱锭5万枚、布机500台和全套印染设备,成为当时我国华北地区最大的棉纺织全能企业。

# 周志俊(1898—1990)

　　周志俊,东至县梅城人,实业家。1919—1937年,先后担任青岛华新纱厂总经理、青岛市政治设计委员会委员。

　　周志俊十分重视新产品开发。1936年研制出仿190号阴丹士林布,取名“爱国蓝”,成为市场上的抢手货,利润率高居北方各纺织厂之首。

　　七七事变后,青岛华新纱厂遂将厂房寄于美商中华平安公司保护之下。1938年1月青岛沦陷,华新厂亦被日商强迫收买。

　　全面抗战时期,周志俊利用华新纱厂设备,先后在上海开办了信和纱厂、信孚印染厂、信义机器厂,并逐步将产业资本转为金融资本,开设了大沪百货公司、久安银行、久安保险公司、久安房地产公司等10余家企业,成为上海久安系的代表人物。

　　抗战胜利后,周志俊赎回青岛华新纱厂,续任常务董事。1947年在全国纺织工业会议上,周要求国民政府取消纱布禁运,鼓励内地设厂。1948年周在台北市设立青岛华新纱厂办事处,买地百余亩,计划拆机南迁,未果。次年初,举家迁往香港,后返沪迎接解放。

周志俊

　　中华人民共和国成立后,周志俊响应政府号召,率先在上海信和纱厂实行公私合营;嗣后又将其他企业合营或上交国家。晚年,自愿将个人私股定息95万元捐献国家。周志俊历任青岛市、山东省人大代表,山东省人大副主任,全国政协委员,山东省政协副主席等职。

## 荣宗敬（1873—1938）、荣德生（1875—1952）

荣宗敬　　　　　　荣德生

　　荣宗敬，字宗锦。荣德生，名宗铨，荣宗敬之弟。祖居江苏无锡。均为实业家。荣家几代从商。荣氏兄弟少时学徒，后在其父开设的上海广生钱庄分任经理和管账。不久无锡设立分庄，荣德生任分庄经理，营业平淡。1902 年荣氏兄弟与人合伙创办无锡保业面粉厂，后改名茂新，并独自经营。1905 年扩建，获厚利。1907 年购置英制细纱机 28 台，计 1 万余纱锭，在无锡合伙建立振兴纱厂。初时经营不顺，后董事会改推荣德生为经理。荣改进生产管理，很快扭亏为盈。1911 年茂新面粉厂兵船牌面粉供不应求。荣氏兄弟于次年在上海扩建面粉厂。1914 年增加纱厂设备，提高日产能力，振兴年盈利 20 万元。1915 年荣氏兄弟力主将振兴盈余扩大再生产，因遭多数股东反对而退出振兴，另在上海创立申新第一纺织厂。荣氏兄弟接受振兴教训，采用无限公司组织，荣宗敬任总经理，总揽大权，全力发展企业。

　　第一次世界大战和五四运动期间，因国产面粉、纱布畅销，荣氏企业连年获厚利。1917 年购下上海恒昌源（原日商日信）纱厂为申新二厂，并于一厂内增设布厂。1920 年荣氏兄弟会同同业在上海成立面粉、纱布交易所之后，又分别在无锡、汉口集股开办申新三厂、四厂。申新三厂在经理荣德生的主持下，采取加强企业管理，重用技术人员和注意培养生产工人等措施，生产稳定，迅速获利。"造厂力求其快，设备力求其新，开工力求其足，扩展力求其多"是荣氏兄弟的办厂特点。由于不失时机地加速扩充，到 1922 年底，申新已拥有 4 家纺织厂，纱锭 13 万余枚，资本 1000 万元，是开创时的 200 余倍。

　　随着新厂的不断增加，管理矛盾日益突出。1921 年荣氏兄弟在上海正式成立茂新、福新、申新总公司，荣宗敬担任总经理，并对下属各部门、各厂的原料采购、成品销售、资金调度及人员聘用等实行统一管理，使三个系统的权力相对得到集中，抑制了混乱局面的发生。第一次世界大战结束后，外商在华大量设纱厂，国内纱、布销售日见疲软，申新一厂、二厂均有亏蚀，唯有三厂仍年有盈余。1925 年五卅运动中，荣宗敬公开发表"提倡国货宣言"，并积极参加罢市和捐款支持日商纱厂工人罢工。由于大规模的抵制日货运动，当年申新各厂反亏为盈。荣氏兄弟将盈余用于扩大申新集团，买下德大纱厂，租进常州纱厂,组成申新纺织第五、第六厂。在兼并租办外企业的过程中,荣氏兄弟大胆采取向银行贷款来解决资金不足的困难。1929—1932 年,首先买下英商东方纱厂,改组为申新七厂;申新六厂(即常州纱厂)租期结束后,又买下厚生纱厂为六厂;在一厂旁增建申新八厂和低价购进三新纱厂设备,建造申新九厂。与此同时,他们还致力于技术力量的培训,共同创设了申新职员养成所,连续 4 年为企业造就大批纺织专门人才。荣氏兄弟多年的艰苦创业,锐意扩展,使申新公司在 1932 年成为年产棉纱 30 万件,棉布 280 万匹的全国最大纺织企业集团。

企业的发展,使荣氏兄弟获得了较高的社会地位。全面抗日战争前,荣宗敬先后被任命为国民政府工商部参议、中央银行理事、全国经济委员会委员、招商局监事、棉业改进委员会与农村复兴委员会委员;荣德生曾历任江苏省议员、北洋政府国会评论员、工商局参议、中央银行理事、全国经济委员会委员等职。

1932 年 1 月 28 日,日军侵沪,申新各厂被迫停工。另外,荣氏兄弟长期采取负债建厂的方针,到 1934 年,申新的流动资产与债务几乎对等,陷入了经济困境。为抵抗国民政府实业部及各银行团的接管,荣氏兄弟四处活动,竭尽全力,终于争取到社会各界的有力声援,摆脱了被吞并的危机。但也造成各厂经营管理权多年受银行团制约的后患。

全面抗日战争开始后,荣氏兄弟分别驻守上海及汉口。战乱中,荣氏除上海租界区及部分内迁重庆、成都、宝鸡、广州的企业外,其余 2/3 遭破坏或强占,损失惨重。后迫于来自敌伪及各方的压力,1938 年初秘密避居香港,不久病逝。

1938 年 6 月,荣德生以总经理身份在沪主持总公司全部工作。他几次拒绝了与日商的合作,积极筹划工厂复兴。此时,适逢"孤岛繁荣",于 1942 年清偿了银行团的全部债务,使申新出现了转机。此段时间,他还制定了战后创办天元实业公司和开源工程公司的规划,经营范围包括食品、纺织、采矿、煤炭、电力、冶金、机器制造、化学、塑胶、水泥、石灰、砖瓦等数十个行业,其中纺织工业将增加麻、毛、丝、人造纤维的纺织、染整和服装加工。抗战胜利后,荣氏被占企业陆续收回,逐步恢复生产。1945 年 11 月,荣德生在无锡成立天元实业公司,购置棉纺锭 1.01 万枚,麻纺锭 2400 枚,麻织机 70 台和全套苎麻脱胶设备,创办了天元麻纺织厂。同时,着力改造扩充申新二厂、三厂、五厂及建造开源铁工厂。1946 年荣德生遭国民党特务绑架,被勒索 60 万美元后获释。次年,他于无锡创立江南大学,下设文学院、理工学院、农学院等。上海解放前夕,荣德生顶住种种压力,做出留在大陆的抉择,并及时制止资产外移,保护设备完整。

1949 年 9 月,荣德生作为工商界代表被邀请参加中国人民政治协商会议,并被推选为政协第一届全国委员会委员。以后历任华东军政委员会委员、苏南人民行政公署副主任及中华全国工商联筹备委员会委员。

## 郭乐(1874—1956)、郭顺(1885—1976)

郭乐　　　　　　郭顺

郭乐,实业家,永安集团的创始人。郭顺,永安纺织系统的主要创办者。郭氏兄弟6人,郭乐行二,郭顺最末,广东香山人。

郭乐少时随父务农。1892 年因家乡水灾,去澳大利亚投奔长兄谋生。不久兄病逝。郭先当了两年菜园工,后在堂兄开的永生果栏(水果店)当店员。1897 年郭乐与 6 个同乡集资 1400 澳镑,盘进一家侨商的永安栈果栏,改名永安果栏,郭任司理,此为兴办企业的开端。此后,郭乐又联合永生、永泰两家侨商果栏,合资组成以永安为主体的生安泰果栏,并在斐济岛购地万余亩自辟蕉园,自产自销,最盛时雇工千余人。其后,郭乐还经营将中国的花生、核桃、荔枝干、爆竹等货物运销澳大利亚,再将当地的木材、牛皮等返销中国的进出口生意,使永安果栏得到很大发展,遂招郭顺等四兄弟去澳大利亚帮助开展业务。

郭乐办果栏 10 年,有了一定的经商经验和资本。1907 年征集侨资 16 万元,在香港创办永安百货公司,自任总监督。此后逐步扩大规模,资本增至 60 万元。1910 年开设永安公司银业部,专营储蓄与侨汇,广泛吸收社会资金,先后在广州、香港开办两家大东酒店,建造永安货仓,收买维新织造厂。1915 年又筹资 75 万元,成立永安水火保险公司,在上海、广州、汉口、新加坡等地设分公司。实业、商业、金融、保险联合经营,加速了永安资本的积累。同年,郭乐乘第一次世界大战民族工商业得以勃兴之机,大胆采用西方国家"参与制"的做法,在华侨中公开招股 200 万元港币,着手创建上海永安百货公司。该公司于 1918 年正式开业,其设施之先进、经营之独特、服务之周到、获利之丰厚,全国首屈一指。

集侨资办企业,是郭乐一贯的经营方针。1920 年底,他开始转商从工,派郭顺前往美国、澳大利亚及南洋各地,以"振兴实业、挽回利权"为号召,向广大华侨招股,筹建上海永安纱厂。未满两月就突破原定的 300 万元集资目标,后又扩充为 600 万元。1922 年底,永安纱厂 3 万多纱锭、500 台织机全部安装投产,郭乐出任董事长兼总监督,具体事务交副总经理郭顺掌管。永安纱厂开工不久,民族资本棉纺业转向萧条,不少同业在外国资本的打击下被迫停工、倒闭或出让。面对花贵纱贱的困境,郭氏兄弟一方面充分调动永安百货公司联号的资金以资弥补,另一方面积极扩建织部,解决棉纱滞销、积压的问题。这样不仅维持了局面,且还有所扩展。1925 年郭顺伺机低价买下设备较好的上海大中华纱厂,改名永安第二纱厂,有纱锭 4.5 万枚。1928 年又买进鸿裕纱厂,定名永安第三纱厂,有纱锭 3.8 万枚,织机 240 台。1932 年在永安二厂旁增建永安第四纱厂,添置纱锭 7 万枚,专纺细号纱。1934 年收买了纬通纱厂,改为永安第五纱厂,有纱锭 3 万枚。1935 年又新建大华印染厂,不但可完成永安 5 个纱厂棉纱、布的漂白、染色、印花等加工工艺,并可为其他厂商提供服务。由于不失时机地扩大生产,到全面抗战前夕,创办 16 年的上海永安纺织公司,已拥有 5 个纱厂、1 个印染厂、25 万枚纱锭、1500 台织机、1.3 万多名职工、1800 万元资本,成为国内第二大纺织印染集团。郭乐从创办永安集团起,即采取公司集权和分部负责相结合的组织管理体制,各公司资本独立,主持人均为郭氏家庭成员。近半个世纪以来,永安联号各企业之间关系密切,相互协助,加强了整个集团对外竞争的实力。为了加强对永安的全面控制,郭氏兄弟还极其注重培养郭氏嫡系的技术管理人才。郭家子弟大都留过学或被送到国外实习、考察,接受西方先进管理思想和技术的影响,回国后分别安插在各重要岗位。

自 1930 年起,郭乐为进一步开拓棉纺织业,向纺织联合企业发展,着手在上海吴淞筹建电厂和兴办大型纺织机器厂。不久电厂建成,供永安二厂、四厂的生产用电。但造机器厂的计划,因日军侵犯未能实现。1932 年上海发生淞沪战役,永安二厂、四厂及印染厂均受到严重破坏,直接损失达 180 万元,永纱产品积压,百货销售额也年年下降。与此同时,官僚资本加强金融垄断,禁止商店经营储蓄,使上海永安银行成立受阻。为摆脱企业危机,保护民族利益,郭乐踊跃投入抗日民主运动,扶助工厂改进国货生产,力创名牌以抵制日货。1933 年郭乐在英国创立永安伦敦分公司。1938 年将已为日军霸占的永安各厂在名义上与美商慎昌洋行组成大美企业公司,以期收回产权。因谈判不成,郭乐于1939 年出走香港,后在美国旧金山和纽约设立分公司,开展百货进出口业务,并长期留居美国。上海永安纺织公司则改由当时任上海工部局华董、永安纱厂总经理的郭顺主持。太平洋战争爆发后,日军进占租界,永安各厂连同大美均遭军管。郭顺被迫将一厂、二厂、四厂及大华印染厂分别与日商结成合营公司。抗战胜利后,郭顺曾任上海永安公司常务董事、第六区棉纺织工业同业公会理事长,后也去美国定居。上海永安公司(包括永安纱厂与永安百货公司)从此交由郭氏第二代人主持。

## 穆藕初(1876—1943)

纺织实业家。1876 年 6 月生于上海浦东一棉商世家,14 岁进花行学徒,20 岁开始学习英文。1900 年穆藕初考入上海江海关任办事员,曾与马相伯等组织商团"沪学会"。1906 年任上海龙门师范学校校监兼英文教员。次年任江苏铁路公司警务长。1909 年夏,他得友人资助,赴美国威斯康星大学留学。两年后转入伊利诺伊大学。1913 年毕业,获农学学士学位,同时升入得克萨斯农工学院继续深造。1914 年毕业,获农学硕士学位。

这一时期,他潜心研究植棉、纺织和企业管理,为以后投身纺织事业打下基础。

1914 年穆藕初学成归国。当年冬,与其兄穆抒斋创办有 1 万纱锭的德大纱厂。1915 年 6 月开工,他任经理。1917 年他又与薛宝润等开办厚生纱厂,任总经理。1919 年穆藕初在河南郑州开办豫丰纱厂,拥有纱锭 3 万枚,为中原地区最大的棉纺织厂,自任董事长兼总经理。同时,他还投资于穆抒斋的恒大纱厂、徐静仁的维大纺织用品公司。

穆藕初

穆藕初办厂之初就推行西方企业管理方法。他首译美国泰勒的《科学管理法》,并在厂中推行,使产品质量不断提高,德大纱厂宝塔牌棉纱品质超过了日商在沪各厂。厚生开工后,"国人欲新办纱厂者,皆自参观先生之厚生纱厂为入手",穆藕初办纱厂的声誉大振。

穆藕初创办纺织企业正值第一次世界大战爆发,西方列强无暇东顾,中国民族工业得到发展的机会。1915 年他编译了《日本的棉业》一书,定名《中国花纱布指南》,以供创业者参考。为了团结各华商纱厂维护自己的利益,促进事业的发展,穆藕初于 1917 年发起组织华商纱厂联合会,提出了反对日本纺织业垄断,废除北洋政府棉花进出口税的要求。1919 年他创办了中华劝工银行。1920 年穆藕初创办上海华商纱布交易所,被选为董事长。交易所成为全国花纱布交易的中心,一日交易的最高纪录,棉花达 30 万担,棉纱达 15 万包。

为了适应机器纺织对棉花品质的要求,穆藕初在创办实业的同时,着手开发科学植棉事业。1914 年他创办了穆氏植棉试验场,研究优良棉种,并著成《植棉浅说》一书。他曾捐资购进美棉种 20 吨,分送各省宜棉区试种。华商纱厂联合会成立后,组织了植棉委员会,穆藕初任委员长。任内曾委托东南大学农科研究改良植棉,每年补助经费 2 万元,并在全国设立植棉试验场 12 处,前后延续 7 年。

穆藕初在纺织、植棉业上的巨大成就,为他在实业界获得了极大的声誉,也受到政府当局的重视。1920 年北洋政府农商部聘他为名誉实业顾问。1922 年他成为出席太平洋商务会议中国首席代表。1929 年出任南京国民政府工商部常务次长,后转任中央农业实验所筹备主任。1932 年 1 月 28 日淞沪会战事爆发,穆与史量才、黄炎培等组织上海地方协会,积极募捐,供应军需。1937 年八一三事变中任上海市救济委员会给养组主任。

全面抗战爆发后,内迁纱厂纱锭总数不到 10 万,衣被供应不足。1938 年穆藕初被任命为农产促进委员会主任委员后,主持发展后方手工纺织,以补机器纺织之不足。他组织对民间多锭纺车进行改良,制成著名的七七纺纱机,并在重庆、成都等地郊县开设培训班,发动后方民众进行手工纺织。他授意将七七纺纱机样机、零件、图纸及使用说明运往陕北抗日民主根据地,支持大生产运动。七七纺纱机的推广与手工纺织的复兴为解决后方军民衣被之需发挥了重要作用。1941 年 2 月,穆藕初被任命为农本局总经理。他推行"以花易纱,以纱易布"的办法征收棉花,减轻棉农因纸币贬值造成的损失;对各纺织厂按其成品提供原料,既限制厂商以原料投机,又可避免厂家因纸币贬值而亏本,最终达到控制花纱布产销的目的。同时,他主持推广美棉种,并在汉中、宝鸡等地设立机器打包厂及运输机构等。但是,农本局一直是经济部长翁文灏和财政部长孔祥熙的争夺对象。正当农本局各项事业走上正轨时,穆却成了翁孔权力倾轧的牺牲品。1942年12月穆被撤职。1943年9月穆藕初因病在重庆逝世。1943年9月21日重庆《新华日报》以《民族工业家穆藕初先生逝世》和《悼穆藕初先生》等文,肯定了穆藕初为发展民族纺织工业努力奋斗的一生。

## 聂云台(1880—1953)

纺织企业家。湖南衡山人,自幼随父居上海,延师习英文,兼攻土木、电气、化学等科。1893年中秀才。其父聂缉椝曾参与创办华新纺织新局、华盛纱厂。1904年聂缉椝通过内账房汤癸生组织复泰公司,承租华新纺织新局,由聂云台任经理,营业顺利,一年内就盈余银10万两。次年汤癸生病故,复泰公司改组,聂家掌握了华新股权的2/3以上。复泰租约期满后,聂家于1909年买下华新,改为恒丰纺织新局,由聂云台任总理。他逐步整理、扩充设备,改革工艺技术,废除包工头制,多方延聘专门学习纺织工程的留学生主持厂务,并从恒丰成立的当年起就在厂内设训练班,亲自主持培养纺织技术管理人才。1912年恒丰率先将原有的蒸汽机改为电动机。由于经营有方,又适逢第一次世界大战期间民族纺织工业获得发展机会,到1921年,恒

聂云台

丰纱锭由1.5万枚增至4万枚,并增设了二分厂及布厂。年产各种粗号纱1.2万包,布15万匹。恒丰的成功为聂经营其他事业奠定了基础。

1916年政府组织赴美商业考察团,聂为副团长。他对美国各地的纺织工业和纺机工业做了细致的观察。回国后,有感于国内纺织机器均赖国外进口而不能自制,国家利权外溢,随即开始筹划设厂自造纺织机器,并选派人员出国学习。1917年聂云台与黄炎培等人发起成立中华职业教育社,聂任临时干事。同年,他又与张謇等发起成立华商纱厂联合会,张任会长,聂任副会长。会务实际由聂代理主持。张去世后,聂继任会长。任内,他对提倡植棉等起了积极作用。1919年聂云台发起招股筹办大中华纱厂,自任董事长兼总经理,还与徐静仁等创办了维大纺织用品股份有限公司。次年,又与姚锡丹等在崇明创办大通纺织股份有限公司,并出任上海总商会会长。1921年与王正廷等组办华丰纺织公司。此外,他还投资泰山砖瓦公司、益中福记机器瓷电公司、中美贸易公司,并在这些公司中分别担任董事长、总经理、董事等职务,成为工商界的显赫人物。

1922年大中华纱厂建成开工。该厂有纱锭4.5万枚,属英国名厂最新产品,有模范纱厂之称。聂聘恒丰纱厂的纺织专家汪孚礼为总工程师,用学生出身的知识分子分管各部。开工后成绩卓著,产品品质优良,名震市场。同年,由他筹划并发起全国各著名纺织厂厂主集资兴办的中国铁工厂也建成开工。聂被推为总经理。这是当时国内规模最大、设备最先进的民族资本机器厂,专门制造各种纺织机器,名盛一时。但好景不长,大中华

开工不久就陷入困境。由于招股不足,营运资金发生困难;外汇变动,英镑升值,影响机器付款;外资纱厂又联合起来抑制纱价,力图排挤;向外借贷利息很高,无力维持,被迫于1924年宣布破产拍卖。当时外商愿出高价盘进,被聂拒绝,最后廉价售与永安公司,改称永安第二纱厂。之后,他投资的华丰纺织公司被日本纱厂吞并,改为日华第八厂。中国铁工厂因形势变化,只制造细纱锭子、罗拉、钢领等主要零部件及少量力织机等简单机械,营业一直不振。最终也在1933年倒闭,机器以低价卖给华西兴业公司。

大中华纱厂经营失利,使聂云台精神上颇受刺激,遂将恒丰交由其弟聂潞生主持,自己逐步退居幕后。1926年聂曾任上海公共租界工部局董事和顾问。1928年辞去华商纱厂联合会会长职务。以后因病潜心专治佛学,从事慈善事业,并有《聂氏家言》《佛学浅说》《人生指津》等刊行于世。抗战胜利后,聂重新出任恒丰股份有限公司董事长,并从事各种金融投机活动。中华人民共和国成立后,聂将国外资金调回国内。

# 郑辟疆(1880—1969)

蚕丝教育家。字紫卿。1880年生于江苏省吴江县(今苏州市吴江区)。1902年毕业于杭州蚕学馆,后即赴日本考察4年。1906—1917年,先后在山东青州蚕桑学堂、山东省立农专任教,结合教学工作实践,刻苦钻研先进科学技术,编撰了桑树栽培、养蚕、制丝、蚕体解剖、生理、蚕体病理等8种著作,1916年起陆续由商务印书馆出版,为我国的蚕丝教学提供了最早的较完整的教材。

郑辟疆

1918年郑辟疆就任江苏省立女子蚕业学校校长,积极倡导教育制度及方法的改革,把生产实习安排在教学之中,师生定期参加养蚕、缫丝劳动。此外,在校内设立了场务部、原种部、试验部、推广部,作为学生实验和指导农村科学养蚕的基地,使教学质量、蚕茧品质均得到很大提高。郑辟疆把推广新蚕种称为"土种革命"。从20年代起就亲自组织农民自办合作社,采用改良蚕种,推行共同催青、稚蚕共育、消毒防病、共同售茧、易丝代缫等先进办法。1927年郑辟疆引进人工孵化方法,大规模地推广秋期养蚕,促进了江苏地区的蚕种、蚕茧生产。1928年吴江县开弦弓村成立了生丝检装运销合作社。1929年郑将蚕校小丝厂全套机械设备拨给该村,帮助建成了开弦弓丝厂。为研究提高蚕茧加工技术,1930年郑在校内增招制丝科学生,设立实习丝厂。郑还专心致力于缫丝机械的改革。1933年他把丝厂成立时采用的32台座缫小筥丝车改制成20绪的立缫丝车,为以后寰球铁工厂吸收日本丰田式立缫车的优点,进一步改造成广泛使用的寰球式立缫车创造了条件。

1934年郑辟疆兼任江苏省立蚕丝专科学校校长。在应邀改造无锡瑞纶丝厂期间,鼓励技术人员大胆改革落后的制丝技术和设备,将瑞纶260台旧式丝车改造成先进的立缫丝车。经改造后的瑞纶丝厂更名玉祁制丝所,产品质量从C级提高到A级,且降低了消耗,增加了产量,其金猫牌高级生丝迅速打入国际市场。玉祁制丝所的改造成功,在江浙一带影响甚广,遂有杭州丝厂,吴江震泽、平望丝厂纷纷效仿,对推进我国制丝工业的改革与发展起到了积极的作用。

全面抗战伊始，郑辟疆带领女子蚕业学校、蚕丝专科学校师生内迁四川乐山坚持复课。抗战胜利后又迁返浒墅关，并重建实习场、实验丝厂。1950年两校合并为苏南蚕丝专科学校，1956年再度分建为蚕、丝两校，1960年改称苏州蚕桑专科学校和苏州丝绸工学院，郑兼两校校长。中华人民共和国成立后，郑辟疆先后被选为苏南行署委员，江苏省人民委员会委员，全国政协第一届特邀代表，政协第三、第四届全国委员会委员，江苏省政协三届常务委员，中国蚕学会一届名誉理事长，江苏省桑学会第一届理事长等。郑曾组织指导对国外引进的定粒式自动缫丝机进行研究改革，试制成 D101 定纤自动缫丝机，并在全国推广。郑晚年致力于学术研究，校释了多种古籍蚕桑图书。其中《蚕桑辑要》《豳风广义》《广蚕桑说辑补》《野蚕录》已出版，还有未及出版的《养蚕成法》《秦观蚕书》《农政全书蚕辑》。

## 雷炳林(1882—1968)

纺织技术专家。广东省台山县人。1899年赴美助父经商，曾发起创办以生产衫袜为主的纽约香港华洋针织公司。后立志学习纺织，得到叔父资助，入费城纺织学校，是我国纺织界第一位留美学生。1909年学成回国后，先到上海求职，不久南归故里广州。辛亥革命后，入广州实业司管辖下的士敏土(水泥)厂。后转任广东工艺局织染技师，任职3年。1916年起应张謇兄弟之聘，任南通纺织专门学校教授7年。在校期间，他教导学生，奖掖后进，深得张氏兄弟的信任。

雷炳林

1922年夏，雷在上海由骆乾伯引荐给永安纺织公司总经理郭顺。次年应郭之请，就任永安第一厂布厂主任，与骆乾伯共同管理工务；同时仍兼任南通纺织专门学校校董。当时民族纺织工业受外来经济侵略挤轧，国货几无立足之地。雷与其他技术人员苦心奋斗，使刚诞生的金城牌棉纱在1年之内以质量上乘而享誉一时。不久，永安新建布厂投产，金城牌布匹同样风行全国。1924年冬，骆乾伯调往新购的永安第二厂，雷炳林主持永安第一厂厂务。他努力改革，并潜心于纺织机械的改良研究。为降低成本，提高产品产量及质量，经多年改进，终于在1936年发明了雷炳林式精纺大牵伸与粗纺机双喇叭导纱管，获得实业部专利。1946年取得英国专利局专利证书，并被推荐为英国皇家学会会员。两项发明在国内推广，取得成效。抗战期间，雷仍坚持技术研究，又有多项改良、创造。抗战胜利后，雷主持永安第三厂厂务，任总工程师，直到1952年退休。

雷炳林历任中国纺织工程学会第十二届至第十六届常任监事、执行委员、常务理事等职。中华人民共和国成立后，曾任中国纺织学会副理事长。

# 束云章（1887—1973）

束云章

　　纺织企业家。江苏丹阳人。1910 年毕业于京师大学堂，后在西安三秦大学留学预备科任教。1915 年入中国银行总管理处。1924 年升任中国银行汉口分行副经理兼郑州分行经理，主管河南农业贷款。曾举办农村信用合作社，着力促进植棉事业。1929 年束云章调任中国银行天津分行副经理，主持华北、西北地区的工商业贷款。1931 年他代表天津中行管理负债的天津宝成纱厂。1934 年束云章兼任津行管理豫丰纱厂办事处主任。1935 年津行收买豫丰后，束兼任该厂总经理。1936 年后，束代表津行接办武陟钜兴纱厂、榆次晋华纱厂、太原晋生纱厂、新绛雍裕纱厂，并筹备在彰德、侯马等地建设新厂。全面抗战爆发后，新厂被迫停建，其他各厂也陆续停工。1938 年束云章将豫丰厂内迁到重庆城郊。1939 年将购买的湖北织布局机器迁到咸阳，开办咸阳纺织厂。

　　1940 年中国银行在西安设立分行（简称雍行），管辖陕西、甘肃、新疆三省及河南、湖北两省部分地区的银行业务，束云章被任命为雍行经理。为扩大工商业投资业务，雍行成立了雍兴实业公司，束云章兼任总经理。他在主持雍行期间，先后创办了蔡家坡纺织厂、业精纺织厂、兰州毛纺织厂、蔡家坡机器厂等 10 多家企业。另外他还建立雍兴高级工业职业学校，内设纺织、机械两科。迁渝的豫丰纺织厂屡遭日机轰炸，束云章克服困难，及时修整和扩建厂房，并在重庆附近创办了豫丰合川分厂及余家背机器厂。1941 年合川分厂开工时，豫丰两厂共有纱锭 5 万枚，成为后方最大的纺织厂。1943 年束在继续扩充豫丰、蔡家坡、业精、咸阳各厂的同时，又与新疆政府合办了迪化纺织厂。束管理的纺织企业的生产能力几乎占大后方纺织生产能力的一半，为西南、西北地区纺织业的发展和解决战时后方军需民用做出了贡献。

　　抗战胜利后，束云章被任命为纺织事业管理委员会主任委员和中国纺织建设公司总经理，负责接收先由经济部接管的全国敌伪纺织工厂及附属事业，并加以整理复工。接收完成后的中纺公司拥有 85 家企业，是全国最大的官办企业集团，在中国纺织工业中处于举足轻重的地位。1946 年束还在家乡办了丹阳纱厂。1948 年 11 月，束辞去了中纺公司总经理职务。

# 汪孚礼（1886—1940）

　　纺织技术专家，企业家，湖南沅江人。早年毕业并任教于湖南省立第二师范学校。1913 年经省政府考送留学日本，就读于东京高等工业学校纺织科。1919 年回国，应聂云台之聘任恒丰纺织新局技师。后聂云台创办大中华纱厂，汪孚礼调任该厂总工程师，协助创建。

　　当时，中国纺织工厂一般实行工头管理制度，工厂基层生产与人事均由工头把持。

汪孚礼在恒丰率先改革,实施重用学生、淘汰工头和厉行工作标准法三项措施,获得成功。同时在恒丰养成所任教,培养青年技术人才。1921年大中华纱厂开办,汪即以各纺织学校毕业生担任基层管理和技术干部,所产纱品质优良,名震纺织界。1923年大中华经营失败,汪辞职回乡,曾任湖南常德甲种工业学校教务长。1925年汪受聘任申新三厂总工程师,其时申三仍实行落后的工头制,生产已难维持。汪到任后即着手改革。他以原大中华厂部分技术人员充实各车间,从行政到技术,从运转到保全实行全面整顿,以《纱厂工作心得》作为职工工作准则,实行标准工作法,以提高劳动效率和产

汪孚礼

品质量,但遇到了比恒丰更大的阻力。1925年4月,在工头们的煽动下,酿成一起大规模工潮,技术人员被殴,工厂一度停工。但汪孚礼没有停止改革,工潮平息后,他着重培养和启用本地青年学生,使生产日见起色,最终得到了全体职工的拥护和同行的赞誉。汪在申三改革的成功,对全国纺织企业管理产生很大影响,各厂纷纷仿效申三,加速了工头制的消亡。

1932年汪孚礼调任申新总公司厂务部长,并兼任荣宗敬等租办的恒大纱厂经理,同时还在申新职员养成所任教。同年汪又任全国经济委员会棉业统制会技术专员及专门委员等职,编订了《纱布厂经营标准》一书,对各纱厂推行科学管理很有作用。1933年汪任申新二厂厂长,并全权整顿中国银行管理的鼎鑫纱厂,成效显著。

1935年汪孚礼转任中国银行总管理处业务稽核,主持棉业投资,参与中行有关各厂厂务决策,并视察江苏、湖北、江西、河南、山东、山西、河北七省70多家纺织厂,撰成10余万字的调查报告,促成中行管理负债的晋华、晋生、益晋三厂。汪为这三厂出谋划策,使它们在两年内还清了所负中行的500万元债款。随着汪的社会声望不断提高,大通、晋华、晋生、广益、豫康、永安、振华、天生、豫丰等厂及河北、河南、山西纺织业经营联合会先后聘请他为顾问。1936年中国棉业公司接办恒丰纺织新局,汪任协理兼总工程师。1937年任中棉公司副总经理兼纺织部经理,同时又任仁丰、豫安、新丰、咸安、关中各厂董事。

正当汪孚礼处于事业鼎盛时期,全面抗战爆发,豫安、新丰、咸安、关中等厂的筹建中断,但汪仍努力不息。他在上海租界内的申新二厂中与张方佐等技术人员一起发明了著名的新农式纺纱机。这种纺纱机流程短、体积小、运输方便,适应战争条件下发展纺织生产的需要,因而获得了中央研究院的工业发明奖及经济部专利证书。1939年汪孚礼集资创办新友铁工厂,制造新农式纺纱机。该机在大后方和沦陷区得到推广使用,甚至供不应求。

汪孚礼在这一阶段还创办了中国弹簧厂、兴业实业公司,另投资鸿新染织厂、永大企业公司,均任董事或董事长。后还曾筹建达华毛纺织厂、利华机器厂。

# 诸文绮(1886—1962)

诸文绮

纺织实业家。名人龙,以字行。原籍江苏武进县,1886 年 2 月生于上海。1904 年在上海龙门师范学堂结业,后考入江海关当职员。1906 年自费留学日本,进名古屋高等工业学校攻读化学,并取得上海劝学所助学金。在学期间,曾参加中国同盟会。1910 年毕业回国,经清政府考试,被授予进士衔,并任农工商部部员,后兼任无锡县立实业学校校长。辛亥革命后,诸至苏州,任江苏省立工业学校染色科主任教员,兼教全校英文。授课之余,自行研究纺织机械的设计和制造,制成丝光机 1 台,在国内首家自制丝光线成功。

1913 年诸文绮集资数千元,在上海创办启明丝光染厂,自任总经理。产品优良,销路甚畅,除江浙一带外,还远销华南、华北各地,一时供不应求,遂租地建造新厂房,设立发行所。1914 年经诸申请,北洋政府批准专利 5 年,使用双童牌注册商标,出口各种丝光纱线。产品曾参加巴拿马博览会,获得特等奖。1916 年诸盘进立大织布厂,作为启明厂的织部,厂名改为启明染织厂,并增加色织丝光布、衬绸、线呢、被单、毛毯、围巾、毛巾等产品。时值第一次世界大战,我国民族工业获得发展良机,启明厂也迅速扩展,至 1918 年已增资 10 万元,成为一家有 500 名职工的中型厂。历年营业额均呈上升趋势,到 1917 年已超过百万元。继又增设门市部,业务范围在上海染织业中名列前茅。

1919 年秋,诸文绮发起成立染织业同业公会,被推为主任委员。同年,他和张公权等合资在引翔港创办永元机器染织厂;又与季铭义、沈选青等集资创办大新染厂,诸皆任总经理。为了减少染料进口,他于 1923 年复集资 10 万元,在龙华创办大中染料厂,自制硫化元染料。同年又与达丰染织厂崔福庄等合资,在江苏江阴青阳镇购进已停业的勤康染整厂,成立万源白织厂,自任董事长;在上海设第二分厂生产坯布,规模日增。1924 年诸研制成功色织布打样机,解决了长期以来在设计新花式布时,必须先上布机织样而造成大量布匹浪费的问题。此后,该机在色织同业中普遍应用,并推广到毛纺织等业中。

在兴办实业的过程中,诸文绮深感金融调剂对企业的发展关系重大。1927 年他和亲友集资在上海闵行创办浦海银行,任董事长。其间又联合同业,集资创办中国染织银行,任常务董事兼总经理,调剂同业间的资金往来,博得同业的好评。

九一八事变后,诸偕友人积极参加抵制日货、提倡国货的运动,并带头捐款,救济战区难民。1932 年参加张公权组织的上海实业界人士星期五聚餐会,后任中华国货产销协会理事。抗战初期,启明染织厂毁于战火。诸重新购置机器设备,在租界另建新厂,分设印花及色织两部,继续开工生产。不久,敌伪多次派人胁迫诸出任伪职,皆为拒绝。后避居香港,在沪企业委其子诸尚一负责经营。香港沦陷前夕,诸重返上海,后抵重庆加入中国民主建国会,经常参加各种民主爱国活动。

诸文绮鉴于振兴实业必先培育人才,因此早在全面抗战前,除在神州法政专科学校、南洋医科大学执教外国语外,同时在闵行筹办文绮纺织专科学校。第一期工程竣工时,适值全面抗战开始,未及招生即行停办。1945 年抗战胜利回沪后,复集中财力进行第二期工程,自兼校长。该校招收高中毕业生,授以纺织印染技术,设有附属实验工场,重视课堂教学与生产实践相结合。前后共毕业两期,培养具有大专程度的技术人员百余人。这些人后来成为各纺织印染厂的骨干力量。

　　1948 年 11 月,诸文绮和上海工商界民主人士章乃器等经香港进入解放区。1949 年 5 月上海解放后,诸自北平南返,参加上海市工商业联合会筹建工作。1950 年底去香港定居,1962 年 4 月病逝。诸文绮生前曾先后担任上海公共租界工部局华人委员、纳税华人会临时执行委员、法租界纳税华人会常务监察委员、上海市商会执行委员等社会公职,在投资兴办或合办的企业中,任星华地产公司董事长、宝康银行常务董事,以及中国布业银行、中孚信托公司、中国绸业银行、联业保险公司、中华化学工业社、大新化学厂、中国国货公司等 20 余家企业的董事与监察人。

## 刘国钧(1887—1978)

　　纺织实业家。1887 年生于江苏靖江。祖父早年经营小土布庄,去世后布庄关闭。后因父亲患精神病,家境日益贫困。刘国钧 10 岁时,靠贩卖水果、酒酿等赚些零钱贴补家用。11 岁才进私塾念书,13 岁开始学徒,满师后已能独当一面,并结识了不少大批发商。1909 年刘手头积下 600 块银洋,遂与人合股集资 1200 元,开办和丰京货店。当时市场上色布利润较高,刘又设土染坊,把坯布染成青、元布出售。由于他熟谙商情,生意越做越旺。后合伙人退股,和丰便为刘独资经营,两年中积累资金 2 万余元。1915 年刘结交了裕纶布厂的蒋盘发等人,合资 9 万元组成大纶纺织公司,在常州设立大

刘国钧

纶机器织布厂,有铁木机 100 台,主织斜纹布。蒋任经理,刘任协理,掌管生产大权。大纶经营两年多,扭亏为盈。1918 年厂内发生权力之争,刘国钧退出大纶,独资创办广益布厂,置木机 80 台。时值第一次世界大战结束不久,外货进口锐减,广益布厂开工不到 1 年,盈余 3000 余元,以后年年获利。1922 年又在常州东门外设广益二厂,初有木机 180 台、铁木布机 36 台,另配有浆纱、锅炉、柴油发电机等设备。至 1927 年,扩充到铁木机 260 台(木机全部淘汰),生产斜纹白坯布,成为常州地区规模最大的织布厂。此时,日商已卷土重来,其色布充斥国内市场。1924 年刘携同仁去日本纺织厂考察,学习日方的先进管理技术,回厂后着手进行改革。刘在国内首创直接使用筒子纱,节减了工序,降低了成本。同时变换经营方向,将主产品改为色织布。1927 年收歇广益一厂,扩充广益二厂,改铁木布机为电动布机,增加整染设备,不断推出蓝、玄、漂、绒、绉皮、贡呢、哔叽等色织布,获利极丰。1930 年广益自有流动资金就达 20 余万元。

　　1930 年刘国钧集资接盘大纶久记纺织厂,更名为大成纺织染股份有限公司,自任经理。在刘靖基、华笃安、陆绍云等人的大力协助下,刘加强管理,整修设备,废止工头制,

培养技术骨干,两年里盈余 60 万元。1932 年广益布厂并入大成公司,改名大成二厂,添置染色整理设备,增纱锭 1.05 万枚。为在花色品种上不断推陈出新,刘于 1934 年第三次赴日本,从对方严密的技术封锁下,探索到丝绒、灯芯绒的生产工艺。回国后大胆引进设备,聘请专家,试制样品,开创了我国生产丝绒、灯芯绒的先例。同时,为组建印花车间,从日本购进一台旧 8 色印花车。刘亲自参加调试,一度吃睡在车间。经 7 个多月的艰苦努力,终于试产成功,在常州首创印花,使大成成为真正的纺织印染全能企业。1936 年刘派陆绍云等筹建大成三厂;同年又与汉口震寰纱厂合资经营大成四厂。大成公司在 8 年时间里由 1 个厂扩展为 4 个厂,资金从 50 万元增至 400 万元,纱锭从 1 万枚增至 8 万枚,织布机从 260 台增到 1729 台,资金、设备均增长 7 倍。

　　全面抗战开始后,沿海地区相继沦陷,刘国钧虽做内迁计划,仍难保其全。一厂被炸,二厂全毁。三厂机器装而复拆,部分运往上海在英租界登记,以英商名义建安达纱厂。四厂停工拆股,刘将分得的 200 万元,以数十万元折成纱布,连同所有布机运往重庆。后与卢作孚合作在北碚组成大明纱厂,共有布机 250 台,纱锭 5000 枚。1944 年刘国钧发表《扩充纱锭计划刍议》,设想在抗战胜利后 15 年内,全国纺织工业发展至 1500 万锭,对筹集资本、机械制造、人才培训、原料供应、工厂布局与管理经营等作了规划和设想。对于自己的企业,他计划 15 年内发展到 50 万锭,并向毛、麻纺织发展。同年夏,刘赴美国、加拿大参观棉毛纺织厂,向美国订购 2 万纱锭、3 万担棉花。抗战结束后,他从美国回来投入工厂的修复工作,专心致力于 3 个厂的发展。到 1949 年,大成公司已拥有 5 万余枚纱锭,1180 台布机和日产 20 万米的印染设备。

　　1949 年初,刘国钧去香港,在九龙创办东南纱厂。1950 年回内地,任大成公司董事长,将原转移香港的资金逐步抽回。1954 年公司率先实现公私合营。以后,刘国钧曾任江苏省副省长、江苏省工商联副主任委员等职,并被选为第四届全国人大代表,江苏省政协副主席。

## 朱仙舫(1887—1968)

纺织技术专家,企业家,江西省临川县(今江西抚州临川区)人。1907 年考取官费留学,入日本东京高等工业学校攻读纺织。1911 年学成归国,进上海恒丰纺织新局,历任技师、工程师、厂长,精研技术,多有建树。鉴于当时我国纺织人才奇缺,乃办纺织技术养成所,亲自任教。由于缺少中文纺织书籍,他利用业余时间著书立说。经数年努力,著成《理论实用纺绩学》,此为我国首次出版的中文纺织书籍。后陆续著有《纺织合理化工作法》《改良纺织工务方略》等,并为"万有文库丛书"编著《纺织》上、下册。

朱仙舫

　　1919 年江西成立久兴纺织股份有限公司,并请朱仙舫规划 2 万锭的纺织厂。经多方考察,厂址选定九江官牌夹。1922 年建成开工,朱任经理,此为赣人自行设计、自办纱厂之始。工厂生产的 12 支、16 支庐山牌棉纱畅销省内。后因董事长陶家瑶抽走资金,董事间摩擦,朱辞职离去。久兴纱厂因无力偿付机器价款,归债权人美商慎昌洋行所有。

1927年朱应荣宗敬之聘,任申新五厂厂长。因朱治厂卓有成效,后又兼任申新二厂及七厂厂长。他广揽纺织人才,极一时之盛。

1935年朱与汉口黄文植合作,向慎昌洋行租办原久兴纱厂,更名利中纱厂,恢复生产庐山牌棉纱。次年又组成复兴实业公司,合营汉口第一纱厂。朱任两厂经理,连年获利,经济效益显著。

全面抗战初期,部分纱厂内迁,朱先任西北区中国银行纱厂经理,后任军政部重庆纺织厂厂长,授少将衔,历时1年多。该厂正式投产后即离去。抗战胜利后,朱出任中国纺织建设公司上海第十六棉纺织厂厂长。当时,慎昌洋行欲将江西久兴纱厂产权估价出售。朱闻讯后,与上海、江西政界、金融界、工商界人士协议集资数十万元,组成兴中纺织公司,购得全部产权,后被推为董事长兼总经理。1949年12月,兴中纱厂被批准为公私合营,后改为九江国棉一厂。

朱仙舫为推进我国纺织技术事业的发展,早在1930年就发起组织中国纺织学会,被推选为首届理事长,后连任10余届。1947年他组织学会会员发起募捐,在上海迪化北路建成中国纺织学会会所。建国后,学会更名中国纺织工程学会,总会设在北京,上海会址移交上海市纺织工程学会。

中华人民共和国成立后,朱仙舫被任命为纺织工业部计划司司长,并被选为中南军政委员会委员,第一、第二届全国人大代表。1954年后,历任江西省轻化工业厅副厅长、江西省科委副主任、省参事等职。

## 刘鸿生(1888—1956)

实业家。浙江定海人。早年在上海圣约翰大学肄业。1906年起,先后在上海工部局老闸捕房、上海会审公廨及意籍律师穆安素事务所工作。1909年进英商上海开平矿务局任推销员,在各地的烧窑户中提倡改装炉窑,试烧烟煤,打开了开平煤的销路。1911年被提升买办。第一次世界大战期间,乘在华外轮大部分回国之机,自租船只包揽了开滦煤南运业务,3年之中获巨利而成富商。大战结束后,逐步兴办实业,相继创设了中华码头公司、鸿生火柴有限公司、上海水泥公司、中华煤球公司、上海章华毛绒纺织厂以及银行、保险等企业。到全面抗战前夕,资产总额已超过2000万元,成为旧中国第二个最大的民族资本企业集团。

刘鸿生

刘鸿生独资经营的章华毛绒纺织厂,是上海早期毛纺织厂。1926年刘以银45万两购进上海浦西日晖港的中国第一毛绒纺织厂。最初打算是增辟码头,因毛绒厂已有粗纺锭1750枚,毛织机49台和全套染整机,遂决定以银90万两将地产转卖给开滦矿务局,而把厂房、机器拆迁至浦东周家渡开设章华毛纺厂,1929年开工生产。初创时,时局混乱,市况萧条,加上产品不精,营业十分清淡,虽四易经理,仍连年亏损。1933年刘鸿生聘请程年彭担任经理,改进经营管理,变更生产方针,将纺织两部分工,既采购现成纱线织制哗叽、马裤呢、西装呢等市场热销精纺产品,又加紧多出驼绒纱和扩大骆驼绒生产。当时章华毛纺厂迎合人们爱国的心理和抵制日货的要求,赶制了"九一八"薄哗叽投放市场。由于商标新颖,又适合做中装和妇女旗袍,所以销路甚畅。1934年起,章华毛纺厂产销两旺,逐渐走向赢利,所出驼绒纱日夜开工仍不敷市销。刘乃在天津租设分厂,9月开工,每天出纱800磅,供沪厂部分之需。为避免同业倾轧,刘鸿生先后与上海振兴、安乐两厂联营生产驼绒纱,与天津仁立厂联营生产军呢,产品供不应求,营业突增。至1937年,章华已有进口织机130台,精纺锭4000枚,成为国内最著名的毛纺织企业。

全面抗战时期,刘鸿生将部分机器运往重庆,开办了中国毛纺织厂。同时,积极投资宁夏、兰州等产毛地区发展洗毛业。1944年在兰州洗毛厂的基础上建成西北毛纺织厂。抗战胜利后,刘氏企业大多被国民政府管制,刘所持股份仅占总额的1/5,企业多方受损,有的被迫停闭。上海解放前夕,刘鸿生携家眷避居香港。1949年11月应人民政府之邀,带着部分转移的企业资金回到上海。

中华人民共和国成立前,刘鸿生曾担任中日联谊会董事、中华工业总联合会委员长、中国工商管理协会常务理事、中日贸易协会常务理事和红十字会副会长等职务。中华人民共和国成立后,历任上海市政协委员、华东军政委员会委员、全国政协委员、全国工商联常委兼上海工商联副主任。

## 石凤翔(1893—1967)

纺织企业家。湖北孝感人,早年毕业于湖北师范学堂。后随兄赴日,入京都高等工业学校学习染织。毕业后在日本实习两年,曾拒绝内外棉纺织公司青岛第五厂的高薪聘用。

1917年回国后,初任武昌甲种工业学校教务长,不久转任湖北省实业厅技士,因经常到武昌楚兴公司租办的纱布两局见习,从而结识了楚兴负责人徐荣廷、苏汰余等人。1918年楚兴创办楚兴纺织学校,聘请石任校长。石为楚兴公司及以后的裕大华集团培养了第一批技术和管理人才。1919年学校结束时,楚兴董事们正着手创办武昌裕华、石家庄大兴两家纺织公司,石即转任裕华厂技师,协助筹

石凤翔

建。1922年楚兴公司结束,裕华、大兴两厂陆续开工。因大兴产量不如裕华,苏汰余与石凤翔到大兴考察情况。石发现大兴的产量之所以不高,是由于工艺保守、细纱机前罗拉转速太低,遂改换齿轮,产量果然增加,纱条手感亦好。石因此被调任大兴纱厂厂长。任内他锐意提高质量、改进设备,推出了"八卦""山鹿"等名牌细布,并在工艺上采取"减经加码"的办法,很快占据了市场,连年获利。

九一八事变后,日本纱布大量涌入华北,杀价倾销。1933年大兴发生亏损,业务几乎不能维持。大兴董事会决定向西安发展,1934年调石负责筹建西安大兴二厂。石克服许

多困难,于 1936 年 7 月建成新厂,此为西北第一家机器棉纺织工厂。次年,大兴二厂扩大投资,改组成立大华纺织股份有限公司,石成为大华纺织厂经理兼厂长。任内,他引进先进设备,注重质量管理,使大华所产雁塔牌细布成为西北畅销名品。大华利润逐年上升,1938 年获利 476 万元。这一时期,石还编写了《棉纺学》,开办大华纺织专科学校。1938—1939 年初,石租用武昌震寰纱厂迁至西安的纺纱机 1.6 万锭、申新公司迁到宝鸡的纺纱机 4000 锭,扩大大华的生产能力。1939 年 10 月,大华被日机轰炸。石即于次年春,从大华迁出 2 万锭到四川广元县创建大华广元分厂。此后他还在西安与他人合股创建了大秦毛纺织公司,自任董事长。石凤翔成为西北纺织业巨子。

石凤翔在办厂过程中努力结交当权人物和各界人士,这对裕大华系统作为民族资本企业的生存发展很有作用。1942 年 8 月,大华发生火灾后,即得到政府无息贷款。1944 年石次女石静宜与蒋介石次子蒋纬国结婚,石的社会地位更为提高。1946 年 4 月,裕大华 3 个公司均聘他为总经理。此后,他先后被推为第二区棉纺织工业同业公会理事长、后方民营纺织厂复厂委员会主任委员、全国棉纺织工业同业公会联合会常务理事。1947 年他还兼任裕大华公司在武汉办的江汉纺织专科学校校长。

1948 年石创办台湾大秦纺织股份有限公司。1949 年初,他辞去了裕大华 3 个公司总经理职务到了台湾。1953 年大秦厂倒闭,石凤翔处境困难,曾有归乡之念,但终未成行。

## 蔡声白(1894—1977)

丝绸企业家。浙江吴兴(今湖州市)人,1905 年入杭州脚学堂。1911 年考入北京清华学堂。1915 年被保送美国理海大学留学,获工学学士。回国后,于 1921 年应聘担任上海美亚织绸厂总经理。

美亚织绸厂起初规模很小,仅有织机 12 台。蔡声白担任总经理后,在全国率先引进美国络丝机、并头机、打线机以及全铁电力织机,织造新颖的欧美时式绸缎,受到市场欢迎,美亚的生产由此蒸蒸日上。1924 年后,蔡声白利用美亚的盈利先后开办了美亚二厂、天伦美记、美孚、美成等绸厂。1928 年又开设了美艺染练厂、美章纹制合作社,实现了丝绸织造染练的配套生产。1931 年美亚绸厂的分支企业已达 10 几家。

1933 年春,为增强实力,统一管理,蔡声白将美亚及各分支企业合并改组为美亚织绸厂股份有限公司,资本 280 万元,织机 1900 余台,成为全国最大的丝绸企业。公司设立总管理处,各分厂厂长对总经理蔡声白负责。蔡声白非常注意质量、品种管理。他在美亚公司内设立了训练、检查、试验 3 所,分别负责职工技术培训、原料成品检验及新织物的分析研究。在他的努力下,美亚公司的出口产品以品种多、质量好、式样新而著称。30 年代,国内市场洋货充斥,外销尤为困难,而美亚的生产仍不断增长。1933 年年销绸 27 万匹,其中外销 20% 以上。1936 年蔡建成了产品外销保税的关栈厂,为丝绸出口开了一条新路。

1937 年上海淞沪会战后,关栈厂被日军烧毁。蔡声白将美亚公司在闸北、南市地区的分厂迁到香港、广州、汉口、重庆、天津、乐山、五通桥等地开办。为便于管理,他在上海、香港、重庆、天津、汉口设立了5个分区管理处,管理各地区企业。1940年后,蔡声白多次增资扩建各地分厂。1944年他又招股成立了中国丝业股份有限公司,自任总经理。自1933年起,他先后担任上海市电机丝织业同业公会主席、丝绸业联合会理事长、中国国货联营公司和利亚实业公司的总经理、美恒纺织公司和铸亚铁工厂的经理等职务,成为丝绸工业界的领袖人物。

抗战胜利后,蔡声白着力恢复、扩充在上海及各地的美亚企业,将5个分区管理处改为分公司,自任美亚织绸公司的董事长。此后,他赴美考察,认为中国丝织业技术落后,已无法参与国际竞争,便到香港经营地产。1951年曾回上海,并去东北参观。以后长期侨居澳大利亚。

# 陆绍云(1894—1988)

陆绍云

纺织技术专家。上海川沙人,小学毕业后考入上海龙门师范,学行俱优。毕业后得师长资助,于1915年东渡日本,考入东京工业大学,专攻纺织。毕业后又在日本各先进的纺织工厂参观学习。1921年学成回国,应聘到上海宝成纱厂任总工程师。1年后,宝成发展迅速,又新设第三厂于天津,由陆任总工程师,后又任厂长。任职期间修建了发电厂、职工宿舍,并向经理吴敬仪建议将工人工作时间由12小时的二班制改为8小时的三班制。此项重要改革,为全国纺织厂之首创。他还常与天津各纺织厂厂长定期集会,交流经验,以利事业改进。陆在天津主持宝成纱厂11年,建树甚多。

1930年底,陆被邀去济南鲁丰纱厂帮忙1年。1932年转往常州大成纱厂,任厂长及总工程师。两厂原来都因经营不善而境况困难,经他大力整顿,生产发展,扭亏为盈。数年内,大成厂的规模由1万锭扩充到10万锭左右,并增设染织厂,5年中盈利为投资的10倍左右。

全面抗战初期,陆在随大成迁川途中,目睹前线退下的军民缺衣少药,便毅然赶赴武汉,筹设药棉纱布厂。他向大成的联营厂震寰纱厂商借空房数间,立即着手试制药棉纱布,数日内成功,随即大量生产以供军需,支援抗战。武汉沦陷后,他到重庆与人合资创办维昌小型纱厂。纱厂曾被日机炸毁,但他立即重建厂房设备,惨淡经营。抗战胜利后,陆奉命参加接收上海日厂,短期内完成开工任务。之后,陆任中国纺织建设公司上海第七棉纺织厂厂长,努力维持生产,维护工人的利益。

1930—1947年,陆连任中国纺织学会理事。上海解放后,陆任英商纶昌纱厂厂长兼工程师。1956年纶昌纱厂改为国营。同年12月,陆调往上海纺织工业设计院,翌年调上海纺织科学研究院情报室工作。著有《纱厂标准工作法》《纺织日用手册》等书,并发表大量论文。

## 任理卿（1895—1992）

纺织技术专家，教育家。1895 年 2 月 10 日出生于湖南省湘阴县塾塘乡。1910 年长沙时中学校毕业后，考入上海恒丰纱厂当学徒。两年后由纱厂出资送到南通纺织专门学校学习。1917 年毕业，仍回恒丰纱厂工作。1919 年考取清华大学专科留美，入美国罗威尔纺织学院及北卡罗来纳州立大学深造。1922 年获纺织硕士学位。之后即偕傅道伸到美国各地考察纺织工厂 1 年，并在当时上海华商纱厂联合会季刊上发表《美国棉工厂考察记》一文，引起同业人士的重视。1923 年 10 月回国。

任理卿

1924 年任理卿出任上海裕兴纱厂工程师，次年转任上海统益纱厂总工程师。1928 年起担任东北大学纺织系教授。1931 年被聘为湖南第一纱厂工程师、工务长，在职期间对扩建纱厂及新建布厂贡献殊多。扩建后该厂改名湖南第一纺织厂。南通学院因扩大招生，极需充实师资力量，于 1933 年邀请任担任教授兼教务长。他学识渊博，经验丰富，教学中理论与实践并重，注重启发式教育，深受学生拥护。同时，他还担任棉业统制委员会专门委员及国立中央研究院研究员，参加了中国最早的纺织科研机构——棉纺织染实验馆的筹备与组建工作，并兼任研究员。

七七事变后，中央研究院及棉纺织染实验馆的设备仪器迁往西南，任随政府西迁，在西北联合大学工学院任纺织系教授（后该院易名西北工学院）。他还兼任花纱布管制局简任技正及战时生产局顾问。在此期间，湖北省纱布局与民康实业公司联营，利用湖北迁陕的 3000 枚纱锭在宝鸡开设民康毛棉厂，任为经理。

抗战胜利后，任理卿回到上海。1946 年起任恒丰纱厂工程师兼厂长，修复设备，开工生产，使恒丰厂在战后几年中赢得巨额利润。此时他还兼任南通学院纺织工程系主任、教授。上海解放后，任理卿调北京工作，任中央财经委员会轻工业计划处处长。1952 年起在纺织工业部任工程师。1956 年参与创建纺织工业部纺织科学研究院，并任副院长。任理卿关心纺织事业的发展，积极参加中国纺织学会的工作，历任学会执行委员、理事、副理事长、顾问等职。他长期从事纺织教育和生产技术管理工作，培养了大批纺织科技人才，并撰有《纱厂管理学》《细纱机之研究》等论著。1958 年因病退休。

## 童润夫（1896—1974）

纺织技术专家，企业家。浙江德清人。少年时遵父嘱学习科学技术，就读于苏州。后去日本学纺织，1921 年毕业于日本国立桐生高等工业学校，并在日本和歌山纺织工场实习。回国后应聘任上海日商大康纱厂工程师，积累了较丰富的实践经验。1929 年应聘任华商鸿章纱厂厂长。童锐意改革，第一年就扭亏为盈，取得显著成绩。1934 年被聘为全国经济委员会所属棉业统制委员会委员，参加筹建我国最早的纺织科研机构——棉纺织染实验馆。筹建期间,童润夫等与中央研究院院长蔡元培洽商多次,确定了馆址、机构组建及研究目标,并着手建造厂房,购置设备。后因抗战兴起,设备内迁,馆务中辍。1935 年童受中南、金城两银行之邀去天津,代表两行所设诚孚公司行使权力。先是日本在华纺织厂依仗其优势,欲以低价购买负债累累的天津恒源、北洋两纺织厂,并已与北洋厂签订草约,即将成交。为扭转这一局面,童润夫受两行及诚孚公司之托,从北洋老股东手里收买股权,然后召开股东大会,反对所签草约,击败了日商的收买企图。从此,诚孚公司以金融集团为后盾,扩大投资,接办了恒源、北洋两家纺织厂。这年年底,

童润夫

童润夫受聘为诚孚公司常务董事兼副总经理,公司从天津迁至上海,并接管了上海新裕第一、第二纺织厂。童润夫以纺织技术专家的身份,参加诚孚公司董事会,并主持企业工作,取得经营管理的实权,这在近代民族资本纺织企业中是少有的。1939 年童润夫大力支持李升伯的建议,拨出巨款兴办诚孚公司高级职员养成所,并参加授课。至 1944 年培养了 172 名纺织技术人员。

　　作为一名技术人员,童润夫一贯兢兢业业、勤勤恳恳、克己奉公。中华人民共和国成立后,诚孚及新裕公私合营,童润夫任总经理。后任上海市棉纺织工业公司总工程师,并被派去苏联、东欧考察工业。1957 年受到毛泽东主席的接见。童润夫重视家庭教育,6个子女先后都加入了中国共产党。1974 年童润夫在上海去世。他的子女遵照其平生心愿,将他的全部积蓄 14.5 万元人民币捐献给上海市纺织工程学会,作为优秀纺织学术论文的奖励基金。

# 诸楚卿(1897—1992)

　　纺织教育家,染整专家。上海市人。1916 年在苏州工业学校毕业。次年赴日本,就读于东京工业大学和群马大学,并在东京日岛机械工场实习,后任大阪居染工场技术员。1922 年回国,历任上海启明染织厂工务主任,常州大成纺织印染公司染厂、上海纺织印染厂主任工程师,上海丽明机织印染厂工务顾问等职。

　　诸楚卿在回国初期,曾任中华职业学校染织科主任。1935 年秋,应南通学院之聘,任纺织科染化工程系教授及系主任,连任17 年。他热心教育,厚爱学生,忠实勤奋,为人称道。1937 年秋,南

诸楚卿

通沦陷,南通学院纺织科迁入上海租界,诸于授课之外,多方奔走,为染化系延聘教师、联系实习工厂,以至张罗经费,替毕业生介绍工作。抗战胜利后,学生分批迁回南通。诸曾任纺织科代理科长,为染化系增设染料专业。这是国内纺织院校染化系中的创举。

　　1941—1951 年,诸先后兼任苏州蚕丝专科学校、上海市立工业专科学校、上海文绮染织专科学校、中国纺织染专科学校教授,并在文绮专校任教务主任。1952 年纺织院校调

整后,任华东纺织工学院染化系(后改纺化系)教授兼系主任,院务委员会委员等职。1954 年评为二级教授。1984 年退休。

诸楚卿在教学中,特别重视纺织染整科学技术的发展。经常引导学生在课余阅读和译编外国书刊上的先进文献,将文稿刊登在由他主编多年的《染织纺》周刊上。诸撰写出版了《染整机器概说》《染织品整理学》《染色学》《练漂学》《纤维材料学》《染织论丛》等20 余种专业书籍。

诸还十分关心中国纺织学会的会务活动。1936 年在赴日考察时,他看到日本组有染料研制和染整加工两界科技人员的联合学术团体。回国后,即广泛征求各方意见,于次年在上海筹组中国染化工程学会,1939 年正式成立。诸楚卿当选第一届理事长,对筹划会务和推动工作不遗余力。1941 年 12 月,日军占领上海租界后学会停止活动。抗战胜利后复会,诸任第二、第三届常务理事和第四届监事等职,并于 1946 年 7 月起主编会刊《染化》月刊多年。

## 傅道伸(1897—1988)

**傅道伸**

纺织技术专家,教育家。湖南醴陵人。幼丧父母,家境贫寒。1910 年入上海恒丰纺织厂当学徒。1913 年被恒丰厂主聂云台选送入南通纺织专门学校学习。1917 年毕业后回恒丰任技术员、副技师。1918 年得厂方资助赴法国勤工俭学,次年到英国曼彻斯特两个纺机厂实习,并就读于皇家工艺学院。1920 年入美国北卡罗来纳州立大学学习纺织化学,获学士学位。1923 年回国后在恒丰纺织厂任技师,同时在恒丰养成所任教。

1930 年傅道伸转任湖南省建设厅技正兼湖南第一纺织厂工务主任,独立领导该厂新建织布厂的设计安装工作。同时,他还在湖南第一高级工科职业学校纺织科任教。1933 年应聘任棉业统制会专业委员兼华东地区纱厂调查团团长,遍历江浙两省各纺织厂调查研究。1935 年参加全国第一所纺织研究机构——棉纺织染实验馆的筹建工作,任该馆专任研究员。

1937 年中国银行拟扩大对纺织业的投资,邀请傅道伸为技术员,代表中行向国外订购大批涡轮发电机及纺织机械 7 万余锭。这批设备在全面抗战期间为昆明裕滇纱厂、重庆豫丰纱厂及雍兴公司各纱厂所用,对后方纺织业的发展有很大作用。1942 年傅道伸由香港辗转到陕西关中,应聘任雍兴公司总工程师兼咸阳纺织厂厂长。抗战胜利后,他在雍兴公司所属蔡家坡纺机厂设计制成从清花到细纱的成套棉纺设备。第一批仿泼拉特细纱机 2000 锭安装于咸阳纺织厂后,经不断改进和完善,棉纱质量及生产效率达到了当时进口英国纺机的水平。在此期间,他还在西北工学院兼任纺织科教授,主讲机织学及纱厂设计等课程,并注重教学与实践的结合。1948 年冬,傅道伸升任雍兴公司协理、总工程师兼西安办事处主任。在西安解放前夕,他积极保护所属各厂财产免遭破坏。

中华人民共和国成立后,傅道伸历任西北纺织建设公司经理兼总工程师、西北军政委员会工业部副部长、西北工学院纺织系主任教授、陕西省纺织工业局局长、中国纺织工程学会副理事长等职，还是第三至第六届全国政协委员、民建中央委员、陕西省政协副主席。

傅道伸一生著述丰富，主要论著有《浆纱理论与实验》《纱厂管理法》《织物分析术》《近代纱厂设计之特点》《实用机织学》《关于棉纺织工程技术和新工艺》等数十种。其中《实用机织学》一书，自1935年出版后多次重印再版，是当时国内高等纺织院校的重要教材。傅道伸在纺织生产技术、培养人才以及撰写著作等方面，是理论与实际相结合的楷模。

## 钱贯一（1897—1985）

纺织期刊主编，热心纺织事业人士。原名成甫。浙江绍兴人。早年肄业于绍兴府中学堂。17岁进中华书局编辑部为练习生。他努力自学，向学者请教，打下了学识与中文的基础。

1917年华商纱厂联合会筹建，钱贯一脱离书局，入该会工作，参加了我国最早的纺织期刊《华商纱厂联合会季刊》及最早的纺织报纸《纺织时报》的编辑业务。他到许多纺织工厂实地调查，搜集资料，并参加兴办植棉农场，开设讲习班，积累了丰富的实践经验，对我国纺织工业的地位与作用有了较深刻的认识。

钱贯一

1930年中国纺织学会在上海创建，钱贯一是发起人之一，被推为总干事。初时，学会的活动消息由《纺织时报》报道。1931年钱以私人名义创办《纺织周刊》，除刊载学会活动消息外，并编发时事评述、企业动态及技术专论等稿件，在纺织界产生较大影响。钱贯一在《纺织周刊》撰写了大量评论文章。他主张发展良棉种植，多办纺织学校，尊重技术人才，呼吁团结起来与外资厂竞争，反抗侵略者。许多言论得到很大反响。难得的是，在学会及有关人士的支持下，钱以个人的力量，从组稿、编辑、印刷、出版到发行，坚持每周发刊，从不间断，维持达6年之久，积存了大量纺织史料。后因人力、物力不继而停刊。其间钱还在崇明大通纱厂、上海大公报社等处任职。1936年进沪东光中印染厂工作。

抗战爆发后，光中印染厂遭炮毁，钱多年积累的调查资料全部丢失。后钱去重庆，在经济部任职年余。再后去合川，在豫丰纱厂任事务科长。1945年日本投降，钱回上海，参加经济部主持的接收日资纺织厂工作。

1946年1月，《纺织周刊》复刊，由中国纺织学会出版，仍由钱贯一主编。钱在学会继续任总干事一段时间，主持日常工作。与此同时，在重庆成立的中华全国棉纺织工业同业公会联合会迁到上海，在迪化北路建立会址，钱贯一任副秘书长。钱在两个纺织团体任职时，对在纺联会会址旁兴建中国纺织学会会所，起到了积极的促进作用。

上海解放后，学会一度改组，纺联会的活动也全部停止。钱贯一于1953年去南通，在苏北棉纺织工业同业公会工作。1983年钱在《自述》中回顾了自己从事纺织事业60余年的风雨历程。

# 吴味经（1897—1968）

**吴味经**

　　纺织原料专家，纺织企业家。本名纬，字味经，以字行。浙江东阳县人。早年在杭州省立农校及省立师范学习。1920年考入天津棉业专门学校植棉科，学习植棉并兼修纺织科课程。1923年毕业后在定县农商部第一棉业试验场引进繁育美国优良棉种，经1年多努力获得一定成效。1925年吴味经到安阳主持彰德大韩棉场。1928年后任浙江省棉业改良场杭州育种场主任，并创办"之江农产社"，从事植棉、动力轧花及农村公益工作。

　　在华北、浙江10年的工作，使吴味经获得了丰富的植棉及棉花检验的技术和经验。1932年他应聘任中国棉业公司产销合作部主任。任内，在河南、山东、湖北、陕西四省的优质棉区设立了10家大型动力轧花厂，并从1934年起开办三期业务人员培训班，培养了200名棉业专门人才。1936年吴味经升任中棉公司襄理兼营业主任，并应邀为棉业统制委员会办理陕西、河南二省轧花、运销业务。任内，他提倡轧花商业化、分级市场化，开我国棉花交易分级采购之先声。同时他还在上海联合同业首创棉业公栈，消除了棉花交易过程中的诸多弊端。

　　全面抗战爆发后，国民政府为将棉花运储后方，委托中棉公司、成通公司合组棉业办事处代为办理。吴味经担此重任，数日内组建成办事处，指挥各地收花处迅速收花。南京失陷后，他奔走于武汉、西安、郑州、洛阳之间指挥购运。1938年夏，棉业办事处改组为农本局所属福生庄，吴味经辞去中棉公司的职务，担任福生庄经理。他在西北、华北及湖南、浙江等地的产棉区设立分庄抢购棉花内运，1年内内运棉花60万担，同时还在上海等东南沿海城市设分庄抢购棉纱、布匹，为解决后方军民衣被问题做出了很大贡献。1939年后，吴味经鉴于东南纱布内运日趋困难，后方机纱产量有限且购入棉花供应有余，拟订了动员后方50万农妇手工纺织的计划。计划实施期间，先后培训了男女干部数百名，设立分支机构百余处，工作人员逾千，极为引人注目。吴味经还组织农户利用土纱织造了名噪一时的机经土纬布，用以裁制军服，供应军需。

　　1941年吴味经因不满国民政府内部权力斗争，辞去了福生庄经理的职务，与苏汰余、潘仰山、肖伦豫等筹组中国纺织企业公司（即小中纺）。1942年小中纺正式成立，吴味经任总经理，并在重庆创办小型纺织厂和染整厂各1家。1943年他曾联合同业请求经济部组织纺织事业建设委员会研订战后纺织工业复兴计划。同年秋，他发起成立中华民国棉纺织工业同业公会联合会，被推为秘书长。此后他曾广泛收集资料，编制了《大后方纱厂一览表》。

　　抗战胜利后不久，中国纺织建设公司在重庆成立，吴味经任副总经理兼业务处长，主持纺织原料征购和成品销售工作。在纺建公司接收敌厂的同时，他即在全国各产棉区设立办事处征购棉花。他一方面订购外国廉价原料，另一方面努力发展本国纺织原料生产。政府曾根据他的建议，将进口原料棉核配民营厂代纺的售后利润，半数用于发展纺织工业,半数用于增设棉场、推广良种。他还与中蚕公司联系发展蚕丝业,与中央畜牧实验所合作设立碛石、吴兴配种场,培育新羊种,并引进印度及中国台湾优良麻种在浙江广泛种植。吴味经所做的各项努力成绩俱佳,为解决纺建公司各厂原料问题做出了贡献。这一时期,他主持小中纺将重庆的小纱厂扩建为渝江纱厂,并在杭州创办杭江纱厂。在纺织同业公会联合会中,他继续担任常务理事兼秘书长,编制了《全国纱厂一览表》。1949年3月,为保护人民财产不受损失,他赴汉口、长沙、广州、香港、汕头等地办事处,叮嘱同仁妥善保管物资,坚守岗位。4月回上海后,他设法阻止工厂南迁,在战乱中为保全纺建工厂做出了贡献。

上海解放后,吴味经留任纺建公司副总经理。中华人民共和国成立后,历任华东纺管局顾问、纺织工业部顾问、华东供销分局副局长、上海棉花公司副经理及国务院棉花工作组上海小组组长等职,继续从事纺织原料的开发利用工作。此外,他还主编了《原棉手册》,参加了《英汉纺织词典》《辞海》的编写工作。

## 张朵山(1898—1973)

张朵山

纺织教育家。原名佶,又名绥祖。1898年出生于河北省昌黎县。1910年考入天津南开中学。1916年入清华大学。1920年考取公费留学美国,就读于麻省罗威尔大学纺织学院。1923年获纺织工程学士学位,复入北卡罗来纳农工大学研究生院深造,获得纺织工程硕士学位。此外张朵山对机械与纺织厂房设计也有系统研究。在美期间,先后在沙克罗威尔、克郎布敦、斯坦福等纺织机械制造厂及莫瑞来克、吴德等棉、毛纺织厂实习,并担任美国桥梁工厂设计员和丝厂技师各1年。1926年回国。

归国后,张即赴沈阳东北大学工学院任纺织系教授兼系主任。他规划设计实习工厂,购置纺织机械供学生实地操作,并亲身教授。九一八事变后,东北大学全部设备落入日本人手中。张带领纺织系两班学生转到南通学院纺织科借读,任教授、纺织科科长。1933年东北大学在北平复校,他又回到东北大学任教,同时受聘担任北平大学工学院纺织系教授,直到1937年七七事变爆发。

平津陷落后,教育部在西安筹设临时大学,收容北平大学、北平师范大学和北洋工学院等院校师生。张辗转到西安,任临时大学工学院纺织工程系教授。1938年春,该校迁往陕西汉中。同年秋,教育部解散临时大学。原北洋工学院、北平大学工学院、东北大学工学院和私立焦作工学院四院合并,成立西北联合大学工学院,院址设在陕南城固县,张亦调整到工学院纺织系任教授。1940年曾到西昌技术专科学校工作1年,旋即返回西北联大,直至抗战结束。

抗战胜利后,张朵山出任经济部专门委员、中国纺织建设公司天津分公司总工程师,参与经济部冀热察绥区特派员办公处接收天津敌厂。不久被任命为中纺公司天津第六棉纺织厂厂长。1949年天津解放前夕,他坚守岗位,保护工厂机器设备和财产。

中华人民共和国成立后,张应聘到北洋大学纺织系任教授兼系主任。1951 年秋院系调整,北洋大学与河北工学院合并为天津大学,张仍任纺织系主任。1958 年在天大纺织系与原天津纺织工业学校的基础上,建立了河北纺织工学院,1967 年改名天津纺织工学院。张一直任该校纺织系教授、系主任。

张朵山先后编著了《纺织概论》《织物组合》《着色法》《机织学》《棉纺工厂设计》《纺织物实验学》《建筑概论》等多种教材。他教过一些基础课,尤其是其他教师不愿承担的课程,并把自己编写的讲义给其他教师使用。他还担任英语教授,为大学外语系开设英国古典诗词。他授课效果很好,深受各校学生爱戴。

张朵山是美国机械工程学会、美国汤姆森纺织学会会员。中华人民共和国成立后,被选为天津市第一至第六届人大代表、民盟天津市委委员、中国纺织工程学会理事及天津分会副理事长、中华全国科普协会天津分会理事等职。1956 年被评为全国先进工作者,出席全国群英会。

## 酆云鹤(1899—1988)

麻纤维化学专家。1899 年生于山东济南。自幼家境贫苦。16 岁始入学,曾参加五四运动。1925 年在北京女子高等师范学院化学系毕业。1927 年考取官费留学美国,获美俄亥俄大学硕士学位和化工博士学位。1932 年回国,任北平燕京大学化学系教授。1933 年再赴德国深造,带去祖国的竹子、高粱秆、稻草、蔗渣及苎麻,进行用草类纤维研制人造丝的试验,获得成功。同时,发现脱胶后的苎麻是一种极柔软的纺织原料,从此全力投入苎麻脱胶及其应用的研究。1936 年学成归国,任中央经济委员会专员,先后在南京、重庆、香港致力于麻纤维的开发。她在主产苎麻的湖南、湖北、四川等地,

**酆云鹤**

考察了解到种麻、沤麻、剥麻及手工绩织的艰苦,乃决意进行改革。经反复试验,制订出"先酸后碱、二煮一漂或二漂"的化学脱胶工艺。

全面抗战爆发,农产品外销受阻,麻积压甚多,而棉区相继沦陷,造成棉织品十分短缺。1939 年酆云鹤在重庆创办西南化学工业制造厂,采用化学脱胶工艺进行苎麻加工,成功地制取了云丝牌苎麻纤维,获经济部新型专利 5 年。1942 年 1 月,在迁川各厂共同举办的展览会上,"云丝"产品被誉为"雪里春"。此后,她又从印度购进 128 锭小型棉纺机 1 台,纺制"云丝"并织成云丝巾、云丝哔叽、云丝帆布等产品。

中华人民共和国成立后,她先后担任纺织工业部、湖北省纺织工业总公司和上海纺织工业局的顾问,广州化学研究所副所长兼总工程师和名誉所长等职,继续从事麻类纤维的研究,开发麻纺新产品。她曾被选为第一、第二、第三届全国人大代表,第五届全国政协常委,第六届全国政协委员,民建中央委员。1979 年加入中国共产党。著有《"云丝"小传》《关于推广苎麻事业之意见》《关于发展我国麻纺工业的汇报》等。

## 钱子超(1899—1989)

钱子超

印染专家。名乘时，以字行。浙江诸暨人。幼年家境贫苦，靠亲友资助念完中学。1920 年考取公费留学日本。在东京工业大学染化系毕业后，于 1926 年回国，进上海达丰染织厂负责筹建印花工场，任工程师。他为此再赴日本，考察有关生产技术，订购设备，并延聘日籍技工。归沪即主持设计、安装、调试及培训工人等工作。30 年代初建成投产，使达丰厂名列民族资本染织厂自产花布的前茅。抗战前几年，印花棉布已在我国流行，英国、日本在沪工厂的产品与我国产品竞争激烈，国产品之间亦有矛盾存在。达丰花布始终能周旋其中，畅销不衰。钱在生产技术上备著辛劳，成为我国早期开发印花织物的知名工程师之一。

八一三日军侵犯淞沪，达丰将近半数的染整设备，拆运到租界内另建新厂；改名信昌染织厂。厂在香港注册，挂名英商，资产仍全属达丰，经营领导不变。次年夏开工生产。不久又与宝兴纺织厂联合，成立英商中纺纱厂股份有限公司，将信昌厂作为染部。钱任印花工程师多年，所产印花布，行销内地并出口南洋等处。

日军侵占上海租界后，中纺纱厂即被接管。资方为维护产权，多次与日军交涉，要求发还。钱因精通日语，协助厂主参加谈判，历时数年，未能成功。

抗战胜利后，钱子超为经济部征借，参加接收在沪日资纺织厂。在接收内外棉第一、第二加工厂后不久，调到日资美华印染厂任厂务主任（厂长），主持复工。1946 年 2 月，美华改为中国纺织建设公司上海第四印染厂（后改五印），委钱任厂长；钱同时兼任上海第三印染厂（原为日资兴华漂染厂）厂长，负责整修复工。他在第三、第四两厂任期内，不但使原有设备很快修复运行，还分别增添配套平衡设备，研制推出的"美画图"系列印花织物，深受市场欢迎。上海解放前夕，钱因掩护进步人士转移脱险而遭警方传讯，并为保护两厂财产做了工作。

中华人民共和国成立后，钱子超先后担任上海第二印染厂厂长、上海第一印染厂工程师。1954 年初调任纺织工业部设计公司工艺科工程师。1958 年公司改院，任设计院染整总工艺师、第四设计室主任。1961 年因病退休。

## 钱之光(1900—1994)

革命干部，新中国纺织工业的奠基人。浙江诸暨人。农家出身。自小受私塾教育。15 岁进当地牌头镇同文书院求学，开始接触进步思潮，并在中国共产党早期革命活动家张秋人、宣中华等的引导下投身革命。17 岁时辍学经商，乘运销蚕丝之便，往返于上海、杭州之间，从事革命活动。

1927 年加入中国共产党，以两浙盐运使署工作为职业掩护，从事秘密工作。1929 年春,钱之光转赴上海,奉命筹建织绸厂,作为中共中央的联络点。其后,协助毛泽民在上海筹建秘密印刷厂,另开设绸布庄为掩护,印刷中共中央的秘密文件、机关刊物和马列主义书刊。1933年钱之光进入江西革命根据地,在中国工农民主政府国民经济委员会工作,筹建对外贸易总局,钱任局长,兼任粮食调剂局副局长。他依靠和组织群众,打破反动当局的重重封锁,调运食盐、医药、布匹等根据地极端缺乏的物资,保障了反"围剿"斗争的需要。

钱之光

1934年参加红军长征,任中央征发没收委员会组长。到达陕北后,任陕甘宁边区政府国民经济部对外贸易总局局长,为陕北根据地的物资供应做了大量工作,受到毛泽东的赞扬。抗日战争时期,钱之光先后任八路军、新四军驻武汉、南京办事处处长,八路军驻重庆办事处处长。抗战胜利后,任中共南方局委员、中共南京局委员兼财政委员会副书记、南京中共代表团办公厅主任。

解放战争时期,钱之光由中共中央派往香港从事经济工作,创建华润公司并任董事长。同时,肩负上层统战工作的特殊使命,先后将留住在香港的李济深、沈钧儒、黄炎培、郭沫若等一大批著名民主爱国人士秘密接送到解放区参加筹备新的政治协商会议,为中华人民共和国的建立做出了积极贡献。

中华人民共和国成立后,钱之光任政务院财经委员会委员,主持召开了全国棉花会议。这次会议做出了扩大全国棉花栽种面积、改良棉种、引进美国优良棉种、成立棉花检验所等一系列具有战略意义的决定,对以后纺织工业的发展起了重要作用。此外,钱之光还担任纺织工业部副部长、党组书记,主持全面工作。在钱之光的领导下,纺织工业部在短短几年内,建成了第一批大中型现代化棉纺织厂、麻纺织厂和丝绸厂。同时,开始我国纺织机械工业的创建。第一个五年计划时期,又开辟北京、石家庄、邯郸、郑州、西安、咸阳等六大纺织工业新基地,为把我国发展成纺织大国打下了坚实的基础。

60年代中期,钱之光接任纺织工业部部长。1970年纺织、一轻、二轻三部合并成轻工业部,他担任部长、党组书记。1978年纺织、轻工分部后,任纺织工业部部长、党组书记。1981年任国务院顾问。钱之光在主持纺织工业部工作的32年中,终始坚持独立自主、自力更生、艰苦奋斗、勤俭建国的方针,率先建立纺织机械工业体系,以满足大规模建设的需要;同时提出发展天然纤维和化学纤维并举的方针,引进国外先进技术,建设了上海金山、辽宁辽阳、天津、四川长寿和江苏仪征等大型化纤生产基地,使我国一跃成为世界化纤工业大国。

钱之光是中国共产党第八届至第十二届全国代表大会代表,第十三届、第十四届全国代表大会特邀代表。全国人大第二届、第三届代表。

# 张方佐(1901—1980)

纺织技术专家,纺织教育家。浙江鄞县人。出身于手工业者家庭。少年随父亲侨居日本,1919 年考入东京高等工业学校,攻读纺织工程。1924 年毕业,次年回国。

张方佐

张方佐回国后,先在上海日资喜和纱厂任训练主任,进行技术与管理的学习实践。随后在无锡振新纱厂、萧山通惠公纱厂、南通大生纱厂、上海申新二厂、上海新裕二厂先后任工程师、厂长。通过 20 余年的技术管理工作,张方佐积累了丰富的经验,并在纺织学识上得到提高。在积极工作的同时,他热心参加中国纺织学会的活动,撰写了有关纺织技术、管理和教育方面的 10 多篇论文,并在纺织期刊上发表,受到欢迎。张方佐编著的《棉纺织工厂设计和管理》一书,于 1943 年出版,内容翔实而丰富,在当时具有很高的实用价值。

1945 年抗战胜利后,张方佐应聘参加经济部接收日商在沪纺织厂的工作,组织技术队伍,迅速恢复生产。1945 年 12 月中国纺织建设公司成立,张方佐任工务处副处长,主持全公司的生产技术工作。同期,张还兼任诚孚纺织专科学校校长。

在中纺公司任职的 3 年多时间内,张方佐组织各厂整修厂房与设备,建立健全企业管理责任制,制订纺织厂经营管理标准,加强产品测试与质量监督。同时,组织各级人员进行技术培训,兴办纺、织、印染 3 个技术训练班和 9 个专门技术及管理的研究班。此外,张还主持《纺织建设》月刊的编辑出版;组织编写纺织保全保养和运转操作的专用参考书及《工务辑要》等。他组织各厂厂长、工程师互相巡回检查,定期交流经验,提高技术与管理水平。张方佐主持推进的这些工作,不仅对当时的纺织生产技术管理起到积极作用,而且为以后纺织工业的恢复与发展创造了一定的条件。

上海解放前,张方佐拒绝中纺公司当局的要求,没有去台湾、香港,由此带动了一批技术人员留在上海。中华人民共和国成立后,张方佐曾任华东纺织管理局副局长、纺织工业部纺织科学研究院院长,并兼任交通大学纺织系主任、华东纺织工学院院长、北京化纤学院院长等职,是第一届至第三届全国人民代表大会代表、第五届全国政协委员。

# 陈少敏(1902—1977)

纺织工人出身的女将军,工运领导人。原名孙肇修,参加革命后改名。1902 年出生于山东寿光县。1921 年冬进入青岛日资内外棉纱厂做工。1925 年 5 月,因参加罢工被开除。随后到潍坊,进入美国人李恩惠办的文美女中学习。当年冬,她在文华、文美两所学校秘密建立马克思主义演讲小组。1926 年在家乡开展农民运动。1927 年加入共产主义青年团。1928 年加入中国共产党。

陈少敏

1928 年底,陈少敏被派到青岛领导工人运动。1930 年调中共北方局工作。1932 年担任天津市委妇女部长、秘书长。她以在宝成纱厂做工为名,注意培养工人运动骨干,发展党员、团员。不久,她在裕元纱厂附近建立党支部。1932 年冬,因叛徒告密被捕。次年出狱后,先后担任中共唐山市委宣传部部长、冀鲁豫边区特委组织部长、特委书记,并在那里建立了冀鲁豫边区抗日武装第四支队。1936 年被派往延安中央党校学习。

抗日战争时期,陈少敏曾先后担任中共江西省委妇女部长、河南省委组织部部长兼洛阳特委书记、新四军豫鄂边区挺进支队政治委员、豫鄂边区党委书记、鄂中区党委书记兼新四军豫鄂独立游击支队政治委员,参与创建鄂豫边区抗日根据地。1945 年被选为中共中央第七届候补委员。

解放战争时期,陈少敏曾先后担任中共中央中原局常委兼组织部部长。解放战争中,参与领导中原军区主力部队(后编为第十二纵队)。

中华人民共和国成立后,陈少敏在担任纺织工会全国委员会主席期间,与纺织专家们一起总结推广了一九五一织布工作法、郝建秀工作法及 1953 年纺织机器保全工作法,为当时培训新工人提供了一套比较科学、完整的操作法。她还非常注重培养先进工人,积极建议普遍设立职工业余学校和夜校,开办工农速成中学和在纺织院校开办劳模班、调干班,从扫盲开始为纺织工业培养新一代技术和管理人才。1953 年以后,历任中华全国总工会第八届执行委员会副主席、党组副书记,中华全国体育总会常委,全国妇联委员,被选为第一、第二届全国人大代表,第三、第四届全国人大常委会委员,第一届全国政协委员,第二、第三届全国政协常委,中共八届中央委员。

## 陈维稷(1902—1984)

纺织教育家,纺织技术专家。1902 年 10 月生于安徽省青阳县。1925 年赴英国就学于里兹大学染化系。1928 年毕业,转去德国实习。1929 年回国后,先后在上海暨南大学、复旦大学、北平大学工学院、苏州工业专科学校、南通学院纺织科等院校执教,并任南通学院纺织科染化系主任与纺织科教务长。1937 年在上海参加抗日救亡协会全国宣传委员会。1934 年和 1937 年先后主持出版秘密刊物《起来》和《天下日报》,宣传抗日救亡。1938 年 5 月在原籍担任民众动员委员会副主任。1939 年参加中国共产党。同年秋被派往重庆工作,先后担任重庆合作事业管理局物品供销处协理和民治纺织厂工程师,利用专家和学者的公开身份,继续从事革命活动。

陈维稷

抗日战争结束后,陈维稷在上海先后担任第一印染厂厂长,中国纺织建设公司总工程师。1948 年参与筹划中断多年的上海交通大学纺织系,并担任该校校务委员会常委兼纺织工程系主任,亲自讲授印染课程。同时继续从事党的秘密工作和统一战线工作,参加现代经济社、中国民主建国会、中英文化协会等团体,从中广泛联系工商界、学术界,特别是纺织界科技人员,宣传党的方针政策。1948 年他协助皖南游击队在上海采办电台等物资。1949 年 1 月和交通大学另一教授苏延宾一起遭国民党上海当局逮捕。后经党组织营救获释,护送到解放区。1949 年 4 月随解放军南下,在上海参加接管中国纺织建设公司。同年 11 月被任命为中华人民共和国纺织工业部副部长,一直到 1982 年离职。

陈维稷从 1947 年起参加中国纺织事业协进会(简称小纺协,是中共地下组织领导的进步外围组织)的领导工作,并任中国纺织学会理事。以后历任中国纺织工程学会第十五届至第十七届理事长、第十八届名誉理事长,全国政协委员、常委,并被选为第四届全国人民代表大会代表,中国科学技术协会第一、第二届委员,全国工商联常委,中国民主建国会中央常委。

陈维稷在对纺织界上层人士,特别是高级科技人员的团结合作,对纺织工程技术人才的培养教育等方面贡献了毕生的精力。在纺织工业部工作期间,对建立纺织工业完整教育体系、制定纺织科技发展规划、促进原棉品种改良、加强纤维检验、发展纺织出版事业以及加强国际合作等方面都发挥了重要的领导作用。晚年,致力于组织整套纺织工具书籍的出版,并亲自主编了《中国纺织科学技术史》(古代部分)和《中国大百科全书·纺织》等学术著作。他还发起创办了《纺织通报》与《纺织学报》。

## 刘靖基(1902—1997)

纺织实业家,社会活动家。江苏常州人。早年在常州局前街小学读书,后到上海一家纺织厂做事,升迁颇快。1919 年以后任上海宝成纱厂、苏州苏纶纱厂营业主任,裕靖棉织厂经理。

1930 年常州大成纺织染公司创立,刘靖基持有一定股份,被推为协理,分管营业,在上海设立办事处并常驻负责。他密切注视上海纺织品市场动态,每天将上海市场情况函告常州,每周返回常州参加厂务会,帮助经理刘国钧及时做出决策,指导生产。他与刘国钧配合得宜,使大成投产当年就盈余 10 万元左右,次年盈余达 50 万元。抗战爆发后,常州沦陷。董事会决定在上海设厂,由刘靖基负

刘靖基

责,租赁中华印刷厂房屋,将原大成三厂拆迁转运至沪的部分纱锭及瑞士进口未及运常的机器,于 1938 年安装生产。为避免日军干扰,借用英商名义,定名英商安达纺织有限公司,刘任经理,大部延用大成职工及经营管理方式,经营亦很发达。太平洋战争爆发后,安达等 7 家纱厂同被日军军管。刘靖基通过苏浙皖华商纱厂联合会向日本军部打通关节,要求发还。次年 5 月安达等 7 家纱厂同时解除军管,安达取消英商名义,改为安达纺织有限公司。全面抗战期间,在刘主持下,安达获利甚丰,不断发展。

1947 年安达脱离大成正式成立公司,刘靖基任总经理。不久他又担任大丰纺织厂董事长,发展成安达系统,成为当时民族棉纺织业的后起之秀。同时他还担任南京江南水泥厂董事长。因时局动荡,1949 年 1 月、3 月,刘两度去香港,准备在港选址开厂。刘靖基在香港遇黄炎培等人,了解到中国共产党的统一战线和保护民族工商业政策,即放弃在港建厂计划,返回上海。

上海解放之初,刘靖基出任华东公私合营纱厂联合购棉委员会购棉处总经理,为克服当时原棉短缺,稳定棉价,恢复和发展生产做出了贡献。1950年他发表了劳资关系的文章,积极推动私营企业成立劳资协商组织。同年,从香港运回外棉,调回资金66万美元,用于浦东新厂建设。1951年新厂竣工。

中华人民共和国成立后,刘靖基历任安达纱厂董事长兼总经理、大成纱厂副董事长、大丰纱厂董事长、上海大隆机器厂董事长、上海市棉纺工业公司经理、上海市工商界爱国建设公司董事长兼总经理、上海市投资信托公司董事长等职,并当选为第一至第五届全国人大代表,第六届全国人大常委会委员,第二、第三、第四届全国政协委员,第五届全国政协常委,第六届全国政协副主席,上海市政协副主席,上海市民建主任委员,全国工商联副主任委员、副主席,中国民主建国会中央委员、常委。

# 张汉文(1902—1969)

张汉文

毛纺织专家,教育家。1902年生于河北省高阳县长果庄。1914年考取河北省蠡县布里村留法勤工俭学预备学校。1918年赴法,先后就读于沙多里公学、沙尔拉公学和鲁贝工学院,先学纺织,后又兼攻染化。1926年毕业后任鲁贝纺织研究院助理研究员和鲁贝毛纺织公司练习工程师两年。1929年回国,即被刘鸿生聘为主任工程师,负责章华毛纺织厂的筹建和全部生产技术工作。从设计、建筑施工、机器安装到成品出厂,无不亲自动手。次年10月,章华毛纺织厂投产。九一八事变后,天津东亚毛呢纺织股份有限公司成立,聘请张汉文为总工程师,帮助筹建东亚毛纺织厂。1932年他主持设计了以抵制洋货为标志的抵羊牌纯毛绒线,驰名中外,备受国人欢迎。

1934年张应聘任北平大学工学院纺织系主任。任内,筹建、充实了该院纺织实验室和实习工厂。全面抗战爆发后,他率领学生随校西迁,辗转到陕西,参与了西安临时大学、西北联合大学和国立西北工学院的筹建工作,并先后担任三校纺织工程系的教授兼系主任。

全面抗战期间,张向政府建议在西北羊毛集中地兰州开设洗毛厂。将羊毛分级、净洗,部分出口苏联交换军需物资,部分供应后方毛纺织厂。同时,他还大力提倡在大后方发展手工毛纺织生产,并帮助创办了西安的大秦、陕甘和甘肃平凉的复兴等小型毛织厂,利用简陋机器和当地羊毛,生产大衣呢及制服呢,销路顺畅。

1948年张任北平大学工学院纺织系筹备组主任。中华人民共和国成立后,历任北洋大学、天津大学、河北工学院纺织系教授、系主任。1958年起任河北纺织工学院副院长。此外,还曾兼任北京市财经委员会委员、北京市企业公司及市工业局顾问、天津市纺织工业局副局长。1956年张汉文出席全国纺织工业先进生产者代表大会。1962年、1963年当选为天津市人大代表、河北省人大代表、省政协委员,1964年被选为第三届全国人大代表。

张汉文在长期从事纺织教育工作中,努力钻研毛纺理论和教学方法,积极介绍国外先进技术,治学严谨,注重联系生产实际,积累了丰富的经验。写有《毛纺学》《精梳毛纺学》《毛纺设计》等讲义。

## 朱新予(1902—1987)

蚕桑丝绸教育家。1902 年 6 月生于浙江萧山县的一个教育世家。1914 年 7 月考入浙江甲种蚕桑学校学习。该校的前身即杭州太守林启在 1897 年创办的蚕学馆。1919 年 9 月毕业,留校担任助教。朱一面教书,一面到蚕丝产区调查指导,探索我国丝绸业发展的道路。

朱新予

1922 年 4 月,朱新予考取公费留日。次年 2 月赴日本入东京高等蚕丝学校学习缫丝机械和工艺、丝纤维的工艺特性、蚕茧贮藏等。1925 年 7 月回国,先后担任浙江省立甲种蚕桑学校教员和推广部主任,安徽第二农校蚕科教员,中央大学讲师。在浙江蚕校任教期间,朱新予领导推广部在杭州、嘉兴、湖州、绍兴地区的重点养蚕县开办蚕业改良场共 17 处,派毕业生和三年级学生分司其事,代蚕户消毒,指导蚕户催青、育蚕,颇受群众欢迎。

1928 年 2 月,朱新予在无锡创办女子蚕业讲习所,自任所长。次年,该所迁到镇江,改名镇江女子蚕业学校,后又改为中国合众高级蚕桑科职业学校。朱仍任校长兼推广部主任,继续实行"学以致用"的教学原则,融教学、实习、研究、推广于一体,培养了不少事业心强、知识面广、有相当动手能力和一定管理、经营经验的蚕丝专业人才。1932—1933 年,朱新予还在江苏金坛县和浙江萧山县主办两个蚕桑模范区,向蚕农免费供应蚕种场生产的优良蚕种,并派专业技术人员传播、推广养蚕、缫丝技术,使这两个模范区的蚕丝生产得到较快发展。全面抗战时期,朱新予克服重重困难,将镇江女子蚕校内迁云南楚雄,在西南大后方继续从事蚕丝教育和技术推广工作。朱除了主持蚕校工作外,还兼任中山大学蚕桑系、云南大学蚕桑系教授,讲授制丝学课程。同时在楚雄及附近地区举办蚕桑训练班,促进当地蚕丝生产的发展,至今楚雄仍是云南的一个蚕丝业重镇。

抗战胜利后,朱新予回到浙江,应邀任中国蚕丝公司专门委员兼蚕丝协导会浙江区主任,从事战后恢复蚕丝生产工作。杭州解放后,朱新予受浙江省军管会委托,主持 1949 年的春茧收购工作,保证了杭州众多丝绸厂家的原料供应。

中华人民共和国成立后,朱新予历任浙江大学农学院教授、杭州市工商局副局长、浙江省工业厅副厅长兼丝绸局局长、杭州工学院副院长兼纺织系主任、浙江丝绸专科学校校长、浙江丝绸工学院院长等职。1984 年任浙江丝绸工学院名誉院长。此外,朱还先后担任浙江省人民委员会委员、全国第五、第六届政协委员、九三学社中央委员及浙江省委员会副主任委员、浙江省科学技术协会副主席、浙江省科学技术委员会副主任、中国纺织工程学会理事、浙江省纺织工程学会副理事长、中国丝绸协会丝绸历史委员会主任委员、浙江省经济史研究会名誉会长、中国丝绸博物馆筹委会副主任等社会公职。朱新予学术论著甚丰,晚年主编的《中国蚕丝教育史》《浙江丝绸史》《中国丝绸史》是集其毕生学术事业之大成。

## 顾正红(1905—1925)

顾正红

上海纺织工人的优秀代表。生于江苏阜宁(今滨海县)一个贫苦农民家庭。早年随父逃荒到上海。1922年进入日商内外棉九厂做扫地工,因不堪忍受"拿摩温"(即工头)的欺压,愤而反抗打了工头,被厂方开除。后经工友帮忙,进日商内外棉七厂(今上海第三棉纺厂)当布机盘头工。他经常为受欺压的工人打抱不平,因而屡遭日商老板的殴打,在他的心中深深埋藏着对日本资本家的仇恨。

1924年秋,中国共产党在沪西小沙渡一带办起了平民夜校,并成立工友俱乐部。顾正红积极参加工人夜校和工友俱乐部的活动,在邓中夏和刘华的培养和帮助下,很快成长为纺织工人中的积极分子。1925年上海日商纱厂爆发了空前的二月反帝大罢工。顾正红参加工人纠察队,并向工友们揭露日本资本家剥削压迫工人的种种罪行,宣传罢工斗争的意义,动员工人参加罢工斗争,维持罢工秩序,与罢工的其他积极分子一道,出版罢工小报,帮助罢工工人解决生活困难。经过这场斗争的锻炼和考验,顾正红加入了中国共产党。

1925年5月初,日商资本家要求上海当局取缔工会,撕毁二月罢工时与工人达成的协议,并借口没有原料迫使工人停工。5月14日,日商内外棉十二厂无理开除两名工人,并拘捕了5名工人代表。当天工会决定十二厂(纱厂)工人坚持罢工,七厂(织布厂)工人坚持上班。15日顾正红积极执行工会决定,联络七厂工人坚持上班,受到厂方阻拦,他遂带领工人同大班(厂长)川村进行针锋相对的斗争,竟遭日籍职员枪击,顾正红的左腿和腹部先后中弹,因伤势过重,两日后去世,年仅20岁。顾正红的牺牲激怒了广大工人,进一步唤醒了民众,成为震惊中外的五卅运动的导火线。

为纪念这位中国工人阶级的优秀代表,1959年在顾正红生前工作过的地方——今上海国棉二厂,为他树立了铜像。

## 钱宝钧(1907—1996)

钱宝钧

化学纤维专家,教育家。1907年5月生于江苏无锡西乡新滨桥镇。初就读于无锡县立高等小学,毕业后考入私立无锡中学。1924年考入金陵大学理学院,攻工业化学。1929年毕业后,留校任教。1935年钱考取英国庚子赔款公费研究生,为我国首批派赴英国曼彻斯特理工学院纺织化学系的留学生。留学期间,成绩优异,发表论文数篇。1937年获理工硕士学位。1938年学成回国,先后在成都金陵大学、四川铭贤农工专科学校任教授、系主任。当时,办学条件非常艰苦,为使学生有实验场所,他变卖家产办起一个小型木材干馏实验工场,供学生使用。教学之余,他坚持科学研究,创出用反射光度法测定染色纤维取向度,并阐明其理论根据,在国内外杂志上发表多篇论文。

1946年申新纺织公司办的公益工商研究所由重庆迁到上海,聘钱宝钧为研究员。在他的主持下,摸索出一套进口纺织仪器设备的测试方法,为各地广泛采用。1947—1949年,他还担任上海交通大学纺织系兼职教授。

1951年他放弃公益研究所的高薪工作,参加筹建华东纺织工学院,后被聘为副院长兼染化系主任;1979年任院长。中华人民共和国成立后,钱宝钧历任中国纺织工程学会理事、副理事长,中国化学会理事,《纺织学报》及《辞海》纺织学科主编;并当选为中国民主同盟中央委员,第三、第五届全国人大代表。晚年仍每天坚持上班,并亲自指导研究生,直至病重住院。

## 杜燕孙(1912—2011)

纺织染整专家。浙江绍兴人。1927年9月考入浙江大学工学院附设的高级工科中学预科及染织科学习,1932年夏毕业。同年,考入南通学院纺织科染化工程系,1936年毕业。毕业论文以《国产植物染料染色法》为名,于1938年由商务印书馆出版。毕业后,杜进入上海达丰染织厂印染工场任助理技术员。八一三后,工厂停产。达丰将半数设备拆运到租界内另建信昌染织厂,杜亦参与其事。次年,信昌染织厂与宝兴纺织厂合并组成中纺纱厂,信昌厂改称染部,杜先后任技术员、练漂股股长。1938年由经济部审批登记为染色工业技师。同时,杜还发起组织中国染化工程学会,任第一届理事

杜燕孙

兼研究部长,第二、第三、第四届常务理事,并主编以南通学院染化研究会名义主办的《染化月刊》3年。该月刊初为《染织纺》杂志附刊,1939年1月改为专刊。

1941年12月,上海租界为日军占领,中纺纱厂停业。后杜改任上海大宇化工厂经理兼大中铁工印染机械厂协理多年。

抗日战争胜利后,杜参加接收上海日资纺织厂工作,被委为经济部接管内外棉加工厂工程师兼工务科科长及代理厂务主任,负责接收并主持复工。同时兼任纺织厂复工委员会工务处染整科科长。1946年初,内外棉加工厂更名为中纺公司上海第一印染厂,杜被任命为工程师兼工务主任。第一印染厂是当时国内规模最大的全能印染厂,杜为该厂恢复原有生产水平,并为中纺总公司所属各印染厂培训技术人员做了大量工作,同时还兼任南通学院纺织科讲师、副教授。1948年11月,杜改任中纺总公司印染室工程师。在此期间,他摘引国外练漂文献,结合实践经验,编著《棉练漂学》,于1946—1947年由纤维工业出版社印行,曾被当时院校选作教材。另外,杜还主编了《印染工厂工作法——机械篇》《棉布印花浆通例》《染化工程应用字汇》等书。同时杜兼任《纤维工业月刊》主编兼发行人,该杂志从1945年11月起出版发行至1951年12月停刊。

中华人民共和国成立后,杜任华东纺织管理局计划处生产计划科副科长、制造处加工科科长并兼上海交通大学、华东纺织工学院教授。后调北京任纺织工业部生产技术司印染科副科长,印染处、棉纺织染处、染化处、鉴定推广处副处长、处长,纺织工业部纺织科学研究院副院长、顾问,纺织工业部科学技术委员会委员等职。杜是第三届全国人大代表,第五、第六、第七届全国政协委员,中国纺织工程学会第十五届至第十七届常务理事兼副秘书长、副理事长。

# 查济民(1914—2007)

纺织企业家。1914 年生于浙江省海宁县袁花镇。1931 年毕业于浙江大学附设高级工业中学染织科,后进上海达丰染厂工作。1933 年任常州大成纺织染第二厂工程师,从事印花机的安装调试工作。该厂的印花机于 1935 年投产,打破了外商印染厂对印花技术的垄断。接着,查又对市场畅销的日本灯芯绒、平绒产品进行独立仿制,终于在 1936 年试制成功,再次填补了民族纺织工业的空白。同时,查十分重视培养技术人员与健全试验室的工作。经过数年努力,大成厂色布的品种、质量、产量,有了显著提高。

查济民

全面抗战爆发后,大成集团与四川民生实业公司、汉口隆昌染整厂合作,改建原属民生公司设在重庆北碚的三峡染织厂。大成以汉口第四厂未启用的 200 台仿丰田式布机入股,隆昌投入染整配套设备,民生公司提供厂房及辅助设施。1938 年初,新厂成立,取名大明染织厂,查任厂长。该厂位于山麓窄地,长 400 余米,宽不足 50 米,周围岩石起伏,水电供应不便,给改建造成很大困难。为早日开工投产,查精心组织老厂房改造与新厂房建设,除安装 200 台布机和染色、整理两条生产流水线外,还新建准备车间、机修车间,添置锅炉和发电机组,并在农村招收青年工人,进行技术操作培训。经过 1 年多时间的艰苦努力,于 1939 年初正式开工。织场日产平布 200 余匹,染成色牢耐穿的"五老图"大明蓝布投入市场,风靡四川。

此后,大明厂还遇到敌机轰炸和因经济封锁造成的机物料供应中断。查领导职工,依山挖洞,在洞内储藏重要物资和运转关键设备,并安装消防栓,组建消防队。几年中 4 次遭空袭,随炸随救,不数日即恢复生产。同时,利用废旧设备,就地取材,自制梭子、打梭棒、有边筒子等机配件。为节省进口中断的还原性染料,改染色布生产为色织布生产,改进工艺操作,试用适当的代用品,使生产得以持续。1944 年大明厂开始扩建纺场,买下震寰纱厂的旧损纱锭 7200 枚,增建厂房,并投资北碚地方开发附近的高坑岩水力发电。1947 年纺场投产。同时,查还组织设计人员,按照片资料设计仿制国外的直辊丝光机,1948 年投入染场生产。经过战时及战后的艰苦创业,大明厂的生产逐步发展,色布产量比初建时提高 1 倍,品种由单一变为多样,职工增至 1300 人。1947 年改组为大明纺织染股份有限公司,总公司设在上海,民生、隆昌相继退股,查自任总经理。重庆老厂改称大明北碚工厂,并在江苏常州再建新厂。以后又在香港创建中国染厂,查济民移居香港。

中华人民共和国成立后,查授权其代理人,将常州、重庆两厂申请公私合营,本人则在香港主持纺织染事业,并投资海外。古稀之年的查济民被聘任为香港特别行政区基本法起草委员、行政区筹备委员与香港事务顾问,为香港回归祖国尽心尽力。

## 吕德宽(1914—1952)

吕德宽

　　纺织技术专家。江苏镇江人,1933 年入南通学院纺织科学习,1937 年毕业后,赴英国深造。先在波尔顿纺织学院,后转曼彻斯特工学院攻读,曾获麦克劳伦棉业研究奖金。1940 年毕业,获硕士学位。

　　1940 年回国后,入诚孚公司设计课任研究员,为公司设计室装配、调试许多实验仪器。同时在诚孚纺织专科学校兼任教师,教授纺织试验和纺织工程等课程。他根据国外技术理论,联系国内实际,编写了《棉纺学》等讲义和教材,并撰写了有关数理统计的讲稿,介绍当时国内少见的随机取样技术,受到学生欢迎。

　　1942 年吕德宽担任申新二厂技师。1943 年调任申新五厂工程师。后去重庆,任重庆申新苎麻厂副厂长。

　　抗战胜利后,经李升伯推荐,吕回沪进中国纺织建设公司,参加接收敌厂。1946 年1 月起任上海中纺十七厂副厂长。1949 年 1 月任厂长。十七厂的前身是日商裕丰纱厂,生产的龙头细布在国内外市场有较高声誉。吕到厂后,力主研究吸收龙头技术,留用了较多日籍技术人员,请他们在各种研究班上讲课。除自己经常向他们请教外,还选派优秀技术人员,向日籍专家随班学习配棉、皮辊、空调、浆料化验、阪本布机等方面的技术、管理经验。因此日本人回国后,龙头牌子仍经久不衰。

　　同时,吕在过去授课讲义的基础上,结合中纺十七厂的技术经验,编写出版了《棉纺工程》,深受纺织界欢迎,前后再版 6 次。吕还先后在纺织学校及纺建各技训班兼课。1947 年中纺公司在十七厂开办原棉研究班,连续 3 期,1948 年下半年起改为工务人员技术进修班混棉组。吕作为厂长和班主任,从聘请教师、安排课程到提供上课和实习场所,给予全力支持,为上海、青岛、天津等地培训了一大批原棉检验和混棉、配棉的技术人员。

　　解放战争后期,吕在中共外围组织小纺协的影响下,组建技术研究会和裕社,同时支持开办工人业余补习夜校,在本厂技术人员和工人中,传播进步思想。上海解放前夕,吕组织安全委员会,参加护厂,在中纺公司进步力量的支持下,较好地保护了工厂资产。

　　上海解放后,吕留任厂长。他在抢救特大台风灾害、抢修二六轰炸破坏、清点全厂资财等工作中,竭尽全力,帮助工厂度过多次难关。同时,他还担任中国纺织染工作者协会主办的纺织技术补习学校教务长,组织技术工人学习理论,提高专业技术水平。

# 大事记(1840—1949 年)

### 1840 年
1840 年前后,上海金泽已有十几家作坊制造纺车用锭子。

### 1842 年
上海开埠以后,西式服装传入上海,在东百老汇路(今大名路)一带,设有西服店。

### 1850 年
广州归国华侨从德国带回家庭式手摇袜机。

### 1854 年
9 月 7 日,上海开办征收地方税厘捐的"丝茶局",专收丝、茶叶两项厘捐。

### 1856 年
有少量合成染料苯胺紫等进口。

杭州织造局创办。①

### 1859 年
中国开始有了黄麻生产工艺。亚麻纺纱采用粗纱煮练和漂白再纺纱的工艺。

### 1860 年
英商隆茂洋行创建,经营棉花包装业务,总店设在上海,分店设在天津、汉口、伦敦。

### 1861 年
5 月,英商怡和洋行在上海创办的怡和纺丝局投产,有缫丝机 100 台,是外资在华开办的第一家机器缫丝厂。

### 1864 年
创办于 1856 年的杭州官营织造局毁于战火,1864 年开始修复,包括内外织局和染局,有丝织机 580 台及各种染织设备,雇织工、染匠等 2000 多名。

### 1865 年
4 月 25 日,《上海时报》刊登升宝洋行出售英国轧花机的广告。

### 1870 年
广东已有缝纫线厂,为家庭副业生产,其原料线由上海等地供应。

### 1871 年
美国人富文在广州创办厚益纱厂,有纱锭 1280 枚,半年后关闭。

### 1872 年
南洋华侨陈启沅引进座缫机,在广东南海县西樵乡简村创办继昌隆缫丝厂,以蒸气

---

① 早期的纺织企业,有的称局,有的称厂。

缫丝。此为我国第一家民族资本缫丝厂。1874 年投产。

**1874 年**

广东顺德创办怡和昌缫丝厂,有女工 500 余人。

**1875 年**

河南创办官办蚕桑总局,后湖北、广西、江西等省相继创办,推广栽桑、养蚕、缫丝、织造。中国大麻(麻纤维一种,俗称"火麻")移植到美国。

**1876 年**

由绍兴人蒋廷梁、蒋延桂创办的杭州蒋广昌绸庄设置织绸机,其产品在上海、汉口、九江等地设庄经销,并向南洋出口。

**1877 年**

德商宝兴洋行在山东烟台建成机器缫丝局,有进口织绸机 200 台,以柞茧丝织绸。左宗棠下属赖长在甘肃兰州用细羊毛以手工纺纱,用水力传动的织呢机试织毛呢成功。

**1878 年**

李鸿章采纳候补道彭汝琮的建议,决定在上海筹建上海机器织布局。原始股银 50 万两。美商旗昌洋行在上海筹建旗昌丝厂,初设缫丝机 50 台。数年后扩充为 400 台,工人 1100 余人。

**1879 年**

举人陈植榘、陈植恕等合作创制缫丝机,用动力机推动各轮,轮下设丝斗,每一女工可抵 10 余人手工操作。

1875—1879 年的 5 年中,年均输入棉布 1936 万余海关两。

**1880 年**

9 月 16 日,中国第一家近代毛纺织企业——甘肃织呢总局投产。日产呢 8 匹,匹长 50 尺、幅宽 5 尺。

**1881 年**

黄佐卿在上海创建公和水缫丝厂,1882 年投产,有缫丝机 100 台。此为上海民族资本第一家近代丝厂。

上海源记公司在杨树浦设厂,有轧花机 120 台,日产净棉 170 担。

山东烟台缫丝局改组成股份有限公司,大部分股东是中国人。

**1882 年**

上海董秋根创办永昌机器厂,初始资本 400 元。1887 年开始制造缫丝机。1907 年改组为允昌机器厂。

公平洋行在上海创办公平丝厂,有缫丝机 200 台,年产丝约 300 包。

**1884 年**

上海陈安美创办陈仁泰机器厂。10 年后制造缫丝机件。

1880—1884 年的 5 年中,外国输入的棉布年均 2346 万余海关两。

**1885 年**

广东进口棉制品总值高达 3100 万海关两,上升为进口贸易的第一位。

1885 年前后,上海日商中桐洋行经销日本的"千川""咸田"两种轧花机。

张阿庄在上海郑家木桥创办张万祥轧花机制造厂,1887 年投产。

上海邓顺昌机器厂在北京路创建。1897 年开始造轧花机,1912 年改造针织袜机。

### 1886 年

法国天主教修女在上海传授编织花边技术。

### 1887 年

3 月,严信厚创办宁波通久源轧花厂,雇工 300 余人,聘请日本技师。

中国丝绸出口取代茶叶上升至首位,占出口总额 1/3 弱。

### 1888 年

11 月,张之洞决定在广州设立织布纺纱官局,电请驻英大使购置纺织设备。后因张之洞调任两湖总督,故改在湖北设织布局。

由日、英、美、德四国投资,并由日商三井洋行经营的上海机器轧花局(即上海棉花公司)创立,资本 7.5 万两,有轧花机 32 台。1889 年投产,日产 90 担。1902 年停业。

### 1889 年

12 月 28 日,上海机器织布局几经周折建成开工,标志着中国近代机器棉纺织工业的诞生。当时有纱锭 3.5 万枚,织机 530 台,工人约 4000 人。

1885—1889 年的 5 年中,年均输入棉布 2955 万余海关两。

### 1890 年

3 月 24 日,张之洞决定在武昌设湖北织布官局。1891 年 1 月动工兴建,1893 年 1 月 7 日投产,有纱锭 3 万枚,布机 1000 台。

张之洞在湖北设蚕桑总局,推广蚕桑种养。

### 1891 年

重庆开埠,洋纱大量输入四川,土纱逐渐被取代。

5 月,北京西苑创办绮华馆,制造绸缎。

上海道台唐松岩创办华新纺织新局,初为官商合办,有纱锭 7000 枚。1892 年增纱锭 2000 枚,1894 年增布机 50 台。1903 年改组,称复泰纱厂。1909 年由大股东聂缉黎收买,改名恒丰纱厂,纱锭增至 1.5 万枚、布机 350 台。1917 年再改组,称恒丰纺织新局。

### 1892 年

山东烟台缫丝局有一半缫丝设备改为蒸汽缫丝,日产量由 50 斤增至 70 斤。

湖北织布官局引进美棉种子,试种美棉。

1889—1892 年,天津、烟台两港年均进口棉纱 21 万担,占全国进口总量的 19.5%,绝大部分销往北京、天津、山东、河北和山西。

### 1893 年

张之洞筹设湖北纺纱官局,集官、商股各 30 万两,订购纱锭 9 万枚。

上海机器织布局焚毁,当时上海租界消防单位坐视不救。

### 1894 年

甲午战争前夕,在上海创办的大型机器缫丝厂有英商怡和、纶昌,法商信昌、宝昌,德商瑞纶等 7 家,雇中国工人约 6000 人,投资约 530 万元。

5 月 3 日,李鸿章奏请设置华盛机器纺织总局,另招商设 10 家分厂。

9 月 19 日,盛宣怀奉李鸿章命,会同聂缉椝,在上海机器织布局原址创建华盛纺织总局,属官督商办。初设纱锭 6.5 万枚,织机 750 台,资本 80 万两。

11 月 2 日,张之洞奏请开设湖北缫丝局,初始资本 10 万两,官商合办。1895 年 5 月投产,有缫丝机 200 台,工人 300 人,局址在武昌望山门外。1902 年改为商办。

11 月,浙江候补同知楼景晖在浙江萧山筹设通惠公纱厂。

朱鸿度在上海创建裕源纱厂,初设纱锭 2.5 万枚,是中国民族资本最早的棉纺厂之一。1918 年经营失败,售给日商,改称内外棉第九工场。

当年轧棉业与棉纺织业工人共有 9000～9500 人,约占当时全国工人总数的 10%。其中民族资本机器轧花业工人 1150 人,棉纺织业工人 5300 人。机器缫丝业工人 1.96 万人,其中民族资本缫丝业工人 1.36 万人,外资机器缫丝业工人 6000 人。

**1895 年**

张謇创办南通大生纱厂,招商股 50 万两,后又借官款 50 万两。

英商怡和洋行在上海筹建怡和纱厂,资本 115 万两,有纱锭 5 万枚,1897 年 5 月投产。

上海大纯纱厂开工,有纱锭 2 万枚。

19 世纪 70—90 年代中期,纺织企业一般工人日工资 0.15～0.2 元。

至 1895 年,中国人创办的棉纺织厂,已开工的 7 家,纱锭 17.46 万枚;正在筹建的 3 家,纱锭 8.86 万枚;已投产的织机 1800 台。

1891—1895 年,中国土布年均出口 8.85 万担,价值 328.86 万海关两。

1896 年杭州人吴季英独资创办上海云章袜衫厂,资本 5 万两,从英国、美国引进纬编针织机,生产汗衫、袜子。1902 年由徐润接办,改名景纶衫袜厂。此为我国近代最早的针织厂。

中国人在上海四川北路开设第一家西服店——和昌西服店。从此裁缝有本帮(中式)和红帮(西式)之分。

**1897 年**

1 月,清廷派浙江官费生稽卫、汪有龄赴日本学蚕业。

8 月,林启创办杭州蚕学馆,有桑园 30 余亩,1898 年招生、开学。此为中国第一所纺织学校。

张之洞创办的湖北织布官局、纺纱官局、缫丝局和制麻局借外商 108 万两,借外省 41 万两。至年底,四局共投资白银 500 万两。

上海有轧花厂 8 家,轧花机 500 余台,其中小部分国内自造,多数为日本制造。

**1898 年**

4 月 16 日,张之洞奏准于武昌设立农务工艺学堂及劝工劝商公所。

棉纱输入 195 万担。自 1888 年以来,10 年中棉纱输入净增 187%。

张之洞以白银 2000 两购买美棉种籽,在湖北种植。

## 1899 年

19 世纪末,中国用绢纺机器加工二麻成功,形成绢纺式苎麻纺纱工艺。

吴调卿创办的天津织呢厂开工,资本 35 万元,生产军服呢。此为天津早期的民族资本纺织工厂之一。

日本输入中国棉纱由 1884 年的 2.75 万担增至 11.8 万担。

## 1900 年

19 世纪末,德国针织品首先进入我国,接着英、美、日等国的针织品相继行销中国。

1900 年左右,机织毛巾织造技术传入中国,合肥和上海是毛巾生产的发源地。沈毓庆在川沙县创办上海地区最早的毛巾厂——经记毛巾厂。

## 1902 年

9 月 2 日,湖北纱、布、丝、麻四局招商承租,先后由应昌公司(1902—1911 年)、大维公司(1911—1912 年)、楚兴公司(1913—1921 年)、楚安公司(1922—1926 年)、开明公司(1927—1928 年)、福源公司(1928—1930 年)、公益公司(1930 年)、民生公司(1931—1938 年)等 8 家公司承租。

12 月,日商三井洋行上海分行经理山本条太郎,收买上海兴泰纱厂(原裕晋纱厂)。1905 年租办上海大纯纱厂,次年 4 月改称三泰纱厂。1908 年建上海纺织股份公司,将兴泰改为第一厂,三泰改为第二厂。

严裕棠创办上海大隆机器厂。1905 年起,由修理轮船转为专事纺织机器设备修理。

上海设立棉花检验局。

## 1903 年

张之洞创办湖北工业中学堂染织科。该校 1907 年停办。

中国地毯在美国圣路易斯市国际博览会获一等奖。

周学熙、凌福彭等在天津创办天津高等学堂附设甲种工业学校,内设染织科和实验工场。

## 1905 年

张謇在南通创办资生铁工厂,专事修造纺织生产设备。

## 1906 年

12 月,朱荣廷在湖北创办江汉纺织专科学校,内设纺织专业 3 个班,学生 130 余人。

荣宗敬、荣德生兄弟发起创办无锡振新纱厂,有纱锭 1.02 万枚,1907 年 2 月投产。1909 年增添纱锭 2184 枚,1913 年再增 1.8 万枚。

## 1907 年

中日合资创办上海九成纱厂,有纱锭 9424 枚,不久归日商,改名日信纱厂。1916 年由祝兰舫等购回,改名恒昌源纱厂。1917 年由申新承办,改名申新纺织第二厂。

陆军部与谭学裴合办溥利呢革公司,厂址在北京清河镇。

广东创办蚕学馆。

## 1908 年

1 月,翰林院侍读吴士鉴奏请将浙江蚕学馆改为高等蚕桑学堂,学生约 100 人。

四川省蚕务总局设专检人员,主持生丝检验工作。

上海有缫丝厂约 30 家,缫丝机 8000 台,年产丝约 1.1 万担。

德商到广州、佛山、兴宁等地传授使用洋靛染料技术。

各省设劝业道。四川劝业道在各产茧县分设蚕务局,推广蚕桑。成都设立农业高等学校蚕桑科及省女子制丝讲习所。次年,四川省成立蚕桑传习所 72 处。

丝绸改用平幅精炼。

**1909 年**

1 月,上海日晖制呢厂投产,用比利时毛纺织设备生产毛呢,郑孝胥为总办。这是上海第一家毛纺织厂,但因产品不敌洋货,第二年停办。

重庆开办染织训练班,聘请日本技师山本传授织袜技术,生产女式无足尖足跟袜子。

中国留日学生出版中文期刊《染织研究会志》。

浙江留日学生朱显邦在日本出版《中国蚕丝业会报》。

杭州工业学堂开设机织、纹工两科。

**1910 年**

4 月 1 日,滇越铁路通车,洋纱、洋布向云南倾销,当年即进口 2000 多万元。

上海丝厂茧业总公所在上海成立,1915 年改称江浙皖丝厂茧业总公所。这是近代较早成立的同业团体。

广东使用电动织袜机织袜。每台机器日产 70 双以上,每人看 3~5 台。手摇袜机每人只能看 1 台,日产最高 30 双。

广西在平乐、梧州两地分别创立蚕业学校。桂林设置甲种工业学校染织科。

四川省缫丝业从 20 世纪初开始使用机器生产,到 1910 年全省共有机器缫丝厂 5 家:潼川永靖祥丝厂、重庆蜀眉丝厂、重庆诚成丝厂、三台县神农丝厂和重庆旭东丝厂。

全国华商棉纺织厂有纱锭 49.7 万枚,其中上海占 1/3。

从法国和意大利传入抽绣制作方法,生产枕套、被套、沙发套等多种用品。

**1911 年**

5 月,官立中等工业学堂在苏州三元坊创办,由蒋宗城任学堂总理(校长)。学堂设染织、图稿绘画两科,学制 3 年,并附设染织讲习所和工业学校教员讲习所。以后曾改称苏州工业专门学校、苏州(苏南)工业专科学校。

湖北省参加在意大利举行的世界博览会,纺织业有 5 个项目获奖。

朱仙舫在恒丰纱厂任纺织技术养成所教师时,写出《理论实用纺绩学》等专业书籍(1920 年出版)。

7 月 29 日,日资内外棉公司在上海开办第一家棉纺厂——内外棉第三厂,有纱锭 2 万余枚。

**1912 年**

4 月,张謇创办南通纺织专门学校。1930 年改称南通学院纺织科,1952 年 7 月纺织科并入华东纺织工学院。

四川甲等工业学堂创办,设染织、机织、应用化学等 3 科。

上海三友实业社创办,生产烛芯。1915 年起生产毛巾。后发展成自纺、自织、自染、自漂的全能棉织毛巾厂。

江苏省在浒墅关创办女子蚕业学校。

上海从日本输入电力织机、平机、多梭箱织机和多臂织机各 1 台。第一家使用电力针织机的是进步袜厂。

上海丝厂增至 48 家,拥有缫丝机 1.37 万台。

北京工业专门学校设立机织科,重点为毛纺织。1929 年改为北平大学工学院纺织系,设立棉纺、毛纺、织染、整理、印花等课程,共毕业 300 余人。1940 年并入西北联合大学工学院纺织系。

### 1913 年

湖北楚兴公司租办湖北纺织四局时废除工头制,工人全是男工。

陈见三与东来五金号联合创办大来纱管厂。此为上海最早的纺织器材厂。

日本蚕业者到台湾培育蚕种,最高年产蚕种 25 万张。

年底,全国华商纱厂有纱锭 48.4 万枚,织机 2016 台;外国资本在中国办的纺织厂有 16 家,资本 1251 万元,其中 14 个厂在上海,资本 1159 万元。

### 1914 年

全国有棉织机 9300 台,毛织机 138 台。

外商在华棉纺织厂有英国、日本各 3 家,美国、德国各 1 家,共有纱锭 33.89 万枚,织机 1986 台。

南通创办女工传习所,培养女子刺绣工艺人才,沈寿任所长。

四川有 20 家缫丝厂,缫丝机 2351 台。

### 1915 年

2 月,四川省生产的 3 种工艺麻布,获巴拿马太平洋万国博览会名誉奖。

6 月 17 日,穆藕初在上海创办的德大纱厂开工,有纱锭 1 万枚,首先引进西方"泰勒制"管理工厂。1925 年 4 月售与申新公司,改为申新五厂。

10 月,北洋政府偿还溥利呢革公司欠日商大仓洋行的债务,并决定盈利后偿还商股,将该厂收归官办,改称清河陆军呢革厂。

11 月,荣宗敬、荣德生组建的申新纺织股份无限公司在上海成立。申新纺织第一厂开工,有纱锭 1.29 万枚。

成都锦星公司引进日本纸版龙头自动翻花丝织机 50 台,改手工提花为纸版龙头提花。

江苏南通资生铁厂仿造英国、日本的织布机、开棉机和经纱机,先后有 1500 余台织机装备了大生一厂、二厂、三厂及其他华商纺织厂。

当年国产棉纱的消费量为 160 万担,1924 年增至 830 万担;日本棉纱进口量为 144 万担,1924 年为 29 万担。中国棉布运销南洋各地。

### 1916 年

8 月,日商东亚制麻公司(上海第一制麻厂前身)创立,资金 2500 万日元,华股约占

2%,有纱锭3040枚、线锭128枚、麻袋织机85台、麻布织机63台,专制麻线、麻袋及打包麻布。

广东潮州商人创办上海鸿裕纺织公司,有纱锭3.84万枚、线锭4000枚、织机240台。1927年售与永安纺织公司,改为永安三厂。

上海日商日信纱厂由祝兰舫购回,改为恒昌源纱厂。1917年由申新纺织公司承购,改为申新纺织第二厂。

日本三菱集团以石家庄为基地从事植棉,向正定、无极、束鹿、顺德、彰德各县农民发放美棉种,并收购棉花。

诸文绮在上海创办启明染织厂,采用棉纱丝光新技术,生产各种颜色的丝光纱线,首创我国动力机器染纱之先河。

### 1917 年

上海邓顺昌机器厂开始制造针织横机,同时进口法国针织横机。

法国驻沪商会和中国江浙皖丝业总公所联合邀请外国丝商团体组成中国合众蚕桑改良会。

湖北武昌裕中袜厂引进德国电动袜机,生产各类袜子。

### 1918 年

春,湖北楚兴公司开办的楚兴纺织专科学校招生开学,石凤翔任校长。

由荣宗敬、祝兰舫、刘伯森等发起,上海、江苏、浙江、湖北等地18家纱厂的代表于1917年3月15日在上海决定成立全国性的纱厂同业组织。同年12月1日通过章程,定名华商纱厂联合会。1918年3月正式成立,首任会长为张謇,副会长为聂云台。

上海日华纺纱公司收买美商鸿源纱厂,改名日华纺纱第一、第二厂。

日本东洋拓植公司在山东推行植棉,贷款20万元,在胶济沿线的邹平、张店、高密等县推广金氏美种棉。

广东有缫丝厂147家,缫丝机7.22万台。四川有缫丝厂33家,缫丝机4039台。

日本输入中国的棉纱达74.6万担,占中国当年棉纱进口总数的66%。

当年,中国共有粗毛纺锭8430枚,毛织机128台。

河北省渐以国产棉纱织布。天津、上海的棉纱运到冀中,仅高阳地区年消耗棉纱10万包,产布400万匹。

### 1919 年

荣德生等在无锡创办申新纺织第三厂,1921年投产。同时创办公益工商中学。

中国第一个纺织期刊《华商纱厂联合会季刊》创刊。

在五四运动的影响下,5月15日,沪杭甬转运工会决议立即禁运日货。

德国爱利司洋行在重庆设庄,推销人造快靛染料。

大型手工业染厂宝丰染厂开办。

上海德商瑞记纱厂归并给英商安利洋行经营,并改名东方纱厂。后售给华商申新纺织公司,成为申新七厂。

无锡薛南溟开办工艺传习所,招收贫困子弟习艺技,专为各缫丝厂修配机器。

1922 年改名工艺铁工厂。

广西桂林创办甲种工业学校,设染织科,并出版《棉业季刊》。

中国机器印花厂在上海开办。

我国首家民族产业青岛染料厂建成投产。

### 1920 年

上海按国外服装式样,采用中国丝绸,以抽绣、苏式绣制成各种妇女用衬衫、睡衣、披肩和男式晨衣等。

南通绣织总局由沈寿任局长,并在美国纽约设分局,专销绣品、发网、地毯等工艺品。

日本在上海有纱厂 22 家,在青岛有 3 家,在天津、武汉等地有 4 家。

上海建立近代手帕厂——源昌手帕厂。以后陆续开办的有建新、宝昌、华昌、义昌等手帕厂,用购进的手帕坯(棉布)裁剪缝制成手帕。不久,印花手帕、石印和辊筒印花手帕相继问世。

吴兴商人莫觞清在上海独资经营美亚绸厂。初创时有织机 12 台,后增至 1200 台,职工 3600 余人,是当时中国规模最大的丝织厂。

江陵"荆缎"在巴拿马国际博览会上被评为第三名(铜牌奖)。

舌针经编机由国外传入上海、广州、天津和营口等地。

广州冠华针织厂,周宗亚针织厂引进当时最先进的针织纬编设备——单头台车,并引进电动捻线机和络筒机。

上海印染厂创办,采用辊筒印花机,大量生产印花棉布。

### 1921 年

4 月,聂云台创办的上海大中华纺织厂开工,资本增至 200 万两,有纱锭 4.5 万枚。但不到 1 年即停业。1924 年售与永安纺织公司,成为永安纺织第二厂。

聂云台等人创办上海华丰纺织公司,资本 100 万两,纱锭 1 万枚。1926 年被日商收买,改名日华第八厂。

7 月,华商花纱交易所开业。

潮州商人陈玉亭创办上海纬通纺织公司,资本 120 万元,纱锭 2.7 万枚。后由永安纺织公司入股接管及兼并,改名永安纺织第五厂。

张謇在江苏海门创办大生纱厂第三厂,资本 300 万两,纱锭 3 万枚,线锭 1200 枚,织机 594 台。

张浩在武昌创办利群毛巾厂,作为中国劳动组合书记部武汉分部办事处和中共地下组织联络站。

中国各大丝绸厂应邀参加美国第一届丝绸博览会。

年底,日本在华开设的纺织厂已达 38 家。

### 1922 年

3 月 4 日,汉口申新纺织第四厂开工。该厂 1921 年筹建,投资 28.5 万元,纱锭 1.47 万枚,荣宗敬任总经理。

5 月,杭州都锦生丝织厂购置手织提花机投入生产,织造丝织风景图。后该厂发展成国内外闻名的丝织风景厂。

8月初,华商纱厂联合会为缓和当时纱厂困难局面,决议停开夜工和减少运转锭数。12月18日又决议一律减工25%。

10月,由无锡唐骧庭、程敬堂等人集资40万银元创办的丽新纺织印染厂投产。

12月,杭州已有纬成、日新、振新、汉新、虎林、天章、蒋广昌、九成、袁震和、大经、西泠等11家丝织厂,拥有丝织机505台,总资本67万元。

刘柏森等创办天津宝成纱厂。至1923年,因债款未清,归美商慎昌洋行经营。

无锡陆培之创办上海经纬纱厂(废棉纺)。

日本大阪东洋纺纱公司1921年在上海创办裕丰纱厂,1922年设一厂,1924年设二厂,1930年设三厂,1932年设四厂,1935年设五厂、六厂。

中国丝绸业代表团参加纽约首届世界丝绸博览会。

无锡成立纺织厂联合会。

天津创办棉业专门学校,设植棉、纺织两科,学生60余人,两年后停办。

1914—1922年,民族资本兴办的近代机器棉纺织厂已达54家。

**1923年**

3月末,日资富士瓦斯纺纱公司青岛工场(富士纱厂)投产,有纱锭3.14万枚,线锭1600枚。

4月15日,日资日清纺织公司青岛工场(又名隆兴纱厂)投产,有纱锭2万余枚。

4月,日资钟渊纺织公司青岛工场建成投产(后改名公大第五厂),有纱锭4.2万枚,织机865台,并附设缫丝房和蚕丝研究所。

北京有地毯工厂及作坊226家,工人6834人。

中国地毯在美国国际博览会上获奖。

中国开始有骆驼绒厂。

12月30日,天津地毯业同业公会成立,有会员150家。

广州泰盛染布厂开始生产阴丹士林色布。

上海中国铁工厂制造电力织机成功。

**1924年**

1月,山西榆次晋华纺织公司投产。

4月,上海日资同兴纺织二厂投产,有纱锭2.8万枚,织机1000台。

11月,辽阳满洲纺纱股份公司成立,资本500万日元,1946年曾改名为辽阳纺织厂。

万国生丝检验所在上海成立,美国人陶迪为经理。

南通大生纱厂第八厂开工。后租给永丰公司,1927年收回自办,改称大生副厂。

陈楚材创办沈阳东兴色染公司,专事染色。1927年增置织机400台,改称东兴纺织厂。

1946年改名中纺公司沈阳染整厂。

江苏、浙江创办立缫丝厂。

杭州纬成公司率先使用人造丝织各种绸缎。

上海纺织、印染、缫丝机器修造业有工厂 10 家，工匠 225 人；针织机制造业有工厂 14 家，工人 325 人。

### 1925 年

1 月，湖北省"工团联合会"秘密恢复。至 10 月，有会员约 7 万人，其中染织工会 1.2 万人，纱厂工会 1.6 万人，轧花厂工会 6000 人。

2 月 9 日，内外棉八厂工人因日籍领班毒打童工、开除男工而举行罢工。至 2 月 18 日，发展到上海 22 家日资纱厂 3.5 万多工人大罢工。此为上海日资纱厂工人第一次大规模的反帝大罢工，史称"二月大罢工"。

2 月，上海华资宝成一厂、二厂为日资日华纺织公司收买，改名嘉和一厂、二厂。

5 月 15 日，日资内外棉七厂工人顾正红遭日本大班枪杀，5 月 30 日上海工人、学生和市民举行示威游行，遭到英、日帝国主义武装的屠杀，酿成震惊中外的五卅惨案。

6 月 1 日，上海总工会成立。

6 月，由满铁财阀与富士瓦斯投资组建的日资大连福岛纺纱厂投产。

日本内外棉金州工厂开工，资本 1200 万日元。

8 月 20 日，上海纱厂总工会成立，到会代表 104 人。会议通过工会章程，选出执行委员 25 人，项炎任委员长，拥有 12 万会员。

1921—1925 年，中国土布出口 31.55 万担，价值 1973.69 万关两。

广东佛山土布业刘万记用日本、意大利的黏胶纤维长丝与棉纱交织制成新产品。

天津等地的染坊开始采用机器轧光。

无锡申新纺织第三厂聘请工程师汪孚礼等人。以技术人员管理制代替封建工头管理制，部分工头煽动少数工人殴打职员，资方宣布停工一周。

申新纺织公司租办常州纱厂，改为申新纺织第六厂；收买上海德大纱厂，改为申新纺织五厂。

我国民族资本第一家绢纺厂——嘉兴裕嘉分厂绢纺厂投产。

日商钟渊公大三厂建成，有绢纺锭 9900 枚。

日本在华纺织企业有 15 家公司、42 个厂，纱锭超过 130 万枚，织机 7200 多台，分别占中国纱锭和织机总数的 37.2% 和 31.4%。

### 1926 年

上海有织袜厂 50 余家，1928 年增至 100 家，产品除销国内各地外，还销往南洋一带，数量 300 万 ~400 万打。

王宛卿、陈世珍创办上海寰球铁工厂，资本 2.5 万元，制造各种纺织机器，仿造日本式多绪缫丝机及制造寰球式提花龙头。1944 年 12 月停业。

九江久兴纺织公司建成投产，1935 年改称利中纺织公司。

李升伯创办棉产改进所，专事引进美棉并改良国棉，在 8 个省推广。

陆绍云在天津宝成纱厂任工程师时，推行三班 8 小时工作制。

天津裕大纱厂归债权人日本东洋拓殖公司所有。

东北大学设立纺织系，九一八事变后，分别暂时并入北平大学工学院纺织系和南通学院纺织科。抗日战争全面爆发后,先前往西安,后又迁至四川省三台县。

**1927 年**

3 月,湖北的纺纱、织布、缫丝、制麻四局由开明公司接办,年租金 25 万元。

8 月,天津地毯出口商协会成立。

上海市各棉纺织厂工人每日工资,童工 0.30 元,女工 0.45 元,男工 0.55 元。

**1928 年**

1 月 17 日,武昌裕华纱厂朱德祥、黄锦山,第一纱厂张金保等共产党员准备年关暴动,后被捕牺牲。

1 月 20 日,桂系军阀在武汉大肆屠杀工农。泰安纱厂的侯步升、申新四厂的马良翼、裕华纱厂的段良材、震寰纱厂的马瑞享、女工王小妹等 30 余人,同一天遇难。

1 月,浙江萧山、杭州设蚕丝临时试验区,从事养蚕育种改良工作,并成立浙江蚕业联合统制委员会。

5 月 3 日,济南发生"五三"惨案,上海掀起抵制日货运动。聂潞生、荣宗敬、郭顺、刘靖基、刘庆云等组织复兴公司以维持纱价,抵制日商倾销。

6 月,开明公司结束对湖北纺织四局的承租,由福源公司接办,年租金 30 万元。

冬,江苏省农矿厅在无锡筹设蚕丝试验场,委任江苏省立女子蚕业学校校长郑辟疆为筹备主任。

国民政府颁布《商品检验法》和《生丝检验细则》,并在上海成立商品检验局,下设生丝检验所。

国外输入精纺呢绒 2000 万米,其中英货占 2/3。

**1929 年**

年初,因世界经济危机开始,杭州纬成公司丝织总厂和嘉兴裕嘉分厂力织部同时停工遣散。

1 月,上海申新纺织公司购进英商东方纱厂,改称申新纺织第七厂。

12 月,湖北省纱厂联合会与武汉大学、进出口棉业公会、湖北省建设厅等单位共同组成湖北棉业改进委员会,推苏汰余为主任,在武昌徐家棚设试验场,培育、推广优良棉种。

日商内外棉公司在澳门路内外棉第五、第六、第七厂旁办第一加工厂,专染精元棉布,1930 年 1 月开工。1 年后,在宜昌路内外棉第三、第四厂北面增设第二加工厂,漂染印整设备齐全,日产量达 1 万匹,1932 年 9 月开工。第二加工厂的规模为当时全国和远东之最。1946 年 1 月由中纺公司接收,改为上海第一印染厂。

输往美国的生丝,中国占 10%,而日本占 90%。

天津华纶益记染厂购进法国的丝光机、拉幅机,又自上海购进染槽、烘布机等染整设备,成为天津较早采用先进染整设备的工厂。

浙江宁波恒丰染织厂创办,分织布、印染两部分。日产元色细布、条漂布 300～400 匹。

据天津南开大学调查资料:天津有地毯工厂及作坊 303 家,织机 2749 台,工人 1.16 万人。月工资 4～11 元/人,每日工作 9～12.5 小时。

## 1930 年

4 月 20 日,中国纺织学会在上海创立,朱仙舫、朱公权、汪孚礼等 15 人为执行委员,朱仙舫为主任委员。1931 年 5 月举行第一届年会,至 1949 年 8 月,共举行 14 届年会。1949 年 8 月第 14 届年会决定改名为中国纺织染工作者协会,1950 年 11 月恢复原名。1954 年 2 月会址由上海迁至北京,同时改名中国纺织工程学会。

4 月,浙江建设厅调查全省种桑面积为 265.8 万亩,桑叶总产量 1836.66 万担,养蚕户 80.4 万户,茧产量 108.8 万担。

刘鸿生于 1929 年创办的章华毛纺织厂投产。该厂规模大,设备完善,是当时上海唯一的毛纺织全能厂。

闽西长汀县创办中华苏维埃织布厂,有木织机 40 台,职工 60 余人,生产出工农红军第一批 4000 余套灰色制服用料。

东北大学设立纺织系。抗战时迁至西安,与北平工业大学等校的纺织系合并为西北联合大学工学院纺织系。

日资纺织厂达 45 家,纱锭 180 万枚,其中 70% 在上海。

## 1931 年

3 月,湖北民生公司承租湖北纺织四局,年租金 30 万元。1934 年年租金降到 3 万元。

4 月,《纺织周刊》创刊,创办人为钱贯一。抗战时期停刊。1946 年 1 月复刊。1949 年 1 月停刊。

7 月,天津商品检验局出版《天津棉鉴》月刊。

1931 年九一八事变后,日本人接收了裕庆德毛纺织厂,改名为康德毛织厂,当时工厂有 500 多人。

国民政府实行税制改革,废除厘金税,实行棉纱统税,并制定《营业税法》,纱、布营业税为 2%。

上海申新纺织公司收买厚生纱厂,改为申新六厂。原六厂是租借常州纱厂时用名,期满退租。

工业标准化委员会成立,下设染织等专业标准委员会。

上海达丰染织厂添置印花机,成为我国华商最早的纺织印染全能厂。

华商纺织厂共有纱锭 233 万枚,日本在华纺织厂有纱锭 150 万枚。华商厂全年生产棉纱 145.8 万件,棉布 35.7 万包;日厂生产棉纱 100.8 万件,棉布 31.5 万包。

德商在上海创办远东钢丝针布厂。

## 1932 年

1 月 12 日,四川省善后督办公署联合金融界、丝业界成立川丝整理委员会。3 月于重庆设立大华生丝贸易公司,统一缫制和运销,控制全省蚕丝事业。

上海淞沪战役爆发。1 月底,沪西 17 家日纱厂 4 万工人大罢工。

南宁广西土布厂开始使用电力织机。

裕华纱厂与大兴纺织公司合并为裕华纺织资本集团。

南通阜生公司因连年亏损,于年末清理结束。该公司由张謇于 1903 年创办,专事植桑、缫丝和染织等。

《中国棉产改进会月刊》出版。

南通学院纺织科学生自治会出版《杼声》（半年刊）。

九一八事变后，东北同关内交流的货物急剧下降，1932年比1931年减少了62.9%。伪满洲国对来自关内的棉布征收重税，而对日本棉布则关税优惠。上海等地的国产棉布完全失去了东北市场。

**1933年**

1月6日，全国总工会做出反对日本帝国主义进攻华北的决议，要求上海、青岛、东北等地首先组织日本纱厂中的工人举行同盟罢工。

年初，因日货倾销，全国棉纺织厂停工减产的纱锭数达269万余枚，占民族资本棉纺织设备的93%。

1月，江苏、浙江两省成立江浙蚕丝联合统制委员会。

3月，上海申新一厂工人罢工，反对搜身。

3月，实业部在浙江产丝中心地区设立蚕丝统制会。

4月5日，实行废两改元。以规银七钱一分五厘折合银币一元。

6月10日，国民政府公布《棉布统税稽征章程》。

9月，荣宗敬将1931年购买的三新纱厂机器搬迁至上海澳门路新址，称申新纺织第九厂。

9月，棉业统制委员会成立，陈光甫任主任，隶属于全国经济委员会。该委员会研究并制定取缔棉花掺水、掺杂条例。

秋，国际联盟技术合作组专家到重庆等地考察，协助引进杂交改良蚕种，取得成效。

无锡永泰丝业集团近千台缫丝机率先改为小篢复摇，生产90分以上匀度的高级丝。

日本在侵占的朝鲜和我国东北三省，提高进口关税，细夏布每担由32元升为70.2元。

山东烟台蚕丝专科学校成立。

外资棉纺织厂生产的棉纱价值7395.7万美元，占当年中国棉纺织生产总值17 517万美元的42%。

全国共有纱锭473.1万枚，线锭14万枚，布机4.28万台。全年用美棉、印度棉约500万担，平均35两/担。

**1934年**

3月，云南宾川棉作试验场成立。至1936年全省共有10个棉作试验场。

5月，国际绒线业垄断组织英商博德运公司在沪设立的密丰绒线厂投产，生产蜜蜂牌、蜂房牌绒线，年产量达600万磅，占上海绒线产量的50%以上。

6月底，上海申新纺织公司负债达6375.9万元，接近6898.6万元的总资产值。7月4日宣布申新危机。

7月7日，上海第一家围巾专业厂——荣记染织厂投产。翌年，梭织国产围巾首创成功。

11 月,武汉民生公司承租的纺纱局和织布局开始起用女工。

11 月,全国纱厂赴南京请愿团要求提高进口关税,限制外纱倾销,发放贷款,帮助华商纱厂渡过难关,但无结果。

全国经济委员会改良蚕丝会成立。

无锡丽新厂增添印花部,成立全能企业。该厂配有精梳设备。

据中华棉业统计会估计,1934 年全国棉田约有 50% 种植美国陆地棉,产量占 52%,大都分布在黄河流域。

重庆 167 家织布厂有铁轮织机 1893 台。最盛时棉织业有大小织布厂 3000 多家,铁木织机 2.4 万台,以进口棉纱和外省机纺纱为原料,年产布百万匹以上。

1930—1934 年,全国有绒线厂 10 余家,如东亚、中国、振兴、安乐、上海、怡和、密丰等,计有绒线锭 1.5 万余枚,其中外资占 70%。

上海纺织品的物价指数,由 1931 年的 118.81 降到 82.8,每件纱的价格低于成本 20~50 元。

无锡棉纺织工业资本总额为 1237 万元,占当时无锡工业总资本的 70%。

### 1935 年

2 月 26 日,上海申新纺织第七厂被拍卖,由日商以 225 万元承购(当时资产值为 500 万元)。由于社会各界的反对,结果未执行。

6 月,上海日资丰田纺织厂(后为中纺上海第五棉纺织厂)成立铁工部。1946 年 2 月改称中纺公司第一机械厂。

8 月,据重庆海关统计,1925—1934 年,从上海、汉口共输入棉纱 218 万公担,价值 3.37 亿元,从上海的输入量占 60%。1930 年最多,输入 28.8 万公担。

8 月,《染织纺周刊》创刊,由上海市机器染织业同业公会主办。1937 年 8 月改为月刊。1953 年 7 月停刊。

棉纺织染实验馆开业。该馆是 1934 年由棉业统制委员会与中央研究院协议合办的,馆址在上海白利南路(今长宁路),内设纺纱、织布、印花、染整 4 个部门,是中国最早的纺织科研机构。

上海大隆机器厂制造整套棉纺机器成功。

四川新兴化学练染厂投产,厂址在乐山开国寺,专事丝绸练白、染色和整理。

无锡永泰丝厂的薛寿萱发起组织联营机构,有乾陇、泰丰、振艺、鼎昌、瑞昌等丝厂参加,集中统一收茧,原茧统一分配。该厂还在上海、纽约、里昂、苏黎世等地设立中国厂丝销售机构。

据 1936 年《上海物价年刊》资料,上海纱布批发价格指数,以 1931 年为 100,1935 年的棉花为 84.8,棉纱为 65.7,本色棉布为 86.6,漂染印棉布为 70.9。

### 1936 年

2 月 13 日,《国际劳动通讯》报道:武汉劳工生活困难,纺织工人总数 5 万人,失业者 4 万人以上。

4 月,天津裕元纺织公司为日本钟渊公大公司收买,改名钟渊公大第六工场,有纱锭

10 万枚,织机 3000 台。1945 年改名中纺天津第二棉纺织厂。

6 月,四川棉作试验场成立。

8 月,天津华新纺织公司售与日本钟渊公司,改名钟渊公大七厂。1945 年 12 月改名中纺天津第七棉纺织厂。

浙江蚕学馆改名浙江省立杭州蚕丝职业学校。

上海永安纺织印染公司收购纬通合记纺织公司,改建成永安纺织第五厂。

日本在天津纺织工业的投资为 2557 万日元。

浙江蚕丝统制委员会拨款 16 万元给省内各厂装置新式缫丝机。本年浙江有丝厂 33 家,缫丝机 8598 台。

天津宝成第三厂卖给日本天津纺织公司,次年改名天津纱厂。

唐山华新纱厂于 1932 年接受日本投资 200 万元,成为中日合办。1936 年由日商接收独办。

广东黄麻种植面积约 13 万亩,年产 35 万担左右,仅次于浙江、江西,居全国第三位。

刘国钧在常州筹办大成第三纺织厂,并在武昌租震寰纱厂,改为大成第四纺织厂。大成系统资本增至 400 万元,纱锭 4 万枚,织机 1735 台,印染生产能力为日产 0.5 万匹。

青岛日资棉纺织厂有纱锭 52 万枚,织机 8784 台,华商华新纱厂只有纱锭 4.8 万枚,织机 500 台。

1933—1936 年,上海日资纺织厂平均每年从中国攫取的利润达 1460 万元。

1934—1936 年,华商各纺织厂的利润率分别为 5%、5.1% 和 7.2%,而外商(主要是日商)纺织厂的盈利率则为 16.3%、14.6% 和 17.6%。

全国有纱锭 510 万枚,其中华商 274.6 万枚,占 53.8%,日商 213.5 万枚,占 41.8%;织机 5.84 万台,其中华商 2.55 万台,占 43.6%,日商 2.89 万台,占 49.5%。上海有纱锭 266.7 万枚,其中华商 111.44 万枚,日商 133.14 万枚;织机 3 万台,其中华商 0.87 万台,日商 1.73 万台。

无锡有纱厂 7 家,纱锭 26 万枚,占江苏省纱锭数的 42.4%,占全国华商纱锭总数的 9.5%;有织机 3719 台,占江苏省织机数的 51%,占全国华商织机总数的 14.5%。有单织厂 7 家,织机 744 台。有染织厂 14 家,织机 874 台(其中动力织机 600 台左右),年产量约 22 381 万匹(每匹 30 码)。全国绒线产量 4090 吨,其中外资厂 2727 吨,进口 614 吨。

武汉有纱锭 32.2 万枚(其中日资厂 2.5 万枚),毛纺锭 1000 枚;自动织机 4200 台(其中日资厂 380 台),普通织机 3000 台,毛织机 26 台,麻织机 160 余台。

至年底,日资纺织业已有纱锭 250 万枚,织机 3 万台,分别占全国纱锭和织机数的 44.1% 和 49.5%。

### 1937 年

1 月,《棉业月刊》由全国经济委员会棉业统制委员会在上海出版。

5 月 15 日,四川省政府颁发《管理铁机丝厂暂行规定》,严格控制铁机丝厂的开办。

5 月 18 日,由四川省政府拨款、在四川省生丝贸易公司的基础上扩大改组而成的四川丝业股份有限公司在重庆成立。

七七事变前,青岛民族纺织厂有208家,职工8495人,其中染线业137家、麻丝织业16家、针织业28家、地毯及轧花业27家。

10月5日,由何香凝发起组织的上海纺织工人劳动妇女战地服务团赴淞沪抗日前线参加救护、慰问活动。

11月,农业调整委员会成立。该委员会负责调整战时的农业生产,特别是棉花生产,同时负责购棉内运。不久改为农业调整处,隶属农本局。

12月18日,青岛市政府当局下令,将9家日资纱厂和1个印染厂的全部设备炸毁。

12月29日,工矿调整委员会武汉办事处决定:申新、裕华两纱厂各拆最新纱锭2万枚、震褰纱厂拆纱锭1万枚,分批运四川。

汉口日资泰安纱厂被接管,改名军政部纺织厂。1939年3月迁重庆。

上海元通布厂由日本公大纱厂接办,改名一达漂染厂。1945年8月改名上海第六印染厂。

日资宏康毛织厂创办,有毛织机30台和部分染整机。1943年10月联合中和(后为中纺第二毛纺织厂)、永兴(后为中纺第三毛纺织厂)、华兴(后为中纺第六毛纺织厂)等组成中华毛织公司,归日军军管,专织军用品。1946年1月改名上海第五毛纺织厂。

上海美亚织绸股份有限公司内迁部分生产设备(包括织绸机60台)至重庆。

苏浙皖三省共有缫丝厂135家,缫丝机3.55万台(其中开工的3万台),生产能力9万担。全国有丝织机1万台左右(其中上海7200台),月产各色绸缎16万匹。

全国共有绢纺锭1.18万枚。

上海有针织厂101家。

上海毛纺织业有章华、安乐、上海、达隆、纬纶、振兴、天翔、鸿发、维一、中国等10家华商毛纺织厂,其余多系驼绒厂(棉毛交织物),合计38家,占全国毛纺织厂总数的65%。全面抗日战争初期,纺织工人日平均工资:工头和特殊技术工人约0.9元,普通技工0.5元以上,一般工人0.5元以下,童工0.3元以下。

全面抗战爆发,纺织厂内迁,使重庆织布厂从不到600家发展到2000家,织机由3200台扩展到1.6万台,月产布由5.8万余尺增加到20万余尺。

上海交通大学设立纺织系。内迁重庆后纺织系停办。1946年由陈维稷主持恢复。1952年并入华东纺织工学院。

全国棉花监理处成立。该处负责对棉花含水、含杂和品级进行检验。

从1937年起在陕西关中及河南安阳等地推广斯字棉4号和斯字棉2B。后传到晋南、河北,最多时种植面积达470万亩。

杭州有电力丝织机4355台,湖州有电力织绸机756台。

上海有丝织厂405家、电力丝织机7200台。

全面抗日战争爆发后,日本掠夺我国纺织工业的资财有:纱锭156.7万枚,线锭10.5万枚,织机1.68万台。被占数为战前我国华商纱锭的56.9%,线锭的60.6%,织机的65.6%。

全面抗战初期,华商与日商纺织厂被毁损的设备有:纱锭121万枚、线锭13万枚,织机 2 万台。上海日资纺织厂被毁损的设备有：纱锭 26 万枚、线锭 4.09 万枚，织机 3643 台。

全面抗战爆发后，后方动力纺纱机年产棉纱 6.8 万件，而木机手纺纱年产 40 余万件；机器织布年产 100 余万匹，而手工织布 900 余万匹。

1937 年进口棉制品 580 万美元，出口棉制品 430 万美元。1938 年进口棉制品 850 万美元，出口棉制品 810 万美元；同时还出口原棉 143 万公担，计 2200 万美元。

纺织厂 24 小时纱布产量：棉纱 20 英支每锭 0.93 磅，32 英支每锭 0.56 磅，42 英支每锭 0.36 磅；棉布以每台织机 12 磅布 2 匹半为准。华商纱厂用工：每万锭 170 人（摇纱、打包除外），每百台普通织机 165 人。

全国精梳毛纺锭约 3.6 万枚，毛织机 360 台。

上海共有 18 家小型衬衫厂，职工 200 余人。日产衬衫 9000 多件。抗战胜利后扩展到 30 家，职工 700 余人，月产衬衫 3 万件，部分产品销往东南亚一带。

上海手帕业扩展到 70 家，品种日新。环球手帕厂首创织绸机制织双面缎条手帕。

**1938 年**

春，日商收买原华资青岛利生铁工厂，改名名古屋丰和重工业股份有限公司青岛工场。同年冬改名丰田铁厂。1940 年 11 月，在大水清沟建新厂，生产纺织机、印染机和电气卷幅机。

2 月 10 日，荣宗敬在香港病逝。

2 月 28 日，青岛日资被毁纺织厂开始重建，运来日本最新设备，修复并扩建了大康、内外棉、隆兴、丰田、上海、公大、富士、同兴等 8 个棉纺织厂，计纱锭 39 万枚、织机 7100 台。宝来纱厂未恢复。

3 月 1 日，常州大成纺织染公司 230 台织机运抵重庆，与内迁的汉口隆昌染织厂、民生公司合营，定名为大明染织股份有限公司染织厂。

4 月，中央农业实验所工作站在昆明成立。棉作组开展研究棉花（含木棉）品种改良、栽培方法、推广种植等工作，由冯泽芳负责。蚕桑组由朱新予负责，协助云南省蚕桑改进所致力于蚕桑事业。

5 月，中央农产促进会主持人穆藕初发现四川土纺机较汉口的更完美，即命四川省建设厅技正魏文元主持，改进四川土纺机。

夏，农业调整处下设福生庄成立，以商人经营为掩护，专事棉花、纱、布等各种物资的购运，吴味经为经理。总庄设于重庆。同时推广手工纺纱织布技术。

7 月，国民政府制定《战时特殊物品消费统制办法》，其中规定：对国外输入的毛织品、绸缎的消费税率为 25%（用进口原料织造的毛织品除外）。

7 月，由内迁的国立北平大学工学院、国立东北大学工学院、国立北洋大学工学院和私立焦作工学院合并而成的国立西北工学院创办纺织工程系，校址在陕西城固，1946 年迁咸阳。

8 月，日本在上海成立华中蚕丝股份有限公司，属中日合办，拥有统制特权，控制江苏、浙江缫丝厂 53 家，缫丝机 1.09 万台，职工 3 万人。

9 月 6 日，四川省纺织推广委员会成立，任务为筹备原料供给、改进纺织工业、训练纺织技工、办理本业产销合作等。下设三台、重庆两个推广处，一个技工训练班。

11 月，纺织机械试验所在重庆成立，有职工 20 人。

私立中国纺织染工业补习学校在上海成立。

上海安达纱厂创办，3 万枚纱锭是由大成三厂于 1936 年向瑞士订购的。

广东公纪隆丝织厂建于顺德县，以制织帆船牌莨纱（香云纱）著称，产品畅销国内和东南亚。

陕西虢镇业精纺织公司经理王瑞基、公司纺纱厂厂长刘持钧发明七七纺纱机。

12 月 1 日，云南省建设厅成立云南省蚕桑改进所。

四川产棉县有 90 个，产棉 49.6 万担，其中土种棉占 64.3%，美国种棉占 35.7%。甘肃织呢总局由军政部投资生产，定名军政部兰州制呢分厂。1939 年停产。

上海、无锡两地的申新系统纺织企业，因遭日军破坏，损失纱锭 40.7 万枚、织机 3226 台。

农产促进委员会主任穆藕初支持葛鸣松制造建勋式七七动力棉纺机。该机每台 10 小时产纱 1.25 斤。3 年多共推广 3.63 万台，以三台县最多。

台湾开始有丝绸业。

全面抗战初期，经济部长翁文灏协同卢作孚、何北衡等组织中国麻业公司。

全国棉花总输出 136.6 万公担，其中输往日本、朝鲜的有 121.7 万公担，占全国输出总数的 89.9%。

上海被日军指定为军管理的有 16 个棉纺织厂，纱锭 64.5 万枚，线锭 4.18 万枚，织机 4815 台。

### 1939 年

春，中国留美化学博士郡云鹤与其丈夫、留德博士熊子麟应经济部长翁文灏的邀请，由香港到重庆组织亚林公司，筹办西南化学工业制造厂。该厂 1940 年 3 月 1 日投产，产品精干麻称"云丝"，获专利 5 年。

4 月 25 日，国立中央技艺专科学校在四川乐山成立。学校设染织、蚕丝等学科，刘贻燕任校长。

7 月 11 日，四川省政府颁发《管理蚕丝办法大纲》。

四川大学农学院添设蚕桑学系。

10 月 22 日，中国染化工程学会在上海成立，诸楚卿为首任理事长。1951 年 2 月与中国纺织学会合并。

10 月，国民政府财政部规定："所有国内制造的人造丝织品禁止由战区运入内地。"

11 月 24 日，中共江苏省委根据党中央的通知，派上海纺织工人刘贞、张妙根等 7 人参加原定于 1939 年底召开的中国共产党第七次全国代表大会（会议因故延至 1945 年 4—6 月召开）。

1938 年 8 月内迁重庆的军政部汉口临时军纺厂（原日资泰安纱厂）于 1939 年底投产。该厂分设在土湾和南岸两处，1941 年分别定名为军政部第一和第二纺织厂。

1946 年第一厂并入第二厂,并定名为军政部军需署纺织厂。1947 年 5 月归联合勤务总司令部,更名为重庆被服总纺织厂。1948 年 1 月 10 日售给申新第四纺织公司,遂改名为重庆渝新纺织厂,转属民营。

上海毛纺织工人自造木制长毛绒织机,试织成功。

上海新友铁上厂制造我国独创的新农式四罗拉大牵伸细纱机,并推广到大西南后方实际应用。该厂由张方佐、陈志舜、陈受之、龚苏民、李向云、徐永奕等创办,汪孚礼为董事长,厂址在白利南路。

上海、无锡、武进三地染织业的资本达 975 万元,占全国该业总资本的 80% 以上。诚孚公司创办高级职员养成所(相当于纺织专科学校)。

四川省立高级蚕丝科职业学校创办,设蚕桑和制丝两科。

江苏省立蚕丝专科学校内迁四川乐山。

中国工业合作协会总会在重庆成立。该会由中、英、美三国政府合作组成,任务是指导工厂和手工业组织生产合作社,协助难民、残废军人从事工艺以自救。同年,成都办事处成立,之后,在灌县、遂宁等县也成立了事务所,以从事纺织业最为普遍,主要织造军毯。

30 年代,中国开始有自动换梭织机。

30 年代后期,上海、无锡等地色织业的工厂均用金铁电力传动的织机加多臂提花装置。

**1940 年**

1 月 1 日,吕师尧发明师尧式染色浆纱机,上浆、染色两项工程同时进行。此项发明获经济部专利证书。

年初,晋察冀边区实业处领导的裕华工厂,发明了能纺 44 支纱的纺纱机,并附有动力机,其质量不亚于洋纱。

年初,晋察冀边区政府举办纺织技术训练班。9 月,第一期毕业生 66 人,带着 50 架纺纱机返回各县工作。

3 月 7 日,成都高级染织学校创办。该校是在成都女子职业学校染织科的基础上,接收了成都高级工业学校染织科和省办染织厂的设备后组建,设有纺织、染织两科,招收初中毕业生,学制 3 年。

6 月,缪云台在昆明创办云南裕滇纺织公司,中国银行投资 30%,云南经济委员会投资 50%,交通银行投资 20%。

9 月,八路军三五九旅于陕西绥德县创办大光纺织厂,自造木织机。工人由各级勤务员 100 余人及招收的 50 余名男女青年经技术训练与劳动纪律教育后组成。

9 月,在中国纺织染工业补习学校的基础上成立了中国纺织染工业专科学校。1946 年春改为中国纺织染工程学院。1948 年改为中国纺织工学院。1950 年 7 月并入上海纺织工学院。1951 年 6 月并入新成立的华东纺织工学院。

10 月 1 日,成立于 1929 年的上海美亚总管理处在上海、香港、天津、重庆、汉口设分管理处。1946 年改称分公司。

山西铭贤学院在四川省金堂县成立,内设纺织系。

上海诚孚纺织工业专科学校创办。

李升伯在柳州创办经纬纺织机制造公司。1942 年开始生产纺织机器。

中国开始对绵羊和羊毛的改良进行实际试验研究和推广。

**1941 年**

1 月,南通学院纺织科校友创办《纺工》期刊。

2 月,农本局业务转为对花纱布产运销进行调节与管理的专门机构,穆藕初任总经理,推行"以花易纱,以纱易布"。

3 月 10 日,由日本东洋纺绩公司兴建的东洋人纤公司安东工场第一期工程竣工投产,日生产能力为人造纤维 10 吨。

6 月 1 日,申四福五总管理处成立,下辖申新四厂(纺织)、福新五厂(面粉)、公益(机械)、建成(面粉)、宝兴(煤矿)、宏文(造纸)等 6 个公司。

12 月,太平洋战争爆发,日军军部指令永安第二、第四棉纺织厂将纺纱机拆毁,凑集废钢铁捐献,供铸造军火用。

上海中国机织胶布水管厂创办,专织消防用水龙带。

华中蚕丝公司占有江南地区缫丝厂 22 家,缫丝机 7974 台,产生丝 496.75 万担。

是年起实行花纱布市场限价交易,以加强纱布的管制。

1938—1941 年,全国进口棉花合计 692.55 万公担,用汇 14313.6 万美元。其中由上海口岸进口的棉花为 634.33 万公担,占全国棉花进口总数的 91.6%。

1939—1941 年,沦陷区原棉年均进口量比 1937 年增加 10 倍。1941 年棉纱出口额达 730 万美元,占当年全国出口总额的 4.7%;其他棉制品出口额为 1280 万美元,占全国出口总额的 8.3%。

1931—1941 年,沦陷区棉制品、棉纱和棉花的进口量逐年增加。三项合计,进口总额由 3.8% 上升至 24.8%。

**1942 年**

1 月 1 日,在迁川工厂联合会会员工厂产品展览会上,展出了由精勤铁工厂生产的七七纺纱机和西南化学工业制造厂生产的"云丝"。

2 月 14 日,《统筹棉纱平价供销办法》公布,20 英支纱每件最高价为 6900 元,16 英支纱每件最高价为 6400 元。

4 月 2 日,《战时消费税暂行条例及税则》公布。棉花、生丝、麻、夏布税率定为从价 5%,由海关代征。1943 年 5 月 11 日,又将夏布分为细夏布和粗夏布,前者征 10%,后者征 5%,绸缎征 15%,茧绸征 10%。

6 月,重庆针织业同业公会成立,有会员厂 30 余家,电动袜机约 50 台,手摇袜机 800 余台,汗衫机 20 台及其他设备,职工 860 余名。

夏,私立上海纺织工业专科学校创办。

7 月 8 日,经济部农本局在重庆创办示范纱厂,采用纱管直径较大的建勋式七七纺纱机试纺。

9 月,国民政府决定,由农本局对棉花实行统购统销,并规定新棉价格每担 1200 元。

9 月 22 日,山东抗日根据地成立解放区第一个管理纺织工业的行政机构——纺织局,路雨亭任局长。

10 月,重庆中国纺织企业建设股份有限公司成立,资本 2000 万元,董事长为杜月笙。抗日胜利后该公司迁上海。

10 月 31 日,经济部修正公布《统筹棉花管制运销办法》。

至年底,重庆市有豫丰渝厂及合川支厂、裕华、军纺一厂、军纺二厂、申新、沙市、大明、维昌、新民、振济和富华等 13 家棉纺织厂,纱锭 13 万余枚(其中运转的有 10.4 万枚),工人 1.3 万人,产棉纱 5.78 万件,棉布 19 万匹。各大厂的产量均创抗日战争时期的最高水平。

严中平著的《中国棉业之发展》出版。1955 年修订时改名《中国棉纺织史稿》。

1940—1942 年,日军将军管的上海元通漂染厂、启明染织厂、大中华印染厂、无锡丽新纺织印染厂、江阴华澄染织厂等 13 家发还原主。

重庆民治纺织染有限公司成立。该公司由理治纺织染厂下属的嘉定(乐山)分厂、重庆分厂、江津分厂以及民营福民实业公司毛纺织厂合并组成。有走锭 720 枚,铁织机 10 台及印度式棉纺机,生产绒线、粗呢、毛毯等。1944 年添置染整设备。1947 年只生产毛毯。1947 年在上海设分厂。1953 年重庆的全部资产运沪与沪厂合并。

上海华商棉纺织厂的生产设备,纱锭由全面抗日战争前的 111.4 万枚减少至 35.67 万枚,织机由战前的 8754 台减至 4212 台;日商纱厂及由其控制的纱厂的纱锭由全面抗战前的 131 万枚增至 220 万枚(1941 年),织机由 1.73 万台增至 2.83 万台。

上海、杭州、苏州、湖州、南京、无锡、盛泽、丹阳等地的手拉铁机和电力丝织机由 1938 年的 1.8 万余台减至 8000 台,丝织品产量由 1938 年的 278 万匹减至 100 万匹。

日本发起"献铁运动",天津各棉纺织厂拆毁旧生产设备约 1/3。

日军统制在华原棉,天津的民营纺织业只能依靠替日本加工军用品维持生计。

山东抗日民主根据地有公营棉纺织厂 17 家、丝绸厂 9 家。

陕甘宁边区有纺车 6.8 万架,织机 1.2 万台;淮北解放区发展土纺车 3.6 万余架,土布织机 0.3 万台。

上海章华、协新、寅丰、元丰等 4 家毛纺织厂联合组成上海中国毛业公司。

**1943 年**

1 月 19 日,财政部废止土布免税成案,重新征税。

1 月 20 日,财政部公布棉统税改征实物,棉纱及棉纱直接制成品(按折合棉纱重量计算)的税率为 3.5%(每 28.5 公斤折征 1 公斤)。1945 年 10 月,恢复从价征收。

2 月 2 日,农本局改组为财政部花纱布管制局,局长尹任先。该局的职责是统筹收购,分配销售,市场管制,供需调节,价格核定,征收税款,筹划货款,统筹运输。1945 年 11 月 16 日该局撤销。

2 月 23 日,公布施行《全国生丝统购统销暂行办法》,该办法规定生丝的运销由财政部贸易委员会所属复兴公司独家经营。

2 月 27 日,行政院发布土布规格的规定。窄幅土布幅宽 1.37 市尺,匹长 11.25 市丈或 5.6 市丈;幅宽在 2 市尺以上的则匹长不受此限。

3 月,汪伪政府颁布《收买纱布暂行条例》。

4 月,中国丝业股份有限公司在沪组成,下属工厂 5 所,缫制双马牌生丝。董事长为王志莘,总经理为黄吉文。

5 月 25 日,行政院公布实施《全国羊毛统购统销办法》,规定羊毛运销由复兴公司统一经营。同年 3 月,复兴公司制订《羊毛收购标准》。1945 年 11 月,羊毛统购统销办法被废除。

6 月,云南裕云纺织机器制造厂创办,生产纺纱机。

9 月 24 日,财政部对重庆豫丰、裕华、申新、沙市等厂做出改用以花易纱的规定。具体办法是:1 件纱供给原棉 4.5 市担,工缴每件 20 英支 8000 元、16 英支 7200 元、10 英支 6400 元;利润按工缴费 20% 计算。同年 10 月 4 日,补充规定每件棉纱用棉以 465 市斤为最高线,节约有奖;产量指标(每日每锭)沙市厂为 0.85 磅,豫丰两厂及裕华厂为 0.8 磅,余者为 0.7 磅,超产有奖,不及者罚。

1942—1943 年,江苏省有织绸厂 260 家,织绸机 2242 台;浙江省有织绸厂 163 家,织绸机 2008 台。

至 11 月 30 日,重庆棉纺织工业共有纱锭 13.5 万枚,其中运转纱锭 11.4 万枚;产棉纱 5.7 万件。

**1944 年**

2 月,荣尔仁在重庆创办苎麻开发试验工场,由吕德宽等人负责。

云南省经济委员会纺织厂在云南中山高级工业职业学校增设纺织科,聘朱志荣、苏延宾为正、副主任,学制 2 年,实习 1 年。

大后方产棉纱 12.1 万件,其中国有厂 6.78 万件,占 56%;棉布 206.58 万匹,其中国有厂 60.76 万匹,占 29.4%。

全国各抗日民主根据地拥有纺车 14.5 万架,织工 6 万余人,生产的布匹能自给 1/3。

**1945 年**

1 月,大后方手工纺织业有单锭手纺车 170 余万架,生产能力达 26 万件纱,占纱总产量的 61%。

3 月,私立上海纺织工业专科学校校刊《纺声》创刊。

6 月,包括日资纺织厂在内,天津共有纱锭 39.52 万枚,织机 9139 台。

8 月 28 日,中国机器棉纺织工业同业公会联合会在重庆成立,束云章任理事长。1946 年 2 月 1 日迁至上海,杜月笙任理事长。

9 月 2 日,日本签署无条件投降书。上海各日商纱厂宣布关厂,大批纺织工人失业。

9 月 20 日,沪西失业工人联合会组织棉纺、纺机制造等 40 家工厂的失业工人请愿,要求复工,但未果。次日,2 万余工人再次集会游行至总工会请愿,获准分批复工。

10 月初,上海市工业专科学校创办,设机电、土木、纺织 3 科,并附设 5 年制的高职班,招收初中毕业生入学。1951 年纺织科并入华东纺织工学院。

10月8日，上海市立实验民众学校创办，招收纺织女工及其子弟入学，总校设在胶州路。

11月，《纤维工业》月刊创刊，杜燕孙任主编。

11月，经济部纺织事业管理委员会成立，其职责是接办日伪纺织工厂，协助军需被服供应。1947年6月撤销。

12月，国民政府722次行政院会议决定建立中国纺织建设公司（简称中纺公司）。翁文灏任董事长，束云章任总经理，李升伯、吴味经任副总经理。总公司初设于重庆，1946年1月迁至上海，重庆改为办事处，下设青岛、天津、东北3个分公司。

国民政府派员以苏浙皖蚕丝复兴委员会名义接收敌伪华中蚕丝公司上海总公司及其苏州、嘉兴、无锡、杭州4个分公司，公大实业公司、伪实业部日华兴业丝织厂、华新织厂、华兴股份有限公司、日华洋行染绸厂、三和洋行绢纺厂，以及江商洋行、阿部市洋行、岩尾洋行、丸三洋行等单位所属丝绸工厂、仓库。

12月，浙江省立杭州蚕丝职业学校（原蚕学馆）由晋云迁回杭州古荡原址。

40年代中期，中国开始设厂制造自动换梭织机，并广泛采用。

云南省蚕桑推广中心在楚雄成立，并创办蚕桑专业学校和蚕种制造场。

山东解放区共有纺车72万余架，布机10万余台，生产大布。

杭嘉湖地区蚕丝年产量降至4万市担，为全面抗战前产量的1/8。

中美工商联合会在纽约成立，向中国投资纺织事业。

天津市棉纺织工业比1936年增加纱锭3.3万枚、织机1606台。

台湾接管了全部日资纺织厂，改组成台湾纺织公司，有棉纺锭2.9万枚，棉织机1441台，麻纺锭5406枚，麻织机343台，毛纺锭420枚，漂染整理机1套，缫丝机25台。

冀中地区有织机8.9万台，年产土布907万余匹。冀晋地区建纺织作坊32个。

中国棉花产量减为594.9万担。

中纺公司以官商合办形式在上海成立中国纺织机器制造公司，以月产纱锭2万枚、自动织机500台为目标。

抗战结束时，后方共有毛纺织厂24家，毛纺锭7895枚，织机1129台。此外，还有木制纺织机多台。

束云章就任纺织机器工业联合会理事长。

全国纱厂同业联合会在重庆成立，吴味经任总干事。

抗战胜利后，上海有50余家宽紧带厂，织机621台；花边商标厂24家，花边机105台，幅边机50台。

1937—1945年，南通市布业进入历史上最盛时期，从事土布生产的农户有4万家，产量达亿米。

1937—1945年，桑园被毁200万亩，丝绸厂半数毁于炮火。

1937—1945年，长沙被誉为全国第二针织工业区。1943年长沙有针织袜厂（坊）74家，工人5000人。

1945年，重庆共有棉纺锭14.8万余枚（实际开工13万余枚），占四川省纺锭总数的

90%,占西南地区纺锭总数的 78%。1944 年棉纱产量最高为 6 万余件;抗战胜利后减到 3.5 万余件。

1937—1945 年,纺织厂用工数:每万锭约需 170 人,每百台普通织机约需 165 人。

1945 年后方有麻纺织厂近 10 家,麻纺锭 4000 枚,麻织机 2000 台,月产麻袋 90 万只,麻布 150 万尺。

1937—1945 年,缲丝机被毁约 4.5 万台。

全面抗战期间,被日本掠夺的棉纺织设备有纱锭 156.75 万枚、线锭 10.5 万枚、织机 1.68 万台,分别为战前民族资本设备的 58.3%、60.7% 和 68.4%;完全被毁的设备有纱锭 28.86 万枚、线锭 2.02 万枚、布机 4649 台,相当于全国华商总设备的 20% 以上。

**1946 年**

1 月 11 日,行政院决定成立中国蚕丝公司(简称中蚕公司),总公司设在上海,杭州、嘉兴、广州、青岛、无锡设办事处。

中国纺织建设公司于 1 月 16 日起接收上海日商各纺织厂。青岛分公司于 1 月 13 日起接收日商青岛各纺织厂。至 1 月 25 日接收的纺织厂共有纱锭 170 万枚(占当时全国纱锭总数的 34%),线锭 33 万枚,毛麻绢纺锭 4.7 万枚;棉织机 3.53 万台,毛织机 350 台,麻织机 1252 台,绢织机 363 台。同时接收了 7 个印染厂(其中 6 个在上海、1 个在青岛),2 个针织厂,1 个制带厂,4 个纺织机械厂,1 个化工厂,1 个梭管厂。

1 月,中国蚕丝公司接收日资青岛铃木丝厂,改名青岛第三实验厂。

2 月 8 日,中纺公司接收上海内外棉八厂、振华铁厂等 5 个单位,改建为中纺第二机械厂,制造纺织机零件及摇纱机等。

2 月 21 日,上海有 47 家纺织厂,13 万职工。在此期间,各厂职工开展了争取依照生活费指数追加工资、调整底薪的斗争。

3 月 10 日,上海市手帕织造业同业公会成立,姚思伟任理事长。

4 月 5 日,石凤翔任裕华纺织厂总经理兼大华、大兴公司总经理。裕(华)、大(兴)、(大)华形成企业集团。

全国针织(复制)织带业,大多数为民营工厂乃至家庭作坊。估计全国有 3000 多家,其中上海 2000 家,天津 700 家,广州 200 家。62%~72% 的针织设备(汤姆金机、台麦鲁机、双面布机等)集中在上海。

全国有染整厂 348 家,其中上海 75 家(其中民营 67 家,约占 90%)。规模最大的是上海国营第一印染厂,日产色布 1.1 万匹。

上海有色织厂 357 家,动力织机 972 台,人力织机 342 台;白织厂 85 家,织机 1.5 万台;染纱厂 47 家;木纱团厂 37 家;帆布厂 18 家;拉绒厂 7 家;轧光厂 6 家。

上海文绮染织专科学校创办,设有染织科。

丝绸织物开始采用拔染印花。

**1947 年**

1 月,中纺公司举办原棉研究班。

1 月,上海丝织同业组成上海丝织产销联营公司,有 2000 余台织绸机为该公司生产外销绸缎。

5月1日,蚕丝产销协导委员会在上海成立,由中蚕公司、中央银行、中国农民银行、中央信托局的代表为核心组成。

6月21日,纺织事业管理委员会改组为纺织事业调节委员会,继续对棉纺业实施限价政策。其业务方针为:调节原料,促进生产,稳定市价,调节供求,增加生产,鼓励出口,加强成本核算。

6月29日,上海《申报》《新闻报》发表题为"中国纺织学会抗议美国偏护日本纺织业"的文章。

7月1日,裕大华联合总管理处在汉口成立。

7月7日,中国棉织产销联营股份有限公司在上海成立,由汗衫、衬衫、毛巾、被单、针织、手帕等六业厂商联合组成。

夏,中国纺织事业协进会在上海成立。其宗旨是团结纺织界的技术人员和职员,为新中国的纺织事业而奋斗。领导人为陈维稷等。1949年6月结束。

12月15日,《纺织建设》月刊创刊,由中国纺织建设公司出版,社长为李升伯,主编为方柏容。

12月,四川棉花生产创历史最高水平,种植面积341万亩,产皮棉173.8万担。

河北省立工学院创办纺织系,校址天津河北区元纬路,院长为路荫桢,系主任为崔昆圃。专业有棉纺织染和毛纺织染,招收高中毕业生,学制4年。

裕大华纺织公司股东徐荣廷在武汉创办江汉纺织专科学校。1950年改名中南纺织专科学校。1952年7月并入华东纺织工学院。

至1947年,上海有纺织机械制造厂141家,印染机械制造厂24家,针织机械制造厂24家,缫丝机械制造厂21家,毛纺机械制造厂8家。

至1947年,上海有丝织厂370家,其中织机在100台以上者7家,50~100台者13家,20~50台者66家,10~20台者146家,10台以下者138家。

中纺公司所属各厂生产棉纱74万余件,占全国棉纱总产量的70%,麻织品、毛织品等共1000多万米,漂白布80万匹,各种色布700万匹,花布100多万匹。

中纺公司上海第二纺织机械厂的纺建式大牵伸细纱机投产。

**1948 年**

1月1日,经济部纺织事业调节委员会改组为全国花纱布管理委员会,袁良任主任。经济部发布《全国花纱布管理办法》《棉纱登记办法》《统购棉纱实施细则》《全国花纱布管理委员会派驻各纺织染厂驻厂员办事细则》等法规。

1月16日,中国纺织学会台湾省分会筹备委员会成立,陈骅声任主任。

1月30日,上海申新九厂7500余工人罢工,提出补发配给品、补发工资等7项条件。2月2日,千余名军警包围申新九厂,打死工人蒋贞新、朱云仙、王慕楣3人,重伤40余人,被捕238人,酿成上海申九"二二"惨案。

3月12日,经济部召开纺织机器制造会议。纺织机器制造专家及有关主管部门负责人40余人出席。

5 月 15 日，雷炳林式大牵伸研制成功。

6 月 7 日，中国原棉研究学会在上海成立，朱善仁任总干事。

8 月 1 日，上海纺织工人汤桂芬等出席第六次全国劳动大会。汤是上海工人代表团团长，并当选为中华全国总工会执委。

1947—1948 年 8 月，中纺公司输出棉纱 5.1 万件、棉布 194.7 万匹，价值 3791 万美元。外销市场由香港地区转口至南非、西非、西亚、印度、菲律宾、新加坡等地。

上海美亚织绸厂在香港设分管理处，下辖驻新加坡、曼谷、纽约、伦敦、阿根廷、马尼拉、印尼、中国香港等地的办事机构。

**1949 年**

3 月，东北纺织管理局决定成立沈阳纺织高级职业学校。

5 月，上海服装鞋帽工场、手工制帽作坊和工场共 68 家，职工 600 余人。西服时装商店 993 家，大部为前店后工场。苏广成衣铺 5000 多户，约 1.5 万人。机缝新农业 600 多户。

5 月，上海服装业已形成中式成衣、西式服装、时装、衬衫、机缝、童装、布鞋、制帽等 8 个专业。

5 月，江苏省有纺织厂 79 家，纱锭 79.15 万枚，织机 7162 台。

5 月 4 日，上海纺织工人范小凤、何宇珍、毛和林等出席在北平召开的第一次全国青年代表大会。

5 月，全国有纱锭 500 多万枚。

5 月，湖北省有纱锭 15.34 万枚，织机 1885 台，棉纺织职工 1.19 万人。

5 月 27 日上海解放，29 日上海市军事管制委员会财政经济接管委员会轻工业处正、副处长刘少文、陈易接管中纺公司及其所属 33 个工厂。接管后两人任军管会驻中纺公司正、副总军代表，顾毓瑰留任总经理。

5 月 31 日，上海纺织工人代表汤桂芬、余敬成等当选为上海市总工会筹备委员会委员。

5 月 16 日武汉解放，武汉裕华、申新四厂、震寰第一纱厂由军管会代管。

6 月 2 日青岛解放，青岛军事管制委员会任命刘特夫、钟植为驻中纺公司青岛分公司军代表。范澄川、王新元、杨樾林仍留任分公司正、副经理。至 6 月 27 日，青岛分公司所属 13 个工厂的接管工作结束。

6 月，上海市军事管制委员会接管中蚕公司及所属第一、第二实验绸厂，蚕丝研究所和上海绢纺厂等。

8 月 20—21 日，中国纺织学会第十四届年会在上海举行，上海市市长陈毅到会讲话。会上通过决议，将学会名改为中国纺织染工作者协会，朱仙舫为主任委员。从 1954 年起，中国纺织染工作者协会迁往北京，并改名中国纺织工程学会。

10 月 1 日，中华人民共和国成立。不久建立纺织工业部，10 月 19 日任命政务院委员、华东财政委员会副主任曾山兼任部长，钱之光、陈维稷、张琴秋为副部长。

12 月初，重庆市军事管制委员会接管中国毛纺织股份有限公司制造厂（即中国毛纺织厂）。

12月8日、22日,中纺公司青岛分公司所属各厂和所属上海各厂先后宣布废除对工人的搜身。

全国有纺织产业工人75万(85%集中在沿海地区),约占全国产业工人总数的1/6,其中棉纺织印染业56万人、针织业6.2万人、毛纺织业1.9万人、麻纺织业1.4万人、丝绢纺织业5.7万人、纺织机械业1万人、其他纺织工人2.8万人。工程技术人员不足7000人。

台湾有棉纺锭近5万枚,比1945年增长约4倍;各类织机3300台,增长7倍。

上海市有棉纺锭243.5万枚,织机2.75万台。

全国针织机械设备不到1000台,主要生产卫生衫裤和围巾、袜子等简单品种。

# 参考文献

[1]周启澄.中国纺织技术发展的历史分期[J].华东纺织工学院学报,1984,10(2):121-123.

[2]陈维稷.中国纺织科学技术史:古代部分[M].北京:科学出版社,1984.

[3]陈维稷.中国大百科全书:纺织[M].北京:大百科全书出版社,1984.

[4]清华大学自然辩证法教研室.科学技术史讲义[M].北京:清华大学出版社,1982.

[5]农业部农产改进处.胡竟良先生棉业论文选集[M].南京:棉业出版社,1948.

[6]许祖康.中国的绵羊与羊毛[M].上海:永祥印书馆,1951.

[7]严中平.中国棉纺织史稿:1289-1937[M].北京:科学出版社,1955.

[8]夏东元.洋务运动史[M].上海:华东师范大学出版社,1992.

[9]孙毓棠.中国近代工业史资料[M].北京:科学出版社,1957.

[10]湖北省纺织志编纂委员会.湖北省纺织工业志[M].北京:中国文史出版社,1990.

[11]汪敬虞.十九世纪西方资本主义对中国的经济侵略[M].北京:人民出版社,1983.

[12]严中平.中国近代经济史统计资料选辑[M].北京:科学出版社,1955.

[13]陈真.中国近代工业史资料[M].北京:三联书店,1957—1961.

[14]史金生.中华民国经济史[M].南京:江苏人民出版社,1989.

[15]张仲礼.中国近代经济史论著选译[M].上海:上海社会科学院出版社,1987.

[16]彭泽益.中国近代手工业史资料[M].北京:中华书局,1963.

[17]国际贸易局.中国实业志[M].上海:宗青图书出版公司,1934.

[18]王子建."孤岛"时期的民族棉纺工业[M].上海:上海社会科学院出版社,1990.

[19]龚古今,唐培吉.中国抗日战争史稿[M].武汉:湖北人民出版社,1983—1984.

[20]蒋乃镛.中国纺织染业概论[M].增订再版.上海:中华书局,1946.

[21]徐新吾.中国近代缫丝工业史[M].上海:上海人民出版社,1990.

[22](日)加藤幸郎.日本技术的社会史:第3卷纺织[M].日本评论社,1983.

[23]上海第一机电工业局史料组.上海民族机器工业[M].北京:中华书局,1966.

[24]凌耀伦.中国近代经济史[M].重庆:重庆出版社,1982.

[25]纺织工业部研究室.新中国纺织工业三十年[M].北京:纺织工业出版社,1980.

[26]张福全.辽宁近代经济史[M].北京:中国财政经济出版社,1989.

[27]谭抗美.上海纺织工人运动史[M].北京:中共党史出版社,1991.

[28]万邦恩.武汉纺织工业[M].武汉:武汉出版社,1991.

[29]山东省纺织工业志编写组.山东纺织工业志[M].济南:山东人民出版社,1993.

[30]辛格.技术史:第5卷[M].远德玉,译.上海:上海科技教育出版社,2004.

[31]陈歆文.中国近代化学工业史:1860—1949[M].北京:化学工业出版社,2006.

[32]谭勤余.染料概论[M].上海:商务印书馆,1935.

[33]刘立.合成染料工业史上技术创新的里程碑[J].南京经济学院学报,1997(5):72-75.

[34]李乔萍.有机化学工业:下[M].上海:商务印书馆,1934.

[35]王世椿.染料化学[M].新1版.上海:上海科学技术出版社,1956.

[36](苏)伏洛茹卓夫(Н.Н.Ворожцов).中间体及染料合成原理[M].熊启渭,译.北京:高等教育出版社,1955.

[37]彭正中,周玲玉.合成染料化学[M].北京:中华书局,1982.

[38]陈孔常.有机染料合成工艺[M].北京:化学工业出版社,2002.

[39]王佩平.大连市志:化学工业志[M].沈阳:辽宁民族出版社,2004.

[40]青岛市史志办公室.青岛市志化学工业志[M].北京:五洲传播出版社,2000.

[41]《上海化学工业志》编纂委员会.上海化学工业志[M].上海:上海社会科学院出版社,1997.

[42]朱积煊.人造染料[M].上海:商务印书馆,1934.

[43]河北省志编委会.河北省志化学工业志[M].北京:方志出版社,1996.

[44]牧锐夫.染料及染色工业[M].薛德炯,译.上海:商务印书馆,1951.

[45]许涤新,吴承明.中国资本主义发展史:第一卷[M].北京:人民出版社,1985.

[46]方显廷.中国之棉纺织业[M].南京:国立编译馆,1934.

[47]华洪涛.上海对外贸易[M].上海:上海社会科学出版社,1989.

[48]赵冈.中国棉业史[M].台北:联经出版事业公司,1977.

[49]徐新吾.江南土布史[M].上海:上海社会科学院出版社,1992.

[50]徐新吾.近代江南丝织工业史[M].上海:上海人民出版社,1991.

[51]上海市工商行政管理局毛纺史料组,上海市毛麻纺织工业公司毛纺中料组.上海民族毛纺织工业[M].北京:中华书局,1963.

[52]肖刚.染料工业技术[M].北京:化学工业出版社,2004.

[53]周启澄.中国近代纺织史:上下册[M].北京:中国纺织出版社,1997.

[54]曾繁铭.青岛市纺织工业志:1900—1988[M].青岛:青岛海洋大学出版社,1994.

[55]陈孔常.有机染料合成工艺[M].北京:化学工业出版社,1985.

[56]孙健.中国经济史:近代部分[M].北京:中国人民大学出版社,1989.

[57](清)李鸿章.李鸿章全集[M].影印本.海口:海南出版社,1997.

[58]梅自强.中国科学技术专家传略工程技术篇·纺织卷[M].北京:中国纺织出版社,1996.

[59]沈觐寅.染色学[M].上海:商务印书馆,1935.

[60]陶平叔.染织工业[M].上海:上海中华书局,1936.

[61]李乔萍.有机化学工业[M].上海:商务印书馆,1935.

[62]李文.印染学[M].上海:商务印书馆,1937.

[63](苏)阿米安托夫(Н. И. Амиантов).郭登岳,译. 中间体与染料的化学与工艺学
　　[M].北京:化学工业出版社,1956.

[64]周启澄,赵丰,包铭新.中国纺织通史[M].上海:东华大学出版社,2017.

[65]赵丰.中国丝绸艺术史[M].北京:文物出版社,2005.

[66]钱小萍.丝绸织染[M].郑州:大象出版社,2005.

[67]汪敬虞.中国近代工业史资料:第2辑下册[M].北京:科学出版社,1957.

[68]中国大百科全书编委会.中国大百科全书:纺织卷[M].北京:中国大百科全书出版
　　社,1984.

[69]广东省纺织工业公司编志办.广东省志·纺织工业志[M].广州:广东人民出版
　　社,1988.

[70]武汉纺织工业局编志办.武汉纺织工业志[M].武汉:湖北人民出版社,1990.

[71]湖北省志纺织志编辑室.湖北纺织工业志:下册[M].武汉:湖北人民出版社,1988.

[72]天津市纺织工业局编志办.天津市纺织工业简志[M].天津:天津人民出版社,1984.